Multiples and Prefixes for Metric Units*

Multiple	Prefix (and Abbreviation)	Pronunciation
10^{24}	yotta- (Y)	yot'ta (*a* as in *about*)
10^{21}	zetta- (Z)	zet'ta (*a* as in *about*)
10^{18}	exa- (E)	ex'a (*a* as in *about*)
10^{15}	peta- (P)	pet'a (as in *petal*)
10^{12}	tera- (T)	ter'a (as in *terrace*)
10^{9}	giga- (G)	ji'ga (*ji* as in *jiggle*, *a* as in *about*)
10^{6}	mega- (M)	meg'a (as in *mega*phone)
10^{3}	kilo- (k)	kil'o (as in *kilo*watt)
10^{2}	hecto- (h)	hek'to (*heck-toe*)
10	deka- (da)	dek'a (*deck* plus *a* as in *about*)
10^{-1}	deci- (d)	des'i (as in *deci*mal)
10^{-2}	centi- (c)	sen'ti (as in *senti*mental)
10^{-3}	milli- (m)	mil'li (as in *mili*tary)
10^{-6}	micro- (μ)	mi'kro (as in *micro*phone)
10^{-9}	nano- (n)	nan'oh (*an* as in *an*nual)
10^{-12}	pico- (p)	pe'ko (*peek-oh*)
10^{-15}	femto- (f)	fem'toe (*fem* as in *fem*inine)
10^{-18}	atto- (a)	at'toe (as in an*atomy*)
10^{-21}	zepto- (z)	zep'toe (as in *zep*pelin)
10^{-24}	yocto- (y)	yock'toe (as in *sock*)

*For example, 1 gram (g) multiplied by 1000 (10^3) is 1 kilogram (kg); 1 gram multiplied by 1/1000 (10^{-3}) is 1 milligram (mg).

SI Base Units

Physical Quantity	Name of Unit	Symbol
Length	meter	m
Mass	kilogram	kg
Time	second	s
Electric current	ampere	A
Temperature	kelvin	K
Amount of substance	mole	mol
Luminous intensity	candela	cd

Some SI Derived Units

Physical Quantity	Name of Unit	Symbol	SI Unit
Frequency	hertz	Hz	s^{-1}
Energy	joule	J	$kg{\cdot}m^2/s^2$
Force	newton	N	$kg{\cdot}m/s^2$
Pressure	pascal	Pa	$kg/(m{\cdot}s^2)$
Power	watt	W	$kg{\cdot}m^2/s^3$
Electric charge	coulomb	C	$A{\cdot}s$
Electric potential	volt	V	$kg{\cdot}m^2/(A{\cdot}s^3)$
Electric resistance	ohm	Ω	$kg{\cdot}m^2/(A^2{\cdot}s^3)$
Capacitance	farad	F	$A^2{\cdot}s^4/(kg{\cdot}m^2)$
Inductance	henry	H	$kg{\cdot}m^2/(A^2{\cdot}s^2)$
Magnetic field	tesla	T	$kg/(A{\cdot}s^2)$

Quadratic Formula

If $ax^2 + bx + c = 0$, then

$$x = \frac{-b \pm \sqrt{b^2 - 4ac}}{2a}$$

Pythagorean Theorem (right triangle)

$$r = \sqrt{x^2 + y^2}$$

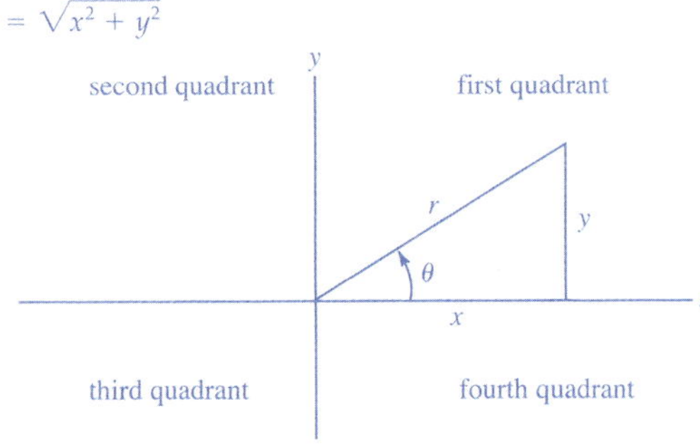

Trigonometric Relationships

Definitions of Trigonometric Functions

$$\sin\theta = \frac{y}{r} \qquad \cos\theta = \frac{x}{r} \qquad \tan\theta = \frac{\sin\theta}{\cos\theta} = \frac{y}{x}$$

$\theta°$ (rad)	$\sin\theta$	$\cos\theta$	$\tan\theta$
0° (0)	0	1	0
30° ($\pi/6$)	0.500	$\sqrt{3}/2 \approx 0.866$	$\sqrt{3}/3 \approx 0.577$
45° ($\pi/4$)	$\sqrt{2}/2 \approx 0.707$	$\sqrt{2}/2 \approx 0.707$	1.00
60° ($\pi/3$)	$\sqrt{3}/2 \approx 0.866$	0.500	$\sqrt{3} \approx 1.73$
90° ($\pi/2$)	1	0	∞

Law of Cosines

$$a^2 = b^2 + c^2 - 2bc\cos A$$

Law of Sines

$$\frac{a}{\sin A} = \frac{b}{\sin B} = \frac{c}{\sin C}$$

(a, b, c sides, A, B, C angles opposite sides for any plane triangle)

Conversion Factors

Mass

$1\ g = 10^{-3}\ kg$
$1\ kg = 10^{3}\ g$
$1\ u = 1.66 \times 10^{-24}\ g = 1.66 \times 10^{-27}\ kg$
1 metric ton = 1000 kg

Length

$1\ nm = 10^{-9}\ m$
$1\ cm = 10^{-2}\ m = 0.394\ in.$
$1\ m = 10^{-3}\ km = 3.28\ ft = 39.4\ in.$
$1\ km = 10^{3}\ m = 0.621\ mi$
$1\ in. = 2.54\ cm = 2.54 \times 10^{-2}\ m$
1 ft = 0.305 m = 30.5 cm
1 mi = 5280 ft = 1609 m = 1.609 km

Area

$1\ cm^2 = 10^{-4}\ m^2 = 0.1550\ in^2 = 1.08 \times 10^{-3}\ ft^2$
$1\ m^2 = 10^4\ cm^2 = 10.76\ ft^2 = 1550\ in^2$
$1\ in^2 = 6.94 \times 10^{-3}\ ft^2 = 6.45\ cm^2 = 6.45 \times 10^{-4}\ m^2$
$1\ ft^2 = 144\ in^2 = 9.29 \times 10^{-2}\ m^2 = 929\ cm^2$

Volume

$1\ cm^3 = 10^{-6}\ m^3 = 3.53 \times 10^{-5}\ ft^3 = 6.10 \times 10^{-2}\ in^3$
$1\ m^3 = 10^6\ cm^3 = 10^3\ L = 35.3\ ft^3 = 6.10 \times 10^4\ in^3 = 264\ gal$
$1\ liter = 10^3\ cm^3 = 10^{-3}\ m^3 = 1.056\ qt = 0.264\ gal = 0.0353\ ft^3$
$1\ in^3 = 5.79 \times 10^{-4}\ ft^3 = 16.4\ cm^3 = 1.64 \times 10^{-5}\ m^3$
$1\ ft^3 = 1728\ in^3 = 7.48\ gal = 0.0283\ m^3 = 28.3\ L$
$1\ qt = 2\ pt = 946\ cm^3 = 0.946\ L$
$1\ gal = 4\ qt = 231\ in^3 = 0.134\ ft^3 = 3.785\ L$

Time

1 h = 60 min = 3600 s
$1\ day = 24\ h = 1440\ min = 8.64 \times 10^4\ s$
$1\ y = 365\ days = 8.76 \times 10^3\ h = 5.26 \times 10^5\ min = 3.16 \times 10^7\ s$

Angle

1 rad = 57.3°

1° = 0.0175 rad	60° = $\pi/3$ rad
15° = $\pi/12$ rad	90° = $\pi/2$ rad
30° = $\pi/6$ rad	180° = π rad
45° = $\pi/4$ rad	360° = 2π rad

1 rev/min = $(\pi/30)$ rad/s = 0.1047 rad/s

Speed

1 m/s = 3.60 km/h = 3.28 ft/s = 2.24 mi/h
1 km/h = 0.278 m/s = 0.621 mi/h = 0.911 ft/s
1 ft/s = 0.682 mi/h = 0.305 m/s = 1.10 km/h
1 mi/h = 1.467 ft/s = 1.609 km/h = 0.447 m/s
60 mi/h = 88 ft/s

Force

1 N = 0.225 lb
1 lb = 4.45 N
Equivalent weight of a mass of 1 kg on Earth's surface = 2.2 lb = 9.8 N

Pressure

$1\ Pa\ (N/m^2) = 1.45 \times 10^{-4}\ lb/in^2 = 7.5 \times 10^{-3}\ torr\ (mm\ Hg)$
$1\ torr\ (mm\ Hg) = 133\ Pa\ (N/m^2) = 0.02\ lb/in^2$
$1\ atm = 14.7\ lb/in^2 = 1.013 \times 10^5\ N/m^2 = 30\ in.\ Hg = 76\ cm\ Hg$
$1\ lb/in^2 = 6.90 \times 10^3\ Pa\ (N/m^2)$
$1\ bar = 10^5\ Pa$
$1\ millibar = 10^2\ Pa$

Energy

$1\ J = 0.738\ ft{\cdot}lb = 0.239\ cal = 9.48 \times 10^{-4}\ Btu = 6.24 \times 10^{18}\ eV$
1 kcal = 4186 J = 3.968 Btu
1Btu = 1055 J = 778 ft·lb = 0.252 kcal
$1\ cal = 4.186\ J = 3.97 \times 10^{-3}\ Btu = 3.09\ ft{\cdot}lb$
$1\ ft{\cdot}lb = 1.36\ J = 1.29 \times 10^{-3}\ Btu$
$1\ eV = 1.60 \times 10^{-19}\ J$
$1\ kWh = 3.6 \times 10^6\ J$

Power

$1\ W = 0.738\ ft{\cdot}lb/s = 1.34 \times 10^{-3}\ hp = 3.41\ Btu/h$
$1\ ft{\cdot}lb/s = 1.36\ W = 1.82 \times 10^{-3}\ hp$
1 hp = 550 ft·lb/s = 745.7 W = 2545 Btu/h

Mass–Energy Equivalents

$1\ u = 1.66 \times 10^{-27}\ kg \leftrightarrow 931.5\ MeV$
$1\ electron\ mass = 9.11 \times 10^{-31}\ kg = 5.49 \times 10^{-4}\ u \leftrightarrow 0.511\ MeV$
$1\ proton\ mass = 1.67262 \times 10^{-27}\ kg = 1.007276\ u \leftrightarrow 938.27\ MeV$
$1\ neutron\ mass = 1.67493 \times 10^{-27}\ kg = 1.008665\ u \leftrightarrow 939.57\ MeV$

Temperature

$T_F = \frac{9}{5} T_C + 32$
$T_C = \frac{5}{9}(T_F - 32)$
$T_K = T_C + 273$

cgs Force

$1\ dyne = 10^{-5}\ N = 2.25 \times 10^{-6}\ lb$

cgs Energy

$1\ erg = 10^{-7}\ J = 7.38 \times 10^{-6}\ ft{\cdot}lb$

COLLEGE PHYSICS—Sixth Edition

기초물리학

Jerry D. Wilson · Anthony J. Buffa · Bo Lou 공저
장경애 · 김원태 · 이수형 · 장평우 · 이모성 · 염태호 공역

도서출판 상 학 당

SIXTH EDITION

COLLEGE PHYSICS

Jerry D. Wilson

Anthony J. Buffa

Bo Lou

역자의 글

누구나 잘 인식하듯이 최근 산업분야에서 기술은 눈부시게 발전하고 있다. 그 바탕에는 물리학이 있으며, 이것이 이공계의 모든 학과에서 물리학을 필수전공으로 하여 학습하고 있는 이유이기도 하다.

대학 교양학부에서 학습하는 물리학은 물리학의 모든 분야, 즉 물리학 전반에 걸쳐 있다. 물리학 대부분의 개념들은 독립적으로 정의되는 것이 아니라 다른 개념들과 상호 연결되어 있다. 이 때문에 특정 분야, 예를 들어 전기나 열만을 따로 떼어서 학습하기가 곤란하며 따라서 모든 학과에 일반물리학을 강의한다.

역자들이 오랫동안 대학에서 물리학을 강의하면서 학생들이 물리학을 충분히 잘 습득하기를 바라왔다. 그러기 위해서는 강의도 잘 하여야 하겠지만, 강의에 사용하는 교재를 학생들이 잘 이해할 수 있어야 한다. 현재 출판된 많은 대학 물리학의 교재 중에 내용면에서 훌륭한 교재가 여럿 있으나, 분량이 너무 많거나, 너무 어려운 수학이 포함되어 있다.

역자들이 생각하기에 이 책은 수학적 물리보다는 물리적 개념과 그 응용에 중점을 두었으며, 그 분량이 적절하다고 판단하였다.

역자들이 내세우는 이 교재의 강점은 학생들이 물리학적 개념을 정확하게 파악하게 하기 위한 통합된 학습 도구가 사용되었으며, 물리학적 개념의 본질에 충실하도록 사소한 주제는 취급하지 않았다. 이로 인해 분량이 상당히 감소되었다. 또한 의학, 과학, 기술 일상생활과 관련된 다양한 분야의 응용문제를 다루고 있다.

많은 학생들이 물리학은 어렵다고 생각하고 있다. 그렇다고 역자들이 물리학을 쉽다고 강변하는 것은 아니다. 물리학은 그 대상을 자연으로 하고 있다. 따라서 억지로 생각하지 않고, 자연스럽게 생각한다면 물리학의 이론들은 당연한 결과들이라는 것은 깨닫게 될 것이다. 이 깨달음이 많으면 많을수록 물리학에 대해 많이 알게 될 것이고, 이 물리학적 지식은 학생들의 전공분야에 큰 도움이 될 것이다.

머리말

필자는 물리학 입문과정에서 학생들이 알아야 할 기본적인 목표는 (1) 기본적인 물리 개념을 이해하고, (2) 그 이해를 바탕으로 다양한 물리 문제를 접했을 때 이들 개념을 사용하여 문제를 해결하는 것이라고 믿고 있다.

이 두 가지 목적은 서로 연관되어 있다. 학생들이 물리적 개념을 이해한 후 이를 적용하여 문제에 해결하길 바란다. 그러나 불행하게도 종종 학생들은 먼저 방정식을 찾은 후 풀이를 시작한다. 문제들이 주어진 상황을 시각적으로 그려보거나 필요한 물리적 개념을 고려하기 전에 숫자를 방정식에 끼워 맞추어 보려는 유혹이 있다. 더구나 이렇게 구한 수치적 해가 물리적 개념에 적합한지에 대한 검사조차 하지 않는다.

우리가 느끼기에, 많은 독자들이 동의하는 이 책의 강점은 다음과 같다.

- ☞ **기초개념** : 학생들이 물리적 원리를 확고하게 파악하면, 문제 풀이 능력이 향상될 것이다. 그래서 우리는 실제적으로 문제를 풀 수 있는 능력을 발전시킬 수 있는 개념적 통찰을 갖기 위해 논의들과 통합된 학습도구들을 체계화시켰다.
- ☞ **간결한 적용** : 가장 중요한 개념에 초점을 유지하기 위해 사소한 주제는 취급하지 않았다. 또한 원리에서 복잡하게 적용된 관계식은 유도하지 않았다. 관계식이 유도되는 수학적 또는 해석적 기능을 이해하는 것 보다는 그 관계식이 의미 하는 것을 이해하고 어떻게 적용되는가를 아는 것이 이 과정의 학생들에게는 더욱더 중요하기 때문이다.
- ☞ **응용** : 이 책은 의학, 과학, 기술 그리고 일상생활과 관련된 응용이 혼합되어 있다. 6판에서는 이런 응용이 더 폭넓게 확장이 되어 있으며, 생물학, 생의학 응용에 관한 내용도 증가를 시켰다.

6판에서는 전체적인 페이지 수는 줄였지만, 학생들의 이해를 돕기 위한 내용을 포함시켰으며, 더 의미있고 재미있으며 기억에 남을 만한 내용이 되도록 하였다.

- ☞ **그리기 상자에 의한 학습** : 시각화는 문제를 푸는 가장 중요한 과정의 하나이다. 많은 경우 학생들이 문제에 대한 개념을 그림으로 그려 표현할 수 있다면 문제를 쉽게 풀 수 있다. '그

리기에 의한 학습'은 다양한 물리적 상황에 대한 직관을 주는 그림이나 그래프를 만드는 방법을 제공한다.

- **문제풀이 과정에 대한 단서** : 제1.7절은 문제풀이를 어떻게 해야 할 것인가에 대한 사고 체계를 설명하고 있다. 이 절에서는
  - 문제풀이 전략에 대한 개요
  - 물리학에서 대다수 문제에 적용하기에 충분히 일반적이지만 특정한 상황에서도 쉽게 적용할 수 있는 6단계 절차
  - 일반적인 절차를 실제적인 문제에 어떻게 적용시킬 것인가에 관한 상세한 문제풀이 과정에 대한 예

  와 같은 내용이 담겨 있다.
- **문제풀이에 대한 전략과 힌트들** : 풀려는 문제를 대했을 때 초기 대응에 이어 특정문제를 풀기 위한 풍부한 제안, 요령, 주의할 점, 간단한 방법 그리고 유용한 풀이 기술에 대해 설명한다. 이들 문제풀이 전략과 힌트는 특정한 상황의 문제를 일반적인 원리를 적용하는 것뿐만 아니라 공통적인 함정과 잘못된 이해를 피하는 데 도움을 준다.

이 책에서는 여러 예제들이 제공되고 있다. 따로 분류는 하지 않았지만 다음과 같은 세 가지 성격의 예제가 있다.

- **개념 예제** : 이들 예제는 물리적 상황과 개념적으로 문제해결에 대해 생각하거나 관련된 유용한 원리를 바탕으로 가능한 결과들 중에서 올바른 선택을 할 수 있도록 해준다. 이어지는 논의는 그 답이 왜 올바른지, 그리고 다른 답이 왜 틀린지를 분명하게 설명한다.
- **예제** : 예제는 가능한 한 명백하고 자세하게 설명하려 했다. 문제를 해결하기 위해 어떤 방정식을 사용하여야 하는 것만 아니라 문제풀이에 적용한 전략과 전체 계획에서 각 단계의 역할을 설명하는 것이다. 각 단계에서 학생들이 '어떻게'와 함께 '왜'를 익히도록 하였다. 우리의 목적은 문제를 풀 때 학생들이 사용할 모델을 제공하는 것이다. 각각의 예제에는 다음의 것들이 포함되어 있다.
  - '주어진 값과 구하는 값'은 문제를 풀기 위해 주어진 값과 구하는 값이 무엇인가를 확인하는 것이 중요함을 강조하기 위해 모든 풀이의 첫 부분에 제공하였다.
  - '풀이'과정 중에는 본격적인 풀이를 하기 전에 하여야 할 생각과 분석에 초점을 두고 설명하였다.
  - 어떤 예제는 예제를 풀고 난 후 예제의 개념적 이해를 보장하기 위해 추가적인 연습을 제공하였다.
- **종합예제** : 개념적인 이해를 요구하는 문제와 정량적인 해를 구하는 문제 사이의 관련성을 강조하기 위해 각 장에 통합적 성격의 예제를 제공하였다. 이들 연습문제는 정성적, 그리고 정량적인 물리적 상황을 나타낸다. 정성적인 부분은 가능한 답들 중에 올바른 답을 개념적으로 선택하도록 되어 있다. 정량적인 부분은 개념적으로 이해한 내용과 관련된 수학적 풀

이를 포함하는데, 개념적인 이해와 수치적인 해법이 어떻게 관계하는가를 설명한다.

☞ **연습문제** : 각 장의 끝 부분에는 그 장에서 공부한 내용을 얼마나 이해하였는가를 시험해보는 연습문제가 제공된다. 연습문제는 다중선택, 단답형 개념문제, 그리고 정량적인 계산문제 등의 형태로 되어 있다.

오차제로 클럽(AZTEC)

우리는 오차제로 클럽(Absolutely Zero Tolerance for Errors Club)을 지속적으로 운영하여 정확성을 확보하였다. 이 교과서의 '강사를 위한 문제풀이집'과 '학생학습지침과 풀이집'의 저자이며 새로운 공동저자로 합류한 페리 대학의 보루 (Bo Lu)교수가 오차제로 클럽의 수장으로 있으며 나머지 공동저자가 이 클럽의 멤버로 있다. 그 외에 알베말르 대학의 빌리영거(Billy Younger) 헨리포드 지역사회대학의 미카엘 로프레스토(Michael Lo Presto), 북 알라바마 대학의 데이비드 커롯(David Curott) 그리거 브라질의 데이비드 로티스트 박사도 이 클럽에 참여하였다.

모든 장의 연습문제는 3명을 한 팀으로, 5개 팀에서 각각 독립적으로 작업하였다. 그 작업의 결과를 취합하여 모순된 점들은 팀 논의에 의해 해결하였다. 잘못된 점이 전혀 없는 교과서란 존재하기 힘들지만 우린 그런 교과서를 목표로 삼고 있고 이를 위해 노력하고 하였다.

학생들에게

이 책과 관련하여 페리 주립대학의 교수 보루가 쓴 "학생학습지침과 풀이집(Student Study Guide and Selected Solutions Manual Vol I, II)"은 각 장마다의 복습, 요약 , 추가적인 예제 실제적인 퀴즈, 연습문제의 해법 등이 담겨 있어 학생들의 학습에 도움이 될 것이다.

뉴욕 포스담 주립대학의 비맨 다스(Biman Das)교수가 쓴 "학생들을 위한 간이 지침서(Student Pocket Guide)"에는 전체 교과서의 요약과 중요개념, 방정식, 문제풀이 요령과 힌트들이 담겨 있다.

감사의 글

오차제로클럽의 회원인 빌리영거, 미카엘 로프레스토, 데이비드 커롯, 다니엘 로티스뿐만 아니라 교정을 보아준 미카엘 오팅거와 마크스프라그에게 이 책을 철저하게 검토해 준 것에 대해 그리고 그들의 수고에 대해 특별히 감사드린다.

다른 많은 동료들이 이 책의 6번째 판이 학생들에게 보다나은 학습도구가 되도록 도와주었다. 그들의 사려 깊고 건설적인 제안은 이 책을 쓰는데 많은 도움이 되었다.

우린 책임 편집자인 에릭 팔그렌, 미술감독인 히더 스콧, 부주필인 크리스티안 보팅, 보조편집인 제시카 베르타를 포함하여 프렌티스홀 출판사의 편집자와 제작팀에게 많음 감사를 드린다. 특히 저자들은 프렌티스 홀 출판사의 편집장인 시몬 루카스프의 탁월한 업무수행능력을 알리고 싶다. 그의 정중하고 유쾌한 태도로 인해 제작과정이 능률적이고 즐거웠다. 프렌티스홀 출판사의 개발 편집인 카렌칼린에게 그의 도움과 편집에 감사드린다.

그 밖에 나(토니 버파)는 이 출판작업에 대한 전문적 접근과 도움을 준 공동저자 제리윌슨과 보루에게도 감사들린다. 조셉 분 교수와 로날드 브라운 교수 데오도르 포스터 교수에게도 역시 감사드린다. 나의 처 코니와 딸 죠안과 쥴리, 아버지 안토니 버파와 도로시 아보트 아저씨의 끊임없는 성원과 믿음에 감사드린다. 지난 몇 년 동안 기발한 아이디어를 제공해준 나의 학생들에게도 감사한다.

차 례

제5장 일과 에너지

제6장 선운동량과 충돌

제7장 회전 운동과 중력

제8장 회전 운동과 평형

제9장 고체와 유체

제10장 온도와 운동학 이론

제11장 열

제12장 열역학

제13장 진동과 파동

제14장 소 리

제15장 전하, 전기력과 전기장

제16장 전위, 전기에너지, 전기용량

제17장 전류와 저항

제18장 기초 전기회로

제19장 자 기

제20장 전자기유도와 전자기파

제21장 교류회로

제22장 빛의 반사와 굴절

제23장 거울과 렌즈

제24장 물리광학 : 빛의 파동성질

제25장 시각과 광학기기

제26장 상대론

제27장 양자역학

제28장 양자역학과 원자 물리학

제29장 핵

제30장 핵반응과 입자 물리

1 측 정

그게 11인가? 사진에서 보여주듯 11 야드(약 10 m) 더 가야 한다는 것을 측정을 통해 알 수 있다. 측정은 우리 모두에게 매우 중요한 것으로 특히 물리의 세계를 이해하고 기술하고자 하는 데 있어서 중추적 역할을 한다.

색을 인지한다는 것은 매우 주관적인 일이므로 같은 색이라도 사람마다 다르게 느낄 수 있다. 사람의 눈으로 감지되는 빛은 파장과 주파수로 기술할 수 있다. 파장이나 주파수에 따라 사람의 눈이 인지하는 색이 서로 다르다. 따라서 사람의 눈이 색을 감지하는 것과 달리 파장은 측정할 수 있는 물리량이다. 이 물리량은 모든 사람이 똑같은 값으로 측정할 수 있는 값이다. 다른 말로 하면 측정이란 객관적이어야 한다.

측정은 기본 단위 또는 단위의 값을 이용하여 표시된다. 단위는 여러 가지가 있는데 그것들은 모두 우리가 측정한 물리량의 종류에 따라 선별하여 사용할 수 있다. 단위가 공식적으로 채택된 표준단위를 모아놓은 것을 우리는 표준단위계라고 한다.

1.1 SI 단위

과학자들이 사용하는 단위계나 다른 양들에 사용되는 단위계도 모두 미터법에 기반을 두고 있다. 현대 감각에 맞는 미터법을 국제표준단위계라 하고 영어로는 SI 단위계라고 한다.

SI 단위계는 기본 물리량과 유도 물리량으로 나누어 기본단위와 유도단위로 기술된다.

길이는 공간의 범위이나 거리를 측정하는데 사용되는 기본 양이다. 우리는 일상적으로 두 점 사이의 거리를 길이라고 한다. 길이의 SI단위는 미터(meter)로 m으로 표시한다. 미터는 처음에는 지구의 북극에서부터 적도까지 파리를 지나는 자오선의 1/10 000 000에 해당하는 길이로 정의하였다.

미터 원기(meter of Archives)라고 부르는 플래티늄과 이리디움 합금으로 이루어진 1 미터 길이의 막대기를 사용하였다. 그러나 온도와 같은 외부조건에 따라 변화하는 기준장치는 적절하지 못하므로 1983년에 빛이 1/299 792 458초 동안 통과한 거리를 미터라고 다시 정의하였다. 진공에서 빛의 속력은 $c = 299\ 792\ 458$ m/s이다.

질량은 모든 물질의 양을 나타내는데 사용하는 기본 물리량이다. 질량의 SI 단위는 킬로그램(kg)으로 표시한다. 플래티늄과 이리디움 원통형 킬로그램 질량 원기는 프랑스 세브르(Sevres)에 있는 국제 도량형국에 보관되어 있다.

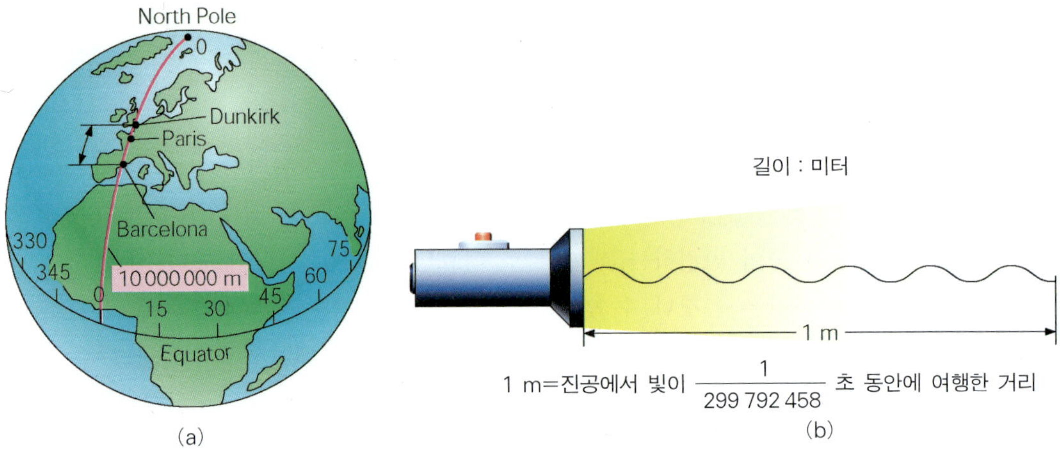

▲ **그림 1.1 SI 길이 표준 : 미터**

(a) 미터는 북극에서 적도까지 파리를 통과하는 자오선의 1/10 000 000로 정의한다. 이것은 던커크와 바르셀로나 사이의 구간에 해당하는 거리이다. 금속막대(미터원기라고 부른다)를 표준으로 만들었다.

(b) 최근에 미터는 빛의 속도로 정의되고 있다.

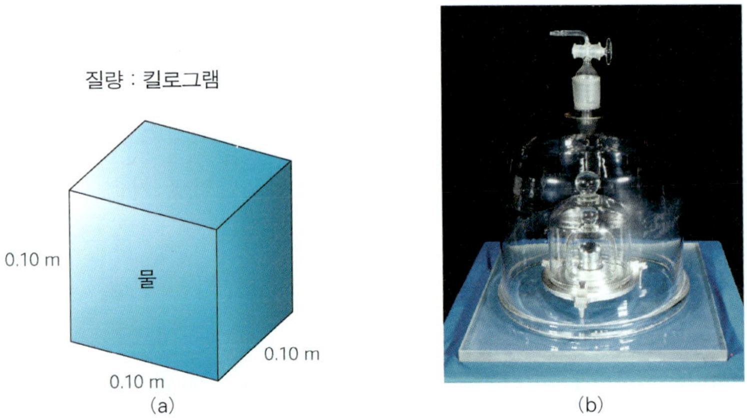

▲ **그림 1.2 SI 질량표준 : 킬로그램**

(a) 질량 1 킬로그램은 0.10 m 정육면체에 해당하는 물로 정의된다. 표준 길이로 정의된 부피이므로 질량표준과 관계된다.

(b) 표준 킬로그램은 표준 원통으로 정의되고 킬로그램의 국제 원기는 프랑스의 무게와 측정 표준청에 보관되어 있다. 1880년에 만들었고 90 %는 플래티늄과 10 %는 이리디움의 합금으로 되어 있다. 복제품으로 1킬로그램 표준원기를 제작하여 미국에서는 질량원기로 사용하고 있다. 이것은 미국 NIST(국립표준기술연구소)에 보관되어 있다.

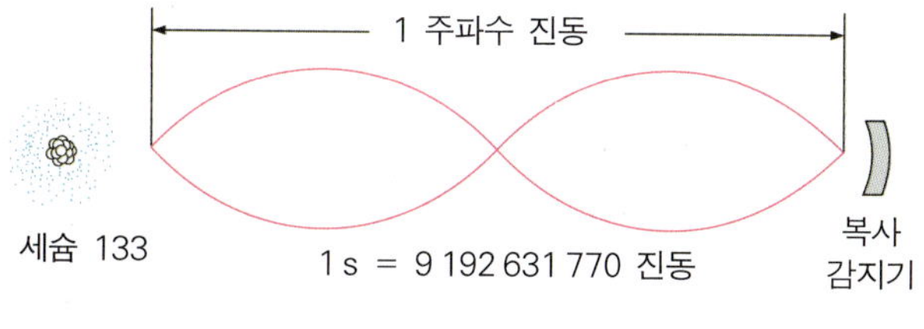

(a)

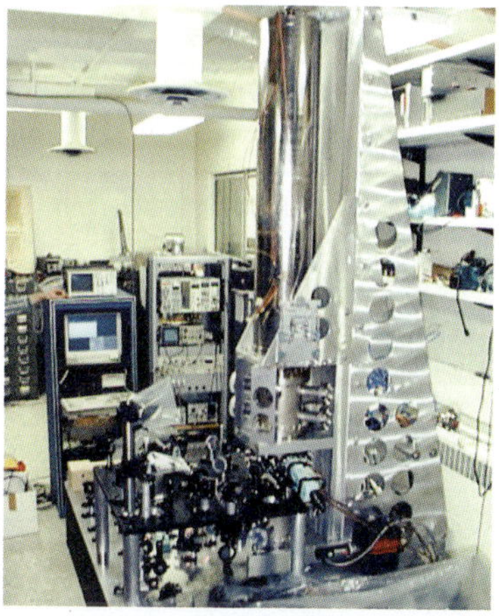

(b)

▲ **그림 1.3 SI 시간단위 기준 : 초**

1초는 1 평균태양일을 사용하여 정의되고 있다.

(a) 지금 원자의 천이와 관련된 복사의 주파수로 정의되고 있다.

(b) 미국 국립표준연구소에 있는 원자시계로 미국의 표준시를 결정하는 기준으로 사용되고 있음. 이 원자시계의 오차율은 2천만년에 1초 정도가 틀린다.

일상생활에는 저울로 무게를 측정하고 있다. 주어진 임의의 물체의 무게는 곧 중력에 의한 것으로 지구의 중력이 물체에 작용하는 크기를 말한다. 예를 들어서 여러분이 여러분 스스로 몸무게를 재기 위해 체중기에 올라가면, 체중기 눈금이 가리키는 것은 여러분에게 작용하는 지구의 중력이다. 그러나 무게는 어디에서 측정하는가에 따라서 달라진다. SI 단위는 어느 곳에서 측정을 하던 상관없이 항상 동일 측정치를 가져야 되기 때문에 SI 단위계에서는 질량을 기본 물리량으로 선택했다.

시간의 일반적인 정의는 연속적이고 앞으로만 진행하고 절대로 뒤로는 갈 수 없는 사건의 흐름이다. 시간의 SI 단위는 초(s)이다. 1태양일은 태양이 동일 자오선을 통과하고 바로 그다음에 통과하는 시간 간격을 말한다. 따라서 1초는 이 태양일의 1/86 400으로 정했다. 그러나 1태양일의 길이가 일정하지 못하여서 1 태양년을 기준으로 평균태양일을 계산하고 이것을 기준으로 1초를 정했었다. 그러나 조석마찰로 지구운동이 고르지 못하여 평균태양일이 해마다 같은 길이를 갖지 못했다. 그 후 원자 표준을 시간 척도로 채택하여 세슘원자가 내는 복사의 복사주파수를 초의 기본으로 정의하였다.

SI 단위에는 기본단위가 일곱 개가 있다. 이 일곱 개의 물리량은 서로 독립된 양이다. 표 1.1에 나타내었다.

▼ 표 1.1 SI의 일곱 기본양

단위 명칭(약어)	측정된 성분(물리량)
미터(m)	길이
킬로그램(kg)	질량
초(s)	시간
암페어(A)	전류
켈빈(K)	온도
몰(mol)	물질의 양
칸델라(cd)	광도

1.2 미터법에 대한 부가 설명

미터법에서 길이, 질량과 시간의 기본단위를 서로 호완해서 우리는 mks 단위계라고 이름붙인다. 다른 미터법으로는 이보다 더 작은 양을 기술하는데 도입되는 cgs 단위계가 있다. 여기서는 길이를 센티미터(cm), 질량을 그램(g), 시간을 초(s)로 표시한다. 미국에서는 여전히 영국식 단위를 사용하고 있는테 길이는 피트(feet), 질량은 슬러그(slug), 시간은 초(s)로 사용한다. 이 단위계를 fps(feet, pound, s)계라고 한다.

미터법의 장점 중 하나는 십진수 또는 10을 기본으로 하는 계에 기준을 두고 있

▼ 표 1.2 계량 단위에서 사용되는 접두어와 십의 거듭제곱

십의 곱	접두어(약어)	발음	십의 곱	접두어(약어)	발음
10^{12}	tera-(T)	테라	10^{-2}	centi-(c)	센티
10^{9}	giga-(G)	기가	10^{-3}	milli-(m)	밀리
10^{6}	mega-(M)	메가	10^{-6}	micro-(μ)	마이크로
10^{3}	kilo-(k)	킬로	10^{-9}	nano-(n)	나노
10^{2}	hecto-(h)	헥토	10^{-12}	pico-(p)	피코
10	deka-(da)	데카	10^{-15}	femto-(f)	펨토
10^{-1}	deci-(d)	데씨	10^{-18}	atto-(a)	아토

* 예를 들면 1g에 1000을 곱하면 1 kg이 되고 1 g에 1/1000을 곱하거나 10^{-3}을 곱하면 1밀리그램(mg)이 된다.

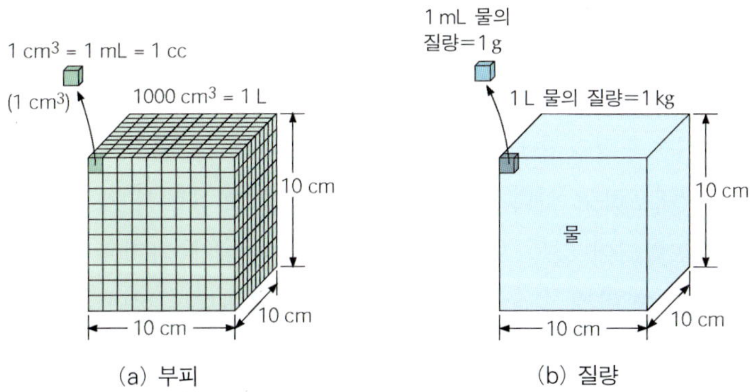

▲ **그림 1.4 리터와 킬로그램**

미터법으로 유도된 또 다른 단위다.

(a) 단위부피는 10 cm의 정육면체로 정의되거나 0.10 m로 정의되고 이 부피는 1리터(L)라고 한다.

(b) 1리터(L)에 해당하는 물의 질량은 1킬로그램으로 정의한다. 데시미터 정육면체는 1000 cm^3 또 1000 mL에 해당한다. 1 cm^3나 1 mL에 해당하는 물은 1 g의 질량을 갖는다.

다는 것이다. 이 말은 적은 수이건 큰 수이건 상관없이 10을 단위로 곱해주거나 나누어주면 된다는 것이다. 표 1.2에서 앞에서 언급된 사실을 접두어를 사용하여 표시하였다. 십진수 측정량의 예를 들면 마이크로초(μs), 밀리미터(mm), 센티미터(cm), 킬로그램(kg), 컴퓨터 디스크의 용량이나 CD용량을 메가바이트(MB)로 표시하기도 한다.

SI 단위계에서 부피의 기본단위는 세제곱미터(m^3)이다. 이 단위는 사실은 매우 큰 단위이기 때문에 실생활에서 부피는 리터(L)로 사용하고 있다. 1리터의 부피는 1000 cm^3에 해당하고 그 크기는 10 cm×10 cm×10 cm이다. 또 1 L는 1000 mL(밀리리터)이고 1 mL=1 cm^3(그림 1.4a 참조). 세제곱센티미터(cm^3)는 때로 cc로 줄여 쓰기도 한다. 또 밀리리터는 약어로 ml로도 사용된다. 그러나 mL을 더 선호해서 사용한다. 리터에 해당하는 L을 대문자로 표시하는 것을 우선한다. 왜냐하면 L의 소문자는 숫자 1과 모양이 거의 같기 때문에 혼동하지 않기 위해서다.

그림 1.2에서 질량의 기본단위인 kg은 10세제곱센티미터의 부피를 가진 물의 질량을 나타내는 것으로 정의하였다. 이것은 1리터에 해당한다. 즉 물 1리터의 질량은 1 kg이다(그림 1.4b). 또 1 kg=1 000 g이고 1 L=1 000 cm^3이므로 1 cm^3(또는 1 mL)의 물은 질량 1 g에 해당한다.

1.3 유효숫자

측정치에 나타나는 수치는 측정과정에서 얻어지는 수치이므로 일반적으로 어느 정도는 불확실성과 오차를 내포하고 있다. 우리가 그 측정치를 이용해서 계산을 하여야 할 경우는 측정치에 포함되어 있는 오차가 수학적 처리나 계산 과정에서 모두 영향을 미치게 된다. 예를 들어 방정식 $x = vt$에서 시간을 알아내도록 한다고 하자. 여기서 $x = 5.3$ m를 주고 $v = 1.67$ m/s를 주었다고 하자. 그러면

$$t = \frac{x}{v} = \frac{5.3\ \mathrm{m}}{1.67\ \mathrm{m/s}} = ?$$

계산기로 이 나누기를 할 경우 3.173652695초이란 결과를 얻는다. 그렇다면 답으로 계산 결과에서 어느 만큼의 소수점 이하의 자리를 취해야 되겠는가?

이것을 결정하는 방법이 유효숫자의 사용이다. 예를 들어 어떤 물체의 길이를 어떤 자로는 2.5 cm라고 쟀고 다른 계측기로는 2.54 cm라고 측정했을 수도 있다. 이때 두 번째 경우는 보다 더 많은 유효숫자 자리를 제공할 수 있으므로 보다 더 나은 정확도에 기여할 수 있다.

계측시 얻은 유효숫자는 계측기 눈금으로부터 직접 읽은 자리수와 가장 작은 눈금으로부터 추정한 한 자리수로 정의된다. 2.5 cm와 2.54 cm인 크기는 두 자리와 세 자리의 분명한 유효숫자를 각각 가지고 있다. 그러나 만약에 어떤 수치가 0을 하나 또는 하나 이상을 가지고 있는 경우는 다음과 같은 규칙을 사용하기로 한다.

1. 수치 맨 앞 쪽으로 놓여 있는 0은 유효하지 않다. 그런 0은 단지 소수점을 표시하기 위해 필요로 한 것일 뿐이다. 예를 들면 0.0254는 세 자리의 유효숫자를 가지고 있다(2, 5, 4).
2. 수치사이에 있는 0은 유효하다. 예를 들면 104.6 m는 네 자리의 유효숫자를 가지고 있다(1, 0, 4, 6).
3. 수치의 소수점 이하자리 마지막에 놓여 있는 0은 유효하다. 예를 들면 2 705.0 m는 다섯 자리의 유효숫자를 가지고 있다(2, 7, 0, 5, 0).
4. 수치의 전체자리수가 소수점이 없이 끝에 0이 하나 또는 그 이상이 (연달아 있을 경우) 있을 경우—예를 들어 500 kg—의 경우는 0이 유효자리일 수도 있고 아닐 수도 있다. 이런 경우는 0이 실제 측정치의 일부일지 아니면 소수점 이하

를 나타내기 위한 것인지 분명하지가 않다. 이와 같은 모호한 표현을 줄이기 위해서 우리는 과학적 표현으로 10의 거듭 곱으로 수치를 나타낸다.

$$5.0 \times 10^2 \text{ kg}$$

이 경우는 유효숫자자리는 두 자리이다.

$$5.00 \times 10^2 \text{ kg}$$

이 경우는 유효숫자자리는 세 자리이다. (부록 I에서 과학적 표기법에 대한 것을 소개했다).

■ **참고** : 혼돈을 피하기 위해서 미리 언급하는데 본 교과서 예제나 연습문제에서 0이 연달아 있는 수치가 나올 경우는 모두 유효숫자로 보기로 한다. 예를 들어 20초는 비록 2.0×10^1 초라고 쓰지 않았어도 두 자리 유효숫자라고 보기로 한다.

(1) 곱셈과 나눗셈, (2) 덧셈과 뺄셈에 대한 규칙은 다음과 같다. 적절한 유효숫자 자리수를 얻는 것은 반올림을 이용하면 된다.

1. 양(量)을 곱하거나 나누기를 할 때 문제 풀이과정 중 생기는 유효숫자 자리수 가운데 최소 자리수만큼만 남겨둔다.
2. 더하거나 빼기를 할 때는 덧셈 뺄셈에 사용된 유효숫자 자리수와 동일한 유효숫자 자리수를 답에 사용한다.

앞에서 설명한 나눗셈의 유효숫자 처리는

$$\frac{5.3 \text{ m}}{1.67 \text{ m/s}} = 3.2 \text{ s}$$

이 결과는 유효숫자 자리수를 맞춘 것이다. 이 식에서 최소 유효숫자 자리수는 두 자리이고 따라서 결과도 유효숫자 자리수를 최소 자리수인 두 자리로 맞추어 반올림했다.

덧셈, 뺄셈, 곱셈이나 나눗셈이 한 계산과정 가운데 모두 포함되어 있는 경우는 먼저 대수학에서 요구하는 셈법순서의 규칙을 준수하고 그리고 유효숫자 자리수를 고려하면 된다. 결과에 나타나는 소수점 자리수는 주어진 데이터의 자리수에 의존한다.

연습문제

1. SI 단위계에 기본단위는 몇 개인가?

2. 기가(giga)란 접두어가 의미하는 것은 무엇인가?

3. $x = x_0 + vt$가 단위 차원이 올바른지 알아보라. 여기서 v는 속도, x와 x_0는 길이이고 t 시간이다.

4. 구(球)의 부피가 $V = \frac{\pi d^3}{4}$로 표시한다고 한다. 여기서 d는 구의 지름이다. 이 식의 단위 차원이 올바른가? 또 이 식이 맞는 식인가?

5. 구(球)의 부피를 나타내는 올바른 식은 $V = \frac{4}{3}\pi r^3$이다. 여기서 r은 구의 반지름이다.

6. $y = ax^2 + bx + c$는 일반적으로 포물선에 대한 방정식이다. a, b, c는 상수이다. y와 x의 단위가 길이의 단위인 미터(m)라면 이 방정식이 차원적으로 옳은 식이 되기 위해 이들 상수의 단위는 무엇이 되어야 하나?

7. 한 학생이 단위해석을 사용해서 $v = \sqrt{2ax}$가 차원이 올바로 된 식이라고 했다. 그러나 다른 학생은 맞지 않는다고 주장하는데 어느 학생의 의견에 동의하나? 동의하는 이유를 기술하라.

8. 미식 축구장이 300 ft 길이에 폭이 160 ft다. 이 길이가 미터(m)단위로는 얼마인가? 미식 축구공의 길이는 11.0에서 $11\frac{1}{4}$ in 정도다. 이 길이를 센티미터로 환산하면 얼마일까?

9. (a) 다음 중 어느 것이 속력이 제일 큰 것을 나타내는가?

(1) 1 m/s (2) 1 km/h
(3) 1 ft/s (4) 1 mi/h

(b) 15.0 m/s의 속력을 mi/h로 표시하라.

10. 사람 심장의 맥동은 맥박으로 결정되는데 정상인 경우 1분에 60번 정도 뛴다. 만약 심장이 한 번 뛰는데 75 mL의 피를 뿜어내는데 하루에 심장이 펌핑해 내보내는 피는 몇 리터가 되겠는가?

11. 학생이 태어날 때 크기가 18인치였다고 한다. 20살이 된 지금 그 학생의 키는 5 ft 6 in이다. 이 학생이 성장한 키는 평균 얼마나 되는지 센티미터로 계산하라.

12. 50 500 μm(마이크로미터) 길이는 센티미터, 데시미터, 그리고 미터로 유효숫자 세 자리까지 표시하라.

13. 다음 측정치의 유효숫자 자리수를 결정하라.

(a) 1.007 m
(b) 8.03 cm
(c) 16.272 kg
(d) 0.015 μs(마이크로초)

14. 다음 양 중에 세 자리 유효숫자를 가진 것은 어느 것인가?

(a) 305.0 cm
(b) 0.0500 mm
(c) 1.00081 kg 또는
(d) 8.06×10^4 m^2

2 운동학

치타가 온 힘을 다해 달리고 있다. 육지동물 가운데서 가장 빠른 이 동물이 달릴 수 있는 속력은 최고 113 km/h이다. 운동에 대한 느낌을 갖기 위해 치타가 달리는 사진을 앞 쪽에 넣었다. 운동은 시간과 더불어 일어나지만 사진은 단 한 순간을 정지시킨 것이다.

운동에 관한 것을 공부하는 물리학 분야를 우리는 역학이라고 부른다. 역학은 두 부분으로 나누는데 (1) 운동학(Kinematics)과 (2) 동역학(Dynamics)이다. 운동학은 물체의 운동을 기술하는 것으로 운동의 원인에 대해서는 고려하지 않는다. 동역학은 운동을 일으킨 원인을 분석하는 것이다. 이 장에서는 운동학을 공부하는데 다만 운동 중에 가장 간단한 직선운동만을 생각한다.

2.1 속력과 속도

운동이란 물체가 얼마나 멀리 위치를 바꾸면서 이동하였는가로 기술할 수 있다. 즉 이동한 거리로 나타낼 수 있다. 거리는 단순히 한 위치에서 다른 위치로 이동한 총 이동 길이다. 일반적으로 두 점사이의 거리는 여행한 경로에 의존한다.

거리는 스칼라량이다. 스칼라량이란 크기만으로 정의되는 양이다. 즉 스칼라는 오직 수치로만 표시될 수 있는 크기다. 예를 들면 160 km 같은 것이다. 거리는 여러분에게 크기만을 말해주는 물리량이다. 스칼라량의 다른 예로 10 초(시간), 3.0 kg(질량), 그리고 20°C(온도)가 있다.

어떤 물체가 운동상태에 있을 때 그 물체의 위치는 시간에 따라 변한다. 길이−시간 관계는 이동한 거리를 비율로 나타내거나 또는 속력이라고 부르는 것으로 나타낼 수 있다.

평균속력($\bar{s}$)은 여행한 거리 d, 즉 실제 길이를 그 길이를 가는데 걸린 총 시간 Δt로 나누어 준 것이다.

$$\text{평균속력} = \frac{\text{이동한 거리}}{\text{그 거리를 이동하는 데 걸린 총 시간}}$$

$$\bar{s} = \frac{d}{\Delta t} = \frac{d}{t_2 - t_1} \tag{2.1}$$

속력의 SI 단위 : 초당 미터(m/s)

▲ **그림 2.1 순간 속력**

차의 속력계는 매우 짧은 시간동안에 속력을 나타낸다. 그래서 주행계기판에 나타난 속력은 순간속력에 매우 가깝다.

속력의 SI 표준단위는 미터를 시간으로 나눈 것으로 (m/s, 길이/시간)이지만 일상에서는 킬로미터를 시간으로 나눈 것(km/h)을 많이 사용한다. 흔히 초기시간은 영으로 택하는데, $t_1 = 0$으로 두면, 방정식은 $\bar{s} = d/t$ 가 된다. 여기서 t 는 총 시간이 된다.

거리는 시간과 마찬가지로 스칼라량이므로 속력 역시 스칼라량이다. 거리는 반드시 직선일 필요는 없다.

순간 속력은 어느 특정 시간에 그것이 얼마나 빨리 달렸는지 말해 주는 양이다. 예를 들면 그림 2.1에서처럼 속력계는 약 44 mi/h 또는 70 km/h의 근사적인 순간속력을 나타내고 있다. 만약 자동차가 일정한 속력으로 주행하고 있다면 평균속력과 순간속력은 동일하다.

직선 운동은 좌표계에서 어느 방향이라도 상관없지만 편의상 운동하는 선을 따라 x축이나 y축 중에 하나로 정한다. 완벽하게 운동을 기술하기 위해서는 거리 뿐만아니라 방향에 대한 정보가 더 있어야 한다. 변위는 두 점 사이의 직선거리로 정의한다. 스칼라량인 거리와 달리 변위는 음이나 양의 값이 될 수 있다. 이때 음과 양의 부호는 좌표축을 따라 운동방향을 가리키는 것이다.

이와 같이 변위는 벡터량이다. 다른 말로 벡터는 크기와 방향을 모두 가지고 있다. 예를 들어 우리가 비행기의 변위를 북쪽 25 km로 기술한다면 우리는 이것을 벡터 (크기와 방향)로 표시해야 한다. 일차원에서는 방향을 가리키기 위해서 +와 − 부호를 사용한다.

운동을 기술하는데 사용되는 물리량은 속도이다. 속력과 속도는 일상적인 생활에서 서로 동의어적으로 많이 사용되고 있다. 구분하면 속력은 스칼라량이고 속도는 벡터량이다. 속력과 달리 일차원적인 속도는 양과 음의 값 둘만 가지는데 이것은 단지 두 가지 가능한 방향을 나타내는 것이다.

평균속도는 변위를 이동하는데 걸린 총 시간으로 나누어 준 것이다. 이 경우에

$$\text{평균속도} = \frac{\text{변위}}{\text{총 이동시간}} \tag{2.3}^*$$

$$\bar{v} = \frac{\Delta x}{\Delta t} = \frac{x_2 - x_1}{t_2 - t_1}$$

속도의 SI단위 : 초당 미터(m/s)*

변위가 하나 이상인 경우의 평균속도는 총 변위 또는 알짜 변위를 총 시간으로 나누어 주는 것이다.

예제 2.1 ■ 평균속도

어떤 사람이 300 m를 2.50분 동안에 뛰어갔다 다시 출발점으로 되돌아오는데 걸린 시간이 3.30분이다. 이 사람의 다음 두 경우에 대해 평균속도는 얼마인가?

a) 길 끝까지 뛰어갈 때

b) 다시 출발점으로 되돌아올 때

c) 총 왕복운동에 대한 평균속도

풀 이

a) 식 2.3에서 뛰는 사람이 트랙끝까지 뛰어가는데 평균속도

$$\bar{v}_1 = \frac{\Delta x_1}{\Delta t_1} = \frac{+300\ \text{m}}{150\ \text{s}} = +2.00\ \text{m/s}$$

---

* 이 방정식의 다른 형태는

$$\bar{v} = \frac{\Delta x}{\Delta t} = \frac{(x_2 - x_1)}{(t_2 - t_1)} = \frac{(x - x_0)}{(t - t_0)} = \frac{(x - x_0)}{t}$$

또는 이 식을 다시 정돈하면

$$x = x_0 + \bar{v}t$$

여기서 x_0는 초기위치이고 x는 마지막 위치이다. 그리고 $\Delta t = t$.

b) 비슷하게 되돌아오는 길의 평균속도

$$\bar{v}_2 = \frac{\Delta x_2}{\Delta t_2} = \frac{-300\ \text{m}}{198\ \text{s}} = -1.52\ \text{m/s}$$

c) 총 여행 경로는 두 종류의 변위를 생각하여야 되므로 가고 오고 이 둘을 합하고 총 시간으로 나누면 된다.

$$\bar{v}_3 = \frac{\Delta x_1 + \Delta x_2}{\Delta t_1 + \Delta t_2} = \frac{+300\ \text{m} + (-300\ \text{m})}{150\ \text{s} + 198\ \text{s}} = 0\ \text{m/s}$$

평균속도는 영이다. 변위의 정의와 크기는 두 점을 잇는 직선이다. 같은 점에서 출발하고 같은 점으로 되돌아오므로 평균속도는 영이다.

총 변위는

$$\Delta x = x_{\text{마지막}} - x_{\text{초기}} = 0 - 0 = 0$$

속력과 같이 Δt가 영에 접근하면 우리는 순간 속도를 얻는다. 순간 속도는 수학적으로 다음과 같이 정의된다.

$$v = \lim_{\Delta t \to 0} \frac{\Delta x}{\Delta t} \tag{2.4}$$

균일한 운동은 일정한 속도를 가지고 움직이는 운동을 의미한다. 여기서 일정한 속도라는 말에는 일정한 크기와 일정한 방향을 포함하고 있다. 균일한 운동의 일차원적 예는 그림 2.2에서 보여주는데 여기서 자동차는 균일한 속도를 가지고 있다. 이 자동차는 똑같은 거리를 주행하고 동일 시간간격(매시간당 50 km) 동안에 같은 변위를 경험한다. 그리고 주행방향이 변하지 않는다.

그래프 분석은 종종 운동과 그 운동의 관련된 양을 이해하는데 도움이 된다. 예를 들어 그림 2.2a에서 자동차의 운동은 위치 대비 시간 또는 x 대 t의 도표로 나타낼 수 있다. 그림 2.2b에서처럼 그래프 상에 균일한 또는 일정한 속도를 나타내면 직선을 얻을 수 있다.

여기서 직선의 기울기 $\Delta x/\Delta t$는 평균속도, $\bar{v} = \Delta x/\Delta t$와 같다. 균일한 운동의 경우는 $\bar{v} = v$(왜 그럴까?), 기울기 값은 속도의 크기다. 그리고 기울기의 부호는 운동방향을 의미한다. 양의 값을 가지는 기울기는 x 가 시간에 대해 증가하는 것을 나타낸다.

Δx(km)	Δt(h)	$\Delta x/\Delta t$
50	1.0	50 km/1.0 h=50 km/h
100	2.0	100 km/2.0 h=50 km/h
150	3.0	150 km/3.0 h=50 km/h

(a)

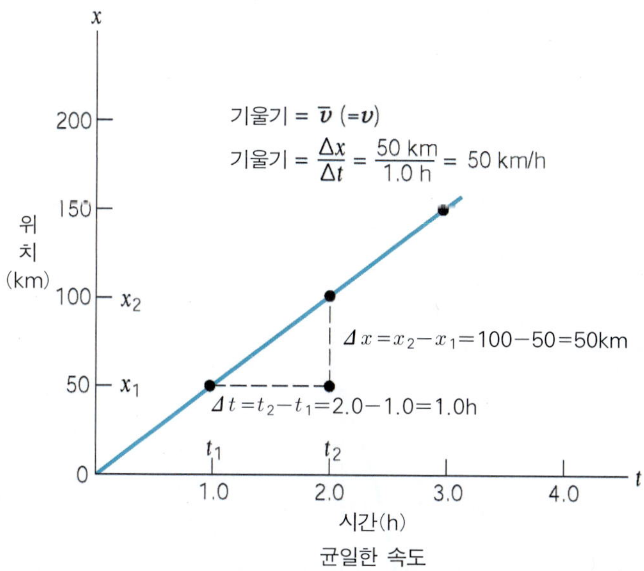

(b)

▲ **그림 2.2 균일한 선형운동**

일정한 속도로 균일한 선형운동을 하는 물체는 일정한 속력(등속도)으로 움직인다. 즉 동일 시간 간격에 동일 거리를 이동한다.

(a) 자동차가 시간당 50 km로 달린다.

(b) x와 t에 대한 직선을 나타낸다. 동일 시간에 동일 변위가 균일한 직선운동 – 일정한 속도 때문이다. 직선의 기울기 값은 곧 속도의 크기이고 기울기의 부호는 속도의 방향을 나타낸다. 이 경우에는 평균속도나 순간 속도와 같다. 왜 그럴까?

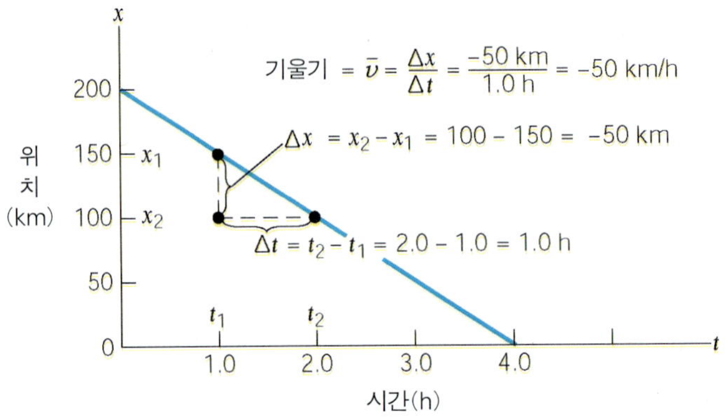

▲ **그림 2.3 x 축의 음의 방향으로 균일한 운동을 하는 물체의 위치와 시간에 대한 그래프**
직선은 x−t에 대한 그래프를 그린 것으로 음의 기울기는 x축 음의 방향으로 균일한 운동을 의미한다. 물체의 위치가 일정한 율로 변하는 것에 주목하라. t=4.0 h에서 물체는 x=0에 있다. 만약 t> 4.0 h에서도 운동이 계속된다면 그래프는 어떻게 될까?

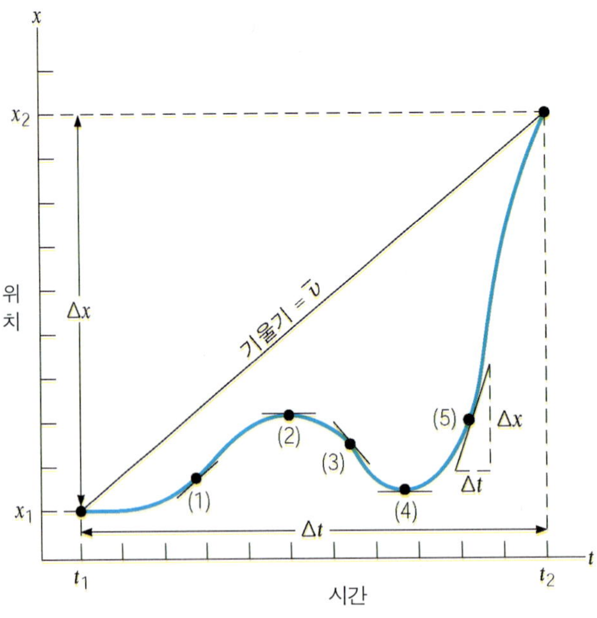

▲ **그림 2.4**
균일하지 않은 운동을 하는 물체에 대한 위치와 시간에 대한 그래프−균일하지 않은 경우 x−t 그래프는 곡선이다. 두 점 사이의 기울기는 그 위치 사이에서 갖는 평균속도이고 곡선상에서 임의의 점에서의 기울기는 순간 속도를 나타낸다. 다섯 개의 접선(Δx / Δt)이 표시되었다. 이 물체의 운동을 기술할 수 있는가?

자동차 운동에 대한 위치 대 시간에 대한 그래프가 그림 2.3에서 보여주는 것처럼 음의 기울기를 가진 직선이라고 하자 이것이 나타내는 것이 무엇인가? 그림에서 보여주듯이 위치(x) 값은 시간에 따라 점점 줄어드는데 이것은 자동차가 균일하게 운동하고 있다는 것을 나타내지만 이 경우 기울기 값이 음이므로 음의 x 축 방향으로 운동과 서로 관계된다.

아주 많은 경우에 물체의 운동은 균일하지 않는데 이런 일차원 운동을 x 대 t 그래프로 그리면 그림 2.4에서 보여주는 것과 같이 곡선이 된다. 임의의 주어진 시간 간격 동안 물체의 평균속도는 출발점과 끝나는 점에 해당하는 곡선 상의 두 점 사이를 잇는 직선의 기울기다. $\bar{v}=\Delta x/\Delta t$ 이므로 그림에서 총 여행 경로에 대한 평균속도는 곡선의 시작점과 끝점을 연결하는 직선의 기울기가 된다.

순간 속도는 우리가 관심있는 시간대에 해당하는 곡선상의 한 점의 기울기와 같다. 그림 2.4에서 다섯 개의 전형적인 접선을 그려놓았다. (1)~(5)에서는 어떤 운동일까?

2.2 가속도

어떤 물체가 일정한 속도로 움직이다가 속도가 변한다고 하자. 그와 같은 속도의 변화율을 가속도라고 부른다.

평균속도와 비슷한 맥락으로 평균가속도는 속도의 변화를 그 속도의 변화가 일어난 시간 간격으로 나누어 준 값으로 정의한다.

$$\text{평균가속도} = \frac{\text{속도의 변화}}{\text{속도변화가 일어난 시간 간격}} \tag{2.5}$$

$$\bar{a} = \frac{\Delta v}{\Delta t}$$

$$= \frac{v_2 - v_1}{t_2 - t_1} = \frac{v - v_0}{t - t_0}$$

가속도의 SI 단위 : 초의 제곱당 미터($\mathrm{m/s^2}$)

속도는 벡터량이므로 마찬가지로 가속도도 벡터량이다. 왜냐하면 가속도는 속도의 변화율을 대신하는 양이기 때문이다. 가속도는 속력의 변화이거나, 방향의 변화 또는 이 두 가지 모두의 변화로 인해 생긴다. 방정식 2.5는 단순하게 다음과 같이

줄여 쓸 수 있는데

$$\bar{a} = \frac{v - v_0}{t} \tag{2.6}$$

여기서 t_0는 영으로 본다(v_0는 영이 아닐 수 있어 일반적으로 생략될 수 없다.).

순간 속도와 비슷하게 순간 가속도는 어떤 특정한 시간에 대한 가속도이다. 이것을 수학적으로 표시하면

$$a = \lim_{\Delta t \to 0} \frac{\Delta v}{\Delta t} \tag{2.7}$$

시간 간격이 0에 가까워지는 조건은 순간 속도에서 적용되었던 것과 같다.

우리가 공부하고자 하는 운동은 문제를 간단히 하기 위해서 등가속도(=가속도가 일정)의 경우만 생각한다. 등가속도에서는 가속도의 평균값이 항상 일정하여 $\bar{a} = a$이다. 따라서 식 2.6을 다시 쓰면 다음과 같다.

$$v = v_0 + at \quad \text{(등가속도에만 적용)} \tag{2.8}$$

예제 2.2 ■ 등가속도 운동

정지상태에서 자동차 경기 선수가 일정한 가속력 5.5 m/s^{2}으로 직선을 따라 가속하고 있다.

a) 6초 후 이 선수의 속도는?

b) 만약 낙하산을 펴서 2.4 m/s^{2}씩 균일하게 감속하면 이 선수가 멈출 때까지 시간이 얼마나 걸리겠는가?

풀 이

a) 식 2.8에서

$$v_1 = v_0 + a_1 t_1 = 0 + (5.5\ \text{m/s}^2)(6.0\ \text{s}) = 33\ \text{m/s}$$

b) 식 2.6에서 t_2를 구하는데 (a)에서 구한 값 $v_1 = 33$ m/s가 $v_0 = v_1 = 33$ m/s이므로

$$t_2 = \frac{v_2 - v_0}{a_2} = \frac{0 - (33\ \text{m/s})}{-2.4\ \text{m/s}^2} = 14\ \text{s}$$

기대한대로 시간은 양의 값을 얻었다.

등가속도 운동의 경우에 평균속도 $\bar{v}$는 초기 속도와 마지막 속도의 평균치가 된다 :

$$\bar{v} = \frac{v + v_0}{2} \quad \text{(등가속도에만 적용)} \tag{2.9}$$

2.3 운동방정식

등가속도를 가진 일차원적 운동을 기술하는 데는 기본 방정식이 필요하다. 앞 절에서 이들 방정식은

$$x = x_0 + \bar{v}t \tag{2.3}$$

$$\bar{v} = \frac{v + v_0}{2} \quad \text{(등가속도일 경우만)} \tag{2.9}$$

$$v = v_0 + at \quad \text{(등가속도일 경우만)} \tag{2.8}$$

만약에 운동문제를 푸는데 위치 x가 평균속도와 시간으로 주어지는 식이 아닌 가속도와 시간의 항으로 표시되는 것을 원한다고 해보자. 식 2.9를 식 2.3에 대입하면

$$x = x_0 + \bar{v}t$$

와

$$x = x_0 + \frac{1}{2}(v + v_0)t \quad \text{(등가속도일 경우만)} \tag{2.10}$$

그후 식 2.8을 식 2.10에 대입하고 간단하게 하면

$$x = x_0 + v_0 t + \frac{1}{2}at^2 \quad \text{(등가속도일 경우만)} \tag{2.11}$$

속도를 시간 t 대신 위치 x의 함수로 푸는 것을 원할 수도 있다. 식 2.10과 식 2.8을 사용해서 t를 소거하면

$$v^2 = v_0^2 + 2a(x - x_0) \quad \text{(등가속도일 경우만)} \tag{2.12}$$

2.4 자유낙하

가속도가 일정한 경우 중 하나는 지구 표면 근처에서 중력에 의한 가속도다. 물체가 떨어지게 되면 물체의 초기속도(물체가 떨어지는 그 순간)는 영이다. 그러나 물체가 떨어지는 동안 물체의 속도는 중력가속도에 의해서 증가하게 된다. 지구 표면 가까이에서 중력에 의한 가속도(g)는 근사적으로

$$g = 9.80\ \text{m/s}^2 \quad \text{(중력에 의한 가속도)}$$

(또는 $980\ \text{cm/s}^2$) 그리고 지구 중심을 향해 아래 방향으로 향한다.

g에 대해 여기서 주어진 값은 단지 근사값인데 중력에 의한 가속도는 지구 표면이 고르지 못하고 지구의 질량밀도가 지역적으로 다르기 때문에 위치에 따라 결과적으로 약간씩 차이가 있다. 여기서는 공기저항의 영향은 무시하기로 한다. 오직 중력영향만 받고 운동하는 물체는 자유낙하 중에 있다고 말한다.

물체를 정지상태에서 놓거나 또는 위 방향이나 아래 방향으로 던져지는 것은 일단 정지상태에서 벗어나면 완전히 자유낙하다.

동일 높이에서 동전과 깃털을 떨어뜨리면 깃털은 동전보다 더 큰 공기저항을 받

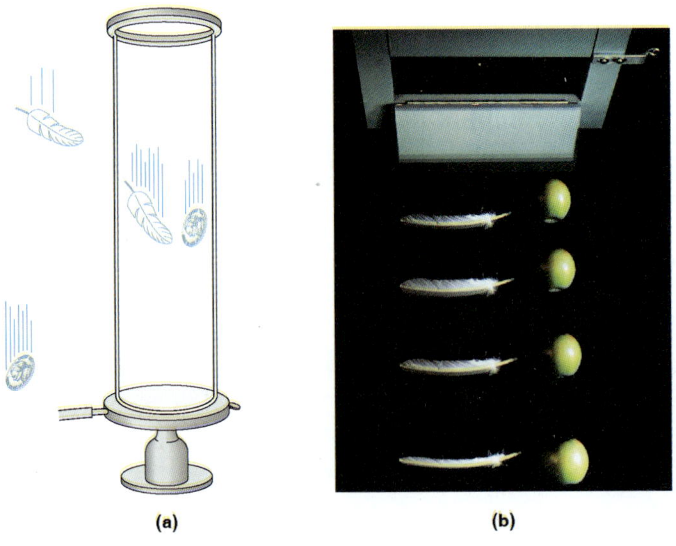

▲ 그림 2.5 자유낙하와 공기저항

아 훨씬 더 천천히 떨어진다. 그러나 거의 진공상태의 진공에서는 거의 무시할만한 공기저항이 있고 그림 2.5와 같이 깃털과 동전은 같은 속도를 갖는다.

보통은 g를 수직축 방향으로 사용하고 축의 위 방향을 양으로 잡는다. 중력에 의한 가속도는 항상 아래 방향으로 향하기 때문에 가속도는 음의 y축 방향이다. 이 음의 가속도 $a=-g=-9.80\ \mathrm{m/s^2}$은 운동방정식에 대입되어야 된다.

$$v = v_0 - gt \tag{2.8'}$$

$$y = y_0 + v_0 t - \frac{1}{2} gt^2 \text{(여기서 자유낙하의 경우 } a_y = -g\text{를 사용)} \tag{2.11'}$$

$$v^2 = v_0 - 2g(y - y_0) \tag{2.12'}$$

예제 2.3 ■ 아래로 던진 돌

다리 위에서 돌을 곧장 아래로 던졌다. 다리 밑에는 강이 흐르고 있다고 한다. 초기속도 14.7 m/s로 돌을 던져서 2초 후에 강물 표면에 닿았다고 한다면 강물 표면에서부터 다리까지 높이는 얼마나 될까?

풀이

g는 양의 수임을 알자. 왜냐하면 이미 "−" 부호를 앞에서 주어진 운동방정식에 포함했기 때문이다. 주어진 값을 이용해서 어떤 방정식을 이용하면 답을 구할 수 있을까? 시간 t 동안에 돌이 이동한 거리는 식 2.11′에서 구할 수 있다. $y_o=0$ 으로 잡고

$$y = v_o t - \frac{1}{2} gt^2 = (-14.7\ \mathrm{m/s})(2.00\ \mathrm{s}) - \frac{1}{2}(9.8\ \mathrm{m/s^2})$$
$$(2.00\ \mathrm{s})^2 = -29.4\ \mathrm{m} - 19.6\ \mathrm{m} = -49.0\ \mathrm{m}$$

여기서 "−" 부호는 돌의 이동방향이 아래 방향이라는 것을 의미한다. 따라서 다리의 높이는 49.0 m이다.

예제 2.4 ■ 위와 아래 방향으로 자유낙하

광고판 앞에서 매달린 발판에 서있는 작업자가 연직 위 방향으로 공을 던졌다. 작업자의 손을 떠날 때(그림 2.6) 공의 초기 속력은 11.2 m/s이었다.

a) 공이 도달한 최고 높이를 간판의 꼭대기점을 기준으로 하면 얼마나 될까?

b) a)번에서 구한 최고 높이에 도달하는데 걸리는 시간은 얼마나 될까?

c) 시간 $t=2.0$ s에서 공의 위치는 얼마인가?

풀이

a) 우리가 기준하는 초기 위치는 ($y=0$) 간판의 제일 꼭대기인 것에 주목하라.

여기서 우리가 관심있는 부분은 위 방향으로의 운동만이다. 공을 위로 던지면 일단은 y_{max}에서 멈춘다. y_{max}에서 $v=0$이므로 식 2.12′에서

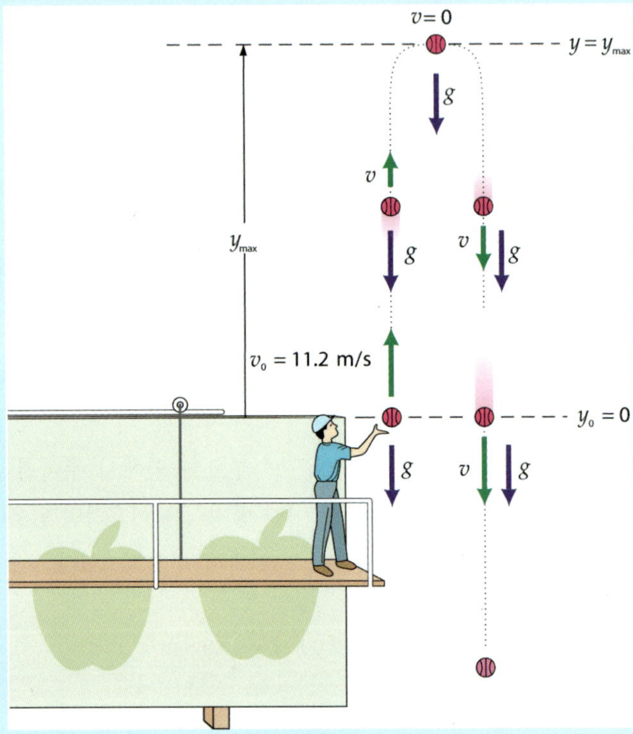

▲ 그림 2.6

$$v^2=0=v_0^2-2\,gy_{max}$$

이므로

$$y_{max}=\frac{(v_0)^2}{2g}=\frac{(11.2\,\mathrm{m/s})^2}{2(9.80\,\mathrm{m/s^2})}=6.40\ \mathrm{m}$$

이 높이는 간판 제일 꼭대기에서부터 높이다(그림 2.6 참조).

b) 최고 높이에 도달한 시간을 t_u, 즉 공이 최고 높이에 도달하는데 걸리는 시간이고 최고 높이에서 $v=0$이다. v_o와 v를 알므로 식 2.8′에서 이들 값을 직접 대입하면

$$v=0=v_o-gt_u$$

$$t_u=\frac{v_o}{g}=\frac{11.2\ \mathrm{m/s}}{9.80\ \mathrm{m/s^2}}=1.14\ \mathrm{s}$$

c) $t=2.00$초에서 공의 높이는 식 2.11에서 주어지므로

$$y=v_ot-\frac{1}{2}gt^2=(11.2\ \mathrm{m/s})(2.00\ \mathrm{s})-\frac{1}{2}(9.80\ \mathrm{m/s^2})(2.00\ \mathrm{s})^2$$

$$=22.4\ \mathrm{m}-19.6\ \mathrm{m}=2.8\ \mathrm{m}$$

다른 기준점에서 c)의 상황을 고려해 보고자 한다. 간판의 꼭대기에서 던진 공이 도달한 최고 높이 (y_{max})에서 초기속도 $v_o=0$으로 공을 떨어뜨리는 것을 상상하여 시간 $t=2.00\ \mathrm{s}-t_u=2.00\ \mathrm{s}-1.14\ \mathrm{s}=0.86\ \mathrm{s}$ 동안에 얼마나 멀리 공이 떨어지겠는가 알아보자. 이것의 답은 (최고 높이에서 $y_o=0$이므로)

$$y=v_ot-\frac{1}{2}gt^2=0-\frac{1}{2}(9.80\ \mathrm{m/s^2})(0.86\ \mathrm{s})^2=-3.6\ \mathrm{m}$$

이 높이는 앞서 구한 위치와 같으나 이 경우는 최고 높이를 기준점으로 해서 측정한 위치이므로

$$y_{max}-3.6\ \mathrm{m}=6.4\ \mathrm{m}-3.6\ \mathrm{m}=2.8\ \mathrm{m}$$

즉 출발점으로부터 위로 2.8 m되는 곳이다.

공기저항이 없이 위 방향으로 던진 물체의 자유낙하의 경우 물체가 올라갔다가 내려온다면 올라간 시간과 내려오는 시간이 같다. 또한 궤도의 제일 꼭대기에서 물체의 속도는 그 순간에 영이지만 가속도는 영이 아니고 $9.80\ \mathrm{m/s^2}$아래 방향으로 향한다. 끝으로 물체는 초기 발사 지점에서 가지고 있던 속도와 같은 속도로 출발점으로 되돌아온다. (이때 이들 속도는 같은 크기지만 방향이 서로 반대다.)

연습문제

1. 학생이 어깨 높이에서 돌을 연직 위로 던지었다. 어깨 높이는 지상에서 1.65 m된다고 한다. 이 돌이 올라갔다 내려오다 땅에 부딪칠 때 이 돌이 운동한 총 변위는 얼마인가?

2. 머리가 한 달에 2.0 cm (2.0 cm/month) 자란다. 대학생의 머리가 1.5 cm 이다. 머리가 3.5 cm 일 때 깍을 거라고 한다. 다음에 이발소에 가기까지는 얼마나 걸리는지 계산하라.

3. 스포츠카가 0에서 60 mi/h로 3.9초 동안에 가속할 수 있다. 이 자동차의 평균가속도 크기를 m/s^2 으로 계산하라.

4. 바퀴와 제동장치가 아주 좋은 자동차가 건조한 포장도로를 60 km/h 속력으로 달리던 중 전방에 장애물을 보고 운전자가 브레이크를 밟아 50m 지나 정지하였다. 만약 이 제동이 균일하게 이루어졌다면 자동차의 가속도는 얼마인가?

5. 착륙 후 비행기가 직선 활주로에서 평균속도 35.0 km/h로 멈추었다. 만약 비행기가 멈추어질 때까지 7.00초 걸렸다고 하면 이 비행기의 초기속도와 가속도는 얼마인가?

6. 달과 지구에서의 자유낙하가 어떻게 다른지 설명하라.

7. 100 km/h로 달리는 픽업 트럭 운전자가 $6.50\ m/s^2$ 의 균일한 감속으로 제동하는 동안 20.0 m 움직였다.
   (a) 20.0 m 이동한 후 종착된 지점에서 트럭의 속력을 km/h로 계산하라.
   (b) 시간은 얼마나 걸렸을까?

8. 자유낙하하는 물체가 (a) 초당 9.8 m (b) 제일 처음 1초 동안 9.8 m/s (c) 매초 9.8 m/s 증가 (d) 매초 당 $9.8\ m/s^2$ 씩 가속도가 증가한다. 맞는 답을 선택하라.

9. 소년이 달 표면에서 돌을 위로 초기 속도 15 m/s로 던졌다. 이 공이 달 땅에 떨어지기 전 도달할 수 있는 최고 높이는 얼마인가? 달의 중력가속도는 $1.67\ m/s^2$ 이다.

3 이차원 운동

AILLWEE CAVE
OPEN TO VISITORS
GAILLIMH 30
GALWAY
ONVARNA 19
OAST ROAD
CEANN BOIRNE
BLACK HEAD 6
L54
T
LIOS DÚIN BHEARNA 10
69 LISDOONVARNA
IONAD IASCAIREACHTA km
SHORE ANGLING
CENTRE 16
GREGANS
CASTLE HOTEL

한 장소에서 다른 장소로 가기 위해서는 십자로에서 목적지로 향하는 길이 어떤 길인지 아는 것이 중요하다. 그러나 한 번이라도 왜 많은 길이 서로 직각으로 만나는지에 대해 생각해 보았는가? 두 개의 서로 수직인 축을 이용해서 표시하는 것이 가장 쉬운 방법이다. 만약에 시골에서 만났다면 "남쪽으로 8 km 가고 그 다음 동쪽으로 1 km를 더 가시오."라고 말할 수 있다.

운동을 기술하는데도 똑같은 방법으로 사용할 수 있다. 또 운동은 반드시 직선으로 될 필요는 없다. 곧 알게 되겠지만 2장에서 소개된 일반화된 벡터는 곡선운동에도 사용할 수 있다. 곡선운동에 대한 분석은 야구방망이에 맞고 날아가는 공의 운동이나 태양주위를 돌고 있는 행성의 운동이나 원자 주위를 도는 전자의 운동을 풀이하는데 사용할 수 있다. 근본적으로 곡선운동은 직각성분(x와 y)으로 나누거나 분해하여 운동을 이차원으로 보는 것이다.

3.1 운동성분

그림 3.1에서 그려진 상황을 생각해보자. 여기서 세 개의 공이 책상 위에서 책상을 가로질러 균일하게 굴러가고 있다고 하자. 이때 책상의 한 변을 따라 굴러가고 있는 공은 그 공이 굴러가고 있는 책상의 변을 x축이라고 잡으면 그 공의 운동은 일차원적으로 기술할 수 있다.

유사하게 공이 직선으로 굴러가는 궤적을 y축이라고 잡으면 y축 단독으로 공의 운동을 일차원으로 기술할 수 있다. 그러나 좌표축이 고정되어 있다고 하면 책상의 대각선을 따라 굴러가는 공의 운동을 기술하기 위해서는 공의 운동좌표계를 선택하는데 있어 x와 y축이 필요하다.

그림 3.1a에서 보여주는 것과 같이 테이블 대각선을 따라 움직이는 공의 운동에서는 동시에 x와 y방향으로 공이 움직이는 것을 생각할 수 있다. 즉 같은 시간에 x방향으로의 속도 (v_x)와 y방향으로 속도 (v_y)가 있다. 이들 속도성분의 합성성분은 공의 실제운동을 기술한다. 만약 공이 x축에 대해 가 θ인 방향으로 일정한 속도를 가진다면 그림 3.1a에서 그려준대로 x 방향으로의 속도와 y방향으로 속도는 속도벡터를 이 두 방향으로 성분나누기를 하여 얻을 수 있다. 이 그림에서 보여주는 것같이 v_x와 v_y 성분은 각각 크기가

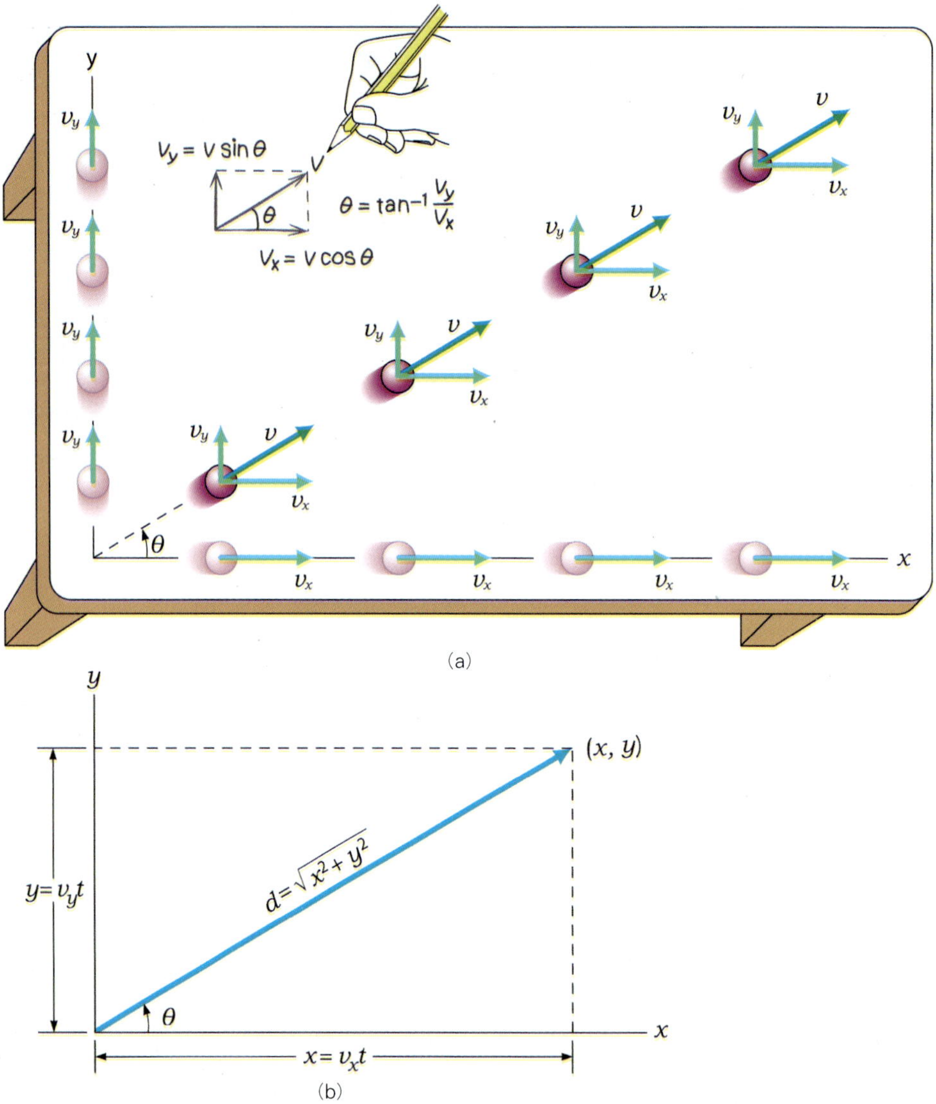

▲ **그림 3.1 균일한 직선 운동에 대한 운동성분**

(a) 속도(그리고 변위)-진한 보라색 공의 속도-는 x와 y성분을 가지고 있다. 연필그림으로 그려진 (v_x 와 v_y), 좌표계 선택 때문에 x방향의 속도와 변위는 x축으로 균일한 속도로 굴러가는 공이 가지는 것과 정확하게 같다. y축으로 운동하는 공의 경우도 x축으로 굴러가는 경우와 같다. 균일한 운동이므로 속도비 v_y/v_x (그리고 θ)는 일정하다.

(b) 시간 t에서 공의 위치를 나타내는 좌표(x, y)와 원점에서부터 공이 있는 곳까지 거리 d

$$v_x = v\cos\theta \tag{3.1a}$$

와

$$v_y = v\sin\theta \qquad (3.1b)$$

이다($v = \sqrt{v_x^2 + v_y^2}$ 이고 v는 속도벡터의 합벡터이다).

우리는 직각좌표계에서 x와 y 좌표를 찾아 이차원적 길이 성분의 사용법에 대해 잘 알고 있다. 테이블에서 굴러가는 공에 대해 공의 위치(x, y)에서 또는 시간 t에서 각 성분방향으로 원점에서부터 공이 굴러간 거리에 대한 성분별 크기는 다음과 같이 주어진다(식 2.11에서 $a = 0$일 때).

$$x = x_0 + v_x t \qquad \text{(가속도가 0인 등속도의 경우)} \qquad (3.2a)$$

$$y = y_0 + v_y t \qquad (3.2b)$$

(여기서 x_0와 y_0는 $t = 0$에서 공의 위치이고 이 값은 영이 아닐 수 있다.)

원점에서 공까지 직선거리는 $d = \sqrt{x^2 + y^2}$ 이다(그림 3.1b).

$\tan\theta = v_y/v_x$인 것을 염두에 두자(그림 3.1a에서 손으로 그린 스케치를 보라). 그러면 x축에 대한 운동방향은 $\theta = \tan^{-1}(v_y/v_x)$이고, 또한 $\theta = \tan^{-1}(y/x)$가 된다.

만약에 등가속도(가속도 성분 a_x와 a_y)가 있다면 평면운동에 대한 속도성분과 변위성분은 2장의 운동방정식으로부터 각각 구할 수 있다. x와 y 방향으로 나누어 쓰면

$$x = x_0 + v_{x0}t + \frac{1}{2}a_x t^2 \qquad (3.3a)$$

$$y = y_0 + v_{y0}t + \frac{1}{2}a_y t^2 \qquad \text{(등가속도일 경우만)} \qquad (3.3b)$$

$$v_x = v_{x0} + a_x t \qquad (3.3c)$$

$$v_y = v_{y0} + a_y t \qquad (3.3d)$$

3.2 벡터 합과 뺄셈

벡터 덧셈을 위해서 일반적으로 기하학적(그림으로 그려서 하는 법)방법과 해석적(계산)방법이 있다. 기하학적 방법은 특히 스케치로 벡터합의 개념을 시각적으로 보게 하는데 도움을 주지만 해석적 방법이 더 많이 사용된다. 왜냐하면 해석적 방법으로는 벡터 합을 보다 빨리 정확하게 얻을 수 있기 때문이다.

벡터 성분별 크기에 대한 표기는 예를 들면 v_x와 v_y다. 벡터를 표시하는 기호로는 $\vec{A}$와 $\vec{B}$와 같이 두꺼운 글자 위에 화살표를 문자 위에 표시해서 사용할 것이다.

■ 벡터 합 : 기하학적 방법

삼각형 방법 두 벡터를 합하기 위해서 삼각형 방법에 의해 $\vec{A}$에 $\vec{B}$를 더한 것 - 처음에 $\vec{A}$를 그래프 종이에 어떤 축척비율로 크기를 그린다(그림 3.2a). 예를 들면 만약 $\vec{A}$가 단위를 미터로 표시하는 변위벡터라면 편리한 축척으로 1 cm 벡터 크기를 1 m의 변위를 대신하는 것으로 그래프 종이에 그린다. 그림 3.2b에서 보여주는 것처럼 벡터 $\vec{A}$의 방향은 좌표축(보통은 x축)과 θ만큼의 각으로 놓여 있게 표시한다.

다음 $\vec{B}$를 더하기 위해 $\vec{A}$의 머리에 $\vec{B}$의 꼬리를 잇대서 그린다. $\vec{A}$ 벡터의 꼬리에서부터 $\vec{B}$의 머리끝을 연결한 합벡터 $\vec{R}$이 두 벡터의 합이 된다. : $\vec{R}=\vec{A}+\vec{B}$.

$\vec{R}$의 크기는 그래프로 그려진 대로 자로 재고 그리고 축척에 사용된 비율을 곱해 주면 실제 크기를 구할 수 있다. 이와 같이 그래프를 그려서 얻는 방법에서 각도 θ_R은 각도기로 재면 그 각이 실제 각이 된다. 만약 $\vec{A}$와 $\vec{B}$의 크기와 방향(방향각 θ)을 알면 $\vec{R}$의 크기와 방향을 삼각형 방법을 사용해서 해석적으로 알 수 있다. 그림 3.2b에서처럼 직각삼각형이 아닌 경우에는 사인이나 코사인법칙을 사용할 수 있다(참고 부록 I). 이 머리끝에 꼬리를 붙이는 방법은 벡터가 몇 개건 수효에 상관없이 적용될 수 있다. 첫 번째 벡터 꼬리와 마지막 더해 주는 벡터의 머리끝을 연결하면 벡터의 합벡터가 된다. 두 개 이상의 벡터에 대해서 이와 같은 방법을 다각형법이라고도 한다.

그림 3.2c에서와 같이 직각삼각형 벡터의 합성에서 벡터 크기는 피타고라스 정리를 사용하면 쉽게 알 수 있고 방향각은 역삼각함수를 이용하면 알 수 있다.

벡터 뺄셈은 벡터 합의 특별한 경우다.

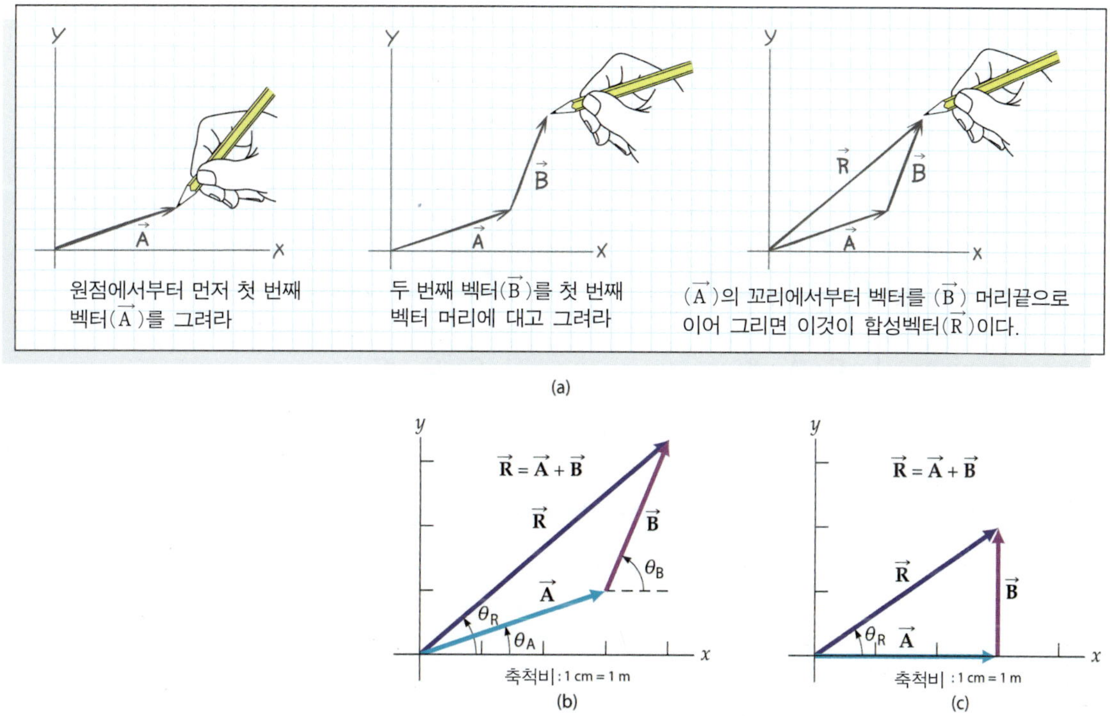

▲ 그림 3.2 벡터 덧셈의 삼각법

(a) 벡터 $\vec{A}$와 $\vec{B}$가 머리끝과 꼬리가 닿게 놓여 있다. $\vec{A}$의 꼬리로부터 $\vec{B}$ 머리끝과 연결한 벡터는 삼각형의 세 번째 변을 만들고 그 벡터는 합성벡터이며 $\vec{R}=\vec{A}+\vec{B}$ 이다.

(b) 벡터를 축척(실제 크기를 일정 비율로 작게 줄이는 것)해서 그리면 $\vec{R}$의 길이를 측정해서 그 측정된 축척길이는 축척비를 이용하여 환산하고 각도기를 이용해서 방향각 θ_R을 알면 $\vec{R}$의 크기를 알 수 있다. 해석적 방법을 사용할 수도 있다. 직각삼각형이 아닌 경우는 (b)의 경우처럼 사인이나 코사인 법칙을 이용해 크기 $\vec{R}$와 θ_R을 결정할 수 있다.

(c) 만약 벡터가 직각삼각형이면 피타고라스 정리를 이용하여 쉽게 $\vec{R}$을 구할 수 있고 역삼각함수로 방향각을 알 수 있다.

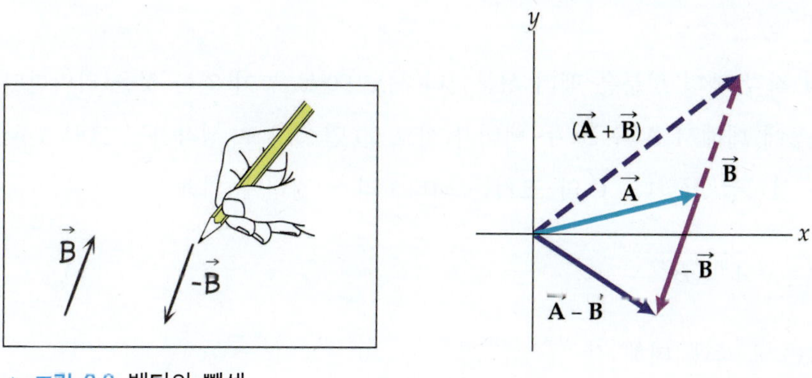

▲ 그림 3.3 벡터의 뺄셈

벡터 뺄셈은 벡터 덧셈의 특별한 경우이다 : 즉 $\vec{A}-\vec{B}=\vec{A}+(-\vec{B})$. 여기서 $-\vec{B}$는 $\vec{B}$와 같은 크기를 가지고 있지만 방향은 반대다(그림을 보라). 그래서 $\vec{A}+\vec{B}$는 $\vec{B}-\vec{A}$ 와 크기나 방향이 같지 않다. 기하학적으로 $\vec{B}-\vec{A}=-(\vec{A}-\vec{B})$를 증명할 수 있는가?

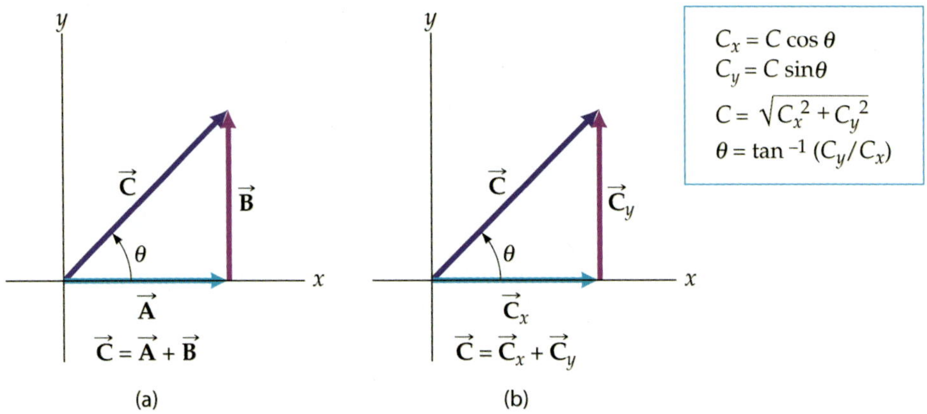

▲ 그림 3.4 벡터 성분

(a) x 축과 y 축을 따라 놓여 있는 벡터 $\vec{A}$와 $\vec{B}$를 합하면 $\vec{C}$가 된다.
(b) 벡터 $\vec{C}$는 직각성분 $\vec{C}_x$와 $\vec{C}_y$로 나뉘어진다.

$$\vec{A} - \vec{B} = \vec{A} + (-\vec{B})$$

즉 $\vec{A}$에서 $\vec{B}$를 빼기 위해서는 $\vec{A}$에 음의 $\vec{B}$를 합하면 된다. 벡터 $-\vec{B}$는 $\vec{B}$와 같은 크기를 가지고 방향은 반대이다(그림 3.3). 그림 3.3의 벡터그림은 $\vec{A} - \vec{B}$를 그래프로 그려놓은 것이다.

■ 벡터 성분과 해석적 성분 방법

다중 벡터 합을 구하는데 가장 널리 사용되는 해석적 방법은 성분 방법이다.

직각 벡터 성분 합하기

x와 y축의 직각 벡터 성분은 벡터 성분끼리 서로 90°로 놓여 있는 것을 의미한다. 일반적인 경우에 대해서 $\vec{A}$와 $\vec{B}$ 두 벡터가 서로 90°인 것으로 생각하고 그림 3.4에서 보여주는 것처럼 합한다. $\vec{C}$의 크기는 피타고라스 정리에 의해

$$C = \sqrt{A^2 + B^2} \tag{3.4a}$$

$\vec{C}$의 방위는 x 축에 대해 각

$$\theta = \tan^{-1}\left(\frac{B}{A}\right) \tag{3.4b}$$

이 표기는 합벡터가 크기와 각의 형태로 어떻게 표시되는지를 보여준다.

벡터를 직각성분으로 분해하기 : 단위벡터

벡터를 직각성분으로 분해하는 것은 벡터의 직각성분을 합하는 것의 역과정이다. 주어진 $\vec{C}$ 벡터로 그림 3.4b에서 어떻게 C_x와 C_y성분으로 나눠지는지 보여준다. 단순히 x와 y성분으로 벡터 삼각형을 완성하는 것이다. 그림에서 보여주는 것처럼 이들 성분의 크기 또는 벡터 길이는 다음과 같다.

$$C_x = C\cos\theta \quad \text{(벡터 성분)} \qquad (3.5a)$$

$$C_y = C\sin\theta \qquad (3.5b)$$

$\vec{C}$의 방향각은 성분으로 표시할 수 있다. 왜냐하면 $\tan\theta = C_y/C_x$ 또는

$$\theta = \tan^{-1}\left(\frac{C_y}{C_x}\right) \quad \text{(벡터 성분의 크기로부터 벡터의 방향)} \qquad (3.6)$$

이다.

벡터의 방향과 크기를 표시하는 다른 방법은 단위벡터를 사용하는 방법이 있다. 예를 들면 그림 3.5에서 보여준 것처럼 벡터 $\vec{A}$는 $\vec{A} = A\hat{a}$로 쓸 수 있다. 수치적 크기는 A로 대신하고 $\hat{a}$는 단위벡터라고 부른다. 즉 단위벡터의 크기는 1이다.

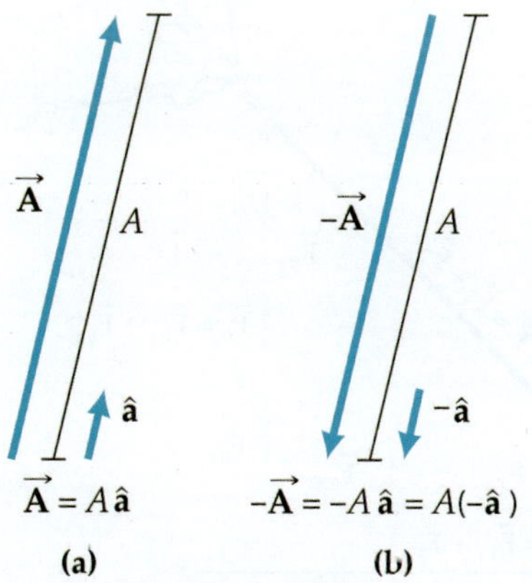

▲ 그림 3.5 단위벡터

(a) 단위벡터 $\hat{a}$는 단위 크기를 가지거나 또는 크기가 1이다. 그러므로 단위벡터는 방향만 가리킨다. 크기를 A로 쓰면 벡터 $\vec{A}$는 $A\hat{a}$로 쓴다.

(b) $-\vec{A}$ 벡터는 단위벡터가 $-\hat{a}$이고 $-\vec{A} = -A\hat{a} = A(-\hat{a})$이다.

x와 y 방향의 단위벡터 $\hat{\mathbf{x}}$와 $\hat{\mathbf{y}}$를 사용해서 일반적인 벡터를 표시하는 것이 더 편리할 수도 있다.

$$\vec{\mathrm{C}} = C_x\hat{\mathbf{x}} + C_y\hat{\mathbf{y}} \tag{3.7}$$

■ 성분을 이용한 벡터 합

벡터 합의 해석적 성분 방법은 직각성분으로 벡터를 분해하여 성분별로 나누어 성분별로 따로따로 독립적으로 더하는 작업이 포함되어 있다. 이 방법은 그림 3.6에서 벡터 $\vec{\mathrm{F}}_1$과 $\vec{\mathrm{F}}_2$에 대해 그림으로 그려 놓았다. 이 x 성분과 y 성분을 성분별로 더한 각 성분의 합이 곧 합벡터가 된다.

만약에 세 개 또는 두 개 이상의 벡터를 더한다면 똑같은 원리를 적용하면 된다. 머리끝에 꼬리를 붙이는 방법을 이용하여 합벡터를 구할 수 있었다.

성분 방법에 의한 해석적인 벡터 합을 구하는 과정은 다음과 같이 요약할 수 있다 :

1. 벡터를 x, y 성분으로 분해하여 같은 성분끼리 더한다. x축과 벡터 사이각은 90°보다 작은 각을 사용한다. 그리고 벡터성분이 음인지 양인지 방향을 표시한다(그림 3.7).
2. 모든 x 성분끼리 합하고 모든 y 성분끼리 벡터적으로 합해 합벡터 또는 벡터 합의 x 성분과 y 성분을 각각 구한다.

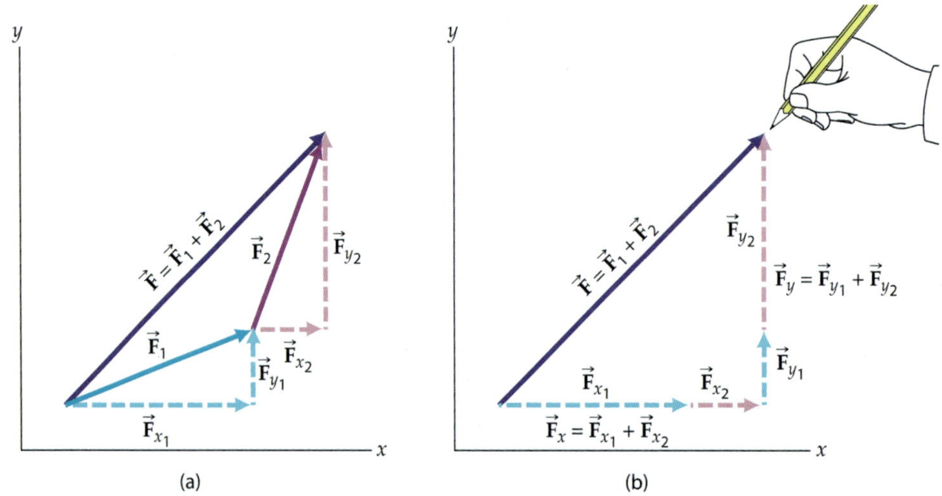

▲ 그림 3.6 성분 덧셈

(a) 성분 방법을 이용하여 벡터 합을 구하기 위해서는 각각의 벡터를 먼저 x와 y 성분으로 나눈다.
(b) $\vec{\mathrm{F}}_1$과 $\vec{\mathrm{F}}_2$의 각각의 성분 합은 $\vec{\mathrm{F}}_x = \vec{\mathrm{F}}_{x_1} + \vec{\mathrm{F}}_{x_2}$와 $\vec{\mathrm{F}}_y = \vec{\mathrm{F}}_{y_1} + \vec{\mathrm{F}}_{y_2}$이다.

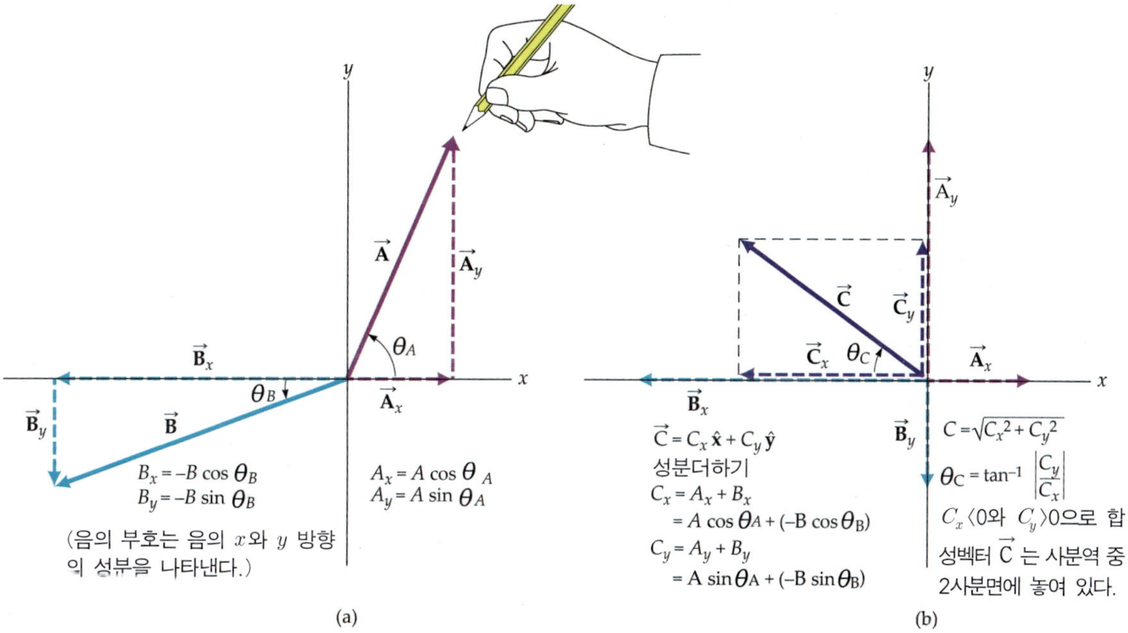

▲ **그림 3.7 해석적 성분 방법에 의한 벡터 합**

(a) 벡터를 x 성분과 y 성분으로 나눈다.

(b) 모든 x 성분과 모든 y 성분을 합벡터의 x 성분과 y 성분 $\vec{C}_x$와 $\vec{C}_y$를 얻기 위하여 벡터적으로 더한다. 합벡터를 성분형태로 표시하거나 크기–방향의 형태로 표시한다. 모든 각은 $+x$ 또는 $-x$축을 기준으로 하고 90°보다 작게 되도록 잡는다.

3. 다음을 사용하여 합벡터를 표시하라.
   a) 단위벡터 성분형태로 예를 들면 $\vec{C} = C_x\hat{\mathbf{x}} + C_y\hat{\mathbf{y}}$ 또는
   b) 크기–각 형태

합벡터의 크기와 각도는 다음과 같다.

$$C = \sqrt{C_x^2 + C_y^2}$$

$$\theta = \tan^{-1}\left|\frac{C_y}{C_x}\right|$$

또 우리는 이차원 (평면에서) 운동에 국한하여 취급했지만 성분 방법은 삼차원의 경우에도 쉽게 이차원의 경우와 같은 방법을 적용할 수 있다.

3.3 포물체 운동

이차원적 곡선운동으로 우리한테 아주 친숙한 예는 어떤 수단으로 발사되거나 던져진 물체의 곡선운동이다. 포물체 운동 역시 자유 낙하운동이다. 왜냐하면 포물체에 작용하는 가속도는 오로지 중력에 의한 것뿐이기 때문이다. 단순히 그 운동 성분을 x 성분과 y 성분으로 나누어 벡터 성분법으로 포물체 운동을 분석하는데 사용할 수 있다.

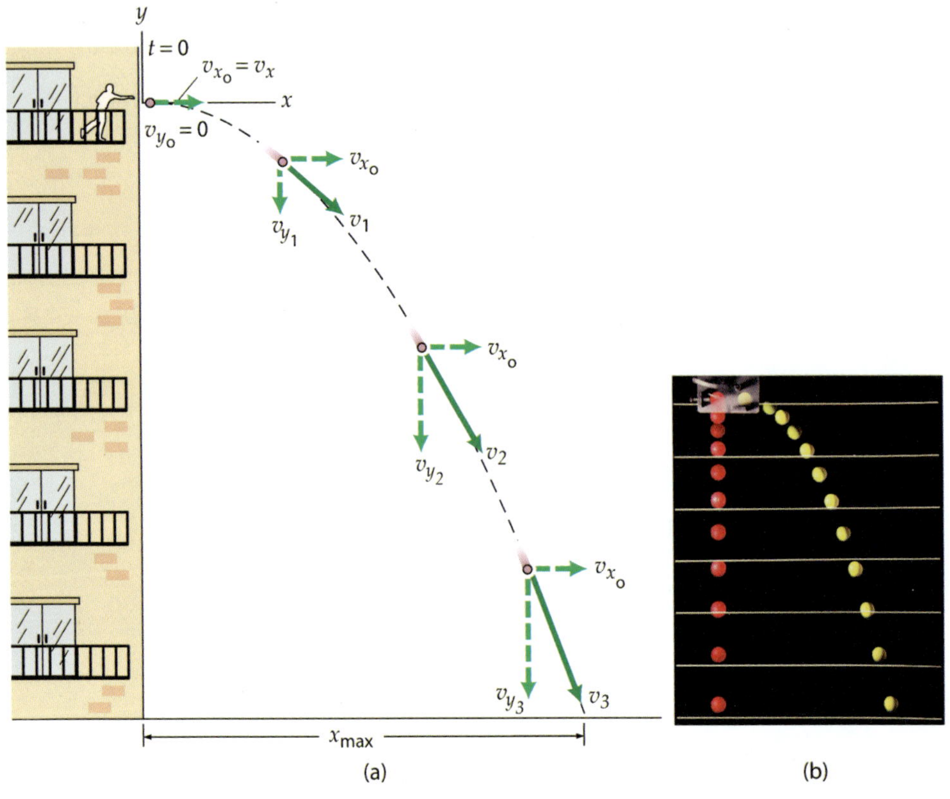

▲ 그림 3.8 **수평으로 던지기**

(a) 수평으로 투사된 물체의 속도 성분은 물체가 아래로 떨어짐에 따라 직각으로 이동하는 것을 보여준다.

(b) 다중 노출된 사진은 두 개의 골프공의 궤적을 보여준다. 하나는 수직으로 떨어지는 공과 같은 시간에 투사된 것이다. 수평선은 15 m 간격으로 그렸다. 노출 시간은 1/30초이다. 공의 수직운동은 똑같다. 왜 그럴까? 노란색 공의 수평운동을 기술할 수 있는가?

■ 수평으로 던지기

먼저 수평으로 던져진 물체의 운동을 분석하는 것으로 포물체 운동을 분석해보자. 물체를 초기속도 v_{x_0}로 (그림 3.8에서처럼) 수평으로 던진다고 하자. 일단 물체가 던져지면 더 이상 가속도의 수평성분은 없다. 그래서 물체의 운동경로를 통해 언제나 속도의 수평성분은 일정하게 남아 있게 된다 : $v_x = v_{x_0}$.

포물체는 투사되자마자 균일한 속도로 수평방향으로 날아가면서 동시에 중력의 영향으로 아래 방향으로 가속도를 경험하게 된다. 그 결과는 그림 3.8에서 그려진 것처럼 곡선 궤적이다. 만약 수평운동이 없다면 물체는 그냥 간단하게 직선으로 땅에 떨어질 것이다.

그림 3.8a에 그려진 속도벡터의 성분을 주목하라. 속도의 수평성분 길이는 항상 같다. 그러나 수직성분 길이는 시간에 따라 길어진다. 그림 3.8b에 사진은 수평방향으로 친 골프공의 실제 운동을 보여주고 다른 하나는 정지상태에서 동시에 떨어뜨린 경우를 보여준다. 수평기준선은 동일한 비율로 수직으로 공이 떨이지는 것을 나타내 준다. 두 그림의 차이는 수평으로 던져진 공의 운동과 수직으로 떨지는 공의 운동 모두 결과적으로는 같은 운동을 한다는 것을 보여주고 있다.

예제 3.1 ■ 어떤 것이 더 큰 속력을 가지는가?

그림 3.8a에서처럼 공을 지상에부터 25.0 m 높이 되는 곳에서 수평방향으로 8.25 m/s로 던졌다.

a) 공이 땅에 닿기 전까지 걸린 시간은?
b) 공이 땅에 떨어진 곳이 건물에서부터 얼마나 멀리 떨어져 있는가?

풀이

a) 날아간 시간은 공이 수직으로 낙하하는데 걸리는 시간과 같다. 이 시간을 알기 위해서는

$$y = y_0 + v_{y_0} t - \frac{1}{2} g t^2$$

식을 사용하면 되고 g에 대한 음의 방향에 대해서는 제2장에서 설명되었다. $y_0 = 0$와 $v_{y_0} = 0$이므로

$$y = -\frac{1}{2}gt^2$$

이 된다.

그래서

$$t = \sqrt{\frac{2y}{-g}} = \sqrt{\frac{2(-25.0\text{ m})}{-9.8\text{ m/s}^2}} = 2.26\text{ s}$$

b) y 방향으로 날아간 동일 시간 동안에 공은 x 방향으로도 날아간다. 즉 2.26 초 동안 x 방향으로 날아간다. 가속도의 수평성분은 없으므로 공은 이 방향으로 일정한 속도로 날아간다. 즉 $x_o = 0$이고 $a_x = 0$이므로

$$x = v_{x_o}t = (8.25\text{ m/s})(2.26\text{ s}) = 18.6\text{ m}$$

■ 임의의 각으로 던지기

포물체 운동의 일반적 경우는 물체를 수평 기준면과 임의의 각 θ로 던진 물체의 운동이다. 골프공이 골프채에 맞는 것과 같은 운동이다(그림 3.9). 포물체 운동 중 물체는 모두 위로 올라가다 내려오게 되는데 모두 수평방향으로는 항상 일정한 속도를 가지고 움직인다.

초기속도 v_o는 우선 두 개의 직각성분으로 나누어진다.

$$v_{x_o} = v_o\cos\theta \quad (3.8a)$$

(초기속도 성분)

$$v_{y_o} = v_o\sin\theta \quad (3.8b)$$

수평방향으로 가속도 성분은 없고 중력에 의한 가속도만 y축의 음의 방향으로 작용한다. 그래서 속도의 x성분은 일정하고 y 성분은 시간에 따라 변한다. (식 3.3d)

$$v_x = v_{x_o} = v_o\cos\theta \quad (3.9a)$$

(포물체 운동의 속도 성분)

$$v_y = v_{y_o} - gt = v_o\sin\theta - gt \quad (3.9b)$$

변화하는 순간 속도의 성분은 그림 3.9에 그려 있다. 순간 속도는 이들 성분의 합이고 공의 곡선 경로 상에 어느 점에서든지 접선 방향이다. 공이 초기에 던져질 때의 속도($-v_{y_o}$)와 같은 속력으로 땅에 닿는다.

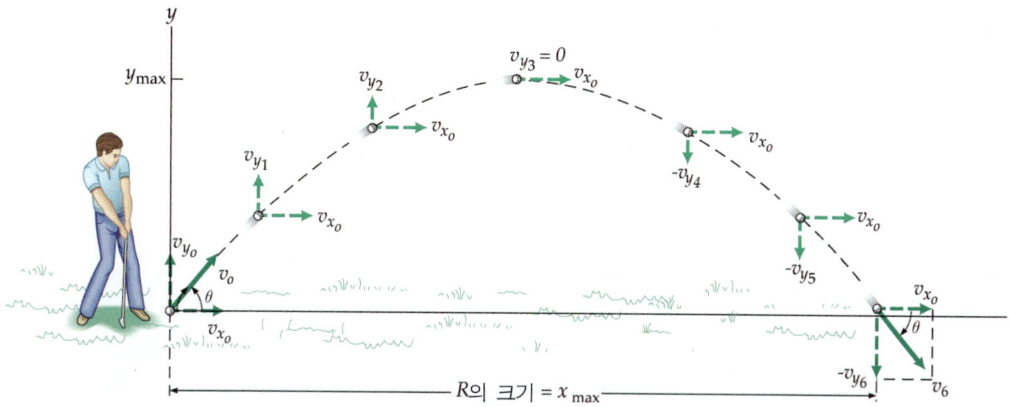

▲ 그림 3.9 방향각을 가진 던지기
공의 속도성분을 여러 시간대에 대해 표시하였다. (방향은 부호로 표시되었고 "+" 부호는 생략해도 편의상 양의 값으로 이해한다고 보고 생략되었다.)
호의 제일 정상에서 $v_y = 0$ 또는 y_{max}에서 $v_y = 0$이다. R은 최대 수평도달 거리이거나 x_{max}($v_o = v_6$ 임에 주목하고 왜 그럴까 생각해보자)이다.

$$x = v_{x_o} t = (v_o \cos\theta) t \quad (3.10a)$$

(포물체의 변위성분)

$$y = v_{y_o} t - \frac{1}{2} g t^2 = (v_o \sin\theta) t - \frac{1}{2} g t^2 \quad (3.10b)$$

이 방정식에 의해 만들어진 곡선 또는 포물체의 운동경로는 포물선이라고 부른다. 일반적으로 속도 v_o와 각 θ로 던질 경우 수평도달를 구해보자.
수평방향으로 가속도가 없으므로

$$v_x = v_{x_o} = v_o \cos\theta$$

그리고 총 시간 t는

$$t = \frac{2v_{y_o}}{g} = \frac{2v_o \sin\theta}{g}$$

이다. 그러면

$$R = v_x t = (v_o \cos\theta)\left(\frac{2v_o \sin\theta}{g}\right) = \frac{2v_o^2 \sin\theta \cos\theta}{g}$$

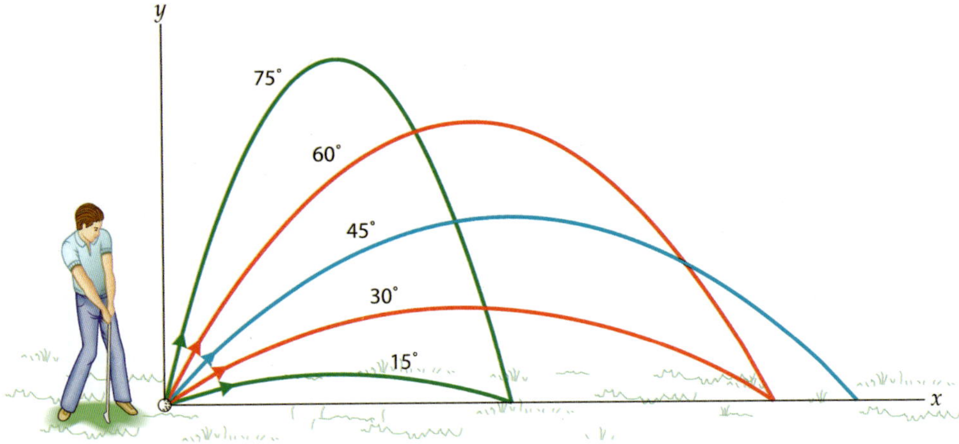

▲ 그림 3.10 **수평도달거리의 범위**
주어진 초기 속력으로 던져진 경우 최대 수평도달거리는 이상적인 경우(공기저항이 없다고 가정) 투사각 45° 에서 얻어진다. 45° 보다 크거나 적은 경우는 수평도달거리 범위가 줄어든다. (그림에서 예로 30° 와 60° 의 경우를 참고하라.)

삼각함수의 $\sin 2\theta = 2\cos\theta \sin\theta$을 사용하면

$$R = \frac{v_0^2 \sin 2\theta}{g} = \text{수평도달거리} = x_{max} \tag{3.11}$$

수평도달거리는 각 θ와 g가 일정하다고 가정하면 초기속도(또는 속력), v_0의 크기에 의존한다.

방정식 3.11, $R = \frac{v_0^2 \sin 2\theta}{g}$에서 주어진 초기속도에 대해 최대 수평도달거리를 구하고자 할 때가 있다. 특별한 v_0값에 대해 (R_{max})최대값은 $\sin 2\theta = 1$일 때다. 그래서

$$R_{max} = \frac{v_0^2}{g} \quad (y_{초기} = y_{마지막}) \tag{3.12}$$

$$2\theta = 90° \quad 또는 \quad \theta = 45°$$

일 때 주어진 초기속력으로 던져진 물체가 포물선 운동으로 도달할 수 있는 최대 수평도달거리이다.

45°보다 큰 각이나 더 작은 각에서 똑같은 초기속도로 던져진 물체는 그림 3.10에서 보여주는 것처럼 수평도달거리가 45°인 경우보다 짧다. 공기저항이 있을 때 포물체가 최대 수평도달거리를 만들려면 최대 각이 45°보다 작아야 된다.

연습문제

1. 만약 속도 벡터 크기가 7.0 m/s이고 x 성분은 3.0 m/s라고 한다. y 성분의 크기는 얼마인가?

2. 학생이 서쪽으로 100 m 남쪽으로 50 m 걸어갔다.

(a) 그 곳에서 학생이 다시 되돌아오려면 학생은 (1)남서쪽, (2) 북동쪽, (3) 남동쪽, (4) 북서쪽 중 어느 방향인가 선택하라.

(b) 출발점으로 되돌아오는데 걸린 변위는 얼마인가?

3. 공이 일정한 속도 1.50 m/s로 x축과 45°각으로 굴러가고 있다. 만약 그 공이 시간 $t=0$에서 원점에 있었다면 1.65초 후의 공의 위치는 (x, y)로 얼마인가?

4. 작은 비행기가 각도 37° 방향으로 등속도 150 km/h로 이륙하고 있다. 이륙 후 3.00초일 때

(a) 이 비행기가 땅으로부터 얼마나 높이 올라가고 있나?

(b) 이륙지점에서부터 수평방향으로는 얼마나 되나?

5. 어느 순간에 공이 지붕에서 굴러 떨어졌다. 이 공의 속도의 수평방향 성분은 +10.0 m/s이고 수직 성분은 아래 방향으로 15.0 m/s이다.

(a) 지붕의 각도를 결정하고

(b) 지붕을 이탈하는 순간의 공의 속도는 얼마인가?

6. 공이 수평방향 속력 1.0 m/s로 2.0 m 높이 되는 벤치에서 굴러 떨어졌다.

(a) 이 공이 마루에 닿는데 걸리는 시간은 얼마나 될까?

(b) 공이 마루에 닿는 점까지 벤치 가장자리에서부터 얼마나 떨어진 거리인가를 구하라.

7. 웰리암 텔이 그의 아들 머리에 놓여 있는 사과를 활로 쐈다. 만약 화살이 초기 속력 55 m/s로 15 m 거리에 있는 소년의 머리에 있는 사과를 맞추었다면 빌의 화살 투사각은 얼마인가? (초기에 화살과 사과는 지상에서부터 동일 높이에 있다고 가정하자).

8. 그림 3.11에서 보여주는 것처럼 자전거 뒷바퀴로 2.5 m 폭이 되는 수로를 건넌다고 하자. 왼쪽 수로 변을 15°각으로 경사지게 만들어서 수로의 오른쪽 뚝방과 높이를 같이 했다. 이때 자전거가 이 수로를 건너는데 필요한 최소 속력은 얼마인가? 단, 안전하게 건너기 위해서 1.4 m 더 지나 가도록 한다.

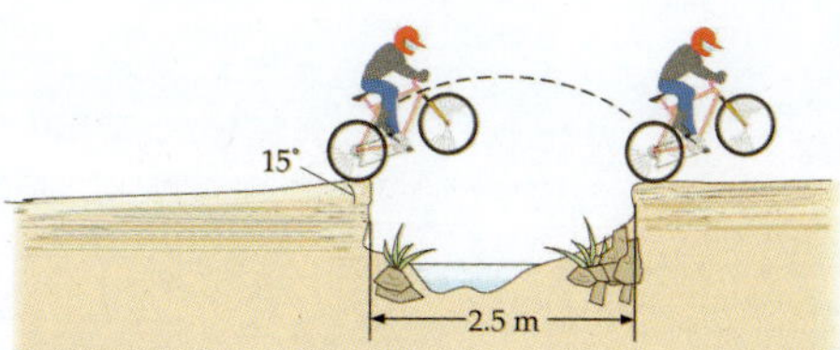

▲ 그림 3.11

4 힘과 운동

무엇이 차를 눈 속에서 오도 가도 못하게 하는가? 차를 움직이려고 한다면 차의 힘 이외에 다른 힘-마찰이 필요하다. 여기서의 문제는 타이어와 눈 사이에 충분한 마찰이 없기 때문이다.

이 장에는 동력학이라고 하는 분야를 다루려 한다. 동력학이란 운동과 운동의 변화가 무엇 때문에 발생하는가를 알아보는 분야이다. 여기서 우린 힘과 관성의 개념을 배우게 될 것이다.

4.1 힘의 개념과 알짜힘

힘이란 무엇인가? 힘은 정지해 있는 물체를 움직이게 한다. 또한 힘은 움직이는 물체의 속도를 빠르게 하거나 느리게 하고 또한 움직이는 물체의 운동방향을 바꿀 수도 있다. 따라서 정지해 있는 물체의 운동의 변화를 관측하였다면 이는 힘이 가해졌다는 증거이다.

힘이란 물체의 운동상태를 변화시킬 수 있는 그 어떤 것이다.

여기서 "변화시킬 수 있다"는 것은 매우 중요한 말이다. 단일 힘이 물체에 작용할 때 그 물체는 가속하게 될 것이다.

힘은 물체를 가속(가속도는 벡터량임)시킬 수 있기 때문에 반드시 힘은 크기와 방향을 갖고 있는 벡터량이 되어야 한다. 한 물체에 여러 개의 힘이 작용할 때에는 이들 힘의 합인 합력(즉, 알짜힘)을 고려하여야 한다. 그림 4.1a와 같이 크기가 같고 방향이 반대 방향인 두 힘이 한 물체에 작용하게 되면 두 힘을 더한 알짜힘은 영이 된다(그림 4.1b). 이런 경우에는 두 힘이 균형을 이루고 있다. 그림 4.1c와 같이 두 힘이 균형을 이루고 있지 않은, 즉 알짜힘이 영이 아닌 힘이 물체에 작용할 경우에는 항상 가속도가 생긴다.

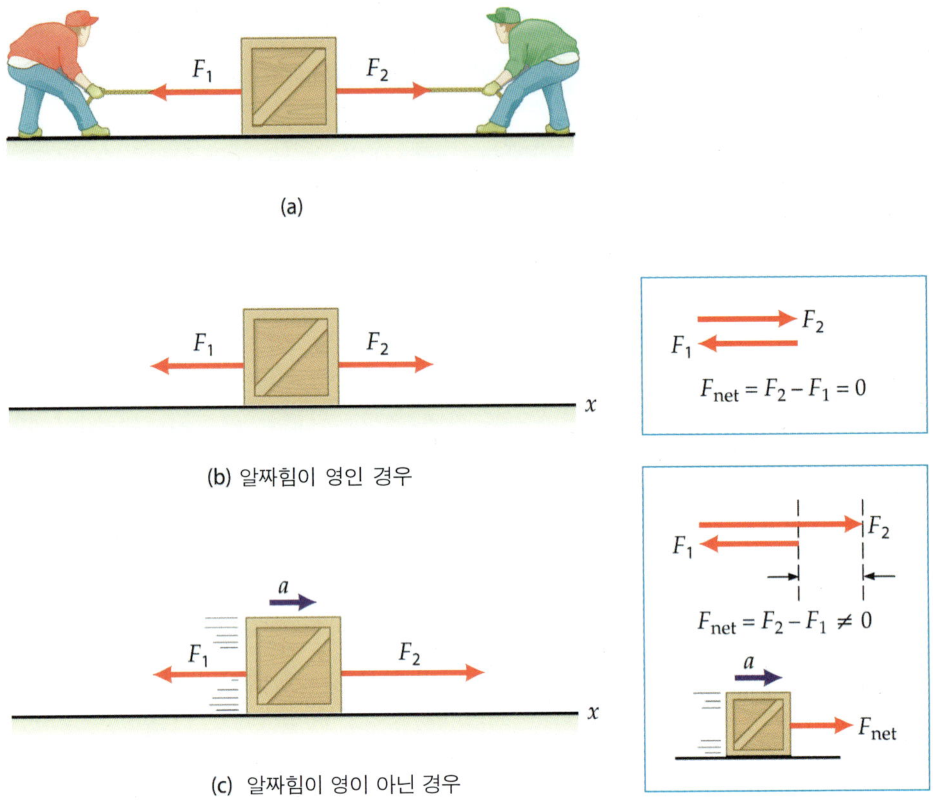

▲ **그림 4.1 알짜힘**

(a) 나무상자에 서로 반대 방향의 힘을 가한다.

(b) 만일 힘의 크기가 같다면, 나무상자에 가해지는 힘의 벡터 합 또는 알짜힘은 영이다. 나무상자에 작용하는 힘은 균형을 이루고 있다.

(c) 만일 힘의 크기가 같지 않다면, 알짜힘은 영이 아니다. 이때 나무상자에는 영이 아닌 알짜힘 또는 비균형의 힘이 가해져서 나무상자를 가속시킨다(나무상자가 처음에 정지해 있었다면 나무상자를 운동하게 한다).

4.2 관성 및 뉴턴의 운동 제1법칙

갈릴레오는 여러 가지 운동에 대한 실험으로부터, 물체에 다른 힘이 작용하지 않는 한 운동하고 있는 물체는 그 운동을 계속 유지하려고 하고 처음에 정지해 있는 물체는 계속 정지해 있으려고 하는 성질이 있다고 결론지었다.

갈릴레오는 이렇게 물체가 처음의 운동상태를 계속 유지하려는 성향을 관성이라고 불렀다. 즉,

▲ 그림 4.2 관성의 차이
큰 펀칭백은 질량이 더 크기 때문에 관성도 더 크고 운동의 변화에 저항하는 정도도 더 크다.

> 관성이란 물체가 정지상태를 유지하거나 균일한 직선 운동 (일정한 속도로)을 유지하려고 하는 자연적인 성질이다.

관성에 대한 예를 그림 4.2에 나타내었다. 만일 두 펀칭백이 밀도가 같다면, 펀칭백을 칠 때 더 큰 백은 더 큰 질량을 갖고 있으므로 더 큰 관성을 갖는다.

뉴턴은 관성의 개념을 질량과 관련지어 설명하였다. 뉴턴은 질량을 물질의 양으로 불렀는데, 후에 질량을 다음과 같이 다시 정의하였다.

> 질량은 관성의 정량적인 크기를 나타낸다.

즉, 질량이 큰 물질은 질량이 작은 물질보다 관성이 더 크고, 또한 운동의 변화에 더 크게 저항한다. 뉴턴의 운동 제1법칙(관성의 법칙)은 다음과 같이 요약할 수 있다. 즉,

> **물체에 알짜힘이 작용하지 않으면 ($\vec{F}_{net} = 0$), 정지해 있는 물체는 계속 정지 상태를 유지하고, 운동하고 있는 물체는 일정한 속도(일정한 속력과 일정한 방향)를 갖고 계속 운동하려고 한다.**

4.3 뉴턴의 운동 제 2법칙

운동의 변화 또는 가속도가 있다는 것은 알짜힘이 작용했다는 증거이다. 실험에 의하면 물체의 가속도는 가해진 알짜힘에 비례한다. 즉,

$$\vec{a} \propto \vec{F}_{net}$$

만일 같은 알짜힘을 질량이 다른 두 공에 작용한다면, 질량이 작은 공은 더 큰 가속도를 경험하게 될 것이다. 즉 가속도는 질량에 반비례한다. 이를 말로 설명하면,

> **물체의 가속도는 물체에 작용하는 알짜힘에 비례하고 질량에 반비례한다. 여기서 가속도의 방향은 가해준 알짜힘의 방향과 같다.**

이를 방정식으로 쓰면 뉴턴의 운동 제2법칙은

$$\vec{F}_{net} = m\vec{a} \tag{4.1}$$

이다. 여기서 $\vec{F}_{net} = \Sigma\vec{F}_i$ 힘의 SI 단위는 kg · m/s^2 또는 N(뉴턴)이다. 즉 알짜힘 1 N은 1 kg의 질량을 1 m/s^{2}의 가속도로 움직이게 하는 힘이다.

■ 무 게

식 4.1은 질량과 무게의 관계를 설명할 수 있다. 지구상에 있는 어떤 물체의 중력

은 지구가 그 물체를 잡아당기는 힘이다. 한 물체를 공중에서 놓으면 그 물체는 지구중심방향으로 가속하면서 떨어진다. 따라서 크기만을 나타내면 무게는

$$w = mg \quad (4.2)$$

$$(F_{net} = ma)$$

이다. 따라서 지표면에서 질량 1 kg인 물체의 무게는 $w = mg = (1\ \text{kg})(9.8\ \text{m/s}^2) = 9.8\ \text{N}$이다.

예제 4.1 ■ 뉴턴의 제2법칙 : 가속도 찾기

그림 4.3과 같이 트랙터가 짐차를 수평방향으로 440 N의 힘으로 끌고 간다. 짐차와 짐의 총 질량이 275 kg이라면, 짐차의 가속도는 얼마가 되겠는가? (마찰력은 무시)

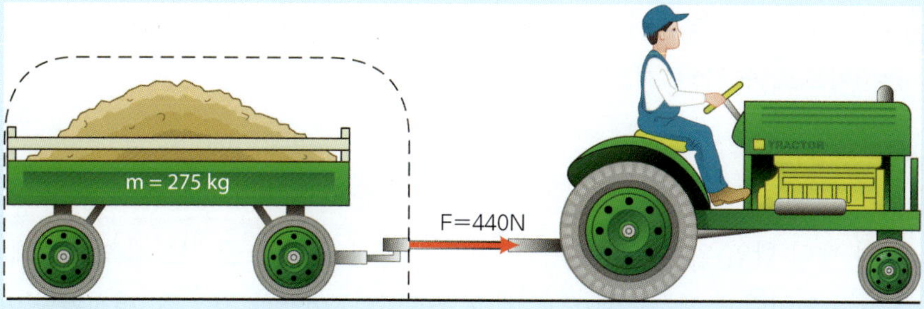

▲ 그림 4.3 힘과 가속도

풀이 식 4.2의 뉴턴의 제2법칙 $F_{net} = ma$에서 가속도

$$a = \frac{F_{net}}{m} = \frac{440\ \text{N}}{275\ \text{kg}} = 1.60\ \text{m/s}^2$$

이고 가속도의 방향은 트랙터가 끄는 방향이다.

■ 2차원 평면에서의 뉴턴의 제2법칙

뉴턴의 제2법칙의 벡터식인

$$\sum\vec{F}_i = m\vec{a}$$

그리고

$$\sum(F_x\hat{x} + F_y\hat{y}) = m(a_x\hat{x} + a_y\hat{y}) = ma_x\hat{x} + ma_y\hat{y} \tag{4.3a}$$

를 2차원 평면에서 적용하려면 x방향과 y방향에서의 뉴턴의 제2법칙을 각각 독립적으로 적용하면 된다. 즉,

$$\sum F_x = ma_x, \sum F_y = ma_y \tag{4.3b}$$

만일, 3차원 평면에서 적용한다면 z방향에서의 뉴턴의 제2법칙인 $\sum F_z = ma_z$를 적용시켜 주면 된다.

■ 병진평형

가속도를 유발하지 않고 한 물체에 여러 개의 힘이 작용할 수 있다. 이러한 경우에는 $\vec{a}=0$이므로 뉴턴의 제2법칙은 다음과 같다.

$$\Sigma\vec{F}_i = 0 \tag{4.4}$$

즉, 힘의 벡터 합인 알짜힘은 영이다. 따라서 정지해 있던 물체는 계속 정지해 있고 (그림 4.4) 움직이던 물체는 등속도로 계속 움직이다. 이러한 경우를 "병진평형"이라고 한다. 물체가 정지 상태로 있는 경우에는 특히 "정적 병진평형"이라고 한다.

또한 병진평형에 있는 물체에 대하여 힘벡터의 직각좌표 성분 힘의 합은 영이 된다. 즉

$$\Sigma F_x = 0$$
$$\Sigma F_y = 0 \quad (\text{병진평형의 경우}) \tag{4.5}$$

이 된다.

3차원 문제의 경우에는 z성분도 고려하여 $\Sigma F_z = 0$을 추가하면 된다. 식 4.5는 병진평형 조건으로 종종 불리어진다. (회전문제에 대한 평형문제는 8장에서 취급하겠다.)

(a)

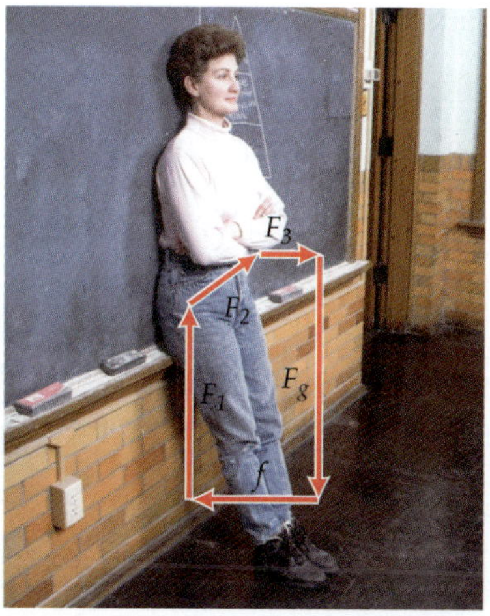

(b)

▲ 그림 4.4 여러 가지 힘(가속이 없다.)

(a) 적어도 5 개의 서로 다른 외부힘이 물리 교수에게 작용한다(여기서 f는 마찰력이다). 그럼에도 불구하고 이 교수는 가속되지 않는다. 왜 그럴까?

(b) 5개의 외부힘을 다각형법으로 서로 더하면 합력은 영이다. 이 교수는 정적 병진평형 상태에 있다(그는 또한 정적 회전평형 상태에 있다. 8장 참고).

4.4 뉴턴의 운동 제 3법칙

우리는 보통 힘이 단독으로 일어난다고 생각하지만 뉴턴은 단일 힘은 불가능하다고 인식했다. 어떠한 경우라도 힘이 작용할 때는 항상 상호 작용이 일어난다는 것을 관측하였다. 즉, 힘은 항시 짝으로 나타난다. 예를 들어, 손가락으로 돌을 누르면 돌 또한 손가락을 누르게 된다.

뉴턴은 이러한 짝으로 작용하는 힘을 작용−반작용이라 불렀다. 뉴턴의 운동 제3법칙은 물체에 어떠한 힘이 가해지면 (작용) 거기에는 반드시 같은 크기의 반대 방향의 힘이 가해진다(반작용). 이를 기호로 나타내면,

$$\vec{F}_{12} = -\vec{F}_{21}$$

여기서 $\vec{F}_{12}$는 물체 2에 의하여 물체 1에 가해진 힘이고, $-\vec{F}_{21}$는 물체 1에 의하여 물체 2에 가해진 크기는 같고 방향이 반대인 힘이다(마이너스 부호는 반대 방향을 나타낸다). 어느 힘이 작용인지 반작용인지는 임의적이다. $\vec{F}_{21}$은 $\vec{F}_{12}$의 반작용이며 마찬가지로 $\vec{F}_{12}$는 $\vec{F}_{21}$의 반작용이다.

뉴턴의 제3법칙은 얼핏 보면 뉴턴의 제2법칙과 상충하는 것처럼 보인다. 항시 크기가 같고 방향이 반대 방향인 힘이 있다면 어떻게 영이 되지 않는 알짜힘이 존재하겠는가? 여기서 주의해야 할 것은 제3법칙의 작용과 반작용의 힘은 같은 물체에 작용하는 것이 아니라 서로 다른 물체에 힘이 작용하는 것이다. 제2법칙에서의 힘은 정해진 물체(또는 계)에 힘이 작용하는 것이다. 제3법칙의 반대 방향의 힘은 서로 다른 물체에 작용하는 것이다.

제트 추진력은 뉴턴의 제3법칙의 또 다른 예이다. 로켓의 경우 로켓과 배출된 가스는 서로에게 같은 크기의 반대 방향의 힘을 미친다. 그 결과, 배출된 가스는 로켓으로부터 멀어지는 쪽으로 가속되고 로켓은 반대 방향으로 가속된다. 우주왕복선이 발사될 때 큰 로켓이 폭발하고 격렬한 배기가스의 배출이 있다. 이 경우 보통사람들이 잘못알고 있는 것은 배출된 가스가 로켓을 가속하기 위하여 발사대 바닥을 민다고 생각하는 것이다. 만일 이 해석이 맞다면 우주여행이란 있을 수 없다. 왜냐면 우주 공간에서는 '민다'는 개념은 없기 때문이다. 이에 대한 바른 설명은 작용(로켓이 배출가스에 대하여 미치는 힘과 그에 대한 반작용 배출가스가 로켓에 반대 방향의 미치는 힘)이 있기 때문이다.

4.5 마찰력

마찰이란 서로 접촉하고 있는 두 물체나 매질 사이에서 발생하는 운동에 항시 존재하는 저항을 말한다. 이러한 저항은 모든 형태의 매질, 즉 고체, 액체, 기체에 나타나는데 이를 마찰력 f라 한다.

어떤 실제 상황에서는 우리는 마찰력을 증가시키기를 원한다. 예를 들면, 얼음이

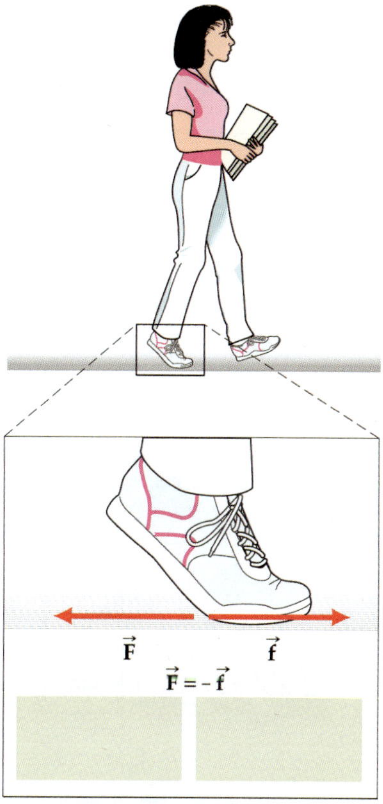

▲ **그림 4.5 마찰과 걷기**

마찰력 $\vec{f}$가 걷는 방향으로 나타내어 있다. 마찰력은 다른 한 발이 앞으로 나가는 동안 바닥을 딛고 있는 발이 뒤로 미끄러지는 것을 막아준다.

얼은 길이나 보도에서 마찰력을 증가시키기 위하여 모래를 뿌린다. 일반적으로 마찰은 운동을 반대하는 것이라 말하고, 마찰력은 운동의 방향에 반대라 생각한다. 그러나 그림 4.5처럼 걸을 때 관계되는 힘을 생각해 보자. 마찰력은 발의 운동에 저항한다. 그러나 마찰력은 걷는 운동의 방향이다. 마찰력이 없다면 발은 뒤로 미끄러질 것이다(미끄러운 표면에서 걷는 것을 생각해 보라).

고체물질 사이의 마찰은 일반적으로 두 가지 형태, 즉 정지마찰, 미끄럼마찰(운동마찰)로 구별할 수 있다. 정지마찰은 표면 사이의 상대적인 운동을 막기에 충분한 마찰력이 작용하는 모든 경우를 포함한다. 커다란 책상을 움직인다고 생각해 보자. 책상을 밀 때 책상이 움직이지 않는다면, 밀고 있는 힘의 방향과 반대 방향, 같은 크기의 정지마찰력이 작용하여 정적 병진평형을 만족하여 움직이지 않는 것이다.

미끄럼마찰 또는 운동마찰은 접촉하고 있는 두 물체사이의 상대운동(미끄러짐)이 있을 때 나타난다. 책상을 밀어서 책상이 미끄러져 움직이고 있을 때에도 책상다리와 바닥사이에는 운동마찰력이 작용하고 있는 것이다.

■ 마찰력과 마찰계수

실험적으로 마찰력은 두 물체의 표면의 성질 및 표면을 누르는 하중(또는 수직항력)에 의존한다. 즉 $f \propto N$. 수평표면 위에 놓인 물체의 힘은 물체의 무게와 같다.

접촉해 있는 표면 사이의 정지마찰력(f_s)은 움직이려고 하는 방향과 반대 방향으

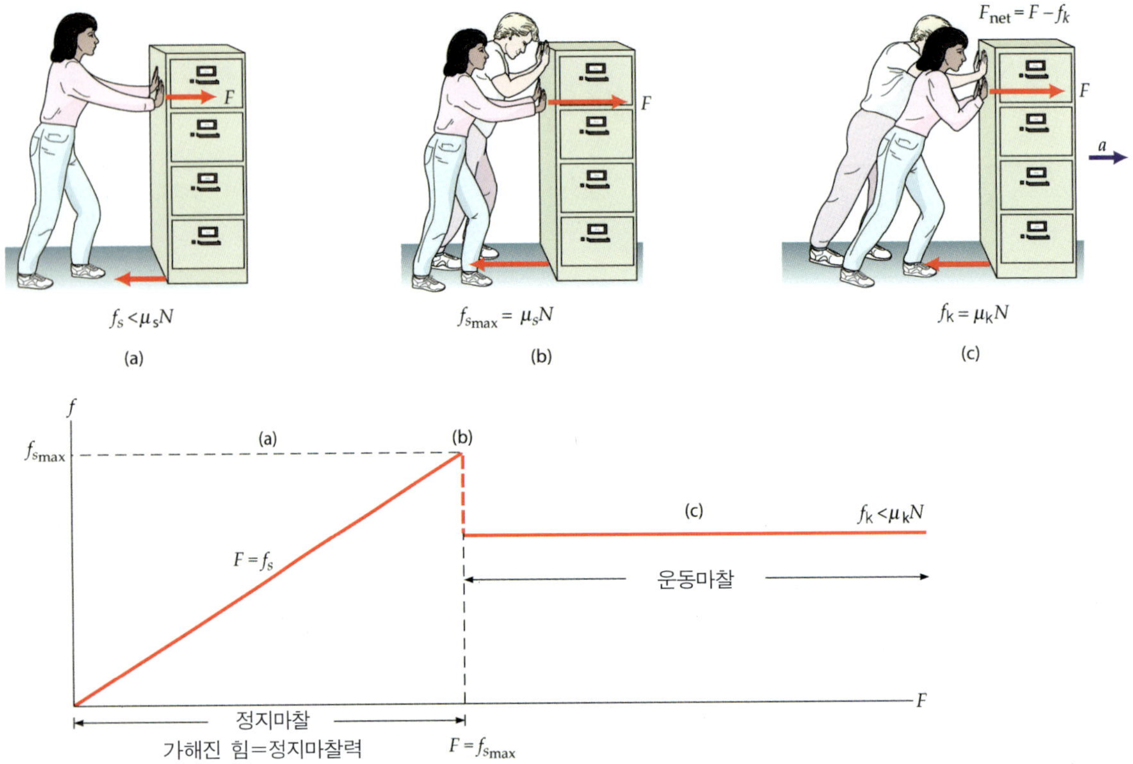

▲ 그림 4.6 물체에 가해진 힘에 대한 마찰력

(a) 그래프의 정지마찰력이 작용하는 영역에서 가해진 힘 F를 증가시키면 마찰력 f_s도 증가하게 된다. 즉 $f_s = F$와 $f_s < \mu_s N$.

(b) 가해진 힘 F가 최대정지마찰력 $f_{s_{max}} = \mu_s N$을 능가하면 캐비닛은 움직이기 시작한다.

(c) 일단 캐비닛이 움직이기 시작하면 운동마찰력은 정지마찰력보다 작기 때문에 $(f_k < f_{s_{max}})$ 마찰력은 감소한다. 따라서 가해진 힘이 유지되면, 알짜힘이 생기게 되어 캐비닛은 가속된다. 일정한 속도로 움직이는 캐비닛에 대하여는 가해진 힘이 운동마찰력과 같아져야 하므로$(f_k = \mu_k N)$ 가해진 힘은 감소되어야 한다.

로 작용한다. 그 크기의 범위는 다음과 같이 주어진다.

$$f_s \leq \mu_s N \quad \text{(정지마찰 경우)} \tag{4.6}$$

여기서 μ_s는 정지마찰계수라고 부르는 비례상수이다("μ"는 그리이스 문자 뮤인데 차원이 없다).

기호 ≤는 정지마찰력 f_s값이 영부터 어떤 최대값($\mu_s N$) 사이의 어떤 다른 값을 갖는다는 것을 의미한다. 이 개념을 이해하기 위해서는 그림 4.6을 보라. 그림 4.6a는 한 사람이 파일 캐비닛을 밀고 있으나 캐비닛이 움직이지 않은 경우를 나타낸다. 가속도가 없기 때문에 캐비닛에 작용하는 알짜힘은 영이고 $F-f_s=0$, 또는 $F=f_s$이다. 두 사람이 캐비닛을 밀어서 마침내 정지마찰력을 극복할 정도의 큰 힘이 가해졌다고 하면 캐비닛은 움직인다. 이 경우 그림 4.6b와 같이 가장 큰 정지마찰력, 즉 최대정지마찰력이 캐비닛이 막 미끄러지기 시작하기 바로 직전에 작용한다. 즉,

$$f_{s_{\max}} = \mu_s N \tag{4.7}$$

일단 물체가 움직이기 시작하면 마찰력은 운동마찰력 f_k로 바뀌게 된다. 운동마찰력은 물체가 운동하는 방향과 반대 방향으로 작용하고, 그 크기는

$$f_k = \mu_k N \quad \text{(미끄러질 경우에)} \tag{4.8}$$

▼ 표 4.1 작용력에 대한 마찰력

물질간의 마찰력		μ_s	μ_k
알루미늄 위의 알루미늄		1.90	1.40
유리 위의 유리		0.94	0.35
콘크리트 위의 고무	마른 경우	1.20	0.85
	젖은 경우	0.80	0.60
알루미늄 위의 강철		0.61	0.47
강철 위의 강철	마른 경우	0.75	0.48
	기름친 경우	0.12	0.07
강철 위의 테플론		0.04	0.04
테플론 위의 테플론		0.04	0.04
눈 위의 왁스칠한 나무		0.05	0.03
나무 위의 나무		0.58	0.40
기름칠한 베어링들		〈0.01	〈0.01
팔꿈치 고관절 등의 조인트부분		0.01	0.01

이다. 여기서 μ_k는 운동마찰계수 (때로는 미끄럼마찰계수)라 부른다. 일반적으로 운동마찰계수는 정지마찰계수보다 작은데 ($\mu_k < \mu_s$), 이는 운동마찰력이 최대정지마찰력 $f_{s_{max}}$ 보다 작다는 것을 의미한다. 각 물질에 대한 마찰계수를 표 4.1에 나타내었다.

가해진 힘 F가 없다면 정지마찰력 f_s는 영이 되게 될 것이다. 가해준 힘 F가 최대 정지마찰력 $f_{s_{max}}$를 능가하게 되면 캐비닛은 움직이기(가속되기) 시작하고, $f_k = \mu_k N$인 운동마찰계수를 갖는 운동마찰력이 작용하게 된다. 만일 F의 크기가 f_k의 크기로 줄어든다면 캐비닛은 일정한 속도로 미끄러지게 될 것이고, F의 크기가 f_k의 크기보다 크다면 캐비닛은 가속운동을 계속할 것이다.

■ 공기저항

공기저항은 공기 중에서 물체가 움직일 때 물체에 작용하는 마찰력을 말한다. 다시 말하면, 공기저항은 마찰력의 한 종류이다. 보통 공기 중에서 상대적으로 짧은 거리동안 떨어지는 물체를 분석할 때, 공기의 저항 효과를 무시하고 계산해도 대체로 잘 맞는 것을 볼 수 있다. 그러나 긴 거리를 운동할 때에는 공기저항을 무시할 수 없다.

공기저항은 움직이는 물체가 공기 분자와 충돌할 때 발생한다. 따라서 공기저항은

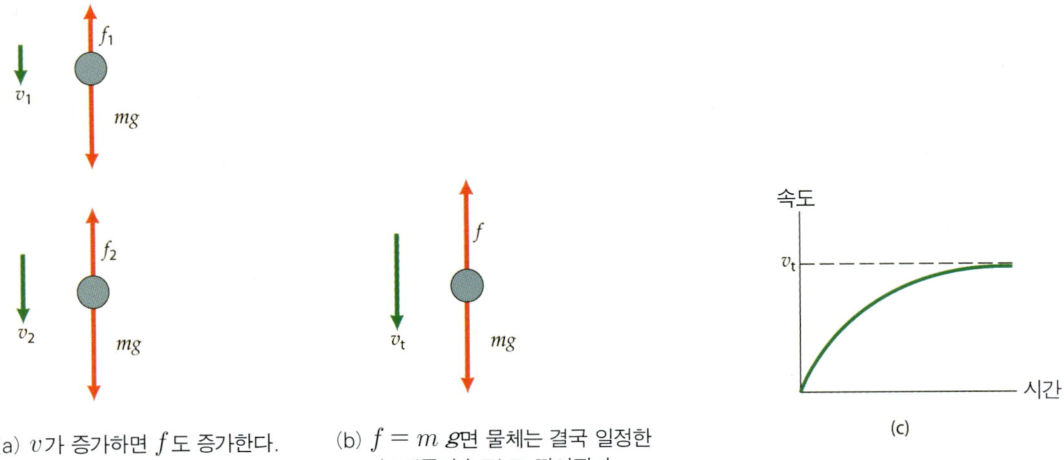

(a) v가 증가하면 f도 증가한다.

(b) $f = mg$면 물체는 결국 일정한 속도(종단속도)로 떨어진다.

▲ 그림 4.7 공기저항과 종단속도

(a) 떨어지는 물체의 속도가 증가함에 따라 공기저항의 마찰력은 증가한다.

(b) 마찰력이 물체의 무게와 같아질 때 알짜힘은 영이고 물체는 일정한 속도인 종단속도로 떨어진다.

(c) 시간에 따른 속도의 변화를 보여주는 그림

속도뿐만 아니라 물체의 모양이나 크기(공기와 충돌하는 면적)에 따라서 달라진다. 물체가 크면 클수록, 속도가 빠르면 빠를수록 공기 분자와의 충돌은 더 커지게 된다 (공기 밀도도 고려해야 할 한 요소이나 공기의 양은 지표면 가까이에서는 일정하다고 가정한다). 공기저항(연료 소모)을 줄이기 위하여 자동차는 보다 더 "유선형"으로 만들려고 하고 트럭이나 캠프용 트레일러에는 에어포일을 설치하여 공기의 저항을 줄이고 있다.

공기 중에서 떨어지는 물체를 생각하자. 공기저항은 속도에 의존하므로 떨어지는 물체가 중력 때문에 가속하게 되면, 공기저항에 의한 저지력 또한 증가한다 (그림 4.7a). 사람정도의 크기를 갖고 있는 물체의 공기저항은 속도의 제곱(v^2)에 비례하므로 공기저항은 상당히 급격하게 증가한다. 그래서 물체의 속도가 2배가 되면 공기저항은 4배로 증가하게 된다. 궁극적으로 공기에 의한 저지력의 크기는 물체의 무게와 같게 되어 (그림 4.7b) 알짜힘은 영이 된다. 그 때 물체는 종단속도 v_t라 부르는 최대 일정속도로 떨어지게 된다.

낙하산을 펴지 않은 스카이다이버의 종단속도는 약 200 km/h이다. 종단속도를 늦추기 위하여 스카이다이버는 공기와 충돌하는 면적을 최대한 넓히기 위하여 독수리가 날개를 활짝편 모양을 만든다. 이 모양은 떨어지는 물체의 크기와 면적에 있어서 공기저항을 증가시키는데 큰 도움이 된다. 공기를 잡아주는 형태와 충돌면적 증가를 제공하는 낙하산을 펴면, 이 부가적인 공기저항이 착륙하기 적당한 속도인 약 40 km/h까지 감속하여 준다.

연습문제

1. 지구에서 300 N의 무게를 갖고 있던 물체가 달에선 50 N이었다. 그 물체는 달에서 더 적은 관성을 갖는다고 말할 수 있는가?

2. 4.0 N의 알짜힘이 물체에 작용하여 그 물체는 10 m/s^{2}의 가속도를 얻었다. 그 물체의 질량은 얼마인가?

3. 2.0 kg의 공과 6.0 kg의 공이 자유낙하를 한다고 하자. (a) 각 공에 미치는 힘은 얼마인가? (b)가 공의 가속도는 얼마인가?

4. 다음 중 맞는 말을 선택하라.
물체의 가속도는 (a) 그 물체에 작용하는 알짜힘에 반비례한다. (b) 그 질량에 직접 비례한다. (c) 알짜힘에 정비례하고 질량에는 반비례한다. (d) 이들 중에는 답이 없다.

5. 승객을 포함한 747 점보 여객기는 2.0×10^5 kg의 질량을 갖는다. 이 비행기가 날아오르기 위해서는 3.5 m/s^{2}의 가속도를 가져야 한다. 얼마만한 알짜힘을 이 비행기에 작용해야 하는가?

6. 300 N의 힘을 75.0 kg의 상자에 수평방향으로 작용시켰다. 이 상자는 평평한 마루바닥을 미끄러져 가는데 이때 움직이는 방향과 반대쪽으로 120 N의 운동마찰력이 작용한다. 이 상자의 가속도는 얼마인가?

7. 자동차가 사고를 피하기 위해 급제동을 하였다. 시속 90 km의 속력으로 진행했던 자동차가 브레이크를 밟은 후 5.5초 후에 멈추었다면, 이 차에 타고 있던 안전띠를 맨 60 kg의 승객은 이 시간동안 안전띠에 의해 평균 얼마만한 힘을 받게 되는가?

8. 뉴턴의 제 3 법칙에서 작용과 반작용 힘은 (a) 둘 다 같은 방향으로 작용한다. (b) 각기 다른 힘의 크기를 갖는다. (c) 다른 물체에서 작용한다. (d) 같은 힘이 될 수도 있다.

9. 올림픽 피겨스케이팅 시합에서 65 kg의 남자선수는 45 kg의 정지해 있던 여자선수를 2.0 m/s^{2}의 가속도를 갖게끔 밀었다. 남자선수가 갖게 되는 가속도의 크기는 얼마인가? 또 남자의 가속도 방향은 어느 쪽인가?

10. 75 kg의 사람이 엘리베이터 안의 저울 위에 올라 서 있다. 이 저울을 뉴턴(N)의 단위로 눈금이 매겨져 있다. 엘리베이터가 (a) 정지해 있을 때, (b) 2.0m/s의 일정한 속도로 올라갈 때 (c) 일정한 가속도 2.0 m/s^{2}으로 올라갈 때 저울에 매겨진 눈금은 얼마이겠는가?

11. 문제 10에서 만약 엘리베이터가 2.0 m/s^{2}의 가속도를 가지고 하강했다면 이때 눈금은 얼마이겠는가?

12. 한 소년이 30 kg 질량의 상자를 25 N의 힘으로 그림 4.8에서 보인 방향으로 끌고 있다. (a) 마찰을 무시할 때 상자의 가속도는? (b) 땅에 의해 상자에 작용하는 법선력은 얼마인가?

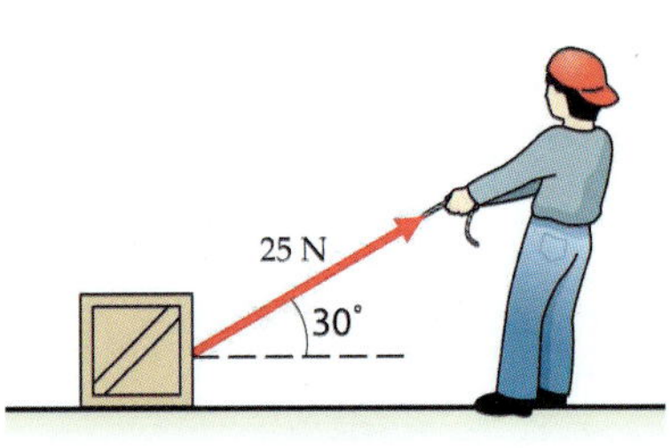

▲ 그림 4.8 상자 잡아당기기

5 일과 에너지

앞 사진의 장대높이뛰기 선수는 그의 몸에 화학적 위치에너지를 저장하고 있다. 그 운동선수는 이 위치에너지를 속력을 얻기 위해 또는 운동에너지를 얻기 위해 장대높이뛰기 장치가 있는 데로 뛰어가는데 드는 일에 사용한다. 선수가 장대를 땅에 꽂았을 때 그의 운동에너지의 대부분은 구부러진 장대의 탄성위치에너지로 바뀐다. 이 위치에너지는 다시 장대높이뛰기 선수의 몸을 중력과 반대 방향으로 들어 올리는데 사용되며 일부분은 중력 위치에너지로 전환된다. 정점에선 장애물 바를 넘기는데 필요한 최소한의 운동에너지만 남아 있다. 떨어질 때 중력 위치에너지는 운동에너지로 바뀌며 이 운동에너지는 그 떨어지는 낙체를 멈추게 하는 일을 하는 완충매트가 흡수한다.

이 장에서는 과학과 일상생활에서 중요한 개념인 일과 에너지에 대한 두 가지 개념을 중점적으로 다룬다. 물리학에선 일상생활에서 어떤 것이 에너지를 가지고 있다는 것은 일을 할 수 있는 능력이 있다는 것이다.

에너지는 역학적 에너지, 화학에너지, 전기에너지, 열에너지, 핵에너지 등등 여러 형태로 존재한다. 한 가지 형태의 에너지에서 다른 형태의 에너지로 전환되는 경우가 발생하는데 이때 총 에너지는 보존된다. 보존된다는 의미는 에너지 총량은 항상 일정하게 유지된다는 것이다.

5.1 일정한 힘에 의한 일

"일"이란 용어는 일상생활에서 여러 방면, 즉 일하러 간다, 책상 또는 컴퓨터에서 일을 한다, 등으로 많이 쓰이고 있다. 그러나 물리에서 일은 특정한 의미만을 갖는다. 역학적으로 일은 힘이 물체에 작용하여 어떠한 거리를 움직였을 때 실행된 것으로 정량적으로 기술한다. 일정한 힘이 물체에 작용했을 때 힘이 한 일은 다음과 같이 기술할 수 있다.

한 물체에 작용하는 일정한 힘에 의하여 한 일은 물체가 움직이는 방향의 힘의 성분에 변위의 크기를 곱한 것과 같다.

힘이 가해지더라도 그림 5.1 a처럼 움직임이 없으면, 즉 움직인 거리가 영이면 일을 하지 않은 것이다. 변위 d와 같은 방향으로 일정한 힘 F를 가하여 한 일 W는 변위와 힘의 곱으로 정의한다. 즉

$$W = Fd \tag{5.1}$$

일은 크기만을 갖는 스칼라이다.

물체가 운동하는 방향과 θ의 방향으로 힘을 가하게 되면 그 때 $F_{\parallel} = F\cos\theta$가 변위방향에 나란한 힘의 성분이 된다. 일정한 힘에 의해서 한 일에 대한 보다 더 일반적인 방정식은

$$W = F_{\parallel} d = (F\cos\theta)d \quad \text{(일정한 힘에 의한 일)} \tag{5.2}$$

이다. 여기서 θ는 힘벡터와 변위벡터 사이의 각도이다. 만일 $\theta = 0°$이면 (즉, 그림 5.1b처럼 힘과 변위의 방향이 같다면) $W = F(\cos 0°)d = Fd$가 되어 식 5.2는 식 5.1로 된다. 힘의 방향과 수직방향 성분인 $F_{\perp} = F\sin\theta$는 수직방향으로는 전혀 이동을 하지 않았기 때문에 일을 하지 않은 것이다.

일의 SI 단위는 N · m인데 이 단위는 J(주울)이라고 부른다.

일은 스칼라 양이기 때문에 양(+) 또는 음(−)의 값을 가질 수 있다. 그림 5.1b에서는 힘이 변위방향으로 가해졌기 때문에 ($\cos 0°$이 양의 값을 가져서) 일은 양의

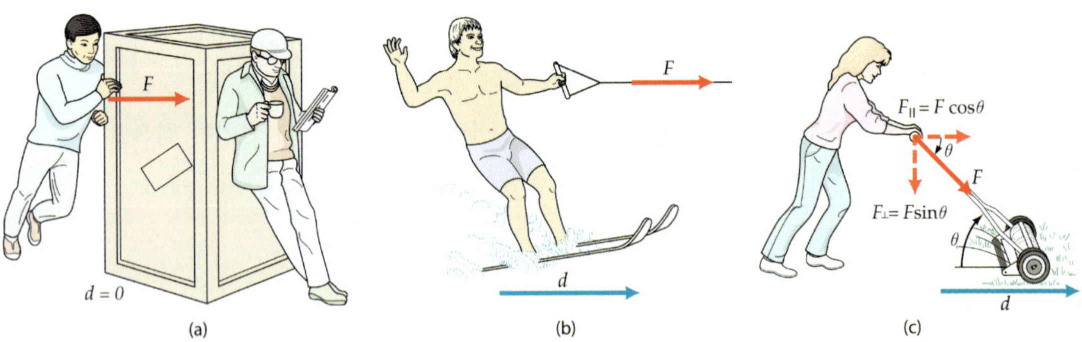

▲ **그림 5.1 일정한 힘에 의하여 한 일-변위와 힘의 변위방향 성분과의 곱**

(a) 만일 변위가 없다면 한 일은 영이다. $W=0$.

(b) 변위방향으로 일정한 힘을 가했을 때 한 일 $W=Fd$.

(c) 변위방향과 어떤 각도를 이룬 방향으로 일정한 힘을 가했을 때 한 일 $W=(F\cos\theta)d$.

값이다. 그림 5.1c에서도 힘의 성분이 변위방향으로 작용하기 때문에 ($\cos\theta$가 양의 값을 가져서) 일은 양의 값을 갖는다.

그러나 힘 또는 힘의 성분이 변위와 반대 방향으로 작용하면 $\cos\theta$가 음이 되어 한 일도 음이 된다. 이런 경우의 실제 예로는 물체를 감속시키는 브레이크에 작용하는 힘의 경우가 된다.

예제 5.1 ■ 역학적 일

한 학생이 2층 기숙사 창밖으로 팔을 내밀어 질량 1.5 kg의 책을 팔이 아플 때까지 들고 있다가 놓았다. (그림 5.2)

(a) 단순히 책을 들고 있는 동안 학생이 책에 대하여 한 일은 얼마인가?

(b) 책이 3.0 m 떨어지는 동안 중력이 한 일은 얼마인가?

풀이

(a) 책을 팔이 아프도록 들고 있었지만 학생은 책에 아무 일도 하지 않은 것이다. 학생은 책의 무게와 같은 크기의 힘(책의 무게와 같은 크기)을 윗쪽 방향으로 가했지만 변위는 영($d=0$)이다.
따라서,

$$W=Fd=(F)(0)=0\text{ J}$$

(b) 책이 떨어지고 있는 동안 (공기저항을 무시하면) 책에 작용하는 유일한 힘은 책의 무게와 같은 크기의 중력이다 : $F=w=mg$. 변위는 힘이 가해진 방향($\theta=0°$)과 같고 $d=3.0\text{m}$의 크기를 갖는다.
따라서 중력이 한 일

$$W=F(\cos 0°)d=(mg)d$$
$$=(1.5\text{ kg})(9.8\text{ m/s}^2)(3.0\text{ m})=+44\text{ J}$$

(힘과 변위의 방향이 같기 때문에 부호는 +이다.)

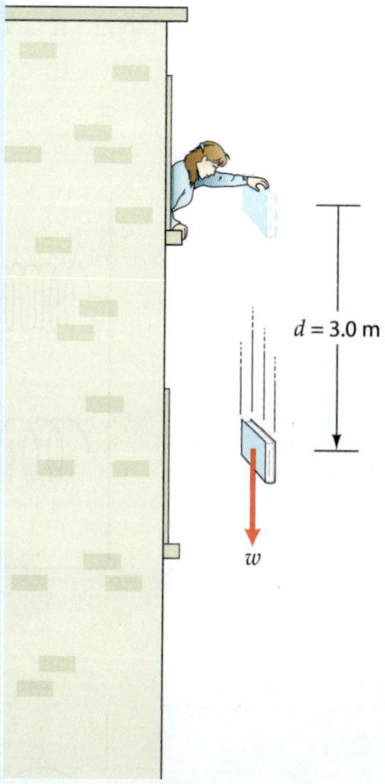

▲ 그림 5.2 역학적 일은 운동을 필요로 한다.

5.2 변화하는 힘에 의한 일

앞 장에서는 일정한 힘이 한 일에 대하여 논의하였다. 그러나 일반적으로 힘의 크기나 방향은 시간에 따라 또는 위치에 따라 변한다.

변화하는 힘이 한 일의 예가 그림 5.3에 나타나 있는데, 이 그림은 가해준 힘 F_a에 의하여 늘어나는 용수철을 그린 것이다. 용수철이 늘어나면 늘어날수록 또는 압축되면 압축될수록 복원력(늘어나거나 압축되는 것에 반대하는 힘)은 커지게 되고, 그에 따라 점점 더 큰 힘을 가해야만 한다. 대부분 용수철의 복원력은 늘어나거나 (또는 압축된) 길이 변화에 정비례한다. 이를 수식으로 표시하면,

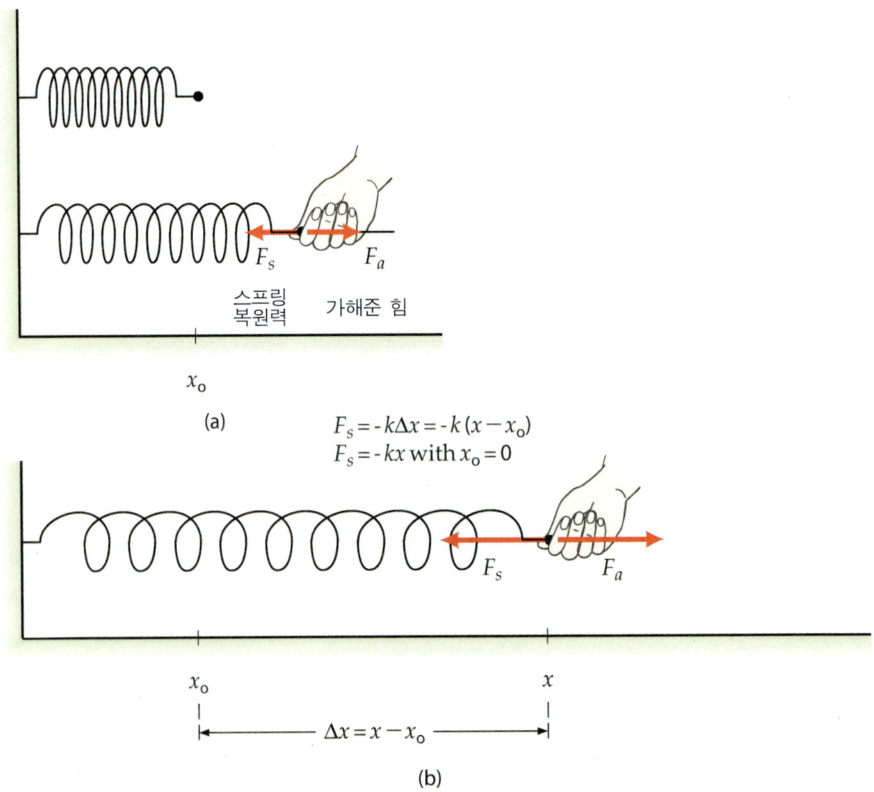

▲ 그림 5.3 용수철 힘

(a) 가해준 힘 F_a는 용수철을 늘이고, 용수철은 같은 크기의 반대 방향의 힘 F_s를 손에 작용한다.

(b) 힘의 크기는 용수철의 변화한 길이 Δx에 의존한다. 변화한 길이는 늘어나지 않은 용수철의 끝 x_o로부터 측정한다.

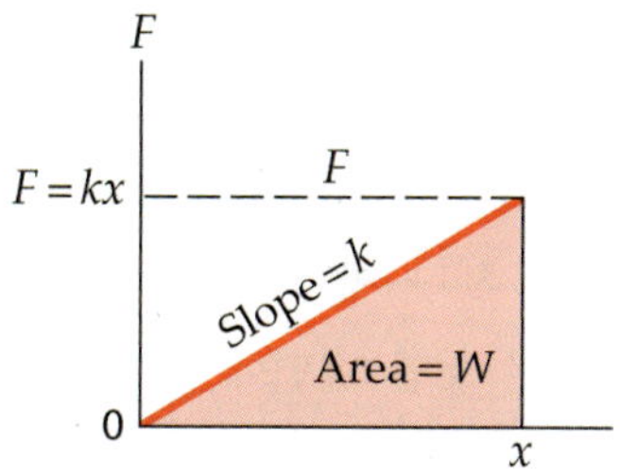

▲ **그림 5.4 균일하게 변화하는 힘에 의한 일**

x 대 F의 그래프는 기울기 k를 갖는 직선이다. 여기서 F는 용수철을 늘이는데 가한 힘이다. 한 일은 직선 아래의 삼각형인 면적으로 면적 = $\frac{1}{2}$(밑변×높이)이므로, $W = \frac{1}{2}Fx = \frac{1}{2}(kx)x = \frac{1}{2}kx^2$ 이다.

$$F_s = -k\Delta x = -k(x - x_o)$$

또는 만일 $x_o = 0$이라면,

$$F_s = -kx \quad (\text{이상적인 복원력}) \tag{5.3}$$

이다. 여기서 x는 용수철의 원래 길이에서부터 늘어나거나 압축되어 줄어든 거리를 나타낸다. 식에서 쉽게 알 수 있듯이 힘은 거리 x에 따라 변하는데, 이를 "힘은 위치의 함수이다"라고 말한다.

이 식에서 k는 비례상수로서, 일반적으로 용수철 상수 또는 힘의 상수라고 부른다. k값이 크면 클수록 용수철은 강해서 늘이거나 압축하기가 더 어렵다. k의 SI 단위는 식 5.3에서 쉽게 알 수 있듯이 N/m이다. 식에서 마이너스 부호는 용수철이 늘어나거나 압축될 때의 변위에 반대하는 방향으로 복원력이 작용한다는 것을 나타낸다. 방정식 5.3은 뉴턴과 동시대에 살았던 Robert Hooke의 이름을 따서 후크의 법칙으로 알려져 있다.

일을 구하기 위하여 늘어난 길이 x에 대한 가해진 힘 F를 그림 5.4에 그래프로 나타내었다. 여기서 F는 용수철을 늘이기 위하여 가해준 힘인데, 그래프는 $F = kx$의 일차방정식으로 기울기 k를 가진 직선이다.

앞에서 기술하였듯이 일은 $F = kx$ 직선 아래의 면적인데, 그림에서는 음영이 들어가 있는 부분이다. 따라서

$$W = \frac{1}{2}(Fx) = \frac{1}{2}(kx)x = \frac{1}{2}kx^2 \tag{5.4}$$

5.3 일-에너지 정리 : 운동에너지

일과 에너지는 어떤 관계에 있는지 알아보자. 에너지는 물체나 계가 갖고 있는 양으로서 기술한다. 근본적으로 일은 물체에 행하여지는 어떤 것인 반면에, 에너지는 물체가 갖고 있는 어떤 것, 즉 일을 할 수 있는 능력이다.

일과 밀접하게 관련된 에너지의 한 형태가 운동에너지이다(다른 형태인 위치에너지는 5.4절에서 설명). 마찰이 없는 표면에 정지해 있는 한 물체에 수평힘을 가하여 물체가 움직이도록 하자. 물체에 일을 한 것이다. 그런데 일은 어디로 갔는가? 일은 물체가 움직이도록 또는 운동상태를 변화시킨 것이다. 물체가 움직였기 때문에 우리는 물체가 에너지, 즉 일을 할 수 있는 능력을 주는 운동에너지를 얻었다고 말한다.

움직이고 있는 물체에 일정한 힘이 일을 하는 것을 그림 5.5에 설명하고 있는데, 이 힘은 $W = Fx$만큼의 일을 하고 있다. 그러면 운동학적인 효과는 무엇인가? 힘은 물체에게 일정한 가속도를 주는데, 식 2.12의 $v^2 = v_o^2 + 2ax$ ($x_o = 0$일 때)로부터 가속도는

$$a = \frac{v^2 - v_o^2}{2x}$$

이다. 여기서 v_o는 영이거나 또는 영이 아닐 수도 있다. 뉴턴의 제2법칙에 위의 가속도 a에 대한 것을 대입하면

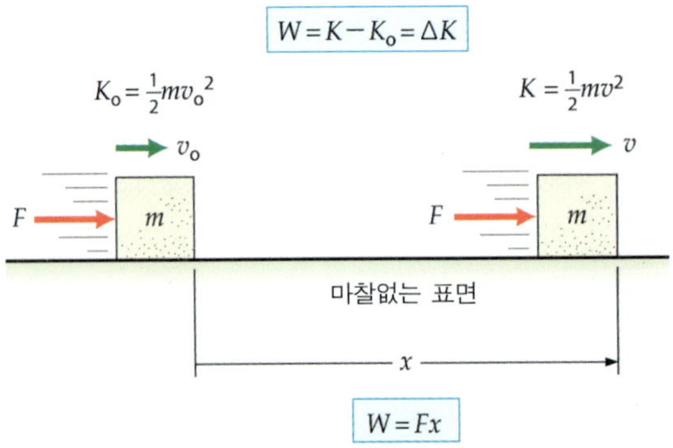

▲ 그림 5.5 일과 운동에너지의 관계
마찰이 없는 수평면을 움직이는 벽돌에 일정한 힘이 한 일은 벽돌의 운동에너지 변화와 같다. 즉 $W = \Delta K$이다.

$$F = ma = m\left(\frac{v^2 - v_0^2}{2x}\right)$$

이다. 이 식을 일을 계산하는데 대입하면 일은 다음과 같다.

$$W = Fx = m\left(\frac{v^2 - v_0^2}{2x}\right)x = \frac{1}{2}mv^2 - \frac{1}{2}mv_0^2$$

여기서 $\frac{1}{2}mv^2$을 움직이는 물체의 운동에너지(K)로 정의하면 편리하다. 즉,

$$K = \frac{1}{2}mv^2 \quad \text{(운동에너지)} \tag{5.5}$$

에너지의 SI 단위 : J (주울)

운동에너지는 움직이는 물체의 순간속도의 제곱에 비례하므로 음의 값을 가질 수 없다. 위의 일의 표현식을 운동에너지를 써서 다시 쓰면

$$W = \frac{1}{2}mv^2 - \frac{1}{2}mv_0^2 = K - K_0 = \Delta K$$

또는

$$W = \Delta K \tag{5.6}$$

이다. 이 방정식을 일-에너지 정리라고 부르고, 한 물체에 한 일은 그 물체의 운동에너지의 변화와 같다는 것이다. 일과 에너지의 단위는 모두 J이고 둘다 스칼라량이다. 식 5.6에서와 같은 특별한 경우에만 적용되는 것이 아니고 일-에너지 정리는 일반적으로 변화하는 힘에 대하여도 적용이 된다.

5.4 퍼텐셜에너지(위치에너지)

운동하고 있는 물체는 운동에너지를 갖고 있다. 그러나 물체는 또 다른 형태의 에너지, 즉 위치에너지를 가질 수 있다. 이름에서 알 수 있듯이 위치에너지를 갖고 있는 물체는 일을 할 수 있는 잠재능력을 갖고 있다. 예를 들면 압축된 용수철, 잡아

당겨진 활, 댐에 담긴 물 같은 것이 있다.

이런 모든 경우 일을 할 수 있는 잠재 능력은 물체의 위치 또는 형태에서 나온다. 용수철은 압축되었기 때문에 에너지를 갖게 되고, 활은 잡아당겨졌기 때문에 그리고 물은 지구 표면으로부터 위로 들어 올려졌기 때문에 에너지를 갖는 것이다. (그림 5.6)

운동에너지와 같이 위치에너지는 저장된 에너지로써 생각될 수 있다. 이미 여러분은 5.2절에서 평형점으로부터 압축된 용수철이 한 일을 보았다. 한 일의 양은 압축된 양(x)에 의존한다. 일이 행하여졌기 때문에 용수철의 퍼텐셜에너지의 변화(ΔU)가 있는데, 이는 용수철을 압축하는데 (또는 늘이는데) 가한 힘에 의하여 한 일의 크기와 같다.

$$W = \Delta U = U - U_0 = \frac{1}{2}kx^2 - \frac{1}{2}kx_0^2$$

이다. $x_0 = 0$, $U_0 = 0$에서 용수철의 위치에너지는

$$U = \frac{1}{2}kx^2 \quad \text{(용수철의 퍼텐셜에너지)} \tag{5.7}$$

에너지의 SI 단위 : 주울(J)

(a) (b)

▲ **그림 5.6 퍼텐셜에너지(위치에너지)**

위치에너지는 여러 가지 형태를 갖고 있다.

(a) 위치에너지를 주기 위하여 활을 구부리려면 일을 해야만 한다. 화살의 시위를 놓을 때, 그 위치에너지는 운동에너지로 바뀐다.

(b) 물체가 떨어질 때 중력 위치에너지는 운동에너지로 바뀐다(물과 다이빙하는 사람의 중력 위치에너지는 어디에서 왔는가?).

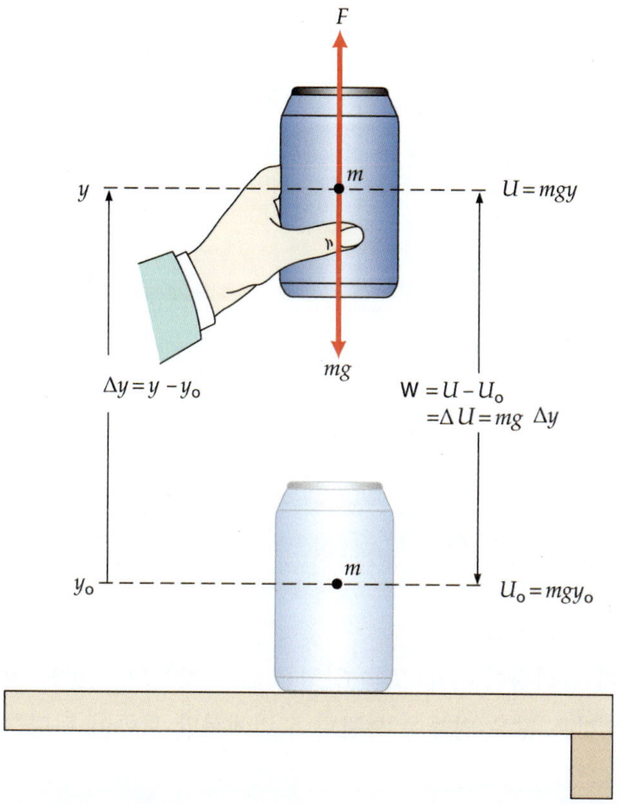

▲ 그림 5.7 중력 위치에너지
한 물체를 들어 올리는데 한 일은 중력 위치에너지의 차이와 같다. $W=F\Delta y=mg(y-y_0)$.

가장 흔한 위치에너지 형태는 중력 위치에너지이다. 이 경우 위치는 지면이나 바닥같은 기준점으로부터 물체의 높이로써 나타낸다. 그림 5.7과 같이 질량 m인 물체를 거리 Δy만큼 들어 올렸다고 가정해보자. 일은 중력에 대항하여 행해지는데, 물체를 들어 올리기 위해서는 최소한 물체의 무게와 같은 정도의 힘을 위로 가해야만 한다.

$$F=w=mg$$

물체를 들어 올리는데 한 일은 물체의 위치에너지 변화와 같다. 전체적인 운동에너지 변화는 없기 때문에 이들 관계를 방정식으로 나타내면

외부힘에 의하여 한 일=중력 퍼텐셜에너지의 변화

또는

$$W = F\Delta y = mg(y - y_0) = mgy - mgy_0 = \Delta U = U - U_0$$

이다. 여기서 y는 수직 좌표를 나타내는데 사용한다. 일반적으로 기준점 $y_0 = 0$으로 택하면 기준점의 위치에너지 $U_0 = 0$이 되어 중력 퍼텐셜에너지는

$$U = mgy \tag{5.8}$$

에너지의 SI 단위 : 주울(J)

이다.

5.5 에너지 보존

물리량이 보존된다고 말할 때 물리량이 상수 또는 일정한 값을 갖는다는 것을 의미한다. 그러나 여기서 명심할 것은 많은 양들은 특별한 조건에서만 보존이 된다는 것이다.

가장 중요한 보존법칙 중의 하나가 에너지 보존과 관련된 것이다. 아주 익숙한 상황이 바로 우주의 총 에너지는 보존된다는 사실이다. 왜냐하면 전 우주를 계로 선택했기 때문이다. 사실상 우주는 우리가 상상할 수 있는 가장 큰 닫힌 또는 고립된 계이다. 닫힌 계 내에서 입자들은 서로 상호작용을 할 수 있지만 계 바깥의 어떠한 것과는 절대로 어떤 상호작용도 없다. 그럴 때 일반적으로 계에 또는 계에 의하여 역학적인 일이 행하여지지 않았을 때 그리고 계로 또는 계로부터 어떠한 에너지의 전이가 없을 경우 (열에너지와 복사에너지를 포함) 계 내에 에너지의 양은 일정하다.

따라서 총 에너지 보존법칙은 다음과 같이 기술할 수 있다.

고립된 계의 총 에너지는 항상 보존된다.

고립된 계 내에서 에너지는 한 형태에서 다른 형태로 변환될 수 있지만, 모든 형태의 에너지총합은 일정하거나 변하지 않는다. 총 에너지는 결코 새로 생겨날 수도 소멸될 수도 없다.

■ 보존력과 비보존력

보존력과 비존력 사이에 일반적인 구분을 할 수 있다. 이미 보존력인 중력, 탄성력 등을 알고 있다. 또한 비보존력인 마찰력을 제4장에서 공부하였다. 보존력과 비보존력은 다음과 같이 정의할 수 있다.

> **한 물체를 움직이는데 힘이 한 일이 물체가 이동한 경로에 상관없이 같으면 보존력이라고 하고, 물체의 이동 경로에 따라 다르다면 비보존력이라 한다.**

이 정의는 보존력에 의하여 한 일은 오직 물체의 처음과 마지막의 위치에만 의존한다는 것을 의미한다. 역으로 비보존력은 경로에 의존한다. 마찰은 비보존력이다. 긴 경로를 통하여 마찰이 한 일은 짧은 경로를 통하여 마찰이 한 일보다 더 클 것이고, 긴 경로를 통하는 것이 더 많은 에너지가 열로 소모될 것이다.

보존력과 비보존력을 구별하기 위한 다른 방법은 다음과 같다.

> **한 물체를 닫힌 경로를 따라 움직였을 때 한 일이 영이라면 그 힘을 보존력이라 한다.**

보존력인 중력을 생각해 보면, 닫힌 경로를 움직일 때 힘(중력)과 변위는 때로는 같은 방향이고 (이 경우 힘에 의하여 양의 일을 함) 왕복운동을 하는 동안 어떤 때는 서로 반대 방향이다 (이 경우 힘에 의해 음의 일을 함). 간단한 경우로 바닥에 떨어진 책을 다시 테이블에 올려놓았을 때를 생각해 보자. 바닥에 떨어지는 경우에는 중력이 양의 일을 한 것이고, 바닥의 책을 테이블에 올려놓는 경우에는 중력이 음의 일을 하는 것이다. 따라서 중력에 의하여 한 총 일은 영이다.

■ 총 역학적 에너지 보존

운동에너지와 퍼텐셜에너지의 합을 총 역학적 에너지라 부른다.

$$E = K + U \tag{5.9}$$

보존계에서 (즉, 보존력만이 일을 하는 계에서) 총 역학적 에너지는 일정하거나 또는 보존되므로,

$$E = E_0$$

이다. E와 E_0에 식 5.9를 사용하여 대입하면

$$K + U = K_0 + U_0 \tag{5.10a}$$

또는

$$\frac{1}{2}mv^2 + U = \frac{1}{2}mv_0^2 + U_0 \tag{5.10b}$$

이다. 식 5.10b가 이 역학적 에너지 보존법칙의 수학적 설명이다. 식 5.10a를 다음과 같이 쓸 수 있다.

$$(K - K_0) + (U - U_0) = 0 \tag{5.11a}$$

또는

$$\Delta K + \Delta U = 0 \text{ (보존계에 대하여)} \tag{5.11b}$$

이 표현은 만약 위치에너지가 감소하면 그 만큼 운동에너지가 증가하여야만 하고 위치에너지가 증가하면 그만큼 운동에너지가 감소하여야 한다. 결과적으로 위치에너지와 운동에너지의 총합의 변화량은 없음을 뜻한다. 그러나 비보존계에서 역학에너지는 보통 줄어들어 (예를 들면, 마찰의 열에너지로 감소됨) $\Delta K + \Delta U < 0$이다.

5.6 일 률

어떤 주어진 양의 일을 할 때 짧은 시간 내에 끝낼 수도 있고, 오랜 시간이 걸려서 일을 끝낼 수도 있다. 예를 들면, 여러분이 잔디를 깎는다고 해보자. 이 주어진 양의 일을 마치기 위하여 30분이 걸릴 수도 있고 한 시간이나 두 시간 걸릴 수도 있다. 여기서 실질적인 구분을 하자. 즉 일을 한 양에 대해서만 관심이 있는 것이 아니라 그 일을 얼마나 빨리 했느냐에도 관심이 있다. 즉 일을 하는 비율이다. 일을 하는 시간 비율을 일률이라고 부른다.

평균일률은 한 일을 일한 시간으로 나눈 것으로 또는 단위시간당 한 일로써

$$\overline{P} = \frac{W}{t} \tag{5.14}$$

로 나타낸다.

한 물체에 일정한 힘 F를 가하여 거리 d만큼 이동하였을 때 한 일률은

$$\overline{P} = \frac{W}{t} = \frac{Fd}{t} = F\left(\frac{d}{t}\right) = F\overline{v} \tag{5.15}$$

일률의 SI 단위 : J/s 또는 W(와트)

이다 여기서 힘은 변위 방향으로 가해졌다고 가정한다. 여기서 $\overline{v}$는 평균속도의 크기이다. 만일 속도가 일정하다면 $\overline{P} = P = Fv$이다. 만일 힘과 변위가 같은 방향이 아니라면,

$$\overline{P} = \frac{F(\cos\theta)d}{t} = F\overline{v}\cos\theta \tag{5.16}$$

이다. 여기서 각도 θ는 힘과 변위 사이의 각도이다.

식에서 보듯이 일률의 SI 단위는 J/s인데, 이를 또 다른 이름인 와트(W)라 한다. 더 큰 단위인 마력(horse power : hp)이 더 자주 쓰인다.

1 hp = 746 W

연습문제

1. 5.0 kg의 상자가 얼음위에서 10 m 미끄러졌다. 만약 동마찰 계수가 0.20이었다면 마찰힘에 의해 행한 일은 얼마인가?

2. 힘이 $F=kx$로 위치에 따라 변화할 때 주어질 때 이 힘이 한 일의 양은?

(a) kx^2 (b) kx

(c) $\frac{1}{2}kx^2$ (d) 답이 없다.

3. 용수철 상수가 4.0×10^2 N/m인 스프링을 10 N의 힘으로 눌렀다. 스프링은 얼마나 압축되는가?

4. 그림 5.8 그래프와 같이 힘이 위치에 따라 변한다. 이 힘에 의해 한 일을 계산하라.

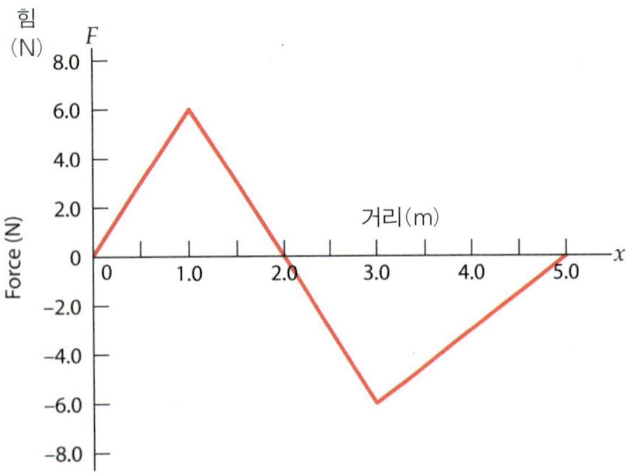

▲ 그림 5.8 얼마나 일을 했나?

5. 다음 중 스칼라량은?

(a) 일 (b) 힘

(c) 운동에너지

(d) (a)일과 (c)운동에너지 둘 모두

6. 1200 kg짜리 자동차가 90 km/h로 달리고 있다. (a) 운동에너지는 (b) 이 차가 멈추기 위해 필요한 일은?

7. 만약 어떤 차가 10 km/h에서 20 km/h로 속도를 올리는데 5.0×10^3 J의 일을 하였다. 차의 속도를 20 km/h에서 30 km/h로 올리는데 드는 일은?

8. 1.2 m 높이에 있는 1 kg짜리 망치가 0.9 m 높이에 있을 때 보다 얼마나 더 많은 중력 퍼텐셜에너지를 갖는가?

9. 0.2 kg짜리 돌멩이를 7.5 m/s으로 똑바로 위로 던져 올렸다. 돌멩이를 던진 처음 위치가 지상에서 1.2 m 높이였다면

(a) 돌멩이가 최고점에 있을 때 돌멩이의 퍼텐셜에너지가 땅에 있을 때 비해 얼마나 더 큰가?

(b) 최고높이와 처음 던져진 위치사이의 퍼텐셜 변화는 얼마인가?

6 선운동량과 충돌

야구 중계 해설자는 사진과 같은 타자의 적시 안타에 의해 게임의 승패가 뒤집어지는 경우 역전의 계기가 만들어졌다고 얘기한다. 공은 투수의 손을 떠나 타자 플레이트를 향해 매우 빠른 속도로 (큰 운동량으로) 날아간다. 그러나 불과 수 십 분의 일 초 동안 딱딱한 야구방망이와 공이 충돌하여 볼의 방향이 바뀐다. 야구팬이라면 타자가 공을 쳤다고 하겠지만, 이 책의 4장을 배운 학생들은 야구방망이에 의해 공에 가해진 힘이 공에게 큰 가속도를 주어 그 속도를 바꾸게 했다고 말할 사람도 있을 것이다. 그러나 공의 운동량과 야구방망이의 운동량을 더해준 총합은 충돌 전과 충돌 후에 변화가 없다.

이 장에선 운동량의 개념에 대해 배울 것이며 운동량이 운동과 충돌을 이해하는데 어떻게 유용하게 쓰일 것인지를 배우게 될 것이다.

6.1 선운동량과 충격량

뉴턴은 선운동량(p)을 물체의 양과 속도에 관계하는 운동의 양이라 하였다. 즉 한 물체의 운동량은 질량과 속도에 함께 비례하는 양이다. 정의에 의하면, 어떤 물체의 운동량은 그 물체의 질량과 속도의 곱과 같다 .

$$\vec{p} = m\vec{v} \tag{6.1}$$

(SI 단위계에서 운동량의 단위는 kg · m/s이다.)

우리는 흔히 선운동량을 줄여 운동량이라고 부른다. 운동량은 속도와 같은 방향을 갖는 벡터량이며 따라서 운동량의 x 또는 y 성분은 각각 $p_x = mv_x$, $p_y = mv_y$의 크기를 갖는다.

식 6.1은 한 개의 물체 또는 입자의 운동량을 나타낸다. 만약 계의 구성이 둘 이상의 입자들로 이루어져 있다면 계의 총 운동량 ($\vec{P}$)은 개개의 입자들의 운동량을 모두 더한 운동량들의 총 합이 된다.

$$\vec{P} = \vec{p}_1 + \vec{p}_2 + \vec{p}_3 + \cdots = \Sigma \vec{p}_i \tag{6.2}$$

(대문자를 사용한 $\vec{P}$는 총 운동량을 뜻하며 소문자의 $\vec{p}$는 입자 하나의 운동량을 말한다.)

뉴턴은 그의 운동 제2법칙을 정의할 때 가속도가 아닌 운동량을 사용하였다. $\vec{F}_{net} = m\vec{a}$이고 $\vec{a} = (\vec{v} - \vec{v}_o)/\Delta t$ 이므로 질량 m이 일정하다고 하면, 힘－운동량 관계는

$$\vec{F}_{net} = m\vec{a} = \frac{m\vec{v} - m\vec{v}_o}{\Delta t} = \frac{\vec{p} - \vec{p}_o}{\Delta t} = \frac{\Delta\vec{p}}{\Delta t}$$

또는

$$\vec{F}_{net} = \frac{\Delta\vec{p}}{\Delta t} \quad \text{(운동량으로 표시한 뉴턴의 운동 제2법칙)} \tag{6.3}$$

이다. 이 식으로 표현된 뉴턴 방정식에서 "한 물체에 작용한 알짜 외부힘은 그 물체의 운동량에 대한 시간 변화율과 같다"고 말하고 있다.

만약 질량이 일정하다면, 제2법칙의 두 표현 $\vec{F}_{net} = m\vec{a}$와 $\vec{F}_{net} = \Delta\vec{p}/\Delta t$는 같다. 그러나 질량이 변하는 상황에서 두 식은 다르며 특별한 경우를 이 장의 말미에 논할 것이다. 식 6.3은 질량이 변하는 경우에도 맞는 뉴턴 제2법칙의 일반적인 형태의 공식이다.

망치와 못, 골프채와 골프공 또는 자동차와 자동차 같은 두 개의 물체가 충돌할 때, 아주 짧은 시간동안 상대편에게 커다란 힘을 작용할 수 있다. 이 상황에서 힘은 일정하지 않다. 그러나 운동량으로 표시한 뉴턴의 제2법칙은 평균값을 사용하여 이런 상황을 분석하는 데 유용하다. 이때 작용한 평균힘은 운동량의 시간 변화율과 같음을 뉴턴의 제2법칙이 말하고 있다. 즉 $\vec{F}_{avg} = \Delta\vec{p}/\Delta t$ (식 6.3)이다. 이를 운동량의 변화로 표시한 방정식으로 다시 쓰면(물체에 오직 한 힘만이 작용할 때)

$$\vec{F}_{avg}\Delta t = \Delta\vec{p} = \vec{p} - \vec{p}_o \tag{6.4}$$

이다. 여기서 $\vec{F}_{avg}\Delta t$ 는 그 힘의 충격량(impulse) $\vec{I}$ 이라고 한다. 즉,

$$\vec{I} = \vec{F}_{avg}\Delta t = \Delta\vec{p} = m\vec{v} - m\vec{v}_o \tag{6.5}$$

이다. 충격량과 운동량의 SI 단위계의 단위는 N · s이다.

그러므로 "한 물체에 가해진 충격량은 물체의 운동량 변화로 주어진다." 이것은 충격량－운동량 정리이다. 충격량의 단위는 N · s이며 이는 운동량의 단위도 된다 ($1\,\text{N} \cdot \text{s} = 1\,\text{kg} \cdot \text{m/s}^2 \cdot \text{s} = 1\,\text{kg} \cdot \text{m/s}$).

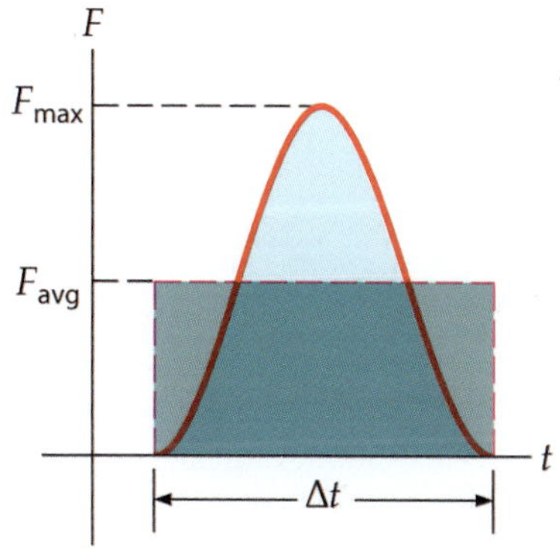

▲ **그림 6.1 평균 충격력**
평균힘 아래 면적($F_{avg}\Delta t$, 빨간색의 점선아래 면적)은 F 대 t 곡선 아래의 면적과 같다. 이를 일반적으로 계산하기는 쉽지 않다.

제5장에서 일-에너지 정리 ($W_{net} = F_{net}\Delta x = \Delta K$)를 배웠다. 즉 F_{net} 대 x의 곡선 아래 면적은 알짜일 또는 운동에너지 변화 값과 같다. 이와 비슷하게 F_{net} 대 t 아래 면적은 충격량과 같으며 운동량의 변화와 같다(그림 6.1). 충격을 주는 힘은 시간에 따라 급격히 변하며 일정한 힘이 아니다. 그러나 일반적으로 충격을 주는 시간 Δt 동안 작용하는 이와 동등한 일정한 평균힘 $\vec{\mathrm{F}}_{avg}$을 가정하는 것이 편리하다($F-t$ 곡선에서 같은 면적을 갖는다). 이를 그림 6.1에 나타내었다. 충돌할 때 몇 개의 전형적인 접촉시간을 표 6.1에 보였다.

어떤 주어진 상황에서 운동량의 변화가 고정되어 있다고 가정하자. 그러면 $\Delta p = F_{avg}\Delta t$이므로 만약 Δt가 커진다면 평균충격력 F_{avg}는 작아지게 될 것이다.

캐치볼을 몇 번 하다보면 금방 터득하게 되는 사실은 다가오는 공을 따라 팔을 움직이며 잡는 것이 공을 잡을 때 훨씬 아프지 않다는 것이다. 이러한 움직임은 접촉시간을 늘려 충격력을 줄이는 동작이다(그림 6.2).

▼ **표 6.1 전형적인 충돌접촉시간**

	Δt (ms)
드라이버로 친 골프공	1.0
티에 올려놓은 야구공을 칠 때	1.3
포어핸드로 친 테니스공	5.0
미식축구의 킥	8.0
축구의 헤딩슛	23.0

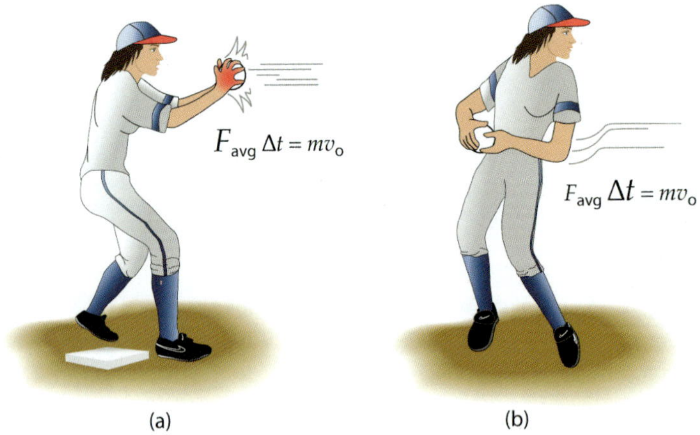

▲ **그림 6.2 충격량 조절**

(a) 캐치볼을 할 때 운동량의 변화는 mv_o으로 일정하다. 만약 공을 빠르게 정지시키면 (작은 Δt), 충격력은 커지며 (큰 ΔF_{avr}), 공을 잡는 사람의 손은 얼얼하게 된다.

(b) 손이 공을 따라 움직여 충격 접촉시간을 늘이면(큰 Δt) 충격력도 줄고 따라서 좀 더 즐겁게 캐치볼을 즐길 수 있다.

높은 곳에서 떨어질 때 바닥이 딱딱하면 그냥 꼿꼿이 서있는 채로 떨어지지 말라. 갑작스런 멈춤은(작은 Δt) 발목과 무릎 그리고 다리뼈에 큰 충격을 주어 다치게 된다. 만약 땅에 떨어질 때 무릎을 살짝 굽힌다면 충격은 떨어지는 속도($F_{avg}\Delta t = \Delta p = -mv_o$)의 반대 방향으로 수직하게 윗쪽으로 향한다. 그러므로 Δt 를 늘이면 충격력이 줄어든다. 자동차의 에어백은 자동차 충돌 시 Δt를 늘려주어 충격력을 줄여주는 완화 장치이다.

운동에너지에 대한 방정식을 대수적인 계산을 하여 약간 고치면 운동량과 운동에너지 사이의 관계를 얻을 수 있다.

$$K = \frac{1}{2}mv^2 = \frac{(mv)^2}{2m} = \frac{p^2}{2m} \tag{6.6}$$

총 역학적 에너지와 같이 계의 총 운동량은 일정한 조건하에서 보존되는 양이다. 운동량 보존은 물리학에서 가장 중요한 원리 중의 하나이다. 특히 충돌 문제를 다룰 때 원자 크기의 작은 입자들로부터 자동차들의 충돌사고에까지 운동량 보존법칙을 폭넓게 응용할 수 있다.

한 물체에 작용하는 알짜힘이 0이라면

$$\vec{F}_{net} = \frac{\Delta\vec{p}}{\Delta t} = 0$$

이는 곧

$$\Delta\vec{p} = 0 = \vec{p} - \vec{p}_0$$

이 된다. 여기서 $\vec{p}_0$는 처음의 운동량이며 $\vec{p}$는 나중의 운동량이다. 이들 두 값은 같기 때문에 운동량은 보존된다.

$\vec{p} = \vec{p}_0$ 또는 $m\vec{v} = m\vec{v}_0$

나중의 운동량=처음의 운동량

운동량 보존법칙을 둘 이상의 입자로 구성되어 있는 입자계에 대해서도 총 운동량은 보존된다. 운동량 보존법칙은 이 외부 알짜힘이 없을 때 성립된다.

$$\vec{P} = \vec{P}_0 \tag{6.7}$$

만약 외부힘이 물체에 작용한다면 이는 운동량이 보존되지 않는다는 뜻이다.

6.2 탄성 충돌과 비탄성 충돌

충돌 전후로 계의 운동에너지가 어떻게 변하느냐에 따라 탄성 충돌(elastic collision)과 비탄성 충돌(inelastic collision)로 분류한다.

탄성 충돌에서는 총 운동에너지가 보존된다. 만약 충돌 후의 계의 모든 요소들의 운동에너지가 충돌 전의 총 운동에너지와 같다면 이를 탄성 충돌이라고 한다. 즉

충돌 후 총 운동에너지=충돌 전 총 운동에너지

$$K_f = K_i \quad \text{(탄성 충돌인 경우)} \tag{6.8}$$

비탄성 충돌에서는 총 운동에너지가 보존되지 않는다. 두 물체가 충돌 후 하나 또는 둘 다 물체의 모양이 변형된 후 다시 원래의 모습을 찾지 못하면 그리고 소리나 열 등으로 에너지가 변환된다면 계의 운동에너지를 잃을 것이다. 그 때

$$\text{충돌 후 총 운동에너지} < \text{충돌 전 총 운동에너지}$$

$$K_f < K_i \quad (\text{비탄성 충돌의 경우}) \tag{6.9}$$

이다. 고립계에서 충돌은 그것이 탄성적이거나 비탄성적이거나에 관계없이 운동량 보존 법칙이 성립된다. 단지 비탄성 충돌의 경우 어느 정도의 운동에너지만 소실될 뿐이다.

■ 비탄성 충돌에서 운동량과 에너지

비탄성 충돌에서 비록 운동에너지는 변하지만 어떻게 운동량이 일정한 채로 남을 수 있는지 그림 6.3에 설명된 예를 통해 살펴보자. 그림 6.3a에서 같은 질량 $(m_1 = m_2)$을 갖는 두 공이 같은 크기로$(v_{1_o} = v_{2_o})$ 방향만 달리해서 서로 접근해 온다고 하자. 충돌 전 계의 총 운동량은 0이지만 스칼라 양인 총 운동에너지는 0이 아니다.

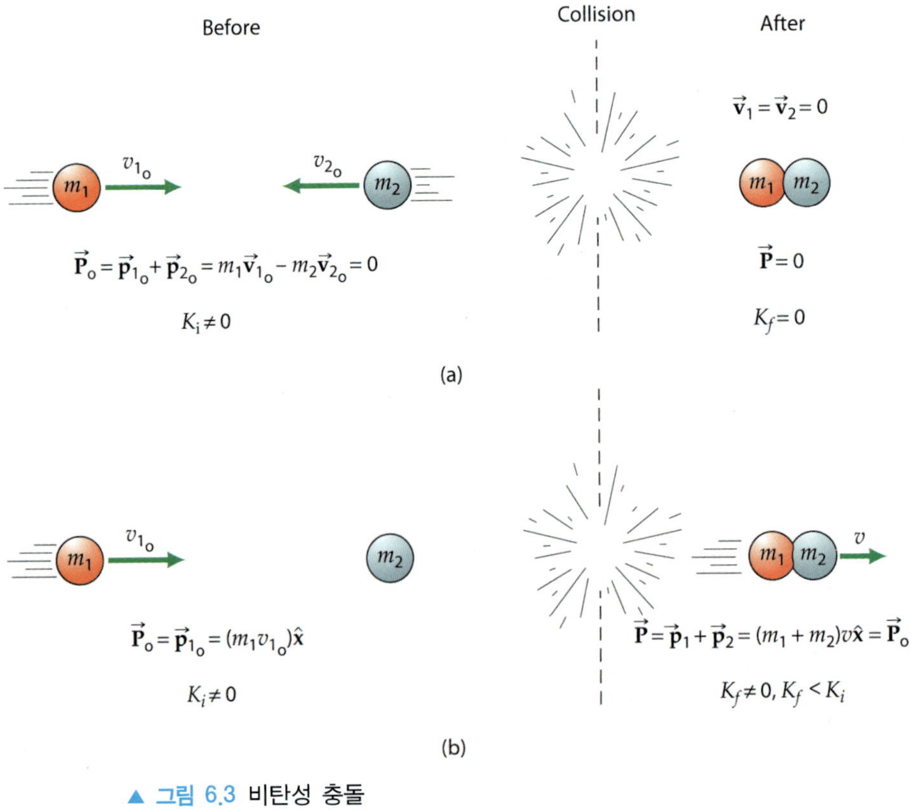

▲ **그림 6.3 비탄성 충돌**

비탄성 충돌에서 운동량은 보존되지만 운동에너지는 보존되지 않는다. 그림에서 보인 것과 같은 두 개의 물체가 서로 붙는 경우의 충돌을 완전비탄성 충돌이라고 한다. 운동에너지의 손실이 가장 많은 충돌이지만 운동량 보존법칙은 여전히 성립한다.

충돌 후에 두 공은 서로 붙어 정지한다. 이 경우 총 운동량은 변하지 않는다.

운동량은 충돌 힘이 두 공사이의 내부힘이기 때문에 운동량은 보존된다. 그러나 운동에너지는 0으로 감소한다. 이 경우 운동에너지의 일부는 볼을 영구히 찌그러뜨리는데 사용한 일로 변했고 일부 에너지는 (열을 만들어내는) 마찰로 또는 그 밖의 다른 방법(소리를 낸다거나 빛을 낸다던가)으로 소모되었다.

충돌 후에 두 공이 꼭 들러붙지 않아도 된다. 약한 비탄성 충돌에서 공들은 반대 방향으로 되튀어나올 수 있다. 하지만 이때도 같은 크기의 속력으로 반대 방향으로 되튀어 나온다. 운동량은 여전히 보존된다. 그러나 운동에너지는 이와 달라 보존되지 않는다. 가능한 모든 조건에서 운동에너지는 줄어들게 되겠지만 운동량 보존에는 영향을 미치지 않는다.

그림 6.3b에서 한 개의 공은 처음에 정지해 있고 이 공에 다른 공의 속도를 가지고 접근해 온다. 공은 들러붙지만 그러나 운동을 계속한다. 그림의 두 경우에 두 공이 완전히 들러붙는데, 이들은 완전 비탄성 충돌의 예이다.

■ 탄성 충돌에서 운동량과 에너지

탄성 충돌에서 두 가지 보존되는 기준이 있다. 첫 번째는 운동량 보존이고(탄성이나 비탄성 충돌 모두 성립한다.) 두 번째는 운동에너지 보존이다(탄성 충돌에만 성립한다). 즉 두 물체의 탄성 충돌에는

충돌 전　　　　충돌 후

운동량 보존 $\vec{\mathrm{P}} : m_1\vec{\mathrm{v}}_{1_0} + m_2\vec{\mathrm{v}}_{2_0} = \mathrm{m}_1\vec{\mathrm{v}}_1 + m_2\vec{\mathrm{v}}_2$ (6.10)

운동에너지 보존 $K : \frac{1}{2}m_1v_{1_0}^2 + \frac{1}{2}m_2v_{2_0}^2 = \frac{1}{2}m_1v_1^2 + \frac{1}{2}m_2v_2^2$ (6.11)

그림 6.4는 일차원에서 충돌하기 전의 두 물체($v_{1_0} > v_{2_0}$)를 보이고 있다. 이 두 물체에 대해 다음과 같이 쓸 수 있다.

충돌 전　　　　충돌 후

총 운동량 $m_1v_{1_0} + m_2v_{2_0} = m_1v_1 + m_2v_2$ (1)

(여기서 부호는 방향을 나타내고 v는 크기만을 나타낸다.)

운동에너지 $\frac{1}{2}m_1v_{1_0}^2 + \frac{1}{2}m_2v_{2_0}^2 = \frac{1}{2}m_1v_1^2 + \frac{1}{2}m_2v_2^2$ (2)

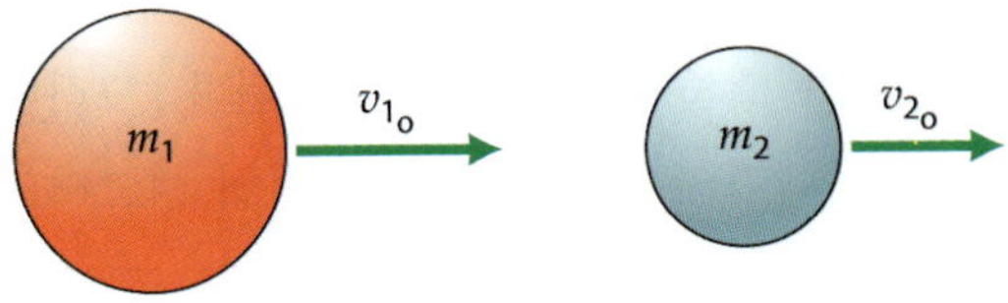

▲ **그림 6.4 탄성 충돌**
두 물체가 충돌하기 전 ($v_{1_o} > v_{2_o}$). 본문의 설명을 참조하라.

만약 질량과 두 물체의 초기속도를 안다면 모르는 양은 충돌 후의 두 물체의 속도들이다. 이를 계산해 보면

$$v_1 = \left(\frac{m_1 - m_2}{m_1 + m_2}\right)v_{1_o} + \left(\frac{2m_2}{m_1 + m_2}\right)v_{2_o} \tag{6.12}$$

$$v_2 = \left(\frac{2m_1}{m_1 + m_2}\right)v_{1_o} - \left(\frac{m_1 - m_2}{m_1 + m_2}\right)v_{2_o} \tag{6.13}$$

을 얻는다.

■ 처음 한 물체가 정지해 있을 때

지금부터 $v_{2_o} = 0$인 특별한 경우를 다루겠다. 그러면 식 6.12와 식 6.13의 오른쪽 변에는 단지 한 항만 남게 된다. 만약 $m_1 = m_2$라면 $v_1 = 0$이고 $v_2 = v_{1_o}$가 된다. 즉 물체는 운동량과 운동에너지를 완전히 교환한다. 다가오는 물체는 충돌 후 정지하고 원래 서 있던 물체는 다가오던 물체가 갖고 있던 똑같은 속도를 갖고 운동하게 된다. 이 경우 계의 운동량과 운동에너지는 보존됨을 분명히 알 수 있다(실제의 예로 당구를 칠 때 종종 볼 수 있다).

또 다른 극단적인 특별한 경우를 살펴보자.

만약 $m_1 \gg m_2$, 즉 다가오는 물체의 질량이 서 있는 질량에 비해 매우 크다면

$$v_1 \approx v_{1_o} \text{이고} \;\; v_2 \approx 2v_{1_o}$$

을 얻게 된다. 즉 상대적으로 질량이 큰 물체는 거의 속도 변화가 없고(또는 아주 조금 속도가 작아지고) 이 물체와 충돌한 상대적으로 질량이 작은 물체는 질량이 큰 물체의 두 배 가까운 속도를 얻게 된다(볼링공과 충돌한 볼링핀을 생각해 보라).

만약 $m_1 \ll m_2$ (다가오는 공이 매우 가벼운 물체)라면

$$v_1 \approx -v_{1_0} \text{ 이고 } v_2 \approx 0$$

이 된다. 만약 가벼운(작은 질량)물체가 질량이 큰 정지해 있는 물체와 충돌한다면 무거운 물체는 거의 움직이지 않으며 가벼운 물체만 충돌 전 다가오던 속력과 같은 크기의 속력으로 반대 방향으로 되튕겨나간다.

예제 6.1 ■ **두 개가 들어오면 한 개가 나간다?**

그림 6.5에서처럼 고안된 충돌 장치는 5개의 똑같은 금속 공으로 이루어져 있다. 공 한 개를 들어 올렸다 놓으면 후에 다중 충돌이 생기는데 즉 한 개의 공이 가까운 한 개의 공과 그 공은 오른쪽 옆에 있는 공과 연이어 충돌하여 끝까지 충돌해 간다. 이 때 맨 마지막의 한 개의 공이 솟아 오른다. 두 개의 공을 들어 올렸다 놓으면 마지막 공 두 개가 세 개의 공을 들어 올렸다 놓으면 오른쪽 세 개의 공이 솟아 오른다.

두 개의 공을 들어 올렸다 내렸을 때 나머지 공들과 충돌할 때의 속력이 v였다면 오른쪽 두 개의 공이 솟아 오르는 게 아니라 한 개의 공만이 속도 $2v$로 솟아 오를 가능성은 없는가? 이에 답을 하고 그 이유를 설명하라.

▲ 그림 6.5 하나가 들어오면 하나가 나간다

풀이 수평하게 놓인 금속 공들 간의 충돌은 근사적으로 탄성 충돌이다. 두 개의 공을 들어 올렸다 내린 경우 한 개의 공만이 솟아 올라 $2v$의 속도를 갖는 것은 운동량 보존법칙에는 위배되지 않는다. 즉 $(2m)v = m(2v)$이다. 그러나 이 경우 탄성 충돌의 또 다른 조건인 운동에너지 법칙에는 위반된다. 운동에너지 보존법칙을 점검해보자.

충돌 전 충돌 후

$$K_f = K_i$$

$$\frac{1}{2}(2m)v^2 \stackrel{?}{=} \frac{1}{2}m(2v)^2$$

$$mv^2 \neq 2mv^2$$

이런 일이 일어날 때 운동에너지는 보존되지 않는다.

6.3 질량중심

한 입자에 작용하는 알짜 외부힘이 없다면 계의 선형운동량은 일정함을 보았다. 이와 마찬가지로 만약 계 전체에 작용하는 알짜 외부힘이 없다면 계의 총 운동량 역시 일정하다. 이런 유사성에서 입자들의 계의 운동을 이와 동등한 단일 입자의 운동으로 표현할 수 있다.

운동하는 딱딱한 물체(강체)−예를 들면 공이나 자동차 등은 엄밀히 입자들의 계이지만 우리가 이들의 운동을 분석할 땐 이와 동등한 하나의 입자처럼 취급할 수 있다. 이런 표현은 질량중심(center of mass 줄여서 CM이라고 하겠다.)이란 개념을 통해 이루어진다.

질량중심은 한 물체 또는 계의 질량이 한 곳에 집중되어 있다고 생각된 하나의 점이다. 질량중심은 계의 병진운동만을 해석할 목적으로 가정된 개념이다.

비록 강체가 회전한다고 해도 질량중심은 마치 한 입자가 운동하는 것처럼 행동한다(그림 6.6). 때로는 질량중심을 물체의 균형점(balance point)이라고 부르기도 한다. 예를 들면 긴 막대 자를 손가락 위에 올려놓으려면 손가락은 질량중심 아래에 있어야 한다. 막대 자의 모든 질량이(또는 무게가) 그 점에 모인 것처럼 보인다.

입자들의 계에서 질량중심에 작용하는 힘에 대한 뉴턴의 제2법칙 표현도 하나의 입자에 작용하는 제2법칙과 유사하다.

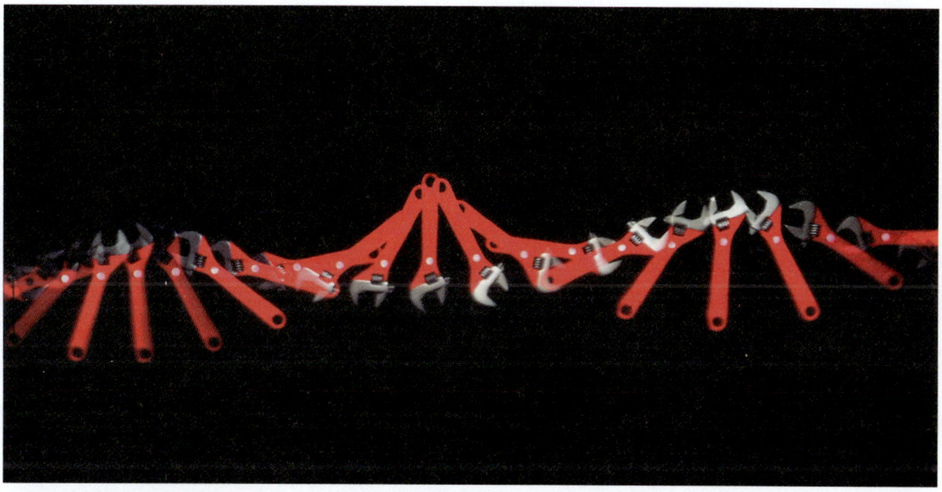

▲ **그림 6.6 질량중심**

미끄러지는 렌치의 질량중심은 마치 한 입자처럼 직선운동한다. 렌치의 질량중심에다 흰 점을 찍어 놓았다.

$$\vec{F}_{net} = M\vec{A}_{CM} \tag{6.14}$$

여기서 $\vec{F}_{net}$는 계에 작용하는 알짜 외부힘이며 M은 계 전체의 질량 또는 계의 입자들의 질량의 총합이다(계의 입자의 총 수가 n일 때 $M = m_1 + m_2 + \cdots + m_n$). 그리고 $\vec{A}_{CM}$은 계의 질량중심의 가속도이다. 식 6.14가 말하는 것은 입자들의 계의 질량중심은 질량중심에 모든 계의 입자의 질량이 모인 것처럼 움직이며 결과적으로 외부힘은 이 점에 작용한다. 그러므로 개개의 입자의 운동은 식 6.14에서 예상된 것처럼 움직이지 않는다는 것에 유의하라.

만약 계에 작용하는 알짜 외부힘이 0이라면 질량중심의 총 운동량은 보존된다. 왜냐하면

$$\vec{F}_{net} = M\vec{A}_{CM} = M\left(\frac{\Delta\vec{V}_{CM}}{\Delta t}\right) = \frac{\Delta(M\vec{V}_{CM})}{\Delta t} = \frac{\Delta\vec{P}}{\Delta t} = 0 \tag{6.15}$$

이기 때문이다. $\Delta\vec{P}/\Delta t = 0$이면 시간 Δt 동안 $\vec{P}$의 변화가 없다는 뜻이고 계의 총 운동량 $\vec{P} = M\vec{V}_{CM}$이 일정하다는 뜻이다(그러나 0일 필요는 없다). M은 일정하기 때문에 이 경우 $\vec{V}_{CM}$도 일정하다. 질량중심은 일정한 속도로 움직일 수도 정지해 있을 수도 있다.

비록 우리가 한 덩어리로 이루어진 물체의 질량중심을 보일 수 있었지만, 기체 같은 입자들의 질량중심이나 여러 개의 물체들로 이루어진 질량중심도 같은 성질을 갖는다. n개의 입자들로 이루어진 일차원 계에서 질량중심의 위치는 다음과 같다.

$$\vec{X}_{CM} = \frac{m_1\vec{\mathbf{x}}_1 + m_2\vec{\mathbf{x}}_2 + m_3\vec{\mathbf{x}}_3 + \cdots + m_n\vec{\mathbf{x}}_n}{m_1 + m_2 + m_3 + \cdots + m_n} \tag{6.16}$$

여기서 X_{CM}은 입자들의 계의 질량중심이며, 이 표현을 간단하게 쓰면 다음과 같이 표현한다.

$$X_{CM} = \frac{\Sigma\, m_i x_i}{M} \tag{6.17}$$

예제 6.2 ■ 질량중심 찾기 : 합하는 과정

세 개의 질량 2.0 kg, 3.0 kg 그리고 6.0 kg이 각각 좌표점 (3.0, 0), (6.0, 0) 그리고 (−4.0, 0)(단위는 m)에 있다. (그림 6.7) 계의 질량중심은 어디인가?

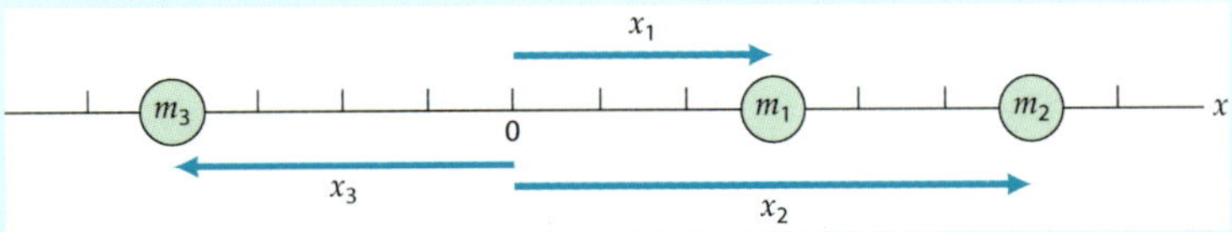

▲ **그림 6.7 일차원 입자들의 계**
계의 질량중심은 어디일까?

풀이 모든 $y_i = 0$이므로 $Y_{CM} = 0$은 분명하다. 그러므로 CM은 x축 어디엔가 있다. 질량과 위치가 주어져 있고 그래서 식 6.17로부터 X_{CM}을 계산할 수 있다. 그러나 위치는 원점으로부터 벡터 변위로 주어져 있으므로 편리한 부호 + 또는 −로 일차원 표현을 해야 한다.

식 6.17에서 표현한 합을 수행하면,

$$X_{CM} = \frac{\sum m_i x_i}{M}$$

$$= \frac{(2.0\text{ kg})(3.0\text{ m}) + (3.0\text{ kg})(6.0\text{ m}) + (6.0\text{ kg})(-4.0\text{ m})}{2.0\text{ kg} + 3.0\text{ kg} + 6.0\text{ kg}} = 0$$

이다. 계의 질량중심은 원점이다.

■ 무게중심

무게중심이란 물체의 무게가 한 점에 집중되어 있다고 생각되는 한 점이다. 그러면 물체는 한 입자처럼 생각할 수 있다. 만약 중력에 관한 가속도가 계의 모든 입자들에게 일정하게 작용한다면 무게중심은 질량중심과 일치한다.

물체의 모양이 대칭적이면 질량중심 또는 무게중심을 쉽게 구할 수 있다. 예를 들면 물체의 재질이 같고 공 모양의 물체라면 이 물체의 무게중심은 공의 기하학적 중심이 된다.

모양이 불규칙하다면 계산에 의해 그 질량중심을 찾는 것이 어렵다(비록 적분을 사용하여 구할 수는 있으나 이 책의 범위를 벗어난다). 그러나 간단한 실험을 통해 질량중심을 찾을 수 있다. 예를 들면 평평하고 불규칙한 모양에 대한 질량중심은 몇 개의 다른 점에서 그 물체를 매달아 결정할 수 있다. 질량중심(또는 무게중심)은 매달린 점의 수직선 상에 놓여 있다. 질량중심은 계의 전 질량이 한 점에 집중되어 있는 점으로 생각될 수 있는 점이므로 줄에 매달린 점 질량(질점)과 비슷하다. 둘 또는 그 이상의 위치에 그 물체를 매달면 그리고 매달 때마다 수직선을 그어 놓으면 이 수직선들의 교점이 질량중심이어야 한다.

질량중심(또는 무게중심)은 물체의 바깥에 위치할 수도 있다(그림 6.8). 예를들면 균일한 물질로 되어 있는 반지 모양의 물체는 그 질량중심이 반지의 중앙이다. 또 같은 팔길이를 갖는 L 자 모양의 균일한 물체의 질량중심은 양 팔사이 45°에 위치한다. 이 질량중심은 물체를 매달아 보아 결정할 수 있다.

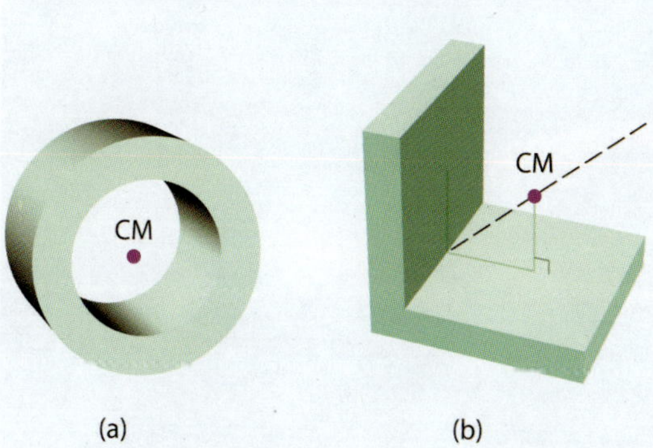

▲ **그림 6.8 질량중심은 물체 바깥에 위치할 수 있다.**

질량중심(또는 무게중심)은 물체에 바깥에 있을 수도 물체 내부에 있을 수도 있다. 이는 물체의 질량분포에 따라 달라진다.

(a) 균일한 반지 모양의 물체의 질량중심은 반지의 중앙이다.

(b) L 모양의 물체에서 만약 질량분포가 일정하다면 그리고 두 팔의 길이와 모양이 같다면 질량중심은 두 팔 사이에 있다.

6.4 제트 추진력과 로켓

제트(jet)란 말은 액체에나 기체의 빠른 흐름을 얘기할 때 사용하는 단어이다. 제트 추진은 이런 유체의 운동을 이용하여 운동을 얻을 때 사용한다. 제트 추진을 말할 때 사람은 제트 비행기나 로켓을 떠올리지만 오징어나 문어도 물의 분사를 이용하여 추진력을 얻는다(그림 6.9).

어릴 때 풍선을 분 후 묶지 않고 그대로 놓아 풍선이 날아가는 놀이를 해 본 적이 있을 것이다. 이 때 풍선은 왔다 갔다 하며 풍선의 바람이 빠질 때까지 날아다닌다. 뉴턴의 제3법칙에 따르면 공기는 공기가 가득차 부풀어 오른 풍선의 반대쪽으로 힘을 받는다. 즉 풍선은 공기에 힘을 가한다. 여기에 크기는 같고 방향이 반대인 반작용이 공기가 풍선을 밀어내는 힘으로 작용한다. 이 힘이 풍선을 날아오르게 하는 추진력으로 작용한다.

뉴턴의 제3법칙으로 제트 추진력을 설명할 수 있으며 이때 외부힘은 없으며 운동량의 보존이 응용될 수 있다. 로켓은 후면부에서 연료를 태우며 기체를 내뿜어 로켓을 움직이게 한다. 팽창하는 기체는 로켓의 뒷쪽으로 뿜어져 로켓을 앞으로 나아가게 한다(그림 6.10). 로켓은 로켓의 노즐에서 뿜어나가는 기체에 의한 반작용 힘에 의해 추진된다. 맨 처음 로켓에 시동을 걸었을 때 정지 상태였다면(그리고 중력과

▲ **그림 6.9 제트 추진**
오징어나 문어는 물을 뿜어 추진력을 얻는다. 사진은 문어의 일종인 거대 문어가 제트 추진력을 얻어 움직이는 모습

▲ **그림 6.10 제트 추진과 질량감소**

(a) 연료를 태우는 로켓은 꾸준히 그 질량을 잃는다. 그래서 점점 더 가속되기 쉽다. 그래서 로켓에 작용하는 로켓에서 뿜어져 나오는 기체의 속도와 시간에 따라 변하는 질량에 관계된다. 즉 $(\Delta m/\Delta t)\vec{\mathrm{v}}_{ex}$ 질량은 감소하기 때문에, 즉 Δm은 음수이므로 추진력은 $\vec{\mathrm{v}}_{ex}$에 반대 방향이다.

(b) 스페이스 셔틀이 다단계 로켓을 사용하고 있다. 두 개의 발사용 로켓 엔진과 거대한 연료탱크는 사용 후 나는 도중 버려진다.

(c) 새턴 V 로켓의 일단과 2단 148초의 점화 후 이 둘은 분리된다.

마찰력을 무시한다면), 이 로켓 계의 알짜 외부힘은 없다. 그러므로 뿜어져 나가는 기체의 순간 운동량은 로켓의 운동량과 크기는 같고 방향은 반대가 된다. 수 없이 많은 기체분자들의 질량은 작으나 그 속도는 크다. 그래서 이보다 더 큰 질량을 갖는 로켓은 이보다는 더 작은 속도를 갖게 되는 것이다.

끊임없이 연료를 태우며 기체를 내뿜는 로켓의 경우는 시간이 갈수록 점점 그 질량이 줄어든다. 로켓의 경우 질량은 일정한 값이 아니다. 로켓의 질량이 감소하면 로켓은 가속을 얻기가 더 쉬워진다. 다단로켓은 이런 점에서 유리하다. 연료를 다 태운 용기는 질량감소를 위해 버려지게 되고 사람이나 또는 중요 기계나 조종장치를 실은 유효탑재량은 로켓의 원래 질량에 비해 일반적으로 매우 작다. 만약 이 로켓을 타고 달에 간다면, 초기 로켓 질량의 대부분은 버리게 되고 이 유효탑재량 부분만 달에 도착하게 된다.

연습문제

1. 다음 중 올바른 설명은?
(a) 선운동량은 항상 보존된다.
(b) 스칼라량이다.
(c) 벡터량이다.
(d) 위의 모든 예시가 맞는 말이다.

2. 1500 kg, 시속 90 km의 트럭과 똑같은 선운동량을 1200 kg짜리 승용차가 가지려면 이 차는 얼마나 빨라야 하는가?

3. 정지해 있던 10 kg짜리 상자를 일정한 힘으로 밀어서 상자는 4.0 m/s의 속력을 갖게 되었다. 힘을 가해준 시간이 2.5 초 동안이었다면 이 때 민 힘의 크기는 얼마인가?

4. 다음 중 맞는 설명을 골라라.
(a) 충격량은 $F\Delta x$와 같다.
(b) 운동에너지의 변화량과 같다.
(c) 운동량의 변화량과 같다.
(d) $\Delta p/\Delta t$와 같다.

5. 소프트공을 위로 살짝 던져 방망이로 수평방향으로 치는 놀이를 한다. 이 소프트 공의 질량은 0.25 kg이었고 3.0 N·s의 충격을 받았다면 방망이를 떠날 때 공의 속력은 얼마이겠는가?

6. 두 개의 똑같은 차가 충돌하였다. 충돌 후 두 차는 한 덩어리가 되었다. 다음 각각의 충돌 상황에서 차의 속력을 구하라.
(a) 한 차가 시속 90 km의 속력으로 다른 차는 정지한 채로 서 있을 때
(b) 한 차는 시속 90 km로 다른 한 차는 시속 120 km로 두 차가 반대 방향에서 다가와 충돌할 때
(c) 한 차는 시속 90 km로 다른 차는 같은 방향으로 시속 120 km로 앞선 차를 추격하여 충돌할 때

7. 10 g의 총알이 400 m/s의 속력으로 수평으로 날고 있다. 이 총알은 정지해 있던 3.0 kg의 나무벽돌을 관통했다. 관통 후 총알의 속력이 300 m/s로 줄었다면, 총알이 관통한 직후 나무벽돌의 속력은 얼마인가(그림 6.11)?

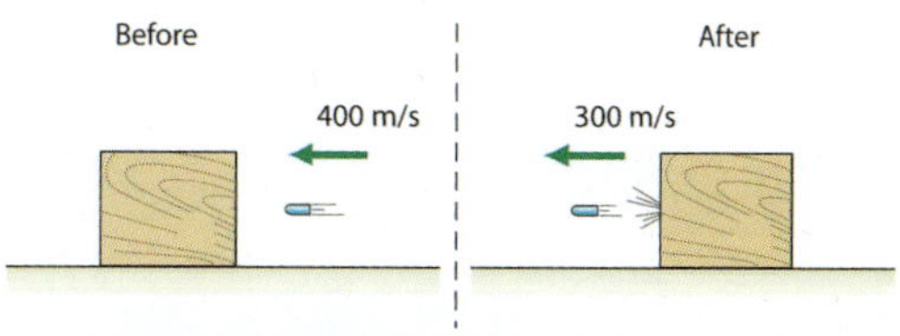

▲ 그림 6.11 운동량 이동

8. 0.1 kg의 공이 속도 0.5 m/s로 $+x$ 방향으로 이동하고 있다. 이 공은 정지해 있던 5.0 kg의 공과 충돌한다. 이 충돌이 탄성 충돌일 때 충돌 후 이 두 공의 속도를 구하라.

9. 2.0 kg과 4.0 kg의 두 공이 각각 12 m/s와 6.0 m/s의 속력을 갖고 운동한다. 만약 두 공이 정면으로 비탄성 충돌을 하여 2.0 kg짜리 공이 8.0 m/s의 속력으로 되튀어나왔다면 이 충돌에서 이 계는 얼마나 많은 운동에너지를 잃겠는가?

7 회전 운동과 중력

사람들은 앞의 사진 처럼 중력을 거스르는 청룡열차 타기를 좋아한다. 실제로 중력에 거스를 수는 없다. 우주에 중력이 차폐되거나 중력으로부터 자유로울 수 있는 곳은 없다.

회전 운동은 원자로부터 은하계까지 박테리아의 편모에서부터 배의 바퀴까지 어디에서나 일어난다. 회전 운동을 기술하는데 두 가지 용어가 사용된다. 일반적으로 회전축이 물체 안에 있을 때 물체가 자전한다고 하고, 회전축이 물체의 밖에 있을 때 공전한다고 한다. 따라서 지구는 태양 둘레를 공전한다.

회전 운동은 2차원 운동이라 제3장에서 사용된 직각 좌표계로 기술할 수 있다. 그렇지만 이 장에서 소개하는 각도와 관련한 양으로 원운동을 기술하는 것이 더 편리하다.

중력은 행성의 궤도를 유지하는데 필요한 힘을 제공하기 때문에 행성의 운동을 결정하는데 중요한 역할을 한다. 이번 장에서는 뉴턴의 만유인력의 법칙을 기술하고, 이와 관련된 기본 법칙으로 행성의 운동을 분석할 것이다.

7.1 각도 측정

그림 7.1에서 보는 것 같이 원둘레에서 운동하는 한 입자를 생각하자. 어떤 순간에 입자의 위치(P)는 직각좌표 x와 y로 표시할 수 있을 것이다. 그렇지만 그 위치는 극좌표 r과 θ로도 표시할 수 있다. r은 원점으로부터의 거리이며, θ는 x축으로부터 반시계 방향으로 측정된 각도이다. 이 두 좌표계를 변환시키는 방정식은 그림 7.1에서 점 P의 x, y 좌표로부터 볼 수 있는 것처럼

$$x = r\cos\theta \tag{7.1a}$$

$$y = r\sin\theta \tag{7.1b}$$

로 쓸 수 있다. r은 원둘레의 모든 점에서 동일하다. 어떤 입자가 원에서 운동한다면 시간에 따라 θ만 변한다. 따라서 원운동은 두 개의 직각좌표 x와 y 대신에 시간에 따라 변하는 하나의 극좌표 θ를 사용하여 기술할 수 있다.

변위와 유사하게 각 변위를 정의할 수 있는데, 그 크기는

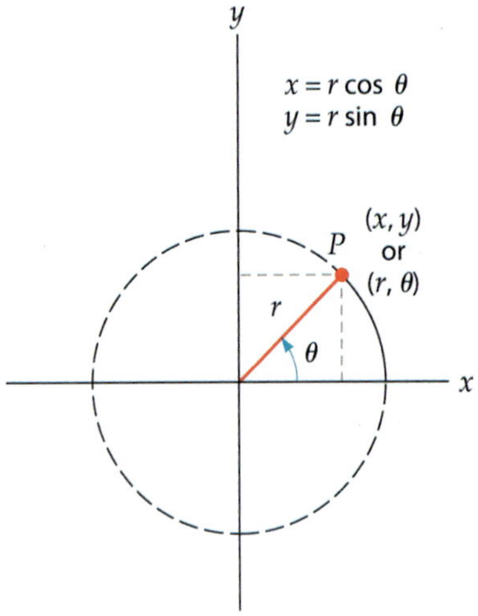

▲ 그림 7.1 극좌표

점들은 직각좌표 (x, y) 대신에 극좌표(r, θ)로 나타낼 수 있다. 원에서 θ는 각도이고 r은 반경이다. 두 좌표는 식 $x = r\cos\theta$와 $y = r\sin\theta$로 상호 변환할 수 있다.

$$\Delta\theta = \theta - \theta_0 \tag{7.2}$$

이다. 또는 $\theta_0 = 0°$로 하면 간단히 $\Delta\theta = \theta$ 로 쓸 수 있다. 각 변위를 기술하는데 보통 사용되는 단위는 각도(°)이다.

각도를 호의 길이로 나타내는데 편리한 양은 라디안(rad)이다. 라디안으로 각도는 반지름 r에 대한 호의 길이의 비, 즉 θ(라디안)$= s/r$ 이다. $s = r$ 일 때, 각은 1 라디안, 즉 $= s/r = r/r = 1$ rad이다(그림 7.2).

따라서 라디안 단위의 각도를 사용한다면

$$s = r\theta \tag{7.3}$$

로 쓸 수 있다. 라디안은 순수한 수이며 단위가 없다.

라디안과 각도 사이의 일반적인 관계를 얻기 위해 완전한 원둘레를 생각하자. 원둘레는 $s = 2\pi r$ 이므로 $\theta = s/r = 2\pi r/r = 2\pi$ rad 또는

$$2\pi \text{ rad} = 360°$$

이 식의 양변을 2π로 나누면

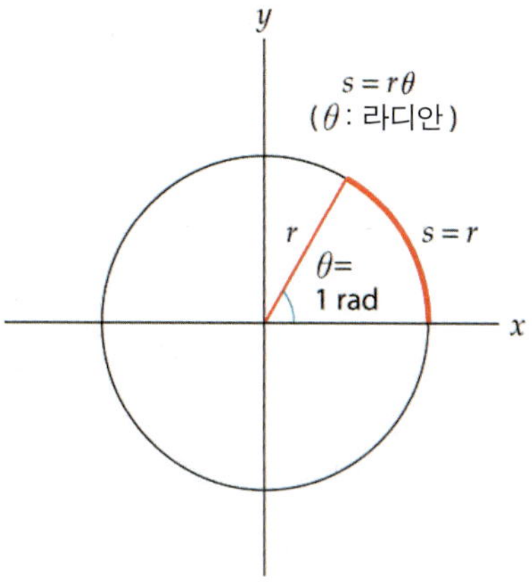

▲ **그림 7.2** 라디안 측정
각 변위는 각도나 라디안(rad)으로 측정될 수 있다. θ는 호의 길이 s를 이루는 각이다. $s = r$ 일 때 그 호가 만드는 각은 1 rad으로 정의된다. 더 일반적으로는 $\theta = s/r$ 이다. 여기서 θ는 라디안 단위이다. 1 라디안은 57.3° 이다.

$$1\,\mathrm{rad} = 360^\circ/2\pi = 57.3^\circ$$

가 된다.

7.2 각속력과 각속도

평균 각속력 $\bar{\omega}$는 변위를 이동한 시간으로 나눈 것이다 :

$$\bar{\omega} = \frac{\Delta\theta}{\Delta t} = \frac{\theta - \theta_0}{t - t_0} \qquad \text{(평균 각속력)} \qquad (7.4)$$

각속력의 단위는 초당 라디안, 즉 1/s 또는 s^{-1}이다. 그렇지만 그 양이 각속력이라는 것을 나타내기 위해 rad를 사용하는 것이 유용하다. 순간 각속력 ω는

$$\omega = \frac{\theta}{t} \text{ 또는 } \theta = \omega t \qquad \text{(순간 각속력)} \qquad (7.5)$$

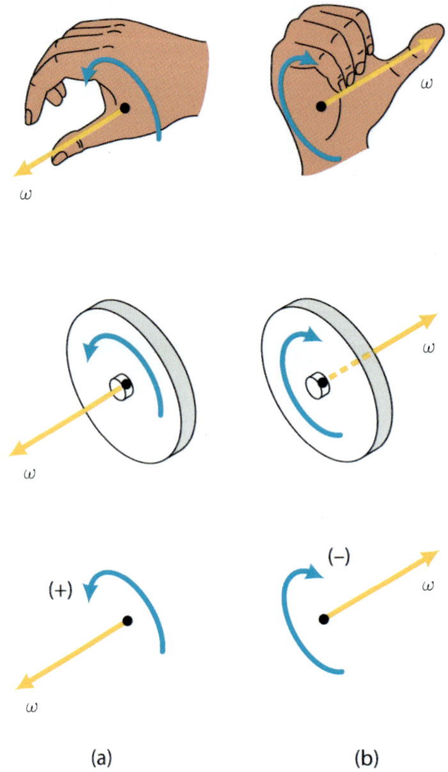

▲ **그림 7.3 각속도**

회전운동에서 어떤 물체에 대한 각속도 벡터의 방향은 오른손 법칙으로 주어진다. 오른손가락을 회전 방향을 따라 감을 때 펴진 엄지손가락 방향이 각속도 벡터의 방향이다. 회전 방향은 (a) +와 (b) −부호로 표시한다.

이 된다. 각속력의 SI 단위는 초당 라디안이다(rad/s 또는 s^{-1}).

각속력에 대한 또 다른 단위는 rpm(revolutions per minute)이다. 예를 들어 CD(Compact Disc)가 200~500 rpm의 속도(트랙의 위치에 따라 다름)로 회전한다. 이 rpm 단위는 1회전= 2π rad이기 때문에 쉽게 초당 라디안으로 변환할 수 있다. 예를 들어 $(150\,\text{rev/min})(2\pi/\text{rev})(1\,\text{min}/60\,\text{s}) = 5.0\pi\,\text{rad/s}$ ($= 16\,\text{rad/s}$)이다.

평균 각속도나 순간 각속도는 둘 다 벡터이며 따라서 방향을 가지고 있다.

원운동에서 어떤 입자의 각 변위와 각속도 벡터는 단지 두 가지 방향만을 가질 수 있다. 즉 그것은 θ_0로부터의 각 변위가 증가하던가(반시계 방향으로) 혹은 감소하며(시계 방향으로) 원둘레를 따라 운동할 것이다. .

각속도 벡터의 방향은 그림 7.3a에서 예시된 것처럼 오른손 법칙에 의해 주어진다.

오른손가락을 원운동 방향으로 감을 때 엄지손가락은 $\overline{\omega}$의 방향을 가리킨다. 원운동은 시계 방향이나 반시계 방향 중의 하나로만 할 수 있어 +와 − 기호가 원운동 방향을 구별하는데 사용할 수 있다. 양의 각 변위가 x축으로부터 반시계 방향으로 측정하기 때문에 반시계 방향의 회전을 +로 나타낸다.

■ 접선 속력과 각속력 사이의 관계

어떤 원에서 운동하는 입자는 원의 접선 방향으로 순간 속도를 갖는다. 일정한 각속도와 속력에 대해 입자의 궤도 방향의 속력 또는 접선 방향의 속도 v(접선속도의 크기)도 일정하다. 각속력과 접선속도는 식 7.3($s = r\theta$)와 식 7.5($\theta = \omega t$)으로부터 관계를 지을 수 있다;

$$s = r\theta = r(\omega t)$$

호의 길이는

$$s = vt$$

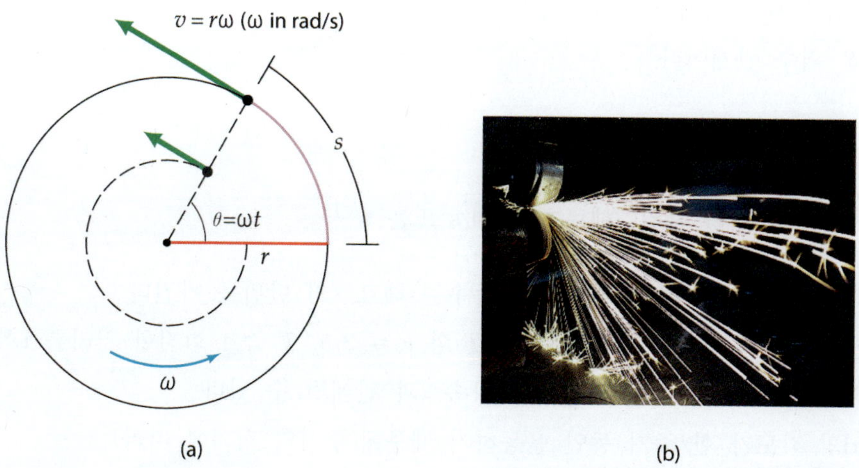

▲ 그림 7.4 접선과 각속도

(a) 접선 속력과 각속력은 $v = r\omega$ 의 관계가 있다. 여기서 ω는 초당 라디안이다. 고정된 축 주위를 회전하는 물체의 모든 입자는 원에서 운동한다. 입자 모두는 같은 각속력 ω를 가지지만 회전축으로부터 다른 거리에 있는 입자들은 다른 각속력을 갖는다.

(b) 그라인더 바퀴로부터의 불꽃은 순간 접선속도를 보여준다(입자들은 왜 약간의 곡선을 그리는가?).

주의 : 접선 혹은 선형적인 양이 각과 관련한 양으로부터 계산될 때는 언제나 각 단위 라디안이 최종 답에서 생략된다. 각과 관련한 양이 요구될 때 라디안 단위가 최종적인 답에 포함된다.

로 주어진다. 접선 속력과 각속력 사이의 관계를 주는 방정식들을 결합하면

$$v = r\omega \qquad \text{(회전 운동에서 각속력과 접선 속력 사이의 관계)} \qquad (7.6)$$

이 된다. 여기서 ω는 초당 라디안이다. 식 7.6은 ω가 시간에 따라 변할지라도, 어떤 축 주위로 강체가 회전하는 경우에 순간 접선 속력과 각속력 사이에 성립한다.

일정한 각속도로 회전하는 물체의 모든 입자들은 같은 각속력을 가지나 접선 속력은 회전축으로부터의 거리가 다르기 때문에 다르다(그림 7.4a).

■ 주기(period)와 진동수(frequency)

원운동하는 어떤 물체가 1회전하는데 걸리는 시간을 주기(T)라고 한다. 주기의 표준 단위는 초(s)이다. 주기는 회전당 초(s/rev), 또는 회전당 초(s/cycle)로도 쓴다.

진동수(f)는 어떤 주어진 시간당(일반적으로 초 단위를 쓴다) 회전수이며, 주기와 밀접한 관련이 있다. 예를 들어 원둘레를 일정하게 운동하는 입자가 2초 동안 5회전 하였다면, 진동수는 $f = 5.0\,\text{rev}/2.0\,\text{s} = 2.5\,\text{rev/s}$, 또는 2.5 cycles/s(cps)이다.

"회전(revolution)"과 "순환회전(cycle)"은 단지 편리하게 사용되는 서술적인 용어이며 단위는 아니다. 그래서 진동수 단위에서 이 용어들 없이 1/s 또는 s^{-1}로 사용하고 이 단위를 SI 단위에서는 헤르츠(Hz)라고 한다.

두 양은 역수 관계이다.

$$f = \frac{1}{T} \qquad \text{(진동수와 주기)} \qquad (7.7)$$

진동수의 SI 단위 : 헤르츠(Hz, 1/s 또는 s^{-1})

여기서 주기는 초 단위를 가지며, 진동수는 헤르츠의 단위를 가진다.

일정한 원운동에서 접선 속력은 주기 T 와 $v = 2\pi r/T$ 즉 1 회전한 거리를 1회전한 시간으로 나눈 것이다. 진동수도 각속력과 관계될 수 있다.

2π rad의 각도가 한 주기 동안 운동하기 때문에(주기의 정의에 따라)

$$\omega = \frac{2\pi}{T} = 2\pi f \qquad \text{(주기와 진동수로 표시한 각속력)} \qquad (7.8)$$

가 된다.

7.3 등속 원운동과 구심 가속도

단순하면서도 중요한 원운동은 어떤 물체가 원 둘레를 일정한 속도로 움직이는 등속 원운동이다. 지구 둘레에서 달의 운동은 근사적으로 등속 원운동이다. 그러한 운동은 곡선 운동이므로 제3장의 논의로부터 가속도가 있어야 한다는 것을 배웠다. 그 가속도의 크기와 방향은 무엇일까?

■ 구심 가속도

등속 원운동의 가속도는 순간 속도와 같은 방향(어떤 점에서 원둘레의 접선 방향)에 있지 않다. 만일 같은 방향이라면 속력이 증가할 것이고, 등속이 되지 않을 것이다. 가속도는 시간에 따른 속도의 변화율이며, 속도는 크기와 방향을 모두 갖는다. 등속 원운동에서 속도의 방향은 일정하게 변하며 이것이 가속도의 방향에 대한 실마리를 제공한다.

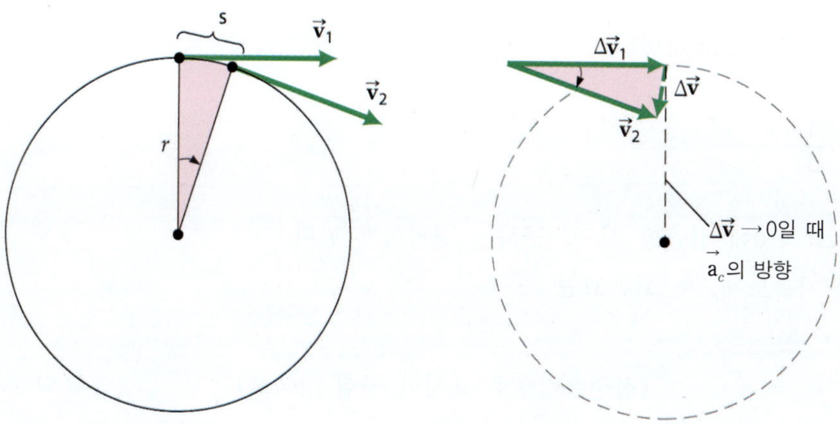

(a) (b)

$$\vec{v}_2 = \vec{v}_1 + \Delta\vec{v}_1$$
$$\vec{v}_2 - \vec{v}_1 = \Delta\vec{v}_1$$

▲ **그림 7.5 구심 가속도의 분석**

(a) 등속 원운동하는 물체의 속도 벡터는 그 방향이 연속적으로 변한다.

(b) $\Delta\theta$에 대한 시간 간격 Δt가 작아져서 0에 가까워지면, $\Delta\vec{v}$(속도에서의 변화 따라서 가속도)는 원의 중심을 향한다. 그 결과는 $a_c = v^2/r$의 크기를 갖는 구심 가속도가 된다.

어떤 시간 간격의 시작과 끝에서 속도 벡터는 속도에서의 변화 $\Delta\vec{\mathbf{v}}$를 만든다. 모든 순간 속도 벡터는 같은 크기 혹은 길이를 가지지만 방향은 다르다. $\Delta\vec{\mathbf{v}}$가 0이 아니기 때문에 가속도 $\vec{\mathbf{a}} = \Delta\vec{\mathbf{v}}/\Delta t$가 있어야 한다.

그림 7.5에서 보는 것처럼 Δt (또는 $\Delta\theta$)가 작아지면 $\Delta\vec{\mathbf{v}}$는 원의 중심을 향하게 된다. Δt가 0에 가까워지면 속도에서의 순간적인 변화, 즉 가속도는 정확하게 원의 중심을 향한다. 그래서 등속 원운동에서 가속도를 구심 가속도라고 부른다.

구심 가속도의 크기는 그림 7.5의 작은 회색 삼각형으로부터 유도될 수 있다. (매우 짧은 시간 간격에 대해 호의 길이 Δs는 거의 직선이다). 이 두 삼각형은 각각의 두 변이 같고, 사이각 $\Delta\theta$가 같기 때문에 닮은꼴이다(속도 벡터는 같은 크기를 갖는다). 따라서 v에 대한 Δv는 r에 대한 Δs와 같다. 따라서

$$\frac{\Delta v}{v} \approx \frac{\Delta s}{r}$$

호의 길이 Δs는 Δt 시간 동안 운동한 거리이다. 따라서 $\Delta s = v\Delta t$ 이다. 그래서

$$\frac{\Delta v}{v} \approx \frac{\Delta s}{r} = \frac{v\Delta t}{r}$$

이 되고, 이 식을 정리하면

$$\frac{\Delta v}{\Delta t} \approx \frac{v^2}{r}$$

이 된다. Δt가 0에 접근할 때 이 근사는 정확하게 된다.
순간 구심 가속도 $a_c = \Delta v/\Delta t$는

$$a_c = \frac{v^2}{r} \qquad \text{(접선속력으로 표시한 구심 가속도)} \qquad (7.9)$$

의 크기가 된다.
식 7.6($v = r\omega$)을 사용하여 구심 가속력을 각속력으로 나타낼 수 있다.

$$a_c = \frac{v^2}{r} = \frac{(r\omega)^2}{r} = r\omega^2 \qquad \text{(각속력으로 표시한 구심 가속도)} \quad (7.10)$$

궤도 운동을 하는 위성들은 구심 가속도를 갖는다.

■ 구심력

가속도가 있으면 알짜힘이 있어야 한다. 따라서 존재하는 구심 가속도(안쪽으로 향하는)에 대해 구심력(안쪽으로 향하는 알짜힘)이 존재하여야 한다. 뉴턴의 제2법칙($\vec{F}_{ext} = m\vec{a}$)에 식 7.9의 구심 가속도에 대한 식을 대입하면

$$F_c = ma_c = \frac{mv^2}{r} \qquad \text{(구심력)} \tag{7.11}$$

이 된다. 구심 가속도와 같이 구심력은 원의 중심을 향한다.

일반적으로 어떤 물체의 운동 방향에 어떤 각도로 작용하는 힘은 속도의 크기와 방향을 변화시킨다. 그렇지만 일정한 크기의 알짜힘이 (구심력 같이) 운동 방향에 90°로 계속 작용하면 속도의 방향만이 변한다.

이것은 속도와 평행한 방향으로 순 힘이 작용되지 않기 때문이다. 위성에 구심력을 제공하는 힘은 중력이다. 그림 7.6에서 구심력은 장력이다. 가끔 구심력을 제공하는 힘 중에 마찰력이 있다. 어떤 자동차가 원궤도를 달린다고 가정하자. 곡선을 따라 돌기 위해서는 타이어와 길 사이의 마찰력에 의해 제공되는 구심 가속도가 자동차에 작용되어야 한다.

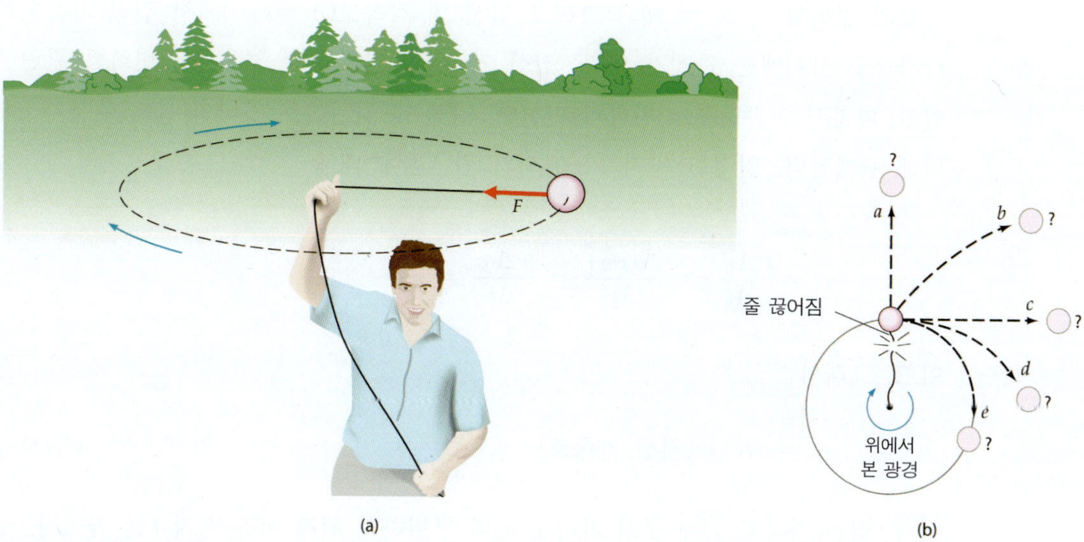

▲ **그림 7.6 구심력**

(a) 공 하나가 수평면에서 돌고 있다.

(b) 끈이 끊어져서 구심력이 0이 되면 공에 어떤 일이 생길까?

7.4 각가속도

선형 가속도 이외에 각가속도가 있다. 이 양은 각속도의 시간 변화율이다. 원운동에서 각가속도가 있다면 그 운동은 속도나 방향이 변할 것이기 때문에 일정하지 않다. 선형 운동의 경우처럼 유사하게 평균 각가속도($\bar{\alpha}$)의 크기는 다음과 같이 주어진다.

$$\bar{\alpha} = \frac{\Delta\omega}{\Delta t}$$

$t_0 = 0$이라 하고, 각가속도가 일정하다면 $\bar{\alpha} = \alpha$가 된다. 그래서

$$\alpha = \frac{\omega - \omega_0}{t} \quad \text{(등 각가속도)}$$

각가속도의 SI 단위 : rad/s^2

또는

$$\omega = \omega_0 + \alpha t \quad \text{(등 각가속도 운동)} \tag{7.12}$$

가 된다.

호의 길이와 각 ($s = r\theta$) 그리고 접선 및 각속도($v = r\omega$)에서 접선 가속도와 각가속도 사이에는 관계가 있다. 접선 가속도(a_t)는 접선 속력에서 변화와 관련이 있고, 따라서 연속적으로 방향이 변한다. 접선 및 각가속도 사이의 관계는 인자 r에 의해 관계된다. 일정한 반지름 r에서의 원운동에 대해

$$a_t = \frac{\Delta v}{\Delta t} = \frac{\Delta(r\omega)}{\Delta t} = \frac{r\Delta\omega}{\Delta t} = r\alpha$$

이고, 그래서

$$a_t = r\alpha \quad \text{(접선 가속도)} \tag{7.13}$$

이다. 접선 가속도 a_t에 구심 가속도 a_c와 구별하기 위해 아래 첨자 t를 붙였다. 구심 가속도는 원운동을 위해 필요하나 접선 가속도는 그렇지 않다. 등속 원운동에서 그림 7.7에서 보는 것과 같이 각가속도는 없으며 $\alpha = 0$이며 접선 가속도도 없다. 접선

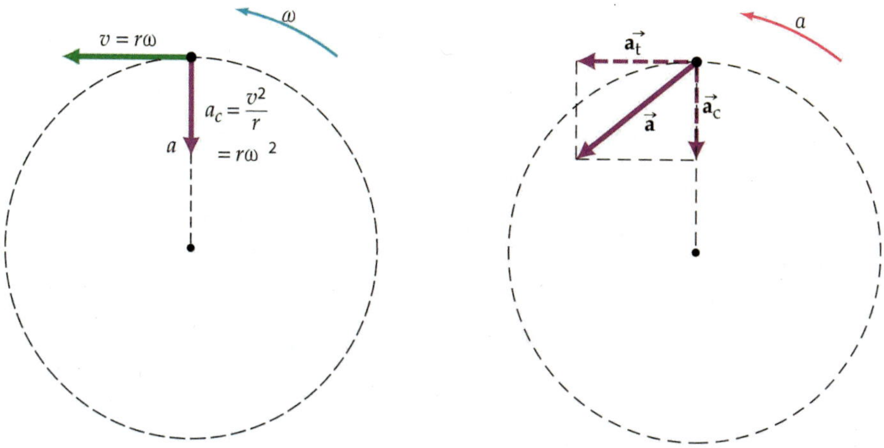

(a) 등속 원운동 ($a_t = r\alpha = 0$)

(b) 비등속 원운동 $(\vec{a}) = (\vec{a}_t + \vec{a}_c)$

▲ **그림 7.7 가속도와 원운동**

(a) 등속 원운동에 구심 가속도는 있으나 각가속도나 접선 가속도는 0이다.($\alpha = 0$, $a_t = r\alpha = 0$)

(b) 비등속 원운동에는 각가속도와 접선 가속도가 있다. 전체 가속도는 접선 가속도와 구심 가속도의 벡터 합이다.

및 구심 가속도가 있을 때 전체 가속도는 두 벡터의 합이다(그림 7.7b).

각 운동에 대한 다른 방정식들이 제2장의 선운동에서와 같이 유도될 수 있다. 여기서는 이 유도를 생략했다. 등가속도 운동에 대한 방정식과 유사한 각 운동방정식들을 표 7.1에 게재하였다.

▼ **표 7.1 등가속도 운동에서 선형 및 각 운동의 방정식**

Linear	Angular	
$x = \bar{v}t$	$\theta = \bar{\omega}t$	(1)
$\bar{v} = \frac{v + v_o}{2}$	$\bar{\omega} = \frac{\omega + \omega_o}{2}$	(2)
$v = v_o + at$	$\omega = \omega_o + \alpha t$	(3)
$x = x_o + v_o t + \frac{1}{2}at^2$	$\theta = \theta_o + \omega_o t + \frac{1}{2}\alpha t^2$	(4)
$v^2 = v_o^2 + 2a(x - x_o)$	$\omega^2 = \omega_o^2 + 2\alpha(\theta - \theta_o)$	(5)

예제 7.1 ■ 회전 운동

어떤 전자 오븐이 30 cm의 원판을 가지고 있다. 그 판이 정지로부터 0.87 rad/s^2 의 일정한 율로 0.5 s 동안 가속된 후 일정한 속도로 회전한다.

(a) 그 동안 판은 몇 번이나 회전하겠는가?

(b) 판이 일정한 속도로 회전할 때 판의 가장자리에서 각속도와 접선 방향의 속력은 얼마나 될까?

(a) 회전각 θ를 구하기 위해 표 7.1의 식 (4)를 사용하자. 여기서 $\theta_o = 0$ 이다.

$$\theta = \omega_o t + \frac{1}{2}\alpha t^2 = 0 + \frac{1}{2}(0.87\,\text{rad/s}^2)(0.50\,\text{s})^2 = 0.11\,\text{rad}$$

$2\pi\,\text{rad} = 1\,\text{rev}$이기 때문에

$$\theta = (0.11\ \text{rad})\left(\frac{1\ \text{rev}}{2\pi\ \text{rad}}\right) = 0.018\ \text{rev}$$

그래서 판은 아주 작은 회전 후에 작동 속도에 도달한다.

(b) 표 7.1의 식 7.3으로부터 각속도를 구할 수 있다.

$$\omega = \omega_o + \alpha t = 0 + (0.87\,\text{rad/s}^2)(0.50\,\text{s}) = 0.44\,\text{rad/s}$$

그리고 식 7.6으로부터 판의 가장자리에서 접선속도를 구할 수 있다.

$$v = r\omega = (0.15\,\text{m})(0.44\,\text{rad/s}) = 0.066\,\text{m/s}$$

7.5 뉴턴의 만유인력 법칙

뉴턴의 만유인력 법칙은 행성, 혜성, 별 그리고 은하계의 운동을 분석할 수 있게 해 준다. 만유라는 이름은 그 법칙이 우주 어디에서나 적용될 수 있다는 것을 말한다 (이 말은 법칙의 중요성을 강조하는 것이며, 간단히 뉴턴의 중력 법칙이라고 한다).

수학적 형식으로 뉴턴의 중력 법칙은 거리 r만큼 떨어져 있는 두 입자 또는 점 질량 m_1, m_2 그림 7.8a 사이의 중력 상호작용에 대한 간단한 관계를 나타낸다. 기본적으로 우주에 있는 모든 입자들은 그것들의 질량 때문에 인력인 중력 상호작용

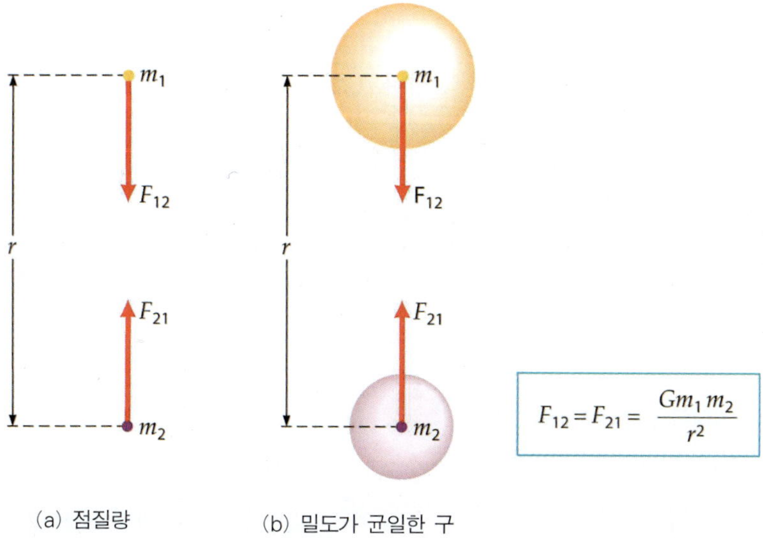

▲ **그림 7.8 만유인력의 법칙**

(a) 어떤 두 개의 입자 혹은 점질량들이 뉴턴의 만유인력의 법칙에 의해 주어지는 힘으로 서로를 끌어당기고 있다.

(b) 밀도가 일정한 구에서 질량은 그 중심에 집중되어 있는 것으로 생각할 수 있다.

을 갖는다. 상호작용의 힘은 크기가 같고 방향이 반대이며, 그림 7.8에서처럼 뉴턴의 제3법칙에 의해 기술되는 한 쌍의 힘 $\vec{F}_{12} = -\vec{F}_{21}$을 갖는다.

두 질량사이의 상호작용하는 중력(F_g)의 크기는

$$F_g = \frac{Gm_1m_2}{r^2} \tag{7.14}$$

으로 된다. 여기서 G는 만유인력 상수라고 하며 그 값은

$$G = 6.67 \times 10^{-11}\,\mathrm{N \cdot m^2/kg^2}$$

이다.

식 7.14로부터 F_g는 r이 무한히 클 때만 0에 가까워진다. 즉 중력은 무한대까지 작용한다.

예제 7.2 ■ 지구와 달 사이의 중력 : 구심 가속도

지구와 달 사이의 상호 중력의 크기를 계산하라. (달과 지구는 밀도가 일정한 구형체라고 가정한다.)

풀이 이 예제는 질량과 거리를 알아내기 위한 식 7.14의 응용이다.

- 주어진 값

$M_E = 6.0 \times 10^{24}\,\text{kg}$(지구의 질량)

$m_M = 7.4 \times 10^{22}\,\text{kg}$(달의 질량)

$r_{EM} = 3.8 \times 10^{8}\,\text{m}$(지구와 달 사이의 거리)

지구로부터 달까지의 평균 거리 r_{EM}은 두 물체의 중심에서 중심까지인 것으로 가정한다. 식 7.14를 사용하면

$$F_g = \frac{Gm_1 m_2}{r^2} = \frac{GM_E m_M}{r_{EM}^2}$$

$$= \frac{(6.67 \times 10^{-11}\,\text{N} \cdot \text{m}^2/\text{kg}^2)(6.0 \times 10^{24}\,\text{kg})(7.4 \times 10^{22}\,\text{kg})}{(3.8 \times 10^{8}\,\text{m})^2}$$

$$= 2.1 \times 10^{20}\,\text{N}$$

이것은 지구 둘레의 궤도에서 달이 움직이도록 하는 구심력의 크기이다. 이것은 매우 강한 힘이지만 달도 매우 무거운 물체이므로 관성량도 매우 크다. 가속도가 지구를 향하기 때문에 달이 지구로 떨어진다라고도 한다. 접선 방향의 운동과 결합된 이 운동은 달을 지구에 대해 거의 원형 궤도에 있게 한다.

행성으로부터 어떤 거리에서 중력에 기인하는 가속도는 뉴턴의 제2법칙과 만유인력 법칙을 사용하여 계산될 수 있다. 구질량 M의 중심으로부터 거리 r에서 중력에 기인하는 가속도 a_g의 크기는 구형 질량에 기인하는 중력을 ma_g로 놓으면 계산된다. 이것은 거리 r에서 질량 m에 작용하는 알짜힘이다.

$$ma_g = \frac{GmM}{r^2}$$

행성의 중심으로부터 거리 r에서 중력에 기인하는 가속도는

$$a_g = \frac{GM}{r^2} \tag{7.15}$$

이다. a_g는 $1/r^2$에 비례한다. 그래서 물체가 행성으로부터 멀어지면 중력에 기인하는 가속도는 작아지며, 물체에 작용하는 인력(ma_g)도 작아진다. 힘은 행성의 중심을 향한다.

식 7.15는 달이나 어떤 행성에도 적용될 수 있다. 예를 들어 지구를 그 중심에 위치한 점 질량 M_E, 반지름 R_E를 반지름이라고 하면, 거리 r을 R_E로 놓음으로써 지구 표면에서 중력에 기인하는 가속도($a_{g_E} = g$)를 구할 수 있다.

$$a_{g_E} = g = \frac{GM_E}{R_E^2} \tag{7.16}$$

중력에 기인하는 가속도는 고도에 따라 변한다. 지구 표면 위 높이 h에서 $r = R_E + h$이다. 그래서 가속도는

$$a_g = \frac{GM_E}{(R_E + h)^2} \tag{7.17}$$

로 주어진다.

고도에 따른 g의 감소의 다른 한 측면은 위치에너지와 관련이 있다. 제5장에서 g가 지구 표면 근처에서 일정하기 때문에 어떤 높이 h에 있는 물체에 대해 $U = mgh$라는 것을 배운바 있다. 이 위치에너지는 일정한 중력장에 있는 지표 위로 물체를 높이 h까지 올리는데 한 일과 같다. 그러나 고도의 변화가 크면 g가 일하는 동안 일정하지 않을 것이다. 이런 경우에 식 $U = mgh$는 적용될 수 없다. 이 책의 범주를 벗어나는 수학을 사용하여 거리 r만큼 떨어진 두 점질량의 중력 위치에너지는

$$U = -\frac{Gm_1m_2}{r} \tag{7.18}$$

으로 된다. 식 7.18에서 −부호는 기준점, 즉 $r = \infty$에서 위치에너지를 0으로 함에 따라 생긴 것이다.

지표로부터 높이 h에 있는 질량 m에 대해

$$U = -\frac{Gm_1m_2}{r} = -\frac{GmM_E}{R_E + h} \tag{7.19}$$

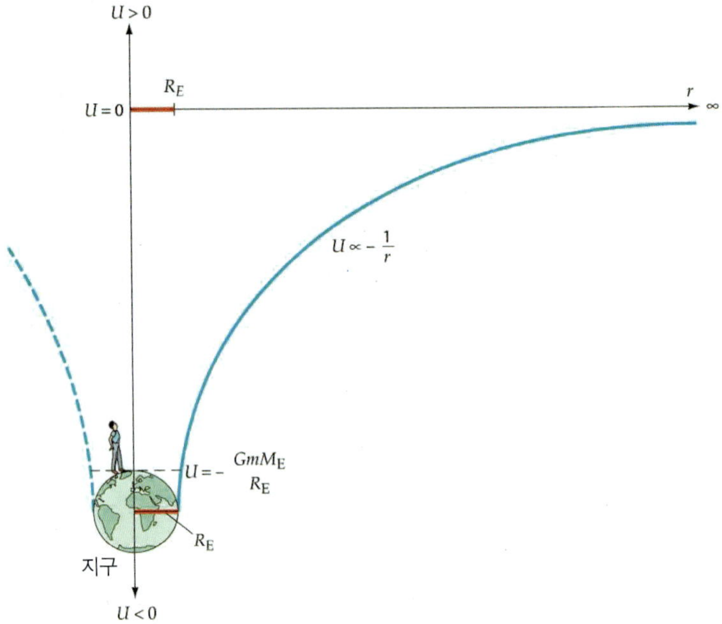

▲ **그림 7.9 중력 위치에너지 우물**

지구는 − 중력 위치에너지 우물에 있다. 따라서 실제 우물이나 구멍 같이 우물에서 더 높은 곳으로 가기 위해 중력에 대해 일을 하여야 한다. 물체의 위치에너지는 물체가 우물에서 더 높은 곳으로 움직임에 따라 증가한다. 이것은 U의 값이 더 작은 −가 된다는 것을 의미한다. 지구 중력 우물의 꼭대기는 무한대에 있으며, 거기에서 중력 위치에너지는 임의로 0으로 하였다.

가 된다. 여기서 r은 지구 중심과 질량 사이의 거리이다. 이것은 중력이 무한대까지 미치기 때문에 지구에서 무한대까지 확장된−중력 위치에너지 우물에 있다는 것을 의미한다(그림 7.9). h가 증가함에 따라 U도 증가한다. 즉 에너지에서 U가 더 음의 값이 작아지게 되면 위치에너지 우물에서 더 높은 위치에 대응하여 0에 더 가까워진다.

따라서 중력이 음의 일을 할 때(물체가 우물에서 더 높은 데로 움직일 때) 또는 중력이 양의 일을 할 때(물체가 우물에서 더 낮은 곳으로 떨어질 때) 위치에너지는 변한다.

중력 위치에너지(식 7.18)를 전체 역학적 에너지에 대한 식에 대입하면 제5장과는 다른 형태의 방정식이 만들어진다. 예를 들어 질량 m_2 근처에서 움직이는 질량 m_1의 전체 역학적 에너지는

$$E = K + U = \frac{1}{2}m_1 v^2 - \frac{Gm_1 m_2}{r} \tag{7.20}$$

가 된다.

7.6 케플러의 법칙과 지구 위성

중력은 행성과 위성의 운동을 결정하며 태양계(또는 은하계)를 유지한다. 행성 운동의 일반적인 기술은 뉴턴 이전에 독일 천문학자이며 수학자인 케플러(Johannes Kepler, 1571~1630)에 의해 발표되었다. 케플러는 덴마크 천문학자인 티코 브라헤(Tycho. Brahe, 1546~1601)에 의해 20년 동안 수집된 관측 자료로부터 3개의 경험적인 법칙을 발표하였다.

흥미롭게도 관측 데이터로부터 15년이나 걸려 유도된 행성 운동에 대한 케플러의 법칙은 지금 한 두 페이지의 이론적 계산으로 유도될 수 있다. 이 세 법칙은 행성에 적용될 뿐만 아니라 무거운 물체 주위를 회전하는 물체로 이루어진 어떤 시스템에도 적용될 수 있다. 그 시스템(달, 인공위성, 혜성 등)에서 중력의 역제곱 법칙이 적용된다.

케플러의 제1법칙(궤도 법칙)
행성들은 태양을 한 촛점으로 하는 타원 운동한다.

그림 7.10a에 보인 타원은 달걀 모양이다. 실제로 원은 초점이 같은 점(원의 중심)에 있는 타원의 한 특별한 형태이다. 행성의 궤도가 타원이지만 대부분은 원으로부터 크게 벗어나지 않는다. 예를 들어 지구의 원일점과 근일점 사이의 차이는 약 5백만 km이다. 이 거리가 큰 것 같이 보이지만 지구와 태양 사이의 평균 거리인 1억 5천백만 km의 3% 밖에 안 된다.

케플러의 제2법칙(면적의 법칙)
동일한 시간 동안 행성이 휩쓸고 가는 면적은 항상 같다.

이 법칙을 그림 7.10b에 나타냈다. 다른 궤도 거리(s_1과 s_2)를 이동하는 시간은 쓸고 가는 면적(A_1과 A_2)가 같게 된다. 그래서 행성의 궤도 속도는 궤도에서 변한다. 행성의 궤도가 타원이기 때문에 그 속도는 태양에 가까울 때 커진다.

케플러의 제3법칙(주기의 법칙)
행성의 궤도 주기의 제곱은 태양으로부터 행성까지의 평균 거리의 세 제곱에 비례한다. 즉 $T^2 \propto r^3$.

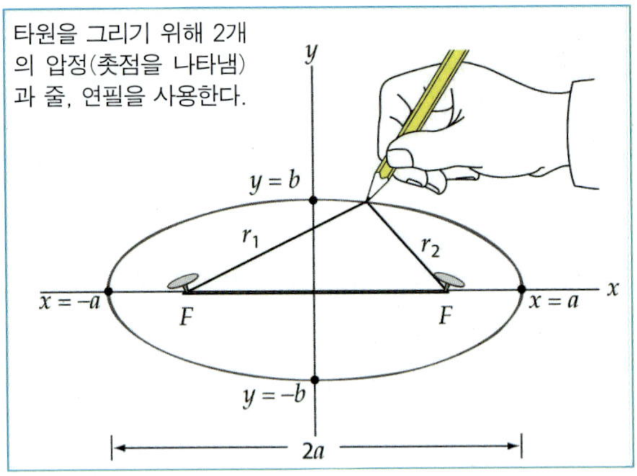

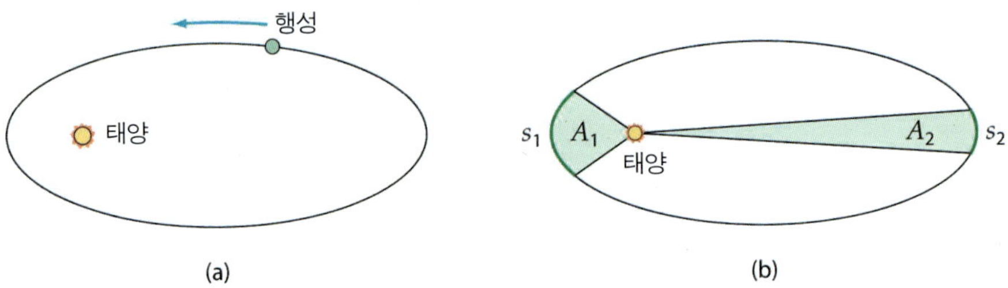

▲ 그림 7.10 **행성 운동에 대한 케플러의 제1법칙과 제2법칙**

(a) 일반적으로 타원은 달걀 모양이다. 촛점 F로부터 타원의 임의 점까지의 거리의 합은 일정하다 : $r_1 + r_2 = 2a$. 여기서 $2a$는 타원의 중심에서 가장 긴 길이에 있는 두 점을 연결하는 선의 길이이며 주축(major axis)이라고 한다(중심에서 가장 가까운 두 점을 잇는 선은 b이며 부축(minor axis)이라고 한다). 행성은 태양이 촛점의 하나에 있는 타원형 궤도를 회전한다.

(b) 태양과 행성을 잇는 선이 같은 시간에 같은 면적을 휩쓸고 지나간다. $A_1 = A_2$이기 때문에 행성은 s_2에서 보다 s_1에서 더 빨리 돈다.

또는

$$T^2 \propto r^3 \tag{7.21}$$

케플러의 제 3법칙은 뉴턴의 만유인력의 법칙을 사용하여 원궤도를 갖는 행성의 특별한 경우에 쉽게 유도된다. 구심력은 중력에 의해 제공되기 때문에 이 힘에 대한 식은 같게 놓을 수 있다.

■ 지구의 위성

위성을 지구의 궤도로 올리는 것은 아주 복잡한 일이다. 위성을 지구 위치에너지 우물의 꼭대기에 놓도록 하는 초기 속도는 발사체가 준다고 가정하자. 무한대 거리만큼 떨어진($r = \infty$) 위치에너지 우물의 가장 꼭대기에서 위치에너지는 0이다. 에너지 보존 법칙과 식 7.18로부터

$$\underset{(\text{초기})}{K_o + U_o} = \underset{(\text{최종})}{K + U}$$

또는

$$\underset{(\text{초기})}{\frac{1}{2}mv_{esc}^2 - \frac{GmM_E}{R_E}} = \underset{(\text{최종})}{0 + 0}$$

여기서 v_{esc}는 이탈속도 즉 지구 표면으로부터 벗어나는데 필요한 초기 속도이다. 발사체가 우물의 꼭대기에서 정지하기 때문에(매우 큰 거리에서 거의 움직이지 않는다. $K \approx 0$) 최종 에너지는 0이며 거기에서 $U = 0$ 이다. v_{esc}에 대해 풀면

$$v_{esc} = \sqrt{\frac{2GM_E}{R_E}} \tag{7.22}$$

$g = GM_E/R_E^2$ (식 7.17)이기 때문에

$$v_{esc} = \sqrt{2gR_E} \tag{7.23}$$

로 쓰는 것이 편리하다.

지구에 대해 유도되었지만 이 식은 (중력에 기인하는 가속도를 사용하여) 다른 행성과 달에 대한 이탈 속도를 구하는데 일반적으로 사용될 수 있다. 지구에 대한 이탈 속도는 11 km/s인 것으로 알려졌다.

이탈 속도보다 작은 접선속도는 궤도 위성에 요구된다. 지구 주위 원궤도에 있는 위성에 작용하는 구심력을 생각하자. 위성에 작용하는 구심력이 위성과 지구 사이의 중력에 의해 제공되기 때문에 다시

$$F_c = \frac{mv^2}{r} = \frac{GmM_E}{r^2}$$

로 쓸 수 있다. 그래서

$$v = \sqrt{\frac{GM_E}{r}} \tag{7.24}$$

여기서 $r = R_E + \mathrm{h}$ 이다. 예를 들어 위성이 고도 500 km의 궤도에 있다고 가정하자. 그것의 접선속도는

$$v = \sqrt{\frac{GM_E}{r}} = \sqrt{\frac{\mathrm{GM_E}}{\mathrm{R_E + h}}}$$

$$= \frac{\sqrt{(6.67 \times 10^{-11}\,\mathrm{N \cdot m^2/kg^2})(6.0 \times 10^{24}\,\mathrm{kg})}}{(6.4 \times 10^6\,\mathrm{m} + 5.0 \times 10^5\,\mathrm{m})}$$

$$= 7.6 \times 10^3\,\mathrm{m/s} = 7.6\,\mathrm{km/s}$$

이다. 이 속도는 약 27 000 km/h이다. 식 7.24에서 볼 수 있는 것처럼 요구되는 궤도속도는 고도가 증가함에 따라 감소한다.

연습문제

1. 원 위에 한 점의 직각좌표가 (1.5 m, 2.0 m)이다. 이 점의 극좌표 (r, θ)는 무엇인가?

2. 태양이 만드는 각을 측정하여 태양의 지름을 구할 수 있다. 만일 그 각이 0.535°이고, 지구로부터 태양까지의 거리가 1.5×10^{11} m라면 태양의 지름은 얼마인가?

3. 다음의 각을 라디안에서 각도로 변환하라.

(a) $\pi/6$ rad

(b) $5\pi/12$ rad

(c) $3\pi/4$ rad

(d) π rad

4. 컴퓨터의 DVD-ROM이 200 rpm에서 450 rpm까지 변하는 각속력을 가진다. 라디안/초 단위로 이 각속력의 범위를 표시하라.

5. 어떤 입자가 3.5 rad/s의 각속력으로 회전하고 있다면 그 입자가 1회전하는데 얼마나 걸리겠는가?

6. 입자 A는 2.00 s에 160° 를 회전한다. 입자 B는 8.00 s에 4π를 회전한다. 어느 쪽이 더 큰 각속력을 갖는가?

7. 한 회전목마가 3.0분에 24회전을 한다.

(a) rad/s로 평균 각속력은 얼마인가?

(b) 중심(회전축)으로부터 4.0 m와 5.0 m에 있는 사람의 접선 속력은 얼마인가?

8. 반지름 1.5 m의 바퀴가 등속력으로 회전하고 있다. 바퀴의 가장자리는 구심 가속도 1.2 m/s^2를 갖는다. 그 점에서의 접선 속력은 얼마인가?

9. 회전목마가 5 회전 동안 정지로부터 2.5 rpm의 속도까지 가속하였다. 각가속도의 크기는 얼마인가?

8 회전 운동과 평형

평형을 유지하는 것은 좋은 일이다. 그렇지만 그것은 앞의 사진에서와 같이 어떤 상황에서 특히 중요하다. 앞의 사진을 볼 때 나이가라 폭포에서 줄 위를 걷고 있는 사람이 어떻게 떨어지지 않는지 궁금해 할 것이다. 아마도 막대기가 도와 줄텐데, 어떤 방식일까?

줄 위를 걷고 있는 사람은 평형상태에 있다고 말한다. 병진 평형($\sum \vec{\mathrm{F}}_i = 0$)은 4장에서 배운 바 있으며 여기에서는 회전 평형에 대해 생각할 것이다. 바라지는 않지만 그가 떨어지려면 줄에 대한 측면 회전이 있어야 한다. 이 재난을 피하기 위해 또 다른 조건, 즉 이 장에서 논의할 회전 평형을 만나야 한다.

줄 위를 걷는 사람은 회전 운동을 피하기 위해 노력한다. 회전 운동은 회전하는 물체가 우리 주변에 많기 때문에 물리학에서 매우 중요하다.

8.1 돌림힘과 평형

회전 운동은 이 장의 중심인 강체(rigid body)의 운동을 분석할 때 중요하게 된다.

> 강체는 입자 사이의 거리가 고정된 입자의 시스템 또는 물체이다.

액체 상태의 물은 강체가 아니나 물이 얼어 형태가 있는 얼음은 강체가 될 것이다. 그러므로 강체 회전의 논의는 고체로 제한한다.

어떤 물체가 미끄러지지 않고 구를 때, 그것의 병진과 회전 운동은 제7장에서 논의된 것처럼 관계된다. 예를 들어 밀도가 일정한 구슬(혹은 원통)은 평평한 표면에서 구르며, 각도 θ만큼 돌며, 표면과 접촉해 있었던 물체는 호의 길이 s만큼 움직인다(그림 8.1). 7장으로부터 $s = r\theta$ 이다. 구슬의 질량중심은 접촉점 바로 위에 있으며 거리 s만큼 이동한다. 따라서

$$v_{\mathrm{CM}} = \frac{s}{t} = \frac{r\theta}{t} = r\omega$$

이고, 여기서 $\omega = \theta/t$ 이다. 질량중심의 속력과 각속력 ω로 미끄러지지 않고 구르기 위한 조건은

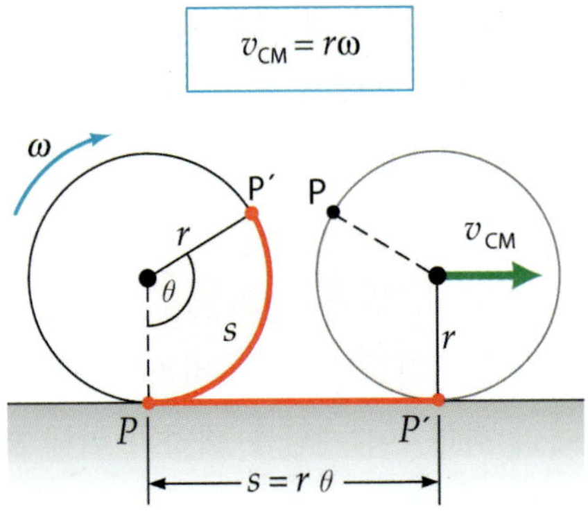

▲ **그림 8.1 미끄러짐 없는 구름**
어떤 물체가 미끄러지지 않고 구름에 따라 원둘레에서 접촉한 두 점 사이의 호길이는 이동한 선형 거리와 같다. 이 거리는 $s = r\theta$ 이다. 질량중심의 속력은 $v_{CM} = r\omega$ 이다.

$$v_{CM} = r\omega \quad \text{(회전, 미끄러지지 않음)} \tag{8.1}$$

이다.

■ 돌림힘

병진 운동에서와 같이 회전 운동에서의 변화를 만드는 데 힘이 필요하다. 운동의 변화율은 힘의 크기뿐만 아니라 회전축으로부터 작용선의 수직거리에도 의존한다(그림 8.2a, b). 힘의 작용선은 힘이 작용하는 가상적인 선이다.

그림 8.2에서 $r_\perp = r\sin\theta$ 이다. 여기서 r은 회전축과 힘이 작용한 점 사이의 직선 거리이며, θ는 선 r과 힘 $\vec{\mathrm{F}}$ 사이의 각이다. 이 수직거리를 모멘트 팔 또는 레버 팔이라고 한다.

힘과 레버 팔의 곱을 돌림힘(torque) $\vec{\tau}$ 라고 한다. 힘에 의해 제공되는 이 돌림힘의 크기는

$$\tau = r_\perp F = rF\sin\theta \tag{8.2}$$

돌림힘의 SI 단위 ：m · N

기호 $r_\perp F$ 는 보통 돌림힘을 나타내는데 사용하며 식 8.2로부터 $r_\perp F = rF_\perp$ 이다. 돌림힘의 SI 단위는 일의 단위와 같은 N · m이다. 그렇지만 돌림힘의 단위는 혼란을 피하기 위해 반대로 m · N으로 쓴다. 돌림힘은 일이 아니며, 또 단위도 Joule이

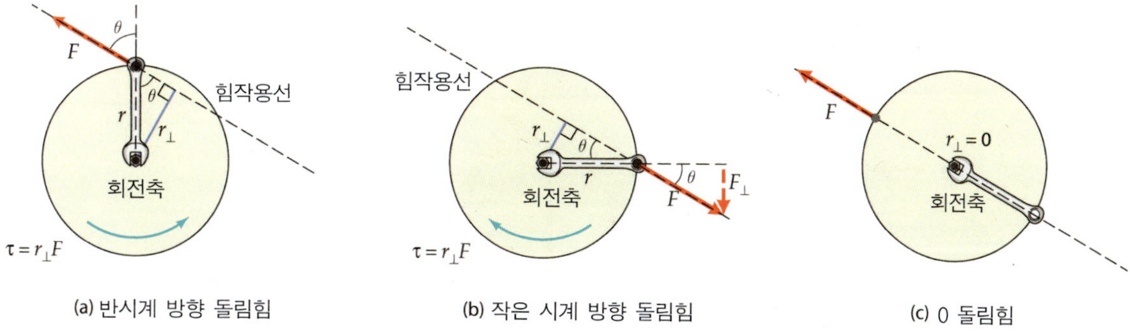

▲ **그림 8.2 돌림힘과 모멘트 팔**

(a) 회전축으로부터 힘의 작용선까지의 수직거리 $r_\perp$ 을 모멘트 팔이라고 하며 $r\sin\theta$ 와 같다. 회전 운동을 하게 하는 돌림힘은 $\tau = r_\perp F$ 이다.

(b) 작은 모멘트 팔을 갖는 반대 방향의 같은 힘은 반대 방향으로 작은 돌림힘을 만든다. $r_\perp F = rF_\perp$ 또는 $(r\sin\theta)F = r(F\sin\theta)$

(c) 어떤 힘이 회전축에 작용할 때 $r_\perp = 0$이고 $\tau = 0$이다.

아니라는 것을 명심해야 한다.

회전 가속도는 정지해 있는 강체에 힘이 작용할 때 항상 만들어지는 것은 아니다. 식 8.2로부터 힘이 $\theta = 0$ 이 되도록 작용할 때 $\tau = 0$ 이 된다(그림 8.2c). 돌림힘은 벡터이다. 그것의 방향은 힘과 모멘트 팔이 이루는 평면에 항상 수직이며, 7.2절에서 주어진 각속도 벡터에 대한 것과 같이 오른손 법칙으로 주어진다. 오른손가락을 돌림힘이 회전 가속도를 만드는 방향으로 회전축을 따라 감으면 펴진 엄지손가락은 돌림힘의 방향을 가리킨다.

■ 평 형

일반적으로 평형은 물체가 안정 상태에 있는 것을 의미한다. 이 정의는 힘과 돌림힘에 적용된다.

뉴턴의 제1법칙에 따라 어떤 물체에 작용하는 힘이 0일 때 그 물체는 병진 평형 상태에 있다. 그림 8.3 a, b는 알짜힘이 0이 되는 상황을 그린 것이다. 그림처럼 모든 힘의 작용선의 연장선이 한 점을 통과하는 힘들을 공점힘(concurrent force)들이라 부른다. 이와 같은 힘이 그림 8.3a, b에서와 같이 벡터적으로 더해서 0이 되면 그 물체는 병진 평형에 있게 된다.

그림 8.3c에 그려진 상황은 어떤 것일까? 여기에서 $\Sigma \vec{F}_i = 0$ 이지만 반대 방향으로 작용하는 힘들이 물체를 회전하게 하며 평형 상태에 있지 않다는 것은 명백하다

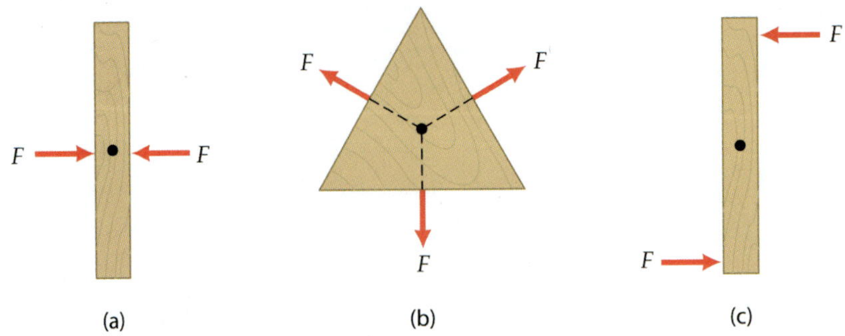

▲ 그림 8.3 **평형과 힘**
동일한 점을 지나는 선을 따라 힘이 작용되는 (a)와 (b)의 경우에 물체 작용하는 힘은 0이며 알짜 돌림힘과 알짜힘이 0이기 때문에 평형 상태에 있다. (c)에서 물체는 병진 평형에 있으며, 각가속도가 있을 것이다 ; 따라서 물체는 회전 평형에 있지 않다.

(그러한 크기가 같고 방향이 반대인 힘들을 짝힘이라고 한다). 따라서 조건 $\vec{F}_i = 0$은 정적 평형에 대한 필요조건이나 충분조건은 아니다.

$\vec{F}_{net} = \Sigma \vec{F}_i = 0$은 병진 평형에 대한 조건이며, $\vec{\tau}_{net} = \Sigma \vec{\tau}_i = 0$은 회전 평형에 대한 조건이라고 생각할 수 있다. 즉 어떤 물체에 작용하는 돌림힘의 합이 0일 때 그 물체는 회전 평형에 있다. 그 물체는 정지해 있거나 일정한 각속도로 회전한다. 따라서 실제로는 2개의 평형 조건이 있다. 이 두 조건이 역학적 평형 조건을 정의한다. 병진 및 회전 평형에 대한 조건이 만족될 때 그 물체는 역학적 평형에 있다고 한다.

$$\vec{F}_{net} = \Sigma \vec{F}_i = 0 \quad \text{(병진 평형 조건)} \tag{8.3}$$
$$\vec{\tau}_{net} = \Sigma \vec{\tau}_i = 0 \quad \text{(회전 평형 조건)}$$

전에 지적한 것처럼 돌림힘은 벡터이며 방향을 가지고 있다. +와 − 부호를 반대 방향을 나타내도록 한 선운동 취급 방식(제2장)과 유사하게 돌림힘 방향을 회전 가속도에 따라 +와 −가 되도록 할 수 있다. 회전 방향은 회전축에 대해 시계 방향과 반시계 방향을 가질 수 있다.

예제 8.1 ■ 회전 정적 평형 : 회전 운동이 없는 경우

세 개의 질량이 그림 8.4a에서처럼 막대자에 매달려 있다. 정적 평형이 되기 위해 막대자의 오른쪽에 얼마의 질량을 달아야 하는가? (천칭의 질량은 무시한다.)

풀이

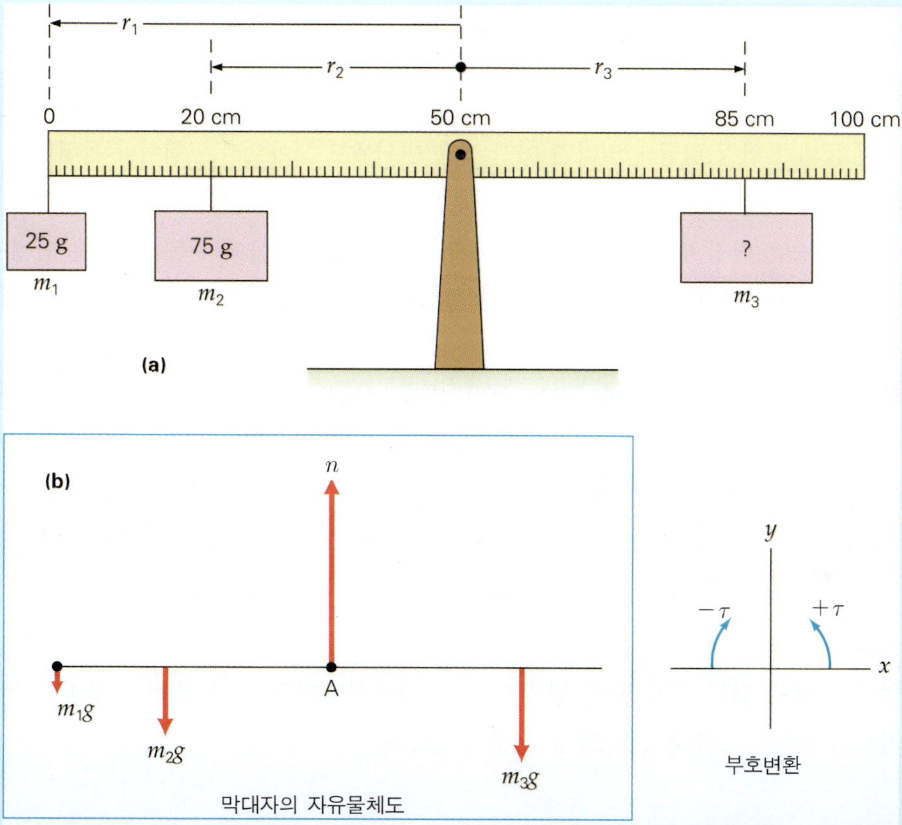

▲ **그림 8.4 회전 정적 평형**
회전 평형에 있는 막대자에서 어떤 선택된 축에 작용하는 돌림힘의 합은 0이어야 한다. 막대자의 질량은 무시하였다.

$$\Sigma\tau_i : \tau_1 + \tau_2 + \tau_3 = + rF_1 + r_2F_2 - r_3F_3$$

(돌림힘에 대한 부호 규약을 사용함)

$$= r_1(m_1g) + r_2(m_2g) - r_3(m_3g) = 0$$

m_3에 대해 풀면

$$m_3 = \frac{m_1 r_1 + m_2 r_2}{r_3} = \frac{(25\,\text{g})(50\,\text{cm}) + (75\,\text{g})(30\,\text{cm})}{35\,\text{cm}}$$

$$= 100\,\text{g}$$

가 된다. 여기서 표준 단위로 바꾸지 않는 것이 편리하다.

■ 안정성과 무게중심

어떤 물체가 안정 평형에 있다면 어떤 작은 변위에도 돌아오려는 힘이나 돌림힘이 작용하여 그 물체를 원래의 평형 위치로 돌려보낸다. 그림 8.5a에서와 같이 그릇 안에 들어 있는 구슬은 안정 평형에 있다. 유사하게 오른쪽에 있는 물체의 무게중심은 안정 평형에 있다. 어떤 조그마한 변위도 중력의 중심이 올라가게 하며 중력이 최소 위치에너지를 갖는 위치로 돌아오게 한다.

불안정 평형에 있는 물체에 대해 평형 상태로부터의 작은 변위는 평형 위치로부터 더 멀리 회전시키려는 돌림힘이 작용하게 한다. 이런 상황이 그림 8.5b에 그려져 있다. 물체의 무게중심은 전복된 위치에너지 그릇의 꼭대기에 있다. 즉 위치 에너지는 이 경우에 최대가 된다. 작은 변위 혹은 사소한 동요도 불안정 평형에 있는 물체에 심각한 효과를 준다. 그러한 물체에 위치를 변화시키는데 많은 에너지가 소모되지 않는다.

안정 평형에 있는 물체의 각 변위가 아주 대폭적일지라도 그 물체는 평형 위치로 돌아오려 한다. 요약하자면 안정 평형의 조건은

> **작은 변위 후에도 물체의 무게중심이 원래 물체의 바닥 위에 있는 한 그 물체는 안정 평형에 있다. 즉 무게중심을 통한 무게의 작용선이 원래의 바닥을 지난다.**

이 경우일 때 복원 중력 돌림힘이 있을 것이다(그림 8.6a). 그렇지만 무게중심 혹은 질량중심이 바닥의 밖에 있을 때 평형 위치로부터 멀리 회전시키는 중력 돌림힘 때문에 물체는 넘어진다.

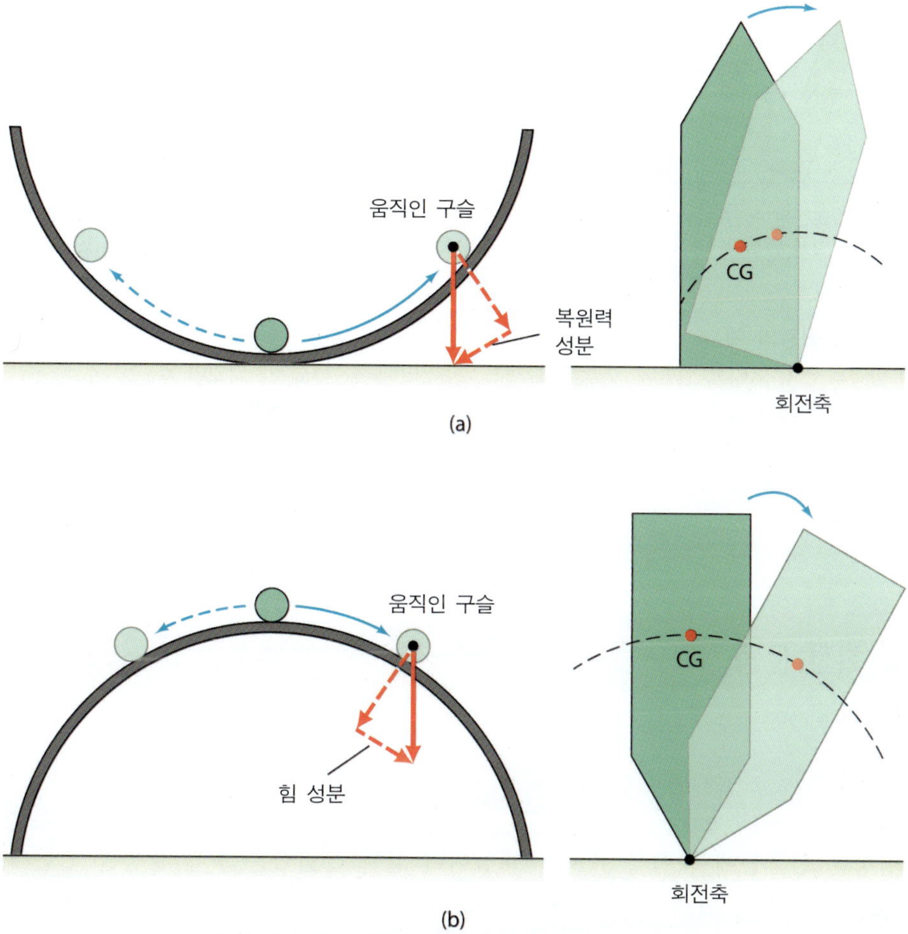

▲ **그림 8.5 안정 및 불안정 평형**

(a) 물체가 정적 평형에 있을 때 평형 위치로부터의 작은 변위는 그 물체를 평형 위치로 돌아오게 하는 힘이나 돌림힘을 작용하게 한다. 그릇(왼쪽)에 담긴 구슬은 변위된 후 바닥으로 돌아온다. 유사하게 크기가 있는 물체의 무게중심(CG)은 위치에너지 그릇으로 생각된다. 작은 변위가 그 물체의 위치에너지를 증가하게 하여 CG를 올린다.

(b) 불안정한 평형에 있는 물체에서 평형 위치로부터의 작은 변위는 그 물체를 평형 위치로부터 더 멀어지게 하는 힘이나 돌림힘을 작용하게 한다. 뒤집어진 그릇(왼쪽)의 위에 놓인 구슬은 불안정 평형에 있다. 크기가 있는 물체(오른쪽)에서 CG는 뒤집어진 위치에너지 그릇으로 생각된다. 작은 변위가 그 물체의 위치에너지를 감소하게 하여 CG를 낮춘다.

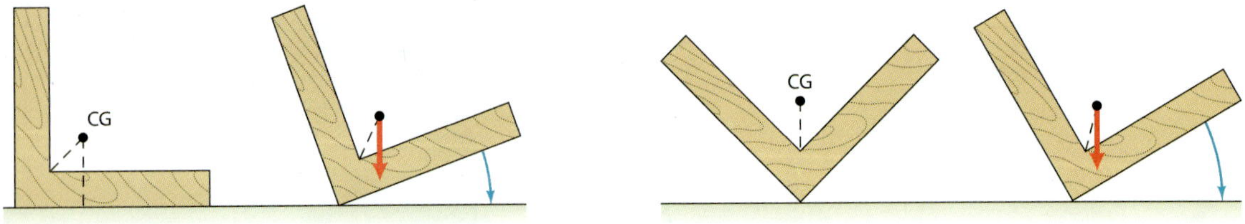

▲ **그림 8.6 안정 및 불안정 평형의 예**

(a) 물체의 무게중심이 바닥의 안쪽 그리고 위쪽에 있을 때 물체는 안정평형에 있다.(복원돌림힘이 있다) 무게중심을 가로지르는 무게작용선이 변위 후에 바닥을 어떻게 지나는 지 유의하라.

(b) 물체의 무게중심이 바닥의 바깥쪽에 있거나 무게 작용선이 원래의 바닥을 벗어나 있을 때 그 물체는 불안정한 평형에 있다.(변위 돌림힘이 있다)

8.2 회전 운동

■ 회전관성

돌림힘은 선운동에서 힘과 유사한 개념이며 알짜 돌림힘은 회전 운동을 만든다. 이 관계를 분석하기 위해 어떤 주어진 축 주위로 질량 m의 입자에 작용하는 일정한 알짜힘을 생각하자(그림 8.7). 입자에 대한 돌림힘은

$$\tau_{\text{net}} = r_{\perp} F_{\text{net}} = rF_{\perp} = rm\,a_{\perp} = mr^2\alpha \quad \text{(입자에 작용하는 돌림힘)} \tag{8.4}$$

이다. 여기서 $a_{\perp} = a_t = r\alpha$ 는 접선가속도이다(식 7.13에서 a_t). 어떤 고정된 축에 대한 강체의 회전에 대해 이 식은 물체에 있는 각각의 입자에 적용될 수 있으며, 그 결과는 전체 돌림힘을 구하기 위해 모든 입자에 대해 합해질 수 있다. 회전하는 강체의 모든 입자들은 같은 각가속도를 가지기 때문에 각각의 크기를 더할 수 있다.

$$\begin{aligned}
\tau_{\text{net}} &= \Sigma\,\tau_i = \tau_1 + \tau_2 + \tau_3 + \ \dots\ + \tau_n \\
&= m_1 r_1^2\alpha + m_2 r_2^2\alpha + m_3 r_3^2\alpha \ \dots\ m_n r_n^2\alpha \\
&= (m_1 r_1^2 + m_2 r_2^2 + m_3 r_3^2 \ \dots\ m_n r_n^2)\alpha
\end{aligned}$$

$$\Sigma\,\tau_{\text{net}} = \left(\Sigma\, m_i r_i^2\right)\alpha \tag{8.5}$$

$$\tau_{net} = r_{\perp}F_{net} = rF_{\perp} = mr^2\alpha$$

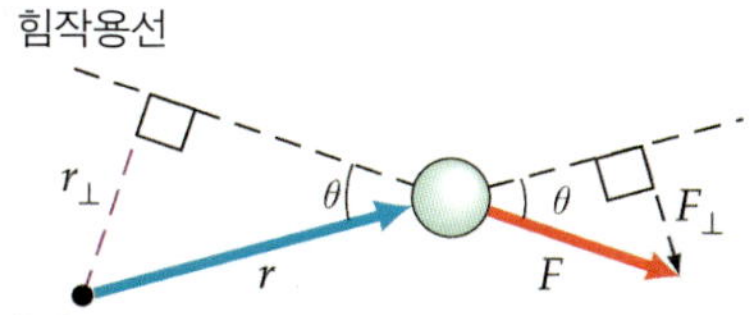

▲ 그림 8.7 입자에 작용하는 돌림힘
질량 m의 입자에 작용하는 돌림힘의 크기는 $\tau = mr^2\alpha$ 이다.

그러나 강체에 대해 질량(m_i)과 회전축으로부터의 거리(r_i)들은 변하지 않는다. 그러므로 식 8.5에서 괄호 안의 양은 일정하며, 어떤 주어진 축에 대한 회전관성 I 라고 한다.

$$I = \sum m_i r_i^2 \quad \text{(회전관성)} \tag{8.6}$$

회전관성의 SI 단위 : $kg \cdot m^2$

알짜 돌림힘의 크기는 편리하게 다음과 같이 쓸 수 있다.

$$\tau_{net} = I\alpha \quad \text{(강체에 대한 알짜 돌림힘)} \tag{8.7}$$

이것은 뉴턴의 제2법칙과 유사한 형태이다(벡터 형태로는 $\vec{\tau}_{net} = I\vec{\alpha}$).

뉴턴의 제2법칙의 회전 형태와 병진 형태($\vec{F}_{net} = m\vec{a}$)의 비교로부터 I 가 회전관성의 크기이며, 회전운동에서 변화에 저항하려는 경향을 나타낸다. 비록 I 가 강체에서 일정하며, 질량과 유사하지만 입자의 질량과는 달리 입자의 회전관성은 회전축과 관계되며, 축에 따라 다른 값을 갖는다.

또한 회전관성은 회전축에 대한 입자의 질량 분포에 의존한다. 회전축을 잘 택하면 물체에 각가속도를 주는 것이 더 쉬워진다(즉 더 작은 돌림힘이 필요하다).

예제 8.2 ■ 회전관성 : 질량 분포와 회전축

그림 8.8의 1차원 아령 배치의 각각에 대해 보인 축에 대한 회전관성을 구하라. (연결된 부분의 질량은 무시한다.)

풀이

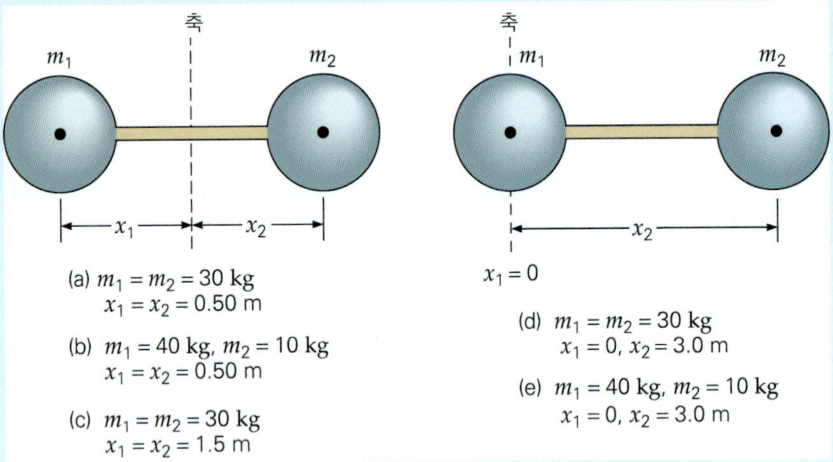

▲ **그림 8.8 회전관성**
회전관성은 회전축에 대한 질량 분포에 의존하며 축에 따라 다른 값을 갖는다. 그 차이는 그 물체가 축에 따라 돌리기가 더 쉽거나 어려운 것을 반영한다.

- 구하는 값

$I = \sum m_i r_i^2$

$I = m_1 r_1^2 + m_2 r_2^2$이므로

(a) $I = (30\text{ kg})(0.50\text{ m})^2 + (30\text{ kg})(0.50\text{ m})^2 = 15.0\text{ kg}\cdot\text{m}^2$

(b) $I = (40\text{ kg})(0.50\text{ m})^2 + (10\text{ kg})(0.50\text{ m})^2 = 12.5\text{ kg}\cdot\text{m}^2$

(c) $I = (30\text{ kg})(1.5\text{ m})^2 + (30\text{ kg})(1.5\text{ m})^2 = 135\text{ kg}\cdot\text{m}^2$

(d) $I = (30\text{ kg})(0\text{ m})^2 + (30\text{ kg})(3.0\text{ m})^2 = 270\text{ kg}\cdot\text{m}^2$

(e) $I = (40\text{ kg})(0\text{ m})^2 + (10\text{ kg})(3.0\text{ m})^2 = 90.0\text{ kg}\cdot\text{m}^2$

회전관성은 회전 운동에서 중요하다. 회전축과 질량 분포를 변경함으로써 I의 값이 변화될 수 있으며, 운동은 영향을 받는다. 아마도 소프트볼을 할 때 이것을 응용할 수 있다. 타석에서 어린이들은 배트를 짧게 잡으라고 교육을 받는다.

자 이렇게 하는 이유는 무엇일까? 그렇게 함으로써 어린이는 배트의 회전축을 배트의 더 무거운 쪽(질량의 중심)에 가깝게 움직인다. 따라서 배트의 회전관성은 감소한다(mr^2에서 더 작은 r). 그러면 배트를 돌릴 때 각가속도가 더 커진다. 배트는 더 빠르게 돌아가고, 볼을 칠 기회는 더 커진다. 타자는 배트를 휘두르는데 걸리는 시간이 짧으며, $\theta = \frac{1}{2}\alpha t^2$에서 더 큰 α는 배트를 더 빠르게 회전하게 한다.

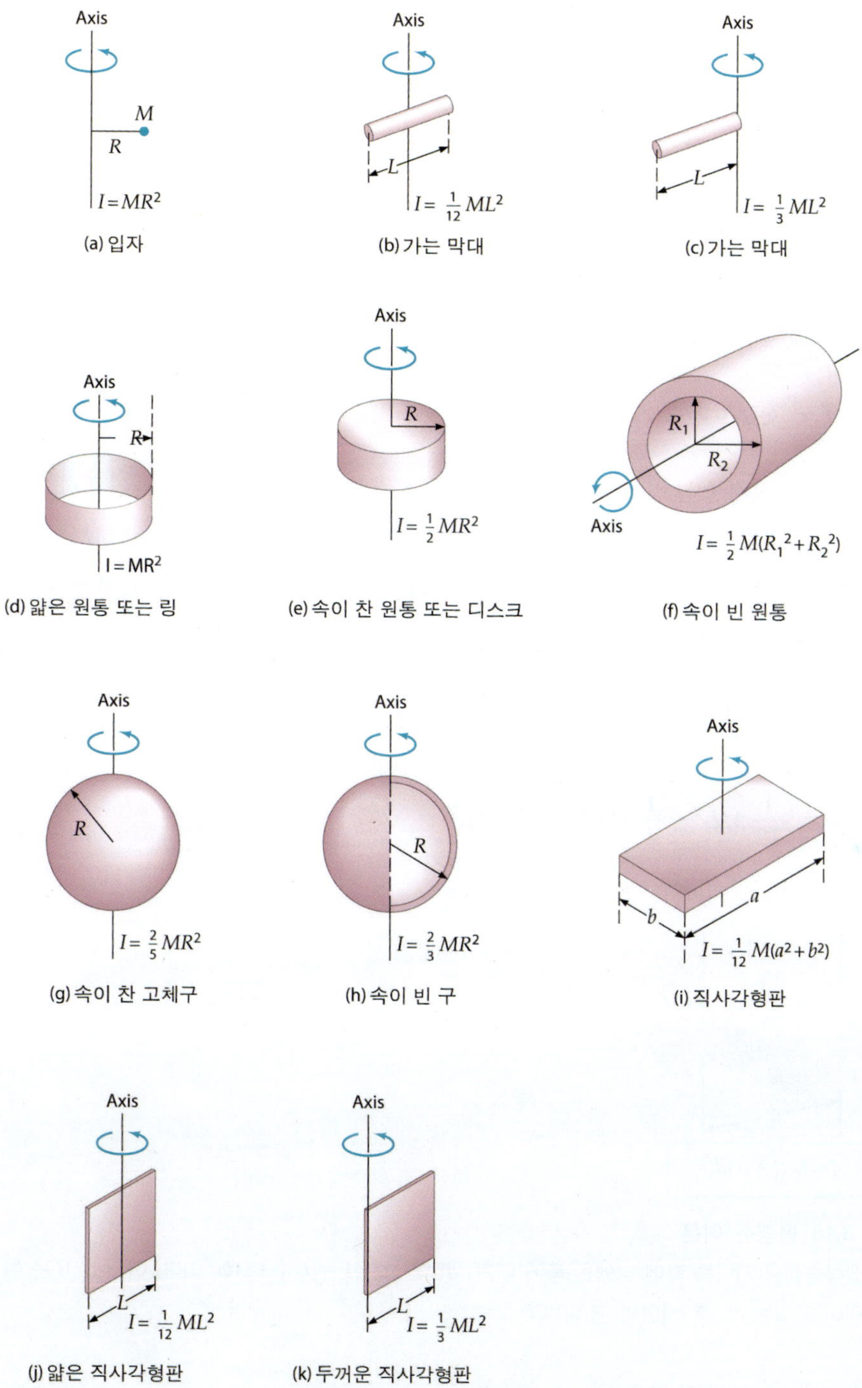

▲ 그림 8.9 공통 모양의 일정한 밀도를 갖는 물체들의 회전관성

■ 평행축 정리

대부분의 부피가 있는 강체의 회전관성 계산은 이 책의 범위를 넘는 수학이 필요하다. 몇 가지 공통적인 모양에 대한 결과가 그림 8.9에 주어졌다. 회전축은 일반적으로 대칭축을 따라 취해졌다. 즉 축은 질량중심을 지나며, 그래서 대칭적인 질량분포를 갖는다. 한 가지 예외는 한 끝에 회전축이 있는 막대이다(그림 8.9c). 이 축은 막대의 질량중심을 지나는 회전축 그림 8.9b에 평행하다. 그러한 평행축에 대한 회전관성은 평행축 정리라고 부르는 유용한 이론에 의해 계산된다. 즉

$$I = I_{CM} + Md^2 \tag{8.8}$$

여기서 I 는 질량중심으로부터 거리 d에서 질량중심을 지나는 축에 평행한 축에 대한 회전관성이다. I_{CM}은 질량중심을 지나는 축에 대한 회전관성이며, M은 물체의 전체 질량이다(그림 8.10). 막대의 끝을 지나는 축에 대해(그림 8.9c) 회전관성은 그림 8.9b에 있는 얇은 막대에 평행축 정리를 적용하여 구해진다.

$$I = I_{CM} + Md^2 = \frac{1}{12}ML^2 + M\left(\frac{L}{2}\right)^2$$

$$= \frac{1}{12}ML^2 + \frac{1}{4}ML^2 = \frac{1}{3}ML^2$$

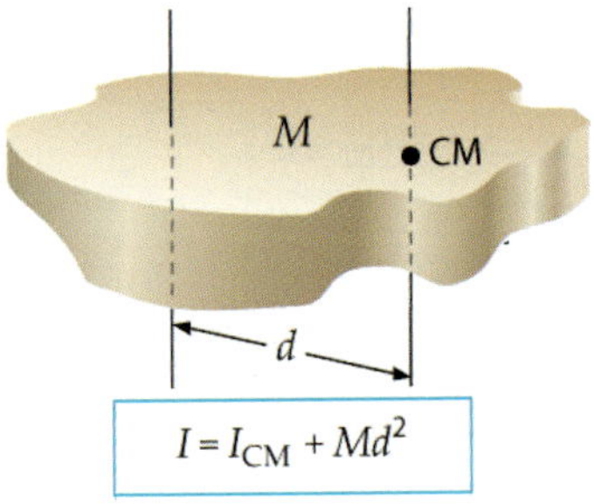

▲ 그림 8.10 **평행축 이론**

물체의 질량중심을 지나는 축에 평행한 축에 대한 회전관성은 $I = I_{CM} + Md^2$이다. 여기서 M은 물체의 질량이고, d는 두 축 사이의 거리이다.

8.3 회전 일과 운동에너지

이 절에서는 일정한 돌림힘이 작용할 때 일과 운동에너지에 대한 여러 방정식을 구하는 것이다. 제5장에서처럼 하나 이상의 힘 또는 돌림힘이 작용할 때 W는 알짜 일이다.

회전 일

힘과 돌림힘은 서로 관련되기 때문에($\tau = r_\perp F$) 힘에 의해 한 일로부터 돌림힘에 한 일을 직접 계산할 수 있다. 회전 운동에서 호의 길이 s를 따라 수직으로 작용하는 단일 힘 F 에 의해 한 회전 일 $W = Fs$ 는

$$W = Fs = F(r_\perp \theta) = \tau\theta$$

이다. 따라서 회전각도 θ를 따라 작용한 단일 돌림힘에 대해

$$W = \tau\theta \qquad (\text{단일 힘}) \tag{8.9}$$

이다. 이 책에서 돌림힘 τ와 각 변위 θ는 거의 회전축을 따르기 때문에 평행 성분에 대해서는 생각할 필요가 없다.

회전 일률

순간적인 회전 일률에 대한 식은 식 8.9로부터 쉽게 계산이 된다.

$$P = \frac{W}{t} = \tau\left(\frac{\theta}{t}\right) = \tau\omega \tag{8.10}$$

■ 일-에너지 정리 및 운동에너지

강체에 하여진 알짜 회전 일(하나 이상의 힘이 작용)과 강체의 회전 운동 사이의 관계식은 회전 일에 대한 식을 사용하여 유도될 수 있다.

$$W_{\text{net}} = \tau\theta = I\alpha\theta$$

돌림힘이 일정한 힘에만 기인하기 때문에 α는 일정하다. 그러나 제7장의 회전 운동으로부터 일정한 각가속도에 대해 $\omega^2 = \omega_o^2 + 2\alpha\theta$이다. 그래서

▼ 표 8.1 병진 및 회전량과 방정식

병진운동		회전운동	
힘	$\vec{F}$	돌림힘(크기)	$\tau = rF\sin\theta$
질량(관성)	m	관성모멘트	$I = \sum m_i r_i^2$
뉴턴의 제2법칙	$\vec{F}_{net} = m\vec{a}$	뉴턴의 제2법칙	$\vec{\tau}_{net} = I\vec{\alpha}$
일	$W = Fd$	일	$W = \tau\theta$
일률	$P = Fv$	일률	$P = \tau\omega$
운동에너지	$K = \frac{1}{2}mv^2$	운동에너지	$K = \frac{1}{2}I\omega^2$
알-에너지 정리	$W_{net} = \frac{1}{2}mv^2 - \frac{1}{2}mv_o^2 = \Delta K$	일-에너지 정리	$W_{net} = \frac{1}{2}I\omega^2 - \frac{1}{2}I\omega_o^2 = \Delta K$
선형 운동량	$\vec{P}_{net} = m\vec{v}$	각운동량	$\vec{L} = I\vec{w}$

$$W_{net} = I\left(\frac{\omega^2 - \omega_o^2}{2}\right) = \frac{1}{2}I\omega^2 - \frac{1}{2}I\omega_o^2$$

식 5.6(일-에너지)으로부터 $W_{net} = \Delta K$ 이다. 그러므로

$$W_{net} = \frac{1}{2}I\omega^2 - \frac{1}{2}I\omega_o^2 = K - K_o = \Delta K \tag{8.11}$$

이며, 회전 운동 에너지 K에 대한 식은

$$K = \frac{1}{2}I\omega^2 \tag{8.12}$$

이다. 따라서 어떤 물체에 하여진 회전 일은 물체의 회전 운동에너지의 변화와 같다.

병진과 회전 운동에 대한 공식을 표 8.1에 요약하였다(표는 8.5절에서 논의할 각 운동량도 포함하고 있다.)

어떤 물체가 병진과 회전 운동 둘을 하고 있을 때, 그것의 전체 운동에너지는 두 종류의 운동을 반영하는 부분으로 나누어질 수 있다. 예를 들어 지면에서 미끄러지지 않고 구르는 원통에 대해 운동은 순간적으로 정지하고 있는 회전축(접촉하는 점 또는 선)에 대해 순수한 회전 운동이다.

구르는 원통의 전체 운동에너지는

$$K = \frac{1}{2} I_i \omega^2$$

이다. 여기에서 I_i는 순간 축에 대한 회전관성이다. 접촉하는 점에 대한 회전관성은 평행축 정리 $I_i = I_{CM} + MR^2$으로 주어진다.

$$K = \frac{1}{2} I_i \omega^2 = \frac{1}{2}\left(I_{CM} + MR^2\right)\omega^2 = \frac{1}{2} I_{CM}\,\omega^2 + \frac{1}{2} M R^2 \omega^2$$

미끄러지지 않기 때문에 $v_{CM} = R\omega$이다. 그래서

$$K = \frac{1}{2} I_{CM}\,\omega^2 + \frac{1}{2} M v_{CM}^2 \quad \text{(미끄러지지 않고 구름)} \qquad (8.13)$$

전체 KE = 회전 KE + 병진 KE

여기에서 원통이 한 예로 사용되었지만 이것은 미끄러지지 않고 구르는 어떤 물체에 일반적으로 적용된다.

따라서 그러한 물체의 전체 운동에너지는 두 기여의 합이다. : 물체의 질량중심의 운동에너지와 질량중심을 지나는 수평축에 대한 물체의 회전 운동에너지.

8.4 각운동량

회전 운동에서 또 다른 중요한 양은 각운동량이다. 각운동량(L)은 모멘트 팔과 선운동량의 곱이다. 질량 m의 입자에 대해 선운동량의 크기는 $p = mv$ 이다. 여기서 $v = r\omega$ 이다. 각운동량의 크기는

$$L = r_\perp p = m r_\perp v = m r_\perp^2 \omega \quad \text{(단일 입자의 각운동량)} \qquad (8.14)$$

각운동량의 SI 단위 : kg · m^2/s

원운동에 대해 $\vec{\mathbf{v}}$는 $\vec{\mathbf{r}}$에 수직이므로 $r_\perp = r$ 이다. 강체를 만드는 입자 시스템에서 모든 입자들은 원운동을 하며, 그래서 전체 각운동량의 크기는

$$L = \left(\Sigma m_i r_i^2\right)\omega = I\omega \quad \text{(강체의 각운동량)} \qquad (8.15)$$

가 된다. 어떤 고정된 축에 대한 회전에서 그것은

$$\vec{L} = I\vec{\omega} \tag{8.16}$$

가 된다. 따라서 $\vec{L}$은 각속도 벡터 ($\vec{\omega}$)의 방향에 있다. 이 방향은 오른손 법칙으로 주어진다.

각운동량은 알짜 돌림힘과

$$\tau_{\text{net}} = I\alpha = \frac{I\Delta\omega}{\Delta t} = \frac{\Delta(I\omega)}{\Delta t} = \frac{\Delta L}{\Delta t}$$

의 관계가 있다. 즉

$$\tau_{\text{net}} = \frac{\Delta L}{\Delta t} \tag{8.17}$$

이다. 따라서 알짜 돌림힘은 각운동량의 시간 변화율과 같다.

■ 각운동량 보존

어떤 시스템에서 알짜 돌림힘이 0이라면 식 8.17에 의해 $\vec{\tau}_{\text{net}} = \Delta\vec{L}/\Delta t = 0$이다. 그래서

$$\Delta\vec{L} = \vec{L} - \vec{L}_0 = I\vec{\omega} - I_0\vec{\omega}_0 = 0$$

또는

$$I\omega = I_0\,\omega_0 \tag{8.18}$$

이다. 따라서 각운동량의 보존에 대한 조건은 다음과 같다.

> **외부의 비평형 돌림힘이 없을 때 어떤 시스템의 전체 벡터 각운동량은 보존된다.**

전체 선운동량에서처럼 내력으로부터 일어나는 내부 돌림힘은 소거된다.

일정한 회전관성을 갖는 강체에 대해(즉 $I = I_0$), 각속력은 알짜 돌림힘이 없을 때 일정하다($\omega = \omega_0$).

■ 실생활에서 각운동량

각운동량의 보존에 대한 한 예가 그림 8.11a에 있다. 회전하는 의자에 앉아 있는 사람이 그의 팔을 펴고 천천히 돌기 시작하였다. 이 회전을 시작하기 위해 의자에 앉아 있는 사람이 혼자서 운동을 시작할 수 없어 외부 돌림힘이 다른 사람에 의해 주어져야 한다. 회전하고 있을 때 그의 팔을 움츠리면 각속력이 증가하고 떠 빠르게 돌게 된다. 그의 팔을 펴면 느려진다. 이 현상을 설명할 수 있는가?

L이 일정하다면 r을 줄여 I를 더 작게 할 때 ω는 어떻게 될까? 각속력은 보상하기 위해 증가되어야 하며, L은 일정하게 된다. 스케이터는 그의 회전관성을 줄이기 위해 팔을 오므려 끌어 올림으로써 더 빨리 돈다(그림 8.11b). 유사하게 다이버는 다

▲ **그림 8.11 회전관성에서의 변화**

(a) 학생이 팔을 펴고 천천히 돌고 있을 때 그의 회전관성은 매우 크다(질량이 회전축으로부터 멀리 있다). 그가 고립되어 있어 어떤 외부의 힘도 작용하지 않는다. 그래서 그의 각운동량 $L = I\omega$는 보존된다. 그의 팔을 움츠리면 그의 회전관성이 감소한다. (그 이유는?) 따라서 ω는 증가하여야 하며 그는 빠르게 돌게 된다.

(b) 아이스 스케이터가 회전하는 동안 ω를 증가시키기 위해 그의 회전관성을 변화시킨다.

(c) 같은 원리가 태풍의 중심 둘레에서 바람의 빠르기를 설명하는데 도움이 된다. 공기가 태풍의 중심으로 몰려듦에 따라 공기의 회전 속력이 증가해서 각운동량이 보존된다.

이빙하는 동안 팔다리를 움츠려서 그의 회전관성을 상당히 감소시킨다. 토네이도나 태풍의 풍속은 같은 효과의 또 다른 한 예를 나타낸다(그림 8.11c).

마지막으로 각운동량이 중요한 한 예는 헬리콥터이다. 헬리콥터가 한 개의 회전 날개만 가지고 있다면 무슨 일이 생길까? 돌림힘을 제공하는 모터가 내부에 있기 때문에 각운동량은 보존된다. 처음에 $\vec{L} = 0$ 이다; 따라서 시스템의 전체 각운동량을 보존하기 위해 회전 날개의 몸체의 각운동량은 소거되기 위해 반대 방향이어야 한다. 따라서 이륙하면 회전 날개는 한 방향으로, 몸체는 다른 방향으로 회전하게 되는데 이것은 바람직한 상황이 아니다.

이 상황을 방지하기 위해 헬리콥터는 두 개의 회전 날개를 가지고 있다. 큰 헬리콥터는 두 개의 겹치는 회전 날개를 가지고 있다(그림 8.12a). 반대 방향으로 회전하는 회전 날개는 다른 회전 날개의 각운동량을 없애 헬리콥터 몸체는 각운동량의 상쇄를 위해 회전할 필요가 없다. 회전 날개는 충돌하지 않도록 다른 높이에 설치되어 있다.

위에 한 개의 회전 날개를 갖는 작은 헬리콥터는 꼬리 부분에 돌림힘을 상쇄하기 위한 회전날개를 가지고 있다. 꼬리에 있는 회전 날개는 프로펠러와 같은 추진력을 만들며, 위에 있는 회전 날개에 의해 만들어진 비틀림을 상쇄하는 비틀림을 제공한다. 꼬리 부분의 회전 날개는 항공기 조정을 돕는다. 꼬리 부분의 추진력을 증가시키거나 감소시켜 헬리콥터는 한 방향 혹은 다른 방향으로 회전한다.

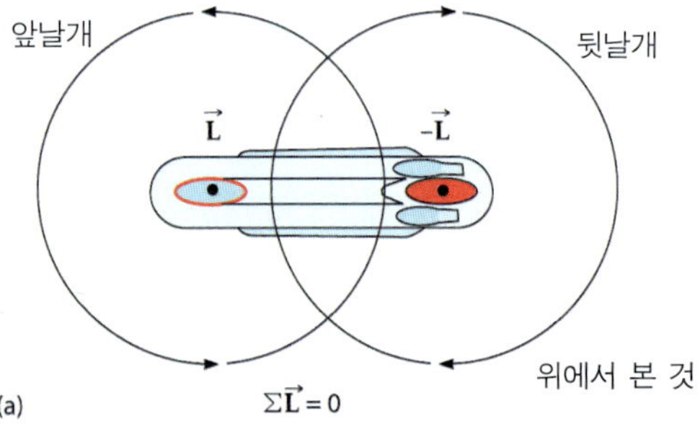

(a)

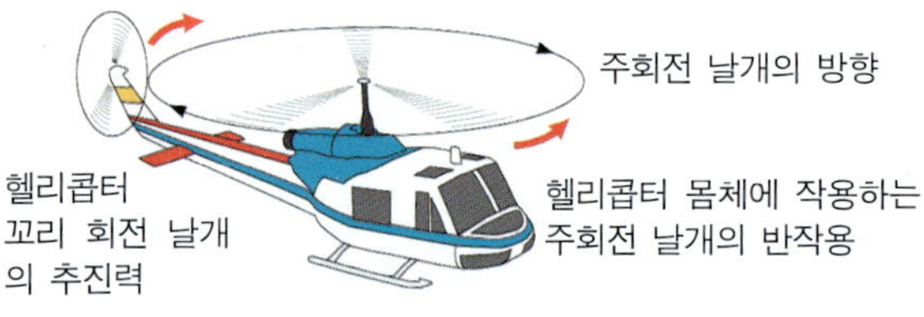

(b)

▲ 그림 8.12 회전 날개 형식

연습문제

1. 강체의 순순한 회전 운동에서

(a) 물체의 모든 입자는 같은 각속도를 갖는다.

(b) 물체의 모든 입자는 같은 접선 방향의 속도를 갖는다.

(c) 가속도는 항상 0이다.

(d) 항상 두 개의 회전축이 있다.

2. 회전 운동만을 하는 물체에서 물체의 모든 입자들은 같은 (a) 순간 속도, (b) 평균 속도, (c) 회전축으로부터의 거리, (d) 순간 각속도를 갖는다.

3. 미끄러지지 않고 구르기 위한 조건은

(a) $a_c = r\omega^2$, (b) $v_{CM} = r\omega$, (c) $F = ma$,

(d) $a_c = v^2/r$ 이다.

4. 구르는 물체는

(a) 대칭축을 지나는 회전축을 갖는다.

(b) 접촉한 점 또는 선에서 0의 속도를 갖는다.

(c) $s = r\theta$ 라면 미끄러질 것이다.

(d) 앞의 모두가 옳다.

5. 바퀴가 미끄러지지 않고 지면에서 구르고 있다. 바퀴에서 진흙 한 덩어리가 9시 위치(바퀴 뒤)에서 떨어져 나갔다. 진흙 덩어리의 다음 운동을 기술하라.

6. 줄이 반지름 6.5 cm의 둥근 도르래에 감겨 있다. 줄이 미끄러지지 않는다면 도르래가 4 회전하였을 때 도르래를 지나간 줄이 길이는 무엇인가?

7. 바퀴가 미끄러지지 않고 수평면에서 5 바퀴를 구르고 있다. 바퀴의 중심이 3.2 m를 움직였다면 바퀴의 반경은 무엇인가?

8. 반지름 0.075 cm의 0.15 kg의 원판 도르래에 6.4 m · N의 알짜 돌림힘이 작용된다. 도르래의 각가속도는 무엇인가?

9. 반지름 0.20 m의 밀도가 균일한 20 kg의 고체 공에 20 rad/s^2 의 각가속도를 주는데 필요한 돌림힘을 구하라.

10. 지름 0.08 m의 구르는 바퀴를 멈추기 위해 12 m · N의 제동 돌림힘이 15 m의 거리에서 작용되었다. 돌림힘에 의해 하여진 일을 구하라.

9 고체와 유체

앞의 사진에는 고체인 산과 눈에는 보이지 않으나 행글라이딩을 할 수 있도록 하는 유체 공기가 있다.

물질은 일반적으로 3개의 상태를 갖는 것으로 알려져 있다. 기체, 액체, 고체가 바로 그것이다. 우리는 앞에서와 같이 3가지 구분이 아니라 고체와 유체로 구별하여 살펴볼 것이다. 액체와 기체는 유체로 본다. 유체는 흐를 수 있는 물질을 의미하는데 기체와 액체는 그렇지만 고체는 그렇지 않기 때문이다.

고체는 간단하게 말해 원자간 힘에 의해서 단단하게 고정되어 있는 물질로 이루어져 있다. 제8장에서 이상적인 강체의 개념이 회전운동을 기술하는데 사용되었다. 고체는 절대적인 강체는 아니며 외부힘에 의해서 모양이 신축성 있게 약간 변형될 수 있다. 여기서 신축성은 고무 밴드나 스프링에 힘을 가했을 때 잠시 동안 원래 모양과 달라지더라도 좀 있으면 원래의 모양의 돌아가는 것을 의미한다. 사실 모든 물체들이—매우 단단한 철이라고 하더라도—어느 정도는 신축성이 있다.

하지만 유체에는 이러한 신축성이 거의 없다. 대신 힘을 가하면 유체가 흐르게 된다. 이번 장에서는 유체의 특성에 대해서 살펴볼 것이다.

9.1 고체와 탄성계수

앞에서 밝혔듯이 모든 고체들은 약간의 신축성을 가지고 있다. 이 말은 고체에 힘을 가하면 모양이 약간 변형되었다가 힘을 빼면 원래 모양을 찾게 된다는 것을 의미한다. 대부분의 경우 이러한 변형을 알기 어렵긴 하지만 변형은 있다.

그림 9.1의 고체 모형을 생각해 보면 왜 물체가 신축성을 가지고 있는지에 대해서 쉽게 알 수 있다. 고체의 원자들은 다른 원자와 스프링으로 연결되어 있다고 생각할 수 있다. 이러한 고체의 신축성을 변형력과 변형을 이용하여 나타낸다. 변형력(stress)은 변형을 일으키는 힘을 나타낸다. 변형률(strain)은 변형력에 의한 변형의 상대적 크기를 나타낸다. 정량적으로 변형력은 단위 면적당 가해지는 힘이다.

$$\text{변형력} = \frac{F}{A} \tag{9.1}$$

여기서 F는 단면에 수직하게 가해지는 힘의 세기이다. 식 9.1에서 변형력의 SI 단

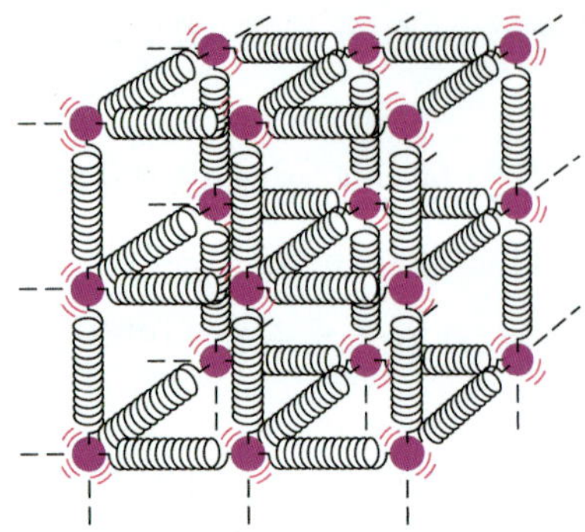

▲ **그림 9.1 탄성적 고체**

원자간 작용하는 힘의 탄성적 성질은 변형을 저항하는 용수철로 간단히 나타내었다.

위는 N/m^2이다.

그림 9.2에 있는 것처럼 선의 끝에 가해진 힘은 힘의 방향에 따라서 인장력($\Delta L > 0$)이 될 수도 있고 압축력($\Delta L < 0$)이 될 수도 있다. 어떤 경우든 변형률은 원래 길이(L_o)와 길이에서의 변화($\Delta L = L - L_o$)의 비율을 의미한다. 부호는 생각하지 않기 때문에 절대값 $|\Delta L|$을 사용한다.

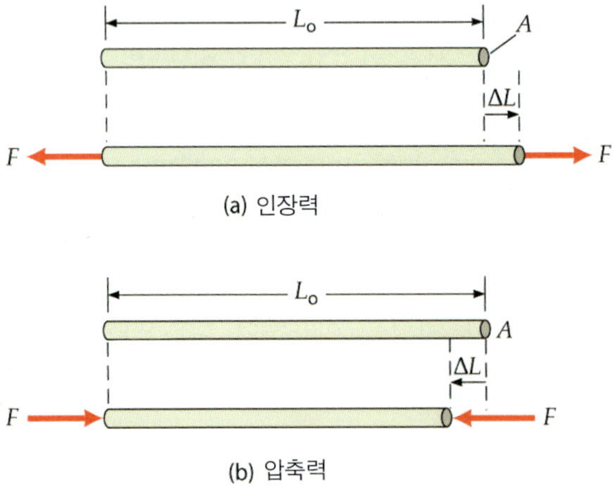

▲ **그림 9.2 인장변형과 압축변형**

인장변형과 압축변형은 물체의 표면에 수직으로 작용된 힘 때문에 생긴다.

(a) 인장변형은 물체의 길이를 증가시킨다.

(b) 압축변형은 길이를 짧아지게 한다. $\Delta L = L - L_o$은 (a)에서처럼 +가 될 수도 있고, (b)에서처럼 −가 될 수도 있다. 부호는 식 9.2에서 필요하지 않다. 그래서 절대값 $|\Delta L|$가 사용된다.

$$\text{변형률} = \frac{|\text{길이 변화}|}{\text{원래 길이}} = \frac{|\Delta L|}{L_0} = \frac{|L - L_0|}{L_0} \tag{9.2}$$

상대적으로 작은 변형력의 경우에 변형률은 변형력에 비례한다. 비례상수는 물체의 특성에 따라서 달라지는데 우리는 이것은 탄성계수라고 부른다. 그러면

$$\text{탄성계수} = \frac{\text{변형력}}{\text{변형률}} \tag{9.3}$$

가 된다.

탄성계수는 변형력을 변형률로 나눈 값이다. 그리고 탄성계수는 변형력과 같은 단위를 갖는다.

3가지 형태의 탄성계수가 길이, 모양, 부피에서 변화를 일으키는 변형력과 관계된다. 각각을 영률(Young's modulus), 층밀림 탄성계수(shear modulus), 부피 탄성계수(bulk modulus)라고 부른다.

■ 길이 변화 : 영률

그림 9.3은 일반적인 금속 도선에서의 변형력과 변형률의 관계를 나타낸다. 그래프는 비례한계라는 곳까지는 직선이다가 이 점 이후에는 탄성한계라고 하는 한계점까지 변형률이 급격하게 늘어나게 된다. 만약 이 지점에서 힘을 가하지 않는다면 물체는 원래 길이로 돌아오게 될 것이다. 하지만 한계점 이상까지 힘을 가하게 되면

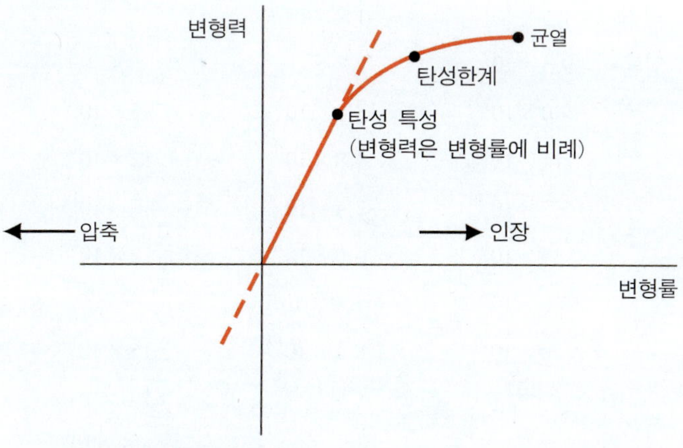

▲ 그림 9.3 **변형률과 변형력**

금속 막대에서 변형력에 대한 변형률은 비례 한계까지 선형적으로 비례한다. 그래서 탄성 변형은 탄성 한계에 도달할 때까지 이어진다. 그 한계를 넘으면 금속 막대는 영구히 변형되어 마침내 깨질 것이다.

물체에 영구적인 변화가 생기게 될 것이다.

직선 부분은 변형력과 변형률의 비례 관계를 나타낸다. 이 관계를 후크(Robert Hook)라는 영국 과학자에 의해서 수식화되었고 후크의 법칙이라고 불린다. 이러한 탄성계수를 영률 Y 라고 한다.

$$\underset{(\text{변형력})}{\frac{F}{A}} = Y\underset{(\text{변형률})}{\left(\frac{\Delta L}{L_0}\right)} \quad \text{또는} \quad Y = \frac{F/A}{\Delta L/L_0} \tag{9.4}$$

■ 변형력 · 변형률

변형률은 단위가 없기 때문에 영률의 단위는 변형력과 같이 N/m^2이다. 몇몇 물체에 대한 영률이 표 9.1에 나와 있다.

영률에 대한 개념적 혹은 물리적 이해를 하기 위해서는 식 9.4를 ΔL에 대해서 풀어야 한다.

$$\Delta L = \left(\frac{FL_0}{A}\right)\frac{1}{Y} \quad \text{또는} \quad \Delta L \propto \frac{1}{Y}$$

따라서 영률이 클수록 길이의 변화는 작아지게 된다.

▼ 표 9.1 여러 물질에서 탄성계수(N/m^2)

	물 질	영 률	층밀림계수	부피탄성률
고체	알루미늄	7.0×10^{10}	2.5×10^{10}	7.0×10^{10}
	뼈	인장시 : 1.5×10^{10} 압축시 : 9.3×10^{9}	1.2×10^{10}	
	황동	9.0×10^{10}	3.5×10^{10}	7.5×10^{10}
	구리	11×10^{10}	3.8×10^{10}	12×10^{10}
	유리	5.7×10^{10}	2.4×10^{10}	4.0×10^{10}
	선철	15×10^{10}	6.0×10^{10}	12×10^{10}
	나일론	5.0×10^{8}	8.0×10^{8}	
	강철	20×10^{10}	8.2×10^{10}	15×10^{10}
액체	에틸알콜			1.0×10^{9}
	글리세린			4.5×10^{9}
	수은			26×10^{9}
	물			2.2×10^{9}

9.2 유체 : 압력과 파스칼의 원리

고체에서는 접촉점에 힘을 가할 수 있지만 유체에서는 층밀림을 유지할 수 없으므로 그럴 수 없다. 유체에 힘을 가하려면 면 전체에 대해서 가해야 한다. 이렇게 힘을 가하는 것을 압력(pressure)이라고 하고 단위 면적당 힘으로 표시한다.

$$p = \frac{F}{A} \tag{9.5}$$

압력의 SI 단위 : N/m^2 또는 파스칼(Pa)

압력은 SI 단위인 N/m^2를 사용하거나 또는 유체와 압력을 연구한 프랑스 과학자이며 철학자인 파스칼(Blaise Pascal, 1623−1662)에게 경의를 표하여 파스칼(Pa)을 사용한다. 정의에 의해

$$1\ Pa = 1\ N/m^2$$

다음으로 유체에서 매우 중요한 개념인 밀도에 대해서 생각해 보자. 제1장에서 밀도는 단위 부피당 질량으로 정의하였다. 몇몇 물질에 대한 밀도가 표 9.2에 나와 있다.

▼ 표 9.2 몇 가지 물질의 밀도(kg/m^3)

고체	밀도(ρ)	액체	밀도(ρ)	기체	밀도(ρ)
알루미늄	2.7×10^3	에틸알콜	0.79×10^3	공기	1.29
황동	8.7×10^3	메틸알콜	0.82×10^3	헬륨	0.18
구리	8.9×10^3	피	1.05×10^3	수소	0.090
유리	2.6×10^3	혈장	1.03×10^3	산소	1.43
금	19.3×10^3	가솔린	0.68×10^3	100°C 수증기	0.63
얼음	0.92×10^3	등유	0.82×10^3		
철	7.8×10^3(general value)	수은	13.6×10^3		
납	11.4×10^3	해수(4°C)	1.03×10^3		
은	10.5×10^3	담수(4°C)	1.00×10^3		
목재	0.81×10^3				

물은 $1.00 \times 10^3 \text{kg/m}^3$의 밀도를 가지고 있다. 수은은 $13.6 \times 10^3 \text{kg/m}^3$의 밀도를 가지고 있다. 따라서 수은은 물에 비해서 13.6배 더 밀도가 높다. 가솔린은 물보다 작은 밀도를 가지고 있다.

■ 압력과 깊이

만약 스쿠버 다이빙을 한다면 깊이가 깊어질수록 압력이 커진다는 것을 알 수 있을 것이고 고막에 가해지는 압력이 늘어나는 것을 느낄 수 있을 것이다. 비행기를 타거나 차를 타고 산을 오를 때 이 반대 현상을 느낄 수 있다.

용기에 담겨있는 액체를 생각해 보면 깊이에 따라서 압력이 달라지는 것을 쉽게 알 수 있다. 그림 9.4에서처럼 물에서 직육면체 모양의 면적을 잘라낸다고 생각해 보자. 그러면 그림에 있는 손이 느끼는 힘은 직육면체의 질량의 무게와 같아질 것이다. $F = w = mg$. 밀도는 $\rho = m/V$이므로 직육면체 속의 질량은 밀도에 부피를 곱한 것과 같아진다. 따라서 $m = \rho V$가 된다.

직육면체의 부피는 밑면적에 높이를 곱한 것과 같다. $V = hA$. 그러므로 아래와 같이 쓸 수 있다.

$$F = w = mg = \rho V g = \rho g h A$$

$p = F/A$이므로 깊이 h일 때 물 기둥의 무게에 의한 압력은 아래와 같이 된다.

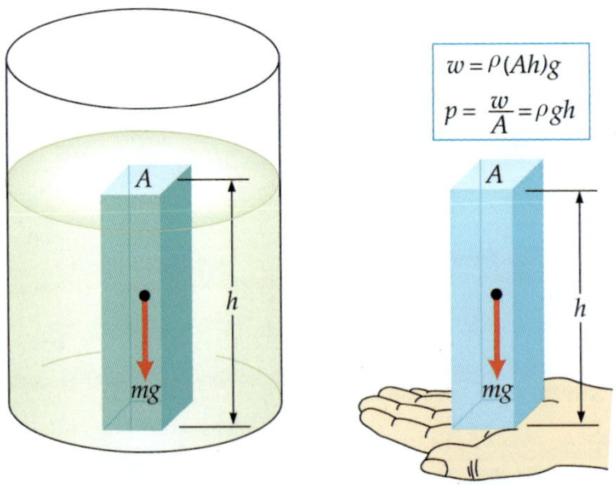

▲ 그림 9.4 압력과 깊이

액체 내 깊이 h에서 추가 압력은 위에 있는 액체의 무게 때문에 생긴다. $p = \rho gh$. 여기서 ρ는 일정한 것으로 가정된 밀도이다. 이것은 가상적인 사각형의 액체 기둥으로 나타냈다.

$$p = \rho gh \tag{9.6}$$

위의 식은 압축이 되지 않는 액체에 대해 모두 적용 가능하다. 압력은 깊이가 같은 곳에서는 모두 동일하다(ρ와 g가 동일하다면). 식 9.6은 직육면체의 밑면의 넓이와 관계없다.

식 9.6를 유도할 때 액체 위에서 누르는 압력은 계산하지 않았다. 이 압력도 생각해서 다시 계산해보면 다음과 같다.

$$p = p_0 + \rho gh \quad \text{(일정한 밀도의 비압축성 액체)} \tag{9.7}$$

여기서 p_0은 액체 표면에 가해지는 압력이다(h가 0인 지점에서 가해지는 압력).

열린 용기의 경우 $p_0 = p_a$, 즉 대기압이 된다. 해수면을 기준으로 한 대기압은 때때로 atm이라는 단위를 사용하여 표시하기도 한다.

$$1\,\text{atm} = 101.325\,\text{kPa} = 1.01325 \times 10^5\,\text{N/m}^2 \approx 14.7\,\text{lb/in}^2$$

■ 파스칼의 원리

대기압 같이 유체에 가해지는 압력이 증가하면 유체 내의 모든 부분에서의 압력이 증가하게 된다. 이것은 사방이 막힌 통에 들어 있는 유체에 피스톤을 이용하여 압력을 가할 때와 동일하다. 유체에서의 압력의 전달은 파스칼에 의해서 관찰되었고 파스칼의 원리에 정리되어 있다.

밀폐된 유체에 가해지는 압력은 유체의 모든 부분과 통에 전달이 된다.

압축하지 못하는 액체의 경우 압력의 변화가 즉각적으로 전달된다. 기체의 경우 압력이 가해지면 부피가 줄거나 온도가 올라가게 되는데 평형점에 도달하게 되면 파스칼의 원리가 성립하게 된다.

이러한 파스칼의 원리가 적용되는 예로는 자동차에서 사용되는 수압 브레이크 시스템을 들 수 있을 것이다. 브레이크 액체가 가득 차 있는 튜브를 통해서 브레이크 페달에 가해지는 힘이 휠 브레이크 실린더로 옮겨지게 된다. 수압 기중기나 잭도 이러한 원리를 사용한다.

파스칼의 원리를 이용해서 힘을 한 쪽에서 다른 쪽으로 이동할 수 있을 뿐만 아니라

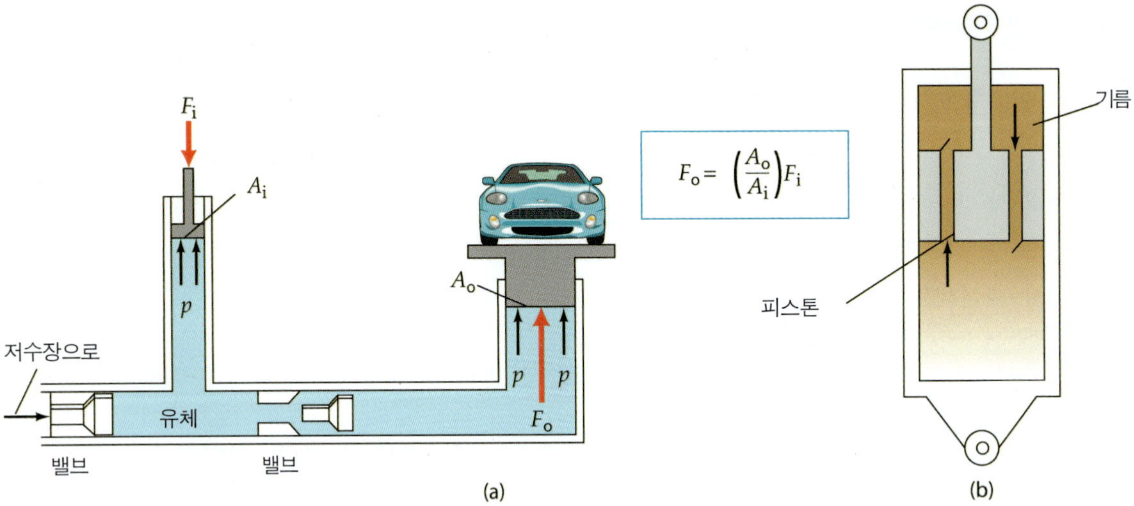

▲ 그림 9.5 수압 승강기 및 충격 흡수기

(a) 입구와 출구에서의 압력이 같기 때문에(파스칼의 원리), 적은 힘으로 피스톤 면적에 비례하는 큰 힘을 만든다.

(b) 간단한 충격 흡수기의 단면도

힘을 증폭할 수도 있다. 예를 들어서 F_i라는 힘이 A_i에 가하고 이렇게 힘을 가하므로 인해서 다른 쪽에서 A_o의 면적에 F_o의 힘이 가해진다고 하자. $p_i = p_o$이므로

$$\frac{F_i}{A_i} = \frac{F_o}{A_o}$$

$$F_o = \left(\frac{A_o}{A_i}\right)F_i \qquad \text{(수압 증폭)} \tag{9.8}$$

A_o가 A_i보다 크다면 F_o는 F_i보다 커질 것이다. 이런 방식으로 힘을 증폭할 수 있다.

■ 압력 측정

압력은 스프링이 장착된 기구를 이용해서 측정할 수 있다. 압력계는 액체를 사용하여 압력을 측정한다. 끝이 열린 압력계가 그림 9.6에 있다.

U자 모양의 튜브 한 쪽 끝은 대기를 향해서 나와 있고 다른 쪽은 압력을 측정할 기체가 들어 있는 통에 연결되어 있다. U자 튜브의 액체는 일종의 유체저장고 역할을 하여 압력을 전달하게 된다.

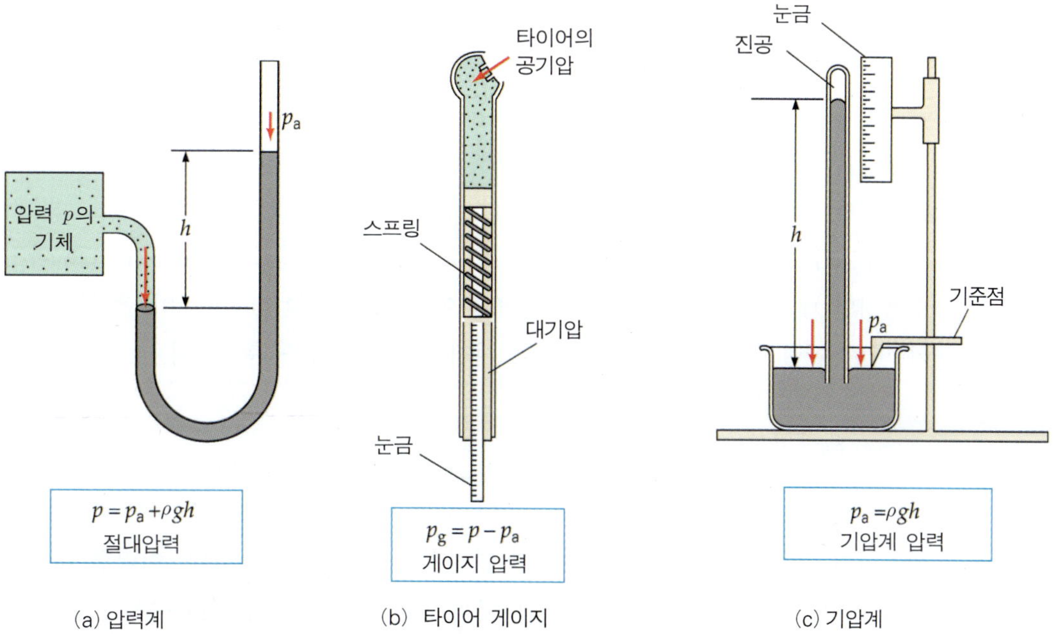

▲ **그림 9.6 압력 측정**

(a) 압력계에서 용기 내 기체 압력은 액체 기둥의 압력과 열린 액체 표면에 작용하는 대기압에 의해 균형을 유지한다. 기체의 절대 압력은 대기압 p_a와 게이지 압력 ρgh의 합과 같다.

(b) 타이어 압력계는 타이어의 압력과 대기압의 차이인 게이지 압력을 측정한다 : $p_{게이지} = p - p_a$. 따라서 타이어 압력계가 200 kPa (30 lb/in^2) 을 가리킨다면 타이어의 실제 압력은 1 atm 보다 높은 300 kPa가 된다.

(c) 기압계는 대기압에 노출된 기압계로 대기압만을 측정한다.

기체의 압력(p)은 액체의 무게와 대기압에 의해서 균형이 맞춰지게 된다.

$$p = p_a + \rho gh \tag{9.9}$$

압력 p를 절대 압력이라고 한다.

압력계를 이용하여 게이지 압력(gauge pressure)을 측정할 수 있다. 자동차 타이어 압력계가 그 예가 될 수 있다. 이러한 압력계는 게이지 압력을 측정한다. 압력계는 대기압 이상(혹은 이하)의 압력만 측정한다. 따라서 절대 압력을 얻으려면 대기압을 게이지 압력에 더해야 한다.

$$p = p_a + p_g$$

예를 들어 타이어 압력계의 값이 200 kPa라고 하자. 일반적인 대기압이 101 kPa라고 했을 때 타이어 내의 절대 압력은 $p = p_a + p_g = 101\ \mathrm{kPa} + 200\ \mathrm{kPa} = 301\ \mathrm{kPa}$가 된다.

기압계를 이용해서 대기압을 측정할 수 있다. 수은 기압계의 원리가 그림 9.6c에 나와 있다. 이 기구는 토리첼리에 의해서 만들어졌다. 간단한 기압계는 수은으로 가득 찬 튜브가 뒤집어져 있는 모양으로 되어 있다. 수은 중 어느 정도는 밑으로 빠져 나오겠지만 대기압에 의해서 튜브안의 수은이 평형점을 찾게 된다. 이 장치는 관의 끝이 막힌 압력계라고 생각할 수 있고 여기서는 대기압을 측정한다.

$$p_a = \rho gh \tag{9.10}$$

기준 대기압은 0℃ 해수면에서 76 cm의 수은 기둥을 지탱하는 압력을 의미한다.

대기압의 변화는 수은 기둥의 높이가 달라지므로 관찰할 수 있다. 이러한 대기압의 변화는 고기압과 저기압의 변화에 의해서 달라진다. 대기압은 이 수은 기둥의 높이로 나타내지며 일기예보에서도 이 값을 사용한다.

$$\begin{aligned} 1\ \mathrm{atm}\ (\text{약 } 101\ \mathrm{kPa}) &= 76\ \mathrm{cm\ Hg} = 760\ \mathrm{mm\ Hg} \\ &= 29.92\ \mathrm{in\ Hg}\ (\text{약 } 30\ \mathrm{in\ Hg}) \end{aligned}$$

토리첼리를 기리는 뜻에서 1 mmHg를 1 torr라고 쓰기도 한다.

$$1\ \mathrm{mmHg} \equiv 1\ \mathrm{torr}$$
$$1\ \mathrm{atm} = 760\ \mathrm{torr}$$

9.3 부력과 아르키메데스의 원리

어떤 물체가 유체 내에 있을 때 그 물체는 뜨거나 가라앉는다. 이것은 유체에서 보통 관찰된다.

물체들은 부력 때문에 뜬다. 예를 들어 코르크 마개를 물 속에 넣으면 코르크 마개는 물 위에서 떠 있을 것이다. 힘의 법칙에서 알 수 있듯이 이러한 운동을 하기 위해서는 윗쪽 방향으로의 힘이 작용해야 한다. 중력보다 큰 힘이 윗쪽으로 작용한다.

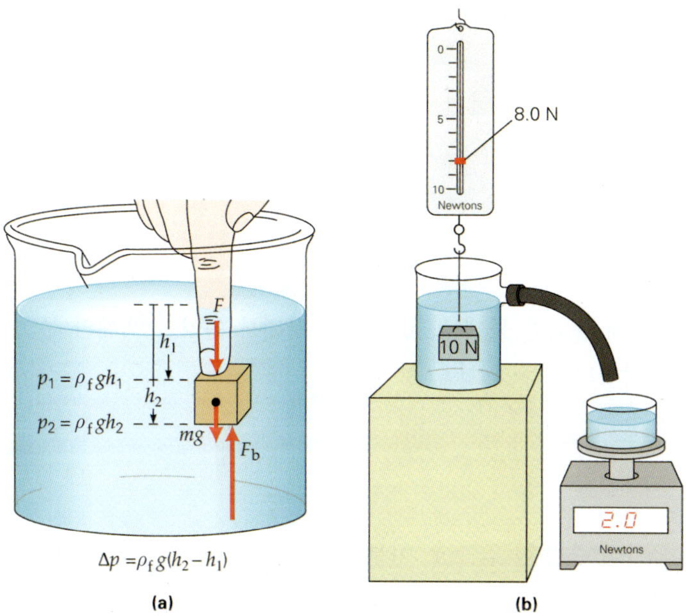

▲ 그림 9.7 부력과 아르키메데스의 원리

(a) 부력은 다른 깊이에서 압력 차이로 생긴다. 물에 잠긴 벽돌의 바닥에 작용하는 압력(p_2)은 벽돌의 윗부분에 작용하는 압력(p_1) 보다 크다. 그래서 위로 향하는 힘(부력)이 생긴다.

(b) 아르키메데스의 원리 : 물체에 작용하는 부력은 대체된 유체의 부피의 무게와 같다(눈금은 용기가 비어 있을 때 0이 되도록 설정되었다).

물체가 평형상태로 떠 있을 때 이 두 힘이 평형을 이루게 된다. 이렇게 물체가 유체에 잠겼을 때 유체가 가하는 힘을 부력이라고 한다.

부력이 어떻게 해서 생기는지를 알기 위해 유체 표면에 떠 있는 물체를 생각할 수 있다(그림 9.7a). 벽돌의 윗쪽과 아랫쪽 면에 가해지는 압력은 각각 $p_1 = \rho_f g h_1$, $p_2 = \rho_f g h_2$가 되게 된다. 따라서 압력 차이 $\Delta p = p_2 - p_1 = \rho_f g(h_2 - h_1)$가 발생하게 된다. 이것이 부력 F_b를 만들게 된다. 이 힘은 가해진 힘과 물체의 무게에 의해서 균형을 맞추게 된다.

부력의 크기를 유도하는 것은 어렵지 않다. 압력은 단위 면적당 작용하는 힘이다. 따라서 벽돌 위와 아래 면적이 모두 A라면 부력은 다음과 같다.

$$F_b = p_2 A - p_1 A = (\Delta p)A = \rho_f g(h_2 - h_1)A$$

$(h_2 - h_1)A$가 물체의 부피이므로 부력은 아래와 같다.

$$F_b = \rho_f gV_f$$

하지만 $\rho_f V_f$ 가 물체의 부피만큼의 액체 질량이기 때문에 부력을 $m_f g$라고 쓸 수 있다. 부력은 물체에 의해서 이동하게 된 유체의 무게와 같다. 이것이 바로 아르키메데스의 원리이다.

> **전체 혹은 일부가 액체 속에 들어간 물체는 그 물체에 의해서 옮겨진 액체의 무게와 같은 양의 부력을 받는다.**

$$F_b = m_f g = \rho_f gV_f \qquad (9.11)$$

아르키메데스는 왕의 금관이 순수한 금으로 이루어졌는지 혹은 다른 물질이 들어있는지 확인하기를 요청받는다. 전설에 의하면 목욕탕에 들어가 있을 때 이 문제를 풀 해답을 찾아냈다고 한다. 그는 너무나도 흥분해서 욕조를 박차고 나와 "유레카, 유레카"를 외치면서 집까지 달려왔다고 전해진다. 아르키메데스의 해답은 밀도와 부피에 관한 것이었지만 부력에 대해서도 생각했음을 짐작할 수 있다.

■ 부력과 밀도

우리는 헬륨 풍선이나 기구가 공기보다 가볍다고 한다. 정확하게 기술하자면 이것은 공기보다 밀도가 작은 것이라고 말해야 할 것이다. 물체의 밀도는 유체 안에서 물체가 뜰지 안 뜰지를 결정한다. 전체가 다 유체에 잠긴 물체를 생각해 보자. 이 물체의 무게는 아래와 같다.

$$w_o = m_o g = \rho_o V_o g$$

그리고 부력의 크기는 아래와 같다.

$$F_b = w_f = m_f g = \rho_f V_f g$$

만약 물체가 완전히 유체 속에 들어있다면 $V_f = V_o$가 된다. 두 번째 식을 첫 번째 식으로 나누면 다음과 같이 된다.

$$\frac{F_b}{w_o} = \frac{\rho_f}{\rho_o} \quad \text{또는} \quad F_b = \left(\frac{\rho_f}{\rho_o}\right) w_o \qquad (9.11)$$

따라서 ρ_o가 ρ_f보다 작다면 F_b는 w_o보다 크게 될 것이고 부력에 의해서 물체는 뜨게 될 것이다. 만약 ρ_o가 ρ_f보다 크다면 물체는 가라앉을 것이다. 만약 ρ_o와 ρ_f가 같다면 물체는 물에 잠긴 채로 평형 상태를 유지할 것이다. 만약 물체가 균일하지 않아서 부피에 따라서 밀도가 다르다면 식 9.12에서의 밀도는 평균 밀도를 의미하게 된다.

앞에서 본 3가지 조건은 아래와 같다.

> 물체의 밀도보다 유체의 밀도가 크다면 물체가 뜰 것이다. ($\rho_o < \rho_f$)
> 물체의 밀도보다 유체의 밀도가 작다면 물체가 가라앉을 것이다. ($\rho_o > \rho_f$)
> 물체의 밀도와 유체의 밀도가 같다면 물체는 평형 상태를 유지할 것이다. ($\rho_o = \rho_f$)

예제 9.1 ■ 뜰까 아니면 가라앉을까? 밀도 비교

각 변이 10 cm인 밀도가 균일한 육각형 고체의 질량이 700 g이다.

(a) 육각형이 물에 뜰 것인가?

(b) 그렇다면 얼마만큼의 부피가 가라앉을 것인가?

풀이

(a) 육각형의 밀도는

$$\rho_c = \frac{m}{V_c} = \frac{m}{L^3} = \frac{700\ \text{g}}{(10\ \text{cm})^3} = 0.70\ \text{g/cm}^3 < \rho_{H_2O} = 1.00\ \text{g/cm}^3$$

이다. ρ_c가 ρ_{H_2O}보다 작기 때문에 육각형은 뜰 것이다.

(b) 육각형의 무게는 $w_c = \rho_c g V_c$ 이다. 육각형이 뜰 때 평형에 있는 것이고 이것은 그 무게가 부력과 균형을 이루고 있다는 것을 의미한다. 즉 $F_b = \rho_{H_2O}\, g V_{H_2O}$이다. 여기서 V_{H_2O}는 물에 잠긴 육각형이 대체한 물의 부피이다. 무게와 부력에 관한 식을 같게 놓으면

$$\rho_{H_2O}\ g V_{H_2O} = \rho_c g V_c$$

또는

$$\frac{V_{H_2O}}{V_c} = \frac{\rho_c}{\rho_{H_2O}} = \frac{0.70\ g/cm^3}{1.00\ g/cm^3} = 0.70$$

가 된다. 따라서 $V_{H_2O} = 0.70\,V_c$ 이다. 그래서 육각형의 70 %가 물에 잠긴다.

◀ **그림 9.8 빙산**
빙산 부피의 대다수는 여기에서처럼 물 속에 잠겨 있다.

밀도와 관계있는 비중이라는 양이 있다. 어떤 물질의 비중은 최대 밀도의 온도인 4°C 물의 밀도(ρ_{H_2O})에 대한 그 물질의 밀도(ρ_s)비와 같다.

$$\text{비중} = \frac{\rho_s}{\rho_{H_2O}}$$

이 값은 비이기 때문에 단위는 없다. cgs 단위에서는 $\rho_{H_2O} = 1.00$이므로

$$\text{비중} = \frac{\rho_s}{1.00} = \rho_s$$

따라서 물질의 비중은 cgs 단위의 밀도와 동일하다. 예를 들어서 cgs 단위로 1.5를 갖는 물질의 비중도 1.5이고 이는 이 물질이 물보다 1.5배 더 밀도가 높다는 것을 의미한다.

9.4 유체 동력학과 베르누이 방정식

유체 동력학에서 이상 유체(ideal fluid)의 4가지 특성을 가정한다. 그러한 유체에서 유체의 흐름은 (1) 정상류이며, (2) 비회전류이며, (3) 비점성류이고 (4) 비압축성 흐름이다.

■ 연속 방정식

균일한 튜브에서 유체의 손실이 없다면 단위 시간동안 들어오는 유체와 나가는 유체의 질량은 (질량보존의 법칙에 의해서) 같아야 한다. 예를 들어서 그림 9.9a에서 Δt의 시간동안 Δm_1의 질량이 들어온다면 아래와 같은 식이 성립하게 된다.

$$\Delta m_1 = \rho_1 \Delta V_1 = \rho_1 (A_1 \Delta x_1) = \rho_1 (A_1 v_1 \Delta t)$$

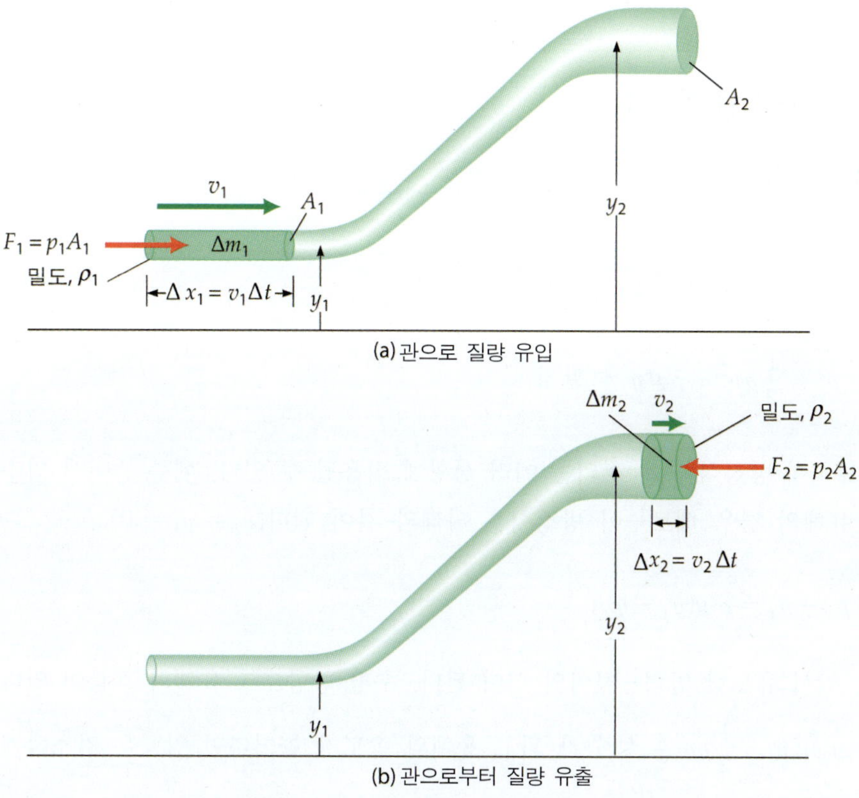

▲ **그림 9.9 흐름의 연속성**

이상적인 유체의 흐름은 연속 방정식에 의해 질량보존으로 기술될 수 있다.

A_1은 관 입구의 넓이이고 v_1은 속도이다. 따라서 Δt의 시간동안 유체는 $v_1 \Delta t$만큼 움직이게 된다. 비슷하게 관을 빠져 나오는 물질의 양도 아래와 같이 쓸 수 있다.

$$\Delta m_2 = \rho_2 \Delta V_2 = \rho_2 (A_2 \Delta x_2) = \rho_2 (A_2 v_2 \Delta t)$$

질량이 보존되어야 하므로 $\Delta m_1 = \Delta m_2$가 되어야 한다. 따라서

$$\rho_1 A_1 v_1 = \rho_2 A_2 v_2 \quad \text{또는} \quad \rho A v = \text{일정} \tag{9.13}$$

이 결과를 연속 방정식이라고 한다.

압축되지 않는 유체에서는 밀도가 일정하므로 아래와 같이 된다.

$$A_1 v_1 = A_2 v_2 \text{ 또는 } A v = \text{일정} \quad (\text{비압축성 유체에서}) \tag{9.14}$$

위의 식은 때때로 유량률 방정식이라고 하기도 한다. Av는 흐름의 부피률이고, 관을 단위 시간동안에 통과하는 부피이다.

■ 베르누이 방정식

일반적인 베르누이 방정식은

$$p_1 + \frac{1}{2}\rho v_1^2 + \rho g y_1 = p_2 + \frac{1}{2}\rho v_2^2 + \rho g y_2 \tag{9.15}$$

또는

$$p + \frac{1}{2}\rho v^2 + \rho g y = \text{일정}$$

이다. 베르누이 방정식 혹은 정의는 여러 상황에 적용될 수 있다. 예를 들어서 멈추어 있는 유체의 경우 베르누이 방정식은 아래와 같이 된다($v_2 = v_1 = 0$).

$$p_2 - p_1 = \rho g (y_1 - y_2)$$

이것은 앞서 유도한 압력–깊이의 식이 된다. 수평 방향으로 유체의 흐름이 있다면 ($y_1 = y_2$), $p + \frac{1}{2}\rho v^2 =$ 상수가 되고 유체의 속도가 늘어나면 압력은 감소하게 된다는 것을 의미한다. 이러한 영향은 그림 9.10에 나와 있다.

베르누이 현상을 이용하여 비행기가 뜰 수 있다. 날개를 통과하는 이상적인 공기의

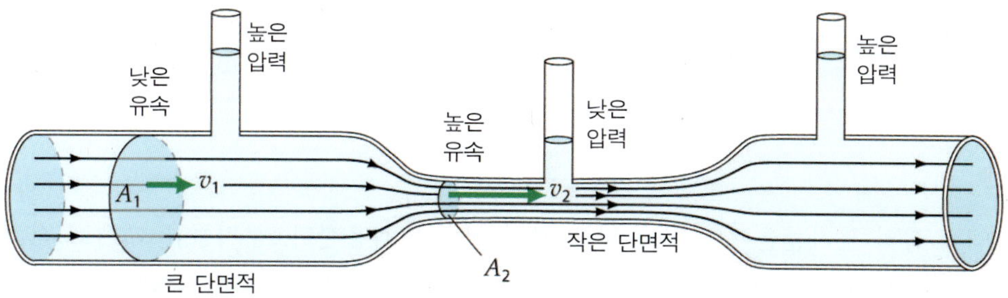

▲ **그림 9.10 유량률과 압력**

가운데가 좁은 관에서 수평 높이의 차를 무시하면, 베르누이 방정식에서 $p+\frac{1}{2}\rho v^2$ = 일정한 것이 된다. 단면적이 적은 영역에서 유속이 더 빠르다(유량률 방정식 참조). 베르누이 방정식으로부터 그 영역에서의 압력은 다른 영역에서 보다 더 낮다.

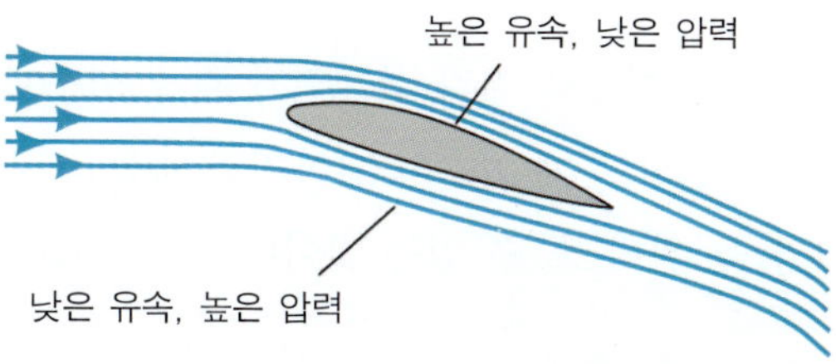

▲ **그림 9.11 비행기 양력 – 베르누이 원리의 이용**

비행기 날개의 모양 때문에 공기 유선은 날개의 아래 보다는 위에서 더 가까워지고, 공기 속력도 더 크다. 베르누이 원리에 의해 그 압력차가 양력이라고 부르는 위쪽 방향의 힘을 제공한다.

흐름이 그림 9.11에 나와 있다(난류는 무시한다). 날개 윗쪽이 더 구부러져 있고 각도가 크기 때문에 윗쪽을 통과하는 유선들이 좀 더 밀집되고 따라서 속도도 더 빨라지게 된다. 이렇게 빠른 속도 때문에 날개 윗쪽의 압력이 날개 아랫쪽의 압력에 비해서 낮아지게 되고 전체적으로 윗쪽 방향으로 힘이 작용하게 되는 것이다.

9.5 표면장력과 점성

■ 표면장력

액체 속의 분자들은 서로에게 작은 양의 인력을 작용한다. 분자들은 대체로 전기적으로 중성이지만 전기 분자내에 약간의 비대칭적인 전하 분포 때문에 분자 사이에 힘이 생긴다(이 힘을 반데발스 힘이라고 한다). 액체 안에서는 어떤 분자든지 다른 분자들에 의해서 완전히 둘러싸여 있으므로 합력은 0이 된다(그림 9.12a). 하지만 액체 표면에 있는 분자들의 경우 표면 윗쪽으로는 잡아당기는 힘이 없으므로(공기 분자에 의한 영향은 거의 작고 무시한다.) 합력은 액체쪽으로 향하게 된다. 이러한 잡아당기는 힘은 액체를 수축시키고 액체가 늘어나거나 흩어지는 것을 방해하게 되는데 이런 성질을 표면장력이라고 한다.

만약 물 위에 바늘을 잘 올려놓으면 물표면은 신축성 있는 막처럼 행동하게 된다. 표면이 눌리면 분자 사이에 작용하는 힘은 누른 방향을 따라 물표면과 각을 이루어 작용한다(그림 9.12b). 수직 방향 힘성분이 바늘의 무게(mg)와 같아지면 바늘은 물 위에 뜨게 된다. 비슷한 원리로 소금쟁이가 물 위에 뜰 수 있는 것이다(그림 9.12c).

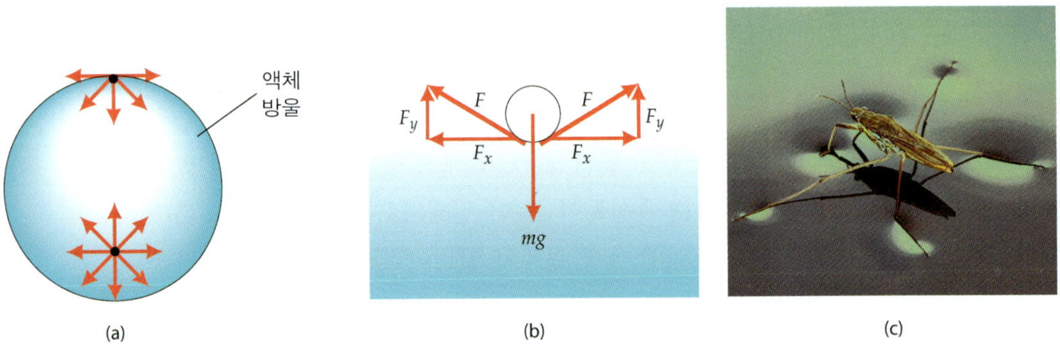

▲ 그림 9.12 표면장력

(a) 액체 내부에 있는 분자에 작용하는 알짜힘은 그 분자가 다른 분자들에 의해 둘러싸여 있기 때문에 0이다. 그렇지만 표면에 있는 분자에 작용하는 알짜힘은 표면 아래에 있는 인접한 분자들의 인력으로 0이 아니다.

(b) 표면에 구멍을 내는 바늘 같은 물체에서는 면적을 증가시키기 위해 내부의 분자들을 표면으로 가져와야 하기 때문에 일을 하여야 한다. 결과적으로 표면적이 탄성막 같이 작용해서 물체의 무게는 표면장력의 윗방향 성분이 지지한다.

(c) 소금쟁이 같은 곤충은 표면장력의 윗방향 성분 때문에 물에서 걸을 수 있다. 소금쟁이의 다리가 닿는 액체의 표면에서의 눌림 흔적을 보라.

(a)

(b)

▲ **그림 9.13 일에서 표면장력**
표면장력 때문에 (a) 물방울과 (b) 비누방울이 표면적을 최소화하려 한다.

표면장력의 알짜 효과는 액체의 표면이 최대로 작아지게 만든다. 즉 주어진 부피의 액체가 있을 때 액체는 그 표면의 면적을 최소화하려고 한다. 물방울이나 공기방울을 보면 구모양인 것을 볼 수 있는데 이것은 구가 주어진 부피에서 최소의 표면적(그림 9.13)을 갖는 모양이기 때문이다.

▪ 점 성

모든 유체는 유체를 이루는 분자들 사이의 마찰력이라고 생각할 수 있는 흐르는 것에 대한 내부 저항 또는 점성을 가지고 있다. 액체에서 이러한 점성은 짧은 거리에서 작용하는 응집력에 의해 생기고 기체에서는 분자들의 충돌에 의해서 발생한다.

점성에 의해서 발생하는 저항은 속도에 의존하고 어떤 경우에는 속도에 비례하기도 한다. 그러나 상황에 따라서 관계식이 달라진다. 예를 들면 난류에서는 속도의 제곱 혹은 세제곱에 비례한다.

내부 마찰력은 변형압력 때문에 유체가 층으로 나뉘어져 움직이게 한다. 이렇게 층으로 나뉘어 움직이는 것을 층류(laminar flow)라고 하는데 이는 낮은 속도에서 점성을 가진 유체의 특성이다. 높은 속도에서는 소용돌이가 발생하게 되고 분석하기가 어려워진다.

층류에서 변형력과 층밀리기 변형력이 있으므로 유체의 점성은 탄성계수 같은 것을 이용하여 나타낼 수 있다. 유체의 점성은 점성도라고 불리는 점성계수 η에 의해서 결정되어진다.

연습문제

1. 테니스 라켓에 나일론 줄이 매어져 있다. 직경 1.0 mm의 줄 하나가 15 N의 인장력을 받는다면 원래 길이 40 cm에서 얼마나 길어지는가?

2. 1.0 kg의 물체를 드는데 손가락 하나를 사용한다고 가정하자. 손가락의 지름이 2.0 cm라면 손가락에 작용하는 변형력은 무엇인가?

3. 5.0 m 길이의 막대가 힘에 의해 0.10 m 늘어났다. 막대에서 변형률은 얼마인가?

4. 250 N의 힘이 사각형 막대끝 표면에 37° 각도로 작용되었다. 표면의 각 변은 4.0 cm이다.
   (a) 압축 변형력은 얼마인가?
   (b) 막대에 작용한 층밀림 변형력은 얼마인가?

5. 75 kg의 운동선수가 한 손으로 섰다. 바닥에 접촉하는 손바닥의 면적이 125 cm^2이라면 바닥에 작용하는 압력은 얼마인가?

6. 자전거 두 타이어의 게이지 압력이 690 kPa이다. 자전거와 사람의 무게 합이 90.0 kg이라면 지면에 접촉하는 각 타이어의 면적은 얼마인가? (각 타이어는 자전거 전체 무게의 절반을 지지한다.)

7. (a) 어떤 물체의 밀도가 유체의 밀도와 정확히 같다. 그 물체는
   (1) 뜰 것이다.
   (2) 가라앉을 것이다.
   (3) 완전히 잠길 수 있다면 유체의 어떤 높이에 있을 것이다.
   (b) 변이 8.5 cm인 정육각형의 질량이 0.65 kg이다. 육각형은 물에 뜰까 혹은 잠길까?

8. 아르키메데스는 왕관의 질량이 0.750 kg이고, 부피가 3.980×10^{-5} m^3이라는 것을 알았다.
   (a) 아르키메데스가 왕관의 부피를 결정하는데 사용한 간단한 방법은 무엇인가?
   (b) 왕관은 순금이었는가?

9. 이상적인 유체가 반지름 0.20 m인 관의 한 단면에서 3.0 m/s의 속력으로 움직인다. 다른 단면에서의 반지름이 0.35 m라면 거기서 유속은 얼마가 되는가?

10

온도와 운동학 이론

하늘을 떠다니는 열기구의 기본적 원리는 이미 수 세기 전에 알려져 있다. 앞의 그림에서와 같이 공기를 데우면 공기의 온도는 올라가고 밀도가 작아지며, 밀도가 작아진 더운 공기는 위로 떠오른다. 기구가 충분히 뜨거워지면 떠오르게 된다.

온도와 열은 우리의 일상적인 대화에 흔히 등장하는 말이나 그 의미를 정확히 얘기할 사람은 그리 많지 않다. 온도를 측정하기 위해 여러 형태의 온도계를 사용하는데, 차갑거나 뜨겁다는 사람의 감각적 경험은 온도계의 눈금과 일치한다. 온도는 보통 열을 가하거나 제거했을 때 변화한다. 그러므로 온도는 열과 밀접한 관계가 있음을 알 수 있다. 그러나 어떻게 이 둘을 관련지울 수 있나? 열이란 도대체 무엇인가? 이 장에서 그에 대한 답을 찾을 수 있으며 그 과정에서 물리학의 중요한 원리들을 하나씩 이해하게 될 것이다.

10.1 온도와 열

온도는 차가움 또는 뜨거움의 상대적인 측정 또는 표시이다. 뜨거운 난로는 높은 온도를 갖고 있고 얼음 조각은 낮은 온도를 갖고 있다. A라는 물체가 B라는 물체보다 더 높은 온도를 갖고 있다면 A가 더 뜨거운 물체 또는 B가 더 차가운 물체라고 말한다. '뜨겁다'와 '차갑다'는 '길다'와 '짧다'와 같이 상대적인 말이다.

열은 온도와 관련된 말이며 한 물체에서 다른 물체로 전해지는 에너지 이동의 과정으로 설명한다. 즉 열은 온도차이 때문에 한 물체에서 다른 물체로 이동되는 알짜 에너지이다. 물체들 사이의 열(또는 에너지)이동은 내부에너지의 변화를 주게 된다.

미시적 관점에서 온도는 분자의 운동과 관련된다. 분자동력학에선(10.4절에서 다룰 것이다) 기체분자를 부피가 없는 질점으로 다루는데, 온도는 마구잡이 운동을 하는 분자의 병진운동에너지의 평균값의 측정치로 다룬다. 그러나 이원자 분자의 경우 그리고 다른 실제 물체의 경우, 병진운동에 의한 '온도' 외에 진동과 회전운동에너지 그리고 입자끼리 잡아당기는 힘과 관련된 위치에너지도 포함한다. 계의 모든 에너지의 합을 내부에너지라고 하는데, 병진운동에 의한 에너지를 제외한 나머지 에너지는 내부에너지의 일부이나 온도를 측정하는 데는 기여하지 못한다.

더 높은 온도를 갖는 물체가 그보다 낮은 온도의 물체를 갖는 물체보다 반드시 내부에너지가 큰 것은 아니다. 계의 내부에너지는 계의 질량이나 분자수에 비례한다.

열은 두 물체사이에서 전도된다. 열이 서로 전도되는 두 물체는 실제로 두 물체가 접촉을 했느냐 안했느냐에 관계없이 열적접촉 상태에 있다고 말한다. 열적접촉 상태에서 더 이상의 알짜열 흐름이 없을 때 두 물체는 온도가 같아지고 이를 '열적평형 상태에 있다'라고 말한다.

온도는 온도계로 측정한다. 어떤 물체들은 온도에 따라 그 물리적 성질이 변하는데 온도계는 그 물리적 성질의 변화를 이용한다. 바이메탈(두 가지 열팽창이 다른 금속조각을 붙여 놓은 금속)을 코일형으로 만들어진 보통 가정에서 사용하는 다이얼 형태의 온도계나 실내 온도 조절기와 흔히 많이 사용하는 온도계는 유리관에 액체를 넣은 형태가 있다. 액체는 수은과 알콜(사람이 쉽게 볼 수 있게 빨갛게 착색되어 있다)이 사용된다. 이 두 물질은 상대적으로 다른 물질에 비해 많이 팽창하고 또 일상의 온도 영역에서 얼거나 기화되지 않기 때문에 선택되었다.

온도계 눈금은 거의 미국을 제외한 전 세계 사람들이 사용하는 섭씨(Celsius) 눈금이 있고 미국 사람이 주로 사용하는 화씨(Fahrenheit) 눈금이 있다. 섭씨온도에서는 물의 어는점과 끓는점이 각각 0 ℃와 100 ℃이며, 화씨온도에서는 각각 32 °F와 212 °F이다.

섭씨온도는 물의 어는점과 끓는점을 100등분으로 나누었고 화씨에선 180등분으로 나누었다. 섭씨온도 한 눈금(1 ℃)은 화씨온도에서 거의 두 눈금(180/100=1.8 °F)에 해당한다. 두 온도 눈금사이의 정확한 변환 관계식은 섭씨온도를 화씨온도로 바꿀 때에는

$$T_F = \frac{9}{5} T_C + 32 \text{ 또는 } T_F = 1.8\, T_C + 32 \qquad (10.1)$$

의 변환식을 사용하고, 반대로 섭씨온도를 화씨온도로 바꿀 때에는

$$T_C = \frac{5}{9}(T_F - 32) \qquad (10.2)$$

를 사용한다.

10.2 기체법칙, 절대온도, 절대온도 눈금

온도가 일정할 때 기체의 압력과 부피는 다음 관계를 따른다.

$$pV = \text{일정 또는 } p_1 V_1 = p_2 V_2 \quad \text{(온도가 일정할 때)} \qquad (10.3)$$

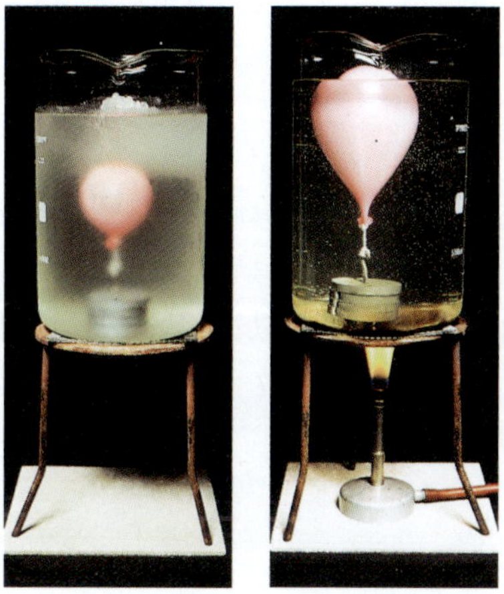

(a) (b)

▲ **그림 10.1 샤를의 법칙**

기체의 부피와 온도 사이의 관계를 보인 실험. 처음 상온에서 추를 단 풍선을 물이 담긴 비이커 안에 놓았다. (a) 얼음을 비이커 안에 놓아 온도가 떨어졌을 때 풍선의 부피는 줄어들었고, (b) 물을 가열시켜서 온도가 올라가면 풍선의 부피는 증가한다.

즉 부피와 체적의 곱은 일정하다. 이 관계는 영국의 화학자 로버트 보일(Robert Boyle, 1627~1691)이 발견했으며 그의 이름을 따서 보일의 법칙으로 알려져 있다.

압력이 일정할 때 기체의 부피는 절대온도와 관계 된다.

$$\frac{V}{T} = \text{일정 또는 } \frac{V_1}{T_1} = \frac{V_2}{T_2} \quad \text{(압력이 일정할 때)} \tag{10.4}$$

즉 온도에 대한 체적의 비율은 일정하다. 이 관계는 프랑스의 과학자 쟈끄 샤를(Jacques Charles, 1746~1823)의 이름을 따 샤를의 법칙으로 알려져 있다. 샤를 법칙에 대한 대중적인 실험을 그림 10.1에서 보이고 있다.

낮은 밀도의 기체는 보일과 샤를의 법칙을 따른다. 이들 '$pV=$ 일정' 이라는 보일의 법칙과 '$V/T=$일정'이라는 샤를의 법칙을 결합하면 '$pV/T=$일정'이라는 결론에 이르게 된다. 이를 이상기체 법칙이라고 한다.

$$\frac{pV}{T} = \text{일정 또는 } \frac{p_1 V_1}{T_1} = \frac{p_2 V_2}{T_2} \quad \text{(이상기체 법칙)} \tag{10.5}$$

이 관계는 낮은 압력 낮은 밀도의 기체인 경우라면 어떤 기체이든지 적용할 수 있는 좀 더 일반적인 관계로 쓸 수 있다. pV/T 는 기체의 수에 의해 결정되므로(즉 $pV/T \propto N$이므로) 다음과 같이 된다.

$$\frac{pV}{T} = Nk_B \text{ 또는 } pV = Nk_BT \tag{10.6}$$

여기서 비례상수 k_B는 볼츠만 상수로 알려져 있으며 다음의 값을 갖는다.

$$k_B = 1.38 \times 10^{-23}\,\mathrm{J/K}$$

여기서 K는 켈빈 온도 눈금이다.

■ 이상기체 법칙의 거시적 공식

식 10.6은 식 안에 분자수 N이 있으므로 이상기체 법칙의 미시적 형태라고 한다. 그러나 이상기체 법칙은 실험실에서 늘 보아온 측정 장치로 측정할 수 있는 양으로 쓸 수 있는데 이를 이상기체 법칙의 거시적 형태라고 한다. 이상기체 법칙의 거시적 형태는

$$pV = nRT \quad \text{(이상기체 법칙)} \tag{10.7}$$

이다. 여기서 n은 기체의 몰(mol) 수이며 R은 기체상수라 하며 $R = 8.31\ \mathrm{J/(mol \cdot K)}$이다. 위식에서 Nk_B 대신에 nR 을 썼는데 몰수 n과 기체 입자수 N은 비례하기 때문이다.

화학에서 어떤 물질의 몰(mol) 수는 그 물질 분자의 개수가 아보가드로수(N_A) 만큼일 때 물질의 양을 뜻한다. 여기서 아보가드로수는

$$N_A = 6.02 \times 10^{23} \text{ 개/mol}$$

이다. 이상기체 법칙에 사용한 n과 N은 $N = nN_A$의 관계로 이어진다. 그래서 기체의 종류에 상관없이 1 기압 0 ℃에서 1 몰의 기체 부피는 22.4 L이다. 이 0 ℃, 1 기압이라는 조건을 STP 조건이라고 하는데 이것은 표준온도와 압력(STP : Standard Temperature and Pressure)이라는 뜻이다.

이상기체 방정식의 거시적 형태에서 상수가 $R = pV/nT$ 이며 $\mathrm{J/(mol \cdot K)}$의 단위를 가지며 미시적 형태에는 $k_B = pV/(NT)$가 상수이며 J/ K의 단위를 갖는다. 이상기체 방정식을 거시적과 미시적으로 표현하는 주요 차이는 기체의 양을 분자 하

나하나 개수 단위로 취급하느냐 아니면 몰 단위로 취급하느냐이며 우린 주로 기체의 양을 몰 단위로 측정한다.

■ 절대 영도와 켈빈온도 눈금

이상기체에서 압력과 부피의 곱은 항상 온도와 비례한다. 즉 : $pV \propto T$. 이런 관계는 '일정 부피를 갖는 기체온도계'에서 온도를 측정하는 측정 장치로 사용할 수 있다. 딱딱한 통 안에 기체를 담아 둠으로써 기체 부피를 일정하게 유지시키는 것은 쉬운 일이다. 즉 $p \propto T$ 의 관계가 있다(그림 10.2).

'일정 부피를 갖는 기체온도계'를 사용하면 압력을 측정해서 온도를 알 수 있다. 이 경우 압력과 온도의 관계는 일직선이 된다(그림 10.3a).

그림 10.3b에서 보듯 실제 기체에 대해 온도에 대한 압력의 그림은 낮은 온도에서 이상기체에서 예상된 그림과는 다르다. 실제 기체는 온도가 낮아지면 액화되기 때문인데 높은 온도 영역에서 압력과 온도의 관계는 일직선으로 유지된다. 만약 기체가 액화되지 않고 기체로 유지된다면 온도가 감소함에 따라 압력이 0이 되는 온도에 다다를 것이다.

이상기체에 대한 절대 최소 온도는 소위 외삽 또는 그림 10.3b의 직선부분을 그대로 이어가 온도축과 만나는 점이다. 이렇게 얻어진 온도는 −273.15 ℃가 되며 절대

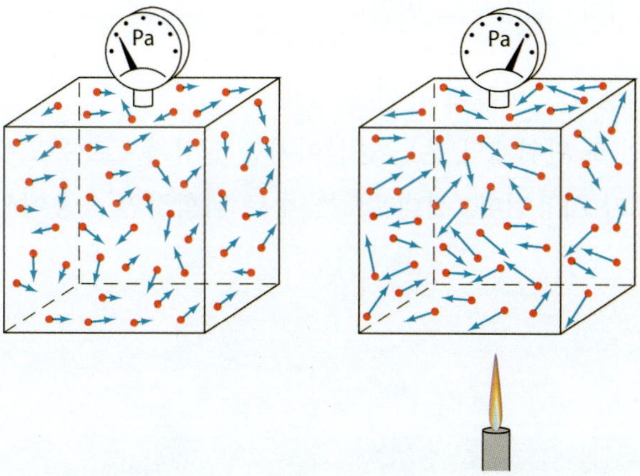

(a) 처음 온도 (b) 열을 가했을 때

▲ 그림 10.2 일정 부피를 갖는 기체온도계

이런 온도계는 낮은 압력에서 $p \propto T$ 이므로 압력의 함수로 온도를 표시할 수 있다.

(a) 초기 보통 상태일 때 읽은 기체가 담긴 용기의 압력 값

(b) 기체가 가열되면 기체분자들은 더 빠르게 움직이므로 압력은(그리고 동시에 온도도) 증가한다.

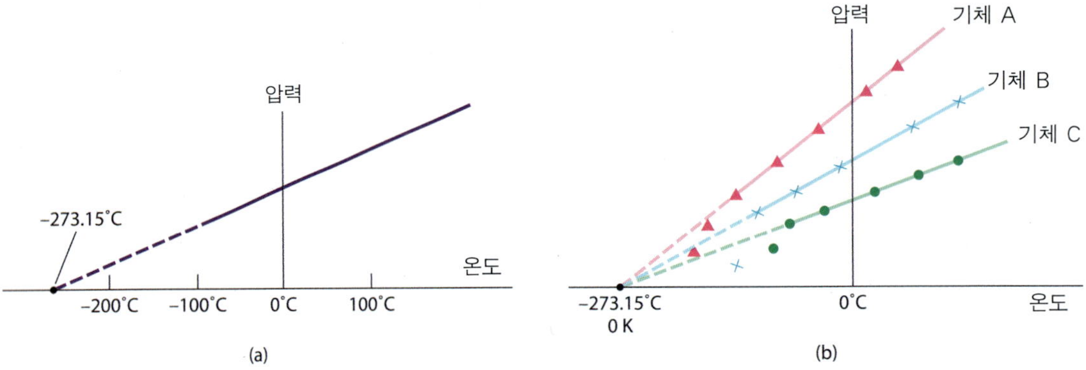

▲ 그림 10.3 온도변화에 따른 압력변화

영도라고 한다. 절대 영도는 하한점이라고 믿어지고 있지만 결코 얻을 수 없는 온도이다. 높은 온도에 대한 상한점은 없다. 예를 들어 어떤 항성의 중심온도는 일억도 정도로 추정되고 있다.

켈빈온도는 절대 영도를 기준으로 한 온도체계이다. 이 이름은 영국의 과학자 켈빈경이 1848년 제안하였다.

켈빈온도 눈금체계는 −273.15 ℃를 영점, 즉 0 K로 정하고, 한 단위의 온도는 섭씨온도의 눈금과 같게 했다. 즉 섭씨온도와 켈빈온도와 관계는

$$T_K = T_C + 273.15 \quad \text{(섭씨−켈빈온도 변환)} \tag{10.8}$$

이 된다. 온도 표시 K는 켈빈(Kelvin)의 이름에서 따온 것이다.

절대 켈빈온도 눈금은 공식적인 SI 단위계의 온도 눈금이지만 일상적으로 온도에 대해 얘기할 때는 섭씨온도 체계가 사용된다. 절대온도는 주로 과학적인 응용에서 사용된다.

10.3 열팽창

기체의 열팽창은 이상기체 법칙으로 설명할 수 있으며 그 팽창하는 것이 확연히 보이지만 액체나 고체의 열팽창은 기체의 열팽창만큼 크게 변하지 않아 다소 덜 중

요하게 여길 수 있다.

물체가 가열될 때 그 물체의 원자와 원자 사이의 평균거리가 늘어나 열팽창이 생긴다. 원자들은 서로 결합에 의해 묶여져 있는데 이를 단순화한 고체 모형은 원자끼리 스프링으로 연결되어 있는 것으로 표현한다. 원자는 앞뒤로 진동하는데 온도가 증가하면(즉 내부에너지가 증가하면) 그 활동성이 증대되고 더욱 더 큰 진폭으로 진동한다. 모든 방향에서 진동이 확대되면 고체는 전체적으로 팽창한다.

일차원 고체에서 변화를 선팽창이라고 한다. 작은 온도변화에 선팽창(또는 수축)은 원래의 온도가 T_0, 변화된 온도가 T일 때 온도변화 $\Delta T = T - T_0$에 비례한다(그림 10.4a). 원래 온도가 T_0였을 때 물체의 길이가 L_0이고 온도가 T였을 때 길이가 L이면, 길이가 늘어난 비율은 $(L - L_0)/L_0$ 또는 $\Delta L/L_0$ 이다. 이 비율은 온도변화에 비례한다.

$$\frac{\Delta L}{L_0} = \alpha \Delta T \text{ 또는 } \Delta L = \alpha L_0 \Delta T \qquad (10.9)$$

여기서 α를 선팽창계수라고 하는데 선팽창계수 α의 단위는 온도의 역수, 즉 1/℃ 또는 ℃$^{-1}$이다. 표 10.1에 여러 물체에 대한 선팽창계수를 나타내었다.

식 10.9는 온도변화에 따라 변한 최종 길이(L)로 다시 쓸 수 있다.

$$L = L_0(1 + \alpha \Delta T) \qquad (10.10)$$

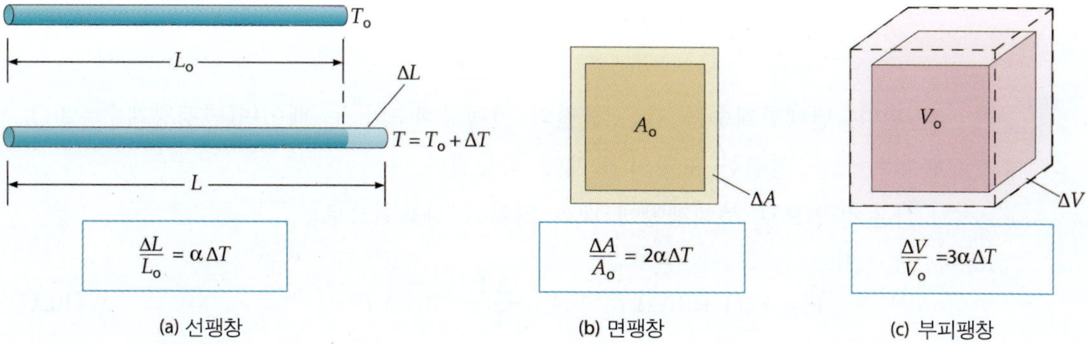

▲ **그림 10.4 열팽창**

(a) 선팽창은 온도변화에 비례한다. 즉 길이 변화 ΔL은 온도변화 ΔT 에 비례하며 $\Delta L/L_0 = \alpha \Delta T$ 가 된다. 여기서 α는 선팽창계수이다.

(b) 가로 세로 높이 모두 같은 비율로 팽창한다면(등방성 팽창 isotropic expansion이라고 한다.) 면팽창계수는 어림으로 선팽창계수의 두 배, 즉 2α이다.

(c) 고체의 부피팽창계수는 3α이다.

▼ 표 10.1 20 ℃에서 여러 물질들의 열팽창계수 값(단위는 $℃^{-1}$)

물질	선팽창 계수(α)	물질	부피팽창 계수(β)
알루미늄	24×10^{-6}	에틸알콜	1.1×10^{-4}
황동	19×10^{-6}	가솔린	9.5×10^{-4}
벽돌	12×10^{-6}	그리세린	4.9×10^{-4}
구리	17×10^{-6}	수은	1.8×10^{-4}
유리	9×10^{-6}	물	2.1×10^{-4}
파이렉스유리	3.3×10^{-6}		
금	14×10^{-6}	공기(와 대부분의 다른 기체들, 1기압)	3.5×10^{-4}
얼음	52×10^{-6}		
철	12×10^{-6}		

식 10.10은 평평한 물체의 면팽창을 계산할 때 사용할 수 있다. 정방형의 물체에서 면적(A)은 길이의 제곱(L^2)에 비례하므로

$$A = L^2 = L_0^2(1+\alpha\Delta T)^2 = A_0(1+2\alpha\Delta T+\alpha^2\Delta T^2)$$

이 되는데 여기서 A_0는 원래의 면적이다. 고체의 경우 α는 1보다 매우 작은 양이므로 일차 근사에 따라 면적의 변화 $\Delta A = A - A_0$는

$$A = A_0(1+2\alpha\Delta T) \text{ 또는 } \frac{\Delta A}{A_0} = 2\alpha\Delta T \tag{10.11}$$

가 된다. 면팽창계수는 같은 물질의 선팽창계수의 두 배이며(면팽창계수$=2\alpha$) 이 관계는 모든 평평한 모양의 물체에 적용된다.

같은 방법으로 부피팽창에 대한 일차 근사표현으로

$$V = V_0(1+3\alpha\Delta T) \text{ 또는 } \frac{\Delta V}{V_0} = 3\alpha\Delta T \tag{10.12}$$

이 되며 부피팽창계수는 3α가 된다.

건물을 짓거나 다리를 놓는 건설구조물을 건축할 때 물체의 열팽창에 대해 고려해야 한다. 예를 들어 콘크리트로 고속도로와 보도를 만들 때, 팽창에 의해 늘어날 공간을 확보해서 갈라짐을 방지하기 위한 이음매를 두어야 한다. 붕괴를 막기 위해

커다란 교량이나 철도 레일들 사이에 팽창을 위한 틈을 확보할 필요가 있다(그림 10.5a). 미국 샌프란시스코만에 있는 금문교는 여름과 겨울에 다리의 길이가 1m 가량 변한다고 한다. 기름을 수송하는 수송관엔 그림 10.5a와 같은 팽창을 대비한 고리를 볼 수 있는데 이 역시 같은 이유로 설치된 것이다. 파리의 에펠탑은 기온이 1 ℃ 달라질 때마다 약 0.36 cm의 길이 변화를 보인다고 한다.

물은 어는점 근처에서 다른 유체와 달리 특이한 부피팽창계수를 갖는다. 상온에서 물을 냉각시키면 온도가 4 ℃에 도달할 때까지 물의 부피는 줄어든다. 4 ℃ 아래로 내려가면 다시 부피가 증가하기 시작하며 밀도는 감소하게 된다. 이 말은 물은 4 ℃에서 밀도가 최대가 된다는 뜻이다.

물이 얼기 시작하면 분자는 육각격자 방식으로 재배열된다. 이 격자의 열린 구조(open structure)는 물이 얼 때 팽창하여 액체(물)일 때 보다 고체(얼음)일 때 부피가 더 커지는 독특한 성질을 갖는 원인이 된다(얼음이 왜 물에 뜨는 이유이고 겨울철 파이프가 동파되는 이유이다. 물이 얼면 약 9 % 정도의 부피팽창이 있다).

물의 이러한 성질은 우리가 살고 있는 지구환경과 밀접한 관계가 있다. 호수나 연

(a)

(b)

▲ 그림 10.5 팽창에 의한 파괴를 막기 위한 틈

(a) 다리 위 도로에는 일정 간격마다 틈을 둔다. 만약 이런 틈을 두지 않는다면 열팽창에 의해 접촉 변형력이 생겨 다리는 휘거나 파괴될 것이다.

(b) 송유관에도 같은 목적으로 파이프에 그림과 같이 고리를 만들어 놓는다. 뜨거운 기름이 관을 통과할 때 파이프는 열팽창에 의해 길이가 늘어나게 되고 늘어난 길이를 고리가 보완해 준다. 고리는 낮과 밤의 길이 변화에 융통성을 가지게 한다.

못은 수면부터 언다. 그리고 얼음은 물에 뜬다. 호수가 차가워져 4 ℃에 이르면 물은 자신의 에너지를 표면 근처에서부터 대기로 빼앗긴다. 이 때 표면의 물의 밀도는 더 커져 물밑으로 가라앉는다. 그리고 물의 표면 바로 아래층의 표면보다는 약간 따뜻한 물이 수면 위로 올라온다. 그러나 4 ℃ 이하의 차가운 물이 표면층에 있으면 이는 밀도가 상대적으로 작으므로 표면에 그대로 있게 되어 얼어버린다.

만약 물의 이런 성질이 없다면 호수나 연못의 물은 바닥부터 얼 것이고 그렇게 된다면 호수에서 사는 동물과 식물은 살아남지 못했을 것이다. 북극지방의 만년빙도 없었을 것이며 대신에 대양의 바닥엔 두꺼운 얼음층만이 존재했을 것이다.

10.4 기체의 운동학 이론

만약 분자를 충돌하는 입자들로 본다면 기체의 각 분자에 역학 법칙을 적용할 수 있다. 그러자면 압력이나 내부에너지 또는 그 이외에 다른 열역학적 양들을 분자의 운동이라는 기체의 미시적 성질로 설명할 수 있어야 한다. 하지만 미시적인 경우를 다룰지라도 우린 많은 수의 입자를 다루므로 통계적인 접근을 고려해야만 한다.

이 절에서 먼저 헬륨(He)이나 네온(Ne)과 같은 단원자 분자기체의 운동학 이론을 먼저 생각해보자. 그리고 기체의 내부에너지에 대해서도 배운다. 압력과 온도를 고려할 때 진동과 회전 운동의 효과를 무시한다. 왜냐하면 압력과 온도 같은 양들은 오직 선형운동에만 관계한다.

기체의 운동학 이론에 따르면 이상기체의 분자들은 기체를 담은 닫힌 용기의 벽과 완전 탄성충돌을 한다. 이때 기체분자들은 부피가 없는 질점으로 보기 때문에 분자간의 충돌은 무시할 수 있다. 뉴턴의 법칙으로부터 용기의 벽에 작용하는 힘은 기체분자들이 벽과 충돌할 때 기체분자의 운동량 변화를 통해 계산할 수 있다(그림 10.6).

만약 이 힘을 압력(=힘/면적)으로 표현한다면 다음의 방정식을 얻을 수 있다.

$$pV = \frac{1}{3} N m v_{\mathrm{rms}}^2 \tag{10.13}$$

여기서 V는 용기의 부피이고, N은 용기 안에 담겨진 기체분자의 수, 그리고 m은 기체분자 한 개의 질량이다. 속력 v_{rms} 는 분자의 평균속력이다.

pV를 표시하는 식 10.6과 지금의 결과를 연결하면 온도와 계의 운동에너지가 밀접한 관계가 있음을 알 수 있다. 즉,

$$pV = Nk_BT = \frac{1}{3}Nmv_{\text{rms}}^2 \text{ 또는 } \frac{1}{2}mv_{\text{rms}}^2 = \frac{3}{2}k_BT \tag{10.14}$$

그러므로 기체의 온도는(그리고 용기 벽의 온도 또는 이 기체와 열평형을 이루는 온도계의 온도는) $\overline{K} = \frac{1}{2}mv_{\text{rms}}^2 = \frac{3}{2}k_BT$ 이므로 마구잡이 운동을 하는 기체분자들

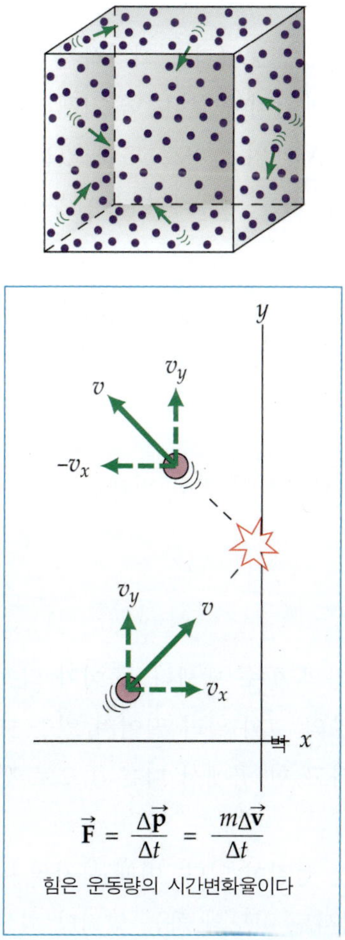

▲ **그림 10.6 기체의 운동학 이론**

기체를 담은 용기가 받는 압력은 용기의 벽에 충돌하는 기체분자들의 운동량 변화 때문에 생긴다. 각각의 기체분자에 의한 힘은 운동량의 시간변화율과 같다. 즉 $\vec{\mathbf{p}} = m\vec{\mathbf{v}}$일 때 $\vec{\mathbf{F}} = \Delta\vec{\mathbf{p}}/\Delta t = m\Delta\vec{\mathbf{v}}/\Delta t$로 주어진다. 충돌힘의 법선성분은 벽에 압력을 주는 원인이 된다.

의 한 분자당 평균 운동에너지로 표현할 수 있다(여기서도 온도는 켈빈온도라는 것을 잊지 말자).

식 10.14에서 보면 절대 영도($T = 0\ \mathrm{K}$)에서 모든 분자의 병진운동이 정지한다. 고전적인 이론에 따르면 에너지 값도 따라서 0이 된다. 그러나 현대의 양자이론에 따르면 비록 절대 영도라고 하더라도 영점운동이라 부르는 약간의 운동을 한다. 이때의 에너지는 최소 영점 에너지라 부르는 에너지 값을 갖는다. 기본적으로 한 물체의 온도가 절대 영도라 함은 그 물체에서 더 이상 에너지를 빼낼 수 없다는 뜻이지 그 물체의 에너지가 없다는 뜻은 아니다.

■ 단원자 분자기체의 내부에너지

이상적인 단원자 분자는 부피가 없는 질점이기 때문에 진동하지도 회전하지도 않는다. 모든 분자들의 총 병진 운동에너지는 기체의 총 에너지와 같다. 즉 기체의 내부에너지는 모두 '온도에 관여하는' 에너지이다. 계가 N 개의 입자로 되어 있을 때 분자당 에너지 표현식인 식 10.14를 사용할 수 있는데, 이를 이용하여 총 내부에너지를 다음과 같이 쓸 수 있다.

$$U = N\left(\frac{1}{2}mv_{\mathrm{rms}}^2\right) = \frac{3}{2}Nk_BT = \frac{3}{2}nRT \tag{10.15}$$

(이상적인 단원자 분자 기체에서만)

그러므로 이상적인 단원자 기체의 내부에너지는 절대온도에 직접 비례한다고 말할 수 있다.

■ 확 산

우린 냄새를 후각에 의해 감지한다. 예를 들어 여자의 향수 냄새나, 종이가 타는 경우 후각을 이용해 이를 알 수 있다. 여자가 (여러분의 코와)멀리 떨어져 있을 때도 냄새를 맡을 수 있다. 이는 향수 분자가 공기를 타고 한 곳에서 다른 곳으로 먼 거리를 이동할 수 있다는 뜻이다.

분자들은 밀도가 높은 곳에서 낮은 곳으로 퍼지려는 성질이 있다. 이때 분자의 마구잡이 섞임에 대한 과정을 확산이라고 한다. 고체에서도 정도의 차는 있지만 확산이 발생한다.

기체의 확산 비율은 그 분자의 (rms)평균속력에 따라 달라진다. 비록 기체의 평균속력이 크다고 해도 기체분자들의 평균 위치가 천천히 변하며, 그래서 분자들이 방의

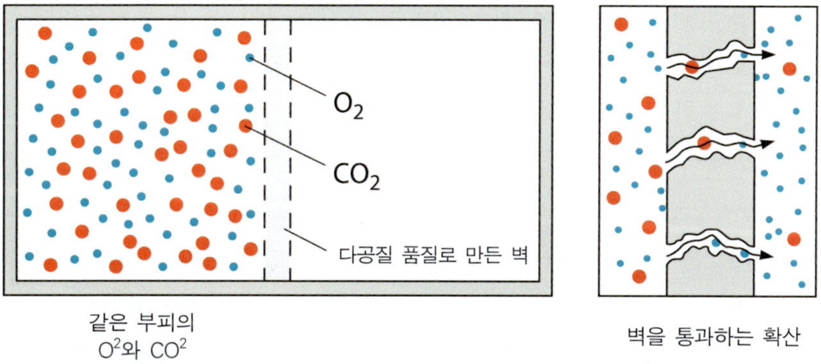

▲ **그림 10.7 기체 확산에 의한 분리**
두 종류의 기체분자들은 다공물질로 만든 장벽을 통과한다. 그러나 산소분자들의 평균속도가 더 크기 때문에 더 많이 장벽을 통과한다. 그래서 장벽의 반대쪽에 산소분자의 밀도가 더 크게 된다.

한 구석에서 다른 구석으로 한 번에 날아오지는 못한다. 대신에 끊임없이 다른 분자들과의 빈번한 충돌이 있다. 그 결과 분자들은 천천히 표류하듯 움직인다.

기체는 다공질의 물질이나 침투성의 물질을 통해서 확산될 수 있다(이 과정은 유출이라고 부른다). 활동성이 큰 기체분자들이 다공질 물질의 작은 구멍으로 들어갈 때 구멍의 벽들과 충돌하며 꾸불꾸불한 길을 천천히 진행해 나간다. 이런 기체 모양의 확산은 두 종류의 다른 혼합 기체를 분리해낼 때 사용한다.

기체의 운동학 이론의 결과는 다음과 같다. 기체의 평균 병진운동에너지는 계의 절대온도에 비례한다$\left(\frac{1}{2}mv_{\mathrm{rms}}^2 = \frac{3}{2}k_BT\right)$. 각기 다른 기체(질량이 다르다)는 같은 온도에서 다른 평균속력을 가지고 움직인다. 가벼운 기체는 무거운 기체보다 평균적으로 더 빠르게 운동하므로 얇은 다공질 물질의 조그만 구멍들을 더 빠르게 통과한다.

예를 들어 특정온도에서 산소분자(O_2)들은 이보다 더 무거운 이산화탄소(CO_2) 기체보다 평균적으로 더 빠르게 움직인다. 이런 분자들의 속력 차이 때문에 산소는 이산화탄소보다 다공질의 물질을 더 빠르게 통과한다. 같은 부피의 산소와 이산화탄소를 다공질의 물질로 벽을 만든 용기의 한 쪽편(그림 10.7의 왼쪽)에다가 집어넣었다면 잠시 후에 약간의 O_2기체와 약간의 CO_2 기체가 다공질 물질의 작은 구멍을 통하여 확산할 것이다.

그러나 이때 산소의 양이 이산화탄소보다 더 많을 것이다. 이런 혼합기체의 다공물질을 통한 확산 과정을 반복하면 높은 순도의 산소를 얻을 수 있다. 거의 순수한 산소를 얻기 위해 이런 분리과정을 여러 번 반복해야 한다.

유체의 확산은 생명체에 매우 중요하다. 식물의 광합성에서, 공기 중의 이산화탄소가 잎 안으로 확산한다. 산소와 수증기는 확산되어 배출한다. 액체인 물의 확산은 농도가 옅은 곳에서 진한 곳으로 침투성 막을 통하여 이루어진다. 이를 삼투라고 하는데 살아있는 세포에서 늘 일어나는 과정이다. 신장에서 세관은 앞서 산소를 제거하는 것과 같은 방법으로, 피의 노폐물을 모아놓는 역할을 한다.

삼투현상을 물과 같은 용매입장에서 보면 용매(물)는 농도가 진한 쪽에서 옅은 쪽으로 확산된다. 옅은 농도 쪽에 높은 압력을 가하면 확산은 역으로 진행된다. 이 과정을 역삼투라고 한다. 역삼투는 담수를 얻기 어려운 바닷가 또는 섬에서 바닷물의 염분을 제거하여 담수를 얻기 위해 사용된다. 역삼투는 정수기에서도 사용된다.

연습문제

1. 어떤 운동선수의 폐용량이 7.0 L라고 하자. 공기가 이상기체라고 가정하면 이 운동선수의 폐 안에는 얼마나 많은 기체분자가 있을까? 단 폐의 온도는 37 ℃이고 압력은 1기압이라 가정한다.

2. 잠수부가 호수 표면으로부터 15 m 깊이에서 2.0 cm^3의 공기 방울을 내보냈다. 이때 물 속의 온도는 7.0 ℃이었다. 이 공기방울이 호수의 표면으로 나오기 직전 공기방울의 부피는 얼마인가? 단 호수 표면의 온도는 20 ℃이다.

3. 길이팽창계수의 단위는?

(a) m/℃ (b) m^2/℃

(c) m · ℃ (d) 1/℃

4. 처음 물의 온도가 20 ℃이었다. 만약 물의 부피가 원래부피의 0.10 % 증가시키기 위해 온도는 얼마나 변해야 하는가?

5. 1000 cm^3의 용량을 가진 비이커가 있다. 이 비이커 안에는 20 ℃의 수은 990 cm^3이 채워져 있다. 서서히 온도를 올려 온도가 몇 도가 될 때 이 비이커는 수은으로 꽉 차겠는가?

6. 20 ℃에서 이상기체의 평균 운동에너지의 두 배가 되는 이상기체가 있다. 이 기체의 온도는?

7. (a) 20 ℃와 (b) 100 ℃에서 이상기체가 갖는 입자당 평균 운동에너지를 구하라.

8. 만약 20 ℃의 온도를 갖는 이상기체의 rms 속력을 두 배로 올렸다면 이 때 기체의 온도를 구하라.

9. 20 ℃ 온도에서 0.1 m^3의 용기 안에 20 Pa 압력을 갖는 이상기체 분자의 수를 계산하라.

11 열

열은 우리가 살아가는데 중요하다. 우리의 몸은 열을 잃기도 하고 얻기도 하는데 사람이 살아가려면 아주 좁은 범위 안에서 온도가 유지되어야 하므로 이 균형을 잘 유지해야만 한다.

우리 몸은 음식의 에너지(화학위치)를 역학적 에너지로 바꾸어준다. 그러나 이 과정은 완전하지 않다. 즉 몸은 음식의 에너지를 100 % 역학적 에너지로 바꾸어주지 못한다. 대략 바꾸어주는 비율은 20 % 이하이며 어떤 근육으로 일을 하느냐에 따라 달라진다. 나머지는 모두 열로 바뀐다.

몸은 격렬한 운동을 하며 발생한 여분의 열을 제거하기 위한 냉각 메커니즘을 가져야만 한다. 가장 효과적인 냉각기법은 물을 뿌리거나 땀을 흘려 증발시키는 것이다. 앞의 사진은 2000년 시드니 올림픽 금메달리스트 아베라의 역주 모습이다. 경기 중 열을 식히기 위해 머리에다 물을 붓고 있다.

거시적으로 보면 열은 식물의 생태계에도 중요하다. 우리의 환경과 생명체가 살아남기 위해 무엇보다 중요한 지구의 평균온도는 열의 상호교환을 통해 균형을 유지해 나간다. 매일 방대한 양의 태양에너지가 우리 지구의 대기와 표면에 도착한다. 산업사회의 부산물인 '온실' 기체들이 증가해 지구의 온도를 서서히 올리고 있다. 과학자들은 이런 변화는 지구에서 아무도 예상하지 못하는 재앙을 줄 수 있음을 경고하고 있다.

이 장에서 열이 무엇인가를 배운다. 한 물체에서 다른 물체로 열이 전도될 때의 다양한 메커니즘을 배우게 될 것이다. 이런 지식으로 일상적으로 일어나는 많은 현상을 설명할 수 있게 될 것이며 열에너지를 유용한 역학적 에너지로 전환하는 기초 개념을 알 수 있게 될 것이다.

11.1 열의 정의와 비열

일과 같이 열은 에너지 이동과 관련되어 있다. 열이란 에너지 이동의 한 형태일 뿐이다. 우리가 '열'이라든가 '열에너지'란 말을 쓸 때에는 물체가 갖고 있는 물체가 주위와의 온도 차이에 의해 총 에너지에서 빠져나가거나 더해진 에너지의 양이란 뜻으로 쓰인다.

열은 이동하는 에너지이며 표준적인 에너지 단위를 사용한다. 보통 우린 SI 단위계의 단위인 J(Joule, 주울)을 쓰지만 이 이외에도 J 못지않게 '킬로칼로리'(kcal)란 단

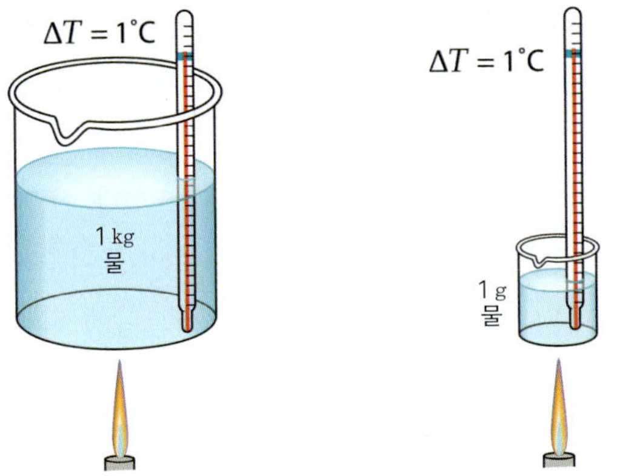

(a) 1 kcal 또는 1 Cal (b) 1 cal

▲ **그림 11.1 열의 단위**
(a) 1 kcal는 물 1 kg의 온도를 1 ℃ 올리는데 필요한 에너지이다.
(b) 1 cal는 1 g의 물의 온도를 1 ℃ 올리는데 필요한 에너지이다.

위를 쓴다. 1 kcal는 물 1 kg을 1 ℃(14.5 ℃에서 15.5 ℃로) 올리는데 필요한 양으로 정의된다.

온도 영역에 따라 같은 1 ℃ 증가시키는데 필요한 에너지가 다르다. 하지만 그 차이는 아주 미미해서 특별히 정밀한 계측을 원하는 곳이 아니면 무시할 수 있다. 그러므로 어림으로 우린 1 kcal를 (온도 영역 표시 없이) 물 1 kg을 1 ℃ 올리는데 드는 에너지로 약속하겠다. (그림 11.1a)

킬로칼로리보다 작은 양으로 칼로리가 때로 쓰이는데 1칼로리(1 cal)는 1 g의 물을 14.5 ℃에서 15.5 ℃로 1 ℃ 올리는데 필요한 에너지이며, 1 kcal=1000 cal의 관계가 있다(그림 11.1b).

kcal 단위는 우리가 섭취하는 음식물의 열량값을 이야기할 때 쓰인다. 그러나 이 때 주의해야 할 것은 킬로칼로리란 말을 줄여 그냥 칼로리라고도 부른다는 것이다. 1 kcal는 흔히 대문자 C를 써서 1 Cal로 표시한다. 즉 1000 cal=1 kcal=1 Cal(대문자 사용에 주의)를 뜻한다.

■ 열의 일당량

열이 에너지의 이동이라는 개념은 많은 과학자들의 연구의 산물이다. 영국의 과학자 제임스 줄은 기계적인 일이 일정량 행해졌을 때 물이 가열된다는 것을 알아내었다. 4 186 J의 일을 했을 때 물은 1 kg당 1 ℃ 증가했다. 즉 4 186 J의 일은 1 kcal의 열량과 동등하다.

$$1\,\text{kcal} = 4\,186\,\text{J} = 4.186\,\text{kJ} \text{ 또는 } 1\,\text{cal} = 4.186\,\text{J}$$

이를 열의 일당량이라고 한다.

■ 고체와 액체의 비열

고체나 액체에 열을 가하면 에너지는 평균 분자 운동에너지와 분자 결합에 관여하는 위치에너지를 증가시키는 데 쓰인다. 물체의 종류에 따라 각기 다른 분자 구조와 배치를 갖고 있다. 만약 같은 양의 열을, 질량은 같으나 다른 종류의 물질에 가해줄 때 물질의 온도 증가는 일반적으로 같지 않을 것이다.

물체의 온도를 변화시키는 데 필요한 열량(Q)는 그 물체의 질량에 비례하며 온도 변화에 비례한다. 즉 $Q \propto m\Delta T$ 또는 비례상수 c를 포함시켜 방정식 형태로 쓰면,

$$Q = cm\Delta T \text{ 또는 } c = \frac{Q}{m\Delta T} \quad \text{(비열)} \tag{11.1}$$

이 된다. 여기서 $\Delta T = T_f - T_i$는 물체의 온도변화이며 c는 비열용량(heat specific capacity) 또는 간단히 줄여 비열(specific heat)이라고 한다. 비열의 SI 단위계의 단위

▼ 표 11.1 20℃, 1기압에서 여러 가지 물질(고체와 액체)들의 비열

물질		비열(c) J/(kg · ℃)	비열(c) kcal/(kg · ℃) 또는 cal/(g · ℃)
고체	알루미늄	920	0.220
	구리	390	0.0932
	유리	840	0.201
	얼음(−10℃)	2,100	0.500
	철	460	0.110
	납	130	0.0311
	흙(평균)	1,050	0.251
	목재(평균)	1,680	0.401
	사람의 몸(평균)	3,500	0.84
액체	에틸알콜	2,450	0.585
	글리세린	2,410	0.576
	수은	139	0.0332
	물(15℃)	4,186	1.000
기체	수증기(H_2O)	2,000	0.48

는 J/(kg · K) 또는 J/(kg · ℃)이다. (1 K의 온도 차는 1 ℃의 온도차와 같다.) 비열은 물질의 특성을 나타내는 물리량이다. 그러므로 비열은 물질의 내부 구조의 배치와 결합이 어떻게 되어 있는가를 알려준다. 비열은 1 kg의 물체의 온도를 1 ℃ 올리는데 필요한 열량이라는 의미를 갖고 있다. 몇 종류의 물질에 대한 비열을 표 11.1에 표기해 놓았다.

물질의 비열이 크면 클수록 (물체의 1 kg 질량당)온도변화를 위해 더 많은 열(이동)이 필요하다는 뜻이다. 즉 같은 질량과 같은 온도변화를 위해서 큰 비열을 갖는 물체는 작은 비열을 갖는 물체보다도 더 많은 열이 필요하다. 표 11.1에 금속류는 물보다 더 작은 비열을 갖는다는 것을 알 수 있다. 이는 같은 열을 주었을 때 물보다 금속에서 더 많은 온도 증가를 보일 것이다.

일반적으로 물은 상대적으로 큰 비열(4186 J/(kg · ℃) 또는 1.00 kcal/(kg · ℃)을 갖고 있는 물질이다. 삶은 두부나 무 또는 구운 감자를 먹다 입을 데었다면 물의 큰 비열 때문에 상처를 입게 된 것이다.

■ 기체의 비열

열이 어떤 물체에 더해지거나 빠져 나올 때 그 물체는 팽창되거나 수축된다. 팽창되는 동안 그 물체는 대기에 일을 하게 된다. 대부분의 고체나 액체의 경우 그 부피 변화가 매우 작아서 이 일의 양은 거의 무시할 만하다. 이 때문에 물체의 비열 변화에 대해 고체나 액체의 경우 이 효과는 무시하겠다.

그러나 기체의 경우 팽창과 수축이 커서 이 효과에 의해 생기는 물체의 비열 변화가 중요하다. 기체에 열이 더해지거나 빠져 나올 때 조건에 따라 비열 값이 달라 질 수 있다. 만약 열이 기체의 부피가 (고정된 딱딱한 용기안에 들어 있어) 일정한 상태에서 더해졌다면 이 계는 외부로 일을 하지 않는다. 이 경우 모든 열은 계의 내부에너지를 증가시키며 그래서 계의 온도를 올리는데 사용했다고 봐도 좋을 것이다. 그러나 같은 양의 열이 압력이 일정한 상태에서 주어졌다면 열의 일부분은 계가 외부에 일을 해주는데 사용하게 된다. 결국 유입된 모든 열이 계의 내부에너지로 바뀌지는 못한다. 그 결과 같은 열을 계에 주었을 때 등압 과정일 때 계의 온도 증가가 등적 과정일 때 온도 증가보다 작다.

기체의 비열을 어떤 상태에서 측정하였느냐를 표현하기 위해 첨자를 사용하겠다. 즉 일정한 압력에서 측정한 비열을 c_p 일정한 부피를 유지하며 측정한 비열을 c_v로 각각 p와 v의 첨자를 사용하여 구분하겠다. 표 11.1에서 수증기의 비열은 일정 압력일 때 비열이다.

11.2 상(相)변화와 숨은열

물질은 세 가지 상(phase), 즉 고체, 액체 또는 기체 중의 한 가지 상으로 존재한다(그림 11.2). 그러나 이런 세 가지 상으로 구별한다는 것은 아주 단순하게 구별한 것이다. 왜냐하면 플라즈마 상태라든가 초전도 상태 같은 다른 상도 있기 때문이다. 한 물체의 상은 그 물체의 내부에너지(온도로 나타난다)나 압력에 따라 달라진다.

고체상에서 분자들은 서로 인력에 의해 또는 결합에 의해 묶여져 있다(그림 11.2a). 여기에 열이 더해지면 분자 평형 위치에서 운동이 증대된다. 만약 열이 충분히 증가하면 분자 사이의 결합이 깨지고 많은 분자들은 상변화를 겪는다. 즉 액체가 된다. 이런 상변화를 겪는 온도를 녹는점이라고 한다. 액체가 고체가 되는 점을 어는점이라고 하는데 보통의 물체에서 어는점과 녹는점은 같다. 그러나 약간 다를 수도 있다.

액체상에서 물체의 분자들은 상대적으로 자유롭게 움직이며 액체는 액체를 담는 그릇에 따라 모양이 달라진다(그림 11.2b). 어떤 액체는 국지적으로 규칙적인 구조를 갖고 있는데 이를 액정(liquid crystal)이라 하고 계산기나 컴퓨터 화면에 쓰이는 LCD(liquid crystal display)에 응용한다.

액체에 더 많은 열을 투입하면 분자의 운동도 함께 활발해진다. 분자가 서로 분리될 정도로 에너지가 크다면 액체는 기체상으로 바뀐다. 이 변화는 증발이라는 과정을 통해 천천히 일어날 수도 있고 소위 끓는점이라는 특별한 온도에서 빠르게 일어

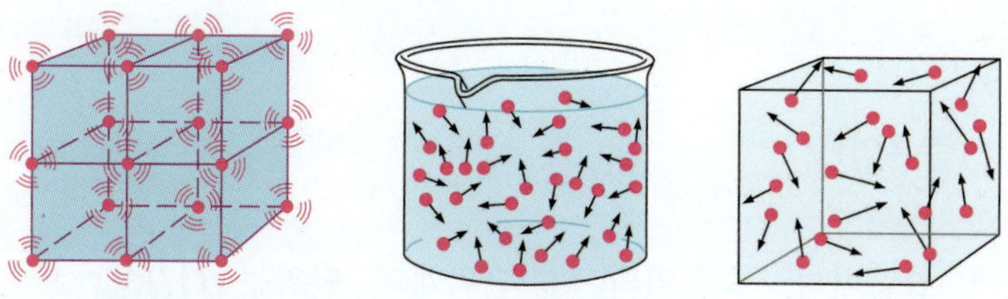

▲ 그림 11.2 물체의 세 가지 상
(a) 고체의 분자들은 결합에 의해 서로 붙잡고 있다. 결과 고체는 정해진 모양과 부피가 있다.
(b) 액체의 분자들은 자유롭게 움직인다. 정해진 부피가 있으나 모양은 액체를 담은 그릇의 모양에 따라 달라진다.
(c) 기체분자들은 비교적 서로 멀리 떨어져 있으며 아주 약한 상호 작용만을 한다. 기체는 기체를 담은 용기가 없다면 정해진 모양이나 부피가 없다.

날 수도 있다. 기체가 응축되어 액체로 변하는 온도를 액화점이라고 한다.

드라이아이스나 나프탈렌과 같은 고체는 대기압에서 직접 고체에서 기체로 변한다. 이 과정을 승화라고 한다. 증발과 같이 이 승화도 온도가 올라가면 더 활발해진다. 기체에서 고체로 상변화하기도 하는데 이를 증착이라 한다. 예를 들어 서리는 수증기가 응고되어 풀잎 위에 증착된 것이다. 보통 많은 사람들이 잘못 알고 있듯이 서리는 액체인 물(이슬)이 얼어버린 것이 아니다.

■ 숨은열

일반적으로 열이 물질로 들어갈 때 열은 물질 분자들의 운동에너지를 증대시키는데 쓰여 온도가 증가한다. 그러나 상의 변화가 이루어지는 동안 계에 더해진 열은 물체의 온도를 변화시키지 않는다. 예를 들어 −10 ℃의 얼음에 열을 가하면 얼음의 녹는점인 0 ℃까지 올라간다. 여기서 더 더해진 열은 얼음의 온도를 변화시키지 못한다. 그 대신 얼음은 녹으며 상이 변화한다. (이 실험은 계 전체가 열평형을 이룰 수 있도록 열을 서서히 더해 주어야 이루어질 수 있다. 만약 열을 급격하게 가해 준다면 얼음은 0 ℃에 남아 있더라도 녹은 물은 0 ℃ 이상의 온도를 가질 수 있다.)

얼음이 완전히 녹은 후에야 더해진 열이 물의 온도를 올리는데 쓰인다. 비슷한 상황이 끓는점에서 액체−기체 상변화동안 발생한다. 끓는 물에 더해진 열은 더 많은 증기를 만들어 내며 온도를 올리지는 못한다. 물이 모두 끓어 수증기가 된 이후에야 온도를 증가시킬 수 있다.

상변화동안 열은 계의 온도를 올리는데 쓰이는 것이 아니라 인력의 결합을 깨고 분자를 분리시키는 데 쓰인다. 상변화 중에 요구되는 열을 숨은열(latent heat, L로 표기) 또는 잠열이라고 한다. 숨은열은 상이 변하는 동안 단위질량당 필요한 열의 양으로 표현한다.

$$L = \frac{|Q|}{m} \qquad \text{(숨은열)} \tag{11.2}$$

여기서 m은 물체의 질량이다. 숨은열의 SI 단위계의 단위는 (J/kg) 또는 (kcal/kg)이다.

고체−액체 상변화의 숨은열을 녹음의 숨은열 또는 용융잠열이라 부르고 우린 L_f로 표기할 것이며, 액체−기체 상변화에 대한 숨은열을 기화의 숨은열, 고체−액체 상변화에 대한 숨은열을 승화의 숨은열이라 하고 우린 이를 각각 L_v, L_s라 표기할 것이다. 녹는점과 끓는점에서 여러 물질들의 숨은열을 표 11.2에 표시해 놓았다. 당

▼ 표 11.2 기압에서 여러 물질들의 상변화 온도와 숨은열

물질	녹는점(℃)	L_f		끓는점(℃)	L_v	
		J/kg	kcal/kg		J/kg	kcal/kg
에틸알콜	−114	1.0×10^5	25	78	8.5×10^5	204
금	1,063	0.645×10^5	15.4	2,660	15.8×10^5	377
헬륨	—	—	—	−269	0.21×10^5	5
납	328	0.25×10^5	5.9	1,744	8.67×10^5	207
수은	−39	0.12×10^5	2.8	357	2.7×10^5	65
질소	−210	0.26×10^5	6.1	−196	2.0×10^5	48
산소	−219	0.14×10^5	3.3	−183	2.1×10^5	51
텅스텐	3,410	1.8×10^5	44	5,900	48.2×10^5	1,150
물	0	3.33×10^5	80	100	22.6×10^5	540

연한 얘기겠지만 숨은열은 반대 방향으로의 상변화, 즉 액체에서 고체로 또는 기체에서 액체로 갈 때 내어 놓는 단위질량당(킬로그램당) 에너지의 양과 같다.

물의 어는점과 끓는점(0 ℃와 100 ℃)은 정확히 말해 1기압일 때의 값이다. 위상변화의 온도는 외부 압력에 따라 값이 변한다. 예를 들어 기압이 낮아지면 물의 끓는점의 온도도 낮아진다.

고도가 높은 곳에서 물의 끓는점은 낮아진다. 예를 들어 고도 4300 m의 산 정상에서 대기압은 약 0.79 기압이며 물은 100 ℃가 아닌 94 ℃에서 끓는다. 높은 산악 지형에서 밥이 설익는 이유이다. 이와는 반대로 압력밥솥을 사용하면 조리시간을 줄일 수 있다. 압력이 증가하면 끓는점의 온도도 올라가기 때문이다.

압력이 증가하면 물의 어는점의 온도도 내려간다. 이런 성질은 물을 제외하고는 거의 볼 수 없는 특이한 현상이다. 물은 얼면서 부피가 증가하기 때문이다.

■ 증 발

물을 담아둔 그릇을 오랫동안 방치하면 물의 증발 때문에 물의 양이 줄어드는 것을 쉽게 알 수 있다. 이 현상은 10.4절에서 배운 분자 운동학적 측면에서도 이해할 수 있다. 액체에서 분자는 각기 다른 속력으로 운동한다.

물의 표면 근처에서 빠르게 운동하는 물분자가 액체 상태인 물의 표면과 순간적으로 멀어지게 될 것이다. 이때 분자의 속도가 아직 충분히 크지 않다면 그 분자는

다른 물분자가 잡아당기는 인력에 의해 다시 돌아와 잡힐 것이다. 그러나 분자의 속도가 충분히 빠르다면 물표면을 떠나 버릴 것이다. 더 높은 온도를 가진 액체라면 이 현상은 더 빈번히 일어나게 될 것이다.

일반적으로 도망가는 대부분의 분자들의 에너지는 액체를 이루고 있는 분자들의 평균에너지(평균에너지에 의해 온도가 결정된다.)보다 훨씬 큰 에너지를 갖고 있기 때문에 남아 있는 액체 분자들의 평균에너지는 낮아져 온도가 낮아진다. 즉 증발은 분자들이 도망가기 때문에 생기는 냉각과정이라고 말할 수 있다. 목욕이나 샤워를 한 후에 몸이 아직 덜 말랐을 때 시원함을 느끼는 것도 이 이유 때문이다.

11.3 열의 이동

열의 이동은 실제적으로 적용할 수 있는 중요한 주제이다. 한 장소에서 다른 장소로 열이 이동하는 데는 3가지 과정을 통해 이루어진다. 즉 전도, 대류 그리고 복사를 통해 이루어진다.

■ 전 도

커피를 마시기 위해 물을 끓일 때 커피포트를 사용한다. 커피포트의 바닥에 금속

▲ 그림 11.3 구리바닥 냄비

스테인레스 냄비 중에는 바닥만은 구리로 만든 것이 있다. 구리의 높은 열전도를 음식을 빨리 조리할 수 있게 하고, 스테인레스의 낮은 열전도성은 데워진 음식을 쉽게 식지 못하게 한다(스테인레스 철의 열전도율은 구리의 12% 정도이다).

열선이 있어 데워진 열선의 열이 커피포트 바닥의 물에 열을 전도하는 것이다. 전도의 과정은 분자상호작용의 결과이다. 높은 온도의 분자는 상대적으로 더 빠른 운동을 한다. 그들은 근처의 상대적으로 온도가 낮은 그래서 낮은 에너지를 갖는 다른 분자들과 충돌하면서 에너지가 이동한다. 이런 방법이 높은 온도를 갖는 영역에서 낮은 온도를 갖는 영역으로 이동된다. 즉 온도의 차이가 열전도 현상을 생기게 한다.

일반적으로 열이 이동하는 능력은 물질이 어떤 상을 갖고 있느냐도 관련이 된다. 기체는 기체분자끼리 멀리 떨어져 있어 분자 간의 충돌이 드물기 때문에 열을 잘 전도하지 못하며, 액체나 고체는 기체보다는 분자간의 거리가 가까우며 좀 더 상호작용하기 쉬워 기체보다 열전도 능력이 좋다.

열전도도는 물질의 전도능력을 나타내는 상수이며 물질의 모양이나 크기와는 상관없는 물질의 고유한 성질이다. 좋은 열전도체로 알려진 금속과 단열재로 알려진 스티로폼이나 나무 같은 물체들의 열전도도를 비교해 보라. 스테인레스로 만든 냄비는 바닥만은 구리로 되어 있다(그림 11.3). 구리의 열전도도는 아주 커서 열을 빨리 전도시키고 조리하는 동안 바닥 전체의 온도를 고르게 한다. 이와 반대로 스티로폼은 좋은 열의 단열재이다. 스티로폼은 아주 많은 수의 작은 공기 주머니로 만들어져 있어 전도도 잘 되지 않으며 공기의 대류(잠시 후에 논의한다.)에 의해 잃는 열도 없다.

■ 대 류

자연적인 대류 순환은 액체나 기체에서 생긴다. 예를 들어 가스렌지 위에 주전자로 물을 데운다고 하자. 주전자의 바닥은 뜨거워 전도 현상에 의해 주전자의 바닥 근처의 물을 데운다. 뜨거워진 물은 차가운 물보다 밀도가 작아 위로 떠오르고 위 부분에 상대적으로 밀도가 높은 차가운 물이 다시 주전자 밑바닥으로 내려온다. 이런 순환은 대기의 변화에 중요한 역할을 하고 있다(그림 11.4).

낮 동안 땅은 바다보다 쉽게 뜨거워진다. 이 현상은 땅보다 물이 큰 비열을 갖고 있기 때문이며 또한 물은 유체이므로 물에 흡수된 열을 대류에 의해 쉽게 주위로 퍼지게 하기 때문이다. 뜨거워진 땅에 접촉한 공기들은 가열이 되고 팽창이 되며 밀도가 낮아진다. 그 결과 따뜻해진 공기는 떠오르고 그 빈 공간을 메우기 위해 수평적인 공기이동(즉 바람)이 시작된다. 떠오른 따뜻한 공기는 위로 올라갈수록 차가워져 다시 내려오면 대류 순환은 완성되는 것이다.

밤에는 땅에서 바다보다 열을 빨리 빼앗기며 바다 표면의 공기 온도가 땅의 공기 온도보다 상대적으로 더 높다. 그 결과 순환은 그 반대로 일어난다.

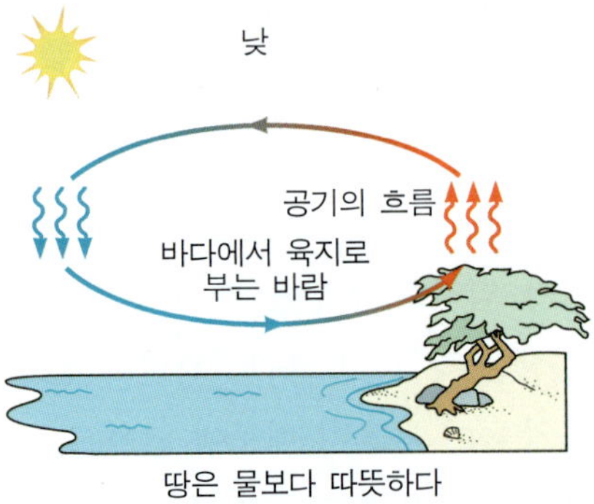

▲ **그림 11.4 대류 순환**
해안가에서 낮에는 주로 바다에서 육지로 바람이 분다. 그리고 밤에는 육지에서 바다로 바람이 분다. 이 이유는 대기의 대류 순환 때문이다. 물은 매우 큰 비열을 가지므로 바다는 육지보다 쉽게 뜨거워지지도 차가워지지도 않는다. 낮에는 육지의 대기 온도가 바다쪽 대기 온도보다 높다. 육지의 가벼워진 대기는 위로 떠오르고 그 자리를 바다쪽의 대기가 몰려와 채운다. 밤에는 반대로 육지가 쉽게 차가워지며 바다의 대기 온도는 별로 변화가 없다.

■ 복 사

전도와 대류는 열을 수송하는 매개물질이 필요하다. 열이동의 세 번째 메커니즘은 이런 매개체가 불필요하다. 전자기파에 의한 에너지 수송이기 때문인데 이를 복사라고 한다. 지구는 태양으로부터 빈 우주 공간을 지나 열을 받는다. 가시광선을 포함한 여러 가지 형태의 전자기파는 복사 에너지를 준다.

타오르는 장작불 근처에 있어 본 적이 있다면 복사에 의한 열 이동을 경험해 보았을 것이다(그림 11.5). 추운 겨울에 장작불 근처에 있으면 불을 바라보는 얼굴이나 손에 열이 전달되는 것을 느낄 것이다. 그러나 등은 여전히 춥다. 이런 열의 이동은 전도나 대류에 의한 것이 아니다.

왜냐하면 가열된 공기가 위로 올라가며 내는 열도 아니고 또 공기 자체의 열전도도는 지극히 낮다. 물체가 탈 때 가시광선이 나온다. 그러나 숯이나 연탄이 탈 때 우리가 느끼는 열은 눈에 보이지 않는 적외선에 의한 것이다. 적외선은 사람 몸에 있는 물분자(몸 조직의 80%는 물로 이루어져 있다.)에 흡수되기 때문에 이 복사를 느낀다. 물분자의 내부 진동 주파수는 적외선 복사의 진동수와 거의 일치하기 때문에 적외선 에너지를 흡수할 수 있다.

적외선은 열복사 또는 열적 복사로 알려져 있다. 붉은색 전구의 적외선 램프는 병원 물리치료실에서 환자의 치료를 위해 또는 종이나 담배 등을 건조시키기 위해 사용된다.

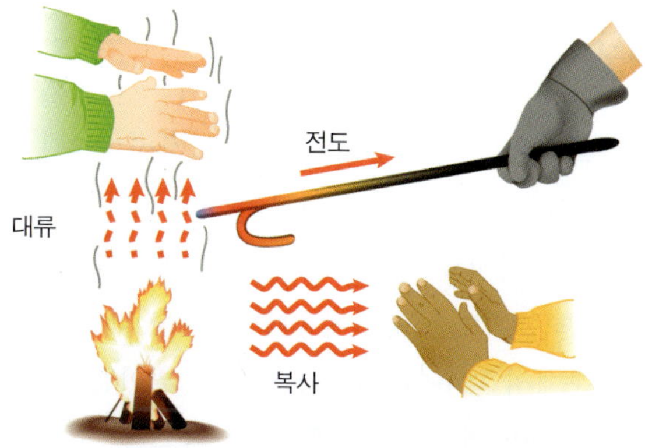

▲ 그림 11.5 **전도, 대류 그리고 복사에 의한 열**
불꽃의 위 부분이 뜨거운 것은 뜨거운 공기가 위로 올라가는 대류(그리고 약간의 복사) 때문이다. 장갑을 낀 손이 따뜻함을 느끼는 것은 전도에 의한 것이다. 불꽃의 오른쪽에서 손이 따뜻한 것은 복사에 의한 것이다.

어두운 표면은 좋은 복사의 방사체이기도 하지만, 외부에서 들어오는 복사에 대한 좋은 흡수체이기도 하다. 만약 물체의 온도를 일정하게 유지시킨다면 이 물체가 외부에서 들어오는 복사에 의해 단위시간당 흡수한 에너지 양과 이 물체가 스스로 복사하여 단위시간당 외부로 유출시키는 복사 에너지 양이 같다는 뜻이 된다. 즉 복

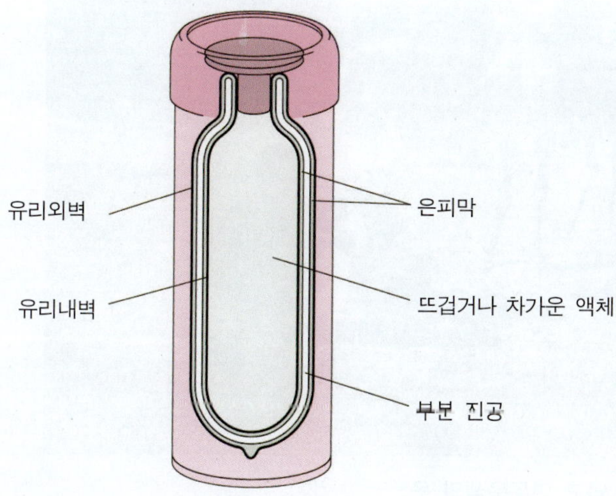

▲ 그림 11.6 **열적 단열**
보온병은 열을 이동시킬 수 있는 세 가지 방법을 모두 차단했다.

사 에너지의 좋은 흡수체는 좋은 방사체이기도 하다. 이상적이고 완전한 흡수체(임과 동시에 방사체)를 흑체라고 한다.

그림 11.6의 보온병에서 차가운 음료는 차가운 채로 뜨거운 음료는 뜨거운 채로 온도를 보존시킨다. 보온병은 이중 벽의 구조로 만들어졌으며 벽 사이는 부분적인 진공으로 그리고 내벽은 은도금되어 있다. 보온병은 세 가지 방법의 온도이동을 최소화하도록 만들어져 있다. 이중 벽과 그 사이를 진공으로 한 것은 열전도와 대류를 막기 위함이며 은도금하여 거울처럼 만든 내벽은 복사에 의한 손실을 막기 위한 것이다. 보온병 윗부분의 마개는 윗부분에서 대류가 일어나는 것을 막아준다.

그림 11.7을 보자. 왜 사막에서 사람들이 어두운 색깔의 품이 넓고 긴 겉옷을 입었는가? 어두운 색이 복사를 잘 흡수하는 흡수체라는 것을 배웠다. 그렇다면 흰색이 더 좋지 않을까? 어두운 색은 확실히 더 많은 복사 에너지를 흡수한다. 그리고 몸 근처 옷 안쪽의 공기를 데운다. 그러나 사진에서 옷의 밑부분이 통 넓고 열려 있는 구조라는 것에 주목하라. 따뜻한 공기는 (작은 밀도 때문에) 위로 오르고 목 부분에서 빠져나간다. 빠져 나간 공기는 바깥쪽 시원한 공기로 대치된다. 즉 자연적인 대류 공기 순환 장치가 된다.

▲ 그림 11.7 사막에서 입는 통이 넓고 어두운색의 옷
어두운색의 물체는 밝은색의 물체보다 더 많은 복사열을 흡수한다. 그리고 더 덥다. 그런데도 이 사진에 있는 사람들은 어두운색의 옷을 입고 있다. 이에 대한 설명은 본문에 있다.

연습문제

1. 20 ℃에서 5 g의 알루미늄 조각이 200 J의 열량을 흡수한다면 그 온도는 얼마인가?

2. 20 ℃, 5.0 kg의 물을 끓는점까지 온도를 올리려면 얼마만한 열에너지를 더해 주어야 하는가?

3. 피는 몸 내부에서 표면으로 여분의 열을 실어 나른다. 37 ℃에서 0.250 kg의 피가 표면으로 옮겨와 1500 J의 열을 잃는다면 피가 몸 안으로 되돌아갈 때 온도는 얼마인가? 단 피의 비열은 물의 비열과 같다고 가정한다.

4. 0.6 kg의 납조각을 100 ℃까지 가열한 후 이를 단열된 물이 담긴 알루미늄컵에 넣었다. 컵의 질량은 0.2 kg이었으며 컵 안에는 0.5 kg의 물이 들어 있었다. 이 혼합체(납+컵+물)의 최종 온도는 얼마인가?

5. 40 ℃, 1.0 L의 물과 20 ℃ 1.0 L의 알콜을 섞는다면 최종 혼합물의 온도는 얼마인가? 단 그릇이나 주위로 빠져나간 열은 없다고 가정한다(표 11.1을 참조하라).

6. 0.5 kg, 100 ℃의 물을 모두 증기로 날려 버릴려면 얼마만큼의 열에너지가 필요한가?

7. 조각가가 납을 녹여 기념품을 만들려 한다. 20 ℃의 납 0.74 kg을 완전히 녹이려면 얼마만큼의 열이 필요한가?

8. 0 ℃ 얼음과 1 kg의 100 ℃ 물을 섞어 20 ℃를 만들려 한다. 얼마나 많은 얼음이 필요한가?

9. 가로 3 m, 세로 2 m의 커다란 전망 유리창이 있다. 실내 온도가 20 ℃이고 바깥 온도가 0℃일 때 다음의 경우 유리창을 통해 빠져나가는 열손실 비율을 계산하라.
   (a) 이 창이 4 mm 한 겹의 유리로 되어 있을 때
   (b) 두께 2 mm 두 겹의 유리판으로 되어 있으며 그 가운데 1 cm의 빈 공기층으로 만들어졌을 때(단 온도차는 일정하며 열전도에 의한 손실만을 고려했을 때)

12 열역학

12.1 열역학 제 1법칙
12.2 이상기체에 대한 열역학 과정
12.3 열역학 제 2법칙과 엔트로피
12.4 열기관과 열펌프
12.5 카르노 순환과정
- 연습문제

지구에는 땅 속 깊은 곳에서 물이 뜨겁게 데워져 땅 밖으로 분출하는 곳이 있다. 미국 옐로우스톤 국립공원에서는 이런 분출된 물이 만든 연못과 앞의 사진의 올드 페이스풀과 같은 간헐천이 있다. 아이슬랜드에서는 뜨거운 물이 근처 바다를 따뜻하게 하여 빙하로 둘러싸인 석호를 만들어낸다. 이런 장관 때문에 이 곳은 유명한 휴양지가 되었다. 그러나 이런 온천은 휴양이나 놀이만을 위해 사용되지 않는다. 아이슬랜드의 수도 레이캬비크에서는 뜨거워진 물을 집과 직장에 보낸다.

이 장에서는 어떤 조건 하에서 또 얼마만한 효율로 열이 사람 몸이나 자동차 또는 냉장고 같은 기계 장치에서 유용한 일로 바꿀 수 있는가에 대해 배울 것이다. 이 장의 제목인 열역학(thermodynamics)이라는 단어자체가 의미하는 바와 같이 열역학은 열의 이동을 취급하는 것이다. 열의 이동에는 역학(dynamics)적 의미가 함축되어 있다.

12.1 열역학 제 1 법칙

열역학이란 아주 많은 입자들로 이루어진 계를 설명하는 분야다. 즉 어떤 기체 시료를 많은 입자들로 이루어져 있다고 보는 것이다. 많은 입자들을 일일이 따라가며 뉴턴의 방정식과 같은 일반적인 운동법칙을 적용하는 것은 (실제적으로) 불가능해 보인다. 열역학에서 사용하는 계라는 말은 실제 또는 가상의 경계나 또는 표면에 둘러싸인 한정된 양의 물질로 생각해 볼 수 있다.

가장 중요하게 생각해야 할 것은 계와 계를 둘러싼 주위 사이에 에너지 교환이다. 이러한 교환은 열의 이동을 통해서 또는 역학적 일을 통해서 일어날 수 있다. 만약 열이 계 내부로 유입되거나 바깥으로 빠져나가는 것이 불가능하다면 이 계를 열적으로 고립된 계라고 한다. 그러나 열적으로 고립된 계의 경우에도 일을 통해 계에 에너지를 집어넣거나 빼올 수 있다. 예를 들어 기체가 채워진 열적으로 (무거운 단열물질로 둘러싸여) 고립된 실린더가 있다면, 이 실린더에 피스톤을 밀어넣는 외부의 힘으로 압축시킬 수 있다. 그렇게 되면 계에 일을 하게 되고 이는 일이 곧 에너지를 이동하는 한 방법이므로 계에 에너지가 이동한 것이 된다.

열이 계에 들어오거나 빠져나간다는 말은 열이 주위 또는 열원이라 부르는 곳에서 계로 들어오거나 계에서 주위 또는 열원이라는 곳으로 빠져나간다는 말이다. 열원이란 무한정 열을 받아들일 수 있는 아주 커다란 계라고 가정한다. 즉 아주 많은 열이 열원에 유입되거나 빠져나가도 열원의 온도가 변화하지 않는다고 가정된 계이다.

열역학 제1법칙은 열역학 변수를 사용한 에너지 보존법칙의 다른 표현이다. 계의 내부에너지 변화(ΔU)는 계가 한 일 또는 (주위에 의해) 계가 받은 일(W) 그리고 (주위로부터)계에 전달되거나 계가 (주위로) 전달한 열(Q)과 관계된다. 조건에 따라 열 이동 Q 때문에 계의 내부에너지가 변화할 수 있다.

그러나 한편 계가 받은 열 때문에 계는 주위에 일을 할 수도 있다. 계가 받은 열은 계의 내부에너지를 가져다주고 동시에 계가 주거나 받은 일에 관계한다. 이는 에너지 보존에 대한 설명이다. 결국 열역학 제1법칙은

$$Q = \Delta U + W \tag{12.1}$$

으로 표현할 수 있다.

제1법칙을 적용할 때 부호에 대해서는 조심스럽게 사용해야 된다. 일의 부호는 기체가 팽창할 때와 같이 변위의 방향으로 힘이 작용한다면 이 힘에 의한 일은 양의 값을 갖는다고 기억해 두면 편하다. 같은 방법으로, 기체의 수축과 같이 변위와 반대 방향으로 작용하는 힘에 의한 일은 음의 일이 된다.

기체에 의해 한 일을 어떻게 계산할까? 이 물음에 답하기 위해 실린더 내에 기체가 채워져 있고 실린더의 피스톤면적인 A 계를 생각해 보자(그림 12.1). 기체는 매우

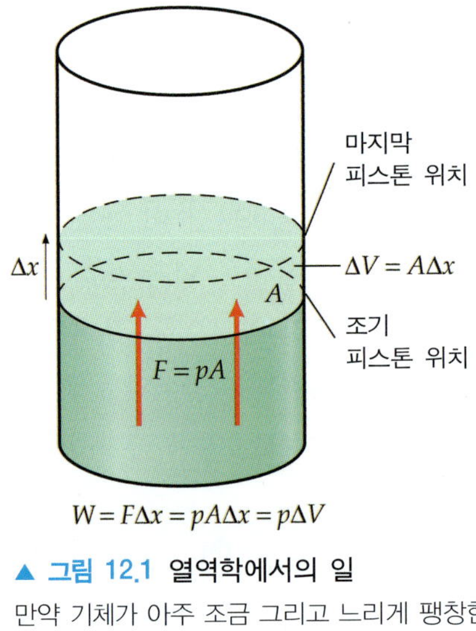

▲ 그림 12.1 열역학에서의 일

만약 기체가 아주 조금 그리고 느리게 팽창한다면 압력은 일정하다. 그러면 기체에 의해 한 일의 양은 $p\Delta V$ 이다.

작은 거리 Δx만큼 팽창할 수 있다고 하자. 만약 기체의 부피가 실제적으로(Δx가 매우 작으므로) 변하지 않는다고 한다면 압력은 일정한 채로 남을 것이다. 피스톤이 느리게 그리고 안정적으로 바깥쪽으로 움직인다면 기체는 피스톤에 대해 양의 일을 하게 된다. 그래서 일의 정의로부터

$$W = F\Delta x \cos\theta = F\Delta x \cos 0° = F\Delta x$$

이 된다. 압력과 힘 사이에는 $p = F/A$ 또는 $F = pA$ 의 관계가 있으므로 이를 위 식에 대입하여

$$W = pA\Delta x$$

를 얻는다. 실린더의 면적은 A이고 실린더가 증가된 높이는 Δx이므로 $A\Delta x$는 실린더에서 기체가 증가한 부피 $\Delta V = A\Delta x$가 되어

$$W = p\Delta V$$

가 된다. 그림 12.1에서 보듯이 부피의 증가 ΔV는 양의 값이므로 일은 양의 값이 된다.

물론 항상 기체의 부피 변화는 작은 양으로 변하지는 않는다. 그리고 압력 역시 일정한 채로 남지도 않는다. 일반적으로 부피와 압력은 동시에 변한다. 이런 경우 일의 계산을 어떻게 해야 할까? 여기에 대한 답을 그림 12.2에 보여주고 있다.

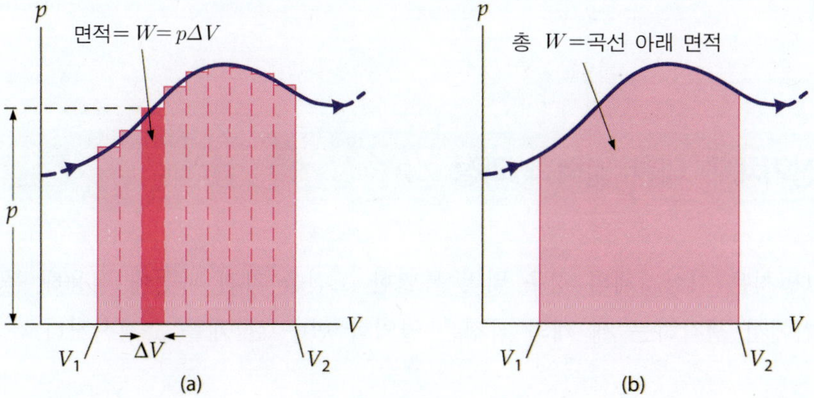

▲ **그림 12.2** $p-V$ 곡선 아래의 면적이 열역학적인 일의 양이다.

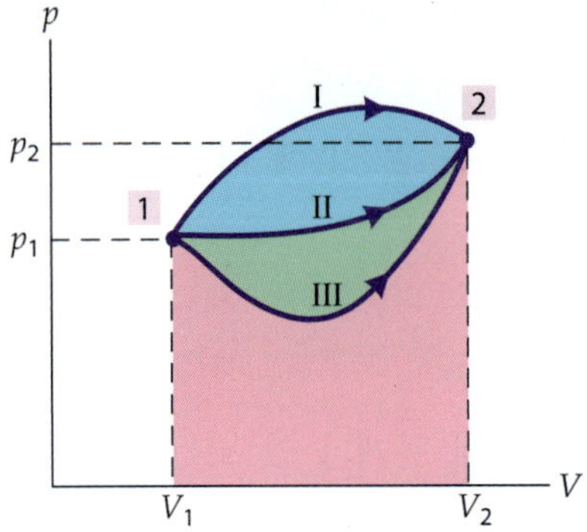

▲ **그림 12.3 경로에 관계되는 열역학적 일**

이 그림은 기체가 같은 양만큼 팽창했을 때 각기 다른 과정을 거쳐 한 일을 보여 주고 있다. 과정 I 동안 한 일은 과정 II 동안 한 일의 양보다 많다. 일반적으로 큰 힘(큰 압력)을 작용하면 같은 거리(부피 변화)에서 더 많은 일을 요구한다. 과정 I이 한 일은 그림에서 파란색, 초록색, 분홍색 영역의 넓이에 해당하고 과정 II는 초록색과 분홍색 영역, 과정 III은 분홍색 영역에 해당한다.

계에 의해 한 일은 $p-V$ 그림에서 $p-V$ 곡선의 아래 면적과 같다.

Q와 W는 초기상태에서 최종상태로 어떤 과정을 거쳐 움직이느냐에 관계된 양이지만 내부에너지 변화 ΔU는 그렇지 않다. 계로부터 빠져나온 열이든 계로 유입되어 들어간 열이든 간에 이는 계의 이동 조건과 밀접한 관계가 있다. 같은 말로 $p-V$ 그림에서 곡선 아래 면적이라는 표현에서 일은 어떤 경로를 택해가는지에 관계된다(그림 12.3). 예를 들어 높은 압력에서 한 일이 더 크다. 같은 부피 변화에 더 큰 힘이 한 일인 경우 $p-V$ 그림에서 더 넓은 면적으로 표시된다.

12.2 이상기체에 대한 열역학 과정

열역학 제1법칙은 이상기체의 경우 몇몇 특별한 조건을 가진 과정에 적용해 볼 수 있다. 여기에서 생각하는 세 개의 과정은 열역학 변수 한 개를 고정시켰다.

■ 등온과정

등온과정이란 온도가 일정한 과정이다. 이 경우 과정 경로를 등온곡선이라고 한다(그림 12.4). 이상기체 법칙에 따라 이 곡선은 $p = nRT/V$로 그려진다. 온도가 일정할 때 nRT의 값은 일정하므로 p는 V에 반비례하고 그림으로는 쌍곡선을 그리게 된다.

그림 12.4의 상태 1(초기상태)에서 상태 2(최종상태)로 팽창할 때 온도를 일정하게 유지시키기 위해 열이 계에 더해지는 상황에서 압력과 부피가 변한다. 팽창하는 기체에 의한 양의 일이 행해지고 등온 상황($\Delta T = 0$)에서 $\Delta U = 0$이 된다. 계에 더해진 일은 정확히 계가 한 일의 양과 같으며 내부에너지를 증가시키는 데 쓰인 열은 없다.

열역학 제1법칙에서

$$Q = \Delta U + W = 0 + W$$

로 쓰거나 혹은 다음으로 쓸 수 있다.

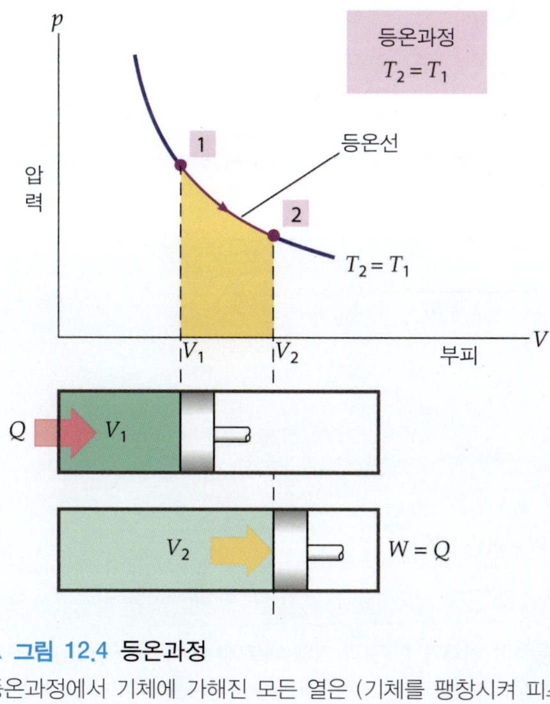

▲ **그림 12.4 등온과정**

등온과정에서 기체에 가해진 모든 열은 (기체를 팽창시켜 피스톤을 밀어내는)일로 바뀐다. $\Delta T = 0$이므로 $\Delta U = 0$이고, 열역학 제1법칙에 따라 $Q = W$이다. 언제나처럼 일은 $p-V$ 그림에서 등온과정의 곡선 아래 면적과 같다.

$$Q = W \qquad \text{(등온과정의 이상기체)} \tag{12.2}$$

기체가 한 일의 양은 곡선 아래 면적과 같다. 이를 다음과 같이 쓸 수 있다.

$$W_{\text{등온}} = nRT\ln\left(\frac{V_2}{V_1}\right) \qquad \text{(이상기체의 등온과정)} \tag{12.3}$$

여기서 nRT는 주어진 등온과정에서는 일정한 상수이며 해 준 일은 시작상태와 최종상태의 부피의 비에 대한 관계식으로 주어진다.

■ 등압과정

일정한 압력에서의 과정을 등압과정이라 한다. 이상기체에 대한 등압과정을 그림 12.5에 보이고 있다. $p-V$ 그림에서 등압과정은 등압선이라 부르는 수평선에 의해

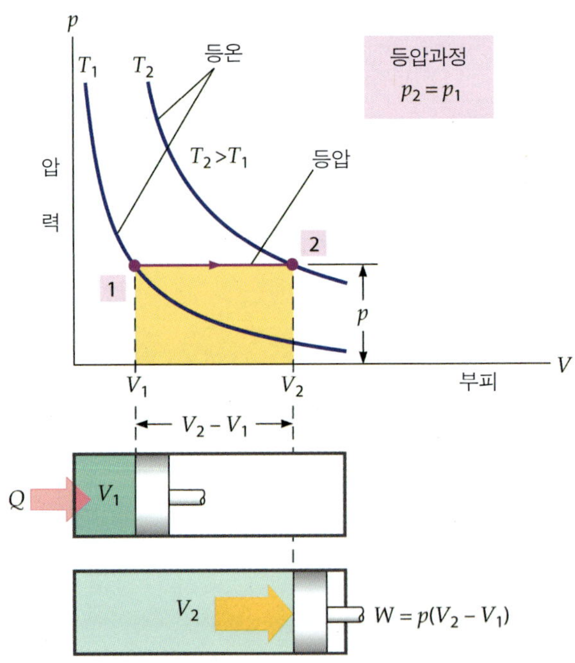

▲ **그림 12.5 등압과정**

기체가 가열될 때 마찰없는 피스톤을 통하여 기체가 한 일과 기체 내부에너지 변화 사이의 관계는 $Q = \Delta U + W$ 이다. 일은 등압의 조건에서 면적값과 같다. 두 개의 등온과정을 살펴보자. 그 둘의 등온과정은 등압과정의 일부분이 아니다. 그러나 그들은 등압 팽창과정에서 온도가 증가한다는 것을 보여주는 데 도움을 주고 있다.

주어진다. 등압과정인 경우 이상기체의 계에서 열이 더해지거나 빠져나올 때 부피와 온도의 비 V/T는 일정하다($V/T = nR/p =$ 일정). 가열된 기체가 팽창할 때 온도는 증가하기 마련이며 기체는 다른 온도의 등온과정 상태로 넘어간다. 온도의 증가는 $\Delta U \propto \Delta T$에서 기체의 내부에너지의 증가를 의미한다.

그림 12.5에서 등압과정은 일을 나타내는 면적이 직사각형이 됨을 볼 수 있다. 그래서 일은 상대적으로 계산하기 쉬우며 다음과 같다.

$$W_{\text{등압과정}} = p(V_2 - V_1) = p\Delta V \quad (\text{이상기체의 등압과정}) \qquad (12.4)$$

예를 들어 기체에 등압조건 하에서 열이 더해지거나 빠져나올 때 기체의 내부에너지는 변하고 기체는 일을 하느냐 받느냐에 따라 팽창하거나 수축한다. 이 관계식을 등압 하에서 열역학 제1법칙을 사용하여 다음과 같이 쓸 수 있다.

$$Q = \Delta U + W = \Delta U + p\Delta V \quad (\text{이상기체의 등압과정})$$

■ 등적과정

등적과정이란 계의 부피가 일정한 과정이다. 그림 12.6에 보이듯 $p-V$ 그림에서 경로는 수직선이다. 이 수직선 아래 부피는 0이므로 일은 없다.(이 과정에 어떤

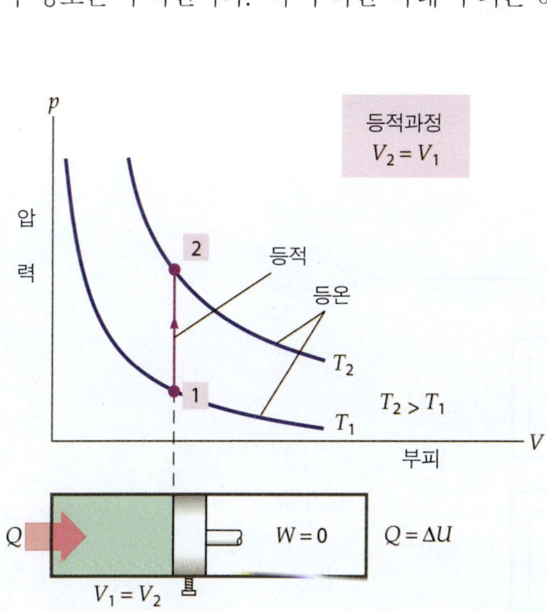

▲ **그림 12.6 등적과정**
등적과정에서는 계가 한 일이 없으므로($W=0$) 가열이 된 기체는 항상 내부에너지가 증가한다. 그러므로 $Q = \Delta U$ (그림에서 피스톤은 어떻게든 움직이지 못하게 나사로 고정시켰다)이다. 비교를 위해서 등적과정과 무관하지만 등온과정을 그려 넣었다. 여기서 계의 온도가 증가한다는 것을 쉽게 볼 수 있다.

변위도 없다.) 기체는 아무런 일도 못하므로 만약 계에 열이 더해지면 바로 계의 내부에너지가 증가되며, 이는 곧 계의 온도 증가로 연결된다. 열역학 제1법칙에서 보면

$$Q = \Delta U + W = \Delta U + 0 = \Delta U$$

이 되고, 즉

$$Q = \Delta U \qquad \text{(이상기체의 등적과정)} \tag{12.6}$$

이 된다.

■ 단열과정

단열과정에서 열이 계로 유입되거나 계에서 빠져나오지 못하는 조건에서의 과정이다. 즉 과정 중에 $Q = 0$이다(그림 12.7). 계가 주위와 완전히 차단된 열적으로 고

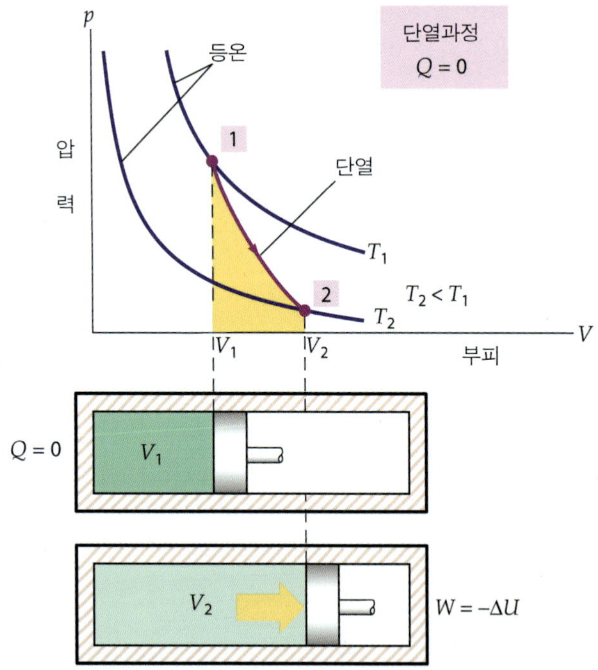

▲ 그림 12.7 단열과정

단열과정에서(그림에선 무거운 단열재를 사용한 실린더로 표시) 열이 계에 더해지거나 빠져나가지 않는다. 그래서 $Q = 0$ 이다. 팽창하는 동안 기체 계가 자신의 내부에너지를 소진시켜 양의 일을 수행하여 $W = -\Delta U$ 의 관계가 된다. 기체에 의한 일은 단열곡선과 V축 사이의 그늘지게 표시한 면적과 같다.

립된 계에서 일어나는 경우이지만 아무리 좋은 단열재료를 쓴다고 하더라도 긴 시간 동안 열을 완전히 차단한다는 것은 불가능하므로 단열과정은 이상적인 상황을 가정한 경우이다.

단열과정을 그린 $p-V$ 그림의 곡선을 단열곡선이라 한다. 단열과정 동안 세 개의 열역학좌표 (p, V, T) 모두가 변하게 되는데, 예를 들면 기체의 압력이 줄게 되면 기체는 팽창하게 된다. 그러나 기체에 열이 유입되지 않으므로 기체의 내부에너지 소모만으로 일을 하게 되고 결국 내부에너지는 감소되어 ΔU는 음의 값을 갖는다. 내부에너지와 온도는 동시에 감소하게 되며 이런 단열팽창 과정은 냉각과정이 된다. 같은 방법으로 단열수축은 온도가 올라가는 가열과정이 된다.

제1법칙에 따라 단열과정은

$$Q = 0 = \Delta U + W$$

또는 다음 식으로 쓸 수 있다.

$$\Delta U = -W \quad (\text{단열과정}) \tag{12.7}$$

이들 열역학 과정의 특성과 결과를 표 12.1에 정리해 놓았다.

▼ **표 12.1** 주요 열역학 과정

과정	특징	결과	열역학 제1법칙
등온	$T=$일정	$\Delta U=0$	$Q=W$
등압	$p=$일정	$W=p\Delta V$	$Q=\Delta U+p\Delta V$
등적	$V=$일정	$W=0$	$Q=\Delta U$
단열	$Q=0$		$\Delta U=-W$

12.3 열역학 제 2법칙과 엔트로피

뜨거운 금속 한 조각을 차가운 물이 들어 있는 보온병에 놓았다고 가정하자. 열은 금속조각에서 물로 흘러나간다. 그 결과 이 둘은 결국 어떤 중간 온도에서 열평형을 이루게 된다. 하지만 계는 열적으로 고립되어 있기 때문에 계 전체의 내부에너지는 변하지 않게 된다. 하지만 열이 차가운 물에서 금속조각으로 흘러갈 수도 있지 않을까? 이 과정은 자연 상태에 일어나지 않는다.

그러나 만약 이런 열흐름이 일어난다면 그리고 이때 계의 전체 에너지가 일정하게 유지되어 있다면, 이 '자연 상태에서 일어나지 않는 거꾸로 가는 열흐름'은 에너지 보존법칙 또는 열역학 제1법칙을 위배하지 않는다.

어떤 한 과정이 일어나는 방향을 설정해 주는 원리를 열역학 제2법칙이라고 한다.

열역학 제2법칙에 대한 기술은 다음과 같다.

> 열은 자발적으로 차가운 물체에서 뜨거운 물체로 이동할 수 없다.

일반적으로 열역학 제2법칙은 열에너지뿐만 아니라 모든 형태의 에너지에도 적용된다. 여태까지 아무도 이 법칙에 대한 예외를 경험해 보지 않았으므로 이 진술은 참이라고 여겨진다. 만약 제2법칙에 대한 이 설명이 틀린 것이라면 사람들은 영원히 동작하는 기계(영구기관)를 만들 수 있다. 이 기계는 에너지를 잃지 않고 처음에 주어진 열에너지를 일과 역학적 에너지로 바꿀 수 있다.

열역학 제2법칙에 대한 또 다른 설명이 있는데 다음과 같다.

> 열순환에서 열에너지 모두가 완벽히 역학적 에너지로 전환될 수 없다.

> 영구기관을 만드는 것은 불가능하다.

역사적으로 영구기관을 만들려는 많은 노력이 있었지만 모두 실패하였다(영구기관은 존재하지 않지만 영구적인 운동은 가능하다. 예를 들면 태양주위를 도는 행성은 50억년동안 지속되어 왔다).

열역학적 변수를 사용하여 열역학적 과정의 방향을 표현하는 방법을 갖는 것이 편리하다. 그런 성질 중의 하나가 온도이다. 전도성의 열이동 과정을 분석하기 위해 계와 주위의 온도를 아는 것이 필요하다. 두 과정의 온도 차이를 알면 자발적인 열이동의 방향이 어느 쪽으로 일어날 것인가를 알 수 있다. 온도 이외에 열역학 과정의 방향을 표시하는 다른 양으로는 엔트로피라는 양이 있다.

■ 엔트로피

어떤 과정의 자연스런 진행 방향을 표시하는 성질은 독일의 물리학자 루돌프 클라우시우스(1822~1888)가 제일 먼저 설명했다. 이 성질을 엔트로피라 부른다. 엔트로피는 여러 다른 물리적인 성질에 관여되는 매우 복합적 개념이다.

- 엔트로피는 무질서 정도를 말한다. 계는 무질서가 증가하는 쪽으로 진행한다. 계의 질서가 있을수록 엔트로피는 더 작다.
- 온 우주의 엔트로피는 증가한다.

곧 뒤이은 논의에서 보이겠지만 이 모든 설명은 똑같이 엔트로피를 설명하는 것이며 물리적으로 동등하다. 먼저 엔트로피의 변화에 대한 정의를 설명하자. 계의 엔트로피 변화(ΔS)는 등온 가역과정에서 열(Q)이 계에 더해지거나 빠져 나갈 때,

$$\Delta S = \frac{Q}{T} \quad \text{(등온과정에서 엔트로피 변화)} \tag{12.8}$$

엔트로피의 SI 단위 : (J/K)

로 주어진다.

예를 들어 한 컵의 물을 냉동고에 넣으면 물은 얼게 될 것이며 엔트로피는 감소하게 될 것이다. 그러나 우주의 어디선가 여기서 감소된 엔트로피보다 더 큰 양의 엔트로피가 증가하게 될 것이다. 이 경우는 냉동고는 얼음을 얼릴 때 부엌을 더 덥게 만들 것이고 계 전체(얼음+부엌)의 총 엔트로피는 사실상 증가하게 된다.

여기서 엔트로피를 사용한 열역학 제2법칙의 또 다른 표현을 배워보자.

우주의 총 엔트로피는 모든 자연스런 과정에서 증가한다.

엔트로피가 일정한 과정도 존재한다. 예를 들어 단열과정인 경우는 엔트로피가 일정한 과정이다. $Q=0$이므로 엔트로피 변화 역시 $\Delta S = Q/T = 0$이 된다. 가역 등온 팽창을 한 후 다시 같은 경로로 등온압축한다면 이 경우에 알짜 엔트로피 변화는 0이다. 등온팽창인 경우와 등온압축인 경우, 온도는 일정하고 열흐름의 크기는 같으나 부호는 반대다. 그래서 $\Delta S = Q/T + (-Q/T) = 0$이 된다. 이외에도 적당한 환경만 조성되면 실제적인 과정에서 $\Delta S = 0$이 가능하다. 제2법칙에 대한 이전의 설명은 이를 고려하여 다시 쓸 수 있다.

계가 어떤 과정을 겪는 동안 우주의 엔트로피는 증가하거나 일정한 채로 남는다.

엔트로피에 대한 여러 다른(그러나 동등한) 해석 중에서 질서와 무질서로 엔트로피를 해석한 경우를 생각해보자. 여기서 엔트로피를 무질서의 크기로 해석한다. 그러므로 엔트로피가 크다는 말은 계가 무질서하다는 말과 같다.

모든 자연적으로 발생하는 과정은 계의 상태가 무질서해지는 쪽으로 진행한다.

질서와 무질서의 정의는 실생활에서 예를 들어 볼 수 있다. 비빔밥을 해 먹는다고 가정해보자. 온갖 야채를 가지런히 썰어 데쳐 놓고 밥을 대접에 담고 고추장을 준비한다. 이 재료들을 모두 섞기 전이라면 이 상태가 상대적으로 질서가 있는 상태다. 즉 모든 재료는 분리되어 있고 섞여 있지 않다. 온갖 재료와 밥이 대접에서 섞이기 시작하면 질서는 깨지기 시작한다(무질서하기 시작한다). 한 번 섞이면 (자연적으로)각각의 재료로 다시 분리하기는 불가능하다.

12.4 열기관과 열펌프

열기관은 열에너지를 일로 바꾸어 주는 장치이다. 열역학 제2법칙에 따르면 영구기관은 존재할 수 없으므로 열기관에 공급되는 열의 일부는 버려져 일로 바뀌지 못한다.

여기에서 열기관이란 '높은 열을 가진 열원에서 가져온 열을 유용한 일로 바꾸고 나머지를 주위(낮은 온도의 열원)에 보내는 장치'라는 것만 알면 된다. 예를 들어 대부분의 발전소 터빈은 여러 종류의 열원에서 열을 받아 사용하는 열기관이다. 이때 열원은 석유나 석탄 같은 화석연료를 태워서 또는 핵반응에 의해서 또는 지표의 열일 수도 있다. 터빈은 주변의 강물이나 바닷물로 냉각된다. 즉 열기관은 낮은 온도의 열원으로 열을 잃는다. 일반적인 열기관을 그림 12.8a에 표시했다.

기체에 열을 가해주면 일을 할 수 있다. 그러나 보통 출력을 끊임없이 얻어내길 원하므로 실제적인 열기관은 열순환 과정 또는 원래 출발하는 곳으로 되돌아가는

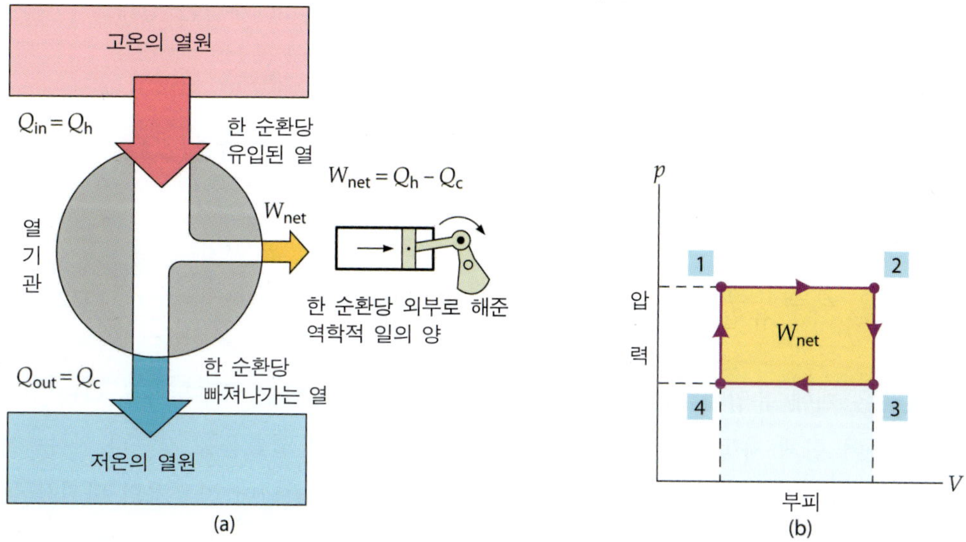

▲ **그림 12.8 열기관**

(a) 일반적인 순환과정에서 열흐름. 그림에서 Q_h(뜨거운 열원에서 계로 유입되는 열)에 해당하는 화살표는 계가 한 알짜일 W_{net}와 Q_c(차가운 열원으로 빠져나가는 열)의 두 갈래 화살표로 갈라지는데 이는 에너지 보존 $Q_h = Q_c + W_{net}$를 의미한다.

(b) 두 개의 등압과정과 두 개의 등적과정으로 이루어진 순환과정. 한 번 순환당 계가 한 알짜일은 과정의 경로에 의해 만들어진 사각형의 면적이다.

일련의 과정에서 작동한다. 순환 열기관에는 자동차나 기차에서 사용하는 증기기관이나 내연기관이 있다.

이상적인 두 개의 등압과정과 2개의 등적과정이 포함된 직사각형 모양의 열역학적 순환을 그림 12.8b에 그렸다. 그림대로 과정이 진행될 때 계는 1→2→3→4→1의 순환을 거쳐 원래의 조건으로 되돌아오게 된다. 기체가 팽창할 때(1→2) 계는 등압곡선 아래 면적에 해당하는 양의 일을 하게 된다. 이 양의 일이 이상적으로 원하는 기관의 출력이다. 그러나 원위치로 되돌아오려면 반드시 압축과정(3→4)이 필요하다. 이 경우 기체가 한 일은 음의 일인데 이 일은 열기관으로서는 없었으면 하는 일이다. 팽창하는 동안 열기관이 한 양의 일은 압축되는 동안 행해진 음의 일만큼 상쇄된다.

이 논의에서 열기관을 설계할 때 중요한 것은 계가 팽창할 때 한 일의 양이 아니라 한 순환 후 계가 한 알짜일(W_{net})이다. 이 양은 $p-V$ 그림에서 한 번 순환할 때 그려지는 폐곡선에 의해 만들어진 면적과 같다. (그림 12.8b에서 직사각형). 경로가 직선이 아니라면 그 면적의 계산은 쉽지 않으나 그래도 그 개념은 같다.

■ 열효율

열효율은 열기관을 평가하는 중요한 요소이다. 열기관의 열효율($\mathcal{E}$)은 다음으로 정의된다.

$$\mathcal{E} = \frac{\text{알짜일}}{\text{유입된 열량}} = \frac{W_{\text{net}}}{Q_{\text{in}}} \quad \text{(열기관의 열효율)} \qquad (12.9)$$

효율은 계에 유입된 열을 얼마나 효과적으로 유용한 일로 바꾸는가를 나타낸다. 예를 들어 현재 자동차의 열기관 효율은 약 20~25%의 열효율을 갖는다. 이는 자동차에 공급되는 가솔린의 약 4분의 1이 역학적 일로 전환되어 자동차의 바퀴를 돌리는데 쓰인다는 것이다. 다시 말하면 열기관으로 유입된 열량의 4분의 3은 자동차 배기관을 통해 또는 라디에이터를 통해 아니면 엔진을 통해 대기로 버려진다.

열기관의 열효율은 열기관으로 유입이 되고 유출되는 양으로 다음과 같이 쓸 수 있다.

$$\mathcal{E} = \frac{W_{\text{net}}}{Q_h} = \frac{Q_h - Q_c}{Q_h} = 1 - \frac{Q_c}{Q_h} \quad \text{(이상기체 열기관의 효율)} \qquad (12.10)$$

여기서 Q_c는 낮은 온도의 열원으로 빠져나가는 열량의 크기이며 양의 값이다. $+Q_h$는 내연기관에서 연료가 연소할 때 열기관으로 들어오는 열량이다. 열효율은 차원이 없는 비율이며 퍼센트(%)로 표시한다. 식 12.10으로부터 만약 $Q_c = 0$이면 열기관이 100%의 효율을 갖게 된다. 그러나 $Q_c = 0$이라는 것은 잃은 열에너지가 없다는 것이고 뜨거운 열원에서 유입된 모든 열에너지가 유용한 일로 바뀐다는 뜻이다. 그러나 이 상황은 열역학 제2법칙에 의해 불가능하다. 1851년 켈빈경은 열역학 제2법칙에 대해 지금까지 기술한 열역학 법칙과는 다른 그러나 물리적으로 동등한 기술을 하였다.

> 유입된 열을 완전히 일로 바꾸어 주는 순환 열기관은 없다.

식 12.10에서부터 열기관이 한 번 순환할 때 일을 최대로 하기 위해서는 즉 열효율을 높이기 위해서 Q_c/Q_h를 최소로 해야 한다.

■ 열적 펌프 : 냉장고, 에어컨 그리고 열펌프

열적 펌프가 수행하는 기능은 기본적으로 열기관을 거꾸로 돌리는 것이다. 열적 펌프는 냉장고나 에어컨 등 낮은 열원에서 높은 열원으로 열이 흘러가는 장치들을 부르는 일반적인 통칭이다(그림 12.9a). 이 방식으로 열이 흘러가기 위해서는 외부에서 계로 일을 해주어야 한다. 왜냐하면 열역학 제2법칙에 의하여 자발적으로 열이 차가운 물체에서 뜨거운 물체로 흘러갈 수 없기 때문이다.

열적 펌프의 한 예로 에어컨을 들 수 있다. 그림 12.9b에서 보듯 전기적 에너지의 일을 사용해서 열은 집내부(낮은 온도의 열원)에서 집밖(높은 온도의 열원)으로 이동된다. 냉장고(그림 12.10) 역시 똑같은 원리로 작동한다. 냉장고의 압축기로 일(W_{in})을 하며 열(Q_c)은 냉장고 내부 증발기의 코일로 전해진다. 이 열과 일의 조화, 즉 Q_h는 응축기를 통해 냉장고의 바깥쪽으로 빠져나간다.

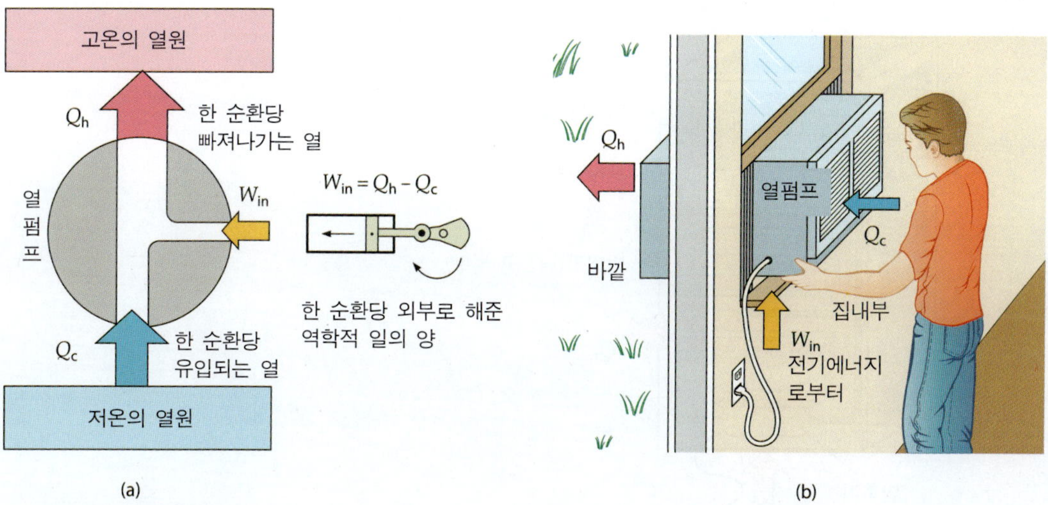

▲ **그림 12.9 열적 펌프**

(a) 일반적인 수환 열적 펌프에 대한 에너지 흐름도. Q_h로 표시한 화살표는 높은 온도의 열원으로 열이 빠져나가는 것을 표시하고 있다. Q_h 화살표의 두께는 낮은 열원에서 빠져나온 열 Q_c이 화살표 두께와 외부에서 계에 해준 일 W_{in}을 표시하는 화살표의 두께의 합과 같다. 이는 에너지 보존 $Q_h = W_{in} + Q_c$를 반영한 것이다.

(b) 에어컨은 열적 펌프의 대표적인 예이다. 내부로 유입된 열을 이용하여 낮은 쪽 열원(집 내부)의 열을 빼앗아 높은 열원(바깥쪽)으로 열이 이동한다.

중요한 것은 냉장고 또는 에어컨은 열을 온도의 차를 거슬러 끌어올린다. 이들 장치의 일반적인 통칭을 열적 펌프라고 하는 이유는 일반적으로 말하는 펌프가 낮은 곳의 물을 높은 곳으로 끌어올리듯이 낮은 온도의 열원에서 높은 온도의 열원으로 열을 흘려보내기 때문이다.

열기관이 얼마나 잘 작동하는지는 열효율을 알아보면 되었으나, 에어컨이나 냉장고가 얼마나 잘 작동하는가는 열효율로 알지 못한다. 열적 펌프는 그 동작 목적이 열기관과 다르기 때문에 효율성을 알아보는 계수도 다르다. 열적 펌프의 효율성은 소위 작동계수(COP coefficient of performance)라는 것으로 표시하는데, 좋은 열적 펌프란 적은 일(W_{in})을 사용하여 많은 열(Q_c)을 저온의 열원에서 뽑아내는 것이므로 COP로 이들의 비율을 정의한다.

$$\text{COP}_{\text{ref}} = \frac{Q_c}{W_{\text{in}}} = \frac{Q_c}{Q_h - Q_c} \qquad \text{(냉장고나 에어컨에서)} \qquad (12.11)$$

COP의 정의에서 COP가 클수록 좋은 작동을 하는 냉장고 또는 에어컨이 된다. 보

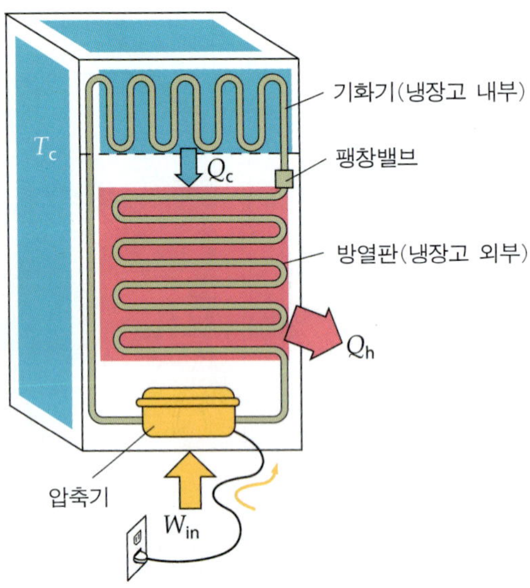

▲ **그림 12.10 냉장고**

숨은열을 이용한 냉각에 의해 냉장고. 내부에서 열을 뽑아낸다. 이 뽑아낸 열과 외부에서 유입된 일 W_{in}이 응축기로부터 외부로 열(Q_h)을 배출한다. 냉장고는 이미 차가운 영역(냉장고 내부)에서 열(Q_c)을 뽑아내는 열제거기 또는 이미 더워진 영역(예를 들면 부엌)에 열(Q_h)을 더해 주는 열적 펌프로 생각할 수 있다.

통의 냉장고나 에어컨의 동작에서 계에 한 일(W_{in})은 낮은 온도의 열원에서 뽑아낸 열에너지보다 작다. 그래서 작동계수 COP는 보통 1보다 큰 값을 갖는다. 제품으로 나온 냉장고나 에어컨의 작동계수 값은 어떤 환경에서 작동하는가 그리고 기계적인 설계에 따라 다르기는 하지만 대략 약 3에서 5까지 범위의 값을 갖는다. 우리가 사용하는 냉장고나 에어컨 등은 동작하기 위해 사용한 일의 3배에서 5배 정도의 열에너지를 낮은 온도의 열원(냉장고, 냉동고 또는 집내부)에서 뽑아간다는 뜻이다.

12.5 카르노 순환과정

열기관을 설계할 때 공학자들은 가능한 효율적으로 설계하려 한다. 그러나 열역학 제2법칙에 의해 결코 100%의 열기관을 만들 수 없다는 이론적인 한계가 있다.

프랑스의 공학자 사디 카르노(Sadi Carnot 1796~1832)는 이 한계에 대해 연구하였다. 카르노는 먼저 가장 효율이 좋은 이상적인 열기관의 열역학적 순환과정을 찾아내었다. 카르노가 찾아낸 것은 일정한 높은 온도(T_h)의 열원으로부터 열을 흡수하여 일정한 낮은 온도(T_c)의 열원에 열을 버리는 이상적인 열기관이었다. 이 과정들은 이상적인 가역 등온과정이며 $p-V$ 그림에서 두 개의 등온 곡선으로 나타낼 수 있을 것이다.

그러나 두 개의 등온과정을 연결하는 완전한 순환과정은 무엇일까? 카르노는 두 개의 가역 단열과정을 연결하여 전체 순환과정을 완성하였다. 12.3절에서 배웠듯이 단열곡선은 등온곡선보다 그 기울기가 더 가파르다(그림 12.11a). 두 개의 일정한 온도를 갖는 열원 사이에서 작동하는 비가역 열기관의 효율은 같은 온도를 갖는 열원 사이에서 작동하는 가역 열기관의 효율보다 결코 클 수 없다.

두 개의 등온과정과 두 개의 단열과정으로 이루어진 이상적인 카르노 순환을 $T-S$(온도-엔트로피) 그림으로 그림 12.11b에 그려놓았다. 이 형태는 직사각형이다. 그림 12.11b의 1-2를 잇는 윗쪽(고온의) 등온곡선 아래의 면적은 높은 온도의 열원으로부터 계로 유입된 열이며, $Q_h = T_h \Delta S$이다. 같은 방법으로 아랫쪽 등온곡선 아래 면적은 낮은 온도의 열원으로 버려진 열의 양 $Q_c = T_c \Delta S$ 이다. 순환의 단열과정에는 열의 출입이 없다($Q = 0$).

열의 유입과 유출 값의 차는 계가 외부에 한 일의 양이다. 이 양은 순환과정 경로

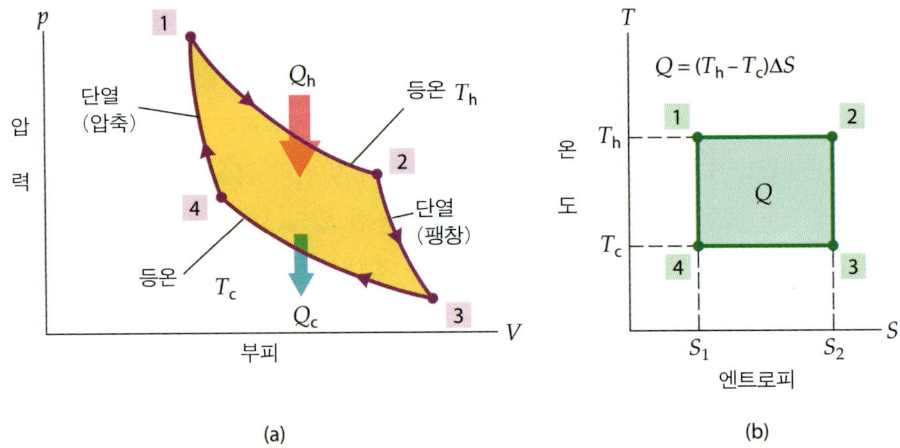

▲ **그림 12.11 카르노 순환과정**

(a) 카르노 순환과정은 두 개의 단열과정과 두 개의 등온과정으로 이루어져 있다. 열은 등온팽창할 때 계에 유입되며 등온수축할 때 유출된다.

(b) $T-S$ 그림으로 그렸을 때 카르노 순환과정은 직사각형이 된다. 이 직사각형이 계에 알짜로 유입된 열량 Q이다.

에 의해 둘러싸인 면적과 같다(그림에 그늘진 영역).

$$W_{\text{net}} = Q_h - Q_c = (T_h - T_c)\Delta S$$

ΔS의 값은 두 개의 등온과정에서 모두 같으므로 이를 온도와 열사이의 관계로 연관지을 수 있다.

$$\Delta S = \frac{Q_h}{T_h} \quad \text{그리고} \quad \Delta S = \frac{Q_c}{T_c}$$

이므로 다음을 얻는다.

$$\frac{Q_h}{T_h} = \frac{Q_c}{T_c} \quad \text{또는} \quad \frac{Q_c}{Q_h} = \frac{T_c}{T_h}$$

이 방정식은 이상적인 열기관의 효율을 온도항으로 고쳐 쓸 수 있게 해준다. 즉 식 12.10에서 이상적인 카르노 열효율은,

$$\mathcal{E}_C = 1 - \frac{Q_c}{Q_h} = 1 - \frac{T_c}{T_h}$$

$$\mathcal{E}_C = 1 - \frac{T_c}{T_h} \qquad \text{카르노 열효율(이상적인 열기관)} \qquad (12.12)$$

이 된다. 보통 열효율값은 %(퍼센트)로 나타낸다. 여기서 온도 T_c와 T_h는 켈빈온도 단위로 표현해야 한다.

어떤 열기관의 최대 온도값과 최저 온도값이 알려졌을 때, 카르노 열효율은 이 열기관이 가질 수 있는 이론적인 최대 열효율을 나타낸다. 실제로 우리가 사용하는 열기관에는 가역과정으로 순환하는 열기관이 없으므로, 실제적인 열기관의 효율값은 카르노 열효율값에 결코 도달할 수 없다.

연습문제

1. 테니스 시합을 하는 동안 6.5×10^5 J의 열을 잃었다. 그리고 내부에너지는 1.2×10^6 J만큼 낮아졌다. 이 시합동안 이 사람이 한 일은?

2. 낮은 밀도의(그래서 이상기체처럼 행동하는) 기체가 초기 압력 1.65×10^4 Pa, 부피 0.20 m^3을 갖고 있다. 이 기체에 압력을 일정하게 유지하면서 8.4×10^3 J의 열을 서서히 투입하니 부피가 0.40 m^3이 되었다.

(a) 이 과정에서 기체는 얼마나 많은 일을 하였는가?

(b) 기체의 내부에너지는 변했는가? 만약 그렇다면 얼마나 변했는가?

3. 단원자 이상기체 분자($\gamma=1.67$)을 1.00×10^5 Pa에서부터 단열적으로 압축하니 부피가 240 L에서 40.0 L로 변했다.

(a) 이 기체의 최종 압력은 얼마인가?

(b) 기체에 얼마나 많은 일이 행해졌는가?

4. (a) 0 ℃, 1 kg의 얼음이 완전히 0℃ 물로 녹았다. 이 과정의 엔트로피 변화는?

(1) 엔트로피가 증가했다

(2) 변화가 없다.

(3) 엔트로피가 감소했다.

답하고 그 이유를 설명하라.

(b) 얼음의 엔트로피의 변화값은 얼마인가?

5. 27 ℃에서 등온팽창을 하는 동안 이 이상기체는 30 J의 일을 했다. 기체의 엔트로피는 얼마만큼 변했는가?

6. 겨울에 바깥의 온도는 0 ℃이고 집내부의 온도는 18 ℃이다. 이 집은 초당 2.0×10^4 J의 열에너지가 새어나간다.

(a) 집의 초당 엔트로피 변화는 얼마인가?

(b) 일초당 집-외부 전체 엔트로피 변화는 얼마인가?

7. 가솔린 엔진의 열효율은 28 %이다. 만약 이 엔진이 한 번 순환할 때마다 20000 J의 열을 흡수한다면

(a) 한 순환을 거칠 때 외부에 해준 일의 양은 얼마인가?

(b) 한 순환을 거치면 얼마만큼 열이 버려지는가?

8. 한 순환당 200 J의 알짜일을 하는 열기관을 작동시키려면 600 J의 열이 투입되어야 한다. 이 열기관의 효율은 얼마인가?

9. COP가 2.75인 에어컨이 있다. 20분 동안 집 내부에서 바깥으로 1.00×10^7 J의 열을 뽑아냈다면 이 에어컨이 작동하는 전력(일률)은 얼마인가?

13 진동과 파동

파동이라는 단어를 들으면 대양의 파도나 표면에 약간의 교란이 있을 때 호수나 연못의 표면에 만들어지는 작은 물결을 생각할 수 있다. 소리나 빛도 파동인데, 눈에 보이지 않는다. 사실은 라디오파, 마이크로파, X-선 등과 같은 전자기파 복사도 파동이다. 현미경을 보거나 안경을 쓰거나 무지개를 볼 때마다 빛이 만드는 파동 에너지를 경험한다.

13.1 단조화 운동

진동하는 물체의 운동은 물체를 앞으로 또는 뒤로 움직이게 하는 복원력에 의존한다. 일반적인 예가 후크의 법칙으로 설명되는 스프링에 작용하는 힘이다.

$$F = -kx \tag{13.1}$$

여기서 k는 스프링 상수이다. 음의 부호는 힘이 항상 변위에 반대로 작용하는 것 즉 힘은 항상 물체를 평형 위치로 복원하려고 하는 경향이 있다.

마찰이 없는 평면 위에 있는 물체가 그림 13.1과 같이 스프링에 연결되어 있다고 가정하자. 물체를 평형 위치에서 한쪽으로 움직인 다음 놓았을 때 물체는 앞뒤로 움직이면 진동을 하는데 같은 경로를 따라 반복운동을 하는 주기운동이다. 후크의 법칙에 따르는 힘의 지배를 받는 운동을 단조화 운동(SHM)이라 한다. 힘은 복원력이며 그 운동을 조화함수(사인, 코사인 함수)로 설명할 수 있기 때문이다.

평형 위치에서 단조화운동을 하는 물체까지의 거리가 물체의 변위이다. 변위의 부호는 방향을 표시하며 최대 변위는 $+A$와 $-A$이다(그림 13.1b, d). 최대 변위의 크기를 물체의 진폭(A)라 하며 스칼라량이다. 또 다른 2개의 물리량은 주기와 진동수이다. 주기(T)는 물체가 1회전 운동을 했을 때 걸리는 시간이다. 예를 들어 만약 물체가 $x = A$에서 출발해서(그림 13.1b) $x = A$로 되돌아온다면(그림 13.1f) 주기라고 하는 시간에 완전히 1 회전을 했다고 한다.

진동수(f)는 초당 회전수이다. 주파수와 주기의 관계는 다음과 같다.

$$f = \frac{1}{T} \quad \text{(진동수와 주기)} \tag{13.2}$$

주파수의 SI 단위 : 헤르츠(Hz) 또는 초당 회전수(cycle/s)

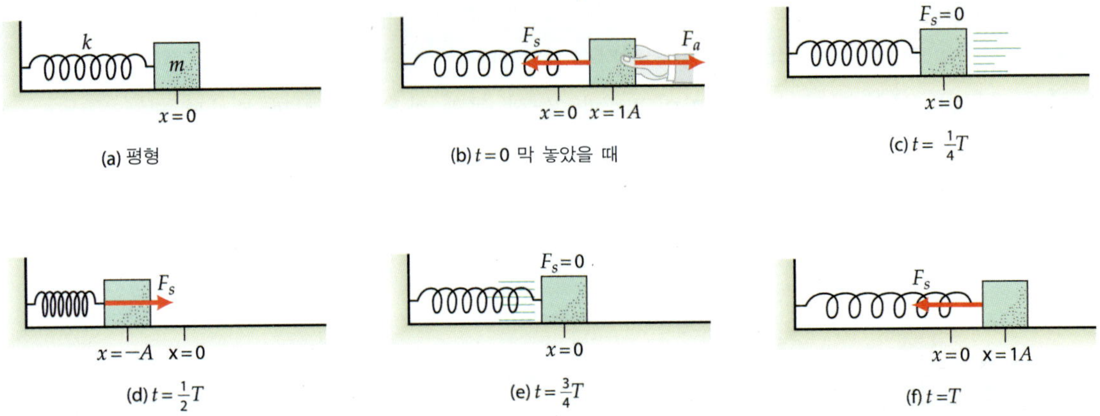

▲ **그림 13.1 단조화 운동(SHM)**

(a)는 스프링에 매달린 물체가 평형 위치에 있을 때 $x=0$, 그리고 (b)는 막 놓았을 때 물체는 단조화운동으로 움직인다.(마찰력은 없다고 가정) 1 회전하는데 걸리는 시간은 주기(T)이다(여기서 F_s는 스프링의 힘이고 F_a는 외부에서 가해주는 힘이다.). (c)는 $t = T/4$일 때 물체는 평형 위치로 되돌아오고, (d)는 $t = T/2$일 때 $x=-A$이다. (e)는 다음의 반주기 동안에 운동은 오른쪽으로 향한다. (f)는 $t = T$일 때 물체는 원래 (b)에서 시작($t=0$)한 위치로 되돌아간다.

주기는 회전당 초이다. 진동수의 표준 단위는 헤르츠(Hz)이고 초당 회전수이다. 즉, 초의 역(1/s)의 단위를 가진다. 예를 들어 만약 $T=\frac{1}{2}$ s 이면 진동수는 매 초당 2 회전, 또는 $f=2$ 회전/s이다. 회전은 비록 실제 단위가 아니지만 때때로 단위를 해석하는 것을 도와주기 위해서 진동수를 초당 회전수라고 표현하는 것이 편리하다.

▼ **표 13.1** SHM을 설명하는데 사용된 용어

변위	평형 위치에서 물체까지의 거리 ($\pm\ x$)
진폭 (A)	최대 변위의 크기 또는 평형 위치에서부터 물체까지의 최대 거리
주기 (T)	완전한 한 번 순환 운동을 하는데 걸린 시간
진동수 (f)	초당 순환의 횟수 (단위는 H_z 또는 s^{-1} 이며 $f = 1/T$의 관계를 갖는다)

■ 단조화 운동에서 질량-스프링계의 에너지와 속도

평형상태($x=0$으로 간주)로부터 $\pm x$ 거리를 늘이거나 압축한 스프링에 저장된 위치에너지가

$$U=\frac{1}{2}kx^2 \tag{13.3}$$

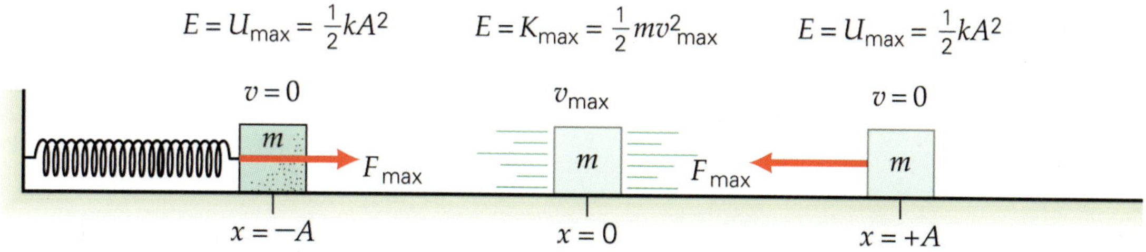

▲ **그림 13.2 진동과 에너지**
스프링에 매달려(마찰이 없는 표면위에서) 단조화 진동을 하는 물체에서 진폭 위치($\pm A$)에서 총 에너지는 모두 위치에너지(U_{max})이고, $E = \frac{1}{2}kx^2 = \frac{1}{2}kA^2$이며, 계의 총 에너지이다. 가운데 위치($x=0$)에서는 총 에너지는 모두 운동에너지($E = \frac{1}{2}mv^2_{max}$, 여기서 m은 물체의 질량)이다.

이라는 것을 앞장에서 이미 배웠다. 스프링에 매달려 진동하는 질량이 m인 물체 역시 운동에너지를 가지고 있다. 운동에너지와 위치에너지 둘 다 계의 총 역학적 에너지 E를 이룬다.

$$E = K + U = \frac{1}{2}mv^2 + \frac{1}{2}kx^2 \quad (13.4)$$

물체가 최대 변위인 A 또는 $-A$에 있을 때 순간적으로 정지하고 $v=0$이 된다(그림 13.2). 따라서 이 지점에서 모든 에너지는 위치에너지의 형태로 존재한다.

$$E = \frac{1}{2}m(0)^2 + \frac{1}{2}k(\pm A)^2 = \frac{1}{2}kA^2 \quad \text{(단조화운동을 하는 물체의 총 에너지)} \quad (13.5)$$

즉, 단조화 운동을 하는 물체의 총 에너지는 진폭의 제곱에 비례한다.

식 13.5로부터 스프링에 매달려 진동하는 물체의 속도를 위치의 함수로 표현할 수 있다.

$$E = K + U \text{ 또는 } \frac{1}{2}kA^2 = \frac{1}{2}mv^2 + \frac{1}{2}kx^2$$

v^2에 대해 풀고 제곱근을 취한다.

$$v = \pm\sqrt{\frac{k}{m}(A^2 - x^2)} \quad \text{(SHM에서 물체의 속도)} \quad (13.6)$$

여기서 양과 음의 부호는 속도의 방향을 나타낸다. 물체가 평형에서 최대 변위가 되었을 때는 순간적으로 정지하기 때문에 $x = \pm A$ 일 때 속도가 영이 된다.

13.2 운동방정식

물체의 위치를 시간의 함수로 주어지는 방정식을 운동방정식이라 한다. 선형 등가속도 운동방정식은 $x = x_0 + v_0 t + \frac{1}{2}at^2$ 이다. 여기서 v_0는 초기속도이다. 그러나 단조화 운동에서는 가속도가 일정하지 않으므로, 이 운동방정식은 적용할 수가 없다.

단조화 운동을 하는 물체의 운동방정식은 단조화 운동과 등속 원운동 사이의 관계로부터 알아낼 수 있다. 단조화 운동은 그림 13.3에 나타난 바와 같이 등속원운동의 성분으로부터 계산할 수 있다. 수직면에서 등속 원운동(등각속도 ω)을 하는 물체에 빛을 비추면, 단조화 운동을 하는 스프링에 매달린 물체가 움직이는 경로와 같이 물체의 그림자가 위 아래로 움직인다. 그림자와 물체는 항상 같은 위치에 있고, 원운동을 하는 물체의 그림자에 대한 운동방정식은 스프링에 매달려 진동하는 물체의 운동방정식과 같다.

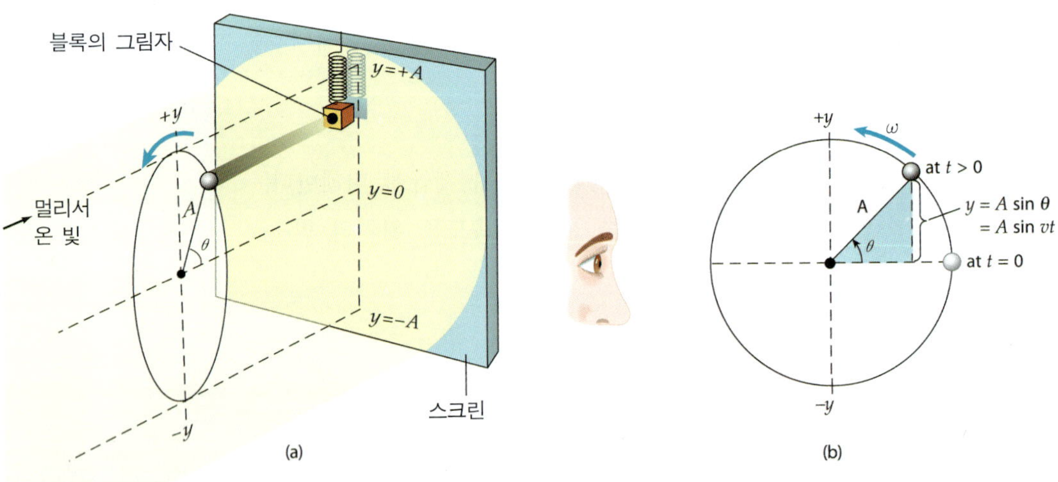

▲ 그림 13.3 수직운동에 대한 기준 원

(a) 등속 원운동을 하는 물체의 그림자는 스프링에 매달려 단조화 운동을 하는 물체와 같은 운동을 한다. (b) 운동은 $y = A\sin\theta = A\sin\omega t$ 로 표현한다. ($t = 0$일 때 $y = 0$으로 가정)

그림 13.3b에 있는 기준원에서 물체의 y 좌표(위치)는 다음과 같이 주어진다.

$$y = A\ \sin\theta$$

그러나 물체는 크기가 ω인 등각가속도로 움직인다. 각변위 θ로 표현하면 $t=0$일 때 $\theta=0^{\circ}$ 라고 하면 $\theta=\omega t$이다. 그러므로

$$y = A\ \sin\omega t \tag{13.7}$$

t가 0에서 증가함에 따라 y는 양의 방향으로 증가하여 운동은 초기에 위로 향하게 된다.

운동방정식인 식 13.8에서 물체의 초기 변위 값은 항상 $y_0=0$이다. 그러나 스프링에 매달린 물체의 초기값이 진폭 위치인 $+A$가 되면 어떻게 될까? 이런 경우에 사인 방정식은 $t_0=0$일 때 $y_0=+A$인 초기 조건을 설명할 수가 없다. 이럴 때는 다른 운동방정식인 $y=A\ \cos\omega t$가 적합하다. 이 방정식에서 $t_0=0$일 때 질량은 $y_0=A\ \cos\omega t=A\ \cos\omega(0)=+A$위치에 있고 코사인 방정식이 초기 조건을 올바르게 설명한다(그림 13.5 참조)

$$y = A\ \cos\omega t \tag{13.8}$$

여기서 초기 운동은 아래로 향하게 된다. $t_0=0$ 이후 아주 짧은 시간이 지난 후 y 값은 감소한다. 진폭이 $-A$일 때 물체는 초기에 바닥 위치에 있고 초기 운동은 위로 향하게 된다. 이렇게 진동하는 물체의 단조화 운동은 사인 또는 코사인 함수로 되어있는 운동방정식으로 설명한다.

기준 원에 있는 물체(그림 13.3)의 각속도 ω(rad/s)를 진동하는 물체의 각진동수라고 하는데, 그 이유는 $\omega=2\pi f$ 여기서 f가 물체의 진동수이기 때문이다.

그림 13.3는 궤도 운동을 하는 물체의 진동수가 스프링에 매달린 물체의 진동수와 같음을 보여준다. 그러므로 $f=\dfrac{1}{T}$를 사용해서 식 13.8을 다음과 같이 쓸 수 있다.

$$y = A\ \sin(2\pi f t) = A\ \sin\left(\frac{2\pi t}{T}\right) \tag{13.9}$$

이 방정식은 초기에 위로 향하는 운동을 나타낸다. $t_0=0$을 지난 후 y 값은 양의 값이며 증가하기 때문이다. 초기에 아래로 향하는 운동이라면 진폭이 $-A$가 되어야 한다.

식 13.8과 식 13.10은 단조화 운동을 하는 물체의 운동방정식의 동등한 표현을 제공한다. 따라서 변수에 따라 그 식들 중 편리한 식 하나를 사용하면 된다. 이들을 일반적으로 다음과 같이 쓸 수 있다.

$$y = \pm A \sin \omega t = \pm A \sin(2\pi f t) = \pm A \sin\left(\frac{2\pi t}{T}\right) \tag{13.8a}$$

$$y = \pm A \cos \omega t = \pm A \cos(2\pi f t) = \pm A \cos\left(\frac{2\pi t}{T}\right) \tag{13.9b}$$

스프링-물체로 이루어진 계의 주기를 계산해 보자. 기준 원 내에서 물체가 완전한 한 궤도를 이루는 시간은 진동하는 물체가 한 주기를 만드는데 걸리는 시간과 같다(그림 13.3). 기준 원을 한 바퀴 도는데 걸리는 시간을 진동의 주기라 한다. 기준 원에서 궤도 운동을 하는 물체가 최대 진동속도 $v_{\max}$와 같은 등속도로 균일한 원운동을 하고 있기 때문에 물체는 한 주기 동안에 원주를 1바퀴 진행한다. 그 때 $t = d/v$이고, 여기서 $t = T$이며, 원주는 d이고, v는 식 13.6에서 변위 $x=0$일 때의 속도, 즉 $v_{\max}$이다.

$$T = \frac{d}{v_{\max}} = \frac{2\pi A}{\sqrt{k/m}\, A} \tag{13.10}$$

따라서

$$T = 2\pi \sqrt{\frac{m}{k}} \quad \text{(스프링에서 진동운동하는 물체의 주기)} \tag{13.11}$$

이다. 식 13.10에서 진폭은 소거되기 때문에 주기와 진동수는 운동의 진폭과 무관하다. 이것은 단조화 운동, 즉 후크의 법칙을 따르는 스프링과 같은 복원력에 의해서 만들어지는 진동의 일반적인 현상이다.

식 13.11에 따르면 질량을 크게 할수록 주기는 더 길어지고 스프링 상수가 커질수록(또는 스프링이 더 강할수록) 주기는 짧아진다. $f = 1/T$이기 때문에

$$f = \frac{1}{2\pi}\sqrt{\frac{k}{m}} \tag{13.12}$$

이다. 스프링 상수(스프링의 강한 정도)가 커지면 커질수록 기대하는 대로 물체는 더 자주 진동한다. 또한 $\omega = 2\pi f$이기 때문에 다음과 같이 쓸 수 있다.

$$\omega = \sqrt{\frac{k}{m}} \tag{13.13}$$

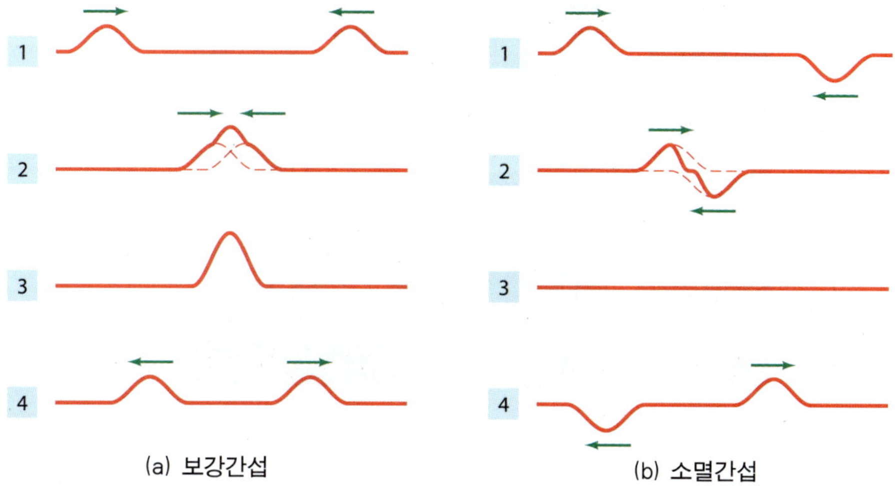

▲ 그림 13.6 간섭

(a) 같은 진폭을 가지는 두 파의 펄스가 만나고 같은 위상일 때 보강적으로 간섭한다. 펄스가 완전히 중첩될 때(3) 보강간섭이 일어난다.

(b) 간섭 펄스가 반대의 진폭을 가지고 완전히 중첩될 때(3) 소멸간섭이 일어난다.

섭이 일어나도록 하여 배기가스의 소음을 크게 줄인다. 비행기와 헬리콥터의 조종사들은 저주파 엔진 소음을 잡기 위한 마이크가 달려 있는 특별한 헤드폰을 사용한다. 헤드폰의 일부가 엔진 소음과 반대로 파동을 만들어 헤드폰으로 다시 들어가 소멸간섭이 일어나 배경 소음을 많이 감소시켜(그림 13.7) 조종사들은 대화나 기계경고음 같은 중간 또는 높은 주파수의 소리를 잘 들을 수 있다.

■ 반사, 굴절, 분산 그리고 회절

파동은 다른 파동을 만날 뿐만 아니라 물체 또는 다른 매질의 경계면을 만날 수 있다. 에코는 소리의 반사이며 거울은 빛을 반사한다. 만약 줄의 끝이 고정되어 있다면 반사 펄스는 역전된다. 펄스는 줄이 벽에 위로 향하는 힘을 만들도록 하고 벽은 줄에 같은 크기와 반대 방향이고 아래로 향하는 힘을 만들기 때문이다(뉴턴의 제3법칙에 의해).

만약 줄의 끝이 자유롭게 움직인다면 그 때 반사 펄스는 역전되지 않는다. (위상 이동도 없다.) 여기서 매끄러운 기둥에 자유롭게 움직일 수 있는 가벼운 고리에 줄이 묶여져 있는 것을 볼 수 있다. 고리는 다가오는 펄스의 앞부분에 의해서 위로 가속되어지다가 다시 아래로 내려간다. 따라서 역전되지 않은 반사 펄스가 만들어진다.

일반적으로 파동이 경계면을 때릴 때 파동 에너지의 일부분만 반사되고 일부분은 투과 또는 흡수된다. 파동이 다른 매질의 경계면을 지나갈 때 새로운 물질이 다른 특

(a)

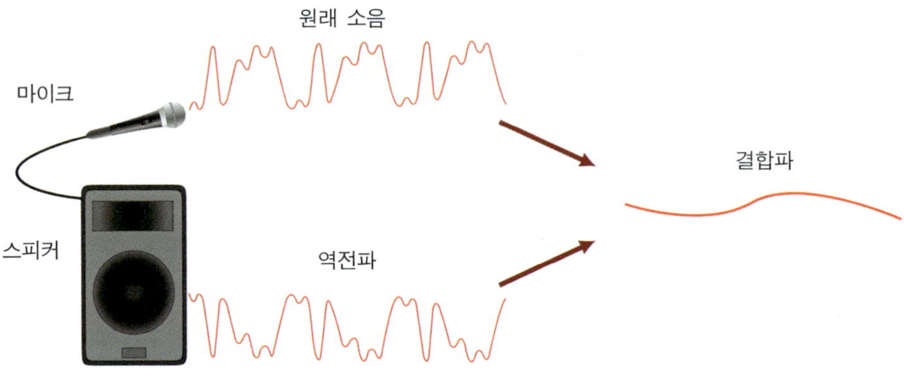

(b)

▲ 그림 13.7 **소멸간섭**

(a) 조종사들은 저주파 엔진 소음을 잡기 위한 마이크가 달려 있는 특별한 헤드폰을 사용한다.
(b) 엔진 소음과 반대로 파동을 만들어낸다. 이것이 헤드폰으로 다시 들어가고 소멸간섭이 일어나 배경이 더욱더 조용하게 된다. 이러한 과정을 자발적 소음제거라고 부른다.

성을 가졌기 때문에 일반적으로 파동의 속도는 변화한다. 비스듬히 매질에 입사하면 투과파는 입사파의 방향과 다른 방향으로 움직인다. 이러한 현상을 굴절이라 한다

굴절은 파동 속력의 변화에 의존하는데 일반적으로 두 가지의 상황이 있다. 파동의 가장 간단한 종류는 파동의 속도가 파장(또는 진동수)에 의존하지 않는 경우이다. 이러한 모든 파동은 같은 속력으로 진행하는데 이 속력은 오직 매질의 성질에 의해서 결정된다. 이러한 파동은 분산되거나 따로따로 떨어져 퍼져나가지 않기 때문에 비분산형 파동이라고 부른다. 비분산형 횡파로는 줄의 파동이며 이 파동의 속도는 오직 줄의 장력과 질량에 의해서 결정된다. 소리는 비분산형 종파이고 공기 중에서 소리의 속도는 오직 공기의 압축률과 밀도에 의해서 결정된다. 만약 소리의 속력이

(a) (b)

▲ 그림 13.8 회절

구멍(또는 물체)의 크기가 파동의 파장과 같거나 더 작을 때 회절 효과가 크게 나타난다.
(a) 구멍이 평면 수면파의 파장 보다 더 클 때 회절은 오직 가장자리 근방만 알아볼 뿐이다.
(b) 구멍이 파동의 파장과 같은 크기일 때 회절은 거의 반원형 파동을 만든다.

진동수에 따라 달라진다면, 교향악단에서 동시에 악기를 연주한다고 하더라도 클라리넷 소리보다 바이올린 소리를 먼저 그리고 잘 듣게 될 것이다.

빛은 진공 중에는 비분산적이지만 어떤 매질을 만나면 분산된다. 프리즘이 태양 빛을 색스펙트럼으로 분리하는 것과 무지개가 만들어지는 것의 원인이 되는 이유이다.

회절은 물체의 가장자리에 빛이 휘는 현상을 말하며 이는 굴절과는 관계가 없다. 예를 들어 거리의 코너에 있는 건물의 벽 바깥쪽에 혼자 서 있다고 한다면 코너에서 사람들이 이야기하는 것을 들을 수 있다. 반사와 공기의 운동(바람)이 없다고 가정하면 소리파는 직선으로 진행하기 때문에 이러한 일은 일어날 수가 없다. 소리파가 코너를 지날 때 가장자리에서 날카롭게 잘리는 것 대신에 주위로 돌아 감싸게 되어서 소리를 듣게 된다. 일반적으로 회절의 효과는 회절하는 물체나 구멍이 파동의 파장의 크기와 비슷하거나 더 작을 때에 확실히 일어난다. 회절이 파장과 물체나 구멍의 크기와 관련 있다는 것을 그림 13.8에 나타내었다.

13.5 정상파와 공명

팽팽한 로프의 한쪽 끝을 흔들면 파동은 고정된 끝으로 진행해 가고 다시 반사된다. 가고 되돌아오는 파동은 서로 간섭한다. 대부분의 경우 결합된 파형은 변화되고 뒤섞인 모양을 하고 있다. 그러나 줄을 적당한 진동수로 흔든다면 일정한 파형, 또는 균일한 루프가 로프에 나타난다. 이러한 현상을 정상파라고 한다. 이는 반사파의 간섭으로 일어나며 반사파는 입사파와 파동, 진폭, 속도도 같다. 두 개의 같은 파동이 서로 반대 방향으로 진행하기 때문에 로프에서 이동하는 순 에너지는 영이다. 실제로 에너지는 로프에 정지해 있다.

로프의 어떤 점들은 항상 정지해 있는데 이 점을 마디라고 한다. 이 점에서 간섭하는 파동의 변위는 항상 같고 반대이다. 따라서 중첩의 원리에 의해서 간섭 파동들은 이 점에서 서로 완전히 소멸되고 거기에는 변위가 발생되지 않는다. 최대 진폭점, 즉 보강간섭이 가장 최대인 점을 배라고 한다. 인접한 배 사이는 반파장($\lambda/2$), 또는 한 루프만큼 떨어져 있다. 인접한 마디 사이도 반파장만큼 떨어져 있다.

정상파는 진동수가 높으면 높을수록 진동하는 반파장 루프가 더 많이 로프에 만들어진다. 단지 유일한 조건은 반파장의 정수배와 줄의 길이와 맞아야 한다. 큰 진폭의 정상파를 만드는 진동수를 자연진동수, 또는 공명진동수라고 한다.

팽팽한 줄 또는 로프의 자연진동수를 구할 수가 있다. 양 끝은 고정되어 있고 따라서 "양 끝은 반드시 마디가 되어야 한다"가 경계면 조건이다. 양 끝 사이에 만들어지는 정상파의 닫힌 부분, 또는 루프의 개수는 반파장의 정수배와 같다(그림 13.9). $L=\lambda_1/2$, $L=2(\lambda_2/2)$, $L=3(\lambda_3/2)$, $L=4(\lambda_4/2)$ 등이다. 일반적으로

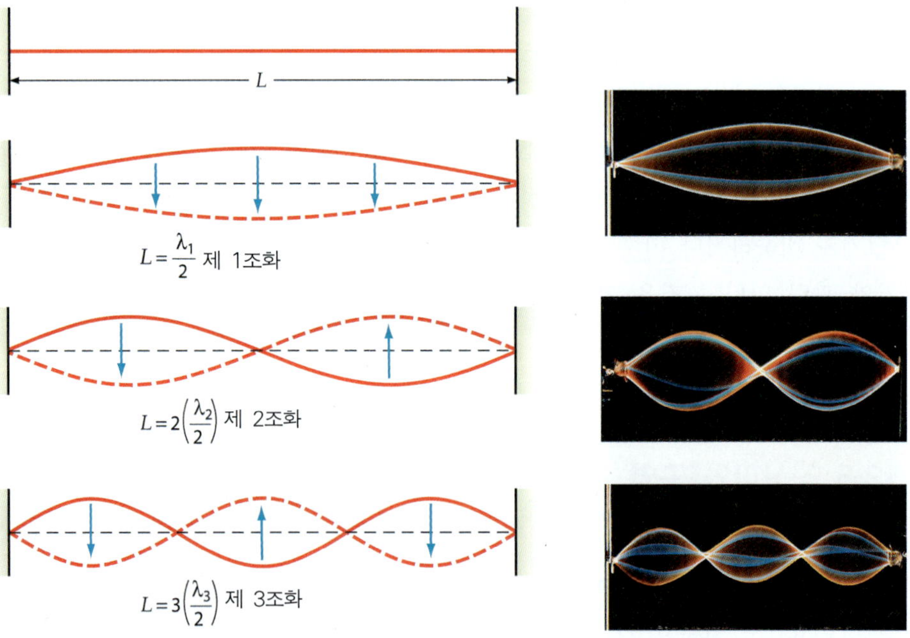

▲ **그림 13.9 자연진동수**
곧은 줄에 어떤 진동수의 정상파를 만들 수 있다. 이것은 반파장의 루프와 고정된 양 끝의 마디 사이의 줄의 길이가 같게 되면 일어난다.

$$L = n\left(\frac{\lambda_n}{2}\right) \quad \text{또는} \quad \lambda_n = \frac{2L}{n} \qquad (n = 1,\ 2,\ 3,\ \cdots)$$

이다. 따라서 진동의 자연진동수는

$$f_n = \frac{v}{\lambda_n} = n\left(\frac{v}{2L}\right) = nf_1 \qquad (n = 1,\ 2,\ 3,\ \cdots) \tag{13.18}$$

이다. 여기서 v는 줄의 파동 속력이다. 가장 낮은 자연진동수($n = 1$일 때 $f_1 = v/2L$)를 기본진동수라 한다. 다른 자연진동수 모두는 기본진동수의 정수배 곱이다. $n = 1, 2, 3, \cdots$일 때 $f_n = nf_1$이다. 진동수 f_1, $f_2 = 2f_1$, $f_3 = 3f_1 \cdots$의 일련의 진동수를 조화음렬이라 한다. f_1(기본진동수)는 제1조화진동, f_2는 제2조화진동 등이다.

양쪽 끝이 고정된 줄은 바이올린, 피아노, 그리고 기타 같은 줄로 만든 악기에서 볼 수 있다. 조화파의 수는 줄을 어떻게 또는 어디를 치느냐에 달렸다. 특별한 장치에 특정적인 음질을 가지게 하는 것은 조화진동수의 조합이다. 식 13.18이 보여준 바와 같이 펼쳐진 줄의 기본진동수뿐만 아니라 다른 조화파는 줄의 길이에 의존한다. 바이올린 또는 기타의 특별한 줄로 어떻게 다른 음을 만들어낼 수 있는지 생각해보자(그림 13.10).

자연진동수 역시 질량과 줄에서 파동 속력에 영향을 주는 힘과 같은 변수에 의존한다. 팽팽한 줄에 대해서 파동 속력(v)은 다음과 같다.

▲ 그림 13.10 기본진동수
바이올린 또는 기타 같은 현악기의 연주자는 줄에 손 또는 프렛을 사용한다. 지판 위에 줄을 누름으로써 연주자는 자유롭게 진동하는 길이의 양을 감소시킨다. 이렇게 함으로써 줄의 공명진동수와 음의 높이와 음색이 변화한다.

▲ **그림 13.11 놀이터에서 공명**

그네는 단조화 운동을 하는 진자 같이 행동한다. 효과적으로 에너지를 전달하기 위해서 그네를 미는 시간 간격을 그네의 자연진동수와 같게 맞추어야 한다.

$$v = \sqrt{\frac{F_T}{\mu}} \tag{13.19}$$

여기서 F_T는 줄의 장력이고 μ는 선질량밀도(단위길이당 질량 $\mu = m/L$) 따라서 식 13.18은 다음과 같이 된다.

$$f_n = n\left(\frac{v}{2L}\right) = \frac{n}{2L}\sqrt{\frac{F_T}{\mu}} = nf_1 \quad (n = 1,\ 2,\ 3,\ \cdots) \tag{13.20}$$

줄의 선질량밀도가 크면 클수록 자연진동수는 낮아진다. 바이올린이나 기타의 낮은 음의 줄은 높은 음의 줄보다 더 두껍거나 더 무겁다. 줄을 팽팽하게 함으로써 줄의 모든 진동수를 높일 수 있다. 바이올린 연주자가 연주 전에 악기를 조절하는 방법은 줄의 장력을 변화시키는 것이다.

진동계를 자연 또는 공명진동수로 구동하면 최대의 에너지가 계에 전달된다. 계의 자연진동수는 계가 진동하기를 원하는 진동수이다. 자연진동수로 구동하는 조건을 공명이라 한다. 역학적인 공명의 예는 그네를 미는 것이다. 그네의 기본진동수와 같은 진동수 같은 위상으로 그네를 민다면 그네의 진폭과 에너지는 증가한다(그림 13.11). 역학적인 공명 이외에 라디오의 원하는 방송을 선택하기 위하여 전기회로의 공명진동수를 변화시키는 것도 있다.

연습문제

1. 스프링에 매달려 진동하는 0.75 kg의 장난감이 매 0.60 s 동안에 한 사이클을 만든다. 이 진동의 진동수는 얼마인가?

2. 단조화 운동을 하는 입자의 진동수는 40 Hz이다. 이 진동의 주기는 얼마인가?

3. 단조화 진동자의 진동수가 0.25 Hz에서 0.50 Hz로 두 배가 되었다. 주기는 어떻게 변하였는가?

4. 스프링 상수가 100 N/m인 스프링이 주기 2.0 s로 진동하게 되면 질량은 얼마인가?

5. 0.50 kg의 질량이 스프링 상수 200 N/m인 스프링에 매달려 단조화 운동을 하고 있다. 진동하는 (a) 주기와, (b) 진동수는 얼마인가?

6. 길이가 긴 시계에서 단진자의 길이는 0.75 m이다. 이 진자의 (a) 주기와, (b) 진동수는 얼마인가?

7. 매달려 있는 램프를 진동하게 하는 것은 쉬운 일이다. 주기가 1.0 s이라면 천장으로부터 램프의 가장 낮은 지점 사이의 거리는 얼마인가? 램프를 단진자라고 가정하라.

8. 수직으로 단조화 운동을 하는 진자의 운동방정식은 $y=(0.10\,\text{m})\sin(100)t$이다. 이 운동의 (a) 진폭과, (b) 진동수와, (c) 주기는 얼마인가?

9. 물체의 변위가 $y=(5.0\text{cm})\sin(20\pi)\text{t}$로 주어졌다. 물체의 진동 (a) 진폭은, (b) 진동수는, (c) 주기는 얼마인가?

10. 단조화 운동을 하는 진자의 운동방정식을 식 $y=(0.25\text{m})\cos(314)\text{t}$로 주어졌으며, 여기서 y의 단위는 미터, t의 단위는 초이다. (a) $t=0$, (b) $t=5.0$ s, 그리고 (c) $t=15$ s일 때 진자의 위치는 어디인가?

11. 종파인 소리파의 공기 중의 속도가 340 m/s이다. 이 파동이 1000 Hz의 진동수를 가지는 음을 만든다면 파장은 얼마인가?

12. 횡파의 파장이 0.50 m이고 진동수는 20 Hz이다. 파동 속력은 얼마인가?

13. 진공 중을 진행하는 빛의 속력은 300 000 km/s이다. 가시광선의 주파수는 대략 5×10^{14} Hz이다. 대략적인 빛의 파장은 얼마인가?

14. 팽팽한 줄의 기본진동수가 150 Hz이다. (a) 두 번째 조화진동수와, (b) 세 번째 조화진동수는 얼마인가?

15. 길이가 3.0 m인 팽팽한 줄에 정상파가 만들어졌다. (a) 첫 번째 조화진동수와, (b) 세 번째 조화진동수는 얼마인가?

14

소리

물리적으로 소리는 고체, 액체, 기체에서 전파되는 소리파이다. 매질이 없으면 소리는 없다. 외계 우주와 같이 진공에서는 고요만 있다.

14.1 소리파

소리파가 존재하기 위해서는 어떤 매질에서 교란 또는 진동이 일어나야 한다. 이러한 교란은 손바닥을 치는 것이나 자동차 타이어가 미끄러지면서 발생한다. 물 속에서 돌이 서로 부딪히는 소리도 들을 수 있다. 두께가 얇은 벽에 귀를 갖다대면 벽의 다른쪽의 소리를 들을 수 있다. 기체나 액체(둘 다 유체이다) 속에서 소리파는 일차적으로 종파이다. 그러나 고체를 통과하는 소리의 교란은 종파와 횡파 모두의 성분을 가질 수 있다. 고체에서 분자간의 상호작용은 유체보다도 더 강하며 횡파의 성분을 전파하도록 한다.

소리파의 특성은 소리굽쇠가 만들어내는 소리파를 생각하여 가시화할 수 있다(그림 14.1). 소리굽쇠는 기본진동수로 진동한다. 진동은 압축이라고 부르는 높은 압력 영역과 희박이라고 부르는 낮은 압력 영역을 공기 중에 교대로 만들면서 교란한다. 소리굽쇠가 계속해서 진동한다면 교란은 바깥으로 전파하며 연속적인 교란들은 사

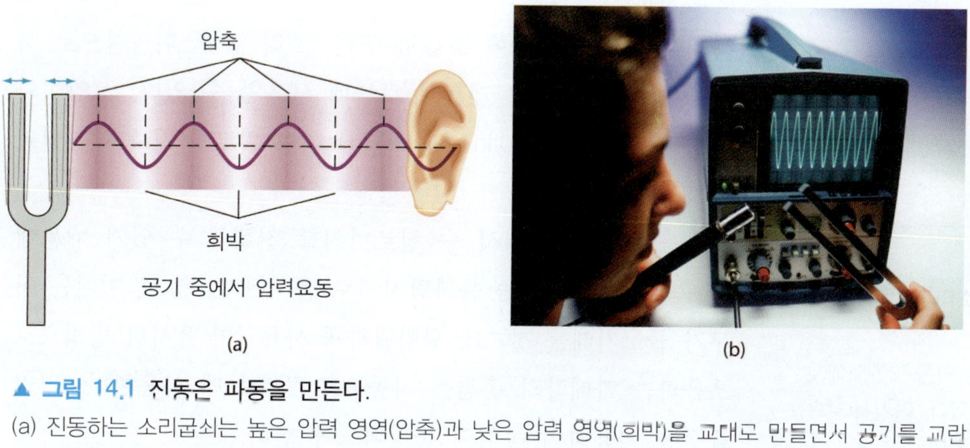

▲ **그림 14.1** 진동은 파동을 만든다.

(a) 진동하는 소리굽쇠는 높은 압력 영역(압축)과 낮은 압력 영역(희박)을 교대로 만들면서 공기를 교란하는데 이것이 소리파를 만든다.

(b) 마이크에 의해 입수된 후에는 압력 진동은 전기 신호를 변환되었다. 이러한 신호를 오실로스코프에 나타내면 사인모양의 파형이 분명하다.

인함수 모양의 파동으로 설명할 수 있다.

공기를 통하여 진행하는 교란이 귀에 다다르면 압력 진동에 의해서 고막이 진동하게 된다. 고막의 반대쪽에는 작은 뼈(망치뼈, 모루뼈, 그리고 등자뼈)가 귀의 내부에서 진동하며 거기서 청신경에 의해 소리가 감지된다. 인간은 오직 20 Hz에서 20 kHz 사이의 진동수의 소리파만을 소리로 인식하는데 소리 진동수 스펙트럼의 가청범위라 한다(그림 14.2). 청각은 1000~10000 Hz 범위에서 가장 잘 들리고 말할 때에는 주로 1000~4000 Hz범위에 있다.

■ 초저음파

20 Hz보다 더 낮은 진동수를 초저음파 영역이라 한다. 지진에 의해 만들어지는 종파는 초저음파 진동수이며 지구의 내부를 연구하는데 사용된다. 코끼리 같은 동물은 초저음파를 들을 수 있어서 지진이나 토네이도와 같은 기상 교란을 미리 경고할 수 있다(코끼리는 1 Hz 이하의 진동수의 소리를 들을 수 있고 비둘기는 0.1 Hz보다도 낮은 소리도 들을 수 있다).

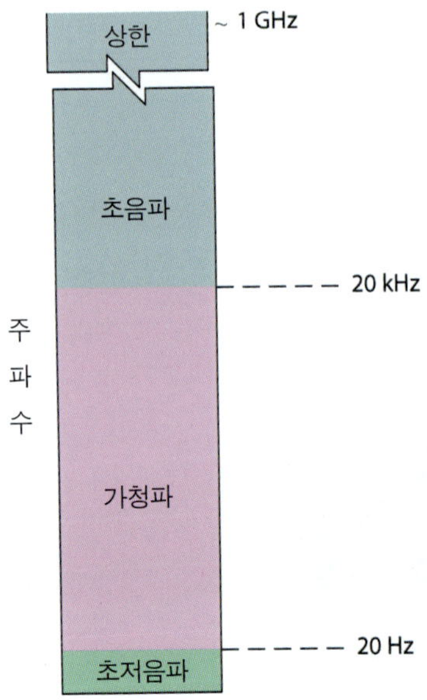

▲ 그림 14.2 소리 진동수 스펙트럼

사람의 가청 영역은 20 Hz에서 20 kHz 사이에 있다. 여기서 낮으면 초저음파 영역이고 높으면 초음파 영역이다. 상한은 1 GHz이다. 왜냐하면 물질의 탄성한계이기 때문이다.

토네이도의 회오리바람이 초저음파를 만든다고 알려졌다. 초저음파는 토네이도가 떨어진 거리를 측정할 수 있어 토네이도가 도달하는데 대한 경고시간을 버는 방법이 될 수가 있다. 핵폭발도 초저음파를 만든다.

■ 초음파

20 kHz 이상이면 초음파 영역이다. 개의 가청주파수는 40 kHz까지 확장되기 때문에 초음파 또는 "소리 없는" 휘파람으로 사람을 방해하지 않고 개를 부르는데 사용할 수 있다. 고양이와 박쥐는 대략 각각 70 kHz와 100 kHz까지 위로 가청주파수 범위를 가지고 있다.

초음파는 물 속에서 수 킬로미터를 진행할 수 있기 때문에 물 속의 물체를 찾는 음파탐지기로 응용된다. 음파탐지기는 어부가 물고기떼를 찾는데 광범위하게 사용되며 유사한 방법으로 초음파는 카메라의 촛점을 자동으로 맞추는데 사용한다. 거리 측정을 이용하여 촛점이 조정되도록 한다.

박쥐는 이동하거나 날아다니는 곤충을 잡을 때 일종의 자연 음파탐지기를 사용한다. 돌고래 역시 물체의 위치를 추적하는데 초음파탐지기를 사용한다. 소리는 공기 중보다 물 속에서 다섯 배나 빠르기 때문에 초음파탐지기는 매우 효율적이다. 초음파 치솔로 치아를 닦고 초음파 세척기로 물건을 세척한다. 의료용 초음파로 태아를 볼 수 있으며 담석과 콩팥에 있는 돌을 진단하고 깨는 데도 응용할 수 있다. 초음파주파수는 MHz까지 확장된다. 그러나 소리 주파수 스펙트럼은 1 GHz가 상한인데 소리를 전파하는 물질의 탄성의 상한 때문이다.

14.2 음 속

일반적으로 매질을 따라 교란이 움직이는 속도는 탄성과 매질의 밀도에 의존한다. 앞장에서 배운 바와 같이 팽팽한 줄에서 파동 속도는 $v = \sqrt{F_T/\mu}$ 로 주어진다. 여기서 F_T는 줄의 장력이고 μ는 줄의 선질량밀도이다.

고체와 액체에서 파동 속도를 서술하는데 탄성 대신에 탄성률로 표현된 유사한 표현이 사용된다. 고체와 액체에서 음속은 각각 $v = \sqrt{Y/\rho}$ 와 $v = \sqrt{B/\rho}$ 로 주어진다. 여기서 Y는 영률이고 B는 체적탄성률이며 ρ는 밀도이다. 기체에서 음속은 분자 질량의 제곱근에 역비례한다.

고체는 일반적으로 액체보다는 더 탄성적이며 액체는 기체보다 더 탄성적이다. 고탄성 물질에서 원자 또는 분자 사이의 복원력 때문에 교란이 더 빨리 전파한다. 따라서 일반적으로 음속은 액체보다 고체에서 2배 내지 4배정도 빠르고, 공기와 같은 기체보다 고체에서 10배 내지 15배 빠르다(표 14.1).

음속은 매질의 온도에 의존하는데 건조한 공기에서 음속은 0℃에서 331 m/s이다. 온도가 증가할 때 공기 중에서의 음속은 0 ℃ 위의 매 섭씨온도마다 0.6 m/s씩 증가한다. 따라서 온도가 섭씨로 T_C인 공기 중의 음속의 근사식은 다음과 같이 주어진다.

$$v = (331 + 0.6T_C)\ \text{m/s} \tag{14.1}$$

일반적으로 공기 중에서 사용할 만한 음속의 근사값은 1/3 km/s인데 이 값을 사용하면 번개가 얼마나 멀리 떨어졌는지를 알 수 있다. 실제로 음속은 습도나 진동수에도 의존한다.

주파수가 높으면 높을수록 감쇠는 더 많이 되고 진행 거리는 더 짧아진다. 그래서 낮은 주파수 뱃고동을 사용하여 소리를 더 멀리 가게 하는 것이다.

▼ 표 14.1 다양한 매질에서의 음속(대표 값)

매 질	속 력(m/s)
고체	
알루미늄	5 100
구리	3 500
철	4 500
유리	5 200
폴리스틸렌	1 850
아연	3 200
액체	
알코올, 에틸	1 125
수은	1 400
물	1 500
기체	
공기(0℃)	331
공기(100℃)	387
헬륨(0℃)	965
수소(0℃)	1 284
산소(0℃)	316

14.3 소리 세기와 소리 세기의 수준

파동 운동은 에너지를 전파한다. 에너지 전달률은 세기의 항으로 표현하는데, 이것은 단위면적당 단위시간당 전달되는 에너지이다. 시간으로 나눈 에너지는 일률이고 세기는 면적으로 나눈 일률이다.

$$\text{세기} = \frac{\text{에너지/시간}}{\text{면적}} = \frac{\text{일률}}{\text{면적}} \qquad \left(I = \frac{E/t}{A} = \frac{P}{A}\right)$$

세기(일률/면적)의 표준 단위는 W/m^{2}이다.

그림 14.3에 나타낸 바와 같이 구면 소리파를 내보내는 점 음원을 생각해보자. 손실이 없다면 음원으로부터 거리가 R되는 지점에서 소리의 세기는 다음과 같다.

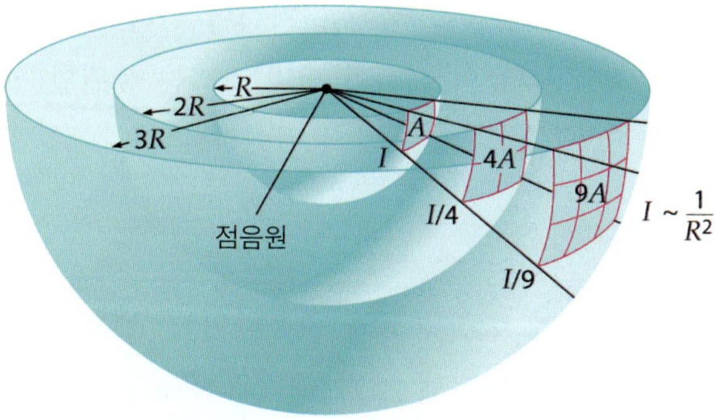

▲ 그림 14.3 점 음원의 세기
점 음원으로부터 방출되는 에너지는 모든 방향으로 동등하게 퍼져나간다. 세기가 일률을 면적으로 나누기 때문에 $I = P/A = P/4\pi R^2$ 이다. 여기서 면적은 구의 표면적이다. 그러므로 세기는 음원에서 거리에 따라 $1/R^2$ 의 비율로 감소한다.

$$I = \frac{P}{A} = \frac{P}{4\pi R^2} \quad \text{(음원이 점인 경우에만)} \tag{14.2}$$

여기서 P는 음원의 일률이고 $4\pi R^2$은 반경 R인 구의 면적인데 소리에너지가 수직으로 통과한다. 그러므로 점 음원의 세기는 음원으로부터 거리의 제곱에 역으로 비례한다. 같은 일률의 점 음원으로부터 다른 거리에 있는 두 가지 세기는 비율로써 비교되어진다.

$$\frac{I_2}{I_1} = \frac{P/(4\pi R_2^2)}{P/(4\pi R_1^2)} = \frac{R_1^2}{R_2^2}$$

즉

$$\frac{I_2}{I_1} = \left(\frac{R_1}{R_2}\right)^2 \quad \text{(음원이 점인 경우에만)} \tag{14.3}$$

이다. 점 음원으로부터 거리가 2배가 되었다고 가정하자. 즉 $R_2 = 2R_1$ 이면

$$I_2 = \frac{I_1}{4}$$

이다.

사람의 귀는 진동수 1 kHz일 때 10^{-12} W/m²정도의 작은 세기의 소리파를 지각할 수 있다. 이 세기(I_0)를 청각의 문턱이라 한다. 따라서 우리가 소리를 들으려면 가청

범위에 있는 진동수를 가져야 할 뿐만 아니라 충분한 세기를 가져야 한다. 세기가 증가하면 감지하는 음은 소리가 커진다. 1.0 W/m^{2}의 세기가 되면 소리는 불편할 정도로 크게 되고 귀에 고통을 준다. 이 세기 (I_p)를 고통의 문턱이라 한다.

■ 소리 세기 수준 : 벨과 데시벨

소리 세기의 레벨을 표현하는데 밑수가 10인 로그 눈금을 사용하여 큰 범위의 소리 세기를 사용하는 것이 편리하다(W/m^{2}으로 나타낸 소리 세기와 혼돈되지 않도록). 소리 세기의 레벨은 청각의 문턱인 $I_o = 10^{-12}$ W/m^{2}를 표준 세기로 한다. 그러면 어떤 세기 I에 대해서 세기의 레벨은 I의 I_o에 대한 비를 로그를 취한 것, 즉

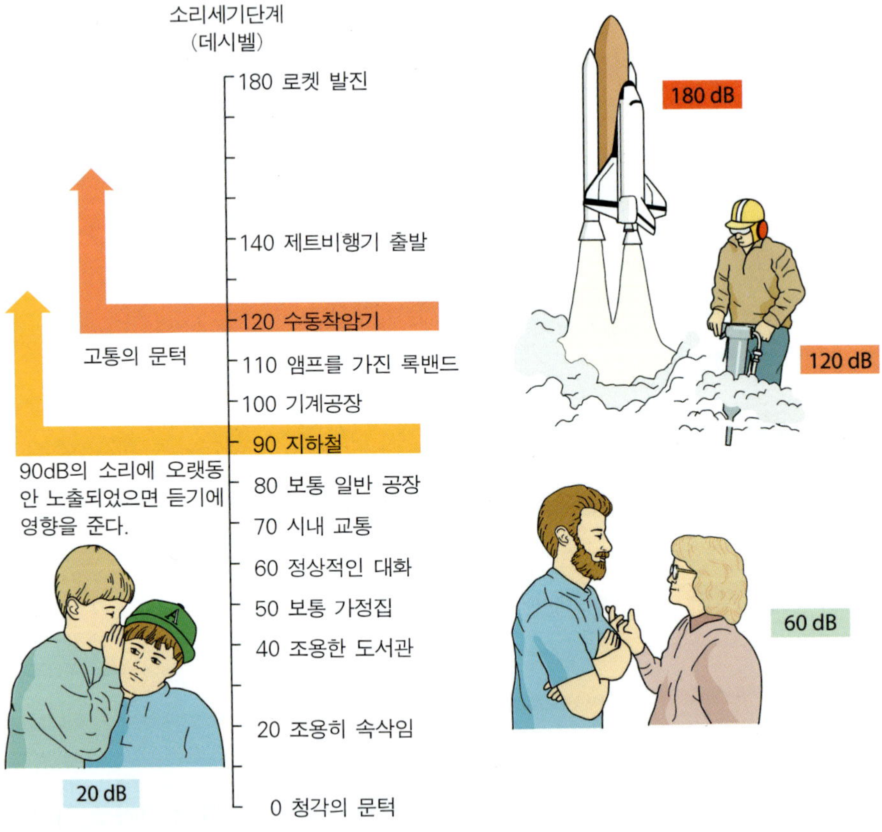

▲ **그림 14.4 소리 세기의 정도와 데시벨 눈금**
데시벨(dB) 눈금으로 나타낸 어떤 일상적인 소리 세기의 정도

▼ 표 14.2 소리 세기 레벨과 귀에 해로운 노출 시간

	데시벨 (dB)	예	해가 되는 연속적인 노출 시간
희미한 소리	30	조용한 도서관, 속삭임	
적당한 소리	60	정상적인 대화, 재봉틀	
매우 큰 소리	80	복잡한 교통, 시끄러운 음식점, 아이의 비명	10시간
	90	잔디깎는 기계, 오토바이, 시끄러운 파티	8시간 이하
	100	전기톱, 지하철, 설상차	2시간 이하
극단적인 큰 소리	110	최대 소리의 헤드폰, 록 연주장	30분
	120	무도장, 카스테레오, 폭력영화, 음악장난감	15분
	130	착암기, 시끄러운 컴퓨터 게임, 시끄러운 스포츠 게임	15분 이하
고통스러운 소리	140	입체음향 폭발소리, 총소리, 폭죽	짧은 시간(예를 들어 보호대를 하지 않는다면 고성능 총소리 몇 발로도 청각 상실이 일어남)

$\log \frac{I}{I_0}$이다. 예를 들어 소리가 $I = 10^{-6}\ \mathrm{W/m^2}$의 세기를 가진다고 한다면

$$\log \frac{I}{I_0} = \log \frac{10^{-6}\ \mathrm{W/m^2}}{10^{-12}\ \mathrm{W/m^2}} = \log 10^6 = 6\ \mathrm{B}$$

($\log_{10} 10^x = x$임을 상기하라.) 마지막 로그항에서 10의 급수의 지수를 벨(B)이라는 단위를 사용하였다. 따라서 $10^{-6}\ \mathrm{W/m^2}$의 세기를 가지는 소리는 이 눈금에서 6 B 정도의 세기를 가진다. 그렇게 함으로써 $10^{-12}\ \mathrm{W/m^2}$부터 $1.0\ \mathrm{W/m^2}$까지 세기는 0 B에서 12 B의 범위를 가지는 세기이다.

더 세분화된 세기의 눈금은 더 작은 단위, 벨의 십분의 일인 데시벨(dB)을 사용하여 나타낸다. 12 B은 120 dB에 해당한다. 일생생활에서의 소리를 데시벨 세기로 그림 14.4에 나타내었다.

■ 청각의 보호

청각은 과도한 소음에 해를 입는다. 그래서 우리의 귀는 때때로 연속적인 큰 소리로부터 보호가 필요하다. 청각에 해를 주는 것은 소리 세기 정도(데시벨)과 노출 시간이다. 두 가지 결합은 사람에 따라 다르다. 그러나 소음 정도에 대한 일반적인 지침을 표 14.2에 나타내었다. 90 dB의 소리와 그 이상은 귀의 감각 신경에 해를 주어

결국 청각 상실이 일어난다. 8시간 동안 90 dB의 소리에 노출되면 해가 된다.

일반적으로 소리 레벨이 5 데시벨이 증가하면 안전한 노출 시간은 반으로 준다. 예로 소리 레벨이 95 dB(매우 소리가 큰 잔디깎는 기계 또는 오토바이에서 나는 소리)이면 청각에 해를 입는데 4시간이 걸리고, 105 dB이면 오직 1시간이 걸린다.

14.4 소리의 현상

■ 반사, 굴절, 그리고 회절

에코는 소리 반사의 예이다. 소리는 표면에서 반사한다. 소리 굴절은 반사보다 분명하지 않지만, 조용한 여름밤에 보통 때에는 들을 수 없는 멀리 있는 목소리나 또는 다른 소리들을 들을 수 있는 것을 경험해 보았을 것이다. 이 효과는 소리파가 한 영역에서 공기 밀도가 다른 영역으로 지나갈 때 생기는 소리 파동의 굴절, 또는 휨(방향이 바뀜)의 영향을 받은 것이다.

소리는 모서리나 물체 부근에서 회절되거나 휘어진다. 일반적으로 소리 파동은 직선으로 진행한다고 생각한다. 그러나 모서리 주변에서 보이지 않은 사람이 소리를 들을 수 있다. 이러한 휨은 장애물 없이 휘어지는 굴절과는 다르다.

■ 간 섭

다른 종류의 파동과 같이 소리 파동도 서로 만나면 간섭을 일으킨다. 적당히 떨어져 있는 두 개의 스피커가 같은 진동수와 같은 위상으로 소리 파동을 내보낸다고 가정하자. 스피커를 점 음원이라고 하면 파동은 구형적으로 퍼져나가며 간섭이 일어난다(그림 14.5a). 스피커의 선들은 파동의 마루(또는 압축)를 나타내고 골(또는 희박)은 흰 면적 사이에 있다.

공간의 특별한 영역에서는 보강간섭과 소멸간섭이 일어난다. 예를 들어 완전히 같은 위상인(두 개의 마루 또는 두 개의 골이 겹치는) 지점에서 두 파동이 만나면 보강간섭이 된다(그림 14.5b). 파동은 그림의 C점에서 같은 운동을 한다. 그 반면에 D점에서 하나는 마루가 또 다른 하나는 골이 겹치는 지점에서 파동이 만나면 두 파동은 서로 상쇄된다(그림 14.5c). 그 결과 소멸간섭이 된다. 소리 파동의 소멸간섭은

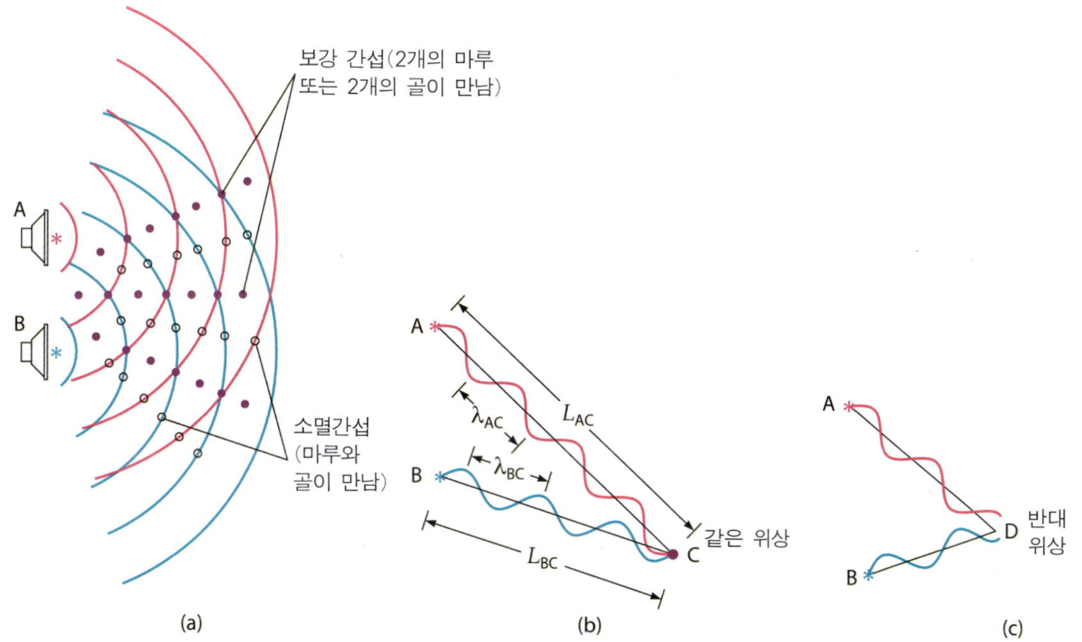

▲ **그림 14.5 간 섭**

(a) 두 점 음원에서 나오는 소리 파동은 퍼져나가고 간섭한다.

(b) C점과 같이 파동이 같은 위상(위상차가 영인 경우)으로 만나는 지점에서는 보강간섭이 일어난다.

(c) D점과 같이 파동이 완전히 반대 위상으로 만나는 점에서는 소멸간섭이 일어난다. 특별한 점에서 위상차는 파동이 그 점까지 진행하는 경로에 의존한다.

괴롭고 듣기에 불편한 큰 소음을 줄이는 방법을 제공한다. 원하지 않은 소음과 180° 위상이 간섭하면 완전 소멸시킬 수 있다.

진폭이 같지만 진동수가 약간 다른 두 사인파 모양의 파동이 간섭한다고 가정하자. 청취자는 맥동소리(맥놀이)를 듣게 될 것이다. 음악가는 맥놀이가 사라지도록 줄의 장력을 조절하여 두 개의 현악기를 같은 음으로 조절한다($f_1 = f_2$).

14.5 도플러 효과

고속도로에 혼자 서있고 자동차 또는 트럭이 경적을 울리면서 다가온다고 하면 듣는 소리의 진동수는 자동차가 다가오면 높아지고 멀어지면 낮아진다. 음원의 운동에 따라 듣는 소리의 진동수가 달라지는 것은 도플러 효과의 예이다(오스트리아

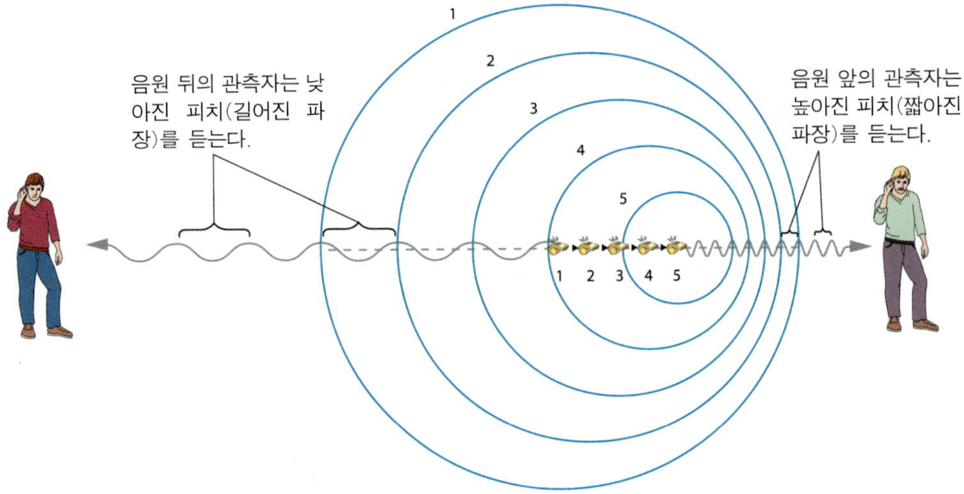

▲ **그림 14.6 움직이는 음원에 대한 도플러 효과**
소리 파동은 움직이는 음원(호각소리) 앞에서 높은 진동수가 되면서 모인다. 파동은 음원 뒤에서 낮은 진동수가 되면서 사라진다(그림에 눈금을 나타내지 않았다. 왜?).

물리학자 크리스틴 도플러(1803~1853)가 이 효과를 설명).

그림 14.6에서 보여준 것처럼 움직이는 음원이 내보내는 소리 파동은 음원 앞에서는 모이고 뒤에는 펼쳐진다. 그림 14.7에 나타낸 것과 같이 공기는 기준틀에서 정지해있다고 가정함으로써 진동수의 도플러 이동을 구할 수 있다. 공기 중에서 음속은 v이고 움직이는 음원의 속력은 v_s이다.

음원에 의해서 만들어지는 소리의 진동수는 f_s이다. 한 주기 $T = 1/f_s$ 동안에 파동의 마루는 거리 $d = vT = \lambda$만큼 움직인다(소리 파동은 음원이 움직이든 간에 관계없이 어떤 경우라도 정지한 공기 중에서 이 거리를 진행한다). 그러나 한 주기 동안 음원은 다른 파동의 마루를 내보내기 전에 거리 $d_s = v_s T$ 만큼 진행한다. 그러므로 연속되는 파동의 마루 사이의 거리는 파장 λ' 으로 짧아진다.

$$\lambda' = d - d_s = vT - v_s T = (v - v_s)T = \frac{v - v_s}{f_s}$$

관측자가 듣는 진동수(f_o)는 $f_o = v/\lambda$에 의해서 짧아진 파장과 관련이 있고 λ' 를 대입하면

$$f_o = \frac{v}{\lambda'} = \left(\frac{v}{v - v_s}\right) f_s$$

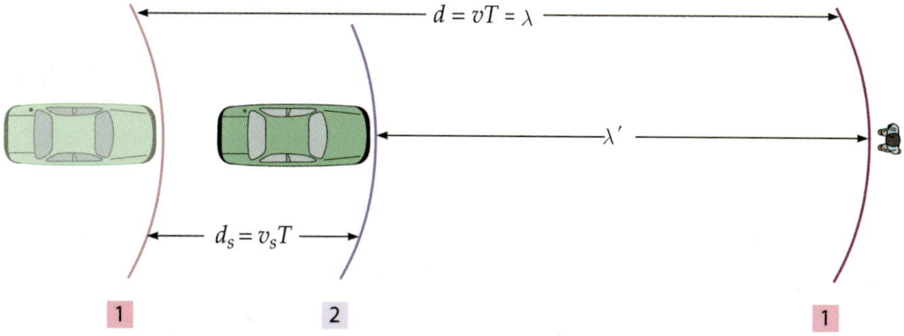

▲ **그림 14.7 도플러 효과와 파장**
움직이는 자동차의 경적 소리는 시간 T 동안에 거리 d만큼 진행한다. 이 시간 동안에 자동차(음원)는 두 번째 펄스를 내기 전에 d_s 만큼 진행하고 그것 때문에 접근하는 방향으로 소리의 관측되는 파장이 짧아진다.

또는

$$f_o = \left(\frac{1}{1-\dfrac{v_s}{v}}\right)f_s \quad \left(\begin{array}{l}\text{음원이 정지해 있는 관측자에 다가올 때}\\ v_s = \text{음원의 속력, } v = \text{소리의 속력}\end{array}\right) \tag{14.4}$$

이다. $1-(v_s/v)$가 1보다 작기 때문에 이 상황에서 f_o는 f_s보다 크다.

유사하게 음원이 관측자로부터 멀어지면($\lambda' = d + d_s$), 관측된 진동수는 다음과 같다.

$$f_o = \left(\frac{v}{v+v_s}\right)f_s = \left(\frac{1}{1+\dfrac{v_s}{v}}\right)f_s \quad \left(\begin{array}{l}\text{음원이 정지해 있는 관측}\\ \text{자에 대해 멀어질 때}\end{array}\right) \tag{14.5}$$

여기서 f_o는 f_s 보다 낮다.

식 14.4와 14.5를 합하면 음원은 움직이고 관측자는 정지해 있을 때 관측된 진동수의 일반적인 방정식이 만들어진다.

$$f_o = \left(\frac{v}{v \pm v_s}\right)f_s = \left(\frac{1}{1 \pm \dfrac{v_s}{v}}\right)f_s \quad \left(\begin{array}{l}-\text{음원이 정지해 있는}\\ \quad\text{관측자에게 다가올 때}\\ +\text{음원이 정지해 있는}\\ \quad\text{관측자에게 멀어질 때}\end{array}\right) \tag{14.6}$$

예상하는 대로 관측자가 움직이고 음원이 정지하는 경우 이러한 상황이 약간 다르지만 역시 도플러 효과가 일어난다. 관측자가 음원을 향하여 움직임에 따라 연속되는 파동의 마루 사이의 거리는 정상적인 파장(또는 $\lambda = v/f_s$)이다. 그러나 측정된 파동 속력은 다르다. 접근하는 관측자와 관련이 있는 정지한 음원의 소리는 $v' = v + v_o$의 파동 속력을 가지는데 여기서 v_o는 관측자의 속력이고 v는 정지한 공기 중에서 음속이다

$\lambda = v/f_s$이면 관측된 진동수는

$$f_o = \frac{v'}{\lambda} = (\frac{v+v_o}{v})f_s$$

또는

$$f_o = \left(1 + \frac{v_o}{v}\right)f_s \qquad \left(\begin{array}{l}\text{관측자가 정지해 있는}\\ \text{음원에 다가올 때}\\ v_o = \text{관측자의 속도}\\ v = \text{소리의 속도}\end{array}\right) \qquad (14.7)$$

이다. 유사하게 관측자가 정지한 음원으로부터 멀어지는 경우에 듣는 파동의 속력은 $v' = v - v_o$이고, 또

$$f_o = \frac{v'}{\lambda} = \left(\frac{v - v_o}{v}\right)f_s$$

또는

$$f_o = \left(1 - \frac{v_o}{v}\right)f_s \qquad \left(\begin{array}{l}\text{관측자가 정지해 있는}\\ \text{음원으로부터 멀어질 때}\end{array}\right) \qquad (14.8)$$

이다. 식 14.7과 식 14.8은 움직이는 관측자와 정지한 음원에 대해서 일반적인 방정식으로 합할 수 있다.

$$f_o = \left(\frac{v \pm v_o}{v}\right)f_s = \left(1 \pm \frac{v_o}{v}\right)f_s \qquad \left(\begin{array}{l}+\text{관측자가 정지해 있는}\\ \quad\text{음원을 향해서 다가갈 때}\\ -\text{관측자가 정지해 있는}\\ \quad\text{음원에서 멀어질 때}\end{array}\right) \qquad (14.9)$$

도플러 효과는 빛에도 적용한다. 별과 같이 멀리 있는 광원이 우리쪽으로 움직일 때 우리가 받는 빛의 진동수는 더 높아진다. 따라서 우리에게 접근하는 물체로부터 나오는 빛의 진동수는 증가하고 도플러 청색편이를 만들면서 빛은 스펙트럼의 청색 쪽으로 이동한다. 이와 반대로 광원이 멀어진다면 우리가 받는 빛의 진동수는 더 낮

아져서 도플러 적색편이가 일어나서 빛은 스펙트럼의 적색 끝으로 이동한다.

빛의 도플러 효과를 통해, 행성, 별, 은하 등이 얼마나 빠른 속도로 우리와 멀어지고 있는지 알 수 있다. 도플러 효과의 실제적인 응용으로 라디오파의 반사를 이용한 경찰 레이더(Radar는 radio detecting and ranging)가 자동차의 속도위반을 잡아낸다. 라디오파가 주차된 차에서 반사된다면 반사된 파는 원래와 같은 진동수로 되돌아온다. 그러나 순찰차쪽으로 움직이는 차에서 반사된 파는 높은 진동수가 되거나, 또는 도플러 편이가 된다.

■ 음속돌파굉음

초음속으로 날아가는 제트비행기를 생각하자. 이때 수많은 보강 간섭이 만들어져서 큰 압력 마루, 또는 충격파를 형성하며 밀집된 에너지가 음속돌파굉음이라는 것을 만든다. 충격파는 창문을 깰 수 있고 지상에 있는 구조물에 다른 양상의 피해를 줄 수 있다.

속력의 역비를 초음속을 연구한 오스트리아 물리학자 언스트 마하의 이름을 따서 마하수(M)라고 하며 다음과 같다.

$$M = \frac{v_s}{v} \qquad (14.10)$$

v(소리의 속력)와 v_s(비행기 속력)가 같다면 비행기는 음속으로 날아가고 마하수는 1이다(즉 $v_s/v = 1$). 그러므로 마하수가 1보다 작다는 것은 음속 이하라는 것을 의미하고, 마하수가 1보다 큰 것은 초음속이라는 것을 의미한다. 마하수가 2라면 음속의 2배를 나타낸다.

14.6 악기와 소리 특성

악기는 정상파와 경계면 조건의 좋은 예를 제공한다. 어떤 현악기에서 줄의 길이를 변화시키는 손가락의 압력을 사용하여 다른 음을 만든다(그림 14.8). 앞장에서 배운 바와 같이 팽팽한 줄(악기에 있는 줄과 같이 양쪽이 고정된)의 자연진동수는 $f_n = n(v/2L)$이며, 줄에서 파동의 속력은 $v = \sqrt{F_T/\mu}$로 주어진다. 처음에는 줄의 장력을 조절하여 특별한(기본적인) 진동수를 만든다. 그리고 손가락 위치와 압력으

▲ **그림 14.8 진동하는 줄이 짧으면 짧을수록 진동수는 더 높아진다.**
기타, 바이올린, 첼로 같은 현악기에서 진동하는 줄의 유효한 길이를 바꾸기 위해서 줄 위에 손가락을 놓아 다른 음을 만든다.

로 줄의 유효한 길이를 변화시킨다.

관악기에서도 정상파가 만들어진다. 예를 들어 파이프의 길이가 고정되어 있고 열려 있거나 또는 닫혀 있는 파이프 오르간을 생각해보자. 열려 있는 파이프는 양쪽 끝이 열려 있고, 닫혀 있는 파이프는 한쪽 끝은 닫혀 있고 다른 끝(배가 되는 끝)은 열려 있다. 앞장에서 적당한 경계면을 가지는 팽팽한 줄에 대해서 해석한 것과 유사한 해석으로 파이프의 자연 진동수가 다음과 같다는 것을 보여준다.

$$f_n = \frac{v}{\lambda_n} = n\left(\frac{v}{2L}\right) = nf_1 \qquad (n = 1,\ 2,\ 3,\ \cdots) \tag{14.11}$$

(양쪽 끝이 열려 있는 파이프에서 자연진동수)

그리고

$$f_m = \frac{v}{\lambda_m} = m\left(\frac{v}{4L}\right) = mf_1 \qquad (m = 1,\ 3,\ 5,\ \cdots) \tag{14.12}$$

(한쪽 끝이 닫혀 있는 파이프에서 자연진동수)

이다. 여기서 v는 공기 중의 음속이다. 자연진동수가 파이프의 길이에 의존하므로 이는 파이프 오르간에서 기본적인 진동수를 선택하는데 매우 중요하다. 파이프의 직경 역시 중요한 인자이나 여기서는 간단한 해석만 하기 때문에 고려하지 않았다.

같은 물리 원리를 관악기와 금관악기에 적용한다. 모든 것에서 사람의 숨은 열려 있는 관에서 정상파를 만드는데 사용한다. 대부분의 악기는 연주자가 관의 효과적인 길이를 변화하는 것을 허용한다. 금관악기에서는 공기가 공명하게 할 수 있도록 실제로 관의 길이를 변화시키는 슬라이드 또는 벨브의 도움을 받고, 목관악기에서는 관에 있는 구멍을 열고 닫음으로써 음을 만든다.

▼ 표 14.3 소리의 지각과 물리적 특성과의 일반적인 관계

감지 효과	물리적 파동 특성
높이 [Hz]	진동수
세기(크기) [dB]	진폭(에너지)
맵시(음질)	파형(조화파)

소리의 3요소는 높이, 세기, 맵시(음질)이다. 소리의 높이(높낮이)는 진동수 (또는 파장)에 따라 결정되는데 피아노 건반에서 낮은음은 진동수가 적고, 높은음은 진동수가 많다. 소리의 세기는 진폭에 따라 결정되는데, 진폭이 크면 에너지가 크고 소리가 크다고 생각하면 된다. 소리의 맵시(음색의 질 : 음질)를 결정하는 것은 파동의 모양인 파형이다. 진동수와 진폭이 같아도 파형이 다르면 다른 특징의 소리가 난다. 예를 들면 피아노와 바이올린 소리를 구분할 수 있고, 친구의 목소리를 구분할 수 있다. 귀의 감각과 파동 특성의 관계를 표 14.3에 나타내었다.

연습문제

1. 번개를 본 후 3.0 s 이후에 번개의 천둥소리를 들었다. 번개가 친 지역과 대략적인 거리는 (a) 킬로미터로, (b) 마일로 얼마인가?

2. 공기 중에서 (a) 10 ℃일 때, (b) 20 ℃일 때 음속은 얼마인가?

3. 수중소리파탐지기로 대양의 수심에 대한 지도를 그리는데 사용한다. 초음파 신호를 내보낸 후 2.0 s 후에 감지했다. 그 지점에서 수심은 얼마인가?

4. 액체 속의 파동 속력은 $v = \sqrt{B/\rho}$ 로 주어진다. 여기서 B는 액체의 체적탄성률이고 ρ는 밀도이다. 이 방정식이 단위가 없음을 보여라. 고체에 대한 $v = \sqrt{Y/\rho}$는 어떤가?(Y는 영의 탄성률)

5. 1.0 W인 점 음원에서 (a) 3.0 m 떨어진 지점과 (b) 6.0 m 떨어진 지점에서 세기를 구하라.

6. (a) 점 음원으로부터 거리가 3배가 되었다면 소리 세기는 원래 값보다 (1) 3, (2) 1/3, (3) 9, (4) 1/9가 되었다. 왜?
(b) 소리 세기가 반이 되려면 거리를 얼마나 증가해야 하는가?

7. 고막의 직경이 1 cm라고 가정하자. 고막에서 (a) 청각의 문턱과, (b) 고통의 문턱에서 소리 세기는 얼마인가?

8. 바이올린줄을 조율하기 위해서 피아노로 중간 C음(262 Hz)을 내었다. 줄이 소리가 날 때 3.0s 동안에 맥놀이를 9번 들었다.
(a) 바이올린 줄은 얼마나 많이 조율이 틀렸는가?
(b) 중간 C를 소리내기 위해서 줄을 팽팽하게 하여야 하나 또는 느슨하게 하여야 하는가?

9. (a)10^{-2} W/m^2, (b) 10^{-6} W/m^2, (c) 10^{-15} W/m^{2}인 소리 세기의 세기 등급을 구하라.

10. 두 개의 인접한 점 음원 A와 B가 관측자의 앞에 똑바로 있고 똑 같이 1000 Hz 음을 내보내고 있다. 음원 A가 소리를 듣지 않기 위해서 관측자로 움직일 때 음원 B 뒤에 얼마나 가까이 있어야 하는가? (공기의 온도는 20 ℃이고 거리에 따라 세기가 감소하는 것을 무시하라.)

11. 바이올린 연주자와 피아노 연주자가 동시에 각각 436 Hz와 440 Hz 진동수의 음을 내었다. 음악가가 듣는 맥놀이 진동수는 얼마인가?

12. 공기 온도가 0 ℃일 때 공장의 경적소리(f = 800 Hz)를 향하여 똑바로 60 km/h 속력으로 운전하는 사람이 듣는 진동수는 얼마인가?

13. 오르간 파이프의 처음 3개의 자연 진동수는 126 Hz, 378 Hz, 그리고 630 Hz이다.
(a) 열린 파이프인가? 닫힌 파이프인가?
(b) 음속을 340 m/s라고 하였을 때 파이프의 길이를 구하라.

14. 닫힌 파이프가 20 ℃일 때 528 Hz(C 음)의 기본진동수를 가진다. 온도가 0 ℃가 되면 파이프의 기본진동수는 얼마인가?

15 전하, 전기력과 전기장

번개와 같이 몇 분의 1초 동안 거대한 양의 에너지를 한꺼번에 전달하는 자연현상은 거의 없다. 방의 카펫 위를 걸어가서 금속제 문 손잡이를 만졌을 때 따가운 느낌을 받은 적이 있는가? 비록 규모는 아주 다르지만 관련된 물리적 과정(정전기의 방전)은 번개, 말하자면 작은 번개가 치는 것과 같다. 오늘날, 물리학자들은 전기력과 자기력이 서로 관련이 있다는 것을 안다. 둘을 합쳐서 자연계에서 4가지 기본적인 힘 중의 하나인 전자기력이라 한다(중력, 전자기력과 두 가지 형태의 핵력인 강력과 약력) 여기서 전기력과 그것의 성질을 공부해보자. 나중에는 자기력과 전기력이 서로 연결짓게 될 것이다.

15.1 전 하

질량과 같이 전하는 물질의 기본적인 물성이다. 전하는 원자를 구성하는 입자 즉, 전자와 양성자와 관련되어 있다. 그림 15.1에 나타낸 바와 같이 원자의 태양계 모형은 원자의 구조를 태양과 태양주위를 도는 행성의 구조로 본다. 전자는 핵 주위를 돌고 있는 것으로 보고 원자질량의 대부분을 차지하고 있는 핵은 양성자와 전기적으로 중성인 중성자로 되어있다. 행성을 태양주위로 궤도 운동하도록 하는 구심력은 중력인

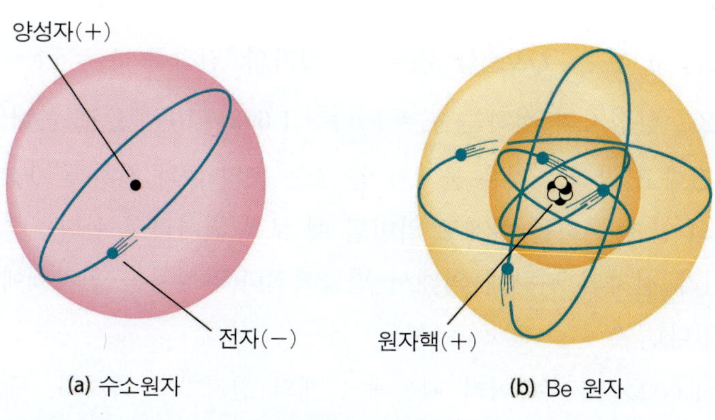

▲ **그림 15.1 단순화된 원자 모델**
(a) 수소원자
(b) 베릴륨 원자의 소위 태양계 모델에서 태양 주위를 궤도 운동하는 행성과 유사하게, 원자핵(양전기를 가진) 주위를 궤도 운동하는 전자(음전기를 가진)가 보인다. 원자의 전자 구조는 이것보다는 훨씬 복잡하다.

데 이와 유사하게 전자를 원자핵 주위로 궤도 운동하도록 하는 구심력은 전기력이다.

그런데 질량은 오직 한 종류만 있어서 중력은 오직 인력만 있으나 전하는 양(+)과 음(−)의 부호로 구별하는 두 가지 종류가 있어 인력뿐만 아니라 척력도 있다. 양성자는 양전하를 갖고 전자는 음전하를 갖는다. 즉, 전하가 서로 상호작용할 때

> **같은 전하는 반발(척력)하고 다른 전하는 끌어당긴다(인력).**

같은 양으로 대전되어 있을 때 척력과 인력의 크기는 같고 방향은 반대이다.

전자가 갖고 있는 전하의 크기는 e라고 약자를 쓰며 전하의 기본단위이다. 자연계에서 관측되는 가장 작은 전하이기 때문이다. 전하의 SI 단위는 전기력과 전하 사이의 관계를 밝힌 프랑스의 물리학자이며 공학자인 찰스 드 쿨롱(Charles A.de Coulomb, 1736~1806)의 이름을 따서 쿨롱(C)이라 한다. 전자, 양성자, 그리고 중성자의 전하와 질량을 표 15.1에 나타내었다. 여기서 $e = 1.602 \times 10^{-19}\,\mathrm{C}$ 임을 볼 수 있다.

▼ 표 15.1 원자 구성 입자와 전하량

입자	전하량	질량
전자	-1.602×10^{-19} C	$m_e = 9.109 \times 10^{-31}\,\mathrm{kg}$
양성자	$+1.602 \times 10^{-19}$ C	$m_p = 1.673 \times 10^{-27}\,\mathrm{kg}$
중성자	0	$m_n = 1.675 \times 10^{-27}\,\mathrm{kg}$

전하의 일반적인 기호는 q 또는 Q로 할 것이다. 전자의 전하를 $q_e = -e = -1.602 \times 10^{-19}\,\mathrm{C}$라고 쓰고 양성자의 전하는 $q_p = +e = +1.602 \times 10^{-19}\,\mathrm{C}$로 쓴다.

물체가 알짜 전하를 가졌다고 말하는 것은 물체가 양 또는 음의 초과 전하를 가졌다는 것이다(그러나 물체의 알짜 전하를 실제로 의미할 때 보통 전하라고 한다). 초과 전하는 양성자가 아니라 전자의 전달에 의해서 만들어진다(양성자는 원자핵에 구속되어 있어 떠날 수 없다).

$10 \times 1.602 \times 10^{-19}\,\mathrm{C} = 1.602 \times 10^{-18}\,\mathrm{C}$이기 때문에 10개의 전자가 부족하다. 즉, 물체의 총 전자수는 모든 양성자의 양전하와 더 이상 완전히 상쇄되지 않고 그 결과로 알짜 양전하가 된다. 원자가 전자를 잃어버리면 전자가 부족하여 양전하를 띠는 양이온이 된다. 초과의 전자를 가지는 원자를 음이온이라 한다.

물체의 (알짜)전하는 전자가 부족하냐 또는 과잉이냐에 따르기 때문에 알짜 전하

는 전자 전하의 정수배만 항상 존재한다. 양의 부호 또는 음의 부호는 물체가 각각 전자가 부족한지 또는 남는지를 의미한다. 따라서 물체의 (알짜)전하에 대해서는 다음과 같이 쓸 수 있다.

$$q = \pm ne \tag{15.1}$$

SI 단위 : 쿨롱(C)

여기서 $n = 1, 2, 3, \cdots$이고 때로는 전하가 양자화되어 있다고 말한다. 이것은 전하는 오직 기본 전하의 정수배만 존재하는 것을 의미한다.

전기 현상을 취급할 때 또 다른 중요한 원리는 전하의 보존인데

> **고립계의 알짜 전하는 항상 일정하다.**

초기에 전기적으로 중성인 두 물체로 이루어져 있고 백만 개의 전자가 한쪽에서 다른 쪽으로 이동했다고 하자. 전자가 더해진 물체는 알짜 음전하를 가지고 전자가 줄어든 물체는 같은 크기의 알짜 양전하를 가진다. 그러나 계의 총 전하의 합은 일정하고 알짜 전하는 영이다.

예제 15.1 ■ 카펫 위에서 : 양자화된 전하의 보존

건조한 어느 날 카펫이 있는 마루에서 사람이 발을 질질 끌며 걸으면 카펫은 알짜 양전하를 얻는다(이러한 과정을 자세히 알려면 15.2절을 보라.).

(a) 사람은 전자가 (1) 부족한가? (2) 초과인가?

(b) 얻어진 카펫의 전하의 크기는 2.15 nC이다. 얼마나 많은 전자가 전달이 되었는가?

풀이

(a) 카펫이 알짜 양전하를 가지고 있으므로 전자를 잃었다는 것이고 사람은 그것을 얻게 된다. 따라서 사람의 전하는 음전하이고 초과의 전자를 가졌다는 것을 나타내므로 답은 (2)이다.

(b) 전자 한 개의 전하를 알고 있기 때문에 초과 전자의 양을 알 수 있다.

- 주어진 값 : $q_c = +(2.15\,\text{nC})\left(\dfrac{10^{-9}\,\text{C}}{1\,\text{nC}}\right) = +2.15 \times 10^{-9}\,\text{C}$

  $q_e = -1.60 \times 10^{-19}\,\text{C}$ (표 15.1로부터)

• 구하는 값 : (a) n, 전달된 전자의 개수

사람의 알짜 전하는 $q=-q_c=-2.15\times10^{-9}\mathrm{C}$

이다. 따라서

$$n=\frac{q}{q_e}=\frac{-2.15\times10^{-9}\mathrm{C}}{-1.60\times10^{-19}\mathrm{C}/1\text{개의 전자}}=1.34\times10^{10}\text{개의 전자들}$$

이다. 이와 같이 비록 일상의 경우라도 알짜 전하는 큰 수의 전자가 관여한다(여기서는 13조보다 많다). 왜냐하면 전자 한 개의 전하는 너무 작기 때문이다.

15.2 물질의 종류 및 전기쌍극자

전기적으로 금속 같은 물질은 전하의 이동이 쉬운 전도체이다. 유리, 고무 그리고 대부분의 플라스틱 같은 다른 물질은 부도체이다. 물질의 전도도의 상대 크기에 대한 비교를 그림 15.2에 나타내었다.

도체에서 원자가전자, 즉 최외각 궤도의 전자는 약하게 구속되어 있어 원자로부터 쉽게 떨어져 나와 도체 내를 돌아다닐 수 있거나 도체를 떠날 수도 있다. 그러나 부도체에서는 전자가 원자핵에 너무 세게 구속되어서 원자로부터 떼어내기가 쉽지 않아 전하는 쉽게 이동하지 못할 뿐만 아니라 부도체로부터 쉽게 떼어내지도 못한다.

그림 15.2처럼 반도체라고 하는 중간 단계의 물질은 전하를 통하게 하는 능력이 부도체와 도체 사이의 중간이다. 반도체에서 전하의 이동은 부도체나 도체에 대하여 사용한 간단한 원자가전자 이동방법으로는 설명하기가 훨씬 더 어렵고 이 책의 범위를 벗어나는 양자역학의 도움으로 이해할 수 있다.

부도체 물질인 고무 막대를 모피로 문지르면 모피의 전자가 고무 막대로 이동하여 막대는 알짜 음전하를 가지게 된다. 유리 막대를 비단으로 문지르면 막대는 알짜 양전하를 갖게 되는데 이러한 과정을 마찰에 의한 대전이라 한다.

전기적으로 중성이지만 양쪽 끝에 같은 크기와 반대부호인 전하를 가진 것을 전기쌍극자라 한다. 물분자는 영구적인 전기쌍극자이다. 영구 전기쌍극자와 비영구 전기쌍극자의 예와 그들 사이에 작용하는 힘을 그림 15.3에 나타냈다. 풍선을 스웨터에 문지르면 풍선이 왜 벽에 붙는지를 이해할 수 있다. 풍선은 마찰에 의해서 대

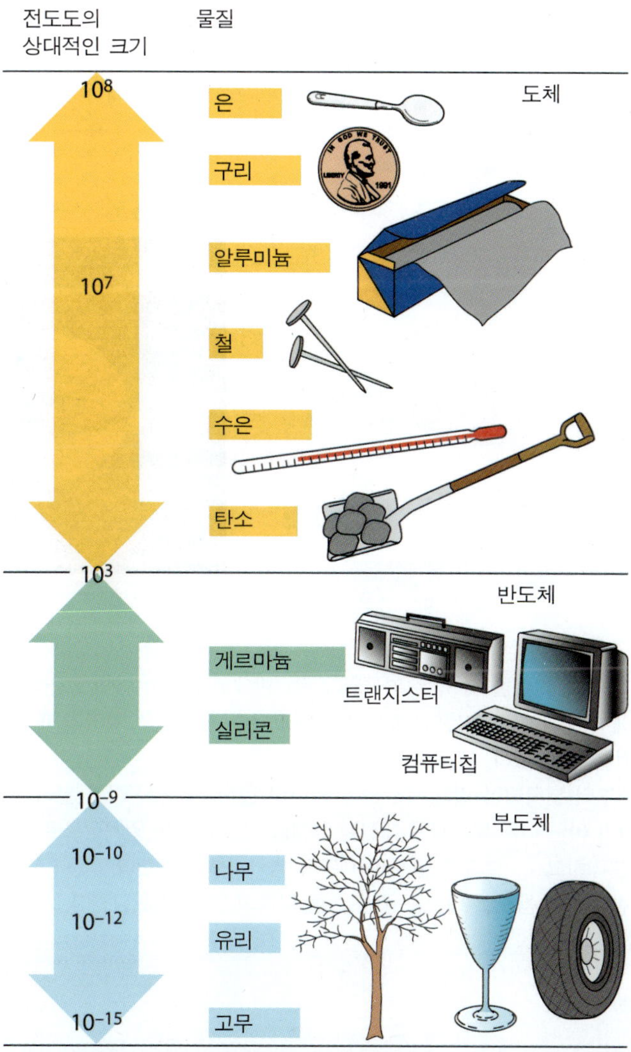

▲ **그림 15.2 도체, 반도체, 그리고 부도체**
다양한 물질의 전기전도도의 상대적인 크기의 비교(눈금을 표시하지 않았음)

전된다. 그리고 풍선을 벽 가까이 가져가면 벽이 분극이 된다. 벽의 표면 근방에 있는 반대 부호의 전하에 의해서 알짜 인력이 만들어진다.

정전기에 의해서 옷이나 종이가 들러붙기도 하고 정전기 방전에의해 불이 나거나 가연성 기체가 폭발 할 수 있다. 따라서 정전기를 방전시키기 위해서 많은 트럭들은 금속사슬을 매달아 땅과 접촉시킨다. 그러나 굴뚝에 설치된 정전기 침전기 덕분에 우리가 숨을 쉬는 공기를 깨끗하게 할 수 있다.

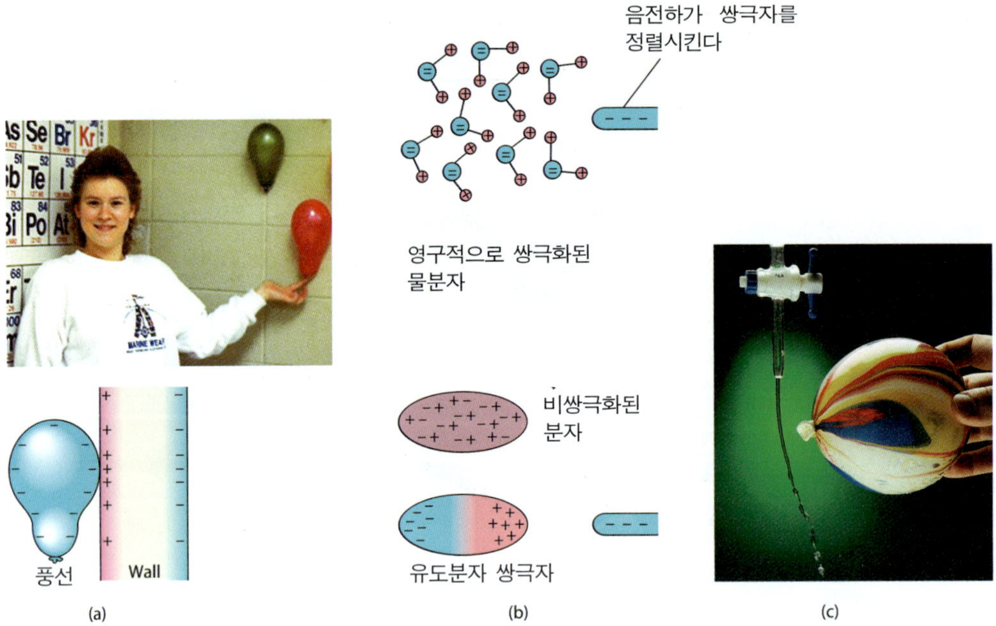

▲ **그림 15.3 분극**

(a) 풍선이 마찰에 의해서 대전되고 벽에 붙여둘 때 벽은 분극된다. 즉, 반대의 전하가 벽의 표면에 유도되어 풍선을 정전기적 인력에 의해서 벽에 붙는다. 풍선의 물질(고무)이 낮은 전도체이기 때문에 풍선에 있는 전자는 풍선을 떠날 수가 없다.

(b) 물과 같은 몇몇의 분자는 원래부터 분극되어 있다. 즉, 물은 영구히 음전하와 양전하가 분리되어 있다. 그러나 보통 때는 쌍극자가 아닌 다른 분자들은 대전된 물체를 가까이 하여 일시적으로 분극되어 있다. 전기력은 전하를 분리하고 그 결과로 일시적인 분자 쌍극자를 유도한다.

(c) 물줄기가 대전된 풍선쪽으로 휘어진다. 음으로 대전된 풍선은 물 분자의 양극 끝을 당긴다. 그것이 물줄기를 휘게 하는 원인이다.

15.3 전기력

쿨롱은 두 전하 q_1과 q_2사이에 작용하는 전기력은 두 전하의 곱에 비례하고 그들 사이 거리의 제곱에 반비례한다는 것을 발견했다. 이를 쿨롱의 법칙이라고 하며 다음 방정식으로 주어진다.

$$F_e = \frac{kq_1q_2}{r^2} \tag{15.2}$$

여기서 q는 전하의 크기, r은 전하들 사이의 거리이고 비례상수 k는 실험에서 얻어진 상수로 다음과 같다.

$$k = 8.988 \times 10^9 \mathrm{N} \cdot \mathrm{m}^2/\mathrm{C}^2 \approx 9.00 \times 10^9 \mathrm{N} \cdot \mathrm{m}^2/\mathrm{C}^2$$

두 개의 전하보다 많은 전하 사이의 알짜힘은 모든 다른 전하에 의해서 만들어지는 힘의 벡터 합이다.

예제 15.2 ■ 전기력

건조한 머리를 빗질한 고무로 된 빗에는 알짜 음전하가 생긴다. 이때 이 빗은 대전이 안 된 작은 조각의 종이를 끌어당기게 된다. 이것은 쿨롱의 법칙에 위배가 되는 것 같이 보인다. 종이는 알짜 전하가 없기 때문에 종이에 전기력이 없다고 기대하기 때문이다. 이 현상이 어떤 원리로 일어나는지 그리고 어떻게 되는지 설명하라.
(a) 전도, (b) 마찰, (c) 분극

풀이 빗은 종이에 닿지 않기 때문에 종이는 전도나 마찰에 의해서 대전되지 않는다. 왜냐하면 전도나 마찰은 모두 접촉해야 하기 때문이다. 따라서 답은 (c)이다. 대전된 빗을 종이 가까이 가져가면 종이는 분극된다(그림 15.4). 종이의 양극 끝은 음극 끝보다 빗으로부터 가까이 있다. 전기력은 거리에 따라 감소하기 때문에 빗과 종이의 양극 끝 사이의 인력($\vec{F}_1$)은 빗과 종이의 음극 끝 사이의 반발력($\vec{F}_2$)보다 크다. 그러므로 이러한 두 힘을 벡터로 합하면 종이에 작용하는 알짜 힘은 빗으로 향하게 되고 종이가 충분히 가볍다면 종이는 그 방향으로 가속된다.

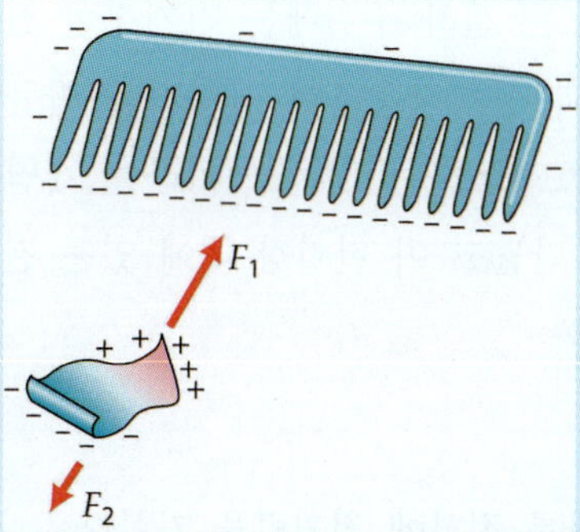

▲ 그림 15.4 빗과 종이

예제 15.3 ■ 쿨롱의 법칙

두 점전하 $-1.0\ \text{nC}$과 $+2.0\ \text{nC}$이 $0.30\ \text{m}$ 거리만큼 떨어져 있다. 각 전하에 작용하는 전기력은 얼마인가?

풀이

식 15.2는 전하의 크기와 전하 사이의 거리를 사용하여 전하에 작용하는 힘의 크기를 나타낸다.

$$F_{12} = F_{21} = \frac{kq_1q_2}{r^2} = \frac{(9.00\times10^{9}\ \text{N}\cdot\text{m}^2/\text{C}^2)(1.0\times10^{-9}\ \text{C})(2.0\times10^{-9}\ \text{C})}{(0.30\ \text{m})^2}$$

$$= 0.20\times10^{-6}\ \text{N} = 0.20\ \mu\text{N}$$

쿨롱의 법칙은 오직 힘의 크기만 나타낸다. 그러나 전하가 반대 부호이기 때문에 두 전하 사이에는 인력이 작용한다.

비록 전기력과 중력에 대한 수학적 표현은 형태가 놀랍게도 같지만 두 힘의 상대적인 세기는 크게 차이가 난다.

15.4 전기장

중력과 같이 전기력은 원격 작용하는 힘이다. 모든 전하 주위에는 전기장이 있다고 생각한다. 전하가 다른 전하들이 만든 전기장과 상호작용하여 전기력을 만들어 내는 것이지 전하가 직접 다른 전하들 사이와 상호작용하는 것은 아니라는 개념을 사용한다. 전하가 있으면 주위의 공간에 전기장을 만들고 이 전기장 내에 있는 전하에 전기장은 힘을 가한다. 즉,

> **전하는 전기장을 만든다. 그리고 이 전기장은 다른 전하에 전기력을 가한다.**

전기장은 실제로 벡터장이다(크기와 방향을 가지고 있다). 전기장 내의 한 지점에 매우 작은 전하(시험전하라고 부름)를 놓자. 이때 단위 시험 전하당 작용하는 힘의

크기를 그 지점의 전기장이라고 정의한다. 즉 전기장은 단위 쿨롱당 작용하는 힘으로 정의한다. 전기장의 방향은 양의 시험전하에 만들어지는 힘의 방향으로 정한다. 즉, 어떤 지점에서 전기장 $\vec{E}$는 다음과 같이 정의한다.

$$\vec{E} = \frac{\vec{F}_{on\ q_+}}{q_+} \tag{15.3}$$

전기장의 단위는 N/C이다.

$\vec{E}$의 방향은 그 지점에서 작은 양의 시험전하에 작용하는 힘의 방향이다.

점전하 같은 특별한 경우에 쿨롱의 힘의 법칙을 사용할 수 있다. 점전하로부터 거리 r되는 지점에 있는 점전하에 만들어지는 전기장의 크기를 구하기 위해서 식 15.3을 사용할 수 있다.

$$E = \frac{F_{\text{on}\,q_+}}{q_+} = \frac{(kqq_+/r^2)}{q_+} = \frac{kq}{r^2}$$

즉,

$$E = \frac{kq}{r^2} \tag{15.4}$$

전기장을 만드는 전하가 하나 이상이라면 어떤 지점의 총(또는 알짜) 전기장은 전기장에 대한 중첩의 원리로 구할 수 있다.

■ 전기력선

전기장은 눈에 보이지 않기 때문에 전기력선이라는 그림을 그려서 표현하는 것이 편리하다. 우선 그림 15.5a와 같이 양의 점전하 주위의 전기장 벡터를 고려하자. 그림 15.5b에는 이러한 벡터를 연결하였다. 이것은 양의 점전하에 의해서 만들어지는 전기력선의 모양을 나타내며 전하에 가까이 가면 전기장이 증가하기 때문에 전기력선은 서로 가깝게 된다. 전기력선은 양전하에서 시작하고(나가는 방향) 음전하에서 끝난다(들어가는 방향). 전기력선의 개수는 전하의 크기에 비례한다.

다음은 전기쌍극자에 의해 만들어지는 전기력선의 모양이다. 전기쌍극자는 크기가 같고 부호가 반대인 두 개의 전하(또는 극)로 이루어져 있다(그림 15.3).

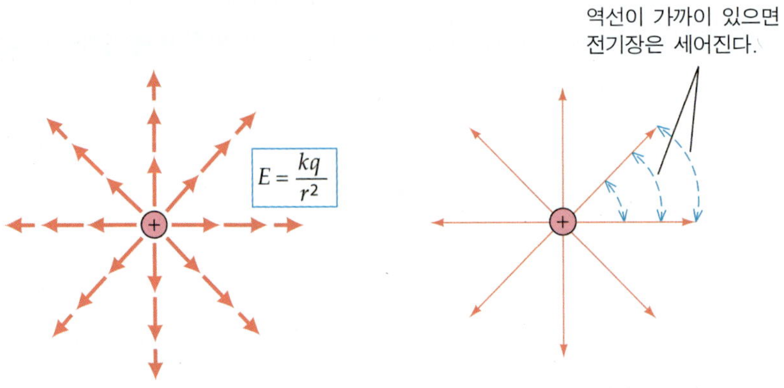

▲ **그림 15.5** 전기장

(a) 양 점전하의 전기장은 작은 양의 시험전하에 만들어지는 힘의 방향과 같이 바깥을 가리킨다. 점전하로부터 만들어지는 전기장의 특성인 거리에 역제곱 관계를 반영하듯이 전하로부터 거리가 증가하면 전기장의 크기(벡터의 길이)는 감소한다.

(b) 이러한 간단한 경우에 벡터는 양의 점전하가 만드는 전기장 선의 모양과 쉽게 연결되어 있다.

예제 15.6 ■ 쌍극자에 의해 만들어진 전기력선의 모양을 만들기

전기쌍극자에 의해 만들어지는 전형적인 전기력선을 만들기 위해 중첩의 원리와 전기력선의 규칙을 사용하라.

풀이

그림 15.6a에 전기쌍극자를 나타내었다. 두 개의 전기장을 그리기 위해서 양전하를 q_+로 음전하를 q_-로 부호를 붙이자. 그들 각각의 전기장을 $\vec{E}_+$와 $\vec{E}_-$는 같은 첨자를 붙였다.

전기장(과 역선)은 양전하에서 시작하기 때문에 q_+전하 근방에 있는 A점에서 시작하자. 이 점은 q_+와 아주 가까이 있기 때문에 $E_+ > E_-$이다. $\vec{E}_+$는 항상 q_+로부터 바깥을 향하고 $\vec{E}_-$는 항상 q_-를 향한다는 것을 안다.

이러한 두 사실을 함께 생각하면 A점에서 두 전기장을 정성적으로 그릴 수 있다. A점의 전기장인 벡터 합을 평행사변형법으로 구한다. 이와 같이 반복하면 그림 (a)와 같은 모습을 그릴 수 있다.

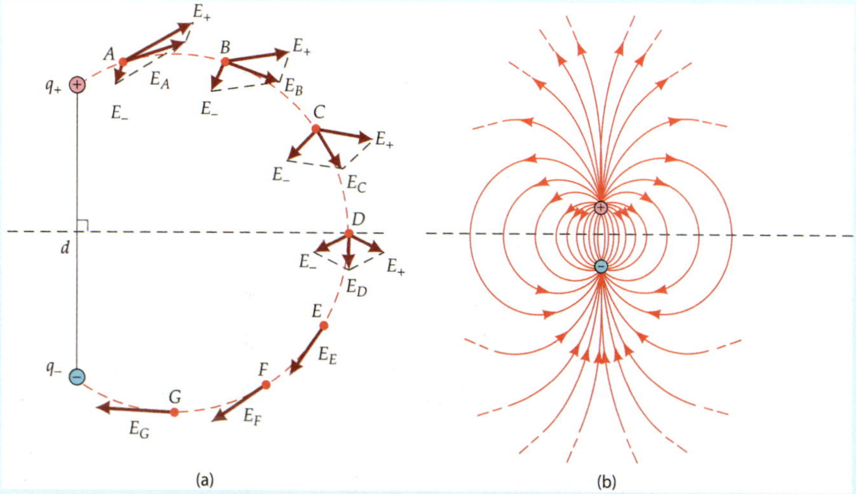

▲ **그림 15.6 쌍극자에 의해 만들어지는 전기장의 지도그리기**

(a) 쌍극자에 의해서 만들어지는 하나의 전기력선을 그리는 것을 나타내었다. 전기장은 쌍극자 두 끝에 의해서 만들어지는 전기장의 벡터 합이다.

(b) 완전한 쌍극자 전기장은 쌍극자의 다른 근방에서 (a)의 과정에 의해서 구한다.

마지막으로 전기력선을 그리기 위해서 쌍극자의 양극에서 시작한다. 왜냐하면 전기력선은 양극에서 나오기 때문이다. 전기장 벡터가 전기력선에 접하기 때문에 이러한 요구를 만족하는 선을 그린다.

그림 15.7a는 양으로 대전된 큰 판에 의해서 만들어지는 전기력선의 모양을 그리는데 중첩의 원리를 사용했다는 것을 보여준다. 전기장은 판의 양쪽 면에서 수직하게 바깥쪽으로 가리킨다. 그림 15.7b는 판이 음으로 대전되었을 때, 단지 차이는 전기장 방향이라는 결과를 보여준다. 이 두 개를 함께 두면 전기장은 가까이 떨어져 있고 반대로 대전된 두 판 사이에 전기장이 있다는 것을 알 수 있다. 그 결과가 그림 15.7c의 모양이다. 전기장의 수평 성분이 소거되기 때문에(판의 끝은 멀리 떨어져 있다고 할 때) 전기장은 균일하고 양에서 음으로 가리킨다(판 사이에 둔 양의 시험전하에 작용하는 힘의 방향을 생각하자).

다른 전하 배치에 대한 전기장 모양을 그림 15.8에 나타내었다. 전기력선은 양전하에서 시작하고 음전하에서 끝난다. 전하의 크기에 비례하는 역선의 수에 비례한다.

대전된 도체 내부에는 전가장이 영이다. 도체에 있는 초과 전하는 가능한 한 서로 멀리 떨어지려고 하는 경향이 있고, 고립된 도체에 있는 초과 전하는 도체 표면에만 존재한다. 또한 대전된 도체의 표면의 전기장은 표면에 수직하다. 불규칙한 모양의

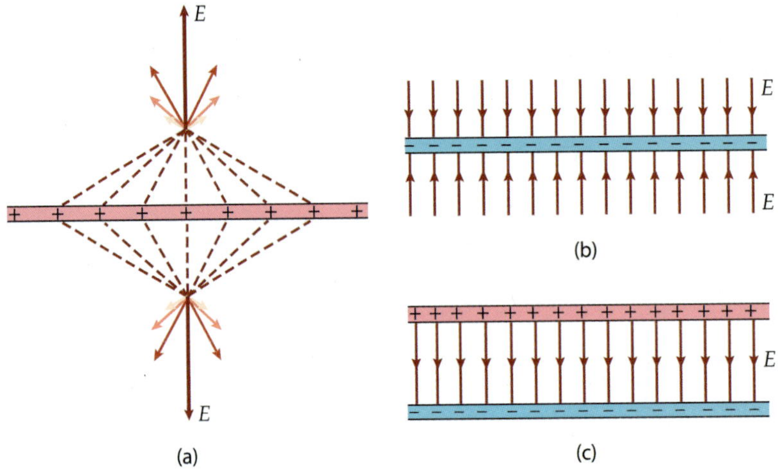

▲ **그림 15.7 매우 큰 평행판에 의해 만들어지는 전기장**

(a) 양으로 대전된 판 위로 알짜 전기장이 위로 향하고 있다. 여기서 판의 여러 지점의 전기장의 수평 성분은 상쇄된다. 판의 아랫쪽에는 $\vec{E}$는 아래로 향한다.

(b) 음으로 대전된 판에는 전기장의 방향(판의 양쪽 면이 보여준)이 반대로 되어 있다.

(c) 양쪽 판의 전기장을 중첩시키면 판의 바깥은 소거되고 판 사이는 대략 균일한 전기장이 만들어진다.

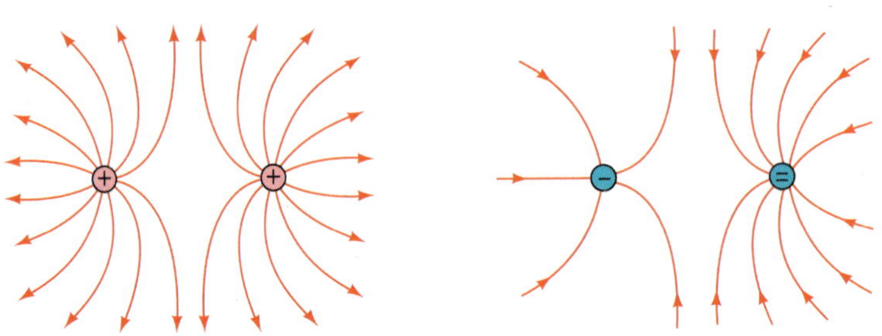

(a) 같은 점전하일 때

(b) 크기가 다른 같은 부호의 점전하 일 때의 전기장

▲ **그림 15.8 전기장**

도체에 있는 초과 전하는 표면이 크게 구부러진 곳(뾰족한 점)에 모아진다. 거기선 전하가 모아지기 때문에 전기장 역시 그 지점에서 가장 크다. 도체에서 뾰족한 부분에 전하가 모여 있는 것 때문에 피뢰침을 사용하는 이유가 된다.

15.5 전기장에 대한 가우스 법칙 : 정성적인 접근

독일의 수학자 칼 프리드리히 가우스(Karl Friedrich Gauss, 1777~1855)가 전기학의 기본적인 법칙 중의 하나를 발견하였다. 가우스 법칙을 이용한 정량적인 계산은 이 책의 범위를 벗어나므로 개념적으로 간단히 고찰하자.

그림 15.9a에 있는 하나의 양전하 주위의 가상적인 닫힌 표면을 가우스 표면이라고 한다. 표면 바깥으로 나가는 것을 양이라고 하고 안으로 들어오는 것을 음이라고 하여 표면을 통과하는 전기력선을 나타내보자. 그림 15.9a는 양의 역선만 있기 때문에 총합이 양이 되는 것을 알 수 있다. 유사하게 음의 전하의 경우 그림 15.19b 개수의 총 합은 음이 되고 표면을 통과하여 들어오는 알짜 전기력선만 있다는 것을 의미한다.

> 가상적인 닫힌 표면을 통하여 지나가는 전기력선의 개수는 표면에 둘러싸인 알짜 전하량에 비례한다.

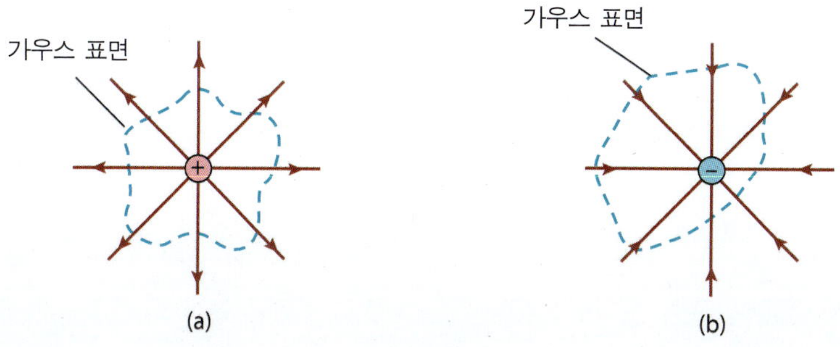

▲ **그림 15.9 다양한 가우스 표면과 전기력선**
(a) 하나의 양전하에 둘러싸인, (b) 하나의 음전하에 둘러싸인 표면.

연습문제

1. 백만 개의 초과 전자를 가진 물체의 알짜 전하량은 얼마인가?

2. 카펫을 걸어가면서 50 μC의 전하를 얻었다. 얼마나 많은 초과 전자를 가지고 있는가?

3. 두 개의 동등한 점전하가 고정된 거리만큼 떨어져 있다. (a) 하나의 전하를 두 배 또 다른 하나의 전하를 반으로 할 때, (b) 전하 둘 다 반으로 할 때, 그리고 (c) 한 전하를 반으로 하고 다른 전하는 그대로 둘 때 그들 사이에 작용하는 전기력은 몇 배로 변하는가?

4. 어떤 유기 분자에서 두 개의 탄소 원자의 핵이 거리 0.25 nm만큼 떨어져 있다. 그들 사이의 전기력의 크기는 얼마인가?

5. 전자와 양성자가 2.0 nm만큼 떨어져 있다.

(a) 전자에 작용하는 힘은 얼마인가?

(b) 계에 작용하는 알짜힘은 얼마인가?

6. 소금결정을 구성하는 나트륨 이온과 염소 이온 사이의 거리는 2.82×10^{-10}m이다. 이온사이에 작용하는 인력은 얼마인가?

7. 전자가 3.2×10^{-14}N의 전기력을 받는다. 전자가 있는 지점의 전기장의 크기는 얼마인가?

8. 여섯 개의 전기력선이 떠나는 양의 점전하와 양의 점전하의 2배의 전하량을 가진 음의 점전하를 둘러싼 가우스 표면을 생각하자. 가우스 표면을 통과하는 전기력선의 개수는 얼마인가?

16

전위, 전기에너지, 전기용량

이번 장에서는 전압이나 전기용량과 같이 전기와 관련된 기본개념을 주로 다루고 응용에 대해서도 알아볼 것이다. 심장마비된 환자에게 이용하는 인공 심장박동기는 심장에 일정한 주기로 자극을 가하는 것으로 필요한 전기에너지를 일시적으로 저장하기 위해 축전기를 사용한다. 그리고 축전기는 카메라의 플래시를 터트리기 위한 에너지를 저장하는 곳에도 쓰인다.

16.1 전기위치에너지와 전위차

전기장과 관련된 문제를 다루는 경우에 전기에너지를 적용하면 개념을 쉽게 이해하고 문제 해결에 매우 유용하다.

■ 전기위치에너지

전기위치에너지를 알아보기 위해 가장 간단한 전기장이라 할 수 있는 반대 부호의 전하로 대전된 두 평행판 사이에 생긴 전기장을 생각해보자(그림 16.1a). 작은 양의 양전하 q_+가 전기장, $\vec{E}$의 반대 방향으로 음으로 대전된 판(A)에서 양으로 대전된 판(B)으로 일정한 속도를 가지고 직선운동을 하려면 +극에서 −극으로 향하는 전기력과 같은 크기의 외력 $F_{ext} = q_+E$를 전하에 가해야 한다. 힘을 가하는 방향과 변위 방향이 같기 때문에 외력이 한 일은 $W_{ext} = F_{ext}(\cos 0°)d = q_+Ed$이다.

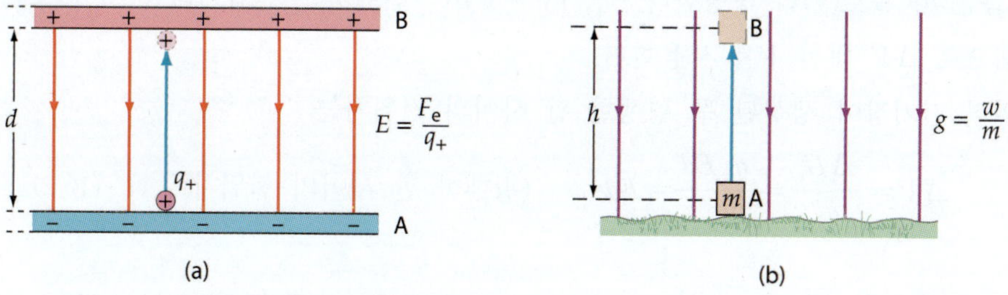

▲ 그림 16.1 균일한 전기장 및 중력장에서의 위치에너지 변화

(a) 양전하 q_+가 전기장과 반대 방향으로 움직이기 위해서는 외력이 양의 일을 해주어야 하며, 이로 인해 전기위치에너지가 증가한다.

(b) 질량이 m인 물체를 중력과 반대 방향으로 움직이기 위해서는 외력이 양의 일을 해주어야 하며, 이로 인해 중력 위치에너지가 증가한다.

양전하가 양으로 대전된 판에 있다가 스스로 움직이면 음의 판을 향해 가속되면서 운동에너지를 얻게 되며, 이 운동에너지는 전하에 해준 일의 결과로 생긴 것이다. B에서의 초기 운동에너지가 0일 때 이 전하가 갖고 있던 초기의 에너지는 위치에너지만 있다. A에서 B로 움직일 때, 전하의 전기위치에너지, U_e는 외력이 해준 일과 같은 양만큼 증가한다($U_B > U_A$). 그러므로 전하가 갖고 있는 전기위치에너지의 변화는 다음과 같다.

$$\Delta U_e = U_B - U_A = q_+ Ed$$

이 평행판 사이의 전기장은 지구 표면에서의 균일한 중력장과 똑 같은 형태이다. 중력장에서 힘은 물체의 무게와 다음과 같다. $F_{\text{ext}} = w = m\boldsymbol{g}$(그림 16.1b). 이 경우 중력 위치에너지의 변화는 다음과 같다.

$$\Delta U_g = U_B - U_A = F_{\text{ext}} h = m\boldsymbol{g}h$$

■ 전위차

전기장내에 있는 임의의 전하가 받는 힘 $F_e = q_+ E$이다. 두 점 사이의 전위차, ΔV는 +1의 시험전하당 전기위치에너지의 차이로 정의한다.

$$\Delta V = \frac{\Delta U_e}{q_+} \qquad \text{(전위차)} \tag{16.1}$$

전위 및 전위차의 SI 단위 : 주울/쿨롱(J/C), 혹은 볼트(V)

전위차의 SI 단위는 J/C인데 이탈리아 과학자인 볼타(Alessandro Volta 1745~1827)의 이름을 따 볼트(V)라 명명한다. 즉, 1V =1 J/C. 전위차는 전압이라 하며 기호는 상례적으로 ΔV 대신 V를 사용한다.

균일한 전기장이 생성된 두 평행한 판 사이의 전위차는

$$\Delta V = \frac{\Delta U_e}{q_+} = \frac{q_+ Ed}{q_+} = Ed \qquad \text{(평행한 판 사이의 전위차)} \tag{16.2}$$

이다. 전위와 전위차 중 실제 물리적으로 의미가 있는 것은 전위차이며, 우리가 실제로 측정하는 양이다.

대전된 두 평행한 판 중 음으로 대전된 판의 전위를 0으로 취한다. 때로는 전하로부터 무한히 떨어진 지점에서의 전위를 0으로 취하는 것이 편리하다.

예제 16.1 ■ 위치에너지와 전위

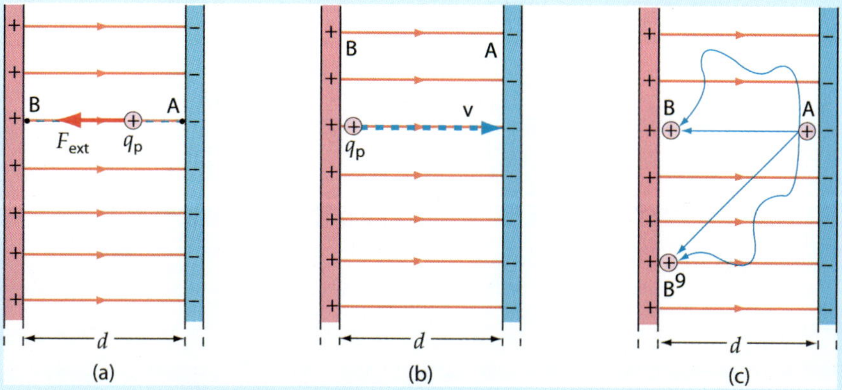

▲ **그림 16.2 전하의 가속**

(a) 음의 전하로 대전된 판에서 양의 전하로 대전된 판으로 양성자가 움직이면 양성자의 위치에너지가 증가한다.

(b) 양성자가 양의 판으로부터 움직이기 시작하면 이 양성자는 음의 판쪽으로 가속된다. 이때 위치에너지는 감소하고 그 감소한 양만큼 운동에너지가 증가한다.

(c) A에서 B 또는 A에서 B'와 같이 전기장 내의 임의의 두 점 사이를 양성자가 움직일 때 전기력이 양성자에 한 일의 양은 경로에 무관하다.

그림 16.2a와 같이 양성자가 음으로 대전된 판으로부터 양으로 대전된 판으로 움직인다고 생각하자. 두 판 사이의 거리는 1.50 cm, 판 사이에는 1500 N/C의 균일한 전기장이 생성되어 있다.

(a) 양성자의 전기위치에너지의 변화는 얼마인가?

(b) 두 판 사이의 전위차는 얼마인가?

(c) 정지하고 있던 양성자가 양으로 대전된 판에서 움직이기 시작하여 음으로 대전된 판에 도달할 때의 속력은 얼마인가?

풀이

(a) 전기위치에너지 차이는 양성자가 움직일 때 외부에서 해준 일의 양과 같다. 전기장의 반대 방향으로 양성자를 움직이기 위해서는 양의 일을 해주어야 하며 이 경우 전기위치에너지는 증가한다.

$$\Delta U_e = q_p E d = (+1.60 \times 10^{-19}\ \mathrm{C})(1500\ \mathrm{N/C})(1.50 \times 10^{-2}\ \mathrm{m})$$

$$= +3.60 \times 10^{-18}\ \mathrm{J}$$

(b) 전위차는 단위 전하당 위치에너지 변화로서

$$\Delta V = \frac{\Delta U_e}{q_p} = \frac{+3.60 \times 10^{-18}\ \mathrm{J}}{+1.60 \times 10^{-19}\ \mathrm{C}} = +22.5\ \mathrm{V}$$

따라서 양의 전하로 대전된 판이 음의 전하로 대전된 판보다 전압이 22.5 V 더 높다고 말할 수 있다.

(c) 양성자가 갖고 있는 총 에너지는 일정하다. 따라서 $\Delta K + \Delta U_e = 0$ 이다. 양성자의 초기 운동에너지는 없기 때문에 (즉 $K_0 = 0$) $\Delta K = K - K_0 = K$ 이다. 이로부터 우리는 양성자의 속력을 계산할 수 있다.

$$\Delta K = K = -\Delta U_e$$

또는

$$\frac{1}{2} m_p v^2 = -\Delta U_e$$

양성자가 양의 판으로부터 음의 판으로 되돌아갈 때 전위는 감소한다. 따라서 전위차는 음의 값이므로 $\Delta U_e = -3.60 \times 10^{-18}$ J 이다. 따라서 양성자의 속도는

$$v = \sqrt{\frac{2(-\Delta U_e)}{m_p}} = \sqrt{\frac{2[-(-3.60 \times 10^{-18}\ \mathrm{J})]}{1.67 \times 10^{-27}\ \mathrm{kg}}} = 6.57 \times 10^4\ \mathrm{m/s}$$

■ 점전하에 의한 전위차

점전하 주위의 전기장을 알아볼 것이다(그림 16.3). 점전하 q로부터 거리 r_A와 r_B 만큼 떨어진 두 점사이의 전위차는 다음과 같이 표시된다.

$$\Delta V = \frac{kq}{r_B} - \frac{kq}{r_A} \quad \text{전위차(점전하의 경우)} \tag{16.3}$$

그림 16.3에서 점전하는 양의 전하이다. B 점이 A 점 보다 전하에 더 가깝기 때문에 두 점사이의 전위차는 $V_B > V_A$이다. 전위차를 정의할 때 양의 단위시험전하를 움직일 때 해준 일로 정의하였기 때문에 여기서 A로부터 B로 양의 시험전하를 움직이기 위해서는 양의 일을 해주어야 한다. 양전하로 다가가거나 음전하로부터 멀어지면 전위는 높아지고, 양전하로부터 멀어지거나 음전하로 다가가면 전위는 낮아진다.

점전하로부터 r만큼 떨어진 곳에서의 전위 V는 다음과 같다.

$$V = \frac{kq}{r} \quad \text{전위(점전하, 무한히 먼 곳의 전위가 0인 경우)} \tag{16.4}$$

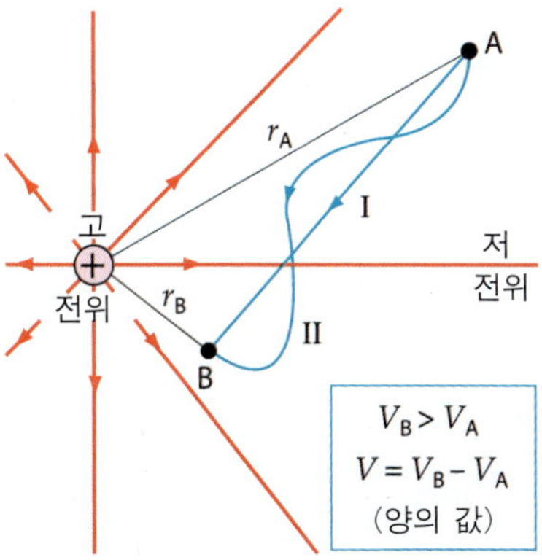

▲ 그림 16.3 **점전하 주위의 전기장 및 전위**
양전하쪽으로 가까이 갈수록 전위는 증가한다. 따라서 B점의 전위가 A점의 전위보다 높다.

비록 이 수식이 전위 V를 나타내지만, 실제 물리적 의미가 있고 중요한 것은 전위가 아니라 전위차(ΔV)이다.

■ 점전하 계의 전기위치에너지

중력과 전기력의 표현은 수학적으로 유사하며, 중력 위치에너지와 전기위치에너지의 표현도 수학적으로 유사하다.

두 전하로 이루어진 계는 전기위치에너지를 갖게 된다. 먼 거리에서의 전위(V_∞)를 점전하의 경우에서와 같이 0으로 취한다. 그러므로 식 16.3으로부터 위치에너지의 변화는 다음과 같다.

$$\Delta U_e = q_2 \Delta V = q_2(V_1 - V_\infty) = q_2\left(\frac{kq_1}{r_{12}} - 0\right) = \frac{kq_1q_2}{r_{12}}$$

이와 같이 $V_\infty = 0$으로 전위의 기준상태를 취하는 경우 임의의 두 전하로 이루어진 계의 위치에너지는 다음과 같다.

$$U_{12} = \frac{kq_1q_2}{r_{12}} \qquad \text{(두 전하 사이의 상호작용에너지)} \qquad (16.5)$$

서로 다른 부호의 전하로 이루어진 계의 전기위치에너지는 음이고 인력이 작용하고, 같은 부호의 전하로 이루어진 계의 전기위치에너지는 양이고 척력이 작용한다. 에너지는 스칼라이기 때문에 여러 개의 점전하로 이루어진 계의 총 전기위치에너지(U)는 그 계 내에 있는 모든 전하쌍이 갖는 위치에너지의 대수합이다.

예제 16.3 ■ **생명의 분자 : 물 분자의 전기위치에너지**

물 분자는 영구 전기쌍극자로 전하를 포함한 물 분자의 구조를 간단히 그림 16.4에 표시하였다. 수소원자와 산소원자의 거리는 9.60×10^{-11} m이고, 수소–산소 결합의 사이각은 104°이다. 이때 물분자의 총 정전기 에너지는 얼마인가?

풀이

물분자는 세 개의 전하로 이루어져 있다. 물 분자가 갖는 정전기 위치에너지는 세 개의 전하쌍이 갖는 위치에너지의 대수합이다. 그리고 수소원자 간의 거리는

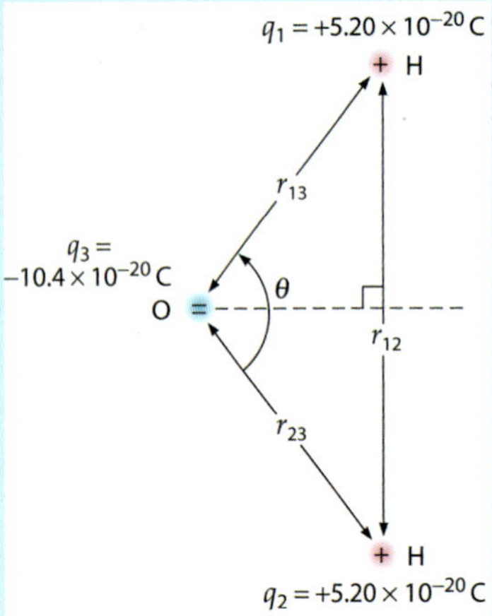

▲ **그림 16.4 물분자의 정전기 위치에너지**

각각의 전하를 서로 멀리 떨어지도록 분리시키기 위해서는 일이 필요하기 때문에 이 물분자는 전기위치에너지를 갖고 있다. 물분자의 경우 분자내의 원자들이 전자를 서로 공유하므로 그림에 표시한 전하량은 순수한 평균 전하량이 아니다. 그래서 물분자의 끝에 표시한 전하량은 전자나 양성자의 전하량보다 더 적은 값을 가질 수 있다.

다음과 같이 구한다. $(r_{12}/2)/r_{13}=\sin(\theta/2)$이므로 거리는 다음과 같다.

$$r_{12}=2r_{13}\left(\sin\frac{\theta}{2}\right)=2(9.60\times10^{-11}\ \mathrm{m})(\sin 52°)=1.51\times10^{-10}\ \mathrm{m}$$

이 계의 전체 위치에너지를 결정하기 전에 각 전하쌍의 기여도를 분리하여 계산하여 보자. $U_{13}=U_{23}$ 이므로 식 16.5를 적용하면

$$U_{12}=\frac{kq_1q_2}{r_{12}}=\frac{(9.00\times10^9\ \mathrm{N\cdot m^2/C^2})(+5.20\times10^{-20}\ \mathrm{C})(+5.20\times10^{-20}\ \mathrm{C})}{1.51\times10^{-10}\ \mathrm{m}}$$

$$=+1.61\times10^{-19}\ \mathrm{J}$$

그리고

$$U_{13} = U_{23} = \frac{kq_2q_3}{r_{23}} = \frac{(9.00\times10^{9}\ \mathrm{N\cdot m^2/C^2})(+5.20\times10^{-20}\ \mathrm{C})(-10.4\times10^{-20}\ \mathrm{C})}{9.60\times10^{-11}\ \mathrm{m}}$$

$$= -5.07\times10^{-19}\ \mathrm{J}$$

이다. 그러므로 전체 정전기 위치에너지는

$$U = U_{12} + U_{13} + U_{23} = (+1.61\times10^{-19}\,\mathrm{J}) + (-5.07\times10^{-19}\,\mathrm{J}) + (-5.07\times10^{-19}\,\mathrm{J})$$

$$= -8.53\times10^{-19}\ \mathrm{J}$$

음의 부호는 물분자가 결합을 끊기 위해서 양의 일이 필요하다는 것을 의미한다.

일상에서 접할 수 있는 전위차의 예를 표 16.1에 나타내었다.

▼ 표 16.1 일상에서 접할 수 있는 전위차의 예

소스	개략적인 전압(ΔV)
신경세포	100 mV
가정용 축전지	1.5~9.0 V
자동차 축전지	12 V
가정용 전기(미국)	110~120 V
가정용 전기(한국, 유럽)	220~240 V
자동체 점화장치(스파크 플러그)	10 000 V
실험실 발전기	25 000 V
고전압 송전선	300 kV 이상
뇌우시 구름과 지표사이	100 MV 이상

■ 전자-볼트(Electron-volt, eV)

전위의 개념으로부터 분자, 원자, 원자핵, 소립자 물리학 등에서 에너지를 나타내는 유용한 단위가 전자-볼트(eV)인데, 1 V의 전위차로 가속된 전자 또는 양성자가 갖고 있는 운동에너지로 그로 인해 잃어버린 전기위치에너지와 같다. 하나의 전자가 얻은 운동에너지를 주울(Joule)로 표시하면 다음과 같다.

$$\Delta K = -U_e = -(e\Delta V) = -(-1.60\times10^{-19}\ \mathrm{C})(1.00\ \mathrm{V}) = +1.60\times10^{-19}\ \mathrm{J}$$

$$1\ \mathrm{eV} = 1.60\times10^{-19}\ \mathrm{J}$$

1 eV의 에너지는 원자세계에서의 전형적인 에너지이기 때문에 J 대신 eV로 원자의 에너지를 표현하는 것이 편리하다. 예를 들어 전자가 1000 V의 전위차로 가속된다면 이 전자의 운동에너지(ΔK)는 1 eV의 1000배가 된다.

$$\Delta K = e\Delta V = (1\ \mathrm{e})(1000\ \mathrm{V}) = 1000\ \mathrm{eV} = 1\ \mathrm{keV}$$

16.2 전기용량

그림 16.5에서와 같이 평행한 두 금속판이 서로 다른 부호의 전하로 대전되면 이들은 전기에너지를 저장한다. 두 개의 도체로 이루어진 도체 쌍을 축전기라 할 수 있으며, 대전시 한쪽의 도체판으로부터 다른 쪽의 판으로 전하를 이동시키기 위해서는 일을 해주어야 하기 때문에 에너지가 저장되는 것이다.

처음 대전이 되지 않은 상태에서 하나의 전자가 한쪽으로부터 다른 쪽으로 이동되었다 생각하자. 그 다음 두 번째 전자를 이동시키는 것은 더 어렵다. 왜냐하면 처음 옮긴 전자는 두 번째 전자에 척력을 가하여 전자가 오는 것을 방해하고, 반대쪽에 생긴 2개의 양전하는 이 전자에 인력을 가하여 전자가 옮겨 하는 것을 방해하기 때문이다.

축전지는 두 판 사이의 전위차가 축전지 양단의 전위차와 같아질 때까지 충전을 계속할 것이다. 충전 후 두 판을 축전지로부터 분리하면 축전기는 전기에너지를 저장하고 있는 상태가 된다. 축전기의 경우 두 판 사이의 전위차는 판에 있는 전하량 Q에 비례한다. 즉 $Q \propto V$. 여기서 우리는 ΔV 대신 V를 전위차로 표시하며, Q는 각각의 도체에 있는 전하량으로 축전기에 있는 알짜 전하량 0이 아니다.

전기용량이라는 비례상수 C를 도입하여 전하량과 전위차 간의 비례식을 다음과 같이 쓸 수 있다.

$$Q = CV \text{ 또는 } C = \frac{Q}{V} \tag{16.6}$$

전기용량의 SI 단위 : 쿨롱 / 볼트 (C / V) 또는 패럿(F)

C / V 는 F이라 한다. 즉 1 C / V = 1 F. 전기용량은 단위 전압당 저장되는 전하량을 나타낸다. 전기용량이 큰 축전기는 전기용량이 작은 축전기에 비하여 단위 전압당 많은 전하량을 충전할 수 있다는 것을 나타낸다.

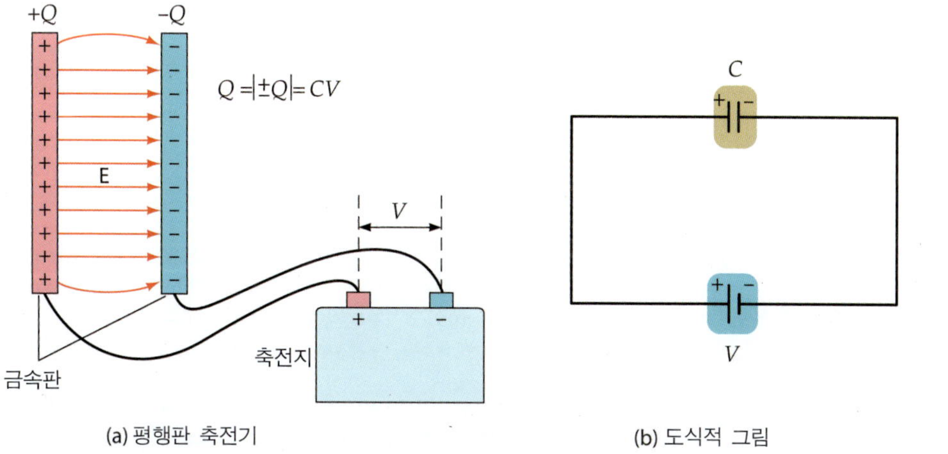

▲ **그림 16.5 축전기와 회로도**

(a) 두 개의 평행한 도체판이 축전지에 의해 충전된다. 이때 전자는 양의 도체로부터 도선을 따라 음의 도체로 이동한다. 충전하는 동안 축전지는 일을 하고 이 에너지는 전기장에 저장된다.

(b) 이 그림은 (a)의 충전과정을 나타내는 것으로 축전지는 (V)로 축전기는 (C)로 표시하였다. 축전지는 긴 선과 짧은 두 개의 평행선으로 표시하며, 이때 긴 선은 양극 단지를 나타내고 짧은 선는 음극 단자를 나타낸다. 축전기는 서로 같은 길이의 두 평행선으로 표시한다.

축전기의 전기용량은 크기, 모양, 도체간의 간격 등 축전기의 기하학적인 요소와 도체사이에 있는 유전체의 종류에만 의존한다.

평행판 축전기의 전기용량은 다음과 같다.

$$C = \frac{Q}{V} = \left(\frac{1}{4\pi k}\right)\frac{A}{d} \qquad \text{(평행판 축전기에만 적용됨)} \tag{16.7}$$

진공에서의 유전상수

$$\varepsilon_0 = \frac{1}{4\pi k} = 8.85 \times 10^{-12}\,\mathrm{C}^2/(\mathrm{N}\cdot\mathrm{m}^2). \tag{16.8}$$

ε_0는 진공 또는 자유공간의 전기특성을 나타낸다. 비록 공기 중에서의 유전상수는 이보다 0.05 % 더 크지만 우리는 진공에서의 유전상수와 같다고 생각할 것이다.

식 16.10을 ε_0를 이용하여 표시하면

$$C = \frac{\varepsilon_0 A}{d}. \qquad \text{(평행판 축전기에만 적용됨)} \tag{16.9}$$

예제 16.5 ■ 평행판 축전기 : 1F는 얼마나 큰가?

두 판사이의 거리가 1.0 mm이고 공기로 채워진 축전기의 전기용량이 1.0 F일 때 판의 면적은 얼마인가? 이런 축전기를 만든다는 것이 현실적으로 가능한가?

풀이

식 16.9를 이용할 때 모든 물리량의 단위는 SI 단위를 이용해야 하며, 얻은 면적은 m^2으로 계산된다. 그리고 공기 중의 유전상수는 ε_0를 사용하여도 된다.

식 16.12를 이용하여 면적을 구하면

$$A=\frac{Cd}{\varepsilon_0}=\frac{(1.0\ \mathrm{F})(1.0\times10^{-3}\ \mathrm{m})}{8.85\times10^{-12}\ \mathrm{C}^2/(\mathrm{N}\cdot\mathrm{m}^2)}=1.1\times10^{8}\ \mathrm{m}^2$$

이 면적은 100 km²보다 넓으며, 한 변의 길이가 10 km인 정사각형보다 더 크다. 이렇게 큰 축전기를 만드는 것은 불가능하며, 1.0 F는 매우 큰 전기용량임을 알 수 있다.

축전기에 저장된 에너지를 그래프 그려서 알아보자. 충전하는 동안 Q와 V가 변한다. $V=(1/C)Q$이므로 전하량 Q에 따른 전압 V의 변화를 그리면 그림 16.6과 같이 기울기가 $1/C$인 직선이 된다. 이 그래프는 방전된 상태에서의 초기 전압 $(V_0=0)$ 부터 최종 전압(V)까지의 충전과정을 나타낸다. 충전과정 동안 해준 일의 양은 총 전하량에 평균 전압 $\overline{V}$를 곱한 양과 같다. 한편 전압은 전하량에 따라 직선적으로 변하기 때문에 평균 전압은 최종 전압의 반이다. 즉

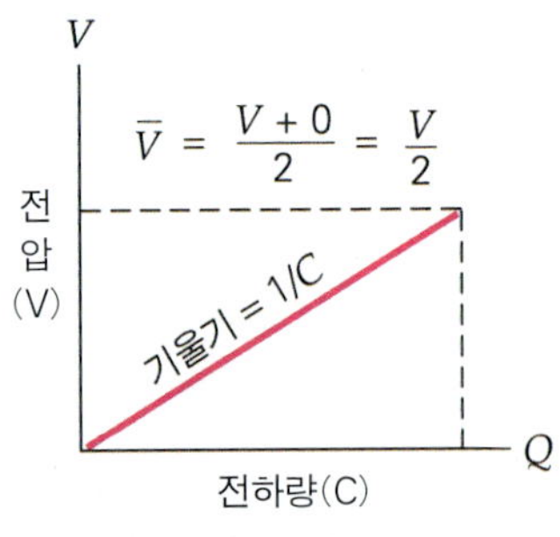

▲ 그림 16.6 축전기의 전위차와 전하량

축전기의 전하량(Q)에 따른 전위차(V)의 변화는 기울기가 $1/C$인 직선식이다. 따라서 충전시의 평균전압은 $\overline{V}=0.5V$ 이므로 충전시 해준 총 일의 양은 $U_C=W=Q\overline{V}=\frac{1}{2}QV$ 로 삼각형의 면적에 해당한다.

$$\overline{V} = \frac{V_f + V_i}{2} = \frac{V+0}{2} = \frac{V}{2}$$

따라서 축전기의 저장된 에너지는 다음과 같고, 이것은 축전지가 한 일의 양이다.

$$U_C = W = Q\overline{V} = \frac{1}{2}QV$$

$Q = CV$ 때문에 이 식은 다음과 같이 여러 형태로 다시 쓸 수 있다.

$$U_C = \frac{1}{2}QV = \frac{Q^2}{2C} = \frac{1}{2}CV^2 \qquad \text{(축전기에 저장된 에너지)} \qquad (16.10)$$

일반적으로 전기용량과 전압이 알려진 값이기 때문에 $U_C = \frac{1}{2}CV^2$을 가장 많이 사용한다.

16.3 유전체

대부분의 축전기에는 평행판 사이에 종이나 플라스틱과 같은 절연체로 채워져 있다. 이 절연체 물질을 유전체라 하며, 다음과 같이 유용한 역할을 한다. 첫 번째로 두 도체판의 접촉을 방지한다. 두 판이 접촉되면 저장되었던 전기에너지를 잃게 된다. 그리고 유전체는 얇은 금속판과 같이 쉽게 구부릴 수 있는 얇은 도체판을 말아 원통형으로 만들어 소형의 축전기를 만들 수 있도록 한다.

마지막으로 유전체는 축전기에 저장할 수 있는 전하량을 증가시켜 전기용량을 증대시키고 더 큰 에너지를 저장할 수 있도록 한다. 유전체의 성능은 재료의 종류에 따라 다르며 유전상수로 나타낼 수 있다. 몇 가지 물질의 유전상수를 표 16.2에 나타내었다.

유전체로 채워진 평행판 축전기의 경우 전기용량은 공기로 채워진 축전기의 전기용량보다 κ배 증가한다.

$$C = \kappa C_0 = \frac{\kappa \varepsilon_0 A}{d} \qquad \text{(평행판 축전기의 경우)} \qquad (16.11)$$

이 식 대신 $C = \varepsilon A/d$가 종종 사용된다. 여기서 $\varepsilon = \kappa\varepsilon_0$는 재료의 절대유전상수라 하며 이는 항상 ε_0보다 크다.

▼ 표 16.2 물질의 유전상수

물질	유전상수(κ)	물질	유전상수(κ)
진공	1.0000	유리	3~7
공기	1.00059	파이렉스	5.6
종이	3.7	베이클라이트	4.9
폴리에틸렌	2.3	실리콘 오일	2.6
폴리스틸렌	2.6	물	80
테프론	2.1	스트론튬 티탄산	233

축전기를 이용하면 어떤 운동을 측정가능하고 분석가능한 전기신호로 변환할 수 있다. 두 판사이의 거리가 변화하면 전기용량이 변하기 때문에 축전기에 충전된 전하량이 변한다. 일부 컴퓨터의 키보드는 이와 같은 원리로 작동한다. 키를 누르는 정도에 따라 다른 양의 전하가 축전기로 흐르게 되므로 키보드의 운동을 전기적으로 측정하는 방법을 제공한다.

16.4 축전기의 직렬연결과 병렬연결

축전기들은 기본적으로 직렬 또는 병렬의 두 가지 방법으로 연결할 수 있다. 직렬연결의 경우 축전기는 그림 16.7a에서와 같이 "머리"와 "꼬리"를 연결하는 것과 같이 연이어서 연결한다. 병렬연결의 경우에는 축전기의 한 쪽과 연결된 선을 모두 공통으로 한 선에 연결한다. 따라서 그림 16.7b에서와 같이 모든 "꼬리"는 함께 연결되어 있고 모든 "머리" 또한 함께 연결되어 있다.

■ 축전기의 직렬연결

축전기가 직렬연결되어 있을 때 각각의 축전기에 충전된 전하량 Q는 모든 축전기에서 동일해야만 한다.

$$Q = Q_1 = Q_2 = Q_3 = \cdots$$

그림 16.8을 보면 A와 F판만 실제로 전지에 배터리의 단자 연결되어 있고 도선으로 연결된 B와 C판은 전지와 분리되어 있으므로 그들의 전체 전하는 항상 0이어야 한다.

그러므로 만약 전지가 $+Q$의 전하를 A에 주었다면 판 B에는 $-Q$의 전하가 유도되며 이것은 판 C에 있는 전하를 소비하면서 유도된 것이다. 따라서 판 C에는 $+Q$가 된다. C에 있는 전하 $-Q$는 또 다시 판 D에 $-Q$를 유도하고 판 E에는 $+Q$가 존재한다.

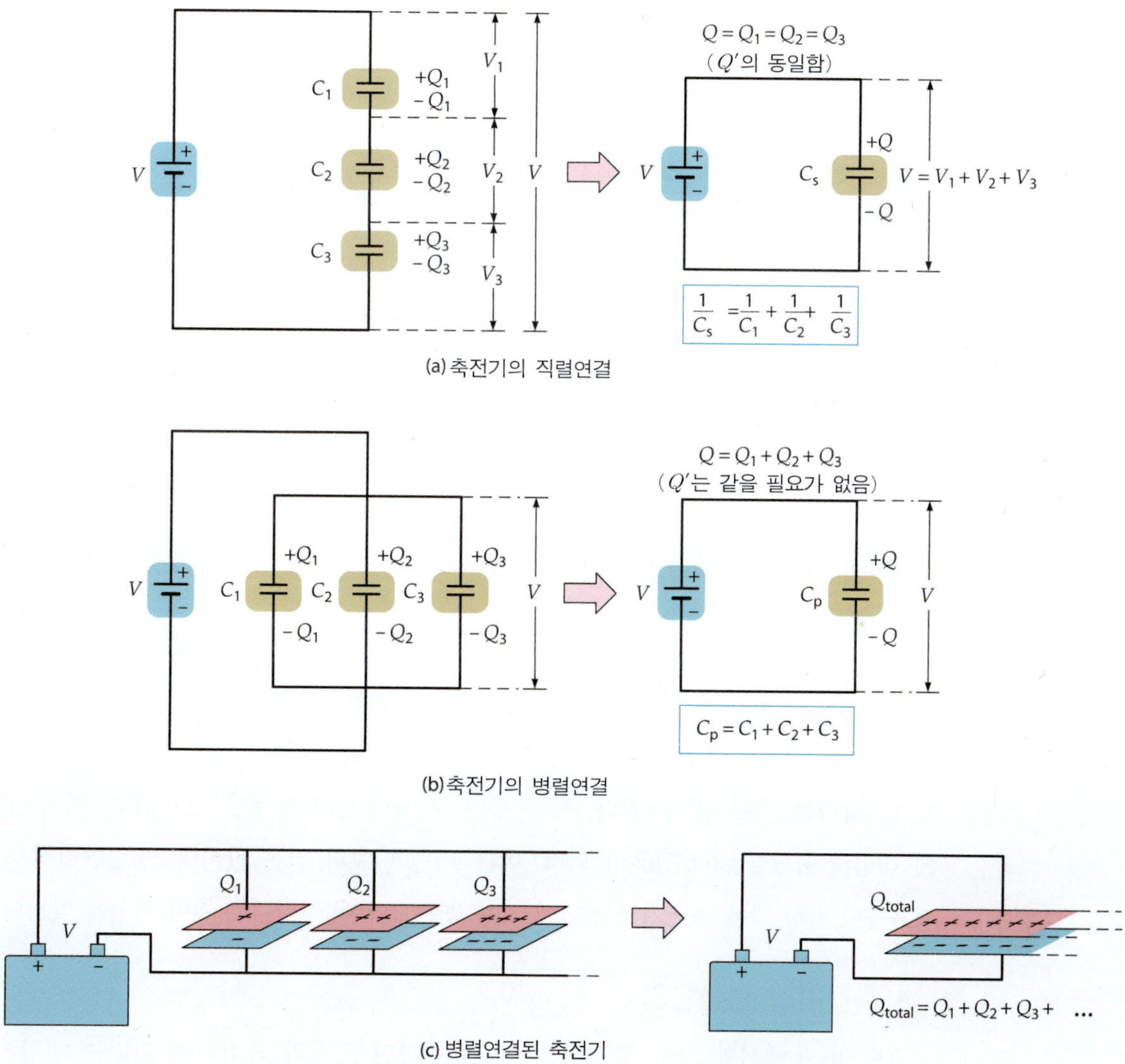

▲ **그림 16.7 축전기의 직렬연결과 병렬연결**

(a)` 직렬연결된 축전기는 모두 같은 전하량으로 충전되며, 각 축전기에서의 전위차의 합은 전지의 전압과 같다. 직렬연결된 축전기의 능가선기용량은 C_s이다.

(b) 병렬연결된 축전기의 경우 축전기 양단에 걸리는 전위차는 모두 같으며 충전된 총 전하량은 각각의 축전기에 충전된 전하량의 합과 같다. 병렬연결된 축전기의 등가전기용량은 C_p이다.

(c)` 병렬연결의 경우 충전된 총 전하량이 각각의 충전전하량의 합이라는 것을 쉽게 알 수 있으며, 이것은 더 넓은 판으로 이루어진 축전기라 생각할 수 있다.

이와 같은 과정이 직렬연결 된 모든 축전기에서 일어난다.

"전위차 또는 전압강하"는 "단위 전하당의 전기위치에너지의 변화"의 다른 표현일 뿐이다. 직렬연결된 모든 축전기에서의 전압강하를 더하면(그림 16.7a), 축전지 양단의 전압과 같은 값을 얻어야만 한다. 모든 축전기에서의 전압강하를 더한 값은 전원의 전압과 동일하다.

$$V = V_1 + V_2 + V_3 + \cdots$$

직렬연결된 축전기들 대신 하나의 축전기로 대치하였다 하자. 이때 같은 전압에서 직렬연결시의 경우와 같은 전하를 충전할 수 있을 때 그 축전기의 전기용량을 직렬연결시의 등가전기용량 C_s 이라 정의한다. 직렬연결된 축전기들은 전압 V에서 전하 Q를 저장하기 때문에 $V = Q/C_s$ 가 적용된다. 그러나 개개의 축전기에 걸리는 전압은 $V_1 = Q/C_1$, $V_2 = Q/C_2$, $V_3 = Q/C_3$ 등과 같다. 따라서 이것을 위의 전압식에 대입하면,

$$\frac{Q}{C_s} = \frac{Q}{C_1} + \frac{Q}{C_2} + \frac{Q}{C_3} + \cdots$$

분자의 Q를 소거하면 다음의 식을 얻는다.

$$\frac{1}{C_s} = \frac{1}{C_1} + \frac{1}{C_2} + \frac{1}{C_3} + \cdots \quad \text{(직렬연결시의 등가전기용량)} \tag{16.12}$$

이 관계식으로부터 C_s는 항상 직렬연결된 축전기의 전기용량 중 가장 작은 것보다도 더 작다는 것을 알 수 있다. 예를 들면, $C_1 = 1.0\ \mu\text{F}$과 $C_2 = 2.0\ \mu\text{F}$을 식 16.12에 대입하자. $C_s = 0.67\ \mu\text{F}$이 되며, 이는 $1.0\ \mu\text{F}$ 보다 작은 값이다. 직렬연결시 전기용량이 가장 작은 축전기의 양단에 가장 높은 전압이 걸린다는 것이 이치에 맞는다.

■ 축전기의 병렬연결

그림 16.7b에서와 같이 축전기를 병렬연결하면 각각의 축전기에 걸리는 전압은 같으며, 이 전압은 축전지의 전압과 동일하다.

$$V = V_1 = V_2 = V_3 = \cdots$$

그리고 저장된 총 전하량은 각각의 축전기에 저장된 전하량의 합이다(그림 16.7c)

$$Q_{\text{total}} = Q_1 + Q_2 + Q_3$$

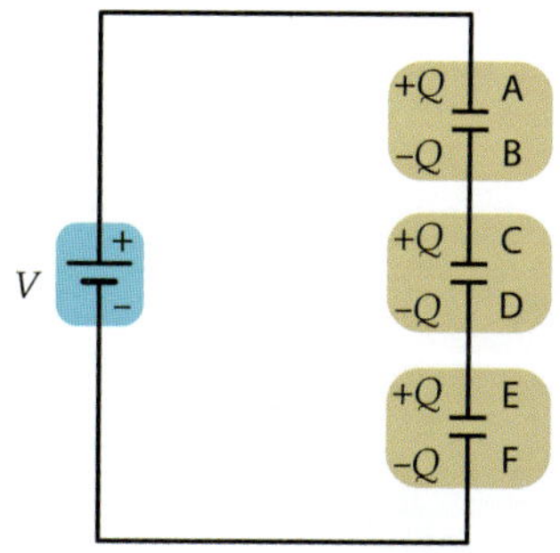

▲ 그림 16.8 직렬연결된 축전기에서의 전하
도선으로 연결된 B와 C 판의 전체 전하는 항상 0이다. 축전지가 $+Q$의 전하를 A에 주었다면 판 B에는 $-Q$의 전하가 유도되며 판 C에 있는 $+Q$가 유도되어야만 한다. 이와 같은 과정이 직렬연결된 모든 축전기에서 일어나기 때문에 모든 축전기는 같은 전하량으로 충전된다.

개별 축전기에 저장된 전하량들은 $Q_1 = C_1 V$, $Q_2 = C_2 V$ 등으로 주어지므로 병렬연결시의 등가전기용량을 C_p 라 하고, 총전하량을 나타내는 식에 대입하면 다음의 식을 얻는다.

$$C_p V = C_1 V + C_2 V + C_3 V + \quad \cdots$$

양변의 V를 소거하면 다음과 같다.

$$C_p = C_1 + C_2 + C_3 + \quad \cdots \quad (\text{병렬연결시의 등가전기용량}) \qquad (16.13)$$

병렬연결의 경우 등가전기용량은 각각의 축전기의 등가용량의 합이다. 따라서 이 등가전기용량은 개개의 축전기의 전기용량 중 가장 큰 것보다도 더 크다. 병렬연결된 축전기는 모두 같은 전압을 갖기 때문에 가장 큰 전기용량을 갖는 축전기는 가장 많은 전하를 충전할 것이다.

예제 16.8 ■ 축전기의 직렬연결과 병렬연결

전기용량이 2.50 μF와 5.00 μF인 두 개의 축전기가 있다. 이들이 12.0 V 전원에 (a) 직렬연결 (b) 병렬연결되어 있을 때 각각의 축전기에 저장된 전하량과 총전하량은 각각 얼마일까?

풀이

(a) 식 16.12를 이용하면

$$\frac{1}{C_s} = \frac{1}{2.50 \times 10^{-6}\ \mathrm{F}} + \frac{1}{5.00 \times 10^{-6}\ \mathrm{F}} = \frac{3}{5.00 \times 10^{-6}\ \mathrm{F}}$$

그러므로

$$C_s = 1.67 \times 10^{-6}\ \mathrm{F}$$

(C_s는 예상한 대로 가장 작은 전기용량보다 더 작다.)

직렬연결시 각 축전기에는 같은 전하가 저장되기 때문에 저장된 총 전하량

$$Q_{\mathrm{total}} = Q_1 = Q_2 = C_s V = (1.67 \times 10^{-6}\ \mathrm{F})(12.0\ \mathrm{V})$$
$$= 2.00 \times 10^{-5}\ \mathrm{C}$$

(b) 각각의 전기용량을 알고 있기 때문에 쉽게 등가전기용량을 구할 수 있다.

$$C_p = C_1 + C_2 = 2.50 \times 10^{-6}\ \mathrm{F} + 5.00 \times 10^{-6}\ \mathrm{F}$$
$$= 7.50 \times 10^{-6}\ \mathrm{F}$$

(구한 등가전기용량은 가장 큰 전기용량보다 더 크다.)

그러므로 총 전하량은 다음과 같다.

$$Q_{\mathrm{total}} = C_p V = (7.50 \times 10^{-6}\ \mathrm{F})(12.0\ \mathrm{V}) = 9.00 \times 10^{-5}\ \mathrm{C}$$

병렬연결시 각각의 축전기에는 같은 전압이 12.0 V가 걸리기 때문에

$$Q_1 = C_1 V = (2.50 \times 10^{-6}\ \mathrm{F})(12.0\ \mathrm{V}) = 3.00 \times 10^{-5}\ \mathrm{C}$$
$$Q_2 = C_2 V = (5.00 \times 10^{-6}\ \mathrm{F})(12.0\ \mathrm{V}) = 6.00 \times 10^{-5}\ \mathrm{C}$$

그리고 총 전하량은 각각의 축전기에 충전된 전하량의 합과 같기 때문에 계산결과가 맞음을 다시 확인할 수 있다.

일반적으로 축전기의 연결시에는 직렬과 병렬연결이 혼합되어 있는데 앞에서 배운 직렬연결시의 등가전기용량와 병렬연결시의 등가전기용량을 이용하면 최종적으로 하나의 축전기로 회로를 단순화시킬 수 있다.

연습문제

1. 평행한 두 판이 12 V의 전지에 의해 충전되어있다. $-4.0\ \mu C$의 하전 입자를 양극판에서 음극판으로 옮기는데 필요한 일의 양을 구하라.

2. 대전된 두 평행판 사이에서 양의 하전입자를 다른 판으로 이동시키는데 $+1.6\times10^{-5}$ J의 일이 필요하다고 한다.

(a) 두 판이 6.0 V의 전지에 연결되어 있다고 할 때 이 입자의 전하량을 구하라.

(b) 이 입자는 양극판에서 음극판으로 움직이겠는가? 또는 음극판에서 양극판으로 움직이겠는가?

3. 가로 방향으로 15 V/m의 전기장이 작용하고 있을 때, 전자를 각 변의 길이가 0.25 m인 정삼각형의 두 변을 따라 A점에서 B점을 지나 C점으로 이동시켰다(그림 16.9). 이때

(a) 필요한 일의 양은 얼마인가?

(b) A점과 C점 사이의 전위차는 얼마인가?

(c) A, B, C 중 어느 점이 가장 높은 전위를 갖는가?

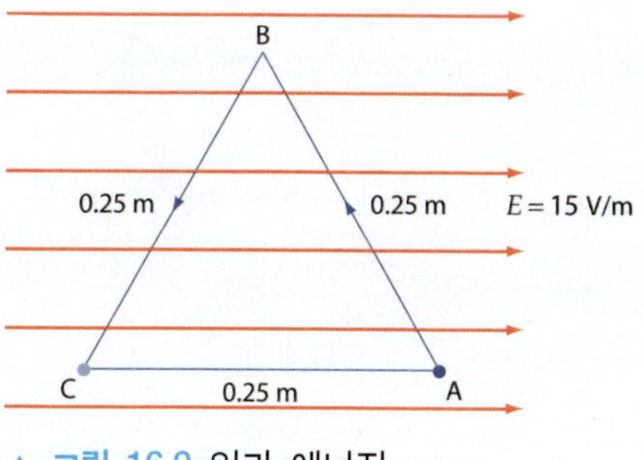

▲ 그림 16.9 일과 에너지

4. 번개칠 때의 전위차는 통상 100 MV이다. 만약 전자가 이 만큼의 전위차로 가속되었다면 전자가 갖고 있는 운동에너지는 얼마인가? eV와 J의 단위를 이용하여 나타내어라.

5. 12 V 전지에 전기용량이 2.0 μF인 축전기를 연결했을 때 축전기 양 단자에 저장되는 전하의 양은 얼마인가?

6. 12 V의 전지가 판의 넓이가 0.20 m^2이고 5.0 mm 떨어진 평행판 축전기에 연결되어 있다.

(a) 축전기에 충전되는 전하량은 얼마인가?

(b) 축전기에 저장된 에너지는 얼마인가?

7. 전기용량이 0.40 μF, 0.60 μF인 두 축전기를 (a) 직렬로 연결하였을 때, (b) 병렬로 연결시켰을 때 등가전기용량은 각각 얼마인가?

8. 그림 16.10과 같이 4개의 축전기가 배열되어 있다. 이때 각각의 축전기에 저장된 전하량과 걸리는 전압을 계산하여라.

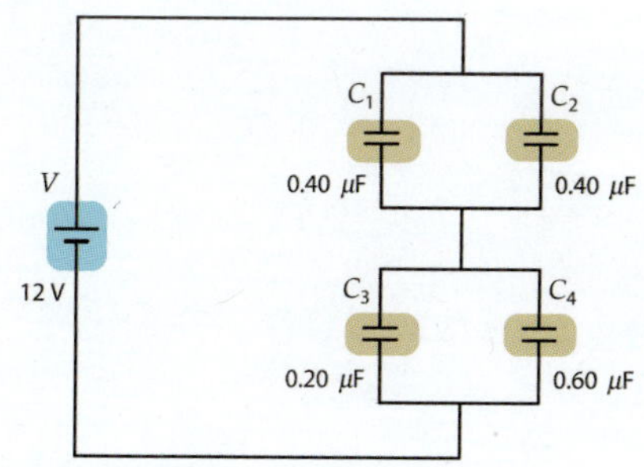

▲ 그림 16.10

17 전류와 저항

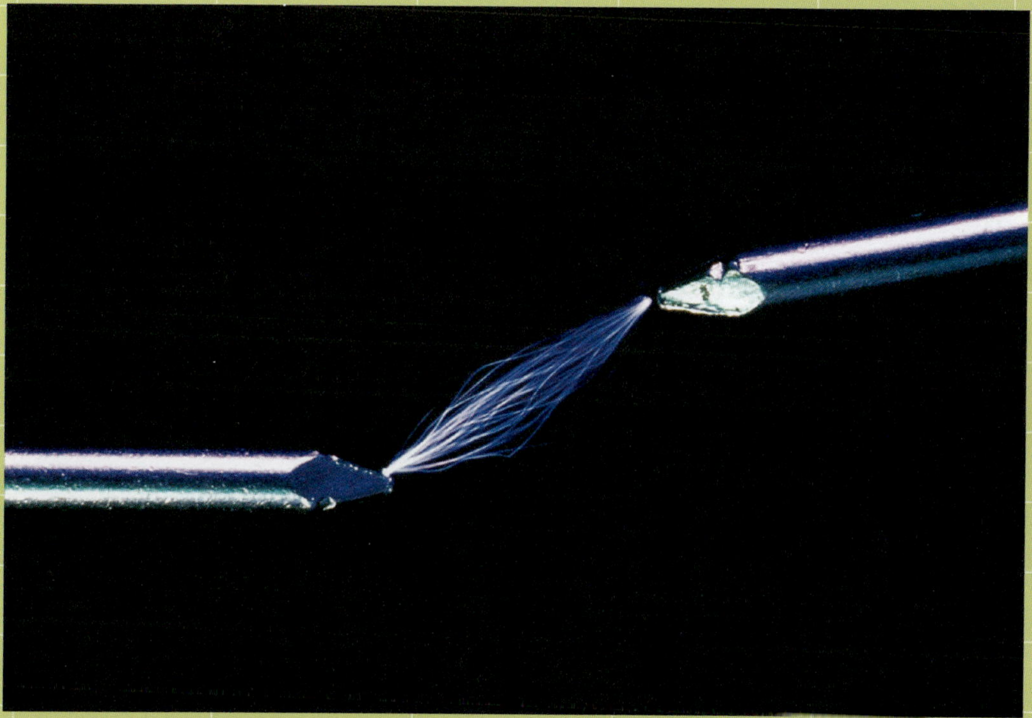

가전제품의 경우 전선에 흐르는 전류를 통해 전기에너지가 공급되며, 번개나 스파크의 경우에는 전기에너지가 공기를 통해 전달된다. 이 모든 경우 발생한 빛이나 열 또는 기계적 에너지는 바로 전기에너지가 여러 가지 다른 형태의 에너지로 단순히 변환된 것이다. 이 장에서는 전기회로와 관련된 기초원리를 공부할 것이다.

17.1 전지와 직류

전류가 흐르기 위해서 또는 전하가 이동하기 위해서는 무엇이 필요한지를 생각해보자. 유사한 예로 물은 중력위치에너지가 높은 위에서 중력위치에너지가 낮은 아래로 흐른다. 즉 위치에너지의 차이가 있기 때문에 물은 흐른다. 열도 온도의 차이가 있으면 흐르게 된다. 전기의 경우도 마찬가지로 "전압"이라고 하는 전위차가 있으면 전하(전류)가 흐르게 되는 것이다.

도체에 있는 전자들은 이동하기가 자유로운데 이러한 전하(전자)를 이동시키기 위해서는 에너지가 필요하다. 전위차를 발생시키고 유지할 수 있는 모든 장치를 일반적으로 전원이라 부른다.

■ 전지의 동작원리

잘 알려진 전원의 하나인 전지는 저장된 화학 위치에너지를 전기에너지로 변환시킨다. 이탈리아의 과학자 볼타(Alessandro Volta)가 처음으로 전지를 제작하였다. 전지를 양쪽 단자에 일정한 전위차를 유지시키는 "블랙박스(black box)"라 생각해보자. 회로에 있는 전지는 내부의 화학에너지를 소모하면서 계속하여 일을 하며 에너지를 전선의 전자에 전달하고, 이 전자는 다시 회로에 연결된 전기기기에 에너지를 전달한다. 이 기기는 전기에너지를 기계적인 운동, 열, 빛과 같은 다른 형태의 에너지로 변환시킨다.

전지의 역할을 설명하기 위해서 중력을 생각해보자. 펌프는 연못의 물을 높은 곳으로 끌어올린다. 이때, 가솔린 분자의 화학에너지가 소모되면서 물의 위치에너지는 증가한다. 그리고 물은 전선과 같은 역할을 하는 나무 통로를 통해 연못으로 다시 흐르게 된다. 이때 물은 아래로 흐르면서 물레방아에 일을 하며 회전운동에너지를 제공한다. 이때 물의 역할은 전구에 에너지를 전달하는 전자와 유사하다.

■ 전지 기전력과 단자전압

전지가 회로에 연결되지 않았을 때 양 단자 사이의 전위차를 전지의 기전력(emf)이라 하며 $\mathcal{E}$로 표시한다. 전지를 회로에 연결하여 전류가 흐르면 단자 사이의 전압은 기전력보다 약간 작은 값을 나타내며 이때 전지의 "작동전압(V)"을 단자전압이라 한다. 실제 나타나는 차이는 전지의 내부저항에 의해 생긴다. 내부저항은 작기 때문에 전지의 단자전압은 본질적으로 기전력과 거의 같으며, $V \approx \mathcal{E}$로 표현할 수 있다. 전지 중에서 가장 일반적인 것은 기전력이 2 V인 전지 6개가 직렬로 연결된 12 V 규격의 자동차 전지이다. 각 전지의 양극 단자는 인접한 다른 전지의 음극 단자와 연결되어져 있다(그림 17.1a). 이러렇게 직렬로 전지가 연결되면 전압은 더해지게 된다. 만약 전지들이 병렬로 연결된다면 전지들의 양극 단자는 서로 다른 전지의 양극 단자와 연결되게 되고, 같은 방법으로 음극 단자는 음극 단자끼리 연결된다(그림 17.1b). 이렇게 병렬로 전지가 연결될 때 전위차나 단자전압은 모든 전지에서 같을 것이다.

만약 전압이 같은 3개의 전지를 병렬로 연결되었다면, 각각의 전지는 총 전류의 1/3만큼의 전류를 공급하게 된다. 2개의 전지를 병렬로 연결하는 방법이 자동차에서 "점프를 통한 시동"을 하는 원리이다. 이 경우 오래되거나 방전된 전지(높은 r)는

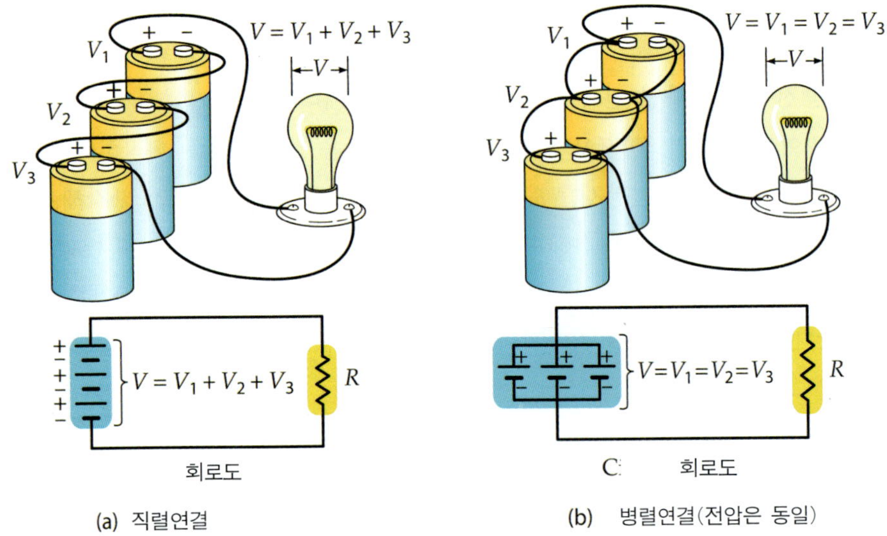

▲ **그림 17.1 전지의 직렬연결과 병렬연결**

(a) 전지를 직렬연결하였을 때 저항 양단에 걸리는 전압은 각 전지의 전압의 합이다.

(b) 전지를 병렬연결하였을 때 저항 양단에 걸리는 전압은 전지 하나만 있을 때의 전압과 같다. 이때 각각의 전지는 저항에 흐르는 전류의 일부만을 공급한다.

정상적인 전지(낮은 r)와 병렬로 연결되며, 정상적인 전지가 시동을 거는데 필요한 대부분의 전류를 공급해주게 된다.

■ 회로도와 기호

회로를 좀 더 쉽게 시각적으로 표현하고 분석하기 위해 전선, 전지, 전기기구 등을 특정 기호로 표시한 회로도를 그린다. 회로도에서 각각의 부품은 그들 고유의 기호로 표시한다. 그림 17.1에서와 같이 전지는 길이가 다른 두 개의 평행선으로 표시하며, 이때 긴 선은 양극을, 짧은 선은 음극을 나타낸다. 전구나 다른 전기기기처럼 전류의 흐름을 방해하는 모든 부품은 의 기호로 나타낸다.

17.2 전류와 유동속도

■ 전 류

전기회로의 전선에서 움직이는 것은 전자들이기 때문에 전자는 전지의 음극으로부터 멀어지는 방향으로 흐른다. 그러나 역사적으로 전류 방향은 양의 전하가 이동하는 방향으로 하였기 때문에 실제 전자의 이동 방향과는 반대 방향이다(그림 17.2).

전지는 회로나 그 회로를 구성하는 부품에 전류를 전달한다. 그리고 전류는 다시 전지로 돌아간다. 전지는 한 방향으로의 전류만 흐르게 하는데 이를 직류전류(dc)라

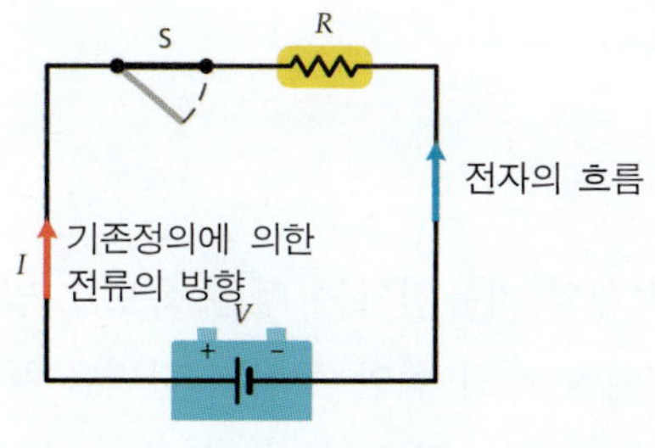

▲ 그림 17.2 기존 정의에 의한 전류의 방향
기존의 전류의 방향은 양전하의 이동방향으로 나타낸다. 따라서 전자의 이동방향과 반대 방향이다.

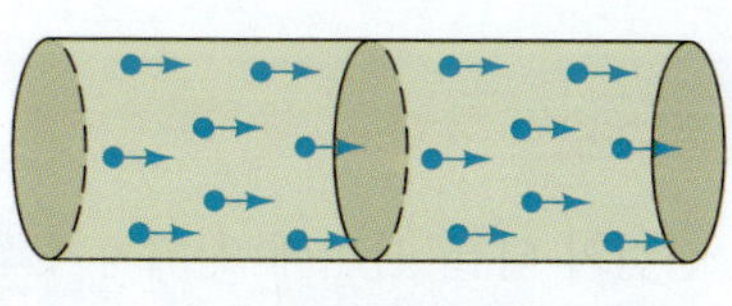

▲ 그림 17.3 전류
전선에 흐르는 전류(I)는 단위시간당 전선의 단면적을 통해 흐르는 전하량으로 정의한다. $I = q/t$. 전류 I의 단위는 A(암페이) 또는 amp이다.

고 한다. 만약 전류의 방향 또는 크기가 주기적으로 바뀐다면 이는 교류(ac)라 하고 뒤에서 공부할 것이다.

정량적으로 전류(I)는 시간에 따른 알짜 전하의 흐르는 비율을 나타낸다. 일정하게 전하가 흐르는 경우에 대해서 먼저 알아보자. 이 경우 알짜 전하 q가 t시간 동안 어떤 단면적을 통과하였다면(그림 17.3) 그 단면을 통과하는 전류는 다음과 같이 정의된다.

$$I=\frac{q}{t} \qquad (\text{전류}) \tag{17.1}$$

전류의 SI 단위 : C/s 또는 A

전기와 자기 현상에 대한 초창기 연구자이며, 프랑스 물리학자인 암페어(1775-1836)를 기념하여 C/s를 암페어(A)라 부른다.

예제 17.1 ■ 통과한 전자의 수 : 전류와 전하

2.0분 동안 손전등의 전구에 0.50 A의 일정한 전류가 흐른다고 가정하자. 이 시간 동안 얼마의 전하가 전구를 통해 지나갔는가? 또한 얼마나 많은 전자들이 지나갔는가?

풀이

각각의 전자는 1.6×10^{-19} C의 전하를 운반하고 $I=q/t$이므로 전하량은 다음과 같다.

$$q=It=(0.50\ \text{A})(1.2\times10^{2}\ \text{s})=(0.50\ \text{C/s})(1.2\times10^{2}\ \text{s})=60\ \text{C}$$

따라서 전자의 수(n)는 다음과 같다.

$$n=\frac{q}{e}=\frac{60\ \text{C}}{1.6\times10^{-19}\ \text{C/electron}}=3.8\times10^{20}\,\text{electrons}$$

(많은 수의 전자가 지나간다.)

■ 유동속도, 전자의 흐름 및 전기에너지 전달

금속 전선의 양끝 사이에 전위차가 없으면, 금속내의 자유전자는 빠른 속도로 임의의 방향으로 무질서하게 움직이기 때문에 어떤 일정 시간 동안 주어진 단면을 통해 양쪽으로 통과하는 전하량은 서로 같기 때문에 전하의 흐름은 없다. 그러나 전위차(전압)가 전선에 인가되면 전기장이 생겨서 전자는 전기장의 반대 방향으로 흐르는데 이 전자들은 양극 방향으로 흐르게 된다.

이러한 전자의 순흐름이 일어나는 평균속도를 유동속도라 하는데 이는 전자 자신이 무질서하게 움직이는(열적 에너지에 의해) 속도보다 매우 작다. 일반적으로 유동속도의 크기는 1 mm/s 정도이다. 이런 속도로 전자가 1 m의 전선을 따라 움직이는데 약 17분이 걸린다. 그러나 전등은 스위치를 켜는(폐회로가 이뤄지면) 순간에 불이 들어오며, 전화통화시 전달되는 전자 신호는 거의 순간적으로 수 km의 전선을 이동한다. 어떻게 그것이 가능할까?

분명히 무엇인가가 유동속도보다 빠르게 움직여야만 하는데 이것이 바로 전기장이다. 전위차가 걸리면 그로 인해 생기는 전기장은 빛의 속도(재료 내에서는 약 10^8 m/s)와 비슷하게 도체 내에서 이동한다. 따라서 전기장은 도체 내의 모든 전자에 거의 동시에 영향을 주어 회로 내의 모든 부분에서 동시에 전류가 흐르기 시작한다.

따라서 스위치를 켜는 순간 전구의 필라멘트 안에 있는 전자들은 거의 즉시 움직이기 시작하여 에너지를 전달하며 빛을 낸다.

17.3 저항과 옴의 법칙

만약 전압(전위차)을 도체의 양단에 걸어주면 전류는 어떤 인자에 의하여 결정될 것인가? 전압이 높을수록 전류 또한 커진다. 그러나 내부 마찰이 파이프 내에서의 유체의 흐름에 영향을 주는 것과 같이 전선의 저항도 전하의 흐름에 영향을 줄 것이다. 전류의 흐름을 방해하는 모든 물체를 저항기라 한다. 즉, 회로에 사용하는 색띠가 있는 원통형의 저항기로부터 헤어드라이어나 전구와 같은 전기기기까지 저항기로 나타낸다(그림 17.4).

만약 물체 양단에 큰 전압을 걸어도 작은 전류가 흐른다면 그 물체는 큰 저항을 가지고 있다. 따라서 저항(R)은 다음과 같이 옴의 법칙으로 정의한다.

$$R = \frac{V}{I} \qquad \text{(전기저항)} \qquad (17.2)$$

저항의 SI 단위 : V/A 또는 Ω

저항의 단위는 V/A로서 전류와 전압과의 관계를 발견한 독일의 물리학자 게오르그옴(Georg Ohm : 1789~1854)을 기념하기 위해 옴(Ω)이라 한다. 그림 17.5a에 어떻게

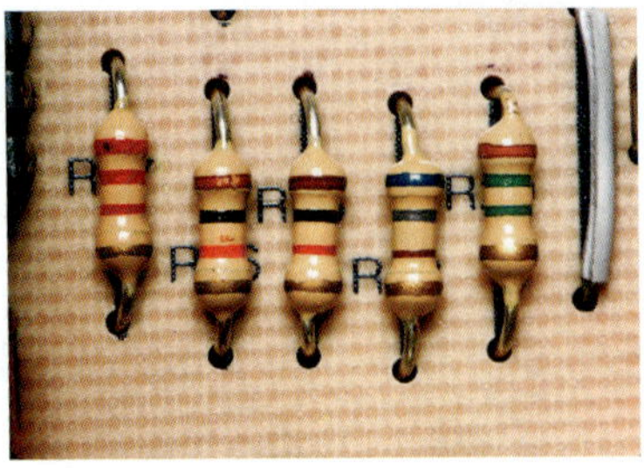

▲ 그림 17.4 저항의 예

서로 다른 값을 갖는 저항이 인쇄된 회로기판(printed circuit board)에 있다. 줄이 쳐진 원통형의 물체가 저항으로 줄의 색을 이용하여 저항값을 표시한다.

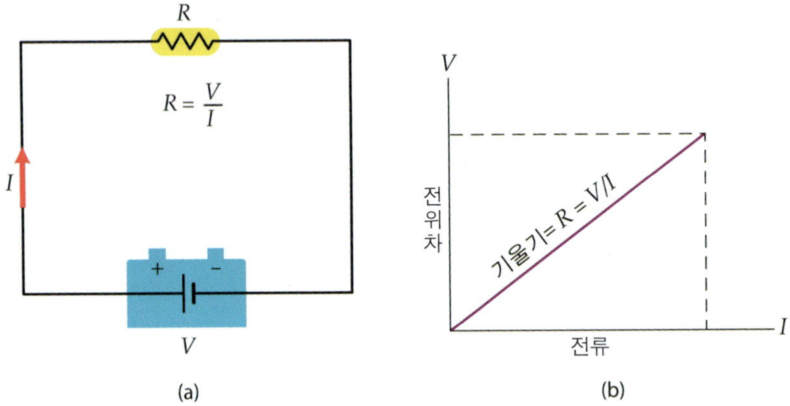

▲ 그림 17.5 저항과 옴의 법칙

(a) 모든 물체의 전기저항은 인가한 전압을 흐르는 전류로 나눔으로서 계산할 수 있다.

(b) 이 물체가 옴의 법칙을 만족하는 경우 전류에 따른 전압 변화를 그리면 기울기가 저항 R인 직선이 된다. 이때 저항은 전압에 따라 변하지 않는다.

저항을 계산하는지를 보여주는 개략적인 회로도를 나타내었다. 그러나 반도체와 같은 재료는 비선형의 전압−전류관계를 나타내며 옴의 법칙이 적용되지 않는다. 만약 별도의 설명이 없으면 저항기는 옴의 법칙을 따른다고 가정한다.

예제 17.2 ■ 집안에서의 위험 : 인체 저항

물과 전압에 노출된 집의 모든 방에서는 위험한 사고가 일어날 수 있다(18.5절에서 전기 안전에 대해 다룬다). 예를 들어, 사람이 샤워를 마치고 우연히 노출된 120 V가 흐르는 전선(아마도 헤어드라이어의 벗겨진 코드)을 손으로 만지면 어떻게 되겠는가? 인간의 몸은 젖었을 때 300 Ω의 낮은 저항을 나타낸다. 이 값을 이용하여 이 사람의 몸에 흐르는 전류를 추정하여라.

풀이

바닥 위의 전선은 120 V이고 바닥은 0 V이다. 따라서 사람 몸에 걸린 전압은 120 V이다. 식 17.2로부터

$$I = \frac{V}{R} = \frac{120\ \text{V}}{300\ \Omega} = 0.400\ \text{A} = 400\ \text{mA}$$

이 전류는 일반 기준으로 볼 때는 작은 전류이지만 인체에서는 큰 전류이다. 10 mA 이상의 전류가 흐르면 심각한 근육 수축을 유발할 수 있고, 100 mA 크기의 전류는 심장을 멈추게 할 수 있다. 따라서 이 전류는 치명적인 위험이 있다.

■ 저항에 영향을 미치는 인자

원자 레벨에서는 물질내의 원자들과 전자가 충돌하면 저항은 증가하는데 물질의 종류에 따라 달라진다. 또한 물체의 기하학적인 인자 또한 저항에 영향을 미치는데 요약하면, 전선과 같이 일정한 단면을 갖는 물체의 저항은 다음의 네 가지 인자에 의존한다. (1) 물질의 종류, (2) 길이, (3) 단면적, (4) 온도(그림 17.6)이다.

전선과 같은 물체의 저항은 그의 단면적(A)에 반비례하고 길이(L)에 비례한다. 즉, $R \propto L/A$. 이는 파이프가 길수록 유체 흐름에 대한 저항은 커지며, 단면적이 클수록 단위 시간당 흐를 수 있는 유체의 양은 커지는 현상과 유사하다.

■ 비저항

물질의 종류에 따른 저항의 변화는 그 물질의 비저항(ρ)으로 표시하며 균일한 단

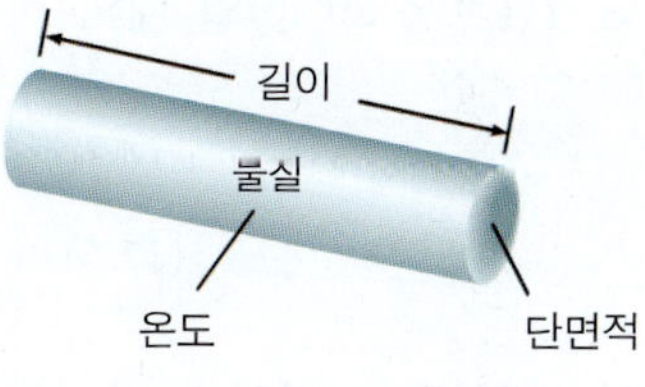

▲ **그림 17.6 저항인자**
원통형 도체의 저항은 그 물질의 종류, 길이(L), 단면적(A), 및 온도(T)에 따라 변한다.

▼ 표 17.1 여러 가지 물질에 대한 20℃에서 비저항 및 비저항의 온도계수

	$\rho(\Omega \cdot m)$	$\alpha(1/℃)$		$\rho(\Omega \cdot m)$	$\alpha(1/℃)$
전도체			반도체		
알루미늄	2.82×10^{-8}	4.29×10^{-3}	카본	3.6×10^{-5}	-5.0×10^{-4}
구리	1.70×10^{-8}	6.80×10^{-3}	게르마늄	4.6×10^{-1}	-5.0×10^{-2}
철	10×10^{-8}	6.51×10^{-3}	실리콘	2.5×10^{2}	-7.0×10^{-2}
수은	98.4×10^{-8}	0.89×10^{-3}			
니크롬(니켈・크롬합금)	100×10^{-8}	0.40×10^{-3}	부도체		
니켈	7.8×10^{-8}	6.0×10^{-3}	유리	10^{12}	
백금	10×10^{-8}	3.93×10^{-3}	고무	10^{15}	
은	1.59×10^{-8}	4.1×10^{-3}	목재	10^{10}	
텅스텐	5.6×10^{-8}	4.5×10^{-3}			

면적을 갖는 물체의 저항은 다음과 같이 주어진다.

$$R = \rho\left(\frac{L}{A}\right) \tag{17.3}$$

비저항(ρ)의 SI 단위는 $\Omega \cdot$m이다. 대표적인 도체, 반도체 및 부도체의 20 ℃에서 비저항값을 표 17.1에 나타내었다. 일반적인 전선은 1 mm^{2}의 단면적을 갖는 구리로 되어 있는데, 길이 1.5 m 구리 전선의 저항은 0.025 Ω 으로 대부분의 가전기기의 저항값에 비하여 매우 작기때문에 회로에서 전선의 저항이 왜 무시될 수 있다.

온도변화가 그리 크지 않다면 물질의 비저항은 온도에 따라 거의 직선적으로 변화한다. 온도 T에서의 비저항은 다음과 같다.

$$\rho = \rho_0(1 + \alpha \Delta T) \qquad \text{(비저항의 온도의존성)} \tag{17.4}$$

여기서 α는 상수로 비저항의 온도계수이며, ρ_0 는 온도 T_0(보통 20 ℃)일 때의 비저항이다. 식 17.4를 다음과 같이 표시할 수 있다.

$$\Delta\rho = \rho_0 \alpha \Delta T \tag{17.5}$$

여기서 $\Delta\rho = \rho - \rho_0$는 온도가 ΔT 변화할 때의 비저항 변화이다. 저항은 비저항과 정비례하므로(식 17.3), 균일한 단면을 갖는 물체의 저항은 온도에 따라 다음과

같이 변화한다.

$$R = R_0(1 + \alpha \Delta T) \text{ 또는 } \Delta R = R_0 \alpha \Delta T \tag{17.6}$$

(온도에 따른 저항 변화)

여기서 $\Delta R = R - R_0$로 기준값인 20 ℃ 에서의 저항 R_0로부터의 변화량을 나타낸다. 온도에 따른 저항의 변화를 이용하여 저항온도계와 같은 온도측정 장치를 만들 수 있다.

■ 초전도

금속을 포함한 많은 재료들은 양의 비저항 온도계수를 갖고 있으며, 따라서 온도가 증가함에 따라 저항이 증가한다. 저항이 0 될 때의 현상을 초전도현상이라 한다(네덜란드 물리학자 Heike Kamerlingh Onnes에 의해 1911년 처음 발견됨). 최근까지 개발된 초전도재료의 경우 초전도현상이 일어나기 위해서는 온도가 약 100 K 이하여야 한다. 이 현상의 응용 분야 중의 한 예로 초전도 자석인데 저항이 없기 때문에 매우 큰 전류와 아주 높은 자기장이 가능하다. 초전도 물질은 저항 손실이 없이 전력을 전송하는데 사용할 수 있다.

17.4 전 력

전기에너지는 빛(전구)이나 기계운동(전기 드릴)과 같은 다른 형태의 에너지로 변환될 수 있다. 에너지 보존법칙에 따르면 에너지 형태에는 관계없이 전지로부터 전자가 받은 총 에너지는 회로내의 부품으로 완전히 전달되어야 한다(전선에서의 에너지 손실을 무시할 때). 다시 말하면 전원 또는 건전지로 되돌아오는 전자는 전원으로부터 받았던 모든 전기위치에너지를 잃고 다시 전원으로부터 에너지를 받을 준비가 되어있는 것이다. 그리고 이러한 과정이 되풀이되면서 전류가 흐르는 것이다.

전압이 V인 전원으로부터 전하 q가 받은 에너지는 qV인데 단위는 C(J/C) = J이다. 시간 간격 t 평균 에너지 전달속도를 우리는 평균전력 $\overline{P}$ 라 하며 다음과 같이 쓸 수 있다.

$$\overline{P} = \frac{W}{t} = \frac{qV}{t}$$

특별한 경우로 전류와 전압이 시간에 관계없이 일정할 때 평균전력은 순간전력과 같다. 전력의 SI 단위는 J/s로 와트(W)라 한다. 일정한 전류(직류)의 경우 $I = q/t$ 이므로 다음의 식을 얻을 수 있다.

$$P = IV \quad \text{(전력)} \tag{17.7a}$$

전력의 SI 단위가 A에 V를 곱하면 J / s 또는 W와 같다. $R = V/I$이므로 전력은 다음과 같이 표현할 수 있다.

$$P = IV = \frac{V^2}{R} = I^2R \quad \text{(전력)} \tag{17.7b}$$

■ 주울 열

전기 전송선과 같이 전류가 흐르는 저항에서의 열방출은 주울(Joule) 열 또는 전력(I^2R) 손실로 표현할 수 있는데, 이 주울 열은 에너지 손실로 바람직하지 않다. 그러나 전기에너지를 열에너지로 변환하는 것이 목적인 전열기, 헤어드라이어, 토스터 등도 있다.

(a) (b)

▲ **그림 17.7 소비전력등급**

(a) 전구의 등급은 W로 표시한다. 120 V에서 작동하는 60 W의 전구는 매초 60 J의 전기에너지를 소비한다.

(b) 가전기기의 소비전력등급은 필요한 전압과 전력 또는 필요한 전압과 전류로 표시한다. 전류와 전력으로부터 저항을 알 수 있다. 그림은 120 V용 18 W의 소비전력을 나타내는 기기와 120 V 300 mA 기기의 소비전력 등급표를 나타낸다. 앞의 경우 흐르는 전류와 저항을 구하고 뒤의 경우 전력과 저항을 구할 수 있는가?

▼ 표 17.2 240 V용 가전용 전기제품들의 소비전력과 전류

제품	전력(W)	전류(A)	제품	전력(W)	전류(A)
개별 냉방기	1500	6.25	휴대용 가열기	1500	6.25
중앙 냉방기	5000	20.85	전자렌지	900	2.6
믹서	800	3.35	카셋플레이어	14	0.06
건조기	6000	25	냉장고	500	2.1
세탁기	840	3.5	전기스토브	6000	25.0
커피메이커	1625	6.75	전기 오븐	4500	18.75
접시 닦기	1200	5.0	텔레비전	100	0.415
전기 난로	180	0.75	토스터	960	3.95
헤어드라이어	1200	5.0	물 가열기	4500	18.75

백열전구는 와트(전력)로 등급이 매겨진다. 예를 들어, 60 W(그림 17.7a)의 백열전구는 빛을 내는 광원으로는 상대적으로 효율이 낮아 5 % 미만의 전기에너지가 가시광선으로 변환된다. 생성된 에너지의 대부분은 보이지 않는 적외선과 열이다. 형광등은 백열전구에 비해서는 같은 밝기를 얻을 때 약 75 %의 에너지 소비를 줄일 수 있다. 전기제품에는 소비전력을 나타내는 표가 붙어 있다. 즉 필요한 전압과 전력 또는 필요한 전압과 전류로 그림 17.7b 소비전력등급을 표시한다. 몇몇 가정용 전기제품의 일반적인 소비전력을 표 17.2에 나타내었다.

우리가 지불하는 전기요금은 kWh의 단위로 표현되는 전기에너지이다.

$$\begin{aligned} 1\ \text{kWh} &= (1000\ \text{W})(3600\ \text{s}) = (1000\ \text{J/s})(3600\ \text{s}) \\ &= 3.6\times10^6\ \text{J} = 3.6\ \text{MJ} \end{aligned}$$

따라서 전기기기를 작동하기 위해 사용한 전기에너지 때문에 우리는 전력회사에 요금을 지불하는 것이다.

연습문제

1. 6.0 V 전지 2개와 12 V 전지 1개가 직렬로 연결되어 있다.
 (a) 전체 전압을 구하라.
 (b) 이 세 개의 전지를 어떻게 연결하면 12 V의 전압을 얻을 수 있는가?

2. 자동차의 스타터모터는 시동시 전지로부터 50 A의 전류를 사용한다. 시동 시간이 1.5 s라면 이 시간동안 회로 내 일정 위치를 통과하는 전자의 수는 몇 개인가?

3. 1.25분 동안 20 C의 전하가 전선의 일정 위치를 통과했다. 만약 전선에 흐르는 전류가 두 배가 되면 그 부분에 30 C의 전하가 통과하는데 걸리는 시간은 얼마가 되겠는가?

4. 12 V 전지의 양단자에 15 Ω의 저항을 연결하였을 때 흐르는 전류를 구하라.

5. 전지에 2.0 Ω의 저항을 연결하였을 때 0.50 A의 전류를 얻고자 한다면 전지의 전압은 얼마가 되어야 하는가?

6. 길이가 0.60 m인 구리선의 지름이 0.10 cm일 때 이 구리선의 저항은 얼마인가?

7. 단면이 한 변의 길이가 0.50 cm인 정사각형인 긴 막대 모양의 물체가 있다. 길이가 20 m인 이 막대모양의 물체에 100 V의 전압을 걸었을 때 5.0 A의 전류가 흘렀다.
 (a) 이 물체의 비저항은 얼마인가?
 (b) 이 물체는 도체인가 절연체인가 또는 반도체인가?

8. 길이가 같은 두 개의 구리선이 있다. 그중 한 구리선의 지름이 나머지의 3배이다. 굵은 구리선의 저항이 1.0 Ω이라면 가는 도선의 저항은 얼마인가?

9. 어떤 저항이 12 V전원에 연결되었을 때 185 mA의 전류가 흘렀다. 같은 저항이 90 V의 전원에 연결되었을 때는 1.25 A의 전류가 흘렀다. 이것은 옴의 법칙이 적용되는 저항인가? 수학적으로 답을 기술하라.

10. 소비전력이 1500 W, 7.5 A인 전기 주전자가 있다. 이 전기 주전자를 하루에 2시간 사용한다.
 (a) 만약 전기사용료가 140원/kWh라면 30일 동안 전기주전자를 사용한 요금은 얼마인가?
 (b) 이 전기주전자의 저항은 얼마인가?

11. 20 Ω 저항이 4개의 1.5 V 전지에 연결되어 있다. 전지가
 (a) 직렬로 연결되어 있을 때
 (b) 병렬로 연결되어 있을 때
 저항에서의 매분 열손실은 몇 J이겠는가?

12. 백열전구의 텅스텐 필라멘트는 상온(20 ℃)에서 200 Ω의 저항을 갖는다. 텅스텐의 비저항계수가 4.5×10^{-3} (1/℃)일 때 1600 ℃에서의 저항을 구하라.

18 기초 전기회로

전기회로에는 여러 종류가 있으며, 물을 끓이기 위한 것부터 크리스마스트리의 점등을 위한 것까지 각기 다른 목적으로 꾸며진다. 회로해석에서는 일반적으로 전압, 전류, 전력을 다룬다. 회로를 먼저 이론적으로 분석하여 그 회로가 정상적으로 작동할 수 있는지 없는지, 안전문제는 없는지를 알 수 있다.

18.1 직렬, 병렬 및 직렬 –병렬연결에서의 저항

회로도 상의 저항기호(─⋀⋀⋀─)는 백열등 또는 토스터와 같이 회로에 연결된 임의의 기기를 나타낸다. 이들은 모두 옴의 법칙을 따른다고 가정한다. 그리고 저항을 연결하는 도선의 저항은 무시하자.

■ 저항의 직렬연결

전압, 즉 전위차는 단위 전하당의 에너지 변화를 나타낸다. 전위가 증가하면 +로, 전위가 감소하면 −로 표시한다. 그림 18.1a에서 에너지 보존법칙에 의해 각 저항 양단의 전압(V_i, $i=1$, 2 또는 3)의 합은 전지 양단의 전압 V와 같아야 한다. 따라서 전압의 증가분과 감소분을 모두 합하면 $V-\Sigma V_i = 0$이다. 그리고 각각의 저항은 옴의 법칙을 따르므로

$$V-\Sigma(IR_i)=0 \quad \text{또는} \quad V=\Sigma(IR_i) \tag{18.1}$$

그림 18.1a에 표시된 전등은 서로 직렬연결되어 있다고 한다. 저항이 직렬연결되어 있으면 전하 보존법칙에 의하여 모든 저항기를 통과하는 전류는 동일해야 한다. 저항을 통과하는 공통 전류를 I라 표시하면 식 18.1은 3개의 저항이 있는 경우 다음과 같이 표시된다(그림 18.1a).

$$V = V_1 + V_2 + V_3 = IR_1 + IR_2 + IR_3 = I(R_1 + R_2 + R_3)$$

3개의 저항을 하나의 다른 저항으로 대치하였을 때, 같은 전압에서 직렬연결시와 동일한 전류가 흐른다면 $V = IR_s$ 또는 $R_s = V/I$, 이때 R_s를 직렬연결에서의 등가저항이라 한다. 따라서 저항이 직렬연결된 경우 등가저항은 다음과 같다.

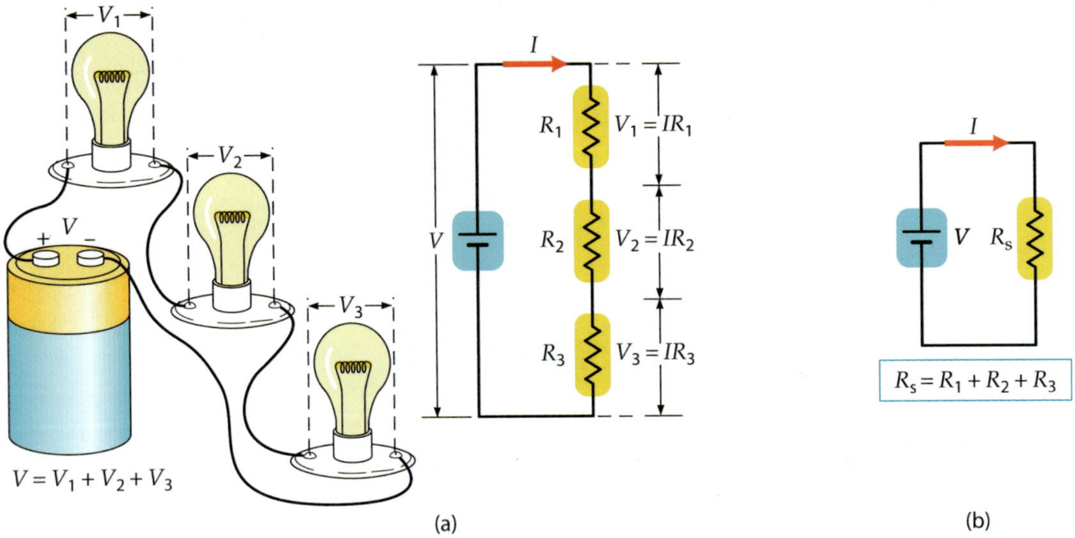

▲ **그림 18.1 저항의 직렬연결**

(a) 저항기(전구의 저항을 나타냄)가 직렬연결된 경우 각 저항기를 통과하는 전류는 동일하며, 각 저항기에서의 일어난 전압강하의 총 합 ΣV_i은 전지의 전압 V와 같다.

(b) 직렬연결시 등가저항은 각 저항의 합과 같다.

$$R_s = \frac{V}{I} = R_1 + R_2 + R_3$$

즉, 저항이 직렬연결된 경우 등가저항은 각각의 저항의 합이다. 이런 결과는 직렬연결된 저항의 수에 관계없이 적용될 수 있다.

$$R_s = R_1 + R_2 + R_3 + \cdots = \Sigma R_i \quad \text{(직렬연결시의 등가저항)} \qquad (18.2)$$

가정용 배선에서는 직렬연결은 쓰이지 않는다. 이것은 직렬연결이 병렬연결에 비해 두 가지의 큰 단점이 있기 때문인데 첫 번째 단점은 그림 18.1a에서 백열등 중 하나의 필라멘트가 끊어졌을 때 (또는 하나의 전구만 끄면) 모든 전구가 꺼지게 된다. 두 번째 단점은 각각의 저항기에는 전지의 전압(V)보다 낮은 전압이 걸리는 것이다. 만일 이 회로에 네 번째 저항이 직렬로 더해진다면 각각의 백열등에 걸리는 전압은 더 낮아지고, 그로 인해 통과하는 전류도 낮아져 모든 백열등에는 낮은 전력이 전달될 것이다. 따라서 백열등은 기준 등급만큼 밝지 못하고 어둡게 될 것이다.

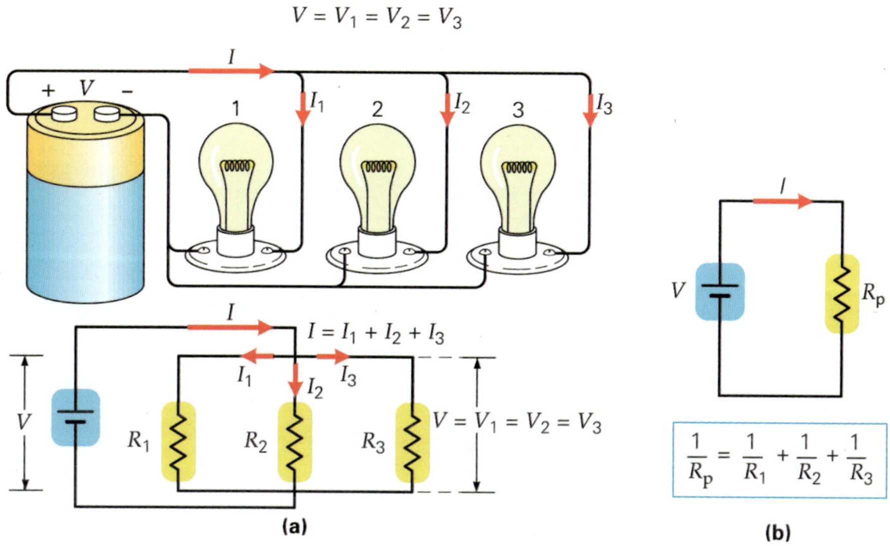

▲ 그림 18.2 저항의 병렬연결

(a) 저항이 병렬연결되었을 때 각 저항에서의 전압강하는 동일하고, 전지를 통과하는 전류는 각각의 저항으로 분리되어 흐른다.

(b) 병렬연결시의 등가저항 R_p

■ 저항의 병렬연결

저항의 한쪽은 모두 전지의 한쪽에 연결되고, 저항의 다른 한쪽은 모두 전지의 다른 한쪽에 연결하는 것을 저항의 병렬연결이라 한다(그림 18.2a). 이 경우 각각의 저항에서의 전압강하는 모두 동일하다. 가정용 전기배선은 병렬연결되어 있어 각각의 가전제품은 모두 정격전압에서 작동하며, 가전제품 하나를 꺼도 다른 제품에는 아무런 영향을 미치지 않게 된다. 병렬회로에서는 전류가 여러 개의 다른 경로로 분리되어 흐른다(그림 18.2a). 전지로부터 나오는 총 전류는 각각의 저항을 통과하는 전류의 합과 같다.

병렬연결된 모든 저항기를 하나의 저항기로 대체하였다 생각하자. 만약 이 하나의 저항기에 병렬연결시와 같은 전류가 흘렀다면 그 저항기의 저항을 병렬연결시의 등가저항(R_p)이라 한다. 따라서 $R_p = V/I$ 또는 $I = V/R_p$. 그리고 전압강하(V)는 모든 저항에서 동일해야 한다.

각각의 저항을 통과하는 전류는 $I_i = V/R_i$(첨자 i는 임의의 저항을 말한다. 1, 2, 3, …). 이를 각각의 전류에 대해 치환하면

$$I = I_1 + I_2 + I_3 = \frac{V}{R_1} + \frac{V}{R_2} + \frac{V}{R_3}$$

따라서,

$$\frac{V}{R_p} = V\left(\frac{1}{R_p}\right) = V\left(\frac{1}{R_1} + \frac{1}{R_2} + \frac{1}{R_3}\right)$$

그러므로 각 저항과 등가저항 간의 관계식은 다음과 같다.

$$\frac{1}{R_p} = \frac{1}{R_1} + \frac{1}{R_2} + \frac{1}{R_3}$$

이 결과는 병렬연결된 저항의 수에 관계없이 적용될 수 있다.

$$\frac{1}{R_p} = \frac{1}{R_1} + \frac{1}{R_2} + \frac{1}{R_3} + \dots = \Sigma\left(\frac{1}{R_i}\right) \quad \text{(병렬연결시의 등가저항)} \quad (18.3)$$

병렬연결의 경우 등가저항은 연결된 저항의 가장 작은 저항보다도 작다. 병렬연결로 저항을 추가할수록 등가저항은 감소하여 흐르는 총 전류는 증가한다.

예제 18.1 ■ 저항의 직렬연결과 병렬연결

3개의 저항(1.0 Ω, 2.0 Ω과 3.0 Ω)이 (a) 직렬(그림 18.1a)로, (b) 병렬(그림 18.3a)로 연결되었을 경우의 등가저항은 얼마인가? (c) 각각의 경우 12 V 전지에 흐르는 전류는 얼마인가?

풀이

(a) 직렬연결시의 등가저항은 식 18.2로부터

$$R_s = R_1 + R_2 + R_3 = 1.0\ \Omega + 2.0\ \Omega + 3.0\ \Omega = 6.0\ \Omega$$

기대한 것처럼 가장 큰 저항보다 더 큰 값을 나타낸다.

(b) 병렬연결시의 등가저항은 식 18.3으로부터

$$\frac{1}{R_p} = \frac{1}{R_1} + \frac{1}{R_2} + \frac{1}{R_3} = \frac{1}{1.0\ \Omega} + \frac{1}{2.0\ \Omega} + \frac{1}{3.0\ \Omega}$$

$$= \frac{6.0}{6.0\ \Omega} + \frac{3.0}{6.0\ \Omega} + \frac{2.0}{6.0\ \Omega} = \frac{11}{6.0\ \Omega}$$

역수를 취하면

$$R_p = \frac{6.0\ \Omega}{11} = 0.55\ \Omega$$

예상한 것처럼 가장 작은 저항보다 더 작다.

(c) 직렬연결시에는 등가저항 하나가 전지에 연결되어 있다 생각하고, 전지를 통과하는 전류를 구한다.

$$I = \frac{V}{R_s} = \frac{12\ \text{V}}{6.0\ \Omega} = 2.0\ \text{A}$$

각각의 저항에서의 전압강하를 계산해보자.

$$V_1 = IR_1 = (2.0\,\text{A})(1.0\ \Omega) = 2.0\ \text{V}$$
$$V_2 = IR_2 = (2.0\,\text{A})(2.0\ \Omega) = 4.0\ \text{V}$$
$$V_3 = IR_3 = (2.0\,\text{A})(3.0\ \Omega) = 6.0\ \text{V}$$

직렬연결의 경우 각각의 저항을 통과하는 전류는 같다는 것을 생각하면 저항이 클수록 더 큰 전압을 필요로 하는 것을 알 수 있다. 또 다른 확인으로서 저항에서 일어난 전압강하의 총 합($V_1 + V_2 + V_3$)은 전지의 전압과 같다는 것을 알 수 있다.

병렬연결의 경우에도 총 전류는 병렬시의 등가저항을 사용하여 결정할 수 있다. 병렬연결된 각각의 저항에는 같은 전압이 인가되며, 각각의 저항을 통과하는 전류도 계산할 수 있다. 병렬연결에서의 총 전류는

$$I = \frac{V}{R_p} = \frac{12\ \text{V}}{0.55\ \Omega} = 22\ \text{A}$$

병렬연결의 경우 흐르는 총 전류는 직렬연결의 경우 흐르는 총 전류보다 훨씬 크다는 것을 알아야 한다(이유는?). 이제 전압이 12 V이므로 각각의 저항을 통과하는 전류를 결정할 수 있다.

$$I_1 = \frac{V}{R_1} = \frac{12\ \text{V}}{1.0\ \Omega} = 12\ \text{A}$$

$$I_2 = \frac{V}{R_2} = \frac{12\ \text{V}}{2.0\ \Omega} = 6.0\ \text{A}$$

$$I_3 = \frac{V}{R_3} = \frac{12\ \text{V}}{3.0\ \Omega} = 4.0\ \text{A}$$

전지를 통과하는 전류는 저항을 통과하는 전류의 총 합과 같다. 병렬연결의 경우 각 저항에는 같은 전압이 걸리기 때문에 가장 작은 저항에 큰 전류가 흐른다(즉 최소저항에 모든 전류가 흐르는 것이 아니라 가장 큰 전류가 흐른다).

크리스마스트리에서는 큰 전구가 직렬로 여러 개 연결되었었다. 그중 한 전구가 끊어지면 다른 모든 전구에 불이 들어오지 않았으며, 수리를 위해서는 끊어진 전구를 찾아야만 했다. 요즘에는 작은 꼬마전구가 여러 개 연결되어 있으며 그중 몇몇 전구가 끊어지더라도 나머지 전구에는 불이 들어온다.

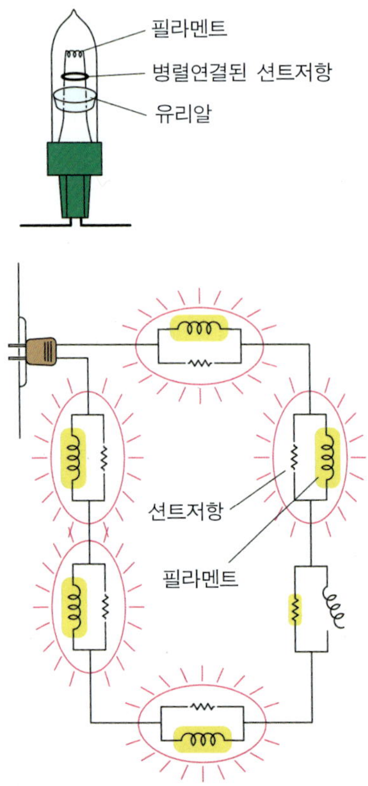

▲ **그림 18.3 션트저항을 이용한 크리스마스트리용 전구**

전구의 필라멘트가 끊어지면 전구의 필라멘트와 평행으로 연결되어 있던 션트저항이 작용하여 개방된 회로를 다시 복구하고 전류를 흐르게 한다. 만약 션트가 없다면 하나의 전구가 끊어지면 모든 전구에 불이 들어오지 않을 것이다.

각각의 꼬마전구에는 션트저항이 필라멘트와 절연된 상태로 병렬로 연결되어 있다(그림 18.3). 정상상태에서 션트저항은 필라멘트와 연결되지 않아 전류가 흐르지 않는데 전구의 필라멘트가 끊어지거나 타버리면 순간적으로 개방회로가 되어 션트저항 양단의 전압은 콘센트 전압인 220 V가 된다. 이 전압은 높아 스파크를 일으켜 션트저항을 둘러싼 절연물질을 태워 날려버려 션트저항이 필라멘트와 전기적인 접촉상태가 되어 다시 전체 회로가 연결되고, 나머지 꼬마전구에도 불이 들어온다(그림 18.3의 회로에서 저항이 거의 없는 선인 션트는 작은 저항표시로 나타나 있다).

■ 저항의 직렬-병렬연결

회로에서 저항은 직렬-병렬이 혼합된 다양한 형태로 연결될 수 있다. 전원이 하나인 직렬-병렬 저항회로는 등가저항을 갖는 하나의 저항이 연결된 단일 폐회로로 단순화될 수 있다. 회로를 단순화 시킨 후 $I = V/R$ 식을 이용하여 단일회로에 통과하는 전류를 구한다. 다음으로 축소과정의 역으로 등가저항 대신 축소되기 전 단계의 저항 배열로 되돌려 앞서 계산한 전류를 이용하여 각각의 저항을 통과하는 전류와 전압을 찾는다. 이 과정을 처음의 저항연결 상태에 도달할 때까지 계속한다.

18.2 다중 폐회로와 키르히호프의 법칙

전원이 하나인 직렬-병렬 회로는 항상 단일회로로 축소될 수 있다. 그러나 복잡한 회로(여러 개의 전원 또는 저항을 갖고 있음)의 경우에는 더 일반적인 방법인 키르히호프의 법칙을 적용해야 한다. 이 법칙은 전하보존법칙과 에너지의 보존법칙의 또 다른 표현이다. 그림 18.4b의 점 A와 같이 3 개 혹은 그 이상의 선이 만나는 점을 결합점(또는 분기점)이라 한다.

■ 키르히호프의 결합점(또는 분기점)정리

키르히호프의 제1법칙인 결합점정리는 임의의 결합점에서 전류의 대수합은 0 이다.

$$\Sigma I_i = 0 \quad (\text{결합점에서의 전류의 합}) \tag{18.4}$$

이것은 결합점(또는 분기점)으로 들어오는 전류(양으로 표시)와 나가는 전류(음으로

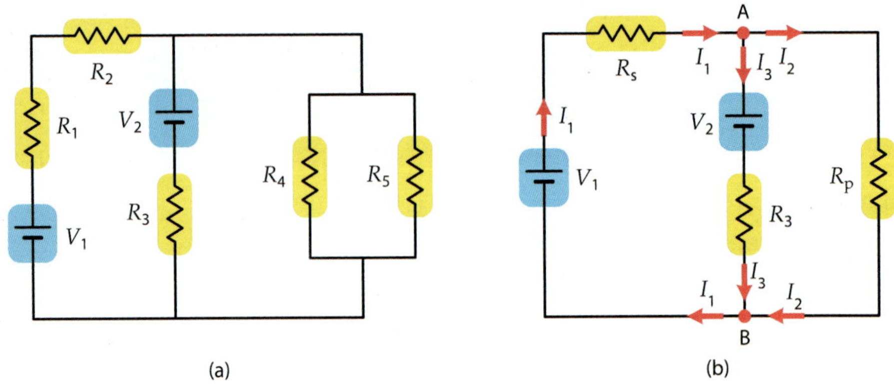

▲ **그림 18.4 다중루프 회로**

전원을 2개 이상 포함하는 회로는 직렬연결이나 병렬연결의 방법으로는 하나의 폐회로로 단순화되지 않는다. 그러나 (a)와 (b)에서처럼 회로의 일부분 축소는 가능하다. A나 B와 같은 결합점에서 전류는 분리되거나 모인다. 결합점과 결합점 사이의 경로를 지류라 한다. 그림 (b)의 경우에는 3개의 지류가 있다.- 즉 3개의 다른 경로를 통해 결합점 A로부터 결합점 B에 도달할 수 있다.

표시)의 합이 0이라는 것을 의미한다. 이 법칙은 단순히 전하보존을 표현한 것이다. 예를 들어 그림 18.4b의 경우 결합점 A에서 전류의 대수합은 $I_1 - I_2 - I_3 = 0$이다. 이를 다시 표현하면 다음과 같다.

$$I_1 = I_2 + I_3 \qquad \text{(들어오는 전류 = 나가는 전류)}$$

■ 키르히호프의 전류환(또는 폐회로)정리

키르히호프의 제2법칙인 전류환정리는 임의의 폐회로인 전류환에서 회로요소를 통과할 때 일어난 전위차(전압)의 대수합은 0이라는 것을 나타낸다.

$$\Sigma V_i = 0 \qquad \text{(폐회로 전류환에서의 전압의 합)} \qquad (18.5)$$

이는 에너지 보존을 나타내는 것으로서 임의의 폐회로인 전류환을 한바퀴 돌 때 증가한 전압과 감소한 전압의 합은 항시 같다.

어느 방향으로 폐회로를 돌든 각각의 회로요소를 통과하면서 전압의 증가 또는 감소를 가져오므로 전압의 부호를 올바르게 정하는 것이 중요한데, 그림 18.5에 표시된 규칙을 이용할 것이다. 음극으로부터 양극으로 전지를 지나가면 전압은 증가(+)하는 것으로, 반대 방향인 양극에서 음극으로 전지를 지나가면 전압은 낮아지는(−) 것으로 표시한다.

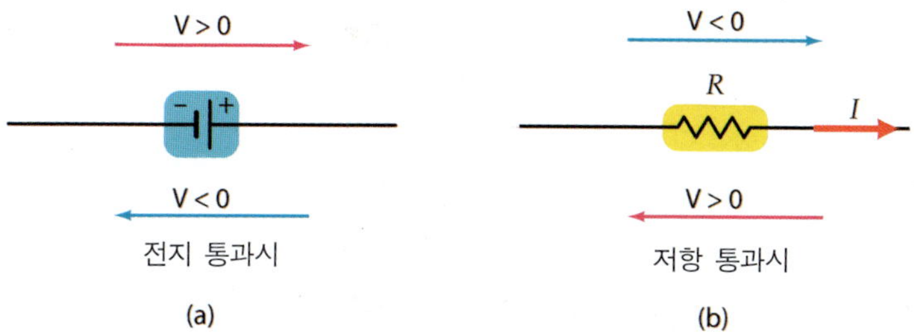

▲ **그림 18.5 키르히호프의 루프정리시 부호의 결정**

(a) 전지를 음극에서 양극으로 지나가면 전지의 전압를 양으로 표시하고, 양극에서 음극으로 지나가면 전지의 전압을 음으로 표시한다.

(b) 저항을 지정된 전류의 방향과 반대 방향으로 지나가면 저항 양단의 전압을 양으로 표시하고, 반대로 지정된 전류의 방향으로 지나가면 저항 양단의 전압을 음으로 표시한다.

저항을 지나면서 일어나는 전압의 변화는 지정된 전류의 방향과 같은 방향으로 지나가면 낮아져 음으로 표시하고, 저항을 지정된 전류의 방향과 반대 방향으로 지나가면 전위가 증가하여 양으로 표시한다. 이렇게 전압의 부호를 정하면 폐회로를 지나가는 방향에 관계없이 폐회로에서의 전압의 합을 계산할 수 있다.

예제 18.3 ■ 간단한 회로 : 키르히호프의 법칙을 적용

두 개의 저항기 R_1과 R_2가 병렬로 연결되어 있고 이것들이 가장 큰 저항을 갖는 저항기 R_3와 직렬로 연결되어 있다. 그리고 이들 양단에 전지가 연결되어 전기회로를 이루고 있다.

(a) R_1, R_2, R_3 중 어떤 저항기에 가장 많은 전류를 흐르는가? 그리고 그 이유를 설명하여라.

(b) $R_1=6.0\,\Omega$, $R_2=3.0\,\Omega$, $R_3=10.0\,\Omega$이고 전지 양단의 전압이 12.0 V라 가정하고, 키르히호프의 법칙을 이용하여 각 저항을 통과하는 전류와 저항에 걸리는 전압을 구하여라.

풀이

(a) 정성적인 해석

가장 좋은 방법은 그림 18.6과 같이 주어진 설명에 따라 전기회로를 그리는 것이다. 가장 작은 저항을 갖는 저항기에 가장 큰 전류가 흐른다 생각할 수도 있을 것이다. 그러나 이것은 모든 저항이 병렬로 연결되어 있을 때에만 적용된다는 것을 주의해야 한다. 병렬연결된 두 저항에는 각각 총 전류의 일부만이 흐르고 이들 두 전류의 합인 총 전류는 저항 R_3를 통과한다. 그러므로 가장 큰 전류를 흐르는 저항은 R_3이다.

(b) 정량적인 해석

미지의 값은 총 전류(I)와 병렬연결된 두 저항을 통과하는 두 전류 I_1과 I_2의 3개이다. 전지는 한 개만 있기 때문에 전류는 그림에서와 같이 시계방향으로 흐르게 된다. 키르히호프의 결합점 정리를 첫 번째 결합점에 적용하면 다음의 결과를 얻을 수 있다.

$$\Sigma I_i = 0 \text{ 또는 } I - I_1 - I_2 = 0 \quad (1)$$

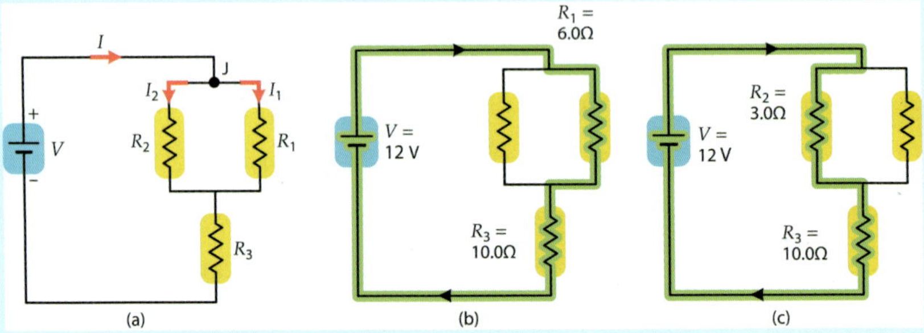

▲ 그림 18.6 회로그리기와 키르히호프의 법칙

(a) 예제에 설명된 내용을 회로도로 작성한 그림.

(b) 예제의 풀이에서 이용한 두 개의 루프

그림 18.6b에서와 같이 시계방향으로 루프정리를 이용하자. 음의 단자로부터 양의 단자로 전지를 통과하고 저항 R_1과 R_3 지나게 되면 폐회로가 완성된다. 이때 결과식은 다음과 같다.

$$\Sigma V_i = 0 \text{ 또는 } +V + (-I_1R_1) + (-IR_3) = 0 \quad (2)$$

세 번째 식은 R_1 대신에 R_2를 지나는 폐회로에서 루프정리를 적용하여 얻을 수 있다.

$$\Sigma V_i = 0 \text{ 또는 } +V + (-I_2R_2) + (-IR_3) = 0 \quad (3)$$

전지 전압과 저항을 대입한 후 식을 정리하면

$$I = I_1 + I_2 \quad (1a)$$

$$12 - 6I_1 - 10I = 0 \text{ 또는 } 6 - 3I_1 - 5I = 0 \quad (2a)$$

$$12 - 3I_2 - 10I = 0 \quad (3a)$$

위의 식 (2a)와 (2b)를 더하면 $18-3(I_1+I_2)-15I=0$을 얻을 수 있다. 그리고 식 (1a) $I=I_1+I_2$로부터 다음과 같이 된다.

$$18-3I-15I=0 \text{ 또는 } 18I=18$$

따라서 총 전류는 $I=1.00\ \text{A}$이다.

식 (3a)와 (2a)으로부터 남은 전류를 구할 수 있다.

$$I_2=\frac{2}{3}\ \text{A와 } I_1=\frac{1}{3}\ \text{A}$$

이 결과는 (a)의 전기회로도로부터 추론한 결과와 일치한다.

이제 전류값을 얻었기 때문에 저항에 걸리는 전압은 옴의 법칙 $V=IR$로부터 얻을 수 있다.

$$V_1=I_1R_1=\left(\frac{1}{3}\ \text{A}\right)(6.0\ \Omega)=2.0\ \text{V}$$

$$V_2=I_2R_1=\left(\frac{2}{3}\ \text{A}\right)(3.0\ \Omega)=2.0\ \text{V}$$

$$V_3=I_3R_3=(1.0\ \text{A})(10.0\ \Omega)=10.0\ \text{V}$$

예상했던 것처럼 병렬연결된 저항에서의 전압 강하는 서로 같다. 그것 때문에 총 전류의 3분의 2가 가장 작은 저항인 R_2를 통과하며, 총 회로의 양단에 걸리는 전압은 12.0 V이다.

■ 키르히호프 법칙의 응용

앞의 예제 18.3은 회로의 등가저항을 계산하여 문제를 풀 수도 있다. 이 책에서는 키르히호프의 법칙을 적용할 때 다음과 같은 순서를 따를 것이다.

1. 우선 들어오는 전류와 나가는 전류의 방향을 임의로 결합점에서 표시한다(여기서 정한 방향이 반대이면 음의 값을 얻을 것이다).
2. 그림 18.7과 같이 전류환을 적용할 전류환의 방향을 표시한다. 모든 지류는 반드시 적어도 한 전류환에는 포함되어야 한다.
3. 결합점에서 키르히호프의 첫 번째 법칙(결합점 원리)을 적용한다.
4. 모든 지류를 통과하는데 필요한 전류환을 그려라. 그리고 각각의 전류환을 돌면서 키르히호프의 두 번째 법칙(전류환정리)을 적용한다. 각각의 저항에서는

$V = IR$을 이용하고 저항과 전지에서 전압의 부호는 앞의 약속을 따른다.

이와 같은 순서를 적용하면, N개의 미지의 전류가 있을 때 N 개의 방정식을 얻게 되어 이 식을 풀면 미지의 전류를 구할 수 있다.

예제 18.4 ■ 지류 전류 : 키르히호프 법칙의 사용

그림 18.7에 있는 회로에서 각 지류를 통과하는 전류를 구하라.

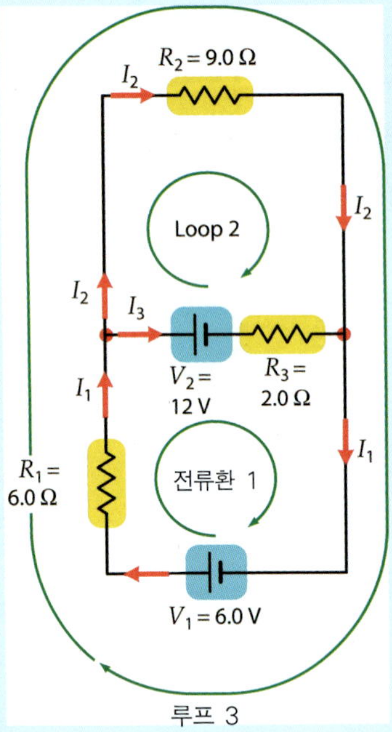

◀ **그림 18.7 키르히호프 법칙의 응용**
회로상의 각각의 지류에 흐르는 전류와 방향을 지정한다. 이때 전류는 결합점 근처에 표시하는 것이 편리하다. 모든 지류가 최소 한번 이상 지나갈 수 있도록 전류환을 정하고 지나가는 방향을 표시한다. 각각의 결합점에서 키르히호프의 결합점정리를 적용하여 얻은 전류방정식을 적는다. 각각의 전류환에서 키르히호프의 전류환정리를 적용하여 얻은 전압방정식을 적는다. 이때 부호의 결정에 조심하여야 한다.

풀이

전원이 2개 이기 때문에 등가저항을 이용할 수 없고 키르히호프의 법칙을 이용하여 계산하자. 그림에서와 같이 전류의 방향을 가정하고 전류환을 선택하자. (이때 전류의 방향은 바뀌어도 상관없다. 하지만 미리 방향을 가정한 후 전류를 구하고, 그 값의 부호를 보면 처음에 가정한 방향이 맞는지 틀리는지를 알 수 있다.) 모든 지류에는 전류가 있으며, 모든 지류는 적어도 어느 루프에는 포함된다. 어떤 지류는 두 개의 지류에 포함되지만 그것은 상관없다.

왼쪽의 결합점에서 키르히호프의 제1법칙(결합점정리)을 적용하면 다음과 같다.

$$I_1 - I_2 - I_3 = 0$$

또는 재정리하면

$$I_1 = I_2 + I_3 \qquad (1)$$

(다른 결합점에서 적용하면 $I_2 + I_3 - I_1 = 0$이지만, 이것은 식 (1)과 동일하다.) 그림 18.7의 전류환 1을 앞의 부호규칙을 따라 키르히호프의 전류환정리를 적용하면 다음과 같다.

$$\Sigma V_i = +V_1 + (-I_1R_1) + (-V_2) + (-I_3R_3) = 0 \qquad (2)$$

숫자를 대입하면

$$+6 - 6I_1 - 12 - 2I_3 = 0$$

이 식을 재정리하면

$$3I_1 + I_3 = -3 \qquad (2a)$$

편의상 단위는 생략했다.

전류환 2에서 전류환정리를 적용하면 다음과 같다.

$$\Sigma V_i = +V_2 + (-I_2R_2) + (+I_3R_3) = 0 \qquad (3)$$

다시 값을 대입하고 정리하면 다음과 같은 것을 얻는다.

$$9I_2 - 2I_3 = 12 \qquad (3a)$$

식 (1), (2a) 그리고 (3a)는 3개의 미지수를 갖는 연립방정식이다. 이 방정식을 풀어 전류를 구할 수 있다. 예를 들어 I_1 을 소거하기 위해 식 (1)을 식 (2a)에 대입하면

$$3(I_2 + I_3) + I_3 = -3$$

재정리한 후 3으로 나누면 다음과 같이 간단해진다.

$$I_2 = -1 - \frac{4}{3}I_3 \qquad (4)$$

I_2를 소거하기 위해 식 (4)를 식 (3a)에 대입하면 다음과 같다.

$$9\left(-1 - \frac{4}{3}I_3\right) - 2I_3 = 12$$

이로부터 I_3를 풀면 다음 같다.

$$-14I_3 = 21 \text{ 또는 } I_3 = -1.5\text{ A}$$

음의 부호는 처음에 가정한 I_3 전류의 방향이 틀렸다는 것을 나타낸다.

식 (4)에 I_3의 값을 대입하면 I_2를 다음과 같이 얻는다.

$$I_2 = -1 - \frac{4}{3}(-1.5\ \text{A}) = 1.0\ \text{A}$$

그리고 식 (1)로부터

$$I_1 = I_2 + I_3 = 1.0\ \text{A} - 1.5\ \text{A} = -0.5\ \text{A}$$

여기서 음의 부호는 전류 I_1이 처음 가정한 방향과 반대 방향으로 흐른다는 것을 나타낸다.

이 문제를 풀 때 전류환 3에 전류환정리를 이용하여 식을 구하면 (3a) 또는 (3b)의 식과 중복이 된다.

18.3 RC 회로

지금까지 우리는 일정한 전류가 흐르는 회로에 대해서 공부하였는데, RC 회로에서는 전류의 방향이 변하지 않는 직류전류가 흐르지만 전류가 시간에 따라 변할 수 있다.

■ 저항기를 통한 축전기 충전

그림 18.8은 방전된 축전기를 전지로 충전하는 것을 나타내고 있다. 스위치를 닫으면 평행판 축전기의 두 판 사이에 간격이 있긴 하지만 축전기가 충전되는 동안에는 전류가 흐른다. 시간 $t = 0$ 일 때 축전기에는 전하가 없고 따라서 두 판사이의 전위차는 없다. 키르히호프의 전류환정리를 이용하면 저항 양단에는 전지의 전압이 걸리기 때문에 초기전류 (최대값) $I_0 = V_0/R$가 흐른다. 축전기에 충전되는 전하량이 증가하게 되면 두 판 사이에는 전위차가 생기고, 저항에 걸리는 전압은 감소하며 흐르는 전류도 감소할 것이다. 축전기가 완전히 충전되면 전류는 더 이상 흐르지 않게 되며, 이 때 저항 양단에 걸리는 전압은 0 이고, 축전기의 두 판사이의 전압은 V_0가 되어야 한다. 축전기에 충전된 최대 전하량은 $Q_0 = CV_0$로 주어진다(이 단계가 그림 18.8c에 표시됨).

얼마나 빨리 축전기가 충전되는가는 다음의 2가지 인자에 의해 결정되는데, 저항이

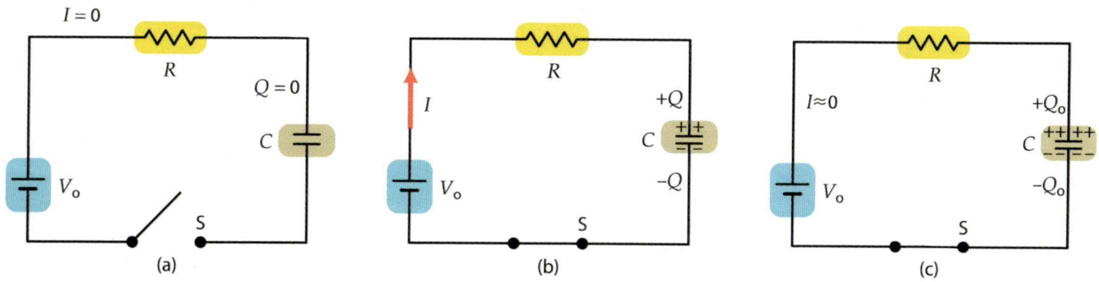

▲ **그림 18.8 직렬 RC 회로에서의 축전기 충전**

(a) 초기에는 전류가 흐르지 않고 축전기에도 전하가 없다.

(b) 스위치를 닫으면 축전기가 최대로 충전될 때까지 전류가 흐른다. 이때 시상수 $\tau = RC$ 이다.

(c) 시간이 τ 보다 훨씬 많이 지나면 흐르는 전류는 거의 0이며, 이때 축전기는 완전히 충전이 되었다고 한다.

크면 전하의 이동에 대한 저항이 커서 충전시간이 길어진다. 다른 하나는 전기용량이 크면 더 많은 전하를 충전해야 하기 때문에 충전시간이 길어진다. 이 회로의 해석은 고등수학에 대한 지식이 필요하나 여기서는 다루지 않지만 축전기 양단에 걸리는 전압은 시간에 따라 다음과 같이 지수함수로 증가한다.

$$V_C = V_o[1 - e^{-t/(RC)}] \quad \text{(RC 회로에서 축전기 전압)} \tag{18.6}$$

여기서 e는 약 2.718의 값을 가진다(무리수 e는 자연로그의 밑수이다). 시간 t에 따른 V_C의 변화를 그림 18.9a에 나타내었다. 예상한 바와 같이 V_C가 축전기의 최대 전압 V_o에 도달하는 데에는 긴 시간이 필요하다.

시간 t에 따른 I 의 변화를 그림 18.9b에 나타내었다. 시간에 따른 전류의 변화는 다음의 식으로 표현된다.

$$I = I_o e^{-t/(RC)} \tag{18.7}$$

예상한 것처럼 전류는 시간에 따라 지수함수로 감소하고 초기에 가장 큰 값을 갖는다.

식 18.6에 따르면, 축전기가 완전히 충전되는 데에는 무한대의 시간이 소요될 것이나 어떤 특정값을 이용하여 축전기의 충전시간을 표현하는데 이 값을 시상수(τ)라 하며 다음과 같이 정의한다.

$$\tau = RC \quad \text{(RC 회로에서의 시상수)} \tag{18.8}$$

단위는 초이다. 시상수만큼의 시간이 경과하였을 때, 즉 $t = \tau = RC$일 때 축전기에

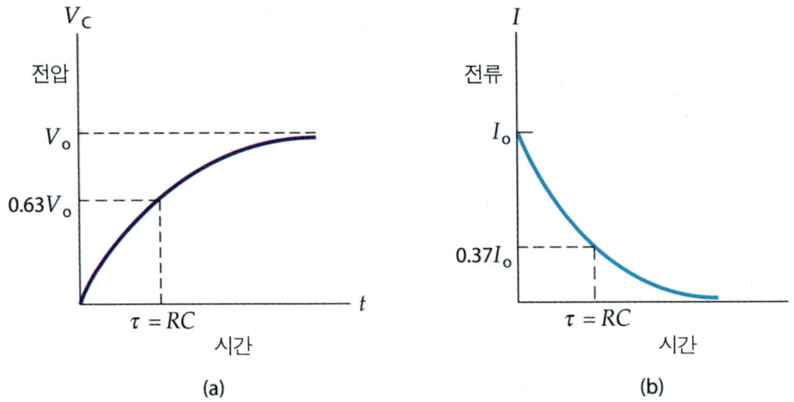

▲ **그림 18.9 직렬 RC 회로에서의 축전기 충전**

(a) 직렬연결된 RC 회로의 충전시 축전기 양단의 전압은 비선형적으로 증가하며, 시간이 시상수 τ 일 때 최대전압의 63%에 도달한다.

(b) 이 회로에 흐르는 전류는 처음에 최대값($I_o = V_o/R$)을 가지며, 지수함수로 감소하여 시간이 시상수 τ 일 때 초기전류의 37%로 떨어진다.

걸리는 전압은 최대값의 63 %이며, 이것은 식 18.6에 t를 $\tau(= RC)$로 대입하고 V_C를 구하면 알 수 있다.

$$V_C = V_o(1 - e^{-\tau/\tau}) = V_o(1 - e^{-1})$$

$$\approx V\left(1 - \frac{1}{2.718}\right) = 0.63\,V_o$$

이 결과는 $t = \tau = RC$일 때 축전기에 충전된 전하량은 최대 가능한 전하량의 63 %라는 것을 의미한다. 마찬가지로 $t = \tau = RC$일 때 흐르는 전류는 초기 전류 I_o의 37 %로 떨어진다.

시상수의 2배의 시간이 경과하면 즉 $t = 2\tau = 2RC$, 축전기는 최대치의 약 86 %까지 충전되며, $t = 3\tau = 3\,RC$일 때에는 최대치의 95 %까지 충전할 수 있음을 볼 수 있다. 일반적으로 시상수의 5배가 되면 축전기는 완전히 충전된 것으로 간주한다.

■ 저항기를 통한 축전기 방전

저항기를 통해 방전되는 축전기에서도 이와 반대로 축전기에 걸리는 전압은 시간에 따라 지수함수로 감소하며, 전류 또한 같은 변화를 나타낸다. 이러한 거동은 인공심장박동기에 있는 축전기에서도 일어난다. 축전기를 충전하고 그 에너지를 심장에 전달하는 역할을 반복하는 것으로써 주기는 시상수로 조절한다.

18.4 가정에서의 전기회로와 전기안전

가정에 있는 전기회로에는 교류전류가 흐른다. 교류의 경우에도 지금까지 배운 회로원리를 적용하여 전기가 어떻게 작동하고 있는지를 이해할 수 있다. 전구나 가정용 전기기기 등은 앞에서 다룬 크리스마스트리 전구처럼 병렬로 연결되어 있어야만 한다. 왜냐하면 부엌의 백열전구가 나가더라도 그 회로에 함께 연결된 커피메이커와 같은 다른 전기기기는 계속 작동되어야 하기 때문이다. 더군다나 가정용 전기기기나 전등은 일반적으로 220 V를 사용하는데, 이들이 직렬로 연결된다면 모든 가전제품이 220 V보다 낮은 전압이 걸려 작동하지 않는다.

전선에 흐르는 총 전류는 한계가 있기 때문에 공통으로 연결하여 사용할 수 있는 기기의 수도 제한된다. 특히 전선에서는 주울 열(또는 I^2R 손실)을 꼭 고려되어야 한다. 앞에서 배운바와 같이 병렬로 연결하여 사용하는 기기수가 늘어나면 이에 상응하는 등가저항이 점점 줄어들게 된다. 따라서 병렬연결된 기기수가 증가할수록 흐르는 총 전류는 증가하게 된다. 실제 전선 자체도 저항이 있어 전류가 클 경우 상당한 주울 열이 발생하게 된다. 그러므로 과도한 기기를 사용하게 되면 회로에 과부하가 걸리게 되어 전선에서 큰 열이 발생하여 전선이 녹아 화재가 발생할 수도 있다.

전류계는 회로에 흐르는 전류를 측정하고 전압계는 회로요소 양단에 걸리는 전압을 측정한다. 회로의 저항 R에 흐르는 전류를 측정하기 위해서는 전류계를 저항 R과 직렬로 연결해야 한다. 그러나 저항 R에 걸리는 전압을 측정하기 위해서는 전압계를 저항 R과 병렬로 연결해야 한다.

연습문제

1. 크기가 각각 5.0 Ω, 10 Ω, 15 Ω 인 3개의 저항이 9.0 V의 전지와 직렬연결되어 있다.
(a) 이 회로의 등가저항은 얼마인가?
(b) 각각의 저항을 통과하는 전류는 얼마인가?
(c) 15 Ω의 저항에서 소비되는 전력은 얼마인가?

2. 크기가 각각 1.0 Ω, 2.0 Ω, 4.0 Ω인 3개의 저항이 6.0 V의 전지와 병렬연결되어 있다.
(a) 이 회로의 등가저항은 얼마인가?
(b) 각각의 저항에 걸리는 전압은 얼마인가?
(c) 4.0 Ω의 저항에서 소비되는 전력은 얼마인가?

3. 그림 18.10에서 10 Ω 저항에 흐르는 전류와 저항에 걸린 전압을 구하라.

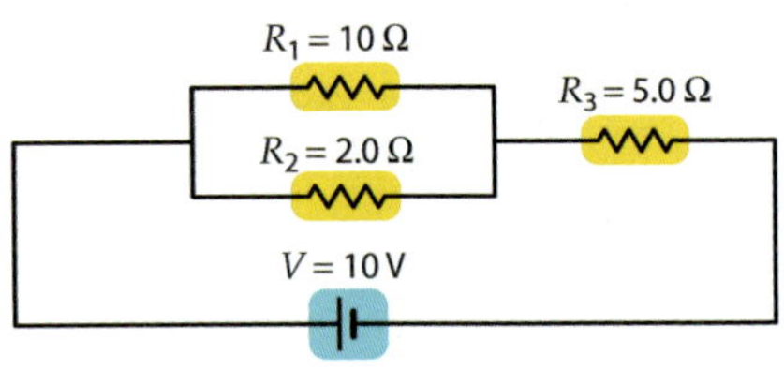

▲ 그림 18.10 저항에서의 전류와 전압

4. 키르히호프의 루프정리를 이용하여 그림 18.10의 각 저항을 통과하는 전류를 구하라.

5. 키르히호프의 법칙을 이용해서 그림 18.11의 각 저항에 흐르는 전류를 구하라.

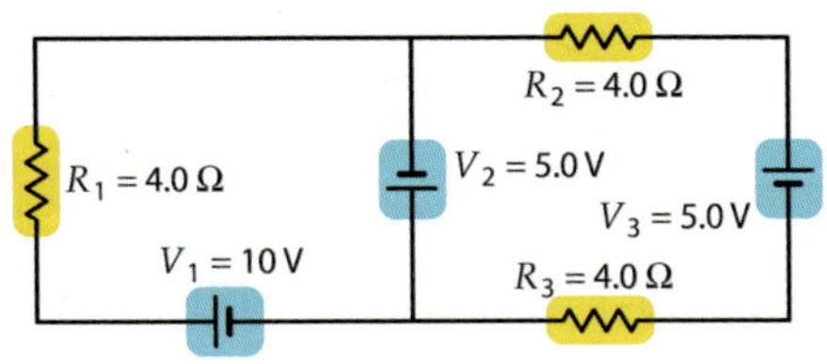

▲ 그림 18.11 이중루프 회로

6. RC 회로 내의 축전기가 1.5초 동안에 최종 전압의 63 %까지 충전되었다.
(a) 회로의 시상수를 구하라.
(b) 3.5초가 흐른 후 축전기에 걸리는 전압은 최종 전압의 몇 퍼센트인가?

7. 직렬 RC 회로에서 $C = 40\ \mu F$, $R = 6.0\ \Omega$ 전원은 24 V이다. 스위치를 닫아 충전되지 않았던 축전기를 충전하기 시작한다.
(a) 저항 양단에 걸리는 초기전압을 구하라.
(b) 그때 축전기에 걸리는 전압을 구하라.
(c) 그때 저항에 흐르는 전류를 구하라.

19 자 기

자기를 생각할 때 대부분의 사람들은 막대자석이 어떤 물체를 끌어당기기 때문에 끌어당기는 힘(인력)을 먼저 떠올린다. 그러나 척력도 존재하고 인력만큼이나 유용하게 사용되고 있다. 앞의 사진은 보통 기차가 아니고 초고속 자기부상열차이다. 이 기차는 바퀴가 없고 강력한 자석이 만든 척력으로 레일 위에 떠 있는 자기부상열차이다.

그러면 대체 이렇게 유용한 자기력은 어디서 오는 걸까? 물리학자들은 전기와 자기가 동일한 힘, 즉 전자기력의 다른 측면이라는 것을 발견하였다. 전자기는 모터, 발전기, 라디오 그리고 많은 유사한 기기에서 사용되고 있다. 전기와 자기가 근본적으로 동일한 힘을 달리 보는 것이지만 그들을 별개로 취급한 뒤 전자기로 합치는 것이 유용하다.

19.1 자석, 자극 및 자기장 방향

전하에서 사용되는 +, - 의미와 혼돈을 피하기 위해 막대자석에서는 북(N)극, 남(S)극으로 부른다. 역사적으로 나침판 자석의 북극은 지구의 북쪽을 가리키는 끝자락으로 정의되었다. 막대자석은 다른 극끼리는 서로 당기고(인력), 같은 극끼리는 서로 민다(척력).

자석의 북극에 대한 역사적인 정의는 지구자기장과 관련이 있다. 막대자석의 북극이 지구의 북극지방(즉, 지리적 북쪽)으로 당겨지기 때문에 자기적으로 말하자면 북극지방은 자기남극으로 작용하고 있다. 그래서 지구의 자기남극은 지구의 지리적 북극 근처에 있다.

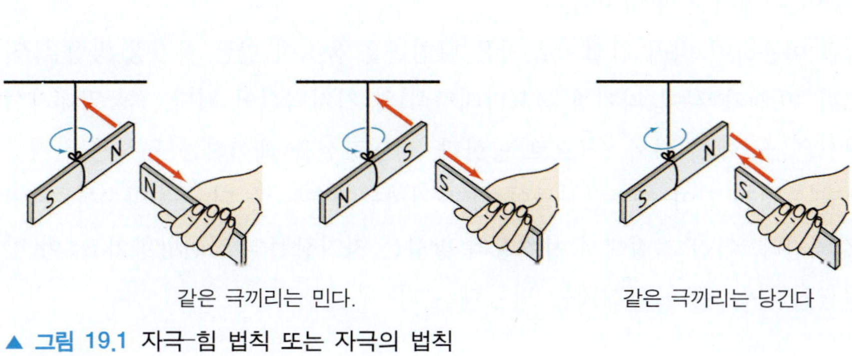

▲ **그림 19.1 자극-힘 법칙 또는 자극의 법칙**
같은 극끼리는 밀고, 다른 극끼리는 당긴다.

막대자석은 N극과 S극을 갖는 자기쌍극자를 형성한다. 막대자석의 중앙을 아무리 자르더라도 쪼개진 조각은 N극, S극을 모두 가진 두 개의 더 짧은 막대자석으로 된다. 전기에서는 홀극이 존재하나 영구자석인 막대자석은 항상 두 개의 극을 가져 단일자극(또는 자기홀극)은 존재하지 않는다.

전하와 유사한 개념이 자기에서는 존재하지 않는다는 사실이 자기장과 전기장의 근본적 차이에 대한 강한 암시를 준다. 예를 들어 자기의 근원은 전기장과 같이 전하이다. 뒤에서 설명하듯이 자기장은 회로의 전류나 원자에서 궤도운동(또는 스핀 운동)하는 전자와 같이 전하가 움직일 때만 생성된다. 막대자석 자기장의 원천은 전자의 궤도 또는 스핀 운동이다.

■ 자기장 방향

자기에는 자기홀극이 존재하지 않기 때문에 전기홀극으로 전기력에 관한 쿨롱의 법칙과을 설명환 것과 같이 자기력을 표현 할 수가 없다. 대신 현대적인 설명에서는 "자기장"이라는 개념을 사용한다.

앞에서 전하가 전기장을 만들고 전기장은 전기력선으로 표현하며 전기장은 단위 전하가 받는 힘의 크기($\vec{E} = \vec{F}_e / q_0$)로 정의하였다. 이와 마찬가지로 자기적 상호작용은 자기장으로 표현할 수 있고, 자기장 기호 $\vec{B}$로 표시하며 벡터이다. 전하가 있으면 전기장이 생기는 것과 같이 자석이 있으면 자기장이 발생한다. 자석 주위의 자기장 모양은 자석을 덮은 종이나 유리 위에 쇳가루를 뿌리면 나타난다(그림 19.2). 자기장 때문에 쇳가루는 작은 자석(기본적으로 나침판 바늘)으로 자화되어 나침판과 같이 거동하여 $\vec{B}$ 방향으로 정렬한다.

자기장은 벡터장이므로 크기(또는 세기)와 방향이 정해져야 한다. 자기장의 방향은 나침판을 이용해 정의하는데 어떤 지점에서 자기장($\vec{B}$)의 방향은 그 지점에서 나침판의 N극이 가리키는 방향이다.

이 정의를 이용하여 여러 지점으로 작은 나침판을 움직여 만든 자기장 방향을 연결하면 그림 19.2a와 같이 자기쌍극자(막대자석)의 자기력선이 된다. 즉, 막대자석의 자기력선은 N극에서 나와 S극으로 향한다. 자기장선을 해석하는 규칙은 전기장선에 적용되는 것과 같아 자기장선들이 서로 가까워질수록(즉 더 촘촘할수록) 자기장은 더 강해진다. 어떤 지점에서 자기장의 방향은 자기장선의 접선방향이고, 이 방향은 나침판의 북쪽 끝이 가리키는 방향과 같다.

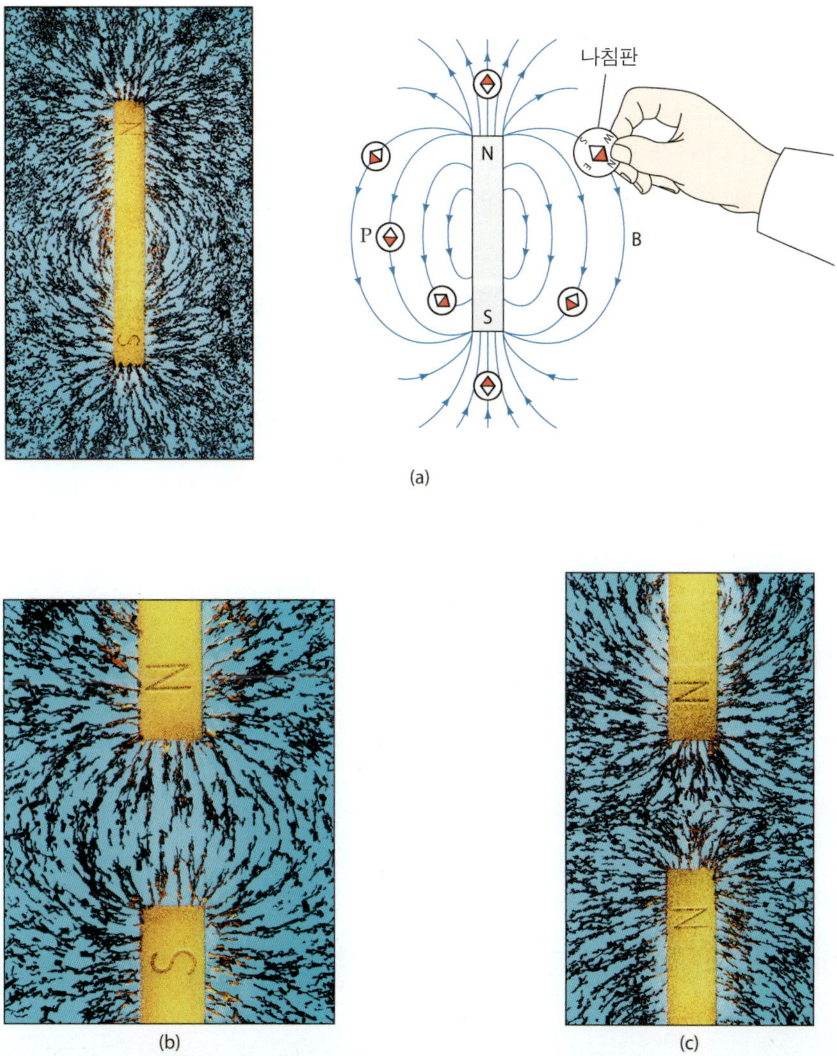

▲ **그림 19.2 자기장**

(a) 자기력선은 윤곽은 쇳가루나 나침판을 사용하면 알 수 있다. 쇳가루는 아주 작은 나침판과 같은 역할을 하여 자기력선에 따라 정렬한다. 자기력선이 가까울수록 자기장은 더 세다.

(b) 서로 다른 극을 가까이 했을 때 나타나는 쇳가루 윤곽. 자기력선이 모아진다.

(c) 서로 같은 극을 가까이 했을 때 나타나는 쇳가루 윤곽. 자기력선이 퍼진다.

19.2 자기장의 세기와 자기력

양전하가 균일할 자기장에 일정한 속도 자기장과 수직하게 들어간다고 하자(그림 19.3b). 대전된 입자가 이 자기장으로 들어가면 입자는 위로 둥글게 굽은 경로로 휘게 되고, 이 경로는 (자기장이 균일하다면) 그림에서와 같이 사실 원주의 한 부분이다.

입자가 원운동을 하기 위해서 속도방향에 항상 수직인 구심력이 작용해야 하는데, 여기서는 하전입자와 자기장간의 상호작용에 의한 자기력 때문이다. 따라서 자기장은 움직이는 하전입자에 힘을 가할 수 있다. 중력은 입자를 굴절시키기에는 그 크기가 너무 작고, 작용한다 하더라도 윗쪽의 원모양이 아닌 아래 방향의 포물선 모양으로 입자를 굴절시켜야 한기 때문에 중력이 아닌 자기력이 구심력이 된다.

실험에 의하면 자기력의 크기는 하전입자의 전하량과 속도($\vec{v}$)에 비례하고 자기장($\vec{B}$)에도 비례한다. 입자의 속도($\vec{v}$)가 자기장($\vec{B}$)에 수직이라면 하전입자에 작용하는 힘은 다음과 같다.

$$F = qvB \qquad \text{(속도}(\vec{v})\text{가 자기장}(\vec{B})\text{에 수직일 때만 성립)} \tag{19.1}$$

이때 자기장의 크기 또는 자기장 세기 B는 다음과 같이 정의한다.

$$B = \frac{F}{qv} \qquad \text{(속도}(\vec{v})\text{가 자기장}(\vec{B})\text{에 수직일 때만 성립)} \tag{19.2}$$

자기장의 SI단위 : [N/(A·m), 또는 T]

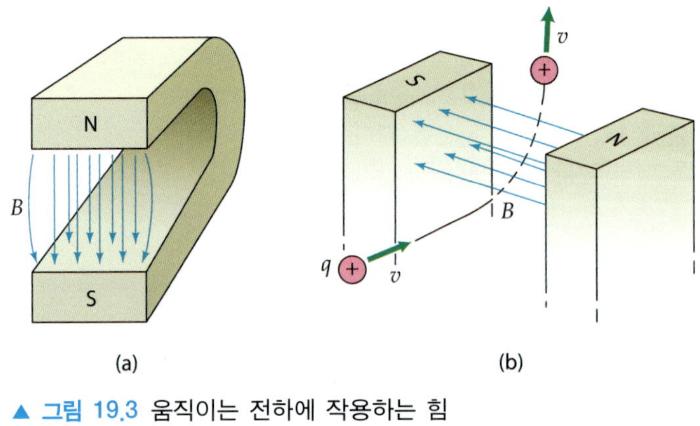

▲ 그림 19.3 움직이는 전하에 작용하는 힘

(a) 막대자석을 굽어서 만든 말굽자석은 꽤 균일한 자기장을 만든다.

(b) 전하가 자기장으로 들어가면 입자는 힘을 받아 원래의 방향에서 벗어난다.

물리적으로 B는 단위전하(coulomb)당 그리고 단위속도(m/s)당 하전입자에 작용하는 자기력을 의미한다. 이런 관계로부터 B의 단위는 N/(C·m/s) 또는 1 A = 1 C/s이므로 N/(A·m)가 된다. 이러한 단위의 조합을 자기의 초기 연구자인 니콜라 테슬라(Nikola Tesla, 1856–1943)의 이름을 따서 테슬라(tesla, T)로 부르고 1 T = 1 N/(A·m)이다.

지질학자 또는 지구물리학자들이 주로 사용하는 단위인 가우스(Gauss, G)는 SI 단위가 아니며 그 크기는 1 G = 10^{-4} T = 0.1 mT이다. 지구자기장의 크기는 십분의 수 G이다.

일반적인 경우, 자기장과 입자 속도는 서로 수직이 아니며 θ의 각을 이루고 있다. 이때 자기력의 크기는 사인값($\sin\theta$)에 의존하기 때문에 일반적으로 자기력

$$F = qvB\sin\theta. \qquad \text{(하전입자에 작용하는 자기력)} \qquad (19.3)$$

$\vec{v}$와 $\vec{B}$가 같은 방향($\theta = 0°$) 또는 반대 방향($\theta = 180°$)인 경우 $\sin 0° = \sin 180° = 0$이므로 자기력은 0이고, 두 벡터가 서로 수직인 경우 $\sin 90^o = 1$이므로 최대값인 $F = qvB\sin\theta = qvB$을 가진다.

■ 움직이는 전하에 대한 오른손 법칙

움직이는 전하에 작용하는 자기력의 방향은 자기장에 대한 입자속도의 상대적 방위에 의해 결정되며, 실험에서 오른손 법칙에 의해 정해짐이 밝혀졌다(그림 19.4a).

> **엄지와 수직인 오른손 네 개의 손가락들이 입자의 속도벡터 $\vec{v}$를 향하게 한 뒤 손가락을 자기장벡터 $\vec{B}$ 방향으로 (제일 작은 각으로) 감아쥐고 엄지를 쭉 펴면 엄지의 방행이 양전하가 받는 자기력 $\vec{F}$의 방향이다. 음전하라면 자기력은 엄지의 반대 방향이다.**

자기력은 $\vec{v}$와 $\vec{B}$ 벡터가 이루는 평면에 항상 수직이다(그림 19.4b). 이 힘은 입자가 움직이는 방향($\vec{v}$)에 항상 수직이므로 자기력은 입자에 어떤 일도 해주지 않는다(힘과 변위가 직각이면 $W = Fd\cos 90° = 0$이기 때문이다). 따라서 자기력은 입자속력을 바꾸지 못하고 (즉, 운동에너지를 변화시키지 못하고) 단지 방향만 변화시킨다.

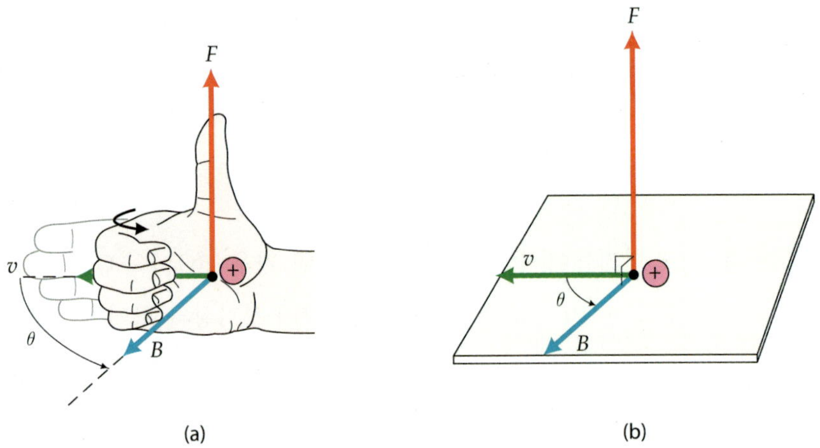

▲ **그림 19.4 자기력에 대한 오른손 법칙**

(a) 오른손 손가락들이 입자의 속도벡터 $\vec{v}$를 향하게 한 뒤 손가락을 자기장 $\vec{B}$벡터 방향으로 감아 쥐고 엄지손가락을 쭉 펴면 엄지손가락은 양전하가 받은 자기력 $\vec{F}$의 방향을 가리킨다.

(b) 자기력은 $\vec{v}$와 $\vec{B}$가 이루는 평면에 항상 수직이므로 입자의 운동방향에 항상 수직이다.

예제 19.1 ■ 움직이는 전하에 가해진 힘

전하량이 -5.0×10^{-4} C 이고 질량이 2.0×10^{-9} kg인 입자가 1.0×10^{3} m/s의 속도로 $+x$방향을 움직이고 있다. 이 입자가 $+y$방향을 향하는 0.2 T의 균일한 자기장에 입사된다(그림 19.5).

(a) 이 입자가 자기장에 입사되는 순간 어느 방향으로 휘어지겠는가?

(b) 자기장에 입사되는 순간 입자에 작용하는 힘의 크기는 얼마인가?

(c) 이 입자가 자기장 속에서 그리는 원의 반경을 구하라.

풀이

(a) 오른손 법칙에 의해 양전하에 작용하는 힘은 $+z$방향이다(그림 19.5a의 손바닥의 방향을 참조하라). 문제에서는 음전하여서 힘이 반대로 작용하므로 입자는 $-z$방향으로 휘어진다.

(b) 힘의 크기는 식 19.3에서 구할 수 있다. 힘의 크기만 구하면 되므로 q의 부호는 생략한다.

$$F = qvB\sin\theta$$
$$= (5.0\times10^{-4}\ \mathrm{C})(1.0\times10^{3}\ \mathrm{m/s})(0.20\ \mathrm{T})(\sin 90^\circ) = 0.10\ \mathrm{N}$$

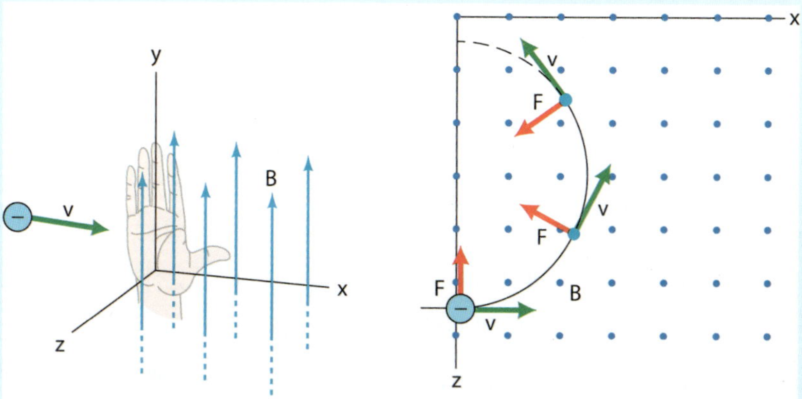

(a) 옆에서 본 모양 (b) 위에서 본 모양

▲ **그림 19.5 자기장에서 하전입자의 경로**

(a) 균일한 자기장으로 입사되는 하전입자는 (여기서는 음전하이므로) 오른손 법칙에 의해 xy평면을 향해 휜다.

(b) 자기장 안에서 자기력은 입자의 속도에 항상 수직이다. 자기장이 일정하고 입자가 자기장에 수직으로 입사되면 입자는 원운동을 한다.

(c) 자기력은 입자에만 작용하는 힘이므로 이것이 알짜힘이 된다(그림 19.5b). 이 알짜힘이 원중심을 향하므로 구심력($\vec{F}_{net} = \vec{F}_c$, 제7장을 참조)이라고 한다. 따라서 원운동을 기술할 때 뉴턴의 제2법칙은

$$\vec{F}_c = m\vec{a}_c$$

(식 19.2로부터 알짜힘에 대한 자기력($\theta = 90°$)이므로)은 다음과 같다.

$$qvB = \frac{mv^2}{r} \quad \text{또는} \quad r = \frac{mv}{qB}$$

최종으로 값들을 대입하면 다음과 같다.

$$r = \frac{mv}{qB} = \frac{(2.0 \times 10^{-9}\ \text{kg})(1.0 \times 10^3\ \text{m/s})}{(5.0 \times 10^{-4}\ \text{C})(0.20\ \text{T})} = 2.0 \times 10^{-2}\ \text{m} = 2.0\ \text{cm}$$

19.3 응용 : 자기장 안에서의 전하

자기장 안에서 움직이는 전하가 자기력을 받는다는 것을 알았다. 이 힘은 입자를 휘게 하고 휘는 정도는 자기장의 세기뿐만 아니라 입자의 질량, 속도의 방향과 크

기에도 영향을 받는다.

음극선관을 이용한 오실로스코프, TV, 컴퓨터 모니터 등은 자기장 안에서 움직이는 전자에 자기력을 가하여 전자빔이 휘는 정도를 조절하여 스크린에 영상을 만든다. 또한 질량분석기는 자기장과 전기장을 이용해 질량을 측정하는데, 질량분석기는 유기분자의 구조를 결정할 수도 있고 스모그를 함유한 공기와 같은 복잡한 혼합물의 조성을 분석할 수 있으며, 범죄수사에서 자동차사고의 페인트 자국과 같은 물질의 흔적을 감정하기 위해 질량분석기를 사용한다. 또한 고고학에서 고대암석과 문화유물의 연대를 측정하기 위해 원자를 분리할 때 사용되기도 한다.

바다에서 조용하고 효율적인 추진방법은 자기력에 의존하는데 배나 잠수함에서 많이 사용되는 모터, 베어링 그리고 축을 필요로 하지 않는다. 탐지되는 것을 피하기 위해 이와 같은 조용한 구동의 형태는 현대의 잠수함 설계에서 특히 중요하다. 기본적으로 바닷물은 잠수함의 선수로 유입되고 선미로 빠른 속도로 방출된다(그림 19.6). 매우 강한 자기장은 초전도자석으로 만들고, 동시에 높은 전압을 가해주면 전류는 바닷물을 통해 흐른다(바닷물은 나트륨(Na^+)과 염소(Cl^-)이온 농도가 높아 좋은 전도체이다). 전류에 작용하는 자기력이 바닷물을 후방으로 제트속도로 밀어낸다. 뉴턴의 제3법칙에 의한 반작용힘이 잠수함을 추진시키고 소리없이 가속할 수 있게 한다.

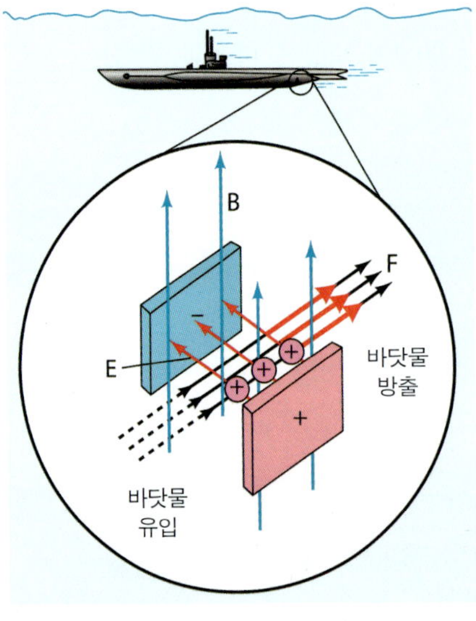

▲ 그림 19.6 **자기유체역학에 의한 추진**

자기동역학적 추진에서 바닷물은 직류전압에 의한 통과하는 전류를 가진다. 자기장은 전류에 힘을 미쳐 잠수함이나 보트로부터 물을 민다. 반작용력은 반대 방향으로 배를 민다.

19.4 도선에 작용하는 자기력

자기장 안에서 움직이는 모든 전하는 자기력을 받는다. 전류는 움직이는 전하로 이루어져 있으므로 전류가 흐르는 도선이 자기장 안에 놓이게 되면 당연히 자기력을 받는다. 전류를 구성하는 전하에 작용하는 자기력을 모두 합하면 도선에 작용하는 전체 자기력이 된다.

그림 19.7에서와 같이 전류의 방향은 관습적으로 양전하가 이동하는 방향이다. 그림과 같은 방위에서 $\theta = 90°$이므로 자기력은 최대이다. 어떤 시간 t에서 어떤 전하 q_i(즉, 전자)가 평균적으로 길이 $L = vt$만큼 움직였다고 가정하자. 여기서 v는 평균유동속도(average drift velocity)이다. 길이 L인 도선 안에서 움직이는 모든 전하(총전하= Σq_i)에 같은 방향으로 자기력이 작용하므로 이 길이의 도선에 작용하는 전체 힘의 크기는 (자기장이 균일하다고 가정하면) 식 19.2에 의해 다음이 된다.

$$F = (\Sigma q_i)vB$$

v 대신에 L/t를 대입하여 정리하면 다음과 같이 된다.

$$F = (\Sigma q_i)\left(\frac{L}{t}\right)B = \left(\frac{\Sigma q_i}{t}\right)LB$$

그런데 $\Sigma q_i/t$이 전류(I)이므로, 회로의 전류로 표시하면 다음과 같이 쓸 수 있다.

$$F = ILB \quad \text{(전류와 자기장이 서로 수직일 경우에만 성립)} \quad (19.4)$$

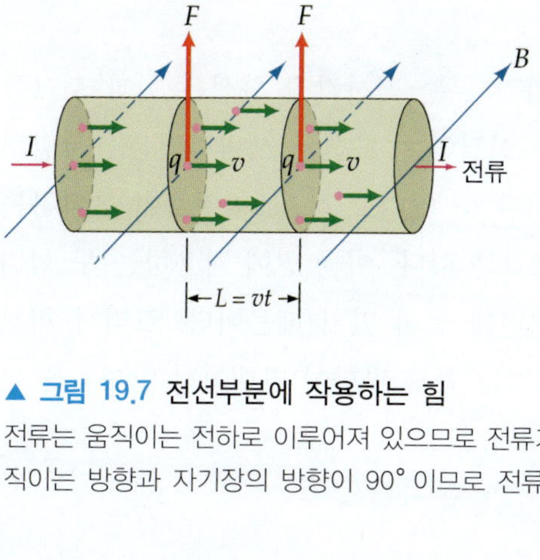

▲ **그림 19.7 전선부분에 작용하는 힘**
전류는 움직이는 전하로 이루어져 있으므로 전류가 흐르는 도체에 자기장은 힘을 작용한다. 전하가 움직이는 방향과 자기장의 방향이 90° 이므로 전류가 흐르는 도체에 최대의 자기력이 작용한다.

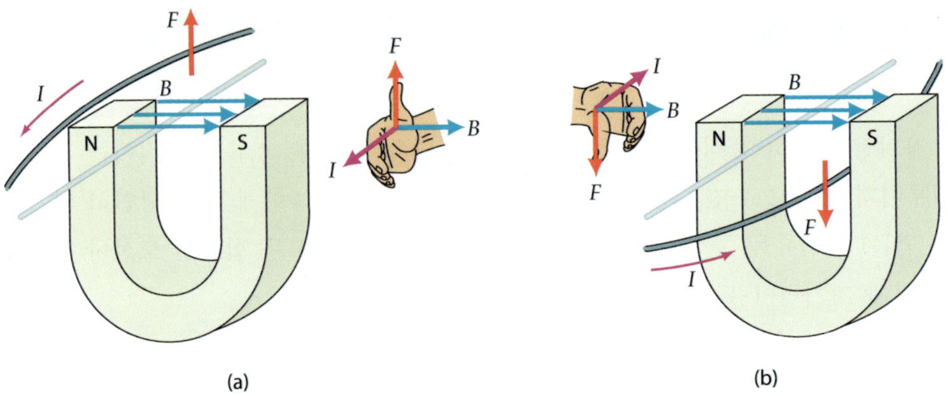

▲ 그림 19.8 **전류가 흐르는 도체에 대한 오른손 법칙**
오른손 손가락이 전류의 방향을 향하게 한 뒤 자기장 방향으로 감아쥐면 엄지가 가리키는 방향이 자기력의 방향이다.

이 식은 도선에 작용하는 최대힘을 나타낸다. 만약 전류가 자기장과 θ의 각을 이루면 도선에 작용하는 힘은 작아진다. 일반적으로는 균일한 자기장에서 전류가 흐르는 도선에 작용하는 자기력은 다음과 같다.

$$F = ILB\sin\theta \qquad \text{(전류가 흐르는 도선에 작용하는 자기력)} \qquad (19.5)$$

만약에 전류가 자기장과 같은 방향이거나 정반대 방향이면 도선에 작용하는 힘은 없다. 전류가 흐르는 도선에 작용하는 자기력의 방향은 역시 오른손 법칙으로 결정된다. 즉, 오른손의 엄지를 제외한 네 손가락들이 전류 I의 방향으로 향하게 하고 그 손가락들을 자기장 벡터 $\vec{B}$ 방향으로 감아쥐면 쭉 펼친 엄지는 도선에 작용하는 자기력의 방향을 가리킨다(그림 9.8a와 b를 보라).

■ 전류환선에 작용하는 토크

그림 19.9의 균일한 자기장에 놓인 전류가 흐르는 직사각형 환선은 힘과 토크를 얻는다(그림에서 전류환선과 외부의 전원을 연결하는 도선은 생략하였음). 그림처럼 전류환선이 회전축 주위로 자유롭게 회전할 수 있다고 하자. 회전축이 통과하는 두 가장자리 도선에 작용하는 알짜힘이나 토크는 없다. 이들 면에 작용하는 두 힘의 크기는 같고 방향이 반대이며, 두 힘이 환선면에 놓여 있기 때문이다. 그러나 회전축에 평행한 두 도선에 작용하는 두 힘의 크기는 같고 방향이 반대여서 알짜힘을 만들지는 않지만 알짜토크(돌림힘)를 발생시킨다.

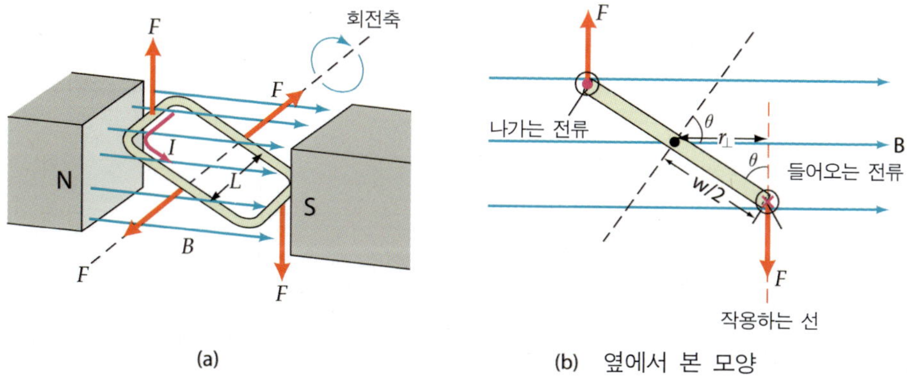

▲ **그림 19.9 전류환선에 작용하는 힘과 토크**

(a) 자기장 내에 놓인 사각 전류환선은 옆 변에 작용하는 힘에 의해 회전한다. 회전축과 평행한 변에 작용하는 힘만이 토크를 발생해 환선을 돌게 한다.

(b) 옆면에서 보면 토크를 일으키는 기하학적 모양을 알 수 있다.

토크가 어떻게 작용하는지를 알기 위해 그림 19.9a의 측면도인 그림 19.9b를 참조하자. 회전축에 평행한 길이 L인 각 도선에 작용하는 자기력 F의 크기는 $F=ILB$로 주어진다. 이 힘에 의해 생성되는 토크는 $\tau=r_\perp F$이고 $r_\perp$는 회전축으로부터 힘이 작용하는 선까지의 수직거리(레버팔)이다. 그림 19.9b로부터 $r_\perp=\frac{1}{2}w\sin\theta$이며 w는 환선의 폭이고 θ는 환선이 이루는 평면에 수직인 선과 자기장이 이루는 각도이다. 알짜토크 τ은 두 힘에 의한 토크에 의한 것이어서 이들의 합으로, 이것은 한 쪽의 두 배이다.

$$\tau=2r_\perp F=2\left(\frac{1}{2}w\sin\theta\right)F=wF\sin\theta=w(ILB)\sin\theta$$

그런데 wL은 환선의 면적 A이므로 회전축이 하나인 전류환선에 작용하는 토크는 다음과 같이 고쳐쓸 수 있다.

$$\tau=IAB\sin\theta \qquad \text{(전류환선에 작용하는 토크)} \qquad (19.6)$$

식 19.6은 직사각형 환선에 대해 유도되었지만 임의 형태와 면적을 가진 평편한 전류환선에 대해서도 성립한다. 코일은 직렬로 연결된 N개의 환선으로 구성되어 있다면(여기서 $N=2, 3, \cdots$) 이 코일에 작용하는 토크는 (각 환선에 흐르는 전류의 세기는 같으므로) 한 개의 환선에 작용하는 토크의 N배이다. 따라서 코일에 작용하는 토크는 아래와 같다.

$$\tau = NIAB\sin\theta \quad (N\text{개 전류환선으로 된 코일에 작용하는 토크}) \quad (19.7)$$

코일의 자기모멘트(magnetic moment) 벡터 m의 크기는 다음과 같이 정의한다.

$$m = NIA \qquad (\text{코일의 자기모멘트}) \qquad (19.8)$$

(자기모멘트의 SI 단위 : $A \cdot m^2$)

자기모멘트 벡터 $\vec{m}$의 방향은 (관습적인) 전류방향으로 오른손의 손가락을 감아 쥐었을 때 엄지가 가리키는 방향이다. 그리고 $\vec{m}$은 항상 코일평면에 수직하다(그림 19.10a). 식 19.10은 자기모멘트의 항으로 다음과 같이 쓸 수 있다.

$$\tau = mB\sin\theta \qquad (19.9)$$

이 토크는 자기모멘트($\vec{m}$)를 자기장 방향으로 정렬시키려 한다. 이것을 이해하기 위해서 토크를 발생시키는 힘이 환선의 평면과 평행해지는 지점인 $\sin\theta = 0$(즉 $\theta = 0°$)이 될 때까지 자기장 안의 코일이나 환선은 토크를 받게 된다(그림 19.10b). 이 경우는 환선의 평면이 자기장에 수직할 때이다. 만약 환선이 자기모멘트가 자기장과 경사져 있는 정지상태에서 출발한다면 환선은 0° 위치까지 환선을 회전시키는

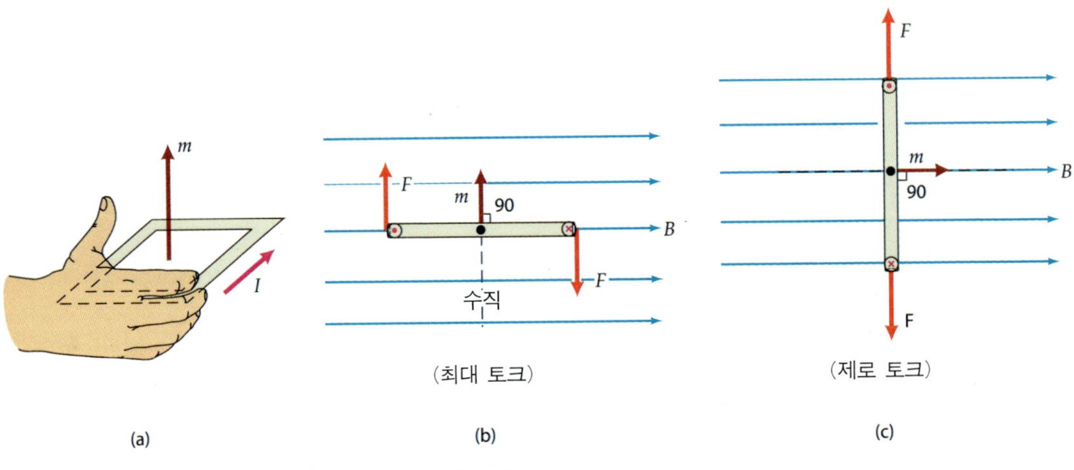

▲ **그림 19.10 전류환선의 자기모멘트**

(a) 오른손 법칙으로 전류환선의 자기모멘트 벡터 $\vec{m}$의 방향을 알 수 있다. 전류의 방향으로 손가락을 감싸면 엄지가 가리키는 방향이 $\vec{m}$의 방향이다.

(b) 최대 토크를 일으키는 조건

(c) 토크가 없는 조건. 환선이 자유롭게 회전할 수 있다면 환선의 자기모멘트 벡터는 외부 자기장 방향으로 정렬할 것이다.

각가속도를 가진다. 그러나 실제에는 코일의 회전관성으로 인해 코일을 평형지점(그림 19.10c에서의 0°)을 지나쳐 반대지점까지 가게 한다.

평형지점을 지나치게 되면 토크가 환선의 회전을 점차 늦춰 환선을 정지시킨 후 평형지점을 향해 반대 방향으로 가속시킨다. 다시 말하면 환선에 작용하는 토크가 복원되어 자기모멘트가 자기장방향을 중심으로 진동하게 하며, 이는 나침판의 바늘이 북극을 중심으로 진동을 하다가 최종에는 북극을 향하는 것과 같다.

19.5 응용 : 자기장 안에서 전류가 흐르는 도선

자기장 안에서 전류가 흐르는 도선의 응용은 다음과 같다. 전류계와 전압계의 핵심 구성요소인 검류계는 영구자석의 두 극 사이에서 회전하도록 되어 있는 철심에 감긴 코일로 이루어져 있다. 코일에 전류가 흐르면 코일에 토크가 발생하는데, 바늘의 편향각은 코일에 흐르는 전류에 비례한다.

또한 직류전동기는 전기에너지를 역학에너지로 변환시키는 장치이다. 자기장 안의 코일에 전류가 흐르면 코일은 반주기만 회전을 하게 되어 연속적으로 회전시키기

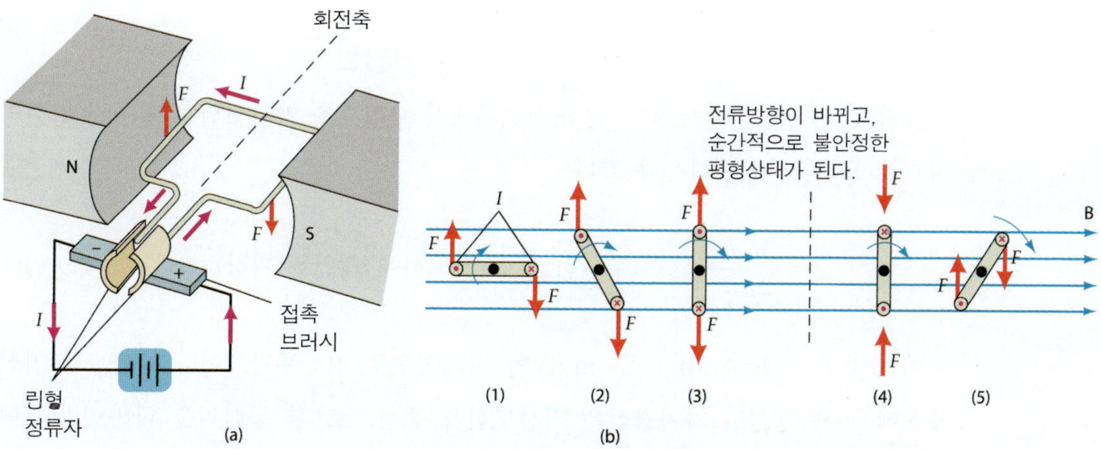

▲ 그림 19.11 직류전동기

(a) 정류자는 반주기마다 전류의 방향을 바꾸어 코일이 계속 회전하게 한다. 종단면에서 반주기 동안 코일에 작용하는 힘과 방위를 알 수 있다.

(b) 간단히 하기 위해 한 번 감은 코일에 대해 설명했지만 실제는 여러 번(N) 감은 코일을 사용한다. (3)과 (4)사이에서 전류의 극성이 바뀜에 주목하라.

위해서 반주기마다 전류의 방향을 바꾸어 주어야 한다. 이러한 역할을 그림 19.11a에서 반으로 쪼개진 두 개의 금속 반고리로 이루어진 정류자가 한다. 전류는 반고리가 브러시에 접촉할 때 정류자를 통해 코일로 흐른다. 반고리 한쪽은 전기적으로 양극, 나머지 반은 전기적으로 음극이 되어 반고리들이 반회전하게 되면 코일의 전류 방향도 바뀌게 된다. 이렇게 자기력의 방향을 바꿔 계속 같은 방향으로 토크가 발생한다(그림 19.11b에서 시계방향). 평형위치에서 토크는 발생하지 않지만 코일은 불안정한 평형상태에 있고 또 평형위치를 통과할 정도의 충분한 회전관성을 가진다. 그 결과 토크를 다시 받아 나머지 반주기를 회전할 수 있다. 실제 모터에서는 이 회전축을 회전자라 한다.

19.6 전자기 : 자기장의 발생원

자기와 전기는 엄연히 구분되지만 서로가 밀접하게 연관되어 있다. 입자에 작용하는 자기력은 입자의 전하에 의존한다. 1820년 덴마크 물리학자 외르스테드(Hans Christian Oersted)가 자기장 발생원인으로 전류가 자기장을 발생한다는 것을 처음으로 발견하였다.

■ 전류가 흐르는 긴 직선도선 근처의 자기장

그림 9.12의 전류가 흐르는 긴 직선도선에서 수직으로 거리 d만큼 떨어진 지점의 자기장 $\vec{B}$의 크기는 다음과 같다.

$$B = \frac{\mu_o I}{2\pi d} \qquad \text{(무한히 긴 직선도선에 의한 자기장)} \qquad (19.10)$$

여기서 $\mu_o = 4\pi \times 10^{-7}\ \mathrm{T \cdot m/A}$인 비례상수로 진공투자율이라 한다. 긴 직선도선에 의해 생성된 자기장선은 직선도선을 중심으로 한 동심원을 나타낸다(그림 19.12a). 자기장 방향은 그림 19.12b와 같이 오른손 법칙에 의해 결정된다. 즉, 오른손으로 긴 직선도선을 감아쥐고 엄지를 쭉 펴서 전류(I)의 방향과 일치시키면 굽어진 다른 손가락들은 자기장선의 회전방향을 가리킨다.

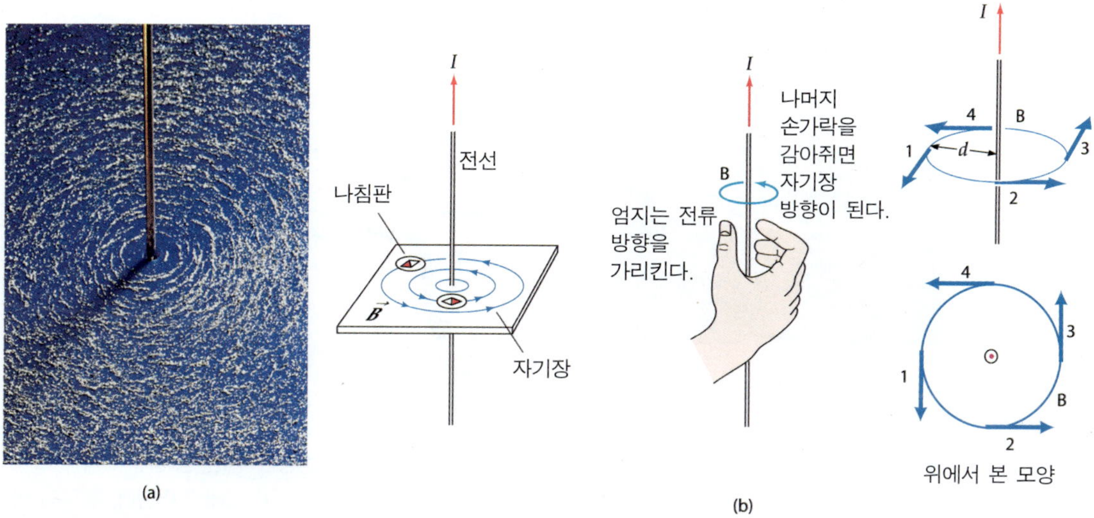

▲ **그림 19.12 긴 직선 도체에 흐르는 전류 주위의 자기**

(a) 쇳가루 분포형태에서 자기장선은 전선 주위에 동심원을 이룸을 알 수 있다.

(b) 자기장의 회전방향은 오른손 전류법칙에 의해 주어지며 자기장의 방향은 자기장선의 접선방향이다.

예제 19.3 ■ 전류가 흐르는 도선에 의한 자기장

가정용 전선에서 허용되는 최대 전류는 15 A이다. 이 전류가 무한히 긴 직선 전선에서 서쪽에서 동쪽으로 흐른다고 하자(그림 19.13). 1.0 cm 전선 아래에서 발생하는 자기장의 크기와 방향을 구하라.

풀이

식 19.12에서 전선 1.0 cm 밑의 자기장의 크기는 다음과 같다.

$$B=\frac{\mu_o I}{2\pi d}=\frac{(4\pi\times10^{-7}\ \mathrm{T\cdot m/A})(15\ \mathrm{A})}{2\pi(0.010\ \mathrm{m})}=3.0\times10^{-4}\ \mathrm{T}$$

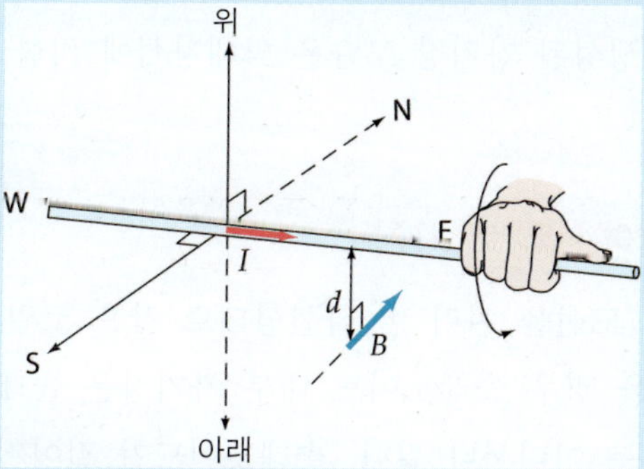

◀ **그림 19.13 자기장**
전류가 흐르는 긴 직선도선에 의해 생성된 자기장의 크기와 방향

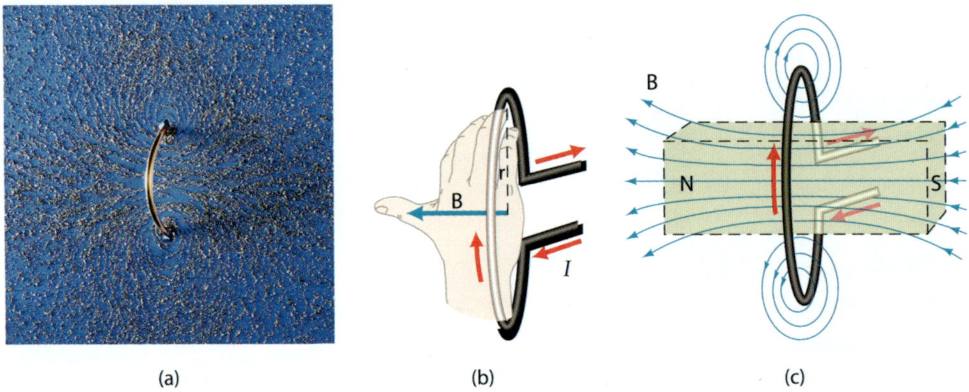

▲ **그림 19.14 전류환선에 의한 자기장**

(a) 전류환선에 의한 쇳가루의 분포형태. 환선 중심에서 자기장의 방향은 환선 평면에 수직임.

(b) 환선에 의해 둘러싸여진 부분에서 자기장의 방향은 오른손 전류법칙에 의해 주어진다. 전류의 방향으로 환선을 오른손 손가락으로 감아쥐었을 때 엄지가 가리키는 방향이 환선 평면에서의 자기장 $\vec{B}$의 방향이다.

(c) 전류환선 주위의 자기장의 모습은 막대자석과 유사하다.

■ 전류환선 중심에서의 자기장

감은 횟수가 N, 반지름이 r인 전류환선에 전류 I가 흐를 때(그림 19.14a) 원형환선 중심에서 자기장 $\vec{B}$의 크기는 다음과 같다.

$$B = \frac{\mu_o NI}{2r} \qquad (N\text{번 감은 원형코일의 중심에서의 자기장}) \quad (19.11)$$

이 경우 원형전류에 의하여 생기는 자기장의 방향은 다음과 같다. 즉 전류가 흐르는 원형환선을 엄지 외의 다른 손가락이 전류방향을 향하게 오른손으로 감아쥐면 그 때 쭉 핀 엄지 손가락의 방향이 환선 내부에서의 자기장 방향이다(그림 19.14b). 그림 19.14c 와 같이 전류환선에 의해 생성된 자기장 모습은 막대자석에 의한 것과 기하학적으로 유사하다.

■ 전류가 흐르는 솔레노이드 안에서의 자기장

솔레노이드는 그림 19.15와 같이 긴 도선을 여러 번 나선형태로 감은 코일이다. 솔레노이드의 반경이 길이(L)보다 작을 경우 솔레노이드 내부 자기장은 솔레노이드의 길이 방향과 평행하고 크기는 내부 어디서나 같다. 솔레노이드가 길어질수록

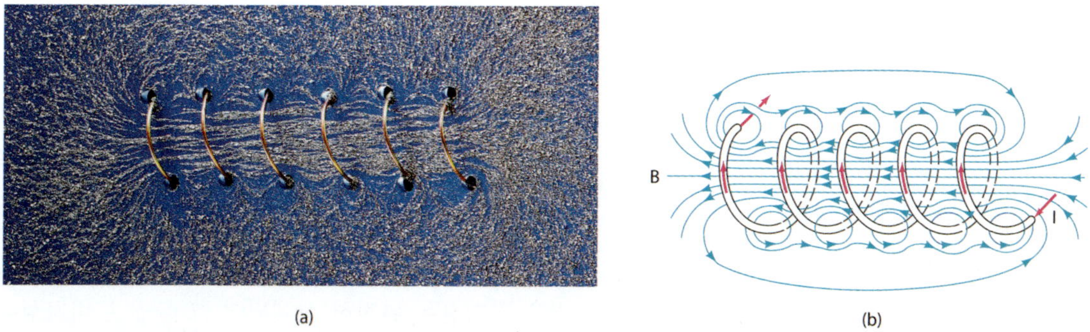

▲ **그림 19.15 솔레노이드의 자기장**

(a) 쇳가루의 윤곽에서 보듯이 솔레노이드 중심에서의 자기장은 매우 균일하다. (b) 내부 자기장의 방향은 각 환선에서의 오른손 전류법칙으로 결정된다. 막대자석 근처의 자기장과 유사하다.

자기장은 더 균일해진다. 솔레노이드의 자기장은 막대자석의 자기장과 매우 유사하다.

솔레노이드 내부 자기장의 방향도 오른손 법칙에 의해 결정된다. 솔레노이드의 감은 횟수가 L이고 각 환선에 전류 I가 흐르면 중심근처에서의 자기장의 크기는 다음과 같다.

$$B = \frac{\mu_o N I}{L} \qquad \text{(솔레노이드 중심근처에서의 자기장)} \qquad (19.12)$$

여기서 솔레노이드의 자기장은 환선이 촘촘히 감긴 정도에($n = N/L$) 의존함을 알 수 있다. 따라서 n의 단위는 미터당 감은 횟수(turn/m)로 선권선밀도(linear turn density)라고 한다. 이를 이용하면 식 19.14는 $B = \mu_o n I$로 간단히 쓸 수 있다.

19.7 자성체

사기장을 생성하기 위해서는 전류가 필요하다는 것은 잘 알려져 있다. 막대자석의 자기장은 원자핵을 중심으로 하는 전자의 궤도운동이나 스핀에 의한 내부 전류에 의해 생성되었다고 여길 수도 있을 것이다. 하지만 원자구조를 자세히 분석하면 궤도운동에 의해 생성된 자기장은 없거나 매우 작다. 양자이론에 따르면 막대자석에 의해 생성되는 영구자기는 '전자의 스핀'에 의한 것이다. 고전역학에서는 전자의 스핀을

축을 회전하는 지구의 자전에 비유하지만 실제로는 전자 스핀은 양자역학의 결과로 고전역학에서는 이와 비유될 만한 것이 없다. 하지만, 정성적인 사고와 추론을 위해 자전하는 전자가 자기장을 생성한다고 생각해도 큰 문제는 없다.

자전하는 전자는 전류환선과 유사한 아주 미세한 자기장을 생성하므로 전자를 아주 미세한 나침판으로 취급해도 무방하다. 다수의 전자를 가지는 다전자 원자에서는 전자의 스핀은 서로 정반대로 평행하게 짝을 이뤄 배열한다(즉, 하나는 상향스핀, 나머지 하나는 하향스핀이다). 이 경우 자기장은 완전히 상쇄되어 그 물질은 비자성이 되며 알루미늄이 이에 해당한다.

그러나 강자성체라고 알려진 어떤 물질에서는 각 원자내의 전자스핀들은 서로 상쇄되지 않고 영구적인 자기모멘트를 가지며 같은 자기구역 내에서 큰 (알짜)자기장을 생성한다. 자연상태에서 강자성체는 많지 않으나 철, 코발트, 니켈 그리고 갈륨(Ga), 네오디뮴(Nd) 등이 강자성을 나타낸다.

자화가 되지 않은 강자성체에서 자기구역은 무질서하게 배열하고 있어 순자화는 없다. 그러나 강자성체(철)가 외부 자기장에 놓이게 되면 자기구역의 크기가 커지고 방향도 외부 자기장 방향으로 정렬하게 된다. 전자를 작은 나침판이라고 생각하면 전자는 외부 자기장에 따라 정렬하기 시작한다. 외부 자기장이 제거되더라도 철조각은 외부 자기장 방향을 어느 정도 그대로 유지하고 있어 그 자신의 자기장을 영구히 형성한다.

■ 전자석과 자기투자율

강자성체는 전자석을 만들 때 사용되며 전자석은 철심주위로 전선을 감아 만든 것이다(그림 19.16). 코일에 전류가 흘러 철심내부에 자기장을 만들면 철심은 코일에 의한 자기장보다 몇 십 배 더 큰 자기장을 만든다. 전류가 흐르면 강자성체에 자기장이 유도되어 철조각을 끌어올릴 수 있다(그림 19.16b,c). 전류가 흐르지 않으면 자기장은 없어진다.

전자석에 사용되는 철을 연철(soft iron)이라고 한다. 이런 철들은 외부 자기장이 제거되면 자기구역들이 무질서하게 배치되어 탈자상태가 된다. 여기서 연(soft)은 기계적인 경도가 아닌 자기특성을 의미한다.

전자석에 전류가 흐르면(그림 19.16a) 철심은 자화되어 철심의 자기장이 솔레노이드의 자기장에 더해지게 된다. 이렇게 되면 전체 자기장은 다음과 같이 된다.

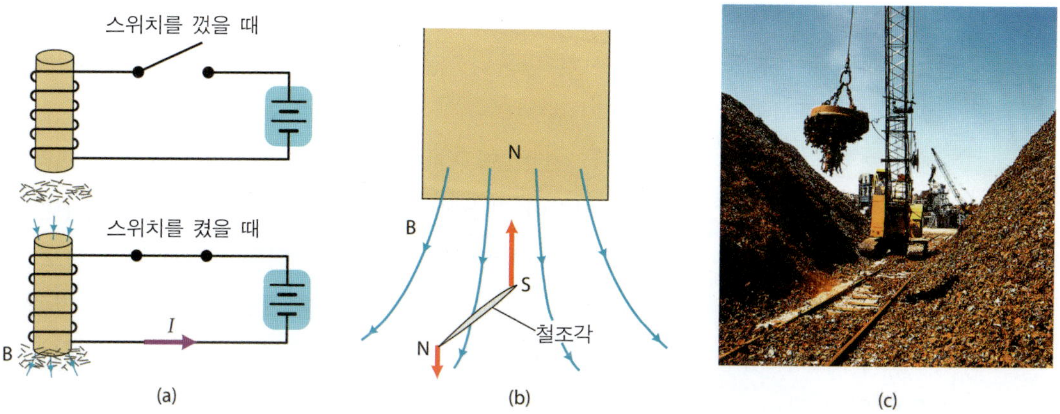

▲ 그림 19.16 전자석

(a) (위 그림) 회로에 전류가 흐르지 않으면 자기력은 없다. (아래 그림) 그러나 코일에 전류가 흐르면 자기력이 생겨 철심이 자화된다.

(b) (a)의 전자석 밑 세부모양. 철조각은 전자석의 끝으로 끌린다.

(c) 철조각들을 끌어올리는 전자석

$$B = \frac{\mu N I}{L} \qquad \text{(철심 솔레노이드 중심의 자기장)} \tag{19.13}$$

철심이 없는 경우에는 진공 중의 투자율 μ_o를 쓰고, 철심이 있는 경우에는 철심재료의 자기투자율(magnetic permeability) μ를 사용한다. 강자성체의 투자율도 진공 중에서의 투자율을 포함시켜 다음과 같이 정의한다.

$$\mu = \kappa_m \mu_o \tag{19.14}$$

여기서 κ_m을 상대투자율(무차원)이라 하며, 진공에서의 상대투자율 κ_m은 1이지만, 강자성체의 경우 전체 자기장이 코일만에 의한 자기장을 훨씬 초과하므로 $\mu \gg \mu_o$여서 $\kappa_m \gg 1$이다. 전자석에 사용되는 어떤 철심재료의 상대투자율은 약 수천 정도이다.

식 19.13에서 전자석의 자기장은 흐르는 전류에 의존하므로 큰 자기장을 얻기 위해서는 큰 전류를 흘려야 한다. 그러나 큰 전류는 주울 손실(I^2R)을 수반하여 코일에 열이 발생하므로 냉각이 필요하다. 초전도 상태에서는 저항이 없어 열이 발생하지 않지만, 초전도체를 초전도 상태가 되도록 극저온을 유지하는데 많은 에너지가 필요하다.

외부 자기장이 제거되어도 자기적 성질을 유지하는 철을 경철(hard iron) 또는 영구자석이라고 한다. 영구자석은 강자성체를 오븐에서 가열한 뒤 최대 효과를 얻기 위해 강한 자기장 안에서 냉각시켜 만든다. 영구자석의 자기구역은 자기장을 제거하더라도 무질서하게 재배열되지 않는다.

실제로 영구자석은 영원하지 않으며 영구자석을 가열하거나 바닥에 떨어뜨리면 자기구역의 배열이 흐트러져 자기장이 감소한다. 또 원자들의 열운동이 증가하면 자기구역 배열을 흩뜨리므로 자기를 잃어버릴 수 있다. 매우 더운 날 VHS나 오디오 카셋트 테이프를 자동차 계기판에 두고 내리면 열에 의해 전자스핀의 교란이 증가하여 테이프에 저장된 영상 또는 음성의 자기신호가 부분적으로 파괴된다. 강자성체는 큐리온도(철의 큐리온도; 770 ℃) 이상에서는 열적 교란에의해 전자스핀이 완전히 무질서하게 되어 강자성을 상실한다. 이 현상은 프랑스 물리학자 피에르 큐리(Pierre Curie, 1859~1906)에 의해 처음 발견되었으며 그는 큐리부인의 남편이다.

19.8 지자기 : 지구의 자기장

지구의 자기장을 이용하여 고대 항해가들은 북쪽을 찾았다. 지구의 자기장은 자기남극인 북극을 가리키는 내부의 큰 막대자석에 의해 생성되는 자기장과 비슷한

▲ 그림 19.17 북극광

이러한 장관은 지구의 자기장에 갇힌 태양의 입자 때문에 생긴다. 입자들은 공기분자를 여기시켜 이온화시킨다. 이온이 전자와 재결합할 때 빛이 방출된다.

모양을 하고 있다. 지구자기장의 수평성분의 크기는 자기적도 근처에서 약 10^{-5} T (약 0.4 G), 지자극에서의 수직성분은 약 10^{-4} T(1 G)이다.

철과 니켈은 지구 내부에서 가장 풍부한 강자성 원소로 알려져 있는데 지표면에서 100 km 보다 더 깊이 들어가면 온도가 철이나 니켈의 큐리온도보다 더욱 높아져서 내부에 지구자석이 존재한다는 생각은 옳지 않다. 과학자들은 지구자기장이 액체상태인 지구외핵의 회전운동과 관련있다고 생각한다. 지구자기장을 설명하기 위한 이론적 모델중의 하나로 내핵으로부터의 열로 인해 외핵 액체가 열대류를 하고, 이 열대류에 관련된 전류에 의해 자기장이 생성된다는 이론이 있으나 세부적인 것은 여전히 확실하지 않다.

지구 상공의 반 알렌 띠에서는 극광(aurora)이라고 하는 광방출이 일어나며, 북극광(그림 19.17)은 북반구에서, 남극광은 남반구에서 나타난다. 극광은 태양에서 온 입자들이 지구 자기장에 포획될 때 일어난다. 태양폭발은 엄청난 양의 하전입자를 방출하는 태양의 격렬한 자기폭풍 현상인데 최대의 극광은 태양폭발 후에 일어난다. 이 입자들은 극지방으로 유입되어 지구 자기장에 포획되면 대기 중의 산소나 질소원자를 여기시켜 이온화시킨다. 여기된 원자들이 다시 정상상태로 돌아와 본래의 전자수를 되찾을 때 극광과 같은 타는 듯한 빛이 방출된다.

연습문제

1. 겉보기에 동일한 두 개의 금속막대가 있다. 한 개는 영구자석이고 나머지는 순철막대이다. 이 둘만으로 둘을 구별하는 방법을 생각하라.

2. 자기장이 평면과 수직으로 위에서 아래로 향하고 있다. 양전하가 이 평면과 평행하게 왼쪽에서 오른쪽으로 입사한다.
   (a) 전하에 작용하는 힘의 방향을 구하라.
   (b) 전하의 전하량이 0.25 C, 속도가 2.0×10^2 m/s일 때 전하가 받는 힘이 20 N이라면 자기장의 세기는 얼마인가?

3. 서로 수직으로 교차하는 자기장과 전기장 속을 전하가 전기장에 평행하게 직진하고 있다. 자기장의 세기가 30 mT, 전기장의 세기가 3000 N/C일 때 전하가 (a) 양성자($q=1.6\times10^{-19}$ C)일 때, (b) 알파입자($q=3.2\times10^{-19}$ C)일 때의 속도를 구하라.

4. 질량분석기에서 전하량이 1.6×10^{-19} C인 어떤 이온을 10 T의 자기장과 이에 수직한 1.0×10^3 V/m의 전기장으로 선별하였다. 이 이온이 같은 크기의 자기장이 인가된 검출기에서 1.2 cm 반경으로 원운동을 하였다. 이 이온의 질량을 구하라.

5. 수평으로 놓인 직선도체에 $+x$방향으로 전류가 흐르고 자기장은 $-z$방향을 향하고 있다.
   (a) 도체에 작용하는 힘은 어느 방향인가?
   (b) 도체의 길이가 1.0 m이고 전류는 5.0 A, 자기장은 30 T라면 도체에 작용하는 힘은 얼마인가?

6. 그림 19.18의 도체가 페이지 바깥을 향하는 1.0 T의 자기장 안에서 굽어져 있다. $x=50$ cm, 흐르는 전류가 5.0 A이라면 도체에 작용하는 알짜힘을 구하라.

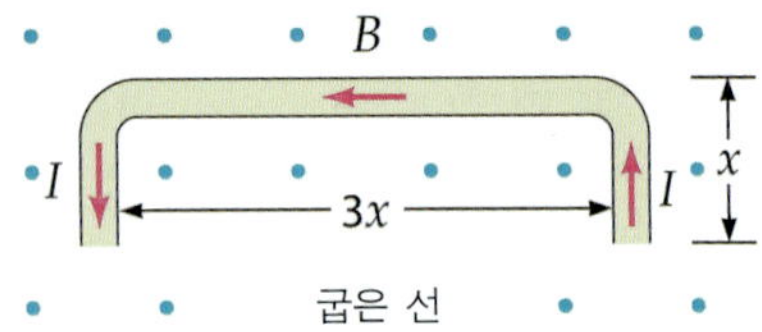

▲ 그림 19.18 자기장하에서 전류가 흐르는 도선

7. 길이 20 cm의 솔레노이드에 도선이 100회 감겨져 있다. 중심에서의 자기장이 1.5 mT라면 솔레노이드에 흐르는 전류를 구하라.

8. 반경 5.0 cm인 전류환선 P에 1.0 A의 전류가 흐르고 있다. 전류환선 P와 중심이 같은 반경 10 cm의 또 다른 전류환선 Q가 P와 같은 평면 내에 놓여 있다. P만 있을 때보다 자기장의 크기는 2배이고 방향이 반대일 때 전류환선 Q에 흐르는 전류의 크기를 구하라.

9. 솔레노이드 안쪽에 철심을 넣는 이유는 무엇인가?

10. 나침판의 바늘이 연직으로 향하는 위치는 지구상 어디인가?

20 전자기유도와 전자기파

앞에서는 전류에 의해 자기장이 발생한다는 것을 배웠는데, 이 장에서는 반대로 자기장이 전류를 발생시킬 수 있다는 것을 배울 것이다. 자기와 전기의 상호관계를 응용한 예로 비디오테이프는 자기의 변화로 정보를 저장한 자기테이프이다. 이러한 자기의 변화는 변하는 전류를 만들고 TV세트에 보내져 재생된다. 컴퓨터의 하드디스크도 같은 원리로 정보를 기록하고 재생한다. 수력발전소에서는 물의 중력 위치에너지가 운동에너지로 변환되고 이 운동에너지가 전기에너지로 변환된다. 여기서 공부할 전기에너지로의 변환은 자기장과 전자기유도에 의해서 일어난다. 또한 전자기복사의 생성과 전파가 궁극적으로 전자기유도와 관련있다는 사실에 대해서도 논의할 것이다.

20.1 유도기전력 : 패러데이의 법칙과 렌츠의 법칙

영구자석이 도체환선 근처에 정지하고 있을 때는 검류계의 바늘이 움직이지 않으므로 환선에 기전력이 발생하지 않는다는 것을 실험적으로 알 수 있다(그림 20.1a). 그러나 자석을 환선쪽으로 움직이면 그림 20.1b에서 보여주는 것처럼 기전력이 생겨서 검류계의 바늘이 움직인다. 반대로 자석이 환선에서 멀어지면 그림 20.1c에서

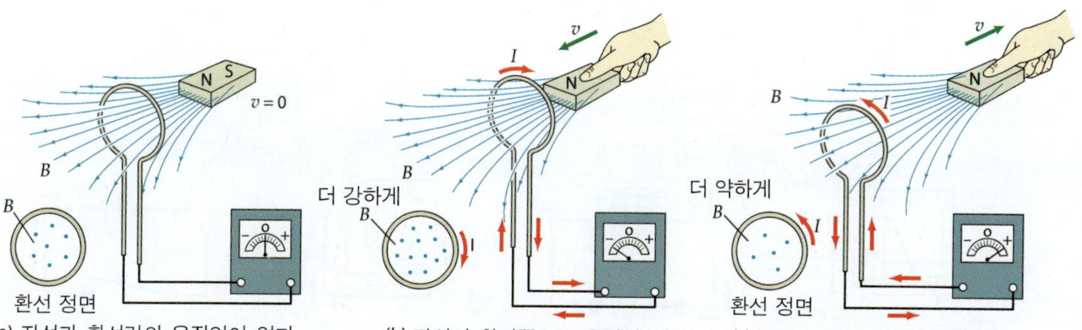

(a) 자석과 환선간의 움직임이 없다. (b) 자석이 환선쪽으로 움직일 때 (c) 자석이 환선에서 멀어질 때

▲ **그림 20.1 전자기유도**

(a) 전류와 환선 사이에 상대적인 운동이 없으면 환선을 통과하는 자기력선의 수가 일정해 검류계의 바늘이 휘어지지 않는다.

(b) 자석을 환선쪽으로 움직이면 환선을 통과하는 자기력선의 수가 증가하여 유도전류가 검출된다.

(c) 자석을 환선쪽에서 멀리 떨어뜨리면 환선을 통과하는 자기력선의 수가 감소한다. 이때 유도전류의 방향은 (b)와 반대이다. 검류계의 바늘이 휘는 방향을 주목하라.

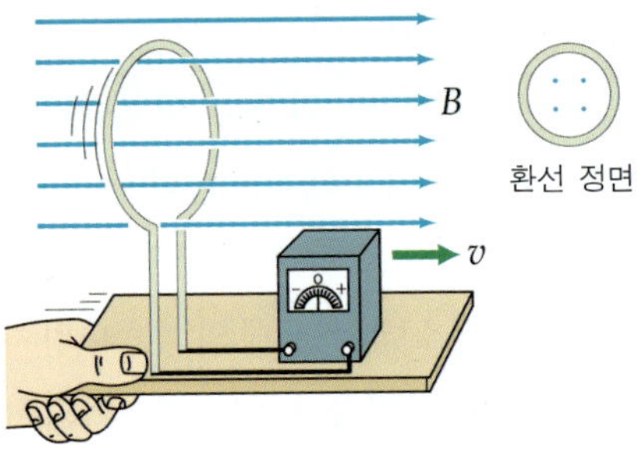

▲ **그림 20.2 상대운동과 무유도**
환선이 균일한 자기장과 평행하게 움직일 때 환선을 통과하는 자기선 수의 변화가 없기 때문에 유도전류도 없다.

처럼 검류계의 바늘은 반대로 움직여 반대 방향의 기전력이 발생한다는 것을 알 수 있다.

유도전류의 존재를 나타내는 검류계 바늘의 움직임은 환선이 정지하고 있는 자석에서 멀어지거나 가까워질 때에도 나타난다. 즉, 환선과 자석의 상대운동에 의존한다. 그리고 유도전류의 크기는 상대속도에 의존한다는 것도 밝혀졌다. 그러나 환선이 그림 20.2의 실험처럼 균일한 자기장 안에서 움직일 경우에는 전류가 유도되지 않는다.

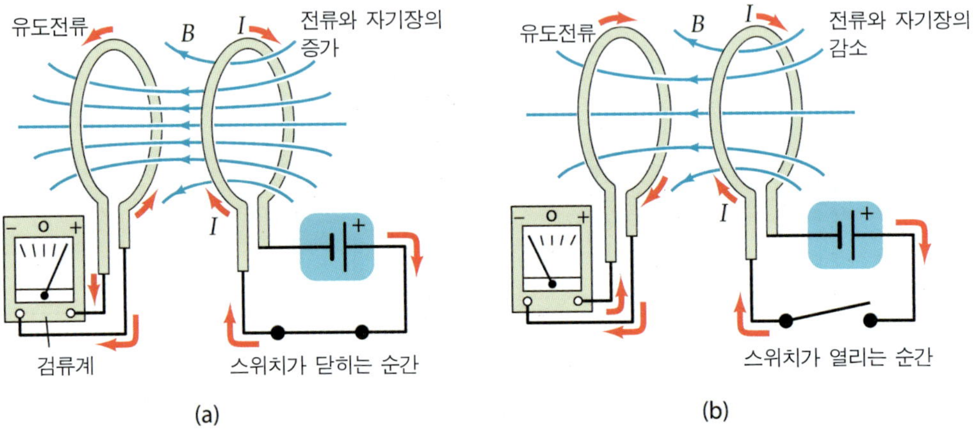

▲ **그림 20.3 상호유도**
(a) 오른쪽 회로의 스위치를 닫아 전류를 흐르게 하면 반대 환선에서 자기장이 변화하여 유도전류가 흐른다.
(b) 스위치가 열리면 자기장은 사라지고, 왼쪽 회로의 자기장은 감소된다. 이 회로에서의 유도전류는 반대 방향으로 흐른다. 유도전류는 환선을 통과하는 자기장의 세기가 변화하거나 사라질 때 발생한다.

한편 정지된 도체환선에 전류를 유도하는 또 다른 방법은 인접한 다른 도체환선에 흐르는 전류를 변화시키는 것이다. 그림 20.3a의 실험에서 스위치를 닫으면 오른쪽 환선의 전류는 짧은 시간에 0에서 어떤 값까지 증가하게 되어 왼쪽 환선에 0에서 어떤 값까지 증가하는 자기장을 만든다. 이렇게 자기장이 증가하는 순간에 검류계의 바늘이 휘어져 왼쪽 환선에 유도전류가 생긴다. 그러나 오른쪽 환선의 전류가 일정한 값을 유지하면 생성된 자기장의 세기도 일정하게 되고 왼쪽 환선의 전류는 0으로 떨어진다. 마찬가지로 오른쪽 환선의 스위치가 열릴 때 전류와 자기장은 0으로 감소하게 되고(그림 20.3b) 검류계 바늘이 반대로 휘어져 왼쪽 환선의 전류가 반대 방향으로 흐름을 나타낸다. 이 실험에서 중요한 것은 환선을 통과하는 자기장의 세기가 변할 경우에만 환선에 전류가 유도된다는 사실이다.

그림 20.1과 그림 20.3의 실험 결과를 요약하면 다음과 같다. 환선이나 폐회로를 통과하는 자기장이 시간에 따라서 변하면 유도 전류가 발생한다. 이 유도된 전류를 전지의 경우와 구별하여 유도기전력이라고 한다. 전자기유도는 1830년경 영국의 마이클 패러데이(Michael Faraday)와 미국의 죠셉 헨리(Joseph Henry)에 의해 독자적으로 발견되었다. 패러데이의 전자기유도법칙을 정리하면 "도체환선이나 폐회로의 면을 통과하는 자기장선(자기력선)의 수가 시간에 따라 변하면 유도기전력은 생긴다. 즉, 유도기전력은 환선을 통과하는 자기력선의 수의 시간변화율에 비례한다.

■ 자기선속

유도기전력의 크기를 정량화하기 위해서 자기력선의 수(자기선속)를 정량화하자. 그림 20.4a의 균일한 자기장에 놓여 있는 도체환선을 통과하는 자기장선의 수는 자기장의 세기, 환선의 면적 그리고 자기장 방향에 대한 환선의 상대적 방위에 의존한다. 이 방위를 나타내기 위해 면적벡터($\vec{A}$) 개념을 도입한다. 면적벡터 방향은 환선의 평면에 수직이고, 그 크기는 환선면적과 같다. 자기장 벡터 $\vec{B}$와 면적벡터 $\vec{A}$가 이루는 각도 θ는 상대적 방위를 나타낸다. 예를 들어 그림 20.4a에서 $\theta = 0°$이면 두 벡터는 같은 방향, 즉 환선의 평면이 자기장에 수직임을 나타낸다.

어떤 면적 안에서 자기장 세기가 변하지 않으면 도체환선의 면적을 통과하는 자기장선의 수는 자기(력)선속(Φ)에 비례하며 자기선속은 다음과 같이 정의한다.

$$\Phi = BA\cos\theta \qquad \text{(균일한 자기장에서 자기선속)} \qquad (20.1)$$

자기장의 SI 단위가 테슬라, T이므로 자기선속의 SI 단위는 $\mathrm{T \cdot m^2}$인데 이를 Wb

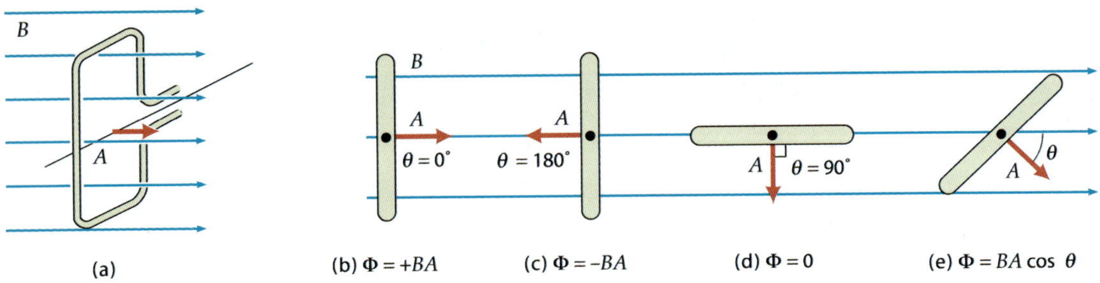

▲ **그림 20.4 자기선속**

(a) 자기선속(Φ)은 면적(A)을 통과하는 자기력선 수의 척도이다. 이 면적은 벡터 $\vec{A}$로 표현하며, 환선평면에 수직이다.
(b) 환선의 평면이 자기장과 수직($\theta = 0°$)일 때, $\Phi = \Phi_{max} = +BA$ 이다.
(c) $\theta = 180°$ 일 때, 자기선속은 같은 크기를 가지나, 방향은 반대이다. : $\Phi = -\Phi_{max} = -BA$
(d) $\theta = 90°$ 일 때, $\Phi = 0$ 이다. (e) $\vec{A}$가 자기장과 θ의 각도를 이룰 때 자기력선에 대한 유효면적은 작아진다. 따라서 자기선속은 감소한다. 일반적으로 $\Phi = BA\cos\theta$이다.

(웨버)라 하고 $1\ Wb = 1\ T \cdot m^2$이다. 자기장에 대한 환선의 방위는 환선을 통과하는 자기장선의 수에 영향을 주며 식 20.1의 코사인(cos)항이 이를 의미한다. 다음의 몇 가지 경우에서 자기선속의 크기를 구해보자.

- $\vec{A}$와 $\vec{B}$가 평행할 경우($\theta = 0°$), 자기선속의 부호는 +이고, $\Phi_{max} = BA\cos 0° = +BA$로 최대값을 가진다. 이때 환선을 통과하는 자기장선의 수는 최대가 된다(그림 20.4b).
- $\vec{A}$와 $\vec{B}$가 방향이 서로 정반대일 경우($\theta = 180°$), 자기선속은 다시 최대값을 가지나 부호는 −이다. 즉, $\Phi_{180°} = BA\cos 180° = -BA = -\Phi_{max}$이다(그림 20.4c).
- $\vec{A}$와 $\vec{B}$가 수직일 경우($\theta = 90°$), 환선의 평면을 통과하는 자기장선이 없어 자기선속은 0이다. 즉, $\Phi_{90°} = BA\cos 90° = 0$이다(그림 20.4d).
- 적당한 각에서 자기선속은 최대값보다 작지만 0도 아니다(그림 20.4e). $A\cos\theta$는 자기장선에 수직한 환선의 유효면적으로 해석할 수 있다.

■ 패러데이의 법칙과 렌츠의 법칙

정량적인 실험에서 패러데이는 N회 감은 코일(코일은 N개의 개별환선을 직렬로 연결한 것이다.)에 유도되는 기전력($\mathcal{E}$)은 모든 환선을 통과하는 자기장선 수(전체 자기선속)의 시간 변화율에 의존함을 밝혔다. 이것이 패러데이의 전자기유도법칙이고 수식으로는 다음과 같이 표현된다.

$$\mathcal{E} = -N\frac{\Delta\Phi}{\Delta t} = -\frac{\Delta(N\Phi)}{\Delta t} \quad \text{(유도기전력에 관한 패러데이 법칙)} \qquad (20.2)$$

여기서 $\Delta\Phi$는 한 개의 환선에 통과하는 자기선속의 변화를 나타내고, N개의 환선으로 구성된 코일에서는 자기선속의 전체 변화는 $N\Delta\Phi$이다. 식 20.2에서 유도기전력은 시간 Δt 동안의 평균값이다.

식 20.2에서 음의 부호는 유도기전력의 방향을 나타내는 것으로 러시아 물리학자 하인리히 렌츠(Heinrich Lenz, 1804–1865)가 발견한 렌츠의 법칙이다. 즉 도체환선(또는 코일)에 유도기전력의 방향은 기전력에 의한 전류가 환선을 통과하는 자기선속의 변화에 반대하는 자기장을 생성하는 전류의 방향과 같다.

예를 들어 자기선속이 $+x$방향으로 증가하면 유도전류에 의한 자기장은 $-x$방향을 향한다(그림 20.5a). 즉, 유도전류의 효과는 자기선속의 증가를 상쇄시키거나 또는 변화에 반대한다는 것이다. 실제 유도전류에 의한 자기장은 존재하는 자기선속을 유지시키고자 한다. 이 효과를 속도변화에 저항하는 물체의 관성과 유사하다고 하여 전자기관성이라고도 한다. 유도전류의 방향은 유도전류 오른손 법칙에 따르는데(그림 20.5b) 오른손의 엄지가 유도자기장의 방향을 가리킬 때 나머지 손가락을 감아쥔 방향이 유도전류의 방향이다.

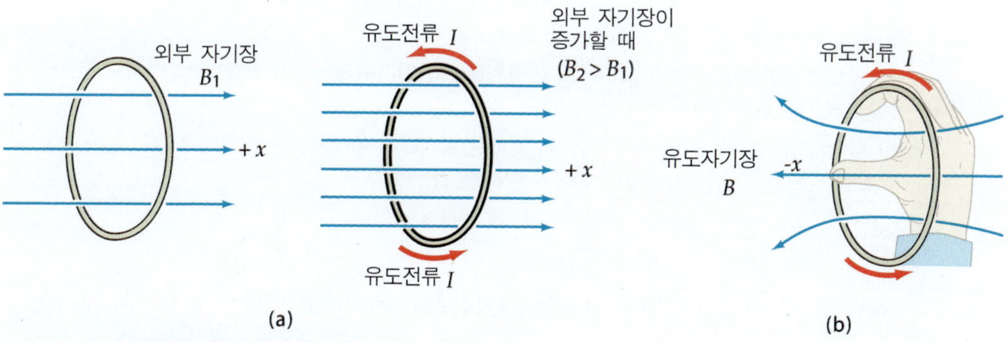

▲ **그림 20.5 유도전류의 방향 찾기**

(a) 오른쪽을 향하는 외부 자기장의 세기가 증가한다. 유도전류는 이 전류에 의한 자기장이 자기선속의 변화에 저항하는 방향으로 생성된다.

(b) 오른손 법칙으로 유도전류의 방향을 결정할 수 있다. 여기서 유도자기장의 방향은 왼쪽이어야 한다. 오른손의 엄지를 왼쪽을 향하게 하면 다른 손가락들은 유도전류의 방향을 가리킨다.

예제 20.1 ■ 렌츠의 법칙과 유도전류

(a) 영구자석의 S극이 조그만 코일로부터 멀어지고 있다(그림 20.6a). 코일에서 자석의 S극 끝을 바라보면 유도전류의 방향은 (1) 반시계방향, (2) 시계방향, (3) 유도전류는 없다 중 어느 것인가?

(b) 코일 면적 전체에서 자기장의 세기가 40 mT로 일정하고 코일의 반경은 2 mm이고 100 회 감겨져 있다고 하자. 0.75 초 동안에 제거되었다면 코일에 유도된 기전력의 평균값은 얼마인가?

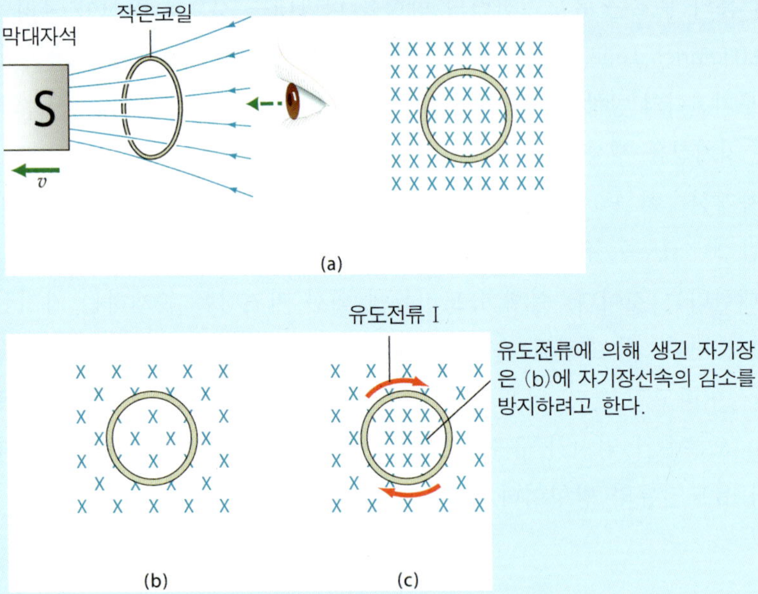

▲ **그림 20.6 유도전류를 유도하기 위한 막대자석의 이용**

(a) 막대자석의 S극을 환선으로부터 멀리 끌어당긴다.

(b) 환선의 오른쪽에서 보면 자기장은 관측자로부터 멀어지거나 페이지 안쪽을 향하되 감소하는 것으로 보인다.

(c) 페이지 안쪽으로 향하는 자기선속의 감소를 방지하기 위해서 시계방향의 전류가 유도되며, 이 유도전류에 의한 자기장은 페이지 안쪽을 향한다.

풀이

(a) 처음에 코일의 평면을 향하는 자기선속이 존재하고 있었으나 나중에 자석이 코일에서 멀어지면서 자기선속이 없어졌다. 즉 자기선속이 변화하였으므로 유도기전력이 발생한다. 따라서 (3)은 답이 될 수 없다. 자석이 빠져나가면서 자기장은 약해지지만 그 방향은 변하지 않는다. 따라서 페이지의 안쪽을 향하는

자기장을 만들어 이러한 자기선속의 감소에 저항하는 전류가 흐르도록 유도 기전력이 발생한다. 따라서 오른손 법칙(그림 20.6c)으로부터 기전력과 전류는 시계방향이 되어야 하므로 답은 (2)이다.

(b) 이 문제는 식 20.2를 적용하면 바로 알 수 있다. 처음 자기선속의 크기가 최대임에 유의하라.

처음 자기선속의 크기는 식 20.1에서 $\theta=0°$를 대입하면 구할 수 있다. 면적은

$$A=\pi r^2=\pi(2.00\times10^{-3}\mathrm{m})^2=1.26\times10^{-5}\ \mathrm{m}^2,$$

그러므로 초기 자기선속 Φ_i는

$$\Phi_i=B_i A\cos\theta=(0.040\ \mathrm{T})\,(1.26\times10^{-5}\ \mathrm{m}^2)\cos 0°=\ +5.03\times10^{-7}\ \mathrm{T}\cdot\mathrm{m}^2$$

마지막 선속이 영이기 때문에

$$\Delta\Phi=\Phi_f-\Phi_i=0-\Phi_i=-\Phi_i$$

그러므로 평균 유도기전력의 절대값은

$$|\mathcal{E}|=\mathrm{N}\frac{|\Delta\Phi|}{\Delta t}=(100\,회)\ \frac{(5.03\times10^{-7}\ \mathrm{T}\cdot\mathrm{m}^2\ 회)}{0.75초}=6.70\times10^{-5}\ \mathrm{V}$$

식 20.1의 자기선속(Φ)에 관한 식을 식 20.2에 대입하면 다음을 얻는다.

$$\varepsilon=-N\frac{\Delta\Phi}{\Delta t}=-\frac{N\Delta(BA\cos\theta)}{\Delta t} \tag{20.3}$$

따라서 자기장의 세기가 변할 때, 환선의 면적이 변할 때, 환선의 평면과 자기장의 상대방위가 변화할 때 모두 기전력이 유도된다.

20.2 발전기와 역기전력

환선에 기전력을 발생시키는 한 가지 방법은 자기장 안에서 환선의 방위를 바꾸는 것인데 이것이 발전기의 작동 원리이다.

■ 발전기

발전기는 역학에너지를 전기에너지로 변화시키는 장치이다. 원리상 발전기의 기능과 원리는 전동기와는 정반대이다. 건전지는 직류를 공급하므로 전압의 극성(따라서 전류의 방향)이 변하지 않는다. 그러나 대부분의 발전기는 교류를 만드는데 전압의 극성(따라서 전류의 방향)이 주기적으로 바뀐다. 공장이나 가정에서 사용하는 전기는 교류이다.

교류발전기(그림 20.7)는 종종 교류기(alternator)라고도 하는데, 회전자라고 하는 도체환선이 자기장 안에서 외부 힘에의해 회전하게 되면 회전자를 통과하는 자기선속의 변화로 기전력이 유도된다. 도체환선의 끝은 외부 전기회로와 접속되어 있어 유도전류가 외부회로에 공급된다. 실제의 발전기에서는 여러 번 감긴 코일로 회전자를 구성한다.

회전자가 일정한 각속도(ω)로 회전할 때 환선의 면적 벡터와 자기장 벡터가 이루는

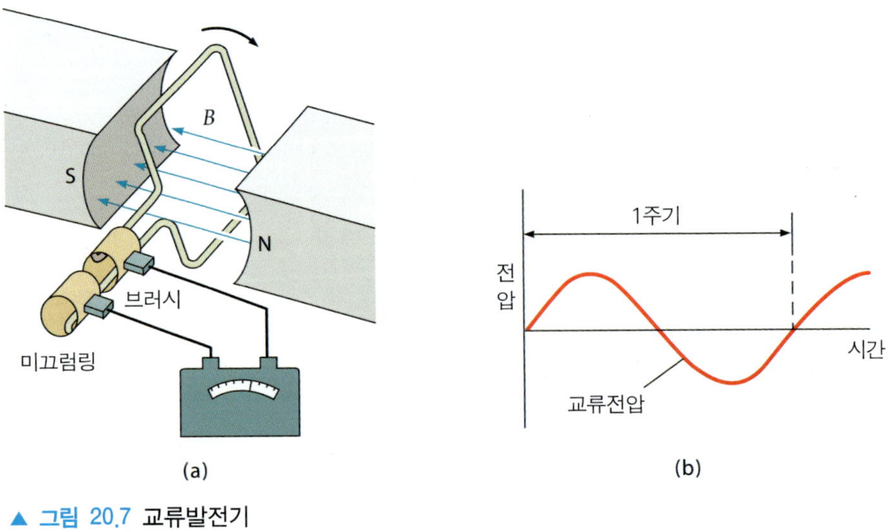

▲ 그림 20.7 교류발전기

(a) 자기장 안에서 전류환선이 회전하면, (b) 반주기마다 극성이 바뀌는 전압을 만든다. 이 교류전압을 브러시/미끄럼링으로 검출할 수 있다.

각도(θ)는 $\theta = \omega t$가 된다($t = 0$에서 $\theta = 0°$라고 가정함). 그 결과 환선을 통과하는 자기장선 수는 시간에 따라 변해 기전력을 유도한다. 식 20.1에서 (한 환선에 대해) 자기선속은

$$\Phi = BA\cos\theta = BA\cos\omega t$$

로 시간에 따라 변화한다. 코일이 N회 감겨져 있다면 패러데이의 유도법칙에 의해 다음의 기전력이 유도된다.

$$\mathcal{E} = -N\frac{\Delta\Phi}{\Delta t} = -NBA\left(\frac{\Delta(\cos\omega t)}{\Delta t}\right)$$

여기서 B와 A는 일정하므로 시간변화에서 제외시켰다. 따라서 유도기전력

$$\mathcal{E} = (NBA\omega)\ \sin\omega t.$$

위 식의 괄호는 $\sin\omega t = \pm 1$일 때마다 일어나는 최대 기전력이다. 만약에 $NBA\omega$를 $\mathcal{E}_0$라고 하면 다음과 같이 간단히 쓸 수 있다.

$$\mathcal{E} = \mathcal{E}_0 \sin\omega t \tag{20.4}$$

사인함수는 ± 1사이에서 변하기 때문에 기전력의 극성은 시간에 따라 변한다(그림 20.8). 기전력은 $\theta = 90°$ 또는 $\theta = 270°$일 때 최대 기전력인 $\mathcal{E}_0$가 된다. 즉 환선면이 자기장과 평행하여 자기선속이 0 일 때 가장 큰 기전력을 나타낸다. 이때의 자기선속의 크기는 0 이지만 부호가 바뀜으로써 자기선속의 시간 변화율이 가장 크기

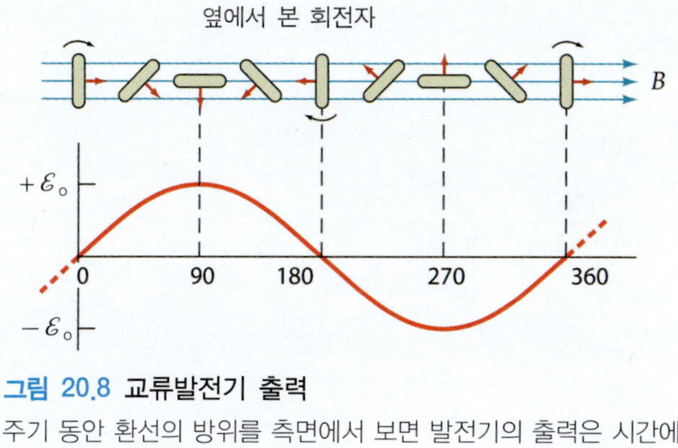

▲ **그림 20.8 교류발전기 출력**
한 주기 동안 환선의 방위를 측면에서 보면 발전기의 출력은 시간에 따라 자기선속이 정현적으로 변화한다. 유도기전력은 자기선속의 변화가 가장 빠를 때 최고값을 보이며, 이때는 자기선속이 영을 통과하며 부호를 바꾸는 때이다.

때문에 기전력이 최대가 된다. 자기선속이 가장 클 때($\theta = 0°$ 또는 $\theta = 180°$)는 자기선속이 거의 일정하고 변화율은 0 이기 때문에 기전력은 0 이 된다.

유도전류는 교류 유도기전력에 의해 생기므로 전류의 방향도 주기적으로 바뀐다. 일상생활응용에서는 각속도보다는 회전자의 주파수 Hz (헤르츠, hertz, 1 초당 회전수)로 표현하는 것이 편리하다. 주파수(f)와 각속도(ω)의 관계는 $\omega = 2\pi f$ 이므로 식 20.4는 다음과 같이 쓸 수 있다.

$$\mathcal{E} = \mathcal{E}_0 \sin(2\pi f t) \quad \text{(교류발전기의 기전력)} \qquad (20.5)$$

한국과 대부분의 남북 아메리카 대륙의 교류주파수는 60 Hz이고, 일본과 유럽 그리고 나머지 지역은 통상 50 Hz이다.

식 20.4와 식 20.5의 기전력은 순간값이며 이 값은 회전자의 반주기 동안 기전력이 $+\mathcal{E}_0$와 $-\mathcal{E}_0$ 사이에서 변한다(우리나라의 경우 1/120 초).

예제 20.3 ■ 교류발전기

농부가 농장에 전력을 공급하기 위해 수력발전기를 설치하였다. 이 발전기 내부에는 코일을 1500회 감은 반경 20 cm의 회전자가 일정한 자기장 안에서 60 Hz로 회전하고 있다. 120 V의 실효전압을 생산하기 위해서는 최대 전압 170 V를 생산해야 한다. 이 전압을 얻기 위해서는 자기장의 세기가 얼마가 되어야 하는가?

풀이

발전기의 최대 전압은 $\mathcal{E}_o = NBA\omega$으로 주어진다. $\omega = 2\pi f$ 이고 $A = \pi r^2$ 이므로 이 식은 다음과 같이 쓸 수 있다.

$$\mathcal{E}_o = NB(\pi r^2)(2\pi f) = 2\pi^2 NB\, r^2 f$$

B 에 대해서 풀면 다음과 같다.

$$B = \frac{\mathcal{E}_o}{2\pi^2 N r^2 f} = \frac{170\ \text{V}}{2\pi^2(1500)(0.2\ \text{m})^2(60\ \text{Hz})}$$

$$= 2.4 \times 10^{-3}\ \text{T}$$

대부분의 대형 교류발전기(발전소)에서는 회전자는 실제 고정되어 있고 자석이 회전한다. 회전 자기장은 회전자 코일의 시간에 따라 변하는 자기선속을 만들고 따라서 교류출력을 만든다. 터빈은 발전기의 자석을 회전시키는데 필요한 기계에너지를 공급한다. 터빈은 화석연료의 연소 또는 핵분열에 의한 열로 생산되는 스팀에 의해 동작된다. 또한 댐에 저장된 물의 중력 위치에너지에 의해 회전될 수도 있다. 따라서 여러 형태의 발전소 차이는 사용되는 에너지 종류에 있다.

■ 역기전력

전동기는 전기에너지를 기계에너지로 변환하는 것이 주된 임무이지만 전동기에서도 발전기와 마찬가지로 반대 방향의 기전력이 발생한다. 전동기에서도 발전기와 마찬가지로 자기장 안에서 회전하는 회전자가 있다. 전동기에서 발생되는 이 기전력은 외부 전원의 극성과 반대이고 또 회전자의 전류를 감소시키고자 하므로 역기전력, $\mathcal{E}_b$이라고 한다.

전동기의 역기전력은 회전자의 회전속도에 비례하며 회전자가 정지상태에서 정상상태로 운전되는 동안 역기전력은 0에서 최고값까지 변한다. 회전시작 직후에는 역기전력이 0이므로 회전을 시작할 때 최대의 전류가 흐른다. 정격부하 조건에서 역기전력은 외부전압보다 작다. 부하가 증가하게 되면 전동기의 속도가 느려져 역기전력이 감소한다. 만약 과중하게 부하가 인가되어 전동기가 매우 천천히 회전한다면 역기전력이 매우 작아져 과도한 전류가 흘러 전동기의 코일이 타버린다. 역기전력은 내부 전류를 제한함으로써 전동기가 안정적으로 운전되게 하는 매우 중요한 역할을 한다.

발전기는 그 역할과 원리에서 전동기와 정반대이므로 전동기에서는 역기전력이 발생한다면 학생들은 발전기에서는 반대 방향의 힘이 발생할 것이라고 추측할 수 있다. 실제 발전기에서는 이러한 힘이 발생한다. 발전기가 외부의 회로에 연결되어 있지 않으면 전류가 흐르지 않으므로 반대 방향의 힘이 생기지 않는다.

그러나 외부회로가 연결되면 전류가 흘러 자기력이 발생되고, 이 자기력은 회전자의 회전에 반대하는 토크를 발생시킨다. 전류가 더 많이 흐르면 자기력이 더 강해져 회전자를 회전시키는데 더 큰 힘이 필요하다. 따라서 발전기가 공급하는 전류가 커지면 역방향 토크를 극복하는데 필요한 에너지(연료)는 더 공급되어야 한다.

20.3 변압기와 전력전달

전기에너지는 전력선을 통해서 먼 거리까지 전달된다. 이때 송전선에서 발생하는 I^2R의 손실(주울열)을 최소화시켜야 한다. 송전선의 저항은 일정하므로 I^2R 손실을 줄이기 위해서는 전류를 감소시켜야 한다. 그런데 발전기에서 공급하는 전력은 출력전류와 전압의 곱($P=IV$)이고 전자기 유도현상을 이용하면 전류를 줄이는 대신 전압을 올릴 수 있어 공급하는 전력의 크기를 변화시키지 않고 송전손실을 줄일 수 있다.

변압기의 간단한 형상은 두 개의 절연 코일을 동일한 철심에 감은 것이다(그림 20.9a). 교류전압이 입력 코일(또는 1차 코일)에 인가되면 교류전류가 철심에 교번하는 자기선속을 만든다. 이 자기선속은 출력 코일(2차 코일)을 통과하므로 2차 코일에 교류전압과 전류가 유도된다(기전력을 전압으로 취급한다).

패러데이 법칙에 의해 2차 코일에 유도된 전압은 다음과 같다.

$$V_2 = -N_2 \frac{\Delta \Phi}{\Delta t}$$

여기서 N_2는 2차 코일의 감긴 수이다. 1차 코일에서도 교번 자기선속은 다음의 역기전력을 유도한다.

$$V_1 = -N_1 \frac{\Delta \Phi}{\Delta t}$$

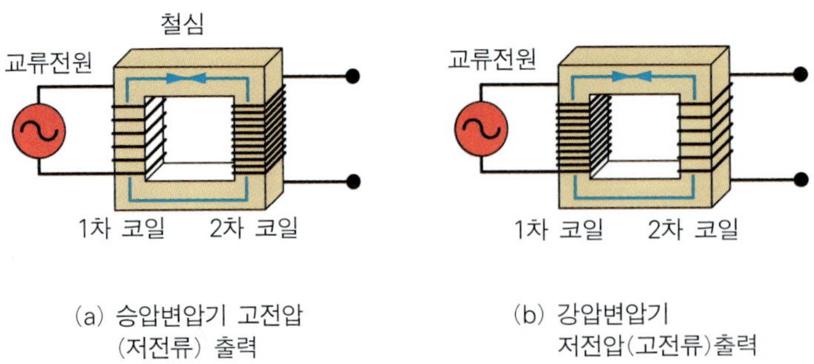

(a) 승압변압기 고전압 (저전류) 출력

(b) 강압변압기 저전압(고전류)출력

▲ **그림 20.9 변압기**
(a) 승압변압기의 1차 코일의 감긴 수는 2차 코일의 감긴 수보다 적다.
(b) 강압변압기의 1차 코일의 감긴 수는 2차 코일의 감긴 수보다 많다.

여기서 N_1는 1차 코일의 감긴 수이다. 1차 코일의 전기저항을 무시한다면 1차 코일의 역기전력은 외부에서 1차 코일에 인가된 전압과 같다. 따라서 입력전압에 대한 출력전압의 비는 다음과 같다.

$$\frac{V_2}{V_1} = \frac{-N_2(\Delta\Phi/\Delta t)}{-N_1(\Delta\Phi/\Delta t)}$$

즉,

$$\frac{V_2}{V_1} = \frac{N_2}{N_1} \quad \text{(변압기의 전압비)} \tag{20.6}$$

1차 코일에 인가된 전압에 대한 2차 코일에 유도되는 전압의 비는 두 코일의 권선비에 따라 결정된다. 만약 변압기의 손실이 없어 효율이 100 %라면 입력전력과 출력전력은 같다. $P = IV$이므로 다음이 성립한다.

$$I_1 V_1 = I_2 V_2 \tag{20.7}$$

약간의 에너지 손실이 있지만 잘 설계된 변압기효율은 95 % 이상이므로 식 20.8은 꽤 잘 성립한다. 식 20.6과 식 20.7에서 이상적인 변압기의 전류는

$$I_2 = \left(\frac{N_1}{N_2}\right) I_1. \tag{20.8}$$

승압변압기는 그림 20.9a와 같이 2차 코일이 1차 코일보다 많이 감긴 것으로 $(N_2 > N_1)$, $V_2 > V_1$이므로 전압이 상승한다. 그러나 2차 코일에는 1차 코일보다 더 작은 전류가 흐른다$(I_2 < I_1)$.

이와 반대로 강압변압기(그림 20.9b)는 2차 코일의 감긴 수가 1차 코일보다 적어 2차 코일의 전압은 낮아지지만 더 많은 전류가 흐른다.

예제 20.5 ■ 강압 또는 승압 연결

600 W의 이상적인 변압기에 1차측에는 50회, 2차측에는 100회의 코일이 감겨 있다.

(a) 이 변압기가 승압용인가 강압용인가?

(b) 1차측 코일이 120 V의 교류전원에 연결되어 있다면 이 변압기의 출력단의 전압과 전류는 얼마인가?

풀이 승압 또는 강압은 전류에 대한 것이 아니고 전압에 대한 것이다. 전압은 감긴 수에 비례하므로 2차측 감긴 수가 1차측보다 더 많다. 따라서 승압용 변압기이다.

- 주어진 값 : $N_1=50$

  $N_2=100$

  $V_1=120\ \text{V}$

- 구하는 값 : V_2와 I_2(2차측 전압과 전류)

출력전압은 다음과 같이 결정된다.

$$V_2=\left(\frac{N_2}{N_1}\right)V_1=(2)(120\ \text{V})=240\ \text{V}$$

이상적인 변압기라고 하면 입력전력은 출력전력과 같다. 1차측에서 입력전력은 $P_1=I_1V_1=600\ \text{W}$ 이므로 입력전류는 다음과 같다.

$$I_1=\frac{600\ \text{W}}{V_1}=\frac{600\ \text{W}}{120\ \text{V}}=5.00\ \text{A}$$

전압이 두 배로 승압되므로 출력전류는 1/2로 줄어들어야 한다. 식 20.10b에서 다음과 같이 주어진다.

$$I_2=\left(\frac{N_1}{N_2}\right)I_1=\left(\frac{1}{2}\right)(5.00\ \text{A})=2.50\ \text{A}$$

■ 전력전달과 변압기

멀리까지 전력을 전달하기 위해서 변압기가 전압을 높이고 전류를 줄이는 역할을 함으로써 가능하다. 전류가 감소하면 송전선로에서의 주울 열 손실($=I^2R$)을 줄일 수 있기 때문이다. 발전기에서 출력된 전압을 높여서 전류를 감소시켜 긴 거리를 통해 소비자가 있는 지역변전소로 전달한 후에 다시 전압을 낮추고 전류를 증가시킨다. 가정이나 사무실로 전력이 상용전압과 전류로 공급되기 전에 배전변전소나 전봇대에서 전압을 더 낮춘다.

예제 20.6 ■ **고전압으로 전력전달**

작은 수력발전소가 10 A와 440 V로 전기에너지를 만들고 있다. 전압을 4400 V로 승압시켜 총 저항 20 Ω인 40 km 송전선로를 통해 에너지를 보내려고 한다.

(a) 승압시키기 않고 송전할 경우 생산전력의 몇 %가 손실로 없어지겠는가?

(b) 승압시켜서 송전할 경우에는 생산전력의 몇 %가 손실로 없어지겠는가?

풀이

(a) 발전기에서 생산되는 전력은 다음과 같다.

$$P = I_1 V_1 = (10\,\text{A})(440\,\text{V}) = 4400\ \text{W}$$

다음의 계산에서 10 A의 전류를 전송할 때 손실률은 높다.

$$P_{\text{loss}} = I^2 R = (10\ \text{A})^2 (20\ \Omega) = 2000\ \text{W}$$

따라서 생산된 전력 대 손실된 전력의 비율은 다음에서와 같이 약 50 %에 달한다.

$$\%\ \text{loss} = \frac{\text{P}_{\text{loss}}}{\text{P}} \times 100\ \% = \frac{2000\ \text{W}}{4400\ \text{W}} \times 100\ \%$$
$$= 45\ \%$$

(b) 전압을 4400 V로 승압시켰을 경우 전력을 보낼 때 전류는 다음과 같이 1/10로 낮출 수 있다.

$$I_2 = \left(\frac{V_1}{V_2}\right) I_1 = \left(\frac{440\ \text{V}}{4400\ \text{V}}\right)(10\ \text{A}) = 1.0\ \text{A}$$

따라서 손실은 전류의 제곱에 비례하므로 전력손실을 1/100으로 낮출 수 있다.

$$P_{\text{loss}} = I^2 R = (1.0\ \text{A})^2\ (20\ \Omega) = 20\ \text{W}$$

따라서 전력 손실률도 1/100으로 낮출 수 있다.

$$\%\ \text{loss} = \frac{\text{P}_{\text{loss}}}{\text{P}} \times 100\ \% = \frac{20\ \text{W}}{4400\,\text{W}} \times 100\ \%$$
$$= 0.45\ \%$$

20.4 전자기파

스코틀랜드 물리학자 제임스 클럭 맥스웰(James Clerk Maxwell, 1831~1879)은 처음으로 전기와 자기현상을 통합시킨 유명한 물리학자이다. 그는 전기장과 자기장의 구동방정식을 유도하고 전자기파의 존재를 예언하였다. 그는 진공 중에서의 전자기파 속도를 계산하였는데 그 결과가 실험값과 잘 일치하였다. 그의 수식들 대부분은 다른 사람들(예를 들면 패러데이의 유도법칙)에 의해 개발되었음에도 불구하고 이러한 기여로 이 수식들을 맥스웰 방정식이라고 한다.

사실 맥스웰은 전기장과 자기장이 어떻게 하나의 전자기장으로 생각될 수 있는지를 보여주었다. 어떤 조건에서 전기장(자기장)이 자기장(전기장)을 유도하기 때문에 서로 독립적으로 보이는 자기장과 전기장은 대칭적으로 연결되어 있다. 맥스웰 방정식은 다음과 같이 요약된다.

> **시간에 따라 변화하는 자기장은 시간에 따라 변화하는 전기장을 생성한다.**
> **시간에 따라 변화하는 전기장은 시간에 따라 변화하는 자기장을 생성한다.**

첫 번째 결과는 20.1절의 관측을 요약한 것이다. 변화하는 자기선속은 기전력을 유도하여 전류가 흐르도록 한다. 두 번째 결과는 (우리는 자세히 공부하지 않을 것이다.) 전자기파가 스스로 퍼져간다는 특성에 매우 중요한 것이다. 두 현상이 합쳐져 전자기파가 진공에서 진행할 수 있게 한다.

맥스웰 이론에 따르면 진동하는 전자와 같이 가속운동을 하는 하전입자는 반드시 전자기파를 발생한다. 이 전자는 10^6 Hz(1 MHz)로 가동되는 전기진동자인 라디오 송신기의 금속안테나에 있는 많은 전자 중 하나일 수 있다. 각 전자가 진동하면 계속해서 가속과 감속되므로 전자기파를 방출한다(그림 20.10a). 많은 전자의 진동은 안테나 근처에 시간에 따라 변화하는 전기장과 자기장을 만든다. 그림 20.10a의 전기장은 종이면에 평행하고 연속해서 방향을 바꾼다. 자기장 역시 같은 거동을 한다.

전기장과 자기장은 에너지를 싣고 외부로 빛의 속도로 밖으로 퍼져 나간다. 이 속도는 $c = 3.00 \times 10^8$ m/s이다. 맥스웰의 결과에 의하면 전파원으로부터 매우 먼 거리에서 전자기파는 평면파(plane wave)가 된다. 그림 20.10b는 어떤 한 순간에서의 평면파를 나타낸다. 여기서 전기장 ($\vec{E}$)과 자기장 ($\vec{B}$)은 서로 수식이고 시간에 따라

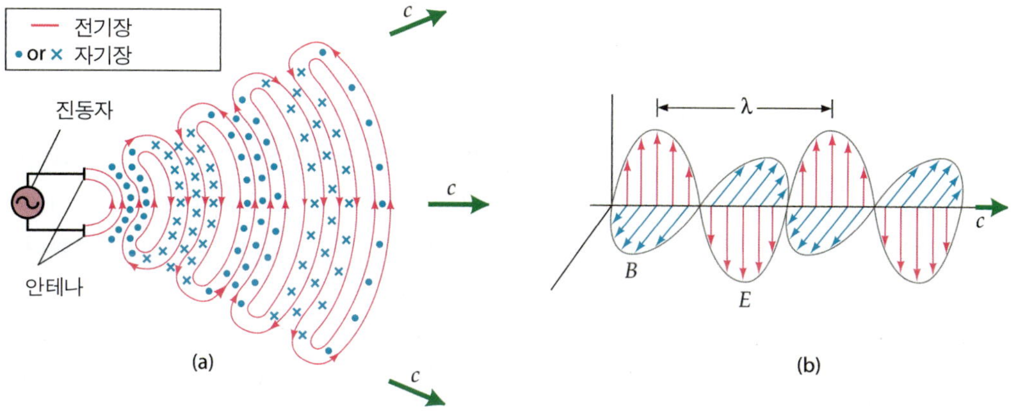

▲ 그림 20.10 **전자기파의 발생원**

전자기파는 가속운동을 하는 전하에 의해 발생한다.

(a) 금속안테나의 전하(전자)는 진동하는 전압원에 의해 움직인다. 안테나의 극성과 방향이 주기적으로 바뀌기 때문에 교번하는 전기장과 자기장이 밖으로 퍼져나간다. 전기장과 자기장은 퍼져나가는 방향이 수직이다. 따라서 전자기파는 횡파이다.

(b) 파원으로부터 멀리 떨어지면 처음에 굽었던 파면이 평면으로 된다.

정현적으로 변화한다. 그리고 $\vec{E}$ 와 $\vec{B}$ 는 파의 진행방향에 수직이다. 전자기파의 자기장과 전기장이 진행방향에 수직이므로 전자기파는 횡파이다. 맥스웰의 이론에 따르면 전기장이 변화하면 자기장이 생성되며 그 역도 성립한다. 이 과정이 연속적으로 반복됨으로써 우리가 빛이라고 부르는 진행하는 전자기파를 생성한다. 진공 중에서 모든 전자기파는 주파수나 파장에 관계없이 $c = 3.00 \times 10^8$ m/s의 일정한 속도로 전파된다.

■ 복사압

전자기파는 에너지를 전달한다. 그래서 일을 할 수 있으므로 부딪히는 물체에 힘을 가할 수 있다. 단위면적당 복사력을 복사압(radiation pressure)이라고 한다. 복사압은 보통의 경우 무시할 정도로 매우 작다. 그러나 대기와 우주현상 그리고 원자와 핵물리에서 매우 중요하다. 원자세계에서는 질량이 매우 작아 마찰이 없기 때문이다. 태양빛 복사압의 용도는 태양계를 운항하는 인공위성을 태양으로부터 바깥 행성쪽으로 밀어내 나선궤도를 가지게 하는 것이다. 태양빛의 극히 작은 압력에도 충분한 힘을 얻기 위해 돛은 되도록 넓고, 위성은 되도록 가벼워야 한다. 이 때문에 인공위성이 발사되기만 하면 (방향을 바꾸는데 필요한 작은 양을 제외하고) 연료가 더 필요치 않다.

■ 전자기파의 종류

전자기파는 주파수나 파장의 범위에 따라 여러 가지로 구별된다. 앞에서 배운 $\lambda = c/f$ 식에서 주파수와 파장은 서로 반비례하며, 여기서 일반적인 파의 속도 v 대신에 빛의 속도 c를 대입하였다. 진동수가 커지면 파장은 짧아지고, 그 역도 성립한다. 전자기파의 스펙트럼은 연속적이어서 여러 종류의 복사에 대한 구분점이 명확하지 않다(그림 20.11). 표 20.1에 각종 전자기파에 대한 여러 종류의 범위를 적었다.

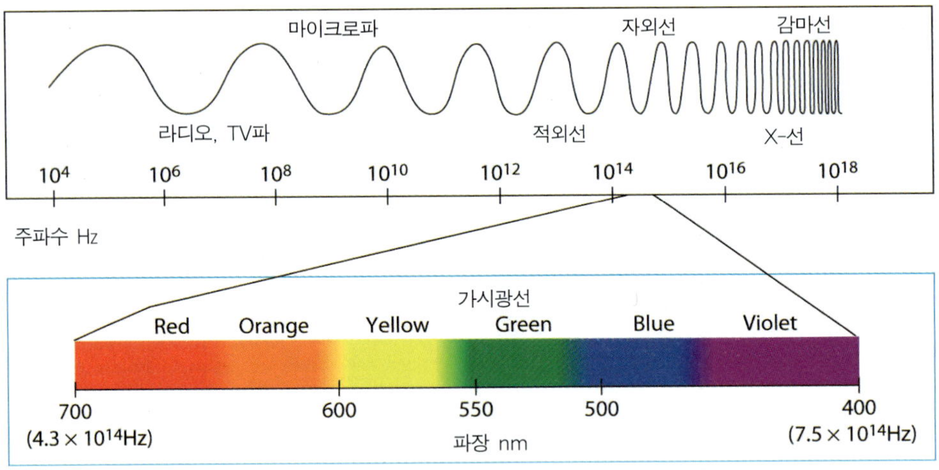

▲ 그림 20.11 전자기 스펙트럼

진동수 또는 파장 스펙트럼은 여러 영역으로 나뉜다. 가시광선은 전체 스펙트럼에서 매우 좁은 영역을 차지한다. 가시광선의 파장을 통상 나노미터(1 nm = 10^{-9} m)로 표시한다. (위 그림에서 파장의 축척비율은 맞지 않음)

▼ 표 20.1 전자기파의 분류

파의 종류	주파수범위(Hz)	파장범위(m)	공급원
전력파	60	5.0×10^6	발전소
라디오파-AM	(0.53×10^6)–(1.7×10^6)	570–186	전기회로/안테나
라디오파-FM	(88×10^6)–(108×10^6)	3.4–2.8	전기회로/안테나
TV	(54×10^6)–(890×10^6)	5.6–0.34	전기회로/안테나
마이크로파	10^9–10^{11}	10^{-1}–10^{-3}	특수진공관
적외선	10^{11}–10^{14}	10^{-3}–10^{-7}	고온 또는 따스한 물체, 별
가시광선	(4.0×10^{14})–(7.0×10^{14})	10^{-7}	태양, 별, 램프
자외선	10^{14}–10^{17}	10^{-7}–10^{-10}	매우 뜨거운 물체, 별, 특수램프
X-선	10^{17}–10^{19}	10^{-10}–10^{-12}	고속전자 충돌, 원자스펙트럼
감마선	10^{19} 이상	10^{-12} 이하	핵반응, 붕괴

■ 전력파

주파수가 60 Hz인 전자기파는 전력송신선에 흐르는 교류전기 때문에 생긴다. 그리고 이 파의 파장은 5000 km로 매우 길다. 이와 같이 매우 낮은 주파수를 가진 전자기파는 실제 사용되지 않고 있다. 가끔 오디오 기기에 60 Hz의 웅웅거리는 소리를 만들거나 정밀 전자기기에 원하지 않는 전기노이즈를 발생시킨다. 초기연구에서 저주파수의 전자기장이 세포나 조직에 생물학적으로 나쁜 영향을 미칠 수도 있다고 제안되기도 했으나 근래의 조사에 의하면 큰 문제가 없는 것으로 밝혀졌다.

■ 라디오파와 TV파

라디오파와 TV파는 500 kHz에서 1000 MHz까지의 주파수를 사용한다. AM(amplitude modulation, 진폭변조) 라디오밴드는 530 kHz에서 1710 kHz이고, 더 높은 주파수인 54 MHz가 단파밴드에 사용된다. TV밴드는 54 MHz에서 890 MHz까지이다. FM(frequency modulation, 주파수변조) 라디오밴드는 88 MHz에서 108 MHz 이다. UHF(ultrahigh frequency)대역은 TV 채널에 사용된다.

직진성을 가진 라디오파가 지구반대편까지 전달될 수 있는 것은 대기권 상층부에 있는 여러 이온층이 전자기파를 반사하기 때문이다. 라디오파는 이온층에서 되튀어 수평선 너머 지구 어디에나 전달된다. 이때 이온층에서 반사가 이루어지기 위해서는 이온층의 밀도가 매우 균일해야 한다. 가끔 태양의 활발한 활동으로 평소보다 에너지가 큰 입자가 많이 들어오면 균일성이 흐트러져 라디오파가 직선으로 반사되지 않고, 여러 방향으로 산란되므로 통신이 두절된다. 통신두절을 방지하기 위하여 위성통신을 함으로써 지구의 어느 지점에도 확실한 통신을 제공할 수 있다.

■ 마이크로파

크립톤이나 마그네트론이라고 하는 특수 진공관에서 만들어지고 GHz의 주파수밴드를 가지고 있다. 마이크로파는 통신과 레이더 시스템에 사용된다. 레이더는 도플러 효과를 이용해서 자동차와 야구공 속도를 측정하는 스피드건의 기본이 된다. 전자기파가 움직이는 물체에서 반사될 때 주파수가 변화하며, 이 주파수 변화의 크기와 부호로부터 물체의 속도를 측정할 수 있다.

■ 적외선(infrared) 복사

적외선 영역은 가시광선영역과 인접해 있으며 가시광선보다는 파장이 더 길다. 따뜻한 물체는 적외선을 방출하는데 상온의 물체는 가시광선보다 파장이 훨씬 긴

원적외선을 방출한다. 그 파장은 물체의 온도에 의존한다. 적외선은 가끔 열선이라고도 하는데, 대부분의 물체에 존재하는 물분자의 전기쌍극자가 적외선 영역의 전자기복사를 잘 흡수하기 때문이다. 이렇게 되면 무질서한 열운동이 증가되어 물분자가 뜨거워지고 따라서 그 주위도 데워진다. 적외선 램프는 피곤한 근육의 고통을 치료하거나 음식을 데우는데 사용된다.

■ 가시광선

가시광선은 전자기파 스펙트럼의 매우 좁은 주파수 범위에 있다. 주파수 범위는 4×10^{14} Hz에서 7×10^{14} Hz까지이고 파장으로는 700~400 nm까지이다(그림 20.11). 인간의 눈은 오직 이 범위의 전자기파만 감지한다. 물체에서 반사되거나 방출된 가시광선은 주위 세상에 대한 시각 정보를 제공한다. 뱀은 적외선만 시각적으로 검출하며, 어떤 곤충들은 자외선까지도 볼 수 있다.

■ 자외선(UV) 복사

태양 스펙트럼에서 자외선 영역은 매우 좁으며 가시광선의 보라색보다 큰 주파수 영역이다. 자외선 램프를 사용하거나 물체를 매우 뜨겁게 하면 자외선을 인위적으로도 만들 수 있다. 자외선은 피부를 곱게 태우기도 하지만 너무 많이 쬐면 피부가 그을리고 심하면 피부암이 발생할 수도 있다. 자외선이 태양으로부터 지구에 도달하면 30~50 km 상공의 대기층에 존재하는 오존(O_3)에 흡수되므로 오존층은 지구 생물체를 보호하는 역할을 한다.

대부분의 자외선은 일반 유리에 흡수된다. 따라서 창문을 통해서 들어오는 태양빛으로는 피부가 많이 그을리지 않는다. 용접공들이 쓰는 특수 유리안경은 용접 아크에 의해 발생되는 많은 양의 자외선을 차단하여 눈을 보호한다. 눈이나 강한 백열등으로부터 눈을 보호하려면 선글래스를 착용해야 한다. 눈에서 반사된 태양빛의 자외선 성분을 눈에 그대로 쬐면 설맹을 일으킬 수도 있기 때문이다.

■ X-선

전자기파 스펙트럼의 자외선 영역 너머에는 X-선 영역이 있다. X-선은 1895년 독일의 물리학자 윌리엄 뢴트겐(wilhelm Roentgen)이 발견하였는데 고주파인 X-선은 매우 높은 에너지를 가지고 있어 암, 피부 그을림 등 인체에 나쁜 영향을 준다. 그러나 강도가 낮은 X-선은 인체와 물체의 내부구조를 비교적 안전하게 관찰할 수 있다. X-선이 인체를 통과할 때 조직에서보다 밀도가 더 큰 뼈에서 더 많이 흡수되어 투

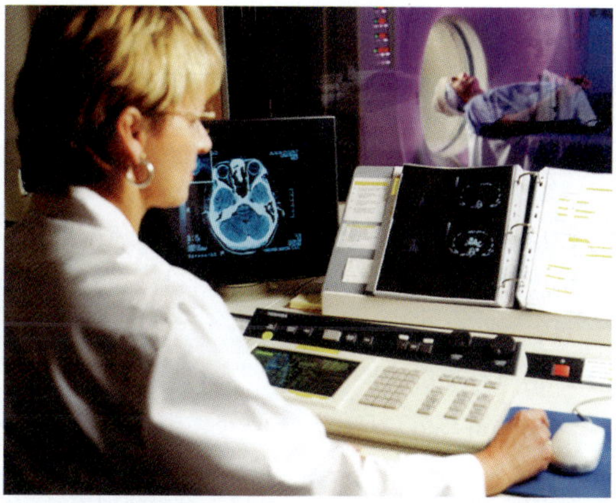

(a)

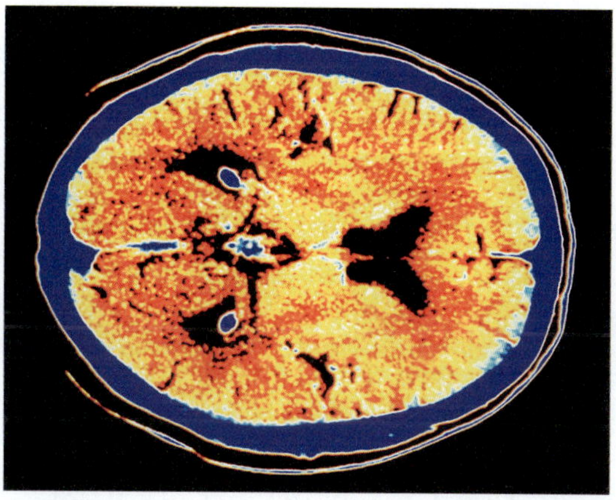

(b)

▲ **그림 20.12 컴퓨터 단층촬영 주사(CT scan)**

일반적인 X-선 영상에서는 신체 전부가 한 장의 필름에 투영되므로 모든 구조가 겹쳐져 미세한 것들을 구분하기 어렵다. CT(computerized tomography, 그리스어로 tomo는 "얇게 자른다", graph는 "그림"을 의미함)에서는 X-선 빔이 인체 박편(slice)을 주사한다.

(a) 투과된 복사선은 여러 개의 검출기에 의해 기록되고 컴퓨터에서 처리된다. 여러 박편들의 정보를 이용해 컴퓨터는 삼차원 영상을 구성한다.

(b) 양성 종양이 있는 뇌의 CT영상

과되는 양이 더 작다. 따라서 투과된 빛이 사진 건판이나 필름에 입사된다면 노출된 부분에서 강도의 차이로 물질의 내부 구조 사진을 얻을 수 있다. 컴퓨터와 결합된 현대의 X-선 장치로 컴퓨터 단층촬영(computerized tomography, CT)이라는 삼차원 영상 기술이 있다(그림 20.12).

■ 감마선

전자기파 중 가장 높은 주파수를 가지는 것을 감마선(γ-선)이라고 하고 에너지가 가장 크며 투과력이 X-선보다 훨씬 좋아서 금속재료의 내무결함 탐지 등 의학 공업 분야에 널리 응용된다. 감마선은 핵반응, 입자 가속기 그리고 핵붕괴(방사선)에 의해서 생성이 된다.

연습문제

1. 두 개의 동일한 영구자석을 두 개의 파이프 속에 동시에 떨어뜨렸다. 한 파이프는 구리로, 나머지 한 파이프는 플라스틱으로 만들어져 있다. 어느 파이프 속의 자석이 먼저 빠져 나오겠는가? 그리고 그 이유는?

2. 한 변의 길이가 40 cm인 정사각형 전류환선이 균일한 자기장 속에 수직으로 놓여 있다. 자기장이 10초 동안에 100 mT에서 0 mT까지 일정한 비율로 감소하였다면 코일에 유도된 기전력의 크기는 얼마인가?

3. 그림 20.11을 참조하여 다음의 경우에 교류발전기 회전자 평면이 어느 방향을 향하고 있는가?
   (a) 최대의 기전력이 유도될 때
   (b) 회전자 평면에 최대의 자속이 통과할 때

4. 저항이 2.50 Ω인 전동기가 110 V의 외부전원에 연결되어 있다.
   (a) 전동기가 동작하고 있을 때 흐르는 전류의 크기는 얼마일까? (1) 44 A (2) 44 A보다 크다. (3) 44 A보다 작다.
   (b) 전동기가 작동할 때 역기전력의 크기가 100 V였다면 전동기에 흐르는 전류는 얼마인가?

5. 8.0 V를 2000 V로 승압시키는 이상 변압기가 있다. 이차측 전류와 감긴 수가 각각 2.0 A와 4000 회일 때 다음을 구하라.
   (a) 1차측의 감긴 수
   (b) 1차측의 전류

6. 발전소에서 50 A와 20 kV에서 전기에너지를 생산한다. 이 에너지가 저항이 1.2 Ω/km인 송전선으로 25 km의 거리까지 전달되었다.
   (a) 만약 이 에너지가 20 kV로 전달된다면 송전선로에서의 손실은 얼마인가?
   (b) 송전손실을 1/15로 감소시키려면 발전기의 전압이 얼마가 되어야 하는가?

7. 다음의 전자기파 중 주파수가 가장 낮은 것은?
   (a) 자외선 (b) 적외선
   (c) X-선 (d) 마이크로파

8. 자동차의 안테나에 전지를 연결시키면 전자기파가 발생할까? 그 이유를 설명하라.

9. 전자기파의 파장이 다음과 같을 때 주파수를 계산하라.
   (a) 3.0 cm (b) 650 nm
   (c) 1.2 fm
   (d) 이들 파가 전자기파의 어느 범주에 속하는가?

21 교류회로

발전기는 전자기유도를 이용해 교류(ac)를 만든다. 교류형태로 생산된 전기에너지는 변압기를 사용해 매우 먼 거리까지 경제적으로 보낼 수 있다. 직류(dc)회로에서 전류는 저항에 의해 주로 결정된다. 교류에서도 저항의 역할은 크지만 또 다른 요소인 축전기와 코일이 전류의 흐름에 영향을 준다. 이 장에서는 교류회로의 원리를 공부할 것이다. 교류회로에도 적용되는 더 일반화된 옴의 법칙과 전력에 대한 수식을 전개하고, 마지막으로는 교류회로의 공명현상과 용도에 대해 알아볼 것이다.

21.1 교류회로의 저항

그림 21.1은 한 개의 저항만 포함된 교류회로이다. 교류전원의 출력전압이 정현적으로 변하므로 저항 양끝의 전압차도 시간에 따라 다음과 같이 변화한다.

$$V = V_0 \sin \omega t = V_0 \sin 2\pi f t \tag{21.1}$$

여기서 ω는 전압의 각진동수(rad/s)이며 주파수 f(Hz)와 $\omega = 2\pi f$의 관계가 있다. $\sin 2\pi f t$가 ± 1사이의 값을 가지므로 전압은 $+V_0$와 $-V_0$사이에서 진동한다. V_0을 최대전압이라고 하며 전압진동의 진폭을 나타낸다.

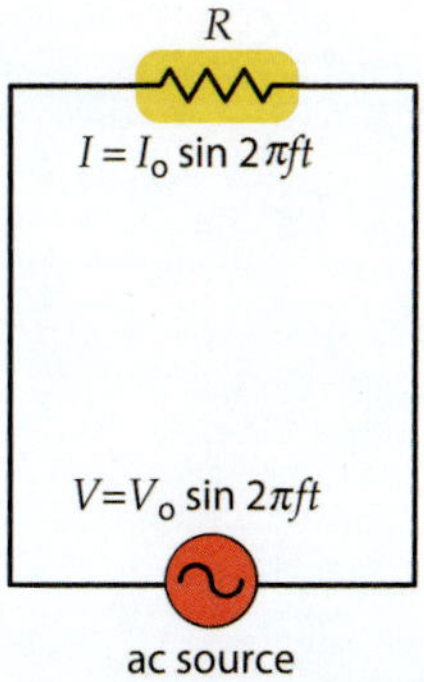

▲ **그림 21.1 순저항회로**
교류전원이 한 개의 저항으로 구성된 회로에 정현파 전압을 공급한다. 저항 양단에 걸린 전압과 저항을 통과하는 전류는 가해진 교류전압의 주파수에 맞춰 정현적으로 변화한다.

■ 교류전류와 전력

교류에서 저항을 통해 흐르는 전류의 방향과 크기는 변한다. 옴의 법칙에 의해 저항을 흐르는 전류는 시간에 따라 다음과 같이 주어진다.

$$I = \frac{V}{R} = \left(\frac{V_0}{R}\right)\sin 2\pi ft$$

V_0는 저항 양끝에 걸리는 최대전압이므로 괄호 안은 저항을 흐르는 최대전류를 뜻한다. 따라서

$$I = I_0 \sin 2\pi ft. \tag{21.2}$$

여기서 $I_0 = V_0/R$은 전류의 진폭으로 최대전류를 나타낸다.

그림 21.2는 저항의 전류와 전압이 시간에 따라 변화하는 양상을 나타낸다. 이들의 위상은 서로 일치하여 전류와 전압은 동시에 0, 최대, 최소값을 가진다.

전류는 양과 음의 값이 되어 한 주기 동안 전류의 방향이 바뀌며 평균전류는 영이 된다. 사인함수의 한 주기 동안(360°)의 평균값이 0이기 때문이다. 시간에 대한 평균을 문자위에 바(bar)를 붙여 표시한다면, $\overline{\sin\theta} = \overline{\sin 2\pi ft} = 0$이며 마찬가지로 $\overline{\cos\theta} = 0$이다.

평균전류는 0일지라도 주울 열(I^2R)이 없다는 것은 아니다. 이것은 저항의 전기에너지 소모가 전류의 방향에 의존하지 않기 때문이다. 시간에 따른 순간소비전력은 순간전류(식 21.2)로부터 다음과 같이 주어진다.

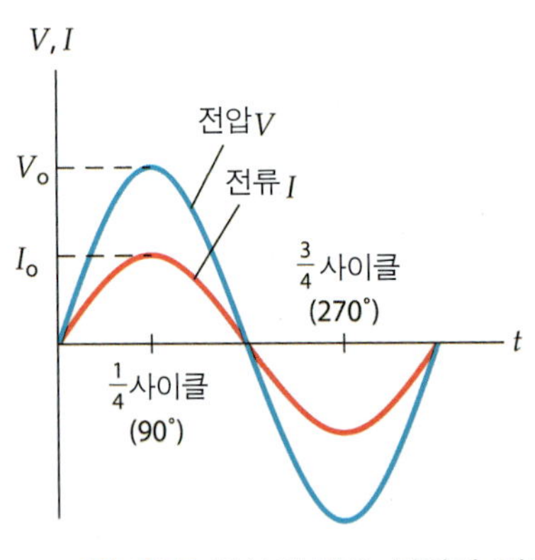

▲ **그림 21.2 위상이 같은 전압과 전류**

순 저항으로 구성된 교류회로에서 전압과 전류의 위상은 같다.

$$P = I^2 R = (I_o^2 R)\ \sin^2 2\pi ft \tag{21.3}$$

전류의 부호가 바뀔지라도 전류의 제곱값 I^2은 항상 양의 값을 갖는다. 그러므로 I^2R의 평균은 0이 아니다. I^2의 평균값은 $\frac{1}{2}I_o^2$ 이므로 평균전력은

$$\overline{P} = \overline{I^2}R = \frac{1}{2}I_o^2 R. \tag{21.4}$$

교류전력도 직류전력과 같은 형태($P = I^2R$)이고 언제나 성립한다. 그러나 관습적으로 다음과 같이 정의되는 형태의 "평균전류"를 사용한다.

$$I_{\text{rms}} = \sqrt{\overline{I^2}} = \sqrt{\frac{1}{2}I_o^2} = \frac{I_o}{\sqrt{2}} = \frac{\sqrt{2}}{2}I_o = 0.707 I_o \tag{21.5}$$

여기서 I_{rms}를 실효전류(그림 21.3a) 또는 제곱평균제곱근((rms, root mean square) 전류라고 한다. 제곱평균제곱근은 제곱한 후 평균을 낸 후 다시 제곱근(root, $\sqrt{\ }$)을 취한 것을 의미한다. 실효전류는 교류소비전력과 같은 전력을 소비하는 직류전류를 의미한다.

따라서 시간에 대한 평균전력(식 21.5)은 다음과 같이 표현된다.

$$\overline{P} = \frac{1}{2}I_o^2 R = I_{\text{rms}}^2 R. \quad (\text{평균전력}) \tag{21.6}$$

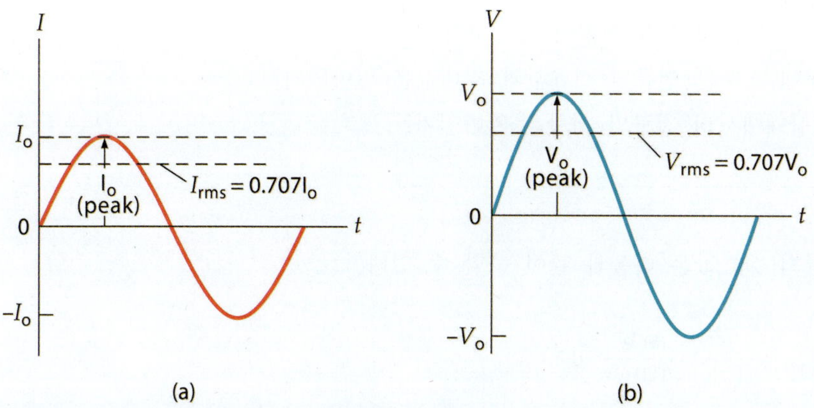

▲ **그림 21.3 제곱평균제곱근(rms) 전류와 전압**

(a) 전류와 (b) 전압의 실효값은 최대값의 0.707 또는 $1/\sqrt{2}$ 배이다.

■ 교류전압

저항에 대해서 최대전압은 최대전류와 $V_0 = I_0 R$의 관계가 있으므로 실효전류와 유사하게 실효전압을 다음과 같이 정의할 수 있다.

$$V_{\text{rms}} = \frac{V_0}{\sqrt{2}} = \frac{\sqrt{2}}{2} V_0 = 0.707 V_0 \tag{21.7}$$

교류회로에서의 전압이 실효전압(그림 21.3b)을 의미한다는 것을 알면 교류회로에서도 직류회로 수식을 사용할 수 있다. 저항만 있는 교류회로에서 전류와 전압의 실효값 사이에 다음 관계가 성립한다.

$$V_{\text{rms}} = I_{\text{rms}} R \qquad \text{(저항 양끝의 전압)} \tag{21.8}$$

식 21.6과 21.8을 결합하면 직류와 물리적으로 동등한 교류전력의 표현식을 얻는다.

$$\overline{P} = I_{\text{rms}}^2 R = I_{\text{rms}} V_{\text{rms}} = \frac{V_{\text{rms}}^2}{R} \qquad \text{(교류전력)} \tag{21.9}$$

교류전기량을 취급할 때 통상 실효값을 측정하거나 언급한다. 따라서 가정용 전압 220 V는 실효값이므로 피크전압은 311 V이다.

$$V_0 = \sqrt{2}\, V_{\text{rms}} = 1.414(220\ V) = 311\ V$$

예제 21.1 ■ 실효값과 최대값

60 W의 전구가 120 V의 전원에 연결되어 있다.

(a) 전구에 흐르는 전류의 실효값과 최대값은 얼마인가?

(b) 이 상태에서의 전구의 저항은 얼마인가?

풀이

(a) 전류의 실효값은 다음과 같이 구할 수 있다.

$$I_{\text{rms}} = \frac{\overline{P}}{V_{\text{rms}}} = \frac{60\text{ W}}{120\text{ V}} = 0.50\text{ A}$$

최대값은 식 21.6에서 결정할 수 있다.

$$I_0 = \sqrt{2}\, I_{rms} = \sqrt{2}\,(0.50\ \text{A}) = 0.71\ \text{A}$$

(b) 전구의 저항은 다음과 같다.

$$R = \frac{V_{rms}}{I_{rms}} = \frac{120\ \text{V}}{0.50\ \text{A}} = 240\ \Omega$$

21.2 용량성 리액턴스

축전기가 직류전원에 연결되면 전류는 축전기를 충전하는데 필요한 짧은 시간동안만 흐른다. 그러나 축전기가 교류전원에 연결되면 직류와 마찬가지로 전류의 흐름을 제한하지만 완전히 차단하는 것은 아니다(그림 21.4a). 교류전원의 극성이 바뀌면 충전된 전하가 반대 방향으로 흐를 수 있어 주기적으로 충전과 방전을 반복할 수 있기 때문이다. 그림 21.4b는 축전기만 있는 회로에서 시간에 따른 축전기 양끝의 전압과 전류변화를 나타낸 것이다. 축전기만으로 된 교류회로(순용량성 회로)에서 전류는 전압보다 위상이 90° 또는 1/4주기 앞선다.

교류전원에서 축전기의 축전 현상에 의해 전류 흐름을 방해하는 정도를 정량적으로 축전기의 용량성 리액턴스(capacitive reactance, X_C)라고 하며

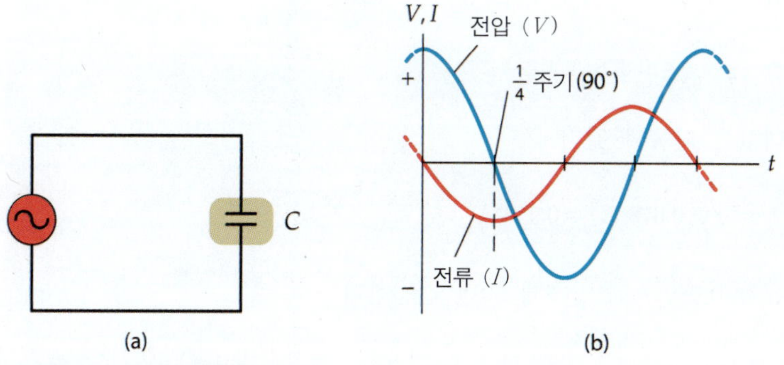

▲ **그림 21.4 순용량성 회로**

(a) 회로에 축전기만 있다.

(b) 전류가 전압을 90° 또는 1/4주기 앞선다. 전압과 전류의 반주기 동안의 변화를 그림 21.6에서 설명하였다.

$$X_C = \frac{1}{\omega C} = \frac{1}{2\pi f C}. \qquad \text{(용량성 리액턴스)} \qquad (21.10)$$

(용량성 리액턴스의 SI 단위 : 옴(ohm, Ω) 또는 패럿당 초(s/F))

여기서 $\omega = 2\pi f$, C는 전기용량(F), f는 주파수(Hz)이다. 저항과 마찬가지로 리액턴스는 옴(Ω)으로 측정된다.

직류회로에서는 $f = 0$이므로 식 21.10에서 용량성 리액턴스는 무한대가 되어 예상대로 전류가 흐르지 않는다.

축전기 양끝의 전압, 전류 그리고 용량성 리액턴스의 관계는 저항회로에서 $V = IR$와 유사하게 다음과 같이 주어진다.

$$V_{\rm rms} = I_{\rm rms} X_C \qquad \text{(축전기 양끝의 전압)} \qquad (21.11)$$

예제 21.2 ■ 용량성 리액턴스

15.0 μF의 축전기가 120 V, 60 Hz의 전원에 연결되어 있다.

(a) 용량성 리액턴스는 얼마인가?

(b) 회로에 흐르는 전류의 실효값과 최대값은 얼마인가?

풀이

(a) 용량성 리액턴스는 다음과 같다.

$$X_C = \frac{1}{2\pi f C} = \frac{1}{(2\pi)(60\,\text{Hz})(15.0\times 10^{-6}\,\text{F})} = 177\ \Omega$$

(b) 그러면 전류의 실효값은 다음과 같다.

$$I_s = \frac{V_s}{X_C} = \frac{120\ \text{V}}{177\ \Omega} = 0.678\ \text{A}$$

따라서 최대값은 다음과 같다.

$$I_0 = \sqrt{2}\, I_s = \sqrt{2}\,(0.678\ \text{A}) = 0.959\ \text{A}$$

전류는 최대값 0.959 A로 일초에 60번 진동한다.

21.3 유도성 리액턴스

인덕턴스는 전기소자가 (렌츠의 법칙에 의해) 시간에 따라 변하는 전류에 반대하는 척도이다. 저항이 거의 없는 도선을 여러 번 감은 코일은 인덕턴스만 가지고 있는데 이를 인덕터 또는 유도기라고 한다. 유도기는 시간에 따라 변하는 전류에 저항하는 역기전력을 발생하는데 이러한 현상을 자체유도(self induction)라 한다.

자체유도에 의해 발생하는 역기전력은 패러데이의 유도법칙 $\mathcal{E} =- N\Delta\Phi/\Delta t$에 의해 주어진다. 코일을 통과하는 자기선속의 시간변화율 $N\Delta\Phi/\Delta t$은 코일에 흐르는 전류의 시간변화율 $\Delta I/\Delta t$에 비례한다. 이것은 자기장이 전류에 의해서만 생성되고 또 자기선속과 자기장은 $\Phi = BA\cos\theta$의 관계가 있기 때문이다. 따라서 역기전력은 전류의 시간변화율에 비례하고 또 반대 방향이므로 비례상수를 L로 두면 다음의 관계가 성립한다.

$$\mathcal{E} =- L\left(\frac{\Delta I}{\Delta t}\right) \tag{21.12}$$

여기서 L을 코일의 (자체)인덕턴스라 한다. L의 단위는 V·s/A인데 미국의 물리학자 죠셉 헨리(Joseph Henry, 1797-1878)를 기리기 위해 헨리(henry, H, 1 H=1 V·s/A)라고 한다.

교류회로에서 유도기가 전류의 흐름에 저항하는 정도를 유도성 리액턴스(X_L)라고 하며

$$X_L = \omega L = 2\pi f L. \qquad \text{(유도성 리액턴스)} \tag{21.13}$$

(유도성 리액턴스의 SI 단위 : 옴(ohm, Ω) 또는 초당 헨리(H/s))

여기서 $\omega = 2\pi f$, L는 인덕턴스, f는 주파수(단위는 Hz)이다. 유도성 리액턴스는 용량성 리액턴스와 마찬가지로 옴(ohm, Ω)의 단위로 측정된다.

여기서 유도성 리액턴스는 주파수 f에 비례하는데, 코일에서 전류가 더 빨리 변하면 자기선속의 변화율이 더 커져서 전류 변화를 저지하기 위한 자체 역기전력이 더 크게 유도되어 전류 흐름을 더 방해한다.

유도기 양끝의 전압, 유도기를 흐르는 전류 그리고 유도성 리액턴스는 다음의 관계가 있다.

$$V_{\mathrm{rms}} = I_{\mathrm{rms}} X_L \qquad \text{(유도기 양끝의 전압)} \tag{21.14}$$

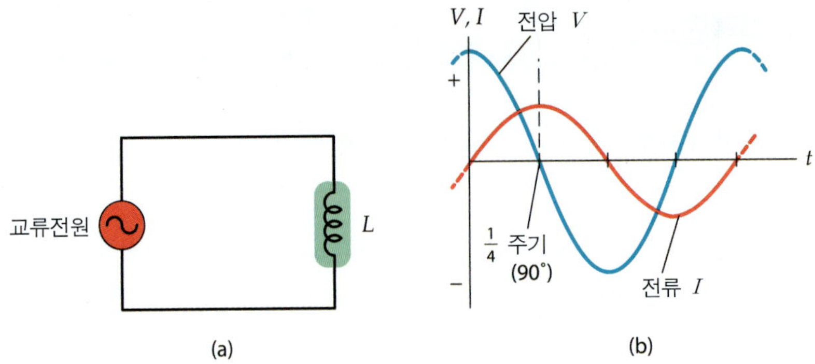

▲ **그림 21.5 순유도성회로**
(a) 유도기만을 포함한 회로.
(b) 전압의 위상은 전류의 위상보다 90° 또는 1/4주기 앞선다.

전기회로에서 유도기의 표식과 유도기 양끝의 전압 그리고 전류와의 관계를 그림 21.5에 나타내었다. 유도기가 교류전원에 연결되어 있을 때 최대전압은 전류가 0일 때 나타난다. 그리고 전압이 0일 때 전류는 최대가 된다. 유도기만으로 된 교류회로(순유도성 회로)에서 전압의 위상은 전류의 위상보다 90° 또는 1/4주기 앞선다.

순용량성 회로와 순유도성 회로에서 전류와 전압의 위상관계가 서로 반대이므로 혼동이 일어날 수 있어 다음과 같이 기억하면 편리하다. $E\underline{L}I$는 $I\underline{C}E$ 맨이다.

예제 21.3 ■ 유도성 리액턴스

125 mH의 유도기가 120 V, 60 Hz의 전원에 연결되어 있다. (a) 유도성 리액턴스, (b) 이 회로에 흐르는 전류의 실효값은 얼마인가?

풀이

(a) 유도성 리액턴스는 다음과 같다.

$$X_L = 2\pi f L = 2\pi\,(60\ \text{Hz})(0.125\ \text{H}) = 47.1\ \Omega$$

(b) 전류의 실효값은 다음과 같다.

$$I_{\text{rms}} = \frac{V_{\text{rms}}}{X_L} = \frac{120\ \text{V}}{47.1\ \Omega} = 2.55\ \text{A}$$

21.4 임피던스 : RLC 직렬회로

앞 절에서 저항, 축전기 또는 유도기만을 포함한 교류회로를 공부하였다. 그러나 실제 어느 한 값이 작을 수는 있지만 항상 세 가지 성분 모두 포함하고 있다. 따라서 저항, 용량성 리액턴스, 유도성 리액턴스가 모두 합해져서 전류의 흐름을 방해 한다.

■ RLC 직렬회로

교류회로는 그림 21.6과 같이 저항, 축전기, 유도기 모두를 포함하는데, 위상도는 전체 임피던스를 구하는데 매우 편리하다. y축의 성분들을 결합하면 전체 리액턴스 $X_L - X_C$가 구해진다. 뺄셈을 한 것은 X_L과 X_C 사이의 각도가 180°이기 때문이다. 회로전체의 임피던스는 저항과 전체 리액턴스의 위상자 합으로 주어지고 피타고라스 정리를 이용하면 다음과 같다.

$$Z = \sqrt{R^2 + (X_L - X_C)^2} \quad \text{(RLC 직렬회로의 임피던스)} \quad (21.15)$$

RLC 회로에서 전원전압과 전류사이의 위상각(ϕ)은 전체 임피던스 위상자(Z)와 $+x$축이 이루는 각이다.

$$\tan\phi = \frac{X_L - X_C}{R} \quad \text{(RLC 직렬회로에서 위상각)} \quad (21.16)$$

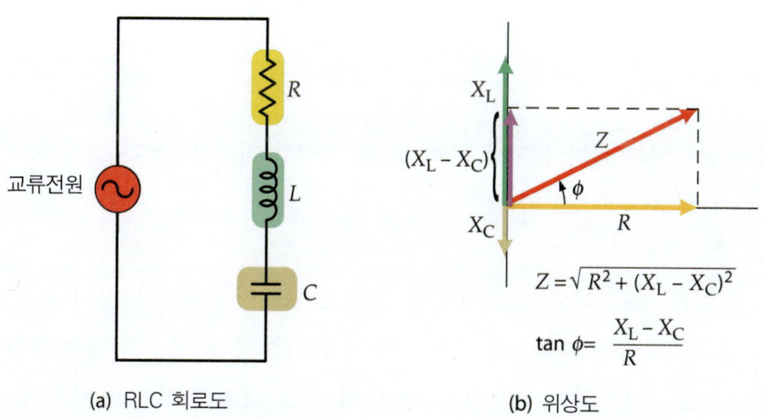

▲ 그림 21.6 RLC 직렬회로

(a) RLC 직렬회로

(b) 임피던스 Z는 저항 R 위상자와 전체(또는 순) 리액턴스 $(X_L - X_C)$ 위상자의 합이다. 위상자도는 X_L이 X_C보다 큰 경우에 대한 것이다.

여기서 X_L이 X_C보다 크면 위상각이 양$(+\phi)$이고, 회로는 유도성이라고 한다(그림 21.10b). 반대로 X_C이 X_L보다 크면 위상각이 음$(-\phi)$이고, 회로는 용량성이라고 한다.

예제 21.4 ■ RLC 회로의 임피던스

25.0 Ω의 저항, 50.0 μF의 축전기 그리고 0.3 H의 유도기가 구성된 RLC 직렬회로가 120 V, 60 Hz의 전원에 연결되어 있다. (a) 전체 임피던스, (b) 회로에 흐르는 전류의 실효값, (c) 회로에 흐르는 전류와 전원전압 사이의 위상각을 구하라.

풀이

(a) 개별 리액턴스를 구하여 임피던스를 구하면 다음과 같다.

$$X_C = \frac{1}{2\pi f C} = \frac{1}{2\pi\,(60\,\text{Hz})(5.0\times 10^{-5}\,\text{F})} = 53.1\ \Omega$$

$$X_L = 2\pi f L = 2\pi(60\ \text{Hz})(0.3\ \text{H}) = 113\ \Omega$$

$$Z = \sqrt{R^2 + (X_L - X_C)^2} = \sqrt{(25.0\ \Omega)^2 + (113\ \Omega - 53.1\ \Omega)^2}$$
$$= 64.9\ \Omega$$

(b) $V_{\text{rms}} = I_{\text{rms}} Z$이므로 다음과 같다.

$$I_{\text{rms}} = \frac{V_{\text{rms}}}{Z} = \frac{120\ \text{V}}{64.9\ \Omega} = 1.85\ \text{A}$$

(c) $\tan\phi = (X_L - X_C)/R$에서 위상각 ϕ를 구하면 다음과 같다.

$$\phi = \tan^{-1}\left(\frac{X_L - X_C}{R}\right) = \tan^{-1}\left(\frac{113\,\Omega - 53.1\,\Omega}{25.0\,\Omega}\right) = +67.3°$$

양의 위상각을 얻었는데 이는 유도성 리액턴스가 용량성 리액턴스보다 크기 때문이다. 따라서 이 회로는 유도성이다.

RLC 회로에서 중요한 것은 어떤 회로에서든 전력소비는 저항에서만 일어난다는 것이다. 축전기와 유도기에서는 전력소비 또는 손실이 없다는 것을 꼭 기억해야 한다. 축전기는 전기에너지를, 유도기는 자기에너지를 단지 손실 없이 저장하고 되돌려주는 역할만 한다. 이상적인 축전기와 유도기는 저항이 없으므로 주울 손실도 없다.

21.5 회로공명

RLC 회로에 최대의 전력이 전달될 때는 회로의 임피던스가 최소로 되어 회로전류가 최대로 될 때이다. 이것은 특정한 주파수에서 유도성 리액턴스와 용량성 리액턴스가 같아 상쇄되기 때문에 일어난다. 크기는 같으나 위상이 반대, 즉 180° 차이일 때이다.

전체 임피던스는 주파수에 의존하는데 RLC 직렬 임피던스에 대한 수식 $Z=\sqrt{R^2+(X_L-X_C)^2}$ 에서 $X_L=X_C$ 일 때 임피던스가 최소로 된다.

즉, $2\pi f_0 L = 1/2\pi f_0 C$ 에서 f_0를 구하면

$$f_0 = \frac{1}{2\pi\sqrt{LC}}. \quad \text{(직렬 RLC 공명주파수)} \qquad (21.17)$$

이 주파수는 최소 임피던스의 조건을 만족하므로 회로전류를 최대로 만들므로 이 f_0를 회로의 공명주파수라고 한다.

■ 공명의 응용

RLC 직렬회로가 공명주파수로 동작될 때 회로의 전류와 회로에 전달되는 전력이 최대로 된다. 공명회로는 많은 곳에서 응용되는데, 한 예가 라디오의 튜닝 원리이다. 각 방송국은 할당된 방송주파수로 라디오파를 송출한다. 통상 안테나에 몇 개의 다른 라디오 신호가 함께 수신되지만, 수신회로가 공명주파수 또는 인접한 하나의 방송파만 확실하게 선택한다. 대부분의 라디오는 공명주파수를 변화시켜 여러분들이 다른 방송국을 맞추도록 해 준다.

연습문제

1. 교류회로에서 저항을 통과하는 전류의 평균은 0이지만 저항에서 소비되는 전력은 0이 아니다. 그 이유를 설명하라.

2. 교류회로의 10 Ω 저항이 15 W의 전력을 소비하고 있다. 저항 양단에 걸린 전압의 실효값은 얼마인가?

3. 저항 양단에 걸리는 전압이 $V=(60\ \text{V})\sin(40\pi t)$일 때 저항을 흐르는 전류는 $I=(8.0\ \text{A})\sin(40\pi t)$이었다.
 (a) 교류전원의 주기와 주파수를 구하라.
 (b) 저항에서 소비되는 평균전력은 얼마인가?

4. 60 Hz의 교류전원에 접속된 2.0 μF 축전기에 2.0 mA의 전류가 흐르고 있다. 이 축전기의 용량성 리액턴스는 얼마인가?

5. 유도기가 60 Hz에서 90 Ω의 리액턴스를 가지고 있다. 이 유도기의 인덕턴스는 얼마인가?

6. 150 mH의 유도기가 60 Hz의 전원에 접속되어 1.6 A의 전류를 흘리고 있다.
 (a) 전원 전압의 실효값은 얼마인가?
 (b) 전류와 전압 사이의 위상각은 얼마인가?

7. 120 V, 60 Hz에 접속된 10 μF 축전기와 같은 리액턴스를 가지는 유도기의 인덕턴스를 구하라.

8. RLC 회로의 공명상태에서 임피던스는 무엇과 같은가?

9. 축전기와 유도기는 교류회로에서 전력을 소비하지 않는다. 그 이유는 무엇인가?

10. 200 Ω의 저항과 25 μF 축전기로 구성된 RC 직렬회로가 120 V, 60 Hz로 구동되고 있다.
 (a) 이 회로의 용량성 리액턴스와 임피던스를 구하라.
 (b) 흐르는 전류의 크기를 구하라.

11. 100 Ω의 저항과 100 mH 유도기로 구성된 RL 직렬회로가 120 V, 60 Hz로 구동되고 있다.
 (a) 이 회로의 유도성 리액턴스와 임피던스를 구하라.
 (b) 흐르는 전류의 크기를 구하라.

12. 25 Ω의 저항, 8.0 μF 축전기, 0.30 H 유도기로 구성된 RLC 직렬회로가 있다.
 (a) 전원으로부터 이 회로에 최대의 전력이 전달되는 주파수를 구하라.
 (b) 이 주파수에서 회로의 임피던스는 얼마인가?

13. 25 Ω 저항, 0.80 μF 축전기, 250 mH 유도기로 구성된 RLC 직렬회로가 실효치 12 V인 교류전원에 연결되어 있다. 회로가 공명조건에 있을 때 각 소자의 양단에 걸리는 전압의 실효값은 얼마인가?

22 빛의 반사와 굴절

광학은 빛과 시각에 대한 공부이다. 인간의 시각은 파장이 400 nm에서부터 700 nm인 파장을 가진 가시광선 범위 만 볼 수 있다(그림 20.22 참고). 가시광선영역대의 전자기파를 빛이라고 이름하고 광학적 성질은 반사와 굴절 외에도 모든 전자기파가 공유하는 성질을 가지고 있다. 빛의 전파는 파동처럼 이동한다(24장). 그러나 빛이 물질과 상호작용을 하는 경우는 입자(광자)처럼 작용한다(27~30장).

이 장에서 반사, 굴절, 전반사, 그리고 분산에 대해서 알아보기로 한다. 반사의 원리는 거울에 빛이 작용하는 것으로 설명할 수 있고 굴절은 렌즈의 성질을 이용하여 설명할 수 있다. 분산은 유리 프리즘으로 빛이 통과할 때 색을 가진 스펙트럼으로 빛을 퍼지게 하는 성질을 이용하여 설명할 수 있다. 신기루나 무지개가 만들어지는 이유, 그리고 왜 수영장이나 호수에 서있는 사람의 다리가 짧아 보이는지도 빛의 물리적 성질을 이용하여 이해할 수 있다.

직선과 각을 포함한 간단한 기하학적 접근으로 빛의 성질의 많은 부분을 조사할 수 있다는 것을 이장에서 공부하기로 한다.

22.1 파면과 광선

파동은 파면으로 기술할 수 있다. 파면은 선 또는 위상이 맞는 파동의 이웃하는 부분으로 정의한다. 만약에 점광원으로부터 바깥쪽으로 이동해 나가는 원형 파동의 마루 중의 하나를 따라 원호를 그리면 그 원호 위에 놓여 있는 모든 입자들의 위상은 서로 같다(그림 22.1a). 하나의 점 음원이나 광원으로부터 방출된 소리 또는 빛의 경우 파면은 원이기 보다는 구면이다.

광원이나 음원으로부터 아주 멀리 떨어지면 원 또는 구면의 작은 조각의 곡률은 아주 작아 평편하다고 보고 근사적으로 선형파면(이차원적) 또는 평면파면(삼차원적)으로 취급한다(그림 22.1b). 균일한 매질에서 파면은 음원이나 광원으로부터 바깥쪽으로 매질의 특성에 맞는 속력으로 전파한다. 이와 똑같은 것이 소리파보다 훨씬 빠른 속력으로 빛에서도 일어난다. 빛의 속력은 진공에서 가장 크다($c = 3.00 \times 10^8$ m/s). 실제로는 공기에서 빛의 속력은 진공에서와 같다고 정의하여 사용한다.

빛의 진행 경로는 파면을 이용한 파동의 기하학적인 기술을 위하여 파동의 진동 개념을 무시하는 단순화로 광선이라는 새로운 개념이 만들어졌다. 그림 22.1에서와

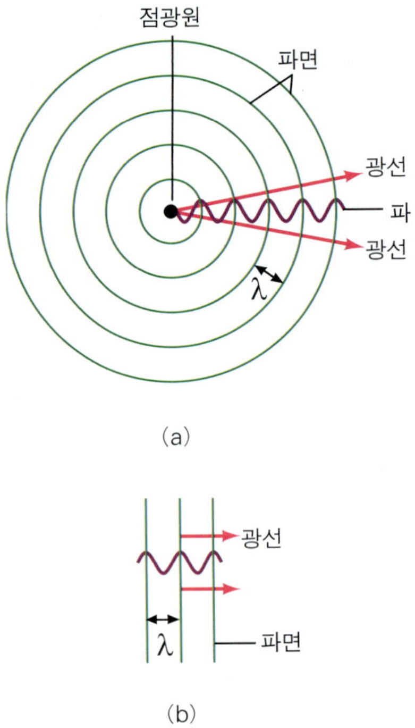

▲ 그림 22.1 **파면과 광선**

파면은 같은 위상에 있는 파 위에 이웃하는 점들을 연결하여 정의한다. 예를 들면 파의 마루나 골을 따르는 이웃하는 점들에 의해 정의된다. 파가 진행하는 방향으로 파면에 수직인 선을 광선이라고 부른다.

(a) 점광원의 가까이에서 파면은 이차원적으로 원이고 삼차원적으로는 구이다.

(b) 광원에서 멀리 있으면 파면은 근사적으로 선형 또는 평면이고 광선은 거의 평행광선이다.

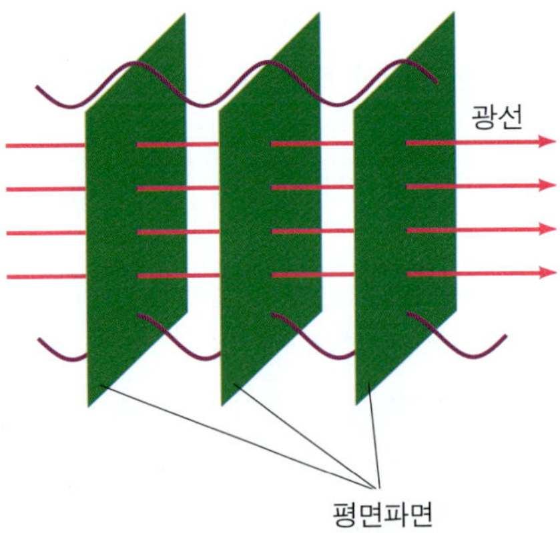

▲ 그림 22.2 **광선**

평면파가 파면에 수직인 방향으로 이동한다. 광선 빔은 평행광선의 무리(또는 단일 광선)로 대신할 수 있다.

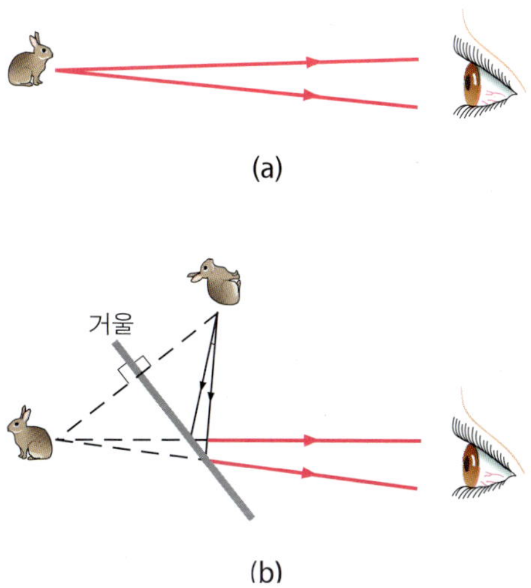

▲ 그림 22.3 우리가 물건을 볼 수 있는 것
(a) 물체로부터 나온 광선 또는 (b) 광선이 마치 물체로부터 나온 것처럼 우리 눈이 받아들이기 때문에 물체를 볼 수 있다.

같이 일련의 파면에 수직이고 파동의 에너지 흐름을 향한 방향으로 향하는 것을 광선이라고 부른다. 따라서 광선은 파동의 에너지 흐름의 방향을 가리킨다. 광선은 파면과 직각을 이룬다. 빔은 광선의 무리로 대신하거나 또는 단순히 단일 광선으로 대신한다(그림 22.2). 광선으로 빛의 전파를 대신하는 것은 광학적 현상을 기술하는데 적절하고 매우 편리하다.

빛이 물체에 닿으면 반사하거나 또는 굴절한다. 그런데 우리 눈과 뇌는 함께 작용하여 실질적으로 광선들이 물체로부터 나온 것인지 또는 물체로부터 나온 것처럼 보이는 것인지 구분하지 못한다. 이점을 이용하여 마술사들이 우리 눈을 속일 수 있는 것이다. 반사와 굴절과 같은 현상을 설명하기 위해 파면과 광선의 기하학적인 표시를 사용하는 것을 기하광학이라고 한다.

22.2 반 사

빛의 반사는 아주 중요한 광학 현상이다. 만약 빛이 주변에 있는 물체에 의해 우리 눈에 반사되어 나타나지 않으면 우리는 물체를 전혀 볼 수 없다. 반사는 빛의 흡

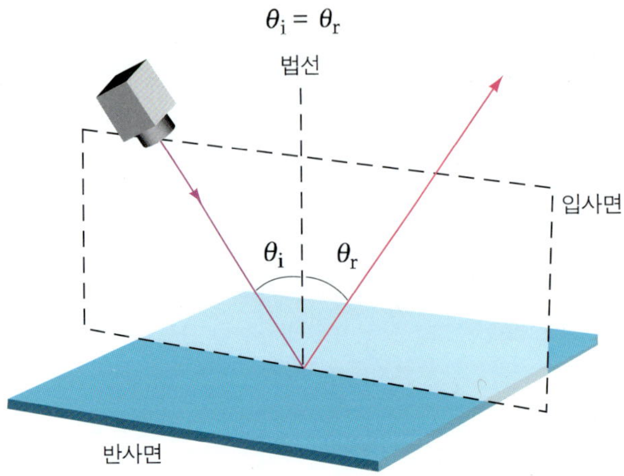

▲ **그림 22.4 반사의 법칙**

반사의 법칙에 따라 입사각(θ_i)은 반사각(θ_r)과 같다. 각은 법선에서부터 측정한다(법선은 반사면에 수직인 선이다). 법선과 입사광선과 반사광선은 항상 같은 평면에 놓여 있다.

수와 재방출을 포함하고 있다. 그것은 반사 매질을 구성하고 있는 원자들의 복잡한 전자기적 진동을 통해 이루어진다. 그러나 이런 현상들은 쉽게 광선을 이용하여 기술 할 수 있다.

표면에 입사하는 광선은 입사각(θ_i)에 의해 정의된다. 이 각은 반사면에 수직인 선을 기준으로 측정한다(그림 22.4). 유사하게 반사된 광선은 반사각(θ_r)으로 기술한다. 마찬가지로 수직인 선을 기준으로 측정한다. 이들 각 사이의 관계는 반사의 법칙에 의해 정의된다. 입사각과 반사각은 같다. 또는

$$\theta_i = \theta_r \quad \text{반사의 법칙} \tag{22.1}$$

반사면이 매끄럽고 평편하면 평행하게 입사하는 광선들의 반사광선들은 역시 서로 평행하다(그림 22.5a). 이것을 정반사 또는 규칙반사라고 부른다. 평편한 거울에서 반사되는 반사형태를 정(규칙)반사라고 한다(그림 22.5b). 그러나 만약 반사면이 거친면에 반사되는 광선들은 서로 평행하지 못하다. 왜냐하면 반사면의 불규칙성 때문이다(그림 22.6). 이런 형태의 반사를 난반사 또는 불규칙반사라고 한다. 이 책의 면에서 반사되는 반사는 난반사 또는 불규칙반사의 예이다.

정반사와 난반사 모두가 국부적으로는 모든 반사면에 여전히 적용될 수 있는 점에 유의하자. 그러나 반사의 형태는 우리가 반사면에서 상을 볼 수 있는 지 없는지를 결정한다. 정반사에서 반사된 평행광선은 우리가 광학기기 예를 들어 우리 눈이나

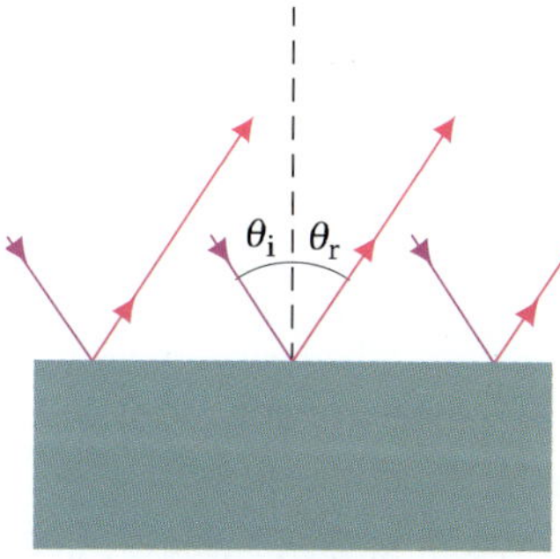

(a) 정(규칙)반사(도표)

(b) 정(규칙)반사(사진)

▲ **그림 22.5 정(규칙)반사**

(a) 빛이 매끄러운 면에서 반사되면 반사된 빛은 평행하다. 이런 반사를 정반사 또는 규칙반사라고 한다.
(b) 매끄러운 물 표면에서 정(규칙)반사는 호주에 있는 소금 광산에 있는 소금 둔덕에 대한 거의 완벽한 거울상을 만들어낸다.

카메라로 볼 때 상을 형성한다. 난반사는 상을 맺지 못한다. 왜냐하면 광선이 여러 다양한 방향으로 반사되기 때문이다.

난반사는 우리에게 빛이 비쳐진 물체를 보도록 한다. 예를 들어 달과 같은 경우다. 만약에 달의 구면이 매우 매끄럽다면 아주 작은 영역에서 반사된 햇빛만 지구에 있는 관측자에게 도달할 것이다. 그러면 우리는 햇빛이 비쳐진 아주 작은 영역만 볼 수 있을 것이다. 손전등 또는 스포트라이트로부터 나오는 빔을 볼 수 있는 이유는 공기 중에 있는 먼지나 입자로부터 일어나는 난반사 때문이다.

도표는 기하광학을 공부하는데 매우 중요하다.

그림으로 배우기

반사된 광선 추적

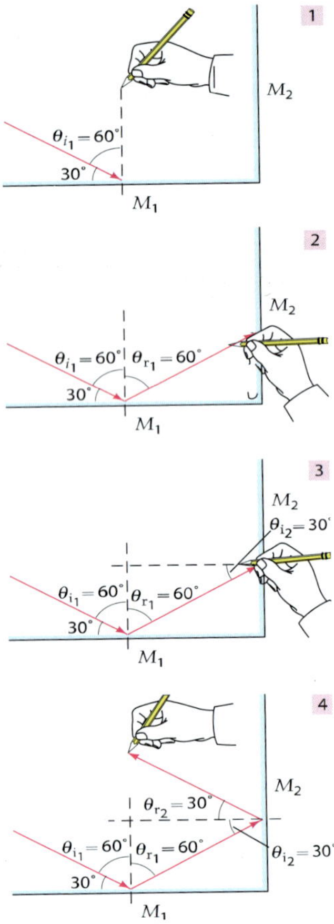

예제 22.1 ■ 반사된 빛 추적하기

두 개의 거울 M_1과 M_2가 있다. 이들은 서로 수직하게 놓여 있다. 그림에서처럼 한 거울로 빛이 입사했다.

(a) 반사된 광선의 경로를 그려라.

(b) 거울 M_2에 의해서 반사된 후 광선이 나가는 방향을 찾아라.

반사의 법칙은 첫 번째 거울에서 반사된 후 그 다음 두 번째 거울에서 반사된 후 이 광선의 방향을 결정하는데 사용할 수 있다.

풀이

- 주어진 값 : $\theta = 30°$ (첫 번째 거울 M_1을 기준으로 잰 각)
- 구하는 값 : (a) 광선 추적경로를 그리고
  (b) θ_{r_2}(두 번째 거울 M_2에서 반사된 각)

1-4 단계를 따라서 그림으로 배우기:

(a) 1. 입사각과 반사각은 모두 법선(반사면에 수직인 선)에서부터 측정한다. 거울 M_1에 법선을 그리고 그 선에 입사광선이 법선과 거울 M_1이 닿는 점까지 그린다. 기하학으로부터 입사각이 $\theta_{i_1} = 60°$인 것을 알 수 있다.

2. 반사의 법칙에 따라 M_1에서 반사된 각은 역시 $\theta_{r_1} = 60°$임을 알 수 있다. 다음, 이 반사된 빛을 거울 M_2에 닿을 때까지 그린다.

3. M_2에 또 법선을 거울 M_2에 닿을 때까지 그린다. 마찬가지로 기하학으로부터 (삼각형에 초점을 맞추자) M_2의 입사각은 $\theta_{i_2} = 30°$이다. (왜 그럴까?)

(b) 4. M_2에서 반사된 각은 $\theta_{r_2} = \theta_{i_2} = 30°$. 이 각이 두 거울에 의해서 반사된 빛의 최종 방향이다.

만약에 방향이 지금과 반대라면 어떻게 될까. 즉 먼저 거울 M_2로 입사하고 반사하여 (b)에서 주어진 것과 거꾸로 방향으로 진행한다면 모든 광선이 그대로 되돌아 진행할까? 실제로 그렇다. 이것을 증명하기 위해 똑같은 방법으로 그림을 그려 증명하여 보자. 빛은 진행방향이 가역적이다.

22.3 굴 절

굴절은 파가 투명한 매질에서 또 다른 매질로 통과하는 경계면에서 파동의 방향이 바뀌는 것을 말한다. 일반적으로 매질 사이의 경계면을 입사할 때는 파동의 일부 에너지는 반사되고 일부는 투과된다(그림 22.6). 그러나 투과한 빛의 방향은 입사한 빛의 방향과 달라서 빛은 굴절되었다고 말한다. 다른 말로 파의 이동 방향이 바뀌었다.

이와 같은 방향의 변화는 빛이 서로 다른 매질에서 서로 다른 이동속력을 가지는 것이 원인이 된다.

빛의 이동 방향에 변화는 굴절각으로 표시된다. 그림 22.7b에서 θ_1은 입사각이고 θ_2는 굴절각이다. 우리는 θ_1과 θ_2를 θ_i와 θ_r과 혼동을 피하기 위해 입사각과 굴절각을 표시하는데 사용한다. 빌레브로르트 스넬(Willebrord Snell, 1580~1626)이란 네덜란드의 물리학자는 각(θ)과 두 매질에서 빛의 속력(v) (그림 22.7b) 사이의 관계를 발견하였다:

$$\frac{\sin\theta_1}{\sin\theta_2} = \frac{v_1}{v_2} \quad \text{스넬의 법칙} \tag{22.2}$$

이 관계식이 스넬의 법칙으로 알려진 식이다. 여기서 θ_1와 θ_2는 언제나 매질 경계면에서 법선과 이루는 각이다.

빛이 한 매질에서 다른 매질로 통과하려면 이들 매질에서 빛의 속력이 다르기 때

▲ 그림 22.6 반사와 굴절

광선 빔이 삼각형 프리즘으로 왼쪽으로부터 입사한다. 빔의 일부는 반사하고 일부는 굴절한다. 굴절한 빔은 유리-공기 면인 바닥에서 부분적으로 반사하고 부분적으로 굴절한다.

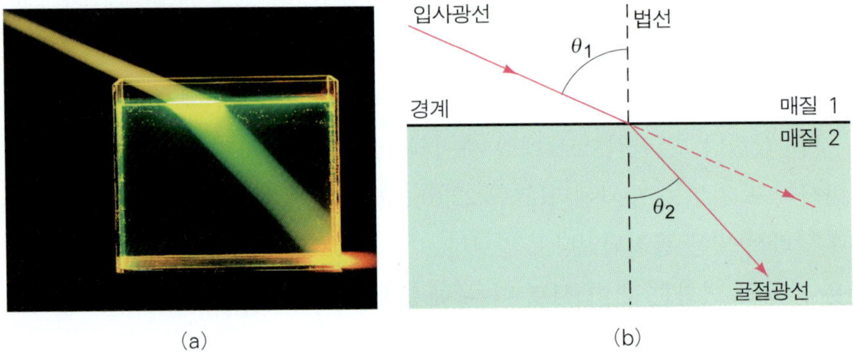

▲ **그림 22.7 굴절**
(a) 다른 매질로 빛이 들어오면 빛은 방향을 바꾼다.
(b) 굴절한 광선은 법선으로부터 측정된 굴절각(θ_2)에 의해 기술된다.

문에 굴절한다. 빛의 속력은 진공에서 가장 빠르므로 다른 매질에서 빛의 속력을 상수 값(c)과 비교하는 것이 편리하다. 이것은 굴절계수(n)라고 부르는 비로 정의한다.

$$n = \frac{c}{v}\left(\frac{\text{진공에서 빛의 속력}}{\text{매질에서 빛의 속력}}\right) \tag{22.3}$$

여러 종류의 물질에 대한 굴절계수를 표 22.1에 주어졌다. 이들 값은 빛의 특정 파장에 대한 값이다. 파장이 특별하게 정해지는 것은 빛의 속력과 굴절계수가 파장에 따라 다르기 때문이다. 이것이 빛의 분산의 원인이 되는 것이고 이 점에 대해서는 다음에 취급하기로 한다.

빛의 주파수(f)는 빛이 다른 매질로 들어가도 변화지 않는다. 그러나 물질 안에서 파장(λ_m)은 진공에서의 빛의 파장(λ)과 다르다. 다음 식으로 쉽게 나타낼 수 있다:

$$n = \frac{c}{v} = \frac{\lambda f}{\lambda_m f}$$

또는

$$n = \frac{\lambda}{\lambda_m} \tag{22.4}$$

매질에서 빛의 파장은 $\lambda_m = \lambda/n$이다. $n > 1$이므로 $\lambda_m < \lambda$가 된다.

예를 들어 파장 632.8 nm인 레이저 빛이 공기에서 물로 이동한다고 하자. 이때

표 22.1 굴절계수

물 질	n
공기	1,00029
물	1.33
얼음	1.31
에틸 알콜	1.36
용융석영	1.46
사람의 눈	1.336−1.406
폴리스티렌	1.49
기름(전형적인 값)	1.50
유리(종류에 따라 다름)	1.45−1.70
크라운(crown)	1.52
플린트(flint)	1.66
지르콘(Zircon)	1.92
다이아몬드	2.42

물속으로 이동하는 레이저 빛의 파장은 $n=\frac{c}{v}$ 와 식 22.4를 이용하여 간단한 계산으로 λ_m은 475.8 nm이다. 확인 계산을 하는 것이 수식 이해에 도움이 될 것이다.

굴절계수 n은 투명한 매질에서 빛의 속력의 측정이거나 기술적으로는 물질의 광학적 밀도의 측정이다. 물질의 굴절률이 크면 클수록 물질의 광학적 밀도가 크고 물질에서 빛의 속력이 작아진다.

실제로 굴절률은 진공에서 보다는 공기에서 측정한다. 그 이유는 공기에서 빛의 속력이 거의 진공에서의 빛의 속력(c)에 가깝기 때문이다. 그리고

$$n_{\text{air}} = \frac{c}{v_{\text{air}}} \approx \frac{c}{c} = 1$$

(표 22.1에서 $n_{\text{air}} = 1.00029$, 그래서 일상 $n_{\text{air}} = 1$로 취급한다.)

스넬의 굴절 법칙의 다른 형태는 식 22.5이다.

$$n_1 \sin\theta_1 = n_2 \sin\theta_2 \tag{22.5}$$

여기서 n_1과 n_2는 첫 번째와 두 번째 매질의 굴절계수이다.

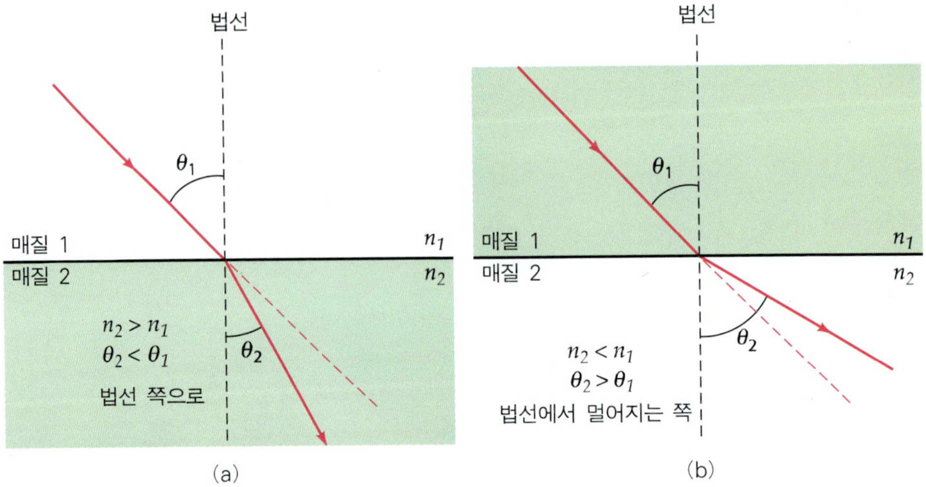

▲ 그림 22.8 **굴절계수와 광선의 편향**

(a) 두 번째 매질이 첫 번째 매질 보다 광학적으로 더 밀도가 높다면 ($n_2 > n_1$), 광선은 빛이 공기로부터 물로 입사하는 경우처럼 법선을 향해 굴절된다.

(b) 두 번째 매질이 광학적으로 밀도가 덜 조밀하다면 ($n_2 < n_1$), 광선은 법선에서 멀어지는 방향으로 굴절한다. (이것은 만약 (a) 부분에서 반대로 광선을 추적하는 경우인데, 즉 매질 2로부터 매질 1로 진행하는 광선의 경우다.)

예제 22.2 ■ 테이블 유리 덮개 : 굴절에 대한 것

공기 중을 이동하는 빛이 입사각 45°로 커피 테이블의 유리 덮개를 입사했다 (그림 22.9). 유리의 굴절률은 1.5이다. (a) 유리를 투과한 빛의 굴절각은 얼마인가? (b) 유리를 통과한 빛이 입사한 광선과 평행한 것을 증명하라. 즉 $\theta_4 = \theta_1$. (c) 만약 유리가 2.0 cm 두께라면 유리로 들어간 광선과 유리를 통과해 나온 광선의 횡적으로 이동된 변위는 얼마인가 (변위는 두 광선 사이의 수직거리로 그림에서 d로 표시하였음)?

풀이

- 주어진 값 :

  $\theta_1 = 45°$

  $n_1 = 1.0$(공기)

  $n_2 = 1.5$

  $y = 2.0\ \text{cm}$

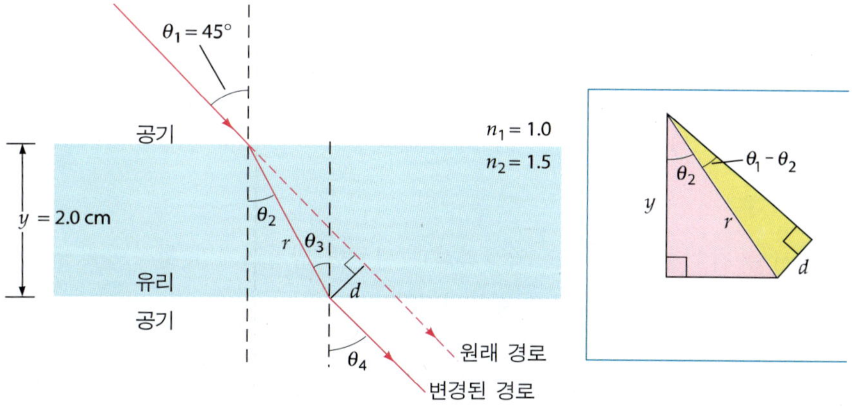

▲ 그림 22.9 두 번 굴절

유리에서 굴절한 광선은 횡적으로 입사광선으로부터 d만큼 이동하고 유리를 통과한 광선은 본래의 광선과 평행하게 진행한다(예제 22.2 참고).

- 구하는 값 :

(a) θ_2 (굴절각)

(b) $\theta_4 = \theta_1$ 임을 증명

(c) d (횡적 변위)

(a) 식 22.5인 스넬의 공식을 이용하고 공기의 굴절률을 $n_1 = 1.0$으로

$$\sin\theta_2 = \frac{n_1 \sin\theta_1}{n_2} = \frac{(1.0)\sin 45^\circ}{1.5} = \frac{0.707}{1.5} = 0.47$$

그러므로

$$\theta_2 = \sin^{-1}(0.47) = 28^\circ$$

여기서 광선은 법선을 향해서 굴절한다.

(b) 만약 $\theta_1 = \theta_4$, 그러면 유리를 뚫고 나온 광선은 입사 광선과 평행하다. 스넬의 법칙을 이용하면 양쪽 면에서 광선은

$$n_1 \sin\theta_1 = n_2 \sin\theta_2$$

그리고

$$n_2 \sin\theta_3 = n_1 \sin\theta_4$$

그림에서 $\theta_2 = \theta_3$. 그러므로

$$n_1\sin\theta_1 = n_1\sin\theta_4$$

또는

$$\theta_1 = \theta_4$$

따라서 유리로 나온 광선은 입사광선과 평행한 방향이지만 횡적으로 또는 입사광선에 수직한 거리 d만큼 이동한다.

(c) 그림 22.11에 삽입된 것에서 보다시피 d를 구하기 위해 분홍색으로 그려진 삼각형에서 주어진 값을 이용하여 먼저 r을 구하여야 한다. 그러면

$$\frac{y}{r} = \cos\theta_2 \quad \text{또는} \quad r = \frac{y}{\cos\theta_2}$$

노란색 삼각형에서 $d = r\sin(\theta_1 - \theta_2)$. 앞선 단계에서 주어진 r을 대입하면

$$d = \frac{y\sin(\theta_1 - \theta_2)}{\cos\theta_2} = \frac{(2.0\ \text{cm})\sin(45° - 28°)}{\cos 28°} = 0.66\ \text{cm}$$

신기루

이 현상의 상식적인 예는 아주 더운 여름날 때로 고속도로에서 일어나는 현상이다. 빛의 굴절은 공기층이 서로 다른 온도를 가지고 있어 일어나는 것이다(길바닥에 가까운 공기는 더 뜨겁고 더 낮은 밀도를 가지고 더 낮은 굴절률을 갖는다). 이런 굴절률의 변화는 도로가 젖어 있는 것으로 보이고 예를 들어 자동차는 도로면에 거꾸로 된 상으로 나타난다(그림 22.10a).

신기루는 일반적으로 사막에서 목마른 사람이 실제로 거기에 존재하지 않는 물웅덩이를 보는 것 같은 광학적 착시 현상을 일으키기도 하고 앞서 말한 뜨거운 고속도로 위에서 길 위에 물이 있는 것으로 착각하게 만든다.

있어야만 할 곳에 없다

여러분들은 물속에서 어떤 것을 잡으려고 하는 동안 굴절효과를 경험하였을 것이다. 예를 물속에 있는 물체의 경우 굴절효과에 의해 물체는 실제 위치와 다른 위치에 나타난다. 결과적으로 물체는 실제 위치보다 물의 표면에 가깝게 나타난다. 그러므로 우리는 물속에서 물체를 잡으려고 하면 놓치게 되는 경향이 있다. 똑같은 이유로 컵

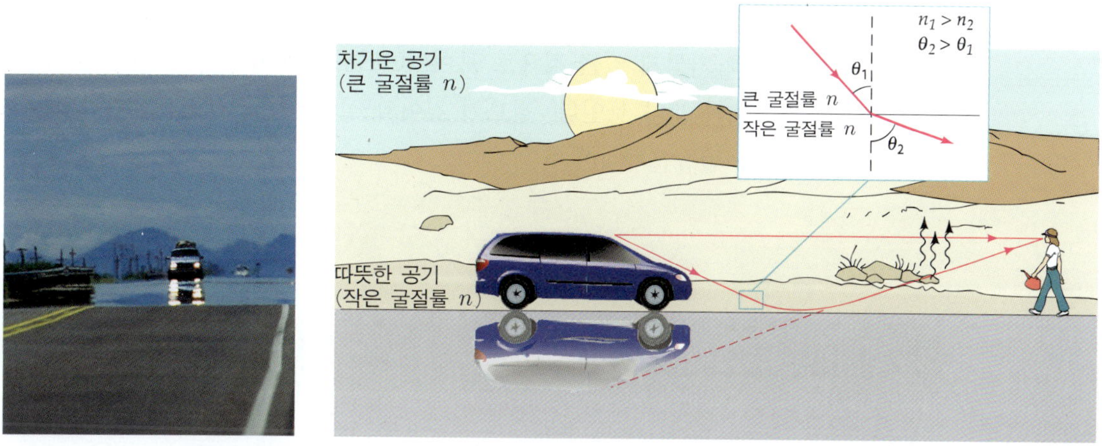

(a) (b)

▲ **그림 22.10 굴절작용**

(a) 신기루로 젖은 길에 거꾸로 된 자동차.

(b) 신기루는 물체로부터 나온 빛이 길표면 가까이에 서로 다른 온도를 가진 공기층으로 인해 굴절되면 생기는 것이다.

(a) (b) (c)

▲ **그림 22.11 굴절효과**

(a) 우리는 빛이 직선으로 이동한다고 생각하는 경향 때문에 빛의 굴절로 물고기는 우리가 생각한 것보다 아래쪽에 있다.

(b) 젓가락은 공기-물 경계면에서 구부러져 나타난다. 만약 컵이 투명하면 우리는 다른 굴절을 볼 것이다.

(c) 굴절 때문에 동전이 실제 위치보다 가깝게 있는 것으로 나타난다.

안에 젓가락이 구부러져 보이고(그림 22.11b), 물이 채워져 있는 컵에 동전이 실제 위치보다 더 물 표면에 가깝게 있는 것으로 보이며(그림 22.11c), 물속에 서있는 사람의 다리가 실제 길이보다 짧아 보인다. 겉보기 깊이와 실제 깊이 사이의 상관관계는 계산할 수 있다(참고 연습문제 10).

22.4 내부 전반사와 광섬유

빛이 광학적으로 밀도가 더 높은 매질에서 그보다 낮은 광학적 밀도를 가진 매질로 이동하면 예를 들면 빛이 물로부터 공기가 있는 쪽으로 이동할 때 흥미있는 현상이 일어난다.

알다시피 그런 경우에는 광선은 법선으로부터 멀어지는 쪽으로 굴절할 것이다. (굴절각이 입사각보다 크다.) 더욱이 스넬의 굴절법칙은 입사각이 크면 클수록 굴절각이 커진다고 기술하고 있다. 즉 입사각이 증가하면 굴절광선은 법선으로부터 더 발산한다.

그러나 그렇게 되는 데에도 한계가 있다. 어떤 입사각에서는 그것을 임계각(θ_c)이라고 부르는데 이 임계각은 굴절각이 90°인 각으로 굴절한 광선이 굴절 경계면을 따라 놓여 있다. 그러나 입사각이 이 임계각보다 클 경우는 어떻게 될까? 만약 입사각이 임계각보다 크면 ($\theta_1 > \theta_c$) 빛은 전혀 굴절하지 않지만 안쪽으로 반사한다(그림 22.12). 이 조건을 전반사라고 부른다. 반사과정은 100% 효율적이나 매질에서 약간 빛의 흡수는 있다.

전반사 때문에 유리 프리즘은 거울로 사용할 수 있다(그림 22.13). 요약하면 $n_1 > n_2$인 데서는 반사와 굴절이 $\theta_1 \le \theta_c$인 모든 각에서 일어나지만 투과하거나 굴절한 광선은 $\theta_1 > \theta_c$에서 사라진다.

임계각에 대한 표현은 스넬의 법칙으로부터 식 22.6을 얻을 수 있다.

$$\sin\theta_c = \frac{n_2}{n_1} \quad \text{여기서 } n_1 > n_2 \tag{22.6}$$

만약에 두 번째 매질이 공기라면 $n_2 \approx 1$이고 공기로 들어가는 매질 경계면에서 임계각은 $\sin\theta_c = 1/n$으로 주어진다. 여기서 n은 매질의 굴절계수이다.

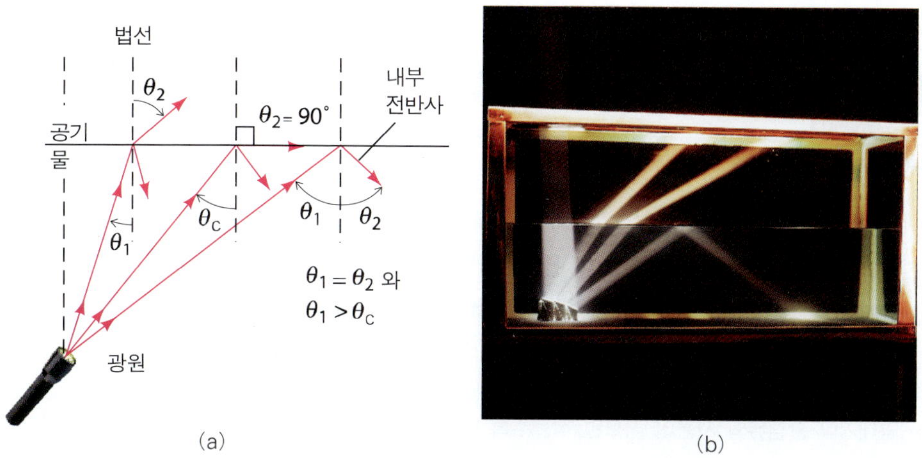

▲ **그림 22.12 내부 반사**

(a) 빛이 광학적으로 덜 조밀한 밀도를 가진 매질로 들어가면 법선에서 멀어지는 쪽으로 굴절한다. 임계각 (θ_c), 빛이 매질의 경계면(두 매질이 공유하는 경계면) 표면을 따라 굴절한다. 임계각보다 큰 각($\theta_1 > \theta_c$)에서는 내부 전반사가 있다.

(b) 사진에서 보이는 임계각을 추정할 수 있을까?

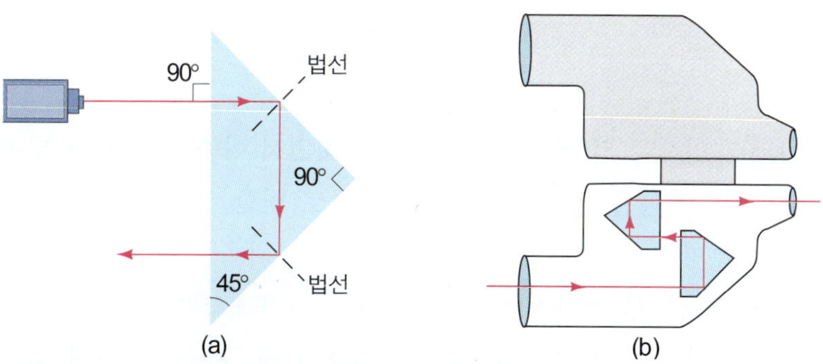

▲ **그림 22.13 프리즘에서의 내부 전반사**

(a) 유리의 임계각이 45° 보다 작기 때문에 45° 와 90° 로 된 프리즘은 빛을 180° 까지 반사하기 위해서 사용한다.

(b) 쌍안경에서 프리즘에 의한 빛의 내부 전반사는 프리즘에 의해 빛이 "접혀지기" 때문에 망원경보다 길이를 짧게 만든다.

내부 전반사는 다이아몬드가 휘황하게 빛이 나는 것을 강화한다. 다이아몬드-공기면에 대한 임계각은

$$\theta_c = \sin^{-1}\left(\frac{1}{n_1}\right) = \sin^{-1}\left(\frac{1}{2.42}\right) = 24.4°$$

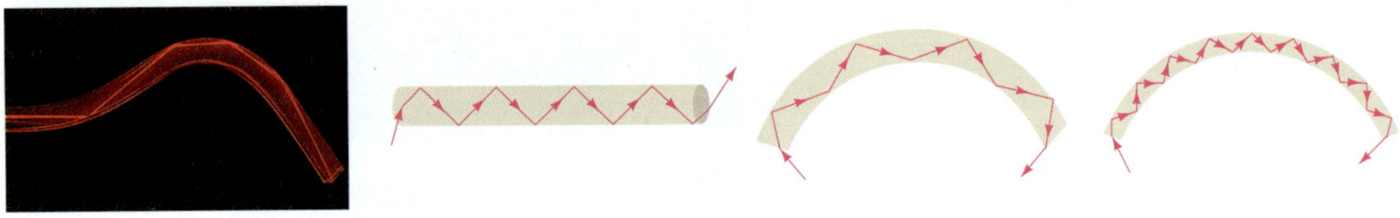

(a) (b) (c) (d)

▲ **그림 22.14 빛관**

(a) 광섬유에서의 내부 전반사

(b) 빛이 투명한 물질로 된 원통형의 한 끝으로 그 원통형을 이루는 물질의 임계각보다 큰 각으로 입사하면 빛은 그 빛관의 길이 끝까지 내부 전반사를 겪는다.

(c) 빛은 구부러진 빛관에서도 그 빛관을 따라 내부 전반사에 의해 빛이 투과한다.

(d) 막대기나 광섬유의 지름이 작으면 작을수록 단위길이당 전반사 횟수는 증가한다.

소위 광휘가 있는 다이아몬드의 잘려진 면은 여러 작은 깍은 면을 가지고 있다(모두 58면으로 윗면이 33면이고 아래 면이 25면이다). 윗부분에서 들어오는 빛이 임계각보다 큰 각으로 아래 깍은 면에 닿으면 내부로 반사가 일어난다. 그러면 빛은 윗부분의 깍은 면으로 나와서 다이아몬드를 휘황하게 빛나게 한다.

■ 광섬유 광학

광섬유는 오직 1 km당 약 25 %의 에너지 손실을 경험하면서 아주 긴 거리로 빛을 투과시킬 수 있다. 이런 손실들은 본래 광섬유의 불순물로 인한 것이고, 그런 불순물은 빛을 산란시킨다. 투명한 물질들은 서로 다른 정도의 투과율을 가진다. 광섬유는 최대 투과효율을 가진 특별한 플라스틱과 유리로 만들어진다. 최대의 효율은 적외선 복사에서 얻을 수 있다. 왜냐하면 24.5절에서 배우게 될 것처럼 산란이 적기 때문이다.

다중 거울의 반사와 비교된 다중 내부 전반사의 최대 효율은 아주 좋은 평면 반사거울에 의해 묘사될 수 있다. 이 평면거울의 경우는 약 95%의 반사율인 최상의 반사율을 가진다. 매번 반사 후에 빔의 강도는 입사 빔의 95%가 된다. 반사 후에 빔의 강도는 먼저 반사된 빔의 강도의 95%이다($I_1 = 0.95I_0$; $I_2 = 0.95I_1 = 0.95^2I_0$; .....). 그러므로 n번 반사된 후의 반사 빔의 강도는

$$I = 0.95^n I_0$$

여기서 I_0는 첫 번째 반사가 있기 전에 빔의 본래 강도이다. 따라서 14번 반사가 일어난 후에는

(a) (b)

▲ **그림 22.15 광섬유 다발**
(a) 수백 또는 수천 개 이상의 가는 광섬유가 함께 묶여져
(b) 광섬유를 만들기 위해서이고 여기서 레이저에 의해 푸른색으로 되어 있다.

$$I = 0.95^{14} I_o = 0.49 I_o$$

다른 말로 14번 반사 후에 강도는 절반 이상(49%)으로 줄어든다. 100번 반사하면 $I = 0.006 I_o$이고 강도는 본래 강도의 오직 0.6% 밖에 안된다. 이것을 1 km 이상되는 광섬유에서 반사가 수천 번 일어난 다음 초기 강도의 약 75%가 되는 것과 비교하라.

지름이 약 10 μm(10^{-5} m)인 광섬유가 묶여서 지름이 4에서 10 mm되고 길이가 수 미터에 달하는 것으로 광섬유의 응용도에 따라 만들어진다(그림 22.15). 1 cm^2 의 단면적을 가진 광섬유 묶음은 50 000개의 개별 광섬유가 함유될 수 있고 각 광섬유는 개별 코팅이 필요하다. 왜 그래야 할까 생각해 보자. 광섬유의 활용도는 예를 들어 정보통신, 의료기기 등이 있다.

22.5 분 산

단일 주파수(단일 파장)를 가진 빛을 단색광이라고 부른다. 모든 주파수 포함하고 거의 같은 강도를 가진 빛다발로 이뤄진 가시광선(예를 들어 태양 빛)은 백색광이라는 용어를 붙인다. 그림 22.16a에서처럼 백색광으로 된 빔이 유리 프리즘을 통과하면 빛이 여러 색의 스펙트럼으로 퍼져 나오거나 분산된다. 빔이 프리즘을 들어오면 빛을 구성하는 서로 다른 파장에 준하는 색 성분들은 약간씩 서로 다른 각으로 굴절하여 스펙트럼으로 퍼져 나오는 것이다(그림 22.16b). 빛은 파장/주파수에 따라 고유의 색을 나타낸다.

스펙트럼의 발현은 유리의 굴절률이 파장에 따라 약간씩 다르다는 것을 의미하고 그것은 모든 투명한 매질(그림 22.16c)에서 참이다. 그 이유는 분산매질에서 빛의 속력은 파장에 따라 조금씩 서로 다르다. 매질의 굴절률 n은 그 매질에서 빛의 속력의 함수이므로($n = c/v$), 굴절계수는 파장에 따라 다르다.

우리는 앞서 말한 내용을 빛의 서로 다른 파장에 대하여 각기 다른 굴절률을 가지므로 투명한 매질에서의 굴절은 파장에 따라 빛을 분리하는 원인이 되는데 그런 물질을 분산적이라고 말하고 빛의 분산을 나타낸다고 말할 수 있다. 분산은 서로 다른 매질에 따라 다르다(그림 22.16c).

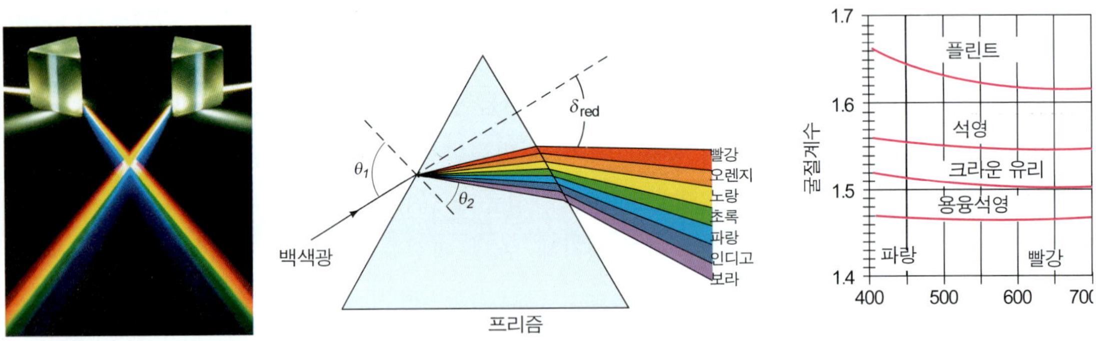

(a) (b) (c)

▲ **그림 22.16 분산**

(a) 백색광선은 유리 프리즘을 통해 여러 색으로 이루어진 스펙트럼으로 분산된다.

(b) 분산 매질에서 굴절계수는 약간씩 파장에 따라 다르다. 가장 긴 파장인 빨간색은 가장 작은 굴절계수를 가지고 가장 작게 굴절한다. 입사광선과 투과되어 나온 광선 사이의 각은 그 광선의 편이 각(δ)이라고 한다. (여기서 각들은 현상을 분명하게 보여 주기 위하여 모두 과장되었다.)

(c) 몇 개의 보통 물질들에 대한 파장에 따른 굴절률의 변화

연습문제

1. 거울로 된 표면에 입사하는 광선의 입사각이 35°이다. 입사광선과 반사광선 사이의 각은 얼마인가?

2. 평면거울에 법선에 32°로 입사한 빔이 있다. 거울면과 반사한 빔 사이의 각이 얼마인가?

3. 암실에서 두 사람이 5 m 간격으로 서 있고 거울 앞에 3.0 m 떨어져 있다. 플래시 빛이 어떤 각으로 그 두 사람 중에 한사람을 비추어야 반사한 빛이 나머지 다른 한 사람에게 도달하겠는가?

4. 두 개의 거울이 M_1, M_2가 그림 22.20처럼 놓여 있다. (a) 만약 거울 사이의 각 α가 70°이고 거울 M_1에 대한 입사각이 35°라면 거울 M_2에서 반사한 각은 얼마인가? (b) 만약 $\alpha = 115°$와 $\theta_{i_1} = 60°$라면 θ_{r_2}는 얼마인가?

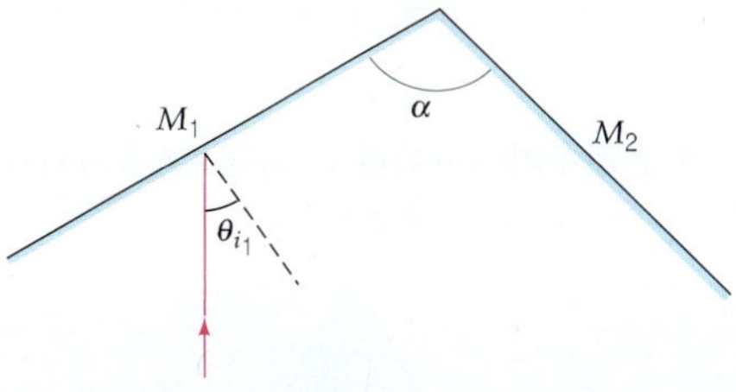

▲ 그림 22.17 평면도

5. 눈의 수정체 공동에서 빛의 속력이 2.13×10^8 m/s이다. 수정체 공동의 굴절률은 얼마인가?

6. 광선이 공기 중에서 이동하여 투명한 플라스틱 매질로 입사각 50°로 입사한다. 굴절각이 35°라면 이 유리의 굴절계수는 얼마인가?

7. 공기에서 어떤 유리에 대한 임계각이 41.8°라고 한다. 이 유리의 굴절계수는 얼마인가?

8. 광선이 폴리스티렌의 평편한 조각 면에 법선 기준으로 55°각으로 입사한다. 구면에서 굴절된 광선이 그 조각 면과 이루는 각은 얼마인가?

9. 주파수 6.5×10^{14} Hz인 단색광인 푸른빛이 플린트 유리로 입사한다. 이 유리 속에서 이 빛의 파장과 주파수는 얼마인가?

10. (a) 물체가 물속에 들어 있다. 그러면 물체는 실질적으로 표면에서 가까운 곳에 있는 것으로 나타난다. 이와 같은 착시의 원인은 무엇인가 설명하시오? (b) 그림 22.21을 사용하여 아주 작은 굴절각에 대해 가시깊이가 d/n인 것을 증명하시오. 여기서 n은 굴절계수이다. [힌트 : 작은 각에 대해서 $\tan\theta \approx \sin\theta$]

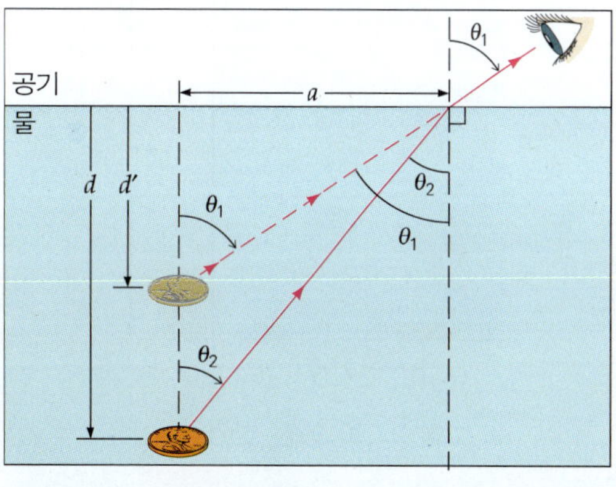

▲ 그림 22.18 가시깊이?
(작은 각에 대해서만 적용 : 설명을 위해 모든 각을 실제 보다 크게 과장했음.)

11. 45°−90°−45° 프리즘(그림 22.19)이 굴절계수가 1.85인 물질로 만들어졌다. 이 프리즘이 빛을 90°로 (a) 공기에서 휘게 하는데 사용될 수 있을까? (b) 물에서는 어떨까?

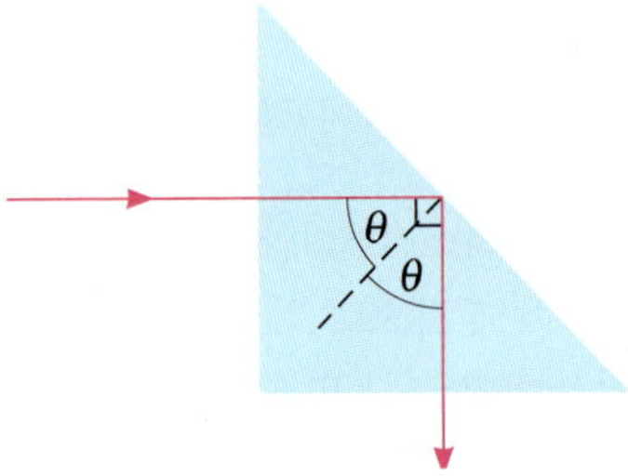

▲ 그림 22.19 프리즘에서의 내부 전반사

12. 동전이 수영장 풀 바닥에 놓여 있다. 수영장 풀에 차있는 물의 높이는 1.5 m이고 한쪽 풀장 벽에서부터 0.90 m되는 곳에 동전이 있다(그림 22.20). 만약에 빛이 한쪽 벽에서 물표면으로 입사한다면 벽을 기준으로 어떤 각 θ로 입사하여야만 빛이 동전을 비출 수 있을까?

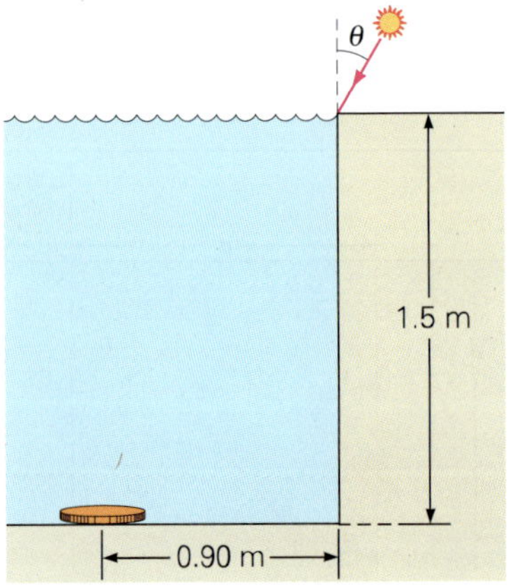

▲ 그림 22.20 동전 찾기

13. 두 개의 프리즘이 서로 붙어 있다(그림 22.21). (a) 만약 빛이 그림에서 보여 주는 것처럼 프리즘 한 쪽 면에 수직으로 입사한다면 붙어 있는 다른 프리즘으로 나오는 각 θ는 얼마인가? (b) 어떤 각으로 입사하여야만 빛이 두 면이 붙어 있는 경계를 따라 굴절할까?

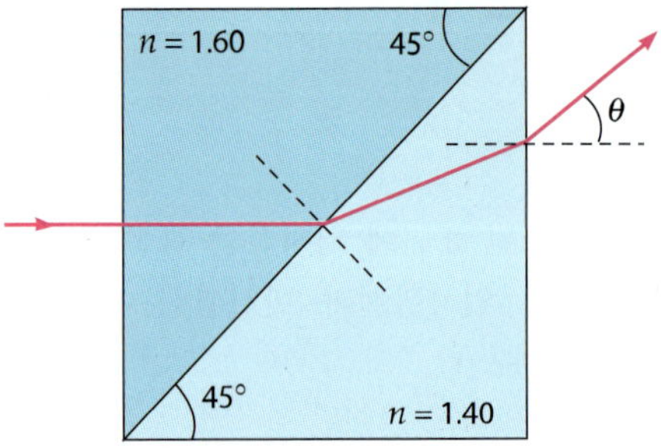

▲ 그림 22.21 붙어 있는 프리즘

14. 백색광이 크라운 유리를 통과하여 공기와 이루는 경계면에 41.15°로 닿았다. 크라운 유리의 굴절률을 1.515라고 하고 어떤 색(또는 색들)을 가진 빛이 공기로 나올까?

15. 빨강 광선이 정삼각형 프리즘에 그림 22.22에서처럼 입사했다. (a) 만약 프리즘이 빨강색에 대해 굴절계수가 1.400이라면 입사면 반대 쪽 면으로 광선은 어떤 각 θ로 나올까? (b) 만일 입사광선이 백색광선이라면 푸른색에 대한 프리즘의 굴절률을 1.403이라고 한다면 프리즘을 통과한 빨간색과 푸른색 사이의 각거리는 얼마일까? (c) 만약 푸른빛에 대한 굴절계수가 1.405라고 하면 빨간색과 푸른색의 각 거리는 얼마인가?

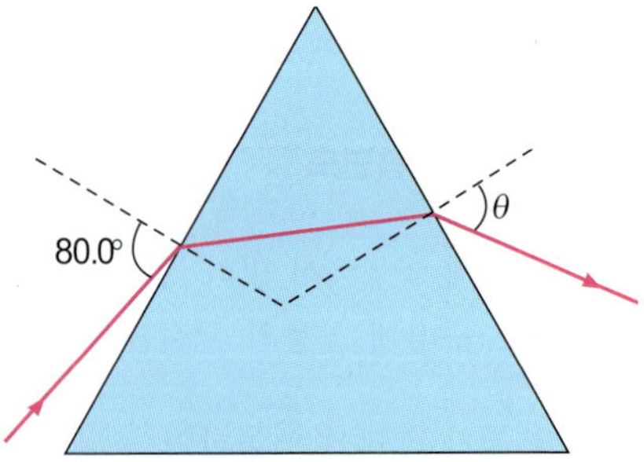

▲ 그림 22.22 정삼각형 프리즘

23

거울과 렌즈

23.1 평면거울

거울은 잘 반사하는 표면을 말하는데, 일반적으로 연마된 금속 또는 어떤 금속을 코팅한 유리로 만들어진다. 예를 들어 창문과 같이 코팅이 안 된 유리조차도 거울처럼 작용한다. 그러나 유리의 한 쪽 면을 주석, 수은, 알루미늄 또는 은의 화합물로 코팅하면 유리의 반사율이 증가하고 빛이 코팅을 통과하지 못하게 된다. 거울은 앞면을 코팅하든가 또는 뒷면을 코팅한다. 대부분의 거울은 뒷면이 코팅되어 있다.

거울을 똑바로 바라보면 자신과 주위의 물체의 상이 보인다(겉보기에는 거울면의 다른 쪽에서). 거울면의 모양에 따라 크기, 방향, 그리고 상의 종류에 영향을 미친다. 일반적으로 상은 반사(거울) 또는 굴절(렌즈)에 의해서 만들어지는 물체의 눈에 보이는 복사물이다.

평편한 면을 가진 거울을 평면거울이라 한다. 어떻게 상이 평면거울에서 만들어지는지를 광선그림으로 설명하였다.

상은 거울의 뒤쪽 또는 안쪽에 나타난다. 이것은 물체에서 눈으로 오는 광선을 거울이 반사할 때(그림 23.1a) 광선은 원래부터 거울 뒤쪽에 있는 것처럼 나타나기 때문이다. 물체의 꼭대기와 바닥에서 반사된 빛을 그림 23.1b에 나타내었다. 실제로 거울에 향하는 물체의 면의 모든 점에서 나오는 광선은 반사되고 완전한 물체의 상이 보여진다.

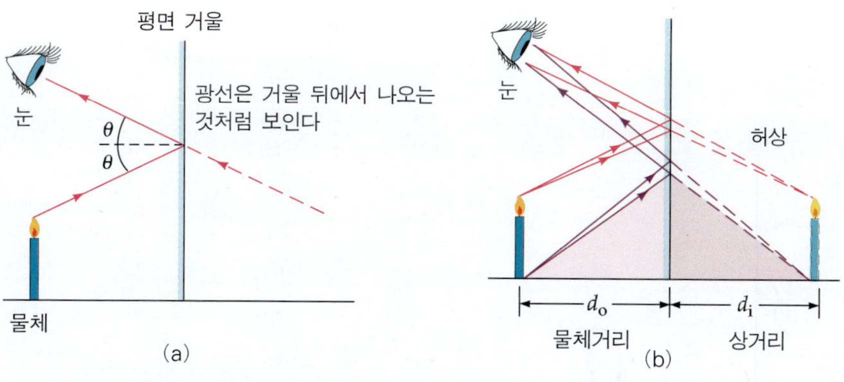

▲ 그림 23.1 평면거울에서 만들어지는 상

(a) 물체에서 나오는 광선이 반사법칙에 따라 거울에서 반사한다

(b) 물체의 다양한 지점에서 나오는 광선이 상을 만든다. 그늘이 있는 두 개의 삼각형이 같기 때문에 상거리 d_i (거울로부터 상까지 거리)는 물체거리 d_o 와 같다. 즉, 상은 물체가 거울 앞에 있는 것만큼 거울 뒤에 같은 거리에 나타난다. 광선은 상 위치에서 발산하는 것같이 보인다. 이 경우에 상은 허상이라고 말한다.

거울에 보이는 상은 거울의 뒤쪽에 나타난다. 이런 상을 허상이라고 한다. 광선이 허상으로부터 나오는 것같이 보이지만 실제로는 그렇지 않다. 빛 에너지가 실제로 상에서 나오거나 또는 통과하지는 않는다. 그러나 구면거울(23.2절에서 논의)은 실제로 빛이 상을 통과하는 지점인 거울 앞에서 상이 맺힐 수 있다. 이런 형태의 상을 실상이라고 한다. 실상의 예는 교실에서 오버헤드 프로젝터에서 만들어지는 상이다.

그림 23.1b에서 거울로부터 물체와 상의 거리를 주목하라. 아주 논리적으로 거울에서부터 물체의 거리를 물체거리(d_o)라 부르고 거울 뒤에 나타나는 상의 거리는 상 거리(d_i)라 부른다. 반사법칙으로부터 $d_o = d_i$ 를 볼 수 있는데 이것은 평면거울에서 만들어지는 상이기 때문이다.

상의 횡 배율(M)은 상(h_i)과 물체(h_o)의 높이의 비로 정의된다.

$$M = \frac{\text{상의 크기(높이)}}{\text{물체의 크기(높이)}} = \frac{h_i}{h_o} \tag{23.1}$$

물체로 사용되는 촛불은 우리에게 상의 중요한 특성인 방위−즉, 상이 물체의 방위에 대해서 정립인지 또는 도립인지에 대해서 알려준다(광선 그림을 그릴 때 화살표는 이러한 목적에 편리한 표기이다). 평면거울에 대해서 상은 항상 정립이다. M 이 높이의 비율이기 때문에 차원이 없는 양이라는 것에 주목하라.

그림 23.2에서 상과 물체가 같은 크기(높이)를 가지는 것을 볼 수 있고 따라서 $h_i = h_o$ 이다. 그러므로 평면거울에는 $M = +1$ 이고, 상은 정립이며, 배율은 없다. 즉, 평면거울에서 보는 상은 물체의 크기와 같은 크기이다.

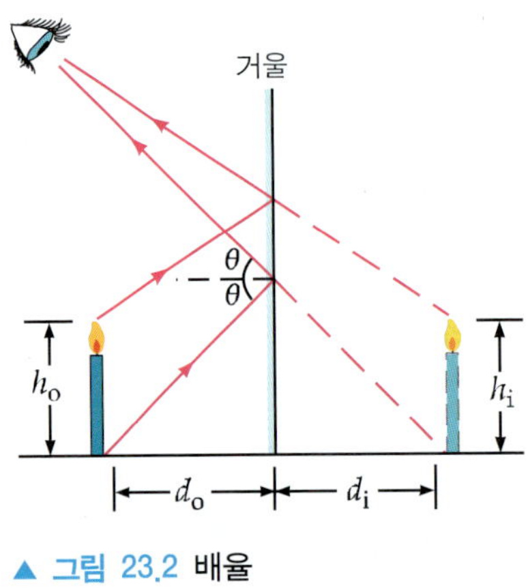

▲ **그림 23.2 배율**
횡 또는 높이 배율은 $M = h_i/h_o$ 로 나타낸다. 평면거울에서는 $M = 1$ 이고 이것은 $h_i = h_o$, 즉 상은 물체의 높이와 같음을 의미하고 또 상이 정립이라는 것을 의미한다.

구면거울과 같은 다른 모양의 거울에서는 M 이 음수이고 도립된 상을 가질 수 있다. 정리해보면 M 의 부호는 물체에 대해서 상의 방위를 말해주고 M의 절대값은 배율이다.

평면거울에서 반사된 상의 또 다른 특성은 이른바 좌우반전이다. 거울 앞에서 자신을 보고 오른손을 들면 상은 왼손을 드는 것으로 보인다. 그러나 이러한 좌우반전은 실제로 앞뒤반전에 의해 만들어진다. 예를 들어 얼굴을 남쪽으로 향하면 뒤통수는 북쪽을 향하게 된다. 그 반면에 상에서 얼굴은 북쪽을 향하고 뒤통수는 남쪽을 향하게 된다.

평면거울이 만드는 상의 중요한 특성을 표 23.1에 요약해 놓았다.

▼ **표 23.1 평면거울에 의해 만들어진 상의 특성**

$d_i = d_o$	상거리는 물체거리와 같다. 그것은 상은 물체가 거울 앞에 있는 것만큼 거울 뒤에 나타난다.
$M=+1$	상은 허상이고, 정립이며 확대되어 있지 않다.

예제 23.1 ■ 전신 : 거울의 최소 길이

어떤 사람이 자신의 완전한(머리에서 발끝까지) 상을 보려면 평면거울의 최소 수직 길이는 얼마인가(그림 23.3)?

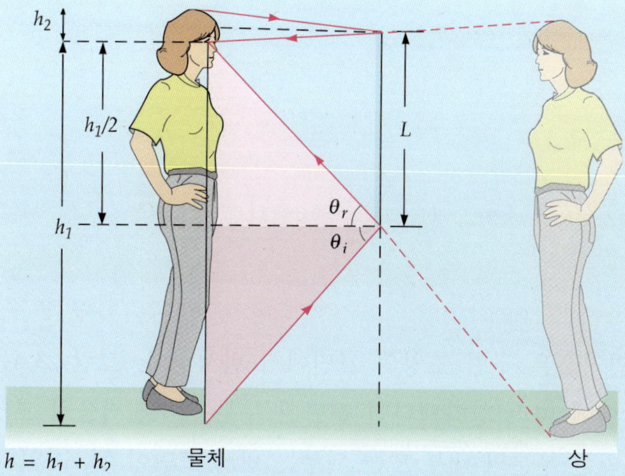

▲ **그림 23.3 전신 보기**

사람이 자신의 완전한(머리에서 발끝까지)상을 보기 위해서 평면거울의 최소 높이 또는 수직 길이는 사람의 키의 반이 된다는 것이 밝혀졌다. 예제 23.1을 보라.

풀이 이 길이를 결정하기 위해서 그림 23.3에 나타난 상황을 고려하자. 최소 길이의 거울에서 사람의 머리 꼭대기에서 나온 빛은 거울의 꼭대기에서 반사되고, 사람의 발에서 나오는 빛은 거울의 밑에서 눈으로 반사된다. 그때 거울의 길이 L은 거울의 꼭대기와 밑에서 수직한 수평 쇄선 사이의 거리이다.

그러나 이러한 선들은 빛의 반사에서 법선이다. 반사법칙에 의하면 이선은 입사광과 반사광 사이의 각을 반으로 나누게 되고, 즉 $\theta_i = \theta_r$이다. 그때 쇄선의 법선이 한쪽 변인 각각의 삼각형은 같기 때문에 바닥에서 사람의 눈의 위치까지 거울의 길이는 $\frac{h_1}{2}$이다. 여기서 h_1은 사람의 발끝에서 눈까지 높이이다. 유사하게 거울의 작은 윗부분의 길이는 $\frac{h_2}{2}$이다(사람의 눈과 거울의 꼭대기 사이의 수직거리). 그러면,

$$L = \frac{h_1}{2} + \frac{h_2}{2} = \frac{h_1 + h_2}{2} = \frac{h}{2}$$

여기서 h는 사람의 총 높이이다.

따라서 사람이 평면거울에서 자신의 전신상을 보기 위해서는 거울의 최소 길이 또는 수직 길이는 사람의 키의 반이 되어야 한다.

이러한 결론을 증명하기 위해서 간단한 실험을 할 수 있다. 신문과 테이프를 구하고 거울의 전체 길이를 측정하라. 신문으로 전신상을 볼 수 없을 때까지 점점거울을 덮어나가라. 전신상을 보는데 오직 키의 반의 길이의 거울이 필요하다는 것을 알게 될 것이다.

23.2 구면거울

이름이 말해주는 대로 구면거울은 구면 모양의 표면에서 반사한다. 그림 23.4는 반경 R인 구의 일부분을 단면에 따라 잘라낸다면 절단된 부분은 구면거울의 모양을 하고 있음을 보여준다. 그러한 부분의 내부 또는 외부는 반사 표면이 될 수 있다. 내부 표면에서 반사하면 그 부분은 오목거울로 작용한다. (오목거울이 들어간 면을 가지고 있다는 것을 기억하는 것을 도와주기 위해서 동굴의 안을 들여다본다고 생각하라.) 바깥 면에서 반사하면 잘린 부분은 볼록거울로 작용한다.

구의 절단부분의 정점에서 거울의 표면을 지나가고 구면거울의 중심을 통과하는

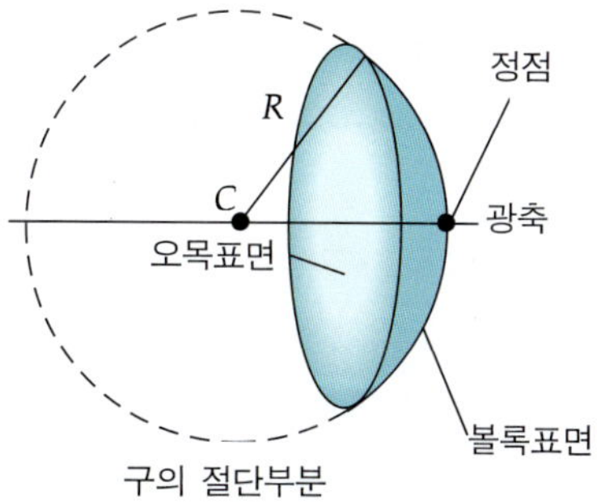

▲ 그림 23.4 구면거울

구면거울은 구의 절단부분이다. 구의 절단부분인 바깥(볼록) 표면 또는 내부(오목) 표면 어느 쪽 모두 반사하는 표면이 된다.

방사상 직선(그림 23.4)을 광축이라 한다. 거울을 만드는 절단부분의 전체 구의 중심에 해당하는 광축에 놓여 있는 한 점을 곡률중심(C)이라 한다. 정점과 곡률중심 사이의 거리는 구의 반경과 같고 곡률반경(R)이라 한다. 오목거울에서 빛이 광축과 가까이 평행하게 입사할 때는 반사광은 초점(F)이라 하는 공통점에서 교차 또는 수렴한다. 그 결과로 오목거울은 수렴거울로 작용한다(그림 23.5a). 반사법칙 $\theta_i = \theta_r$가 각 광선에서 만족하는 것을 주목하라.

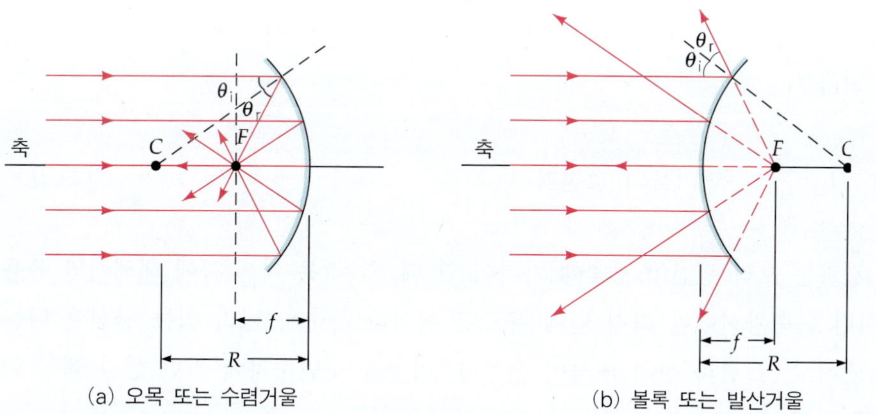

▲ 그림 23.5 초점

(a) 오목 구면거울의 광축에 평행하고 가까운 광선은 초점 F에 수렴한다.

(b) 볼록 구면거울의 광축에 평행하고 가까운 광선은 마치 거울 뒤에 있는 초점으로부터 발산하는 것처럼 반사한다. 각 그림에서 매번 광선이 반사법칙 $\theta_i = \theta_r$를 만족하는 것을 주목하라.

▲ **그림 23.6 발산거울**
그림 23.5b에서 편의점이나 상점에 설치되어 있는 감시거울에서 볼 수 있는 것처럼 후면 광선을 추적함으로써 발산(볼록) 구면거울이 비록 왜곡되었지만 확대된 시야를 주는 것을 주목하라.

유사하게 볼록거울의 광축에 가까이 평행한 빛은 마치 거울 뒤에 있는 초점에서 반사된 빛이 나오는 것처럼 반사해서 발산한다(그림 23.5b). 따라서 볼록거울은 발산거울로 작용한다(그림 23.6). 발산 광선을 볼 때 머리는 광선이 발산하여 그러한 물체가 거기에 실제로 없더라도 물체가 있다는 상으로 해석한다.

구면거울의 광축 근방의 평행 광선의 초점(F)에서 정점 사이의 거리를 초점거리 f라 한다. (그림 23.5를 보라.) 초점거리는 다음의 간단한 식에 의해 곡률반경과 관련되어 있다.

$$f = \frac{R}{2} \quad \text{구면거울의 초점거리} \tag{23.2}$$

앞의 결과는 오직 광선이 광축에 가까이 할 때, 즉 작은 각 근사에 대해서만 유용하다. 이런 근축광선이란 가정 밑에 유도된 식이라 광축과 멀리 있는 광선은 다른 초점에 맺히고 그 결과 상의 왜곡이 생긴다. 이것을 구면수차에 의한 상의 왜곡 현상이라고 한다.

■ 광선 그림

구면거울에 의해 만들어지는 상의 특성은 기하광학(22장)으로부터 결정할 수 있다. 그 방법은 물체의 한 점 또는 여러 곳에서 나오는 광선을 그리는 것을 포함하고 있다. 반사법칙 $\theta_i = \theta_r$ 이 적용되고 또 다음과 같이 거울 구조에 대해서 3개의 중요한 광선이 정의된다.

1. 평행광선은 광축에 대해서 평행하게 입사하고 초점 F를 통과하게 반사하는(또는 통과하게 나타나는) 광선이다(마치 모든 광선이 축에 가깝고 평행하게 행동한다).
2. 주광선, 또는 곡률 중심을 지나는 광선은 구면 거울의 곡률중심(C)를 통과하여 입사하는 광선이다. 주광선은 거울 표면에 수직으로 입사하기 때문에 이 광선은 입사 경로를 따라 반사하고 C를 통과한다.
3. 초점광선은 초점을 통과하여 지나가고 광축에 평행하게 반사하는 광선이다(말하자면, 역평행광선이다).

이러한 3가지 중요한 광선 중 2개만 사용하면 상의 위치(상 거리)와 상의 크기(확대 또는 축소), 방위(정립 또는 도립), 형태(실상 또는 허상)를 결정할 수 있다. 광선의 원점을 비대칭 물체의 끝(예를 들면, 화살의 끝 또는 촛불의 불꽃)을 보통 사용한다. 상에 대응되는 점은 광선이 교차하는 점이다. 이것은 상이 정립인지 도립인지 쉽게 보이게 해준다.

그러나 물체위의 어떤 점으로부터 광선을 잘 추적해야 상을 찾을 수 있다는 것에 유의하라. 눈에 보이는 물체의 모든 점은 빛의 방출자로 행동한다. 예를 들면, 촛불에서 불꽃은 스스로 빛을 방출하고 촛불 표면의 많은 다른 지점은 빛을 반사한다.

수렴거울은 항상 실상을 만들지 않는다. 수렴 구면거울에서 상의 특성은 거울과 물체의 거리에 따라 변한다. C(곡률중심)와 F(초점)의 두 점에서는 극적인 변화가 일어난다. 이러한 점은 광축을 3부분으로 나눈다(그림 23.7a) $d_o > R$, $R > d_o > f$, 그리고 $d_o < f$.

그림으로 배우기

거울광선 작도법(예제 23.2를 보자)

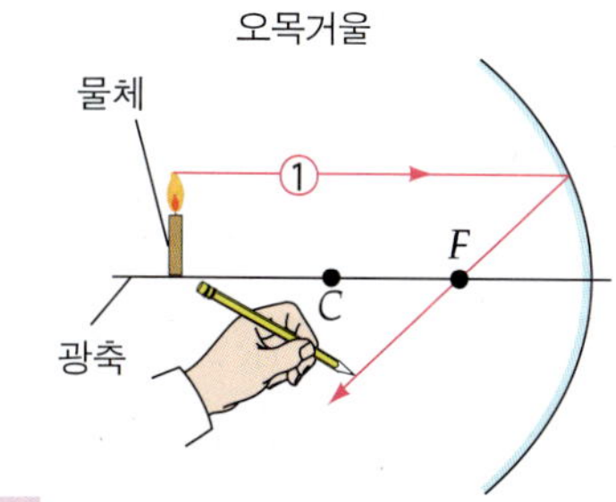

1 평행광선

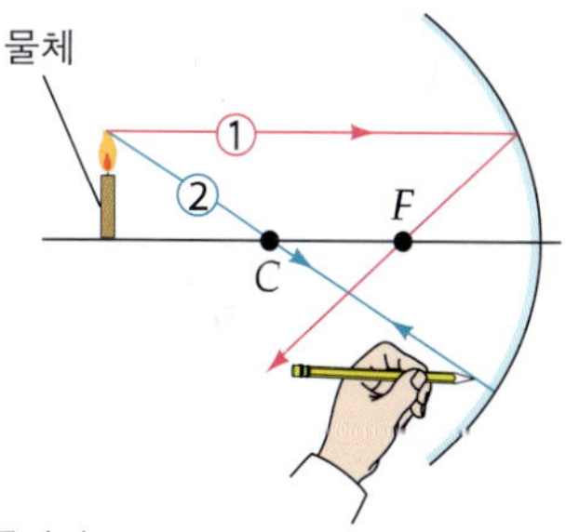

2 주광선

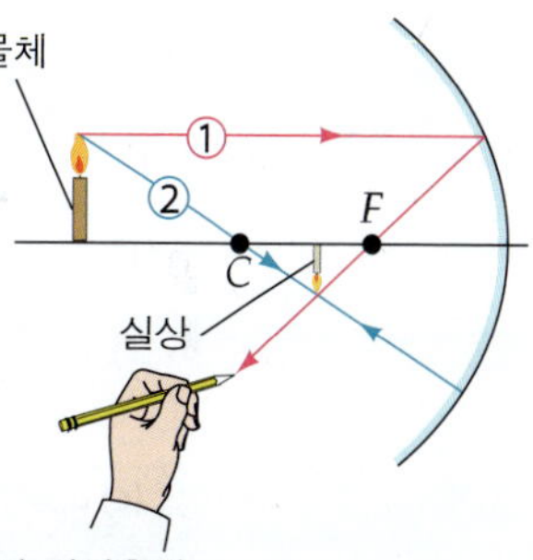

3 상의 위치추적

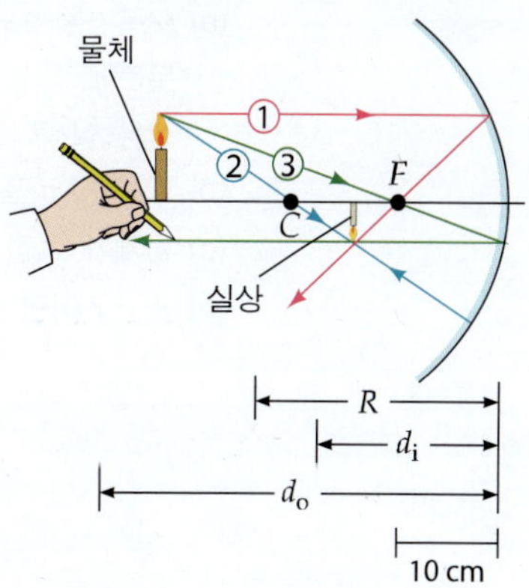

4 상을 확인하기 위해 초점을 지나는 광선을 사용할 수 있다.

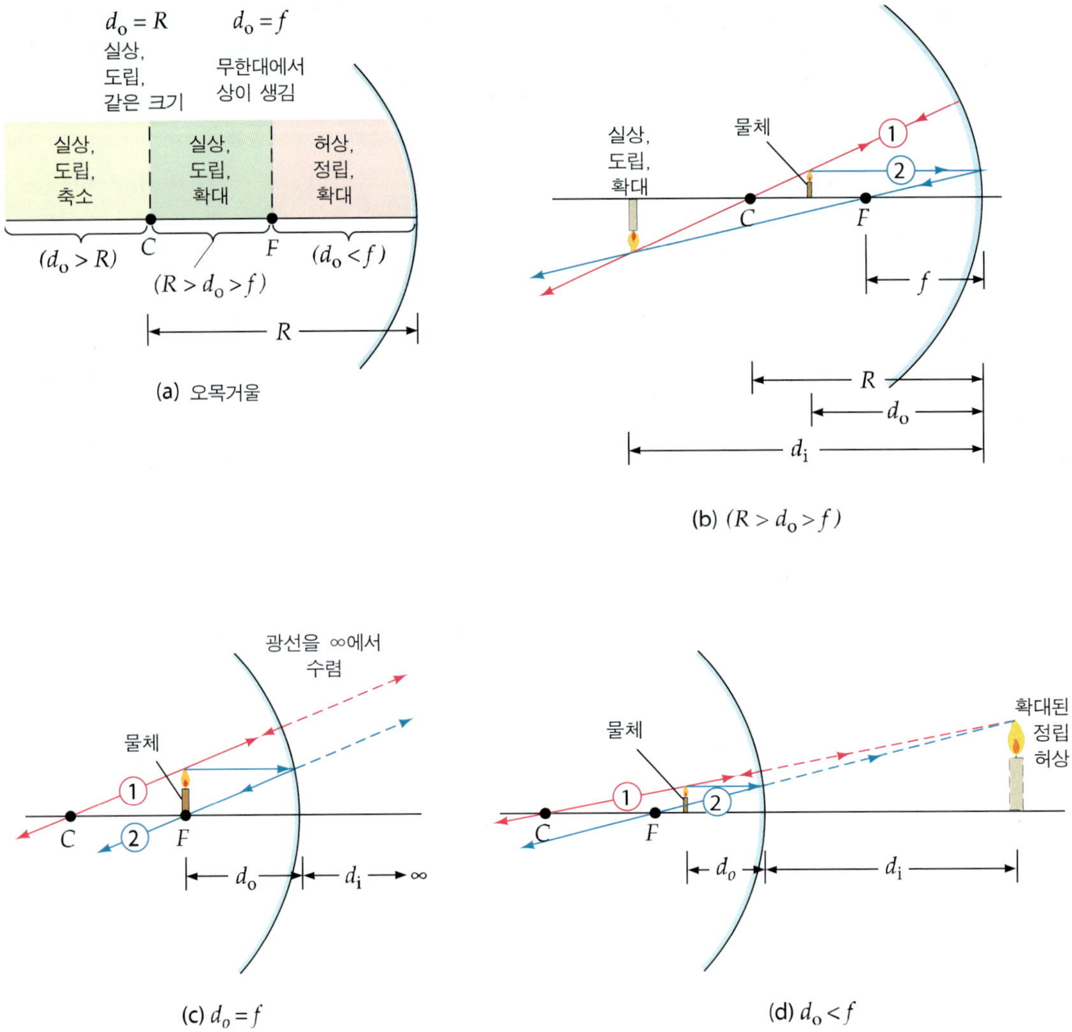

▲ 그림 23.7 오목거울

(a) 오목거울 또는 수렴거울에서 물체는 곡률중심(C)과 초점(F)에 의해 정의되는 3 부분 중에 한 부분에, 또는 이 두 점 중에 한 점에 놓여 있다. $d_o > R$일 때는 예제 23.2에서 광선 그림에서 상은 실상이고, 도립이며, 물체보다 작다.

(b) $R > d_o > f$일 때는 상은 역시 실상이고, 도립이지만 크게 또는 확대되었다.

(c) 물체가 초점 F에 있으면 또는 $d_o = f$이면 상은 소위 무한대에서 만들어진다.

(d) $d_o < f$이면 상은 허상이고, 정립이며, 그리고 크게 된다.

예제 23.2 ■ 그림을 그리면서 배우기 : 거울 광선 그림

반지름이 24.0 cm인 오목 구면거울 앞에 39.0 cm 되는 지점에 물체가 놓여 있다. (a) 거울에 의해서 만들어지는 상의 위치를 알기 위해 광선 그림을 사용하라. (b) 상의 특성을 논의하라.

풀이

- 주어진 값 : $R = 24.0$ cm
  $d_o = 39.0$ cm
- 구하는 값 : (a) 상의 위치
  (b) 상의 특성

(a) 상의 위치를 알기 위해서 상의 그림을 사용하라고 했기 때문에 제일 먼저 해야 할 일은 그림의 축척을 결정해야 한다. 그림에서 1 cm가 10 cm를 나타나게 한다면 거울 앞에 3.90 cm 되는 지점에 물체를 그린다.

처음에 광축, 거울, 물체(촛불), 그리고 곡률중심(C)을 그린다. 식 23.2로부터 $f = 24.0\text{ cm}/2 = 12.0\text{ cm}$, 그리고 초점($F$)은 정점에서 곡률중심까지의 반이다.

상의 위치를 알기 위해서 그림을 그리면서 배우기에 있는 1-4 단계를 따른다.

1. 첫 번째 광선 그리기는 평행광선이다(그리기에서 ①) 불꽃의 끝에서 광축에 평행한 광선을 그린다. 반사 후 이 광선은 초점 F를 지난다.
2. 그 다음에 주광선을 그린다(그리기에서 ②). 불꽃의 끝에서 곡률중심 C를 통과하는 광선을 그린다. 이 광선은 원래 방향에 따라 다시 반사된다. (왜?)
3. 이러한 두 광선이 교차하는 것을 볼 수 있다. 교차점은 촛불의 상의 끝이다. 이 점에서 촛불의 끝에서 광축까지 가면서 상을 그린다. 그림에서 측정하면 상 거리 $d_i = 17$ cm이다.
4. 상의 위치를 알기 위해서는 단 2개의 광선이 필요하다. 그러나 이중 점검을 하기 위해서 3번째 광선을 그린다면 이 경우에 초점광선(그리기에서 ③), 상에서 다른 2개의 광선이 교차된 지점에 같이 지나가야 한다(아주 신중히 그린다면). 불꽃의 끝에서 초점 F를 통과하는 초점광선은 반사 후에 광축과 평행하게 진행한다.

(b) (a)부분에서 그려진 광선 그림으로부터 상이 명백히 실상임을 알 수 있다(반사광이 거울 앞에서 교차하기 때문에). 그들은 상을 수렴하면서 지나간다. 그 결과로 실상은 오목거울 앞에 거리 d_i에 있는 스크린(예를 들면, 흰 종이의 일부분)에서 볼 수 있다. 상은 도립(촛불의 상은 아래로 향한다)이고 물체보다 작다.

$d_o > f$ 이면 상은 실상이고, $d_o < f$ 이면 상은 허상이다. $d_o = f$ 이면 상은 무한대에서 만들어진다(그림 23.7c).

간단한 기하학으로부터 물체거리(d_o), 상거리(d_i) 그리고 초점거리(f)가 서로 관련되어 있음을 알 수 있다. 그 관계는 구면거울 방정식이라고 알려져 있다.

$$\frac{1}{d_o}+\frac{1}{d_i}=\frac{1}{f}=\frac{2}{R} \quad \text{구면거울 방정식} \tag{23.3}$$

식 23.2에서 $f=\frac{R}{2}$ 이기 때문에 이 방정식이 곡률반경, R 또는 초점거리, f 두 개의 항으로 쓸 수 있음을 주목하라. R 과 f 는 다음에 간단히 논의함에 따라 양수 또는 음수가 될 수 있다.

구면거울 공식 (식 23.3)을 이용하는데 필요한 다양한 부호 약속은 표 23.2에 요약되었다. 예를 들면 실물체에 대해서 양의 d_i 는 실상을 나타내고 음의 d_i 는 허상에 해당한다.

▼ 표 23.2 구면거울에 대한 부호 약속

초점거리(f)	
오목(수렴)거울	f (또는 R)은 양수
볼록(발산)거울	f (또는 R)은 음수
물체거리(d_o)	
물체가 거울 앞에 있다(실물체)	d_o 는 양수
물체가 거울 뒤에 있다(허물체)	d_o 는 음수
상거리(d_i)와 상의 형태	
상이 거울 앞에 생긴다(실상)	d_i 는 양수
상이 거울 뒤에 생긴다(허상)	d_i 는 음수
상의 방위(M)	
상은 물체에 대해서 정립이다	M 은 양수
상은 물체에 대해서 도립이다	M 은 음수

식 23.1에서 정의된 횡 배율 M 역시 구면거울에 대해서 해석적으로 구할 수 있다.

$$M = -\frac{d_i}{d_o} \quad \text{배율방정식} \tag{23.4}$$

음의 부호는 상의 방위를 나타내기 위한 약속에 의해서 더해졌다. M에 대해서 양의 값은 정립상이고, 그 반면에 음의 M은 도립상을 의미한다. 역시 $|M| > 1$이면 상은 확대 또는 물체보다 크고 $|M| < 1$ 이면 상은 축소 또는 물체보다 작다.

예제 23.3 ■ 상의 종류는? 오목거울의 특성

오목거울의 곡률반경이 30 cm이다. 물체가 거울로부터 (a) 45 cm, (b) 20 cm, (c) 10 cm에 놓여 있다면 상이 어디서 만들어지는가? 그리고 상의 특성은 무엇인가? (상이 실상인지 허상인지, 정립인지 도립인지, 그리고 확대인지 축소인지 구체적으로 밝혀라)

풀이

- 주어진 값 : $R = 30$ cm 그래서
  $f = 2/R = 15$ cm
  (a) $d_o = 45$ cm
  (b) $d_o = 20$ cm
  (c) $d_o = 10$ cm
- 구하는 값 : 주어진 물체거리에 대해서
  d_i, M 그리고 상의 특성

주어진 물체거리는 그림 23.7a에 대응된다는 것에 주목하라. 모든 거리가 같은 단위(이 경우는 센티미터)로 표현되는 한 거리를 미터로 바꿀 필요는 없다. 각 상의 특성을 구하기 위해서 각각 경우에 해당하는 광선 그림을 그려보라.

(a) 이 경우에 물체거리는 곡률반경보다 크다($d_o > R$), 그리고

$$\frac{1}{d_o} + \frac{1}{d_i} = \frac{1}{f} \quad \text{또는} \quad \frac{1}{d_i} = \frac{1}{f} - \frac{1}{d_o} = \frac{1}{15\ \text{cm}} - \frac{1}{45\ \text{cm}} = \frac{2}{45\ \text{cm}}$$

그러면

$$d_i = \frac{45\ \text{cm}}{2} = +22.5\ \text{cm} \quad \text{그리고} \quad M = -\frac{d_i}{d_o} = -\frac{22.5\ \text{cm}}{45\ \text{cm}} = -\frac{1}{2}$$

따라서 상은 실상이고(양의 d_i), 도립이고 (음의 M), 그리고 크기가 물체의 반이다($|M|=1/2$).

(b) 여기서 $R > d_o > f$ 이며 물체는 초점과 곡률반경 사이에 있다.

$$\frac{1}{d_i}=\frac{1}{15\ \text{cm}}-\frac{1}{20\ \text{cm}}=\frac{1}{60\ \text{cm}}$$

따라서

$$d_i=+60\ \text{cm} \quad \text{그리고} \quad M=-\frac{60\ \text{cm}}{20\ \text{cm}}=-3.0$$

이 경우에 상은 실상이고(양의 d_i), 도립이고 (음의 M), 그리고 크기가 물체의 3배이다($|M|=3$)

(c) 이 경우에 $d_o < f$ 이며 물체는 초점보다 안에 있다. 설명하기 위해서 식 23.3의 변환식을 사용하면

$$d_i=\frac{d_o f}{d_o-f}=\frac{(10\ \text{cm})(15\ \text{cm})}{10\ \text{cm}-15\ \text{cm}}=-30\ \text{cm}$$

그러면

$$M=-\frac{d_i}{d_o}=-\frac{(-30\ \text{cm})}{10\ \text{cm}}=+3.0$$

이 경우에 상은 허상이고(음의 d_i), 정립이고 (양의 M), 그리고 크기가 물체의 3배이다($|M|=3$).

d_i 표현식의 분모로부터 d_o가 f 보다 작을 때는 항상 d_i가 음수가 됨을 알 수 있다. 따라서 물체가 수렴거울의 초점 안에 있다면 항상 허상이 만들어진다.

예제 23.3은 어떻게 이러한 방정식과 부호 약속이 구면거울에 사용되는지를 보여준다.

■ 구면거울의 수차

기술적으로 구면거울에 대한 상의 특성에 대한 묘사는 물체가 광축 근방에 있을 때, 즉 입사와 반사가 작은 각으로 일어날 때만 사실이다. 만약 조건들이 지켜지지 않으면 모든 광선이 같은 면에 수렴되지 않기 때문에 상은 흐리게(초점을 벗어난) 또는 왜곡된다. 그림 23.8에 그려진 것처럼 광축에서 멀리 벗어난 평행광선은 초점으로 수렴하지 않는다. 입사광선이 축에서 멀어지면 멀어질수록 반사광선은 초점에서 더욱더 벗어난다. 이러한 효과를 구면수차라 한다.

구면수차는 포물면 거울에는 나타나지 않는다. (포물면 거울의 이름이 말하듯이 포물면 거울은 포물면의 형태를 하고 있다.) 그런 거울의 광축으로 평행하게 입사하는 모든 광선들은 공통 초점을 가진다. 그런 이유로 포물면 거울은 대부분의 천체망원경에 사용된다(24장).

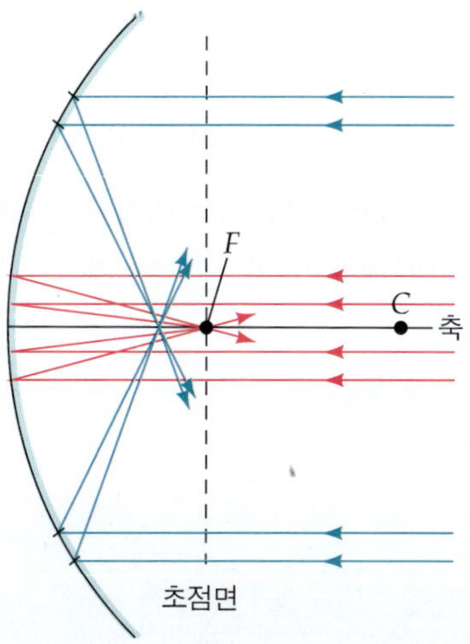

▲ **그림 23.8 거울의 구면수차**

작은 각 근사에 따르면 거울의 축과 평행하고 주위에 있는 광선(근축광선)은 초점에 수렴한다. 그러나 근축광선이 아닌 평행한 광선이 반사될 때는 그 광선들은 초점 앞에 수렴한다. 구면수차라 부르는 이와 같은 효과는 상을 흐리게 한다.

23.3 렌 즈

광학 렌즈는 투명한 물질로 만들어진다(대부분 일반적으로 유리, 그러나 때로는 플라스틱이나 수정). 일반적으로 표면의 한 면 또는 양면이 구면 모양을 하고 있다. 양 볼록 구면렌즈(양 표면이 볼록한)와 양 오목 구면렌즈(양 표면이 오목한)를 그림 23.9에 그려놓았다. 렌즈는 통과하는 빛을 굴절시켜서 상을 만들 수 있다.

양 볼록렌즈는 수렴렌즈의 예이다. 렌즈축에 평행하게 입사하는 광선은 렌즈의 반대편에 있는 초점 F에 수렴한다(그림 23.10a). 이러한 사실은 수렴렌즈의 초점거리를 실험적으로 결정하는 방법을 제공한다. 여러분은 돋보기(양 볼록 또는 수렴렌즈)로 태양광선을 모아 복사에너지가 집중하는 것을 목격한 적이 있을 것이다(그림 23.10b).

양 오목렌즈는 발산렌즈의 예이다. 입사하는 평행광선은 마치 렌즈의 입사 쪽에 있는 초점으로부터 발산하는 것처럼 렌즈로부터 나오게 된다(그림 23.11).

여러 모양의 수렴렌즈와 발산렌즈가 있다(그림 23.12). 볼록과 오목 메니스커스(meniscus) 렌즈가 교정용 안경에 가장 일반적으로 사용되는 모양이다. 일반적으로 수렴렌즈는 주변보다 가운데가 더 두껍고 발산렌즈는 주변보다 가운데가 더 얇다. 이러한 논의는 양 표면이 같은 곡률반경을 가지는 구면 대칭인 양 볼록과 양 오목렌즈에 한해서만 적용된다.

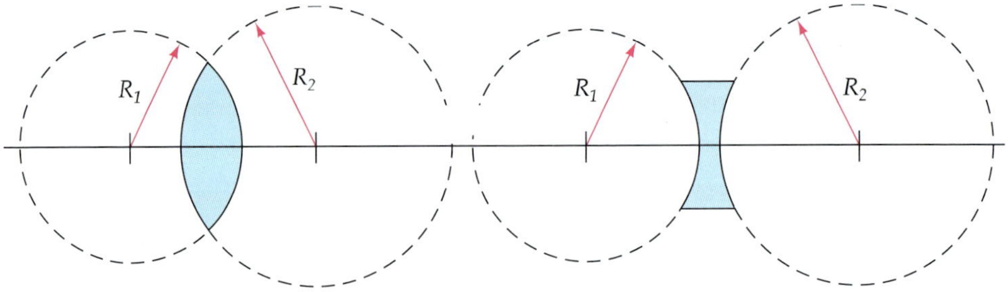

(a) 양 볼록(수렴)렌즈 (b) 양 오목(발산)렌즈

▲ **그림 23.9 구면렌즈**

구면렌즈는 2개의 구로 정의되는 표면을 가지고 있으며, 표면은 볼록이거나 오목이다.
(a) 양 볼록렌즈와
(b) 양 오목렌즈를 여기에 나타내었다. 만약 $R_1 = R_2$ 이라면 렌즈는 구면대칭이 된다.

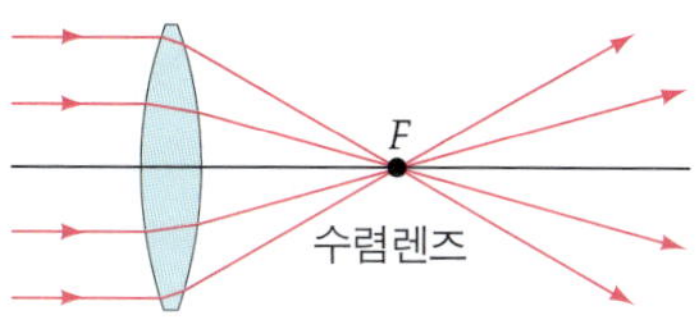

(a) 양 볼록(수렴)렌즈

(b)

▲ **그림 23.10 수렴렌즈**

(a) 얇은 양 볼록렌즈에서 축에 평행한 광선은 초점 F에 수렴한다.

(b) 돋보기(수렴렌즈)는 태양광선을 불을 붙일 수 있도록 한 점으로 모을 수 있다. 집에서는 시도하지 마라!

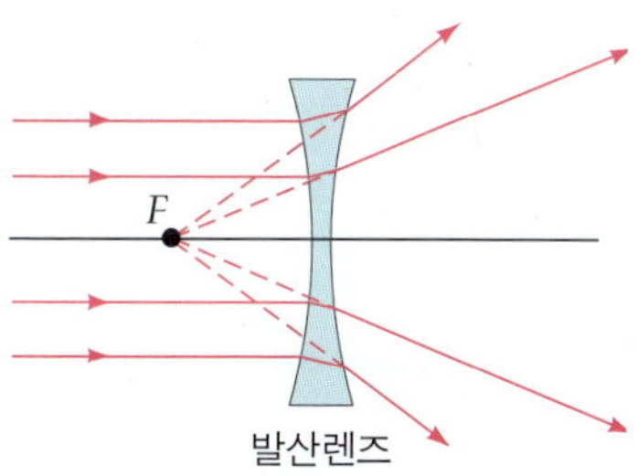

▲ **그림 23.11 양 오목(발산)렌즈**

양 오목렌즈 또는 발산렌즈의 축에 평행한 광선은 렌즈의 입사 쪽에 있는 초점으로부터 발산하는 것처럼 보인다.

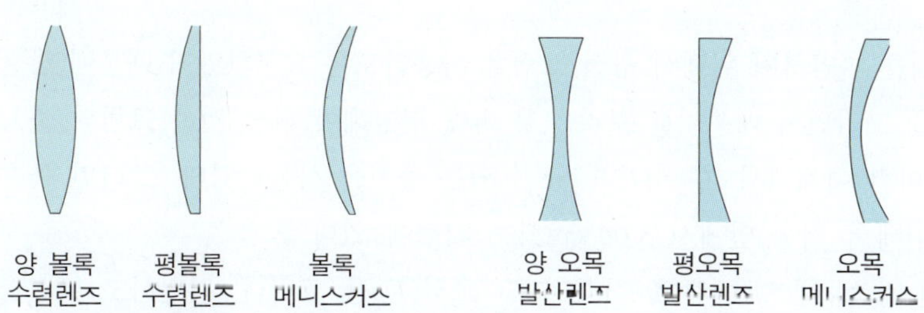

▲ **그림 23.12 렌즈의 모양**

렌즈의 모양은 아주 다양하고 보통 수렴과 발산으로 구분되어진다. 일반적으로 수렴렌즈는 주변보다 가운데가 더 두껍고, 그리고 발산렌즈는 주변보다 가운데가 더 얇다.

렌즈에 대한 광선 그림을 그리는 일반적인 규칙은 구면거울과 유사하다. 빛이 렌즈를 통과하기 때문에 렌즈의 양쪽은 물체 쪽과 상 쪽으로 구분된다. 물체 쪽은 물체가 놓여 있는 쪽이고, 상 쪽은 렌즈의 반대쪽이다(실상이 만들어지는 곳). 물체의 한 점에서 나오는 3개의 광선은 다음과 같이 그려진다(예제 23.4에서 그림을 그리면서 배우기를 보라).

1. 평행광선은 렌즈의 광축에 평행하게 입사하는 광선이다. 그리고 굴절이 일어난 후 (a) 수렴렌즈의 상 쪽의 초점을 통과하거나 또는 (b) 발산렌즈의 물체 쪽에 있는 초점으로부터 발산하게 보인다.
2. 주광선 또는 중심광선은 렌즈의 중심을 통과하는 광선이고 렌즈가 얇기 때문에 축에서 벗어나지 않는다.
3. 초점광선은 (a) 수렴렌즈의 물체 쪽에 있는 초점거리를 통과하는 광선, 또는 (b) 발산렌즈의 상 쪽에 있는 초점을 통과하는 것처럼 보이고 굴절 후 렌즈의 광축에 평행하다.

예제 23.4 ■ 그림을 그리면서 배우기 : 렌즈 그림

어떤 물체가 초점거리가 20 cm인 얇은 양 볼록렌즈 앞 30 cm에 놓여 있다. (a) 상의 위치를 알기 위해서 광선 그림을 사용하라. (b) 상의 특성을 논하라.

풀이

- 주어진 값 : $d_o = 30$ cm
  $f = 20$ cm
- 구하는 값 : (a) 상의 위치(광선 그림을 사용)
  (b) 상의 특성

(a) 상의 위치를 파악하기 위해서 광선 그림을 사용하도록 요구하였기 때문에(앞의 그림을 그리면서 배우기를 보라), 첫 번째 결정해야 하는 것은 그림의 축척이다. 이번 예제에서 10 cm가 1 cm가 되는 축척을 사용하였다. 그러면 물체는 그림에서 거울 앞에서 3.00 cm되는 지점에 있다.

처음에 광축, 렌즈, 물체(촛불), 그리고 초점(F)를 그린다. 간단하고 굴절이 렌즈의 중심에서 일어나도록 묘사하기 위해서 렌즈의 중심을 통과하는 절단선을 그린다. 실제로는 렌즈와 공기–유리와 유리–공기 표면에서 일어난다.

그림으로 배우기

렌즈 광선그림(예제 23.4를 보라)

1
평행광선

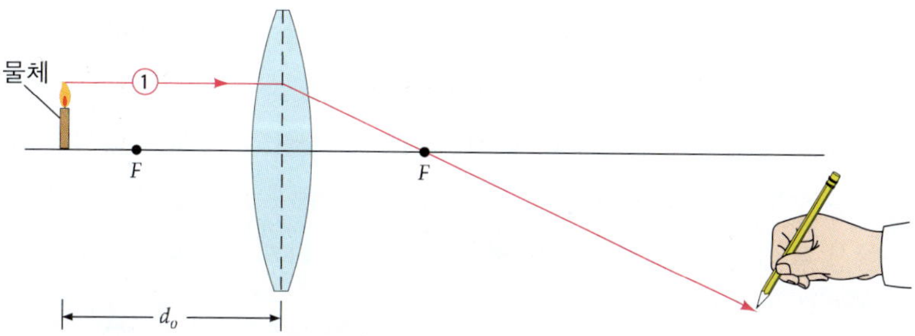

2
주광선(중심광선)

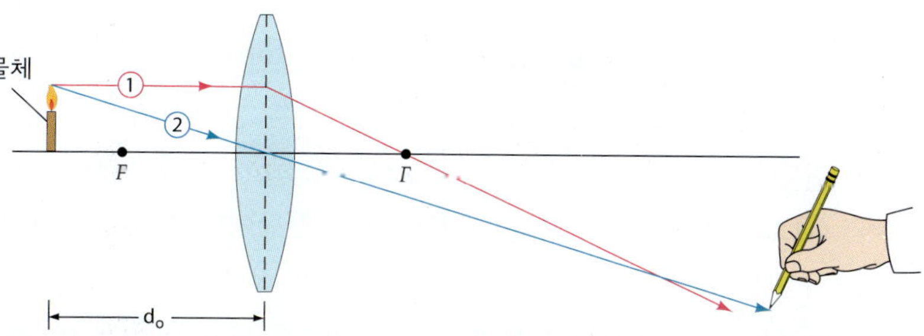

3
상의 위치 파악

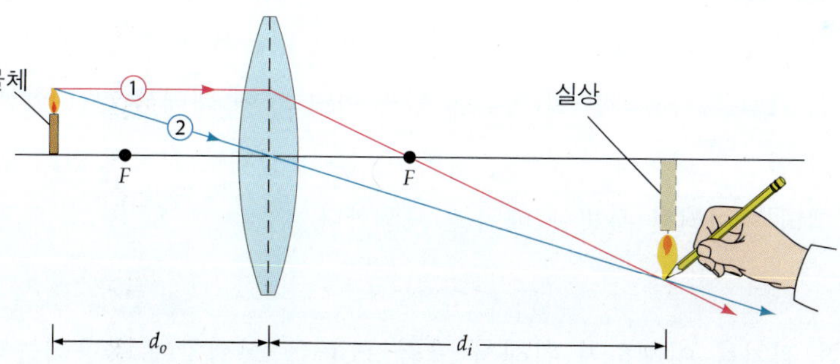

4
상을 확인하기 위해서 초점 광선을 사용할 수 있다.

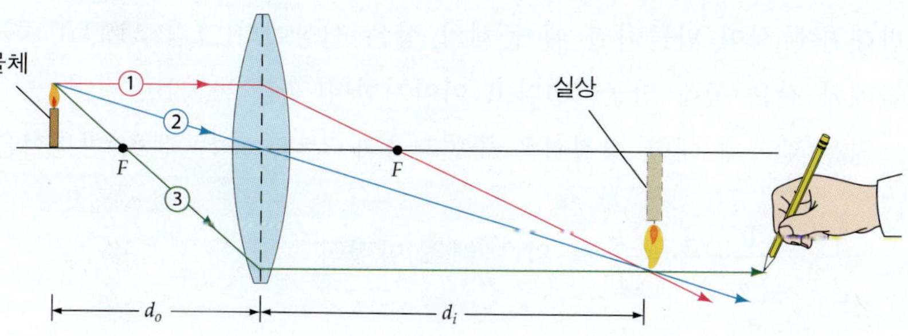

다음의 그림을 그리면서 배우기의 1-4 단계를 따라라.

1. 처음에 광선 그리기는 평행광선(그리기에서 ①) 불꽃의 꼭대기로부터 수평광선을 그린다(광축에서 평행). 렌즈를 통과한 후 이 광선은 상 쪽의 초점을 통과한다.
2. 그때 중심광선을 그린다(그리기의 ②). 불꽃의 꼭대기로부터 렌즈의 중심을 통과하는 광선을 그린다. 이 광선은 상 쪽으로 변화 없이 그대로 통과한다.
3. 상 쪽에서 두 광선이 교차하는 것이 확실하게 보인다. 교차점이 촛불의 꼭대기의 상 지점이다. 이점에서부터 광축까지 가면서 촛불의 상을 그려라.
4. 상의 위치를 알기 위해서는 2개의 광선만 필요하지만 3번째 광선을 그린다면 이 경우는 초점광선이며(그리기에서 ③), 2개의 광선이 교차하는 상의 같은 점을 통과할 것이다(그림을 조심스럽게 그린다면). 불꽃의 꼭대기로 나와서 물체 쪽에 있는 초점 F 를 통과하는 광선은 상 쪽에서 광축과 평행하게 지나간다.

(b) (a) 부분의 광선 그림으로부터 상은 실상이다(광선이 상 쪽에서 교차하거나 또는 수렴하기 때문에). 그 결과로, 이 실상은 렌즈로부터 d_i 떨어진 지점에 있는 스크린(예를 들어 흰 종이의 일부분)에서 볼 수 있다. 상 역시 도립이고(촛불의 상이 아래로 향하고 있다), 물체보다 크다.

이 경우에 $d_\text{o} = 30\ \text{cm}$이고 $f = 20\ \text{cm}$이고 따라서 $2f > d_\text{o} > f$ 이다. 유사한 광선 그림을 사용하면 이 범위에 있는 어떤 d_o 에 대해서 상은 실상이고 확대되어 있고 도립이라는 것을 증명할 수 있다. 실제로 교실에 있는 오버헤드 프로젝터는 이러한 특별한 배치를 사용한다.

이러한 절차를 이해하기 위해서 그림 23.13은 실생활에 응용되는 수렴렌즈에 대해 여러 가지 서로 다른 물체거리에 대한 또 다른 광선 그림을 보여준다. 물체 쪽과 반대편에 상이 만들어질 때 물체의 상은 실상이다(그림 23.13a). 허상은 렌즈에서 물체와 같은 쪽에 만들어진다고 이야기한다(그림 23.13b).

얇은 렌즈에 대한 방정식은 구면거울과 같다. 얇은 렌즈 방정식은

$$\frac{1}{d_\text{o}} + \frac{1}{d_\text{i}} = \frac{1}{f} \quad \text{얇은 렌즈 방정식} \tag{23.5}$$

구면거울과 같이 배율은 다음과 같이 주어진다.

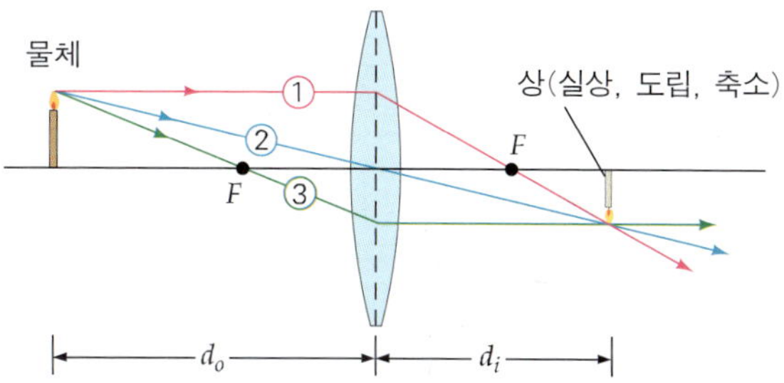

(a) 볼록렌즈, $d_o > 2f$

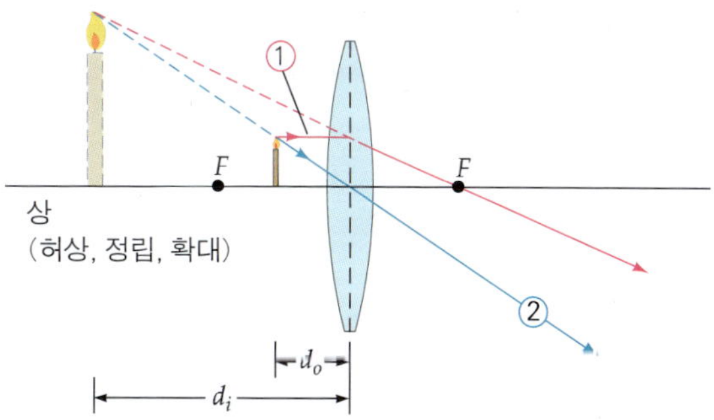

(b) 볼록렌즈, $d_o < f$

▲ **그림 23.13 렌즈에 대한 광선**

(a) $d_o > 2f$ 일 때 수렴 양 볼록렌즈는 실물체가 된다. 상은 실상, 도립 그리고 축소되어 있다.

(b) $d_o < f$ 일 때 수렴렌즈에 대한 광선 그림. 상은 허상이고 정립이며 확대되어 있다. 양쪽의 경우에 대한 실제 예를 나타내었다.

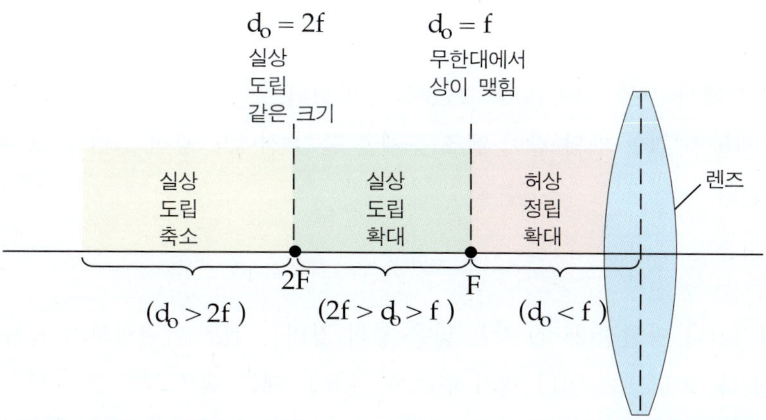

▲ **그림 23.14 볼록렌즈**

볼록, 또는 수렴렌즈에 대해서 물체는 초점거리(f)와 초점거리의 2배($2f$), 또는 이 두 점 중에 하나로 정의되는 세 영역의 한 부분에 놓여 있다. $d_o > 2f$ 이면 상은 실상, 도립, 그리고 축소되어 있다(그림 23.13a). $2f > d_o > f$ 이면 예제 23.4에 있는 광선 그림에 보여 준대로 상은 역시 실상, 도립, 그러나 크게 또는 확대되어 있다. $d_o < f$ 일 때 상은 허상, 정립, 그리고 확대되어 있다(그림 23.13b).

▼ **표 23.3 얇은 렌즈에 대한 부호 약속**

초점거리(f)	
수렴렌즈(때때로 양렌즈)	f 는 (+)
발산렌즈(때때로 음렌즈)	f 는 (−)
물체거리(d_o)	
물체가 렌즈 앞에 있다(실 물체)	d_o 는 (+)
물체가 렌즈 뒤에 있다(허 물체)*	d_o 는 (−)
상거리(d_i)와 상의 형태	
상이 렌즈의 상 쪽에 생긴다	d_o 는 (+)
−물체와 반대쪽(실상)	
상이 렌즈의 물체 쪽에 생긴다	d_o 는 (−)
−물체와 같은 쪽(허상)	
상의 방위(M)	
상은 물체에 대해서 정립이다	M 은 (+)
상은 물체에 대해서 도립이다	M 은 (−)

* 2개 (또는 여러 개)의 렌즈를 결합했을 때 첫 번째 렌즈에 의해 만들어진 상은 2번째 렌즈의 물체로 취급한다(그다음에 계속해서 마찬가지로 취급하면 된다). 만약 이런 상−물체가 2번째 렌즈 뒤에 생기면 허물체로 취급하고 물체거리를 음의 값(−)으로 한다.

$$M = -\frac{d_i}{d_o} \tag{23.6}$$

얇은 렌즈 방정식에서 부호 약속은 표 23.3에 주어졌다.

거울에 대한 문제를 해결할 때와 같이 렌즈 문제를 풀기 전에도 광선 그림을 그리는 것이 도움이 된다.

■ 렌즈의 결합

예를 들어 현미경이나 망원경(25장) 같은 많은 광학 장비는 렌즈를 결합하거나 복합렌즈계를 사용한다. 2개 또는 여러 개의 렌즈를 결합할 때는 렌즈 각각을 순서적으로 고려함으로써 최종적인 상을 결정할 수 있다. 즉, 첫 번째 렌즈에 의해 만들어지는 상은 2번째 렌즈의 물체가 되고 이하 등등. 이러한 이유로 이들을 실생활 응용에 대한 구체적인 특성을 고려하기 전에 렌즈 결합의 원리를 소개한다.

첫 번째 렌즈가 두 번째 렌즈 앞에 상을 만든다면 그 상은 2번째 렌즈의 실물체

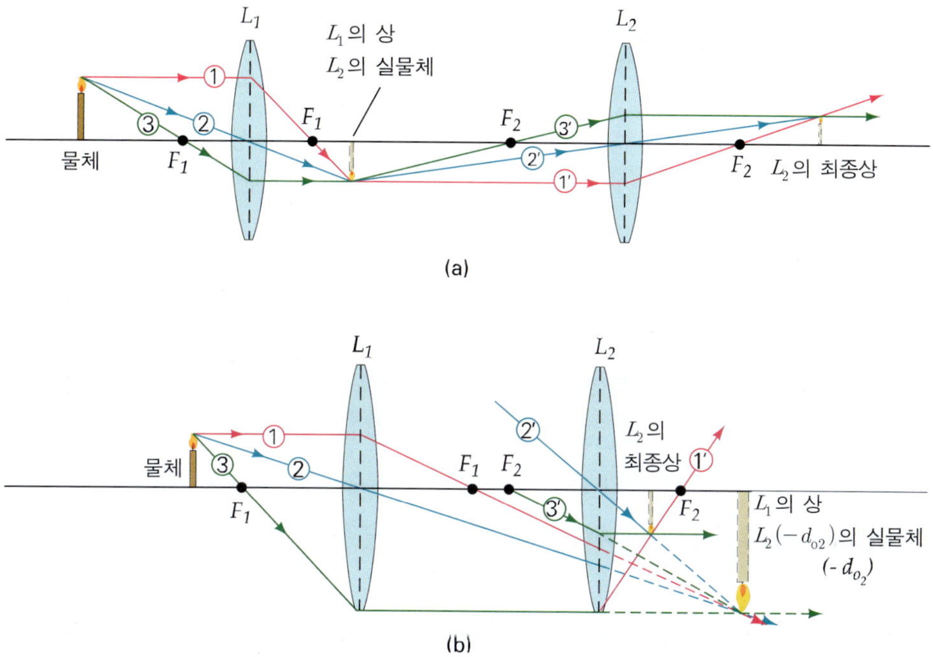

▲ **그림 23.15 렌즈 결합**

결합렌즈계에 의해 만들어지는 최종상은 한 렌즈의 상을 인접한 렌즈의 물체로 취급함으로써 찾을 수 있다.
(a) 첫 번째 렌즈(L_1)의 상이 두 번째 렌즈(L_2) 앞에 만들어진다면 두 번째 렌즈의 물체는 실 물체이다.
(광선 1', 2', 그리고 3'은 L_1 에 대해서 각각 평행, 중심, 그리고 초점 광선임을 주목하라.)
(b) 만약 광선이 상을 만들기 전에 두 번째 렌즈를 통과한다면 두 번째 렌즈의 물체는 허물체라고 이야기하고 두 번째 렌즈에 대한 물체거리는 음수이다.

(양의 d_o)로 취급한다(그림 23.15a). 그러나 만약 렌즈가 충분히 가까이 있으면 첫 번째 렌즈의 상은 광선이 2번째 렌즈를 통과하기 전에 만들어지지 못한다(그림 23.15b). 그때는 부호 약속이 바뀌어야 된다. 이 경우에 첫 번째 렌즈에 의해 맺힌 상은 두 번째 렌즈에 대해서 허 물체로 취급된다. 허물체거리는 렌즈방정식에서 (−)로 취급한다(표 23.3).

결합렌즈계의 총 배율은 결합렌즈의 각각 배율의 곱이 되는 것을 알 수 있다. 예를 들어 그림 23.15와 같은 2개의 렌즈계에서

$$M_{\text{total}} = M_1 M_2 \tag{23.7}$$

M_1 과 M_2 의 약속된 부호의 곱에 의해서 최종 상이 정립인지 도립인지 여부를 아는 M의 부호를 알 수 있다.

23.4 렌즈 제작자 공식

지금까지 이 장에서 고려한 양볼록과 양오목 얇은 렌즈는 상대적으로 해석하기가 쉽다. 그러나 그림 23.12와 같이 많은 다른 모양의 렌즈가 있다. 그것들에 대해서 해석하는 것은 좀더 복잡하다. 그러나 광학적으로 그런 렌즈들의 초점거리를 아는 것이 매우 중요하다. 왜냐하면 렌즈는 특별한 목적 또는 응용을 하기 위해서 연마하기 때문이다.

렌즈의 굴절은 렌즈 표면의 모양과 렌즈의 굴절률에 의존한다. 이런 특성들이 함께 결집되어서 얇은 렌즈의 초점거리가 결정된다. 얇은 렌즈 초점거리는 공기($n_{\text{air}} = 1$) 중에서 얇은 렌즈의 초점거리를 계산할 수 있는 다음과 같은 렌즈 제작자 공식에 의해 주어진다.

$$\frac{1}{f} = (n-1)\left(\frac{1}{R_1} + \frac{1}{R_2}\right) \quad \text{(공기 중에 놓여 있는 얇은 렌즈에 대해서)} \qquad (23.8)$$

여기서 n 은 렌즈 재료의 굴절률이고 R_1과 R_2는 각각 렌즈 표면의 첫 번째(앞쪽)와 2번째(뒤쪽)의 곡률반경이다. (첫 번째 표면은 물체에서 나온 광선이 처음 입사하는 면이다.)

렌즈 제작자 공식을 사용하는 데에도 부호 약속이 요구되며 보통의 경우를 표 23.4에 요약하였다. 부호는 오직 표면의 모양, 즉 볼록 또는 오목의 모양에 의존한다(그림 23.16). 그림 23.16a에서 양 볼록렌즈의 R_1과 R_2는 (+)이다(양표면이 볼록하다). 그리고 그림 23.16b에서 양 오목렌즈의 R_1과 R_2의 부호는 (−)이다(양표면이 오목하다).

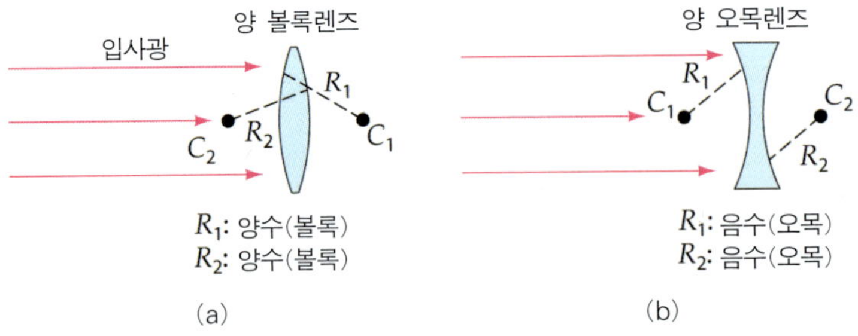

▲ **그림 23.16 곡률 중심**

(a) 양 볼록렌즈와

(b) 양 오목렌즈는 곡률반경의 부호를 정하는 2개의 곡률중심을 가지고 있다. 표 23.4를 보라.

▼ 표 23.4 렌즈 제작자 공식에 대한 부호 약속

볼록 표면	R 은 (+)
오목 표면	R 은 (−)
평면 표면	$R=\infty$
수렴(+) 렌즈	f 는 (+)
발산(−) 렌즈	f 는 (−)

만약에 렌즈가 공기 말고 다른 매질에 둘러싸여 있다면 식 23.8에서 첫 번째 괄호는 $(n/n_m)-1$ 이 된다. 여기서 n과 n_m은 각각 렌즈 재료의 굴절률과 렌즈를 둘러싼 매질의 굴절률이다. 공기 중에서는 수렴렌즈인데 물속에 그 렌즈를 집어넣으면 발산렌즈가 되는 이유를 알 수 있다. 만약 $n_m > n$ 이면 f 가 (−)이고 렌즈는 발산한다.

■ 렌즈의 도수(굴절 능력), 디옵터

렌즈 제작자 공식(식 23.8)이 초점거리의 역수 $1/f$ 로 주어지는 것을 주목하라. 안경사는 디옵터(약자로 D)라는 단위로 렌즈의 도수(P)를 표현하는 역수 관계를 사용한다. 렌즈의 도수는 단위를 미터로 하는 초점거리의 역수이다.

$$P(\text{디옵터}) = \frac{1}{f(\text{m})} \tag{23.9}$$

따라서 $1\ \text{D}=1\ \text{m}^{-1}$. 곡률반경을 미터로 나타내면 렌즈 제작자 공식은 렌즈의 도수($1/f$) 디옵터로 나타낸다.

만약에 안경을 쓴다면 안경 렌즈에 대한 검안사의 처방전은 디옵터로 쓰여 있음을 알 수 있다. 수렴렌즈와 발산렌즈는 각각 양의 렌즈와 음의 렌즈로 간주한다. 따라서 만약 안경사가 +2 디옵터 교정렌즈를 처방한다면 그것은 수렴렌즈이고 초점거리는

$$f=\frac{1}{P}=\frac{1}{+2\text{D}}=\frac{1}{2\ \text{m}^{-1}}=0.50\ \text{m}=\ +50\ \text{cm}$$

디옵터로 렌즈의 성능이 커지면 커실수록 초점거리는 더 짧아지고 더 강하게 수렴하거나 또는 발산한다.

연습문제

1. 어떤 사람이 평면거울의 반사 표면으로부터 2.0 m 떨어진 지점에 서있다. (a) 그 사람과 그의 상 사이의 거리는 얼마인가? (b) 상의 특성은 무엇인가?

2. 길이가 5.0 cm인 어떤 물체가 거울로부터 40 cm 되는 지점에 놓여 있다. (a) 물체에서 상까지 거리, (b) 상의 크기, (c) 상의 배율을 구하라.

3. 카메라를 들고 거울 앞 2.5 m에 서있으면서 자신의 사진을 찍으려고 한다. 카메라로 선명한 상을 찍으려면 얼마의 거리로 초점을 맞추어야 하는가?

4. 눈에서 45 cm 거리에 900 cm^2의 사각 평면거울을 들고 있으며 자신의 뒤에 있는 8.5 m인 국기봉의 전 길이를 볼 수 있다. 국기봉은 얼마나 떨어져 있나?(힌트 : 작도하여 보면 도움이 된다.)

5. 크기가 3.0 cm인 어떤 물체가 곡률반경이 30 cm인 오목거울 앞에 20 cm되는 지점에 놓여있다. 상은 어디에 만들어지나? 그리고 크기는 얼마인가?

6. 문제 **5.**의 물체를 거울 앞 10 cm 위치로 옮겼다면 상의 특성은 무엇인가?

7. 1.5 cm 크기의 불꽃이 있는 촛불이 오목거울 앞 5.0 cm 지점에 놓여 있다. 거울의 정점 앞 10 cm에 허상이 만들어졌다. (a) 거울의 초점거리와 곡률반경을 구하라. (b) 불꽃의 상 크기는 얼마인가?

8. 3.0 cm 크기의 물체가 곡률반경이 30 cm인 오목거울 앞에 여러 지점들에 놓여 있다. 물체 거리가 40 cm, 30 cm, 15 cm, 그리고 5.0 cm 일 때 (a) 광선 그림을 사용해서 (b) 거울 방정식을 사용해서 상의 위치와 상의 특성을 결정하라.

9. 어떤 물체가 초점거리가 10.0 cm인 수렴렌즈 앞 50.0 cm에 놓여있다. 상 거리와 횡 배율은 얼마인가?

10. 수렴렌즈 앞 50.0 cm에 놓여 있는 어떤 물체가 렌즈 뒤 15 cm에 상을 만든다. 렌즈의 초점거리는 얼마인가?

11. 초점거리가 20 cm인 수렴렌즈가 렌즈 앞 2.0 m에 있는 스크린에 상을 만드는데 사용되었다. 물체거리는 얼마인가?

12. 4.0 cm 크기의 물체가 초점거리가 22 cm인 수렴렌즈 앞에 있다. 물체는 렌즈 앞 15 cm만큼 떨어져 있다. (a) 상이 (1) 실상 또는 허상, (2) 정립 또는 도립, 그리고 (3) 물체보다 확대 또는 축소를 결정하기 위해서 광선 그림을 사용하라. (b) 상거리와 횡배율을 계산하라.

13. 안경사가 근시 학생한데 −2.0D의 도수를 가진 안경을 처방하였다. 안경 렌즈의 초점거리는 얼마인가?

14. 원시 노인이 25 cm의 초점거리의 안경이 필요하다. 렌즈의 도수는 얼마인가?

15. 안경사가 +1.5 D 도수를 가진 교정 렌즈를 처방한다. 렌즈 제작자가 굴절률이 1.6이고 볼록한 앞 표면의 곡률반경이 20 cm인 유리 소재로 만들기 시작할 것이다. 연마할 다른 표면의 곡률반경은 얼마인가?

16. 굴절률이 1.62인 수렴렌즈의 초점거리가 공기 중에서 30 cm이다. 렌즈를 물에 담그면 초점거리는 얼마인가?

24 물리광학 : 빛의 파동성질

24.1 영의 이중슬릿 실험
24.2 박막에서 간섭
24.3 회 절
24.4 편 광
24.5 대기에서 빛의 산란
- 연습문제

▲ 그림 24.1 수면파의 간섭
잔물결을 일으키는 탱크에서 수면파의 보강 및 소멸간섭은 간섭무늬를 만든다.

반사와 굴절현상은 기하광학(22장)에서 공부했으며, 광선그림(23장)을 통해 빛이 거울에서 반사하거나 렌즈를 투과할 때 어떤 일이 일어나는지 보았다. 그러나 사진에서 보여주는 비눗방울에 나타나는 간섭무늬 같은 빛의 또 다른 성질은 빛을 하나의 광선으로 보는 관점에서는 설명할 수 없다. 빛을 광선으로 보는 개념은 빛의 파동적인 요소를 무시한 설명 방법이기 때문이다. 빛의 파동적인 성질에는 회절이나 편광이 있다.

물리광학 또는 파동광학은 기하광학에서 생략하였던 파동적인 성질을 다룬다. 빛의 파동적인 성질은 빛을 광선으로 다루어 분석할 수 없었던 많은 현상에 대한 설명을 가능하게 한다. 이 장에서는 간섭이나 회절 같은 빛의 파동적인 성질에 대해 논의할 것이다.

24.1 영의 이중슬릿 실험

영국의 과학자 토마스 영(Thomas Young, 1773~1829)에 의해 간섭현상을 보여주는 실험장치가 고안되었다. 이를 영의 이중 슬릿 실험이라 하며, 영은 이 실험을 통해 빛의 파동성을 입증할 수 있을 뿐만 아니라 빛의 파장도 측정할 수 있었다. 간섭과 회절 같은 파동 고유의 특성을 이 실험을 통해 보여 줌으로서 빛이 파동임을 보일 수 있었다.

중첩된 파는 보강될 수도 소멸될 수도 있음을 파동의 간섭에서 배웠다. 보강간섭은

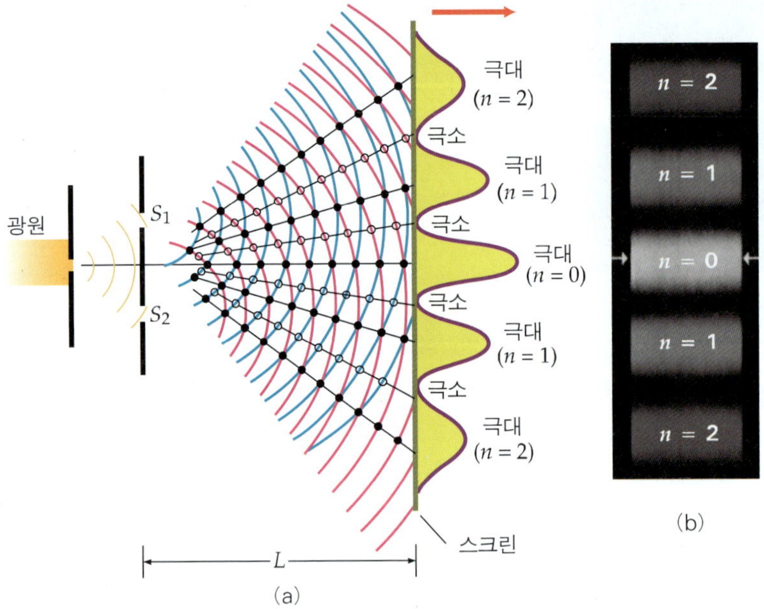

▲ 그림 24.2 영의 이중슬릿 간섭실험

(a) 두 개의 슬릿으로부터 나온 가간섭파를 보이고 있다. 좁은 슬릿에서 회절이 생겨 파들이 퍼진다. 파들이 간섭하면서 교대로 밝은 무늬(극대)와 어두운 무늬(극소)를 스크린에 만든다.

(b) 간섭무늬. 중앙 극대($n=0$)를 중심으로 무늬가 대칭적으로 이루어져 있다.

두 파의 마루가 겹쳐질 때 일어난다. 만약 한 파의 마루와 다른 파의 골이 겹쳐지면 소멸간섭이 일어난다. 수면파 같은 곳에서 이런 간섭은 쉽게 관측되는데 보강과 소멸간섭이 어우러져 선명한 회절무늬가 나타난다(그림 24.1).

빛의 간섭은 쉽게 볼 수는 없는데 그 이유는 빛(가시광선)의 파장이 상대적으로 짧은 파장($\approx 10^{-7}$ m)을 갖기 때문이고 또 빛이 일반적으로 단색광(단일한 진동수를 갖는 파)이 아니기 때문이다(그림 24.1). 안정적인 간섭무늬는 가간섭성 파원(coherent source)에 의한 경우에만 가능하다. 여기서 가간섭성 파원이란 하나의 파가 다른 파에 상대적으로 일정한 위상관계를 가지는 파원을 말한다. 예를 들면 한 점에서 보강간섭이 일어났다면, 그 점에서 두 파의 위상은 결맞음(in-phase)이어야만 한다. 그 파들이 만날 때 마루는 항상 마루와 겹치며 골은 항상 골과 겹친다. 시간에 대해 이 위상차가 진행되면 간섭무늬는 변할 것이고 안정된 간섭무늬는 성립되지 않는다.

일반적인 광원은 원자가 무작위로 들뜨고 나서 방출되는 파는 그 진폭과 진동수가

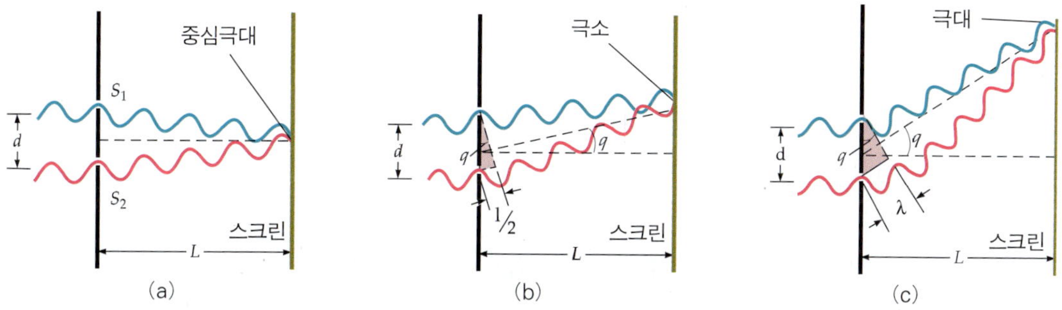

▲ **그림 24.3 간섭**

극대와 극소는 두 슬릿으로부터 나온 빛이 진행한 거리의 차(경로차)에 의해 생겨난다.

(a) 가운데 가장 밝은 중앙 극대 위치에서 경로차는 0이다. 그래서 파동은 결맞음 상태에 있어 보강간섭이 일어난다.

(b) 첫 번째 극소의 위치는 경로차가 $\lambda/2$인 곳에서 이루어진다. 파의 소멸간섭이 일어난다.

(c) 첫 번째 극대의 위치는 경로차가 λ일 때 이루어진다. 보강간섭이 일어난다.

변동한다. 그러므로 두 광원에서 나온 빛은 비간섭성이어서 안정된 간섭무늬가 만들어지지 않는다. 간섭은 생겨나지만 두 파 사이의 간섭되는 파들 사이의 위상차이가 빠르게 변화하기 때문에 간섭효과가 뚜렷이 보이지 않기 때문이다. 두 가간섭성 파원을 얻기 위해 한 개의 좁은 슬릿을 갖는 장애물을 단일 파원 앞에 놓는다. 그리고 두 개의 좁은 슬릿을 갖는 장애물 하나를 그 다음에 첫 번째 장애물 앞에 대칭적으로 놓는다(그림 24.2a).

단일 슬릿을 통해 진행하는 파는 결맞음파이다. 그리고 두 개의 슬릿을 통과하여 갈라진 빛은 두개의 가간섭성 광원 역할을 한다. 원래의 광원으로부터 나온 빛이 무작위로 변하더라도 두 개의 슬릿을 통과한 빛의 위상차는 일정할 것이다. 현대의 레이저빔은 가간섭성 광원이며 이에 의한 빛은 더욱 쉽게 안정된 간섭무늬를 만든다. 일련의 극대 위치, 즉 밝은 위치를 슬릿으로부터 멀리 떨어진 스크린에서 관측할 수 있다(그림 24.2b).

영의 실험에 대한 분석을 돕기 위해 단일 파장의 빛(단색광)을 사용한다고 하자. 회절(13.4절, 14.4절과 이 장의 24.3절) 또는 빛의 퍼짐 때문에 빛은 슬릿을 통과하는데 이런 빛의 회절 또는 퍼져나감을 그림 24.2a에 표현했다. 두 개의 가간섭성 '광원'으로부터 간섭파는 안정된 간섭무늬를 스크린에 만든다. 중앙에 가장 밝은 극대(그림 24.3)와 위아래로 대칭적으로 한 번은 어두운 극소(그림 24.3b)와 한 번은 밝은 극대(그림 24.3c)가 반복되는데, 극대가 보강간섭, 극소가 소멸간섭이 발생된 곳이다. 이런 간섭무늬는 빛의 파동성을 분명히 나타내주는 증거이다.

이 같은 간섭무늬는 영의 실험의 기하학(그림 24.4)을 이용하면 다음과 같은 결과를 얻을 수 있다. 스크린과 슬릿 사이의 거리를 L, 스크린 위의 임의의 점을 P 라고 하자. 점 P는 스크린의 중앙 가장 밝은 점에서부터 y인 위치에 있으며, 두 슬릿 가운데에서 스크린 중앙에 그어진 수직선과의 각도는 θ이다. 두 슬릿 S_1과 S_2는 거리 d만큼 떨어져 있다. 슬릿 S_2에서부터 P까지 거리는 S_1에서 P까지 거리보다 크다. 그림에서 보인 바와 같이 경로차(ΔL)는 근사적으로

$$\Delta L = d\sin\theta$$

이 된다. 그림 24.4의 그림설명에서 기술한 바와 같이 $d \ll L$일 때 그림에서 어둡게 칠한 작은 삼각형과 밝은 색으로 칠해진 큰 삼각형 사이의 근사적인 닮음 삼각형이므로 작은 삼각형의 각 θ는 큰 삼각형의 θ와 거의 같음을 간단한 기하학적 논의를 통해 증명할 수 있다.

보강간섭은 두 파의 경로차가 파장의 정수배가 되는 곳에서 일어난다.

$$\Delta L = m\lambda, \quad m = 0,\ 1,\ 2,\ 3,\ \cdots \quad \text{보강간섭의 조건} \tag{24.1}$$

마찬가지로 소멸간섭은 경로차가 반파장의 정수배일 때 일어난다.

$$\Delta L = \frac{m\lambda}{2}, \quad m = 1,\ 3,\ 5,\ \cdots \quad \text{소멸간섭의 조건} \tag{24.2}$$

그러므로 그림 24.4에서 극대(보강간섭이 되는 곳)는 다음의 조건을 만족한다.

$$d\sin\theta = m\lambda, \quad m = 0, 1, 2, 3, \cdots \quad \text{보강간섭의 조건} \tag{24.3}$$

여기서 m을 차수라 부른다. 0차수($m = 0$)는 중앙의 제일 밝은 극대에 해당한다. 제1차수($m = 1$)는 중앙극대를 중심으로 양쪽에 나타나는 첫 번째 극대이다. 제2차수, 제3차수도 같은 방법으로 차례로 결정된다. 경로차가 차례로 변함에 따라 위상차도 따라서 변해가고 그 결과로 간섭의 형태(보강 또는 소멸간섭으로)도 변해간다.

광원의 파장은 보강간섭(중앙극대를 제외)이 일어나는 차수에 대해 d와 θ를 측정하여 구할 수 있다. 식 24.3에 의해 $\lambda = (d\sin\theta)/m$이기 때문이다.

각 θ는 중앙극대를 기준으로 하여 다른 극대를 가리키는 각이다. 간섭무늬 사진으로 이 각도는 측정할 수 있는데 이에 대한 설명을 그림 24.2b에서 하였다. 만약 θ가 작다면($y \ll L$), $\sin\theta \approx \tan\theta = y/L$이 된다. 식 24.3에서 $\sin\theta$ 대신에 y/L을

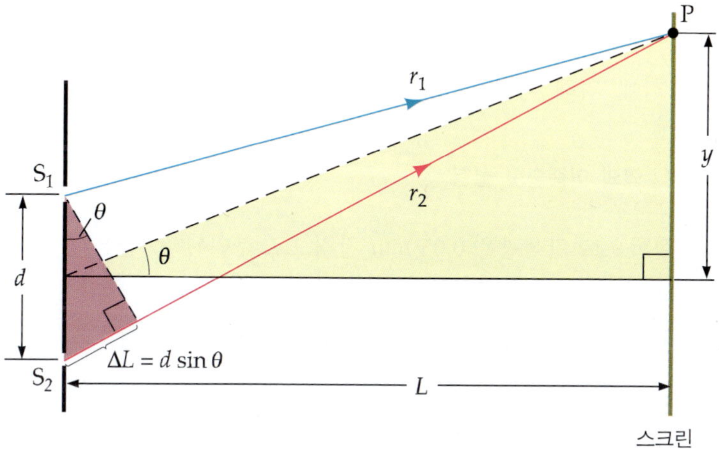

▲ 그림 24.4 영의 이중슬릿 실험에 대한 기하학적 고찰
두 슬릿으로부터 출발하여 점 P에 도달하는 빛의 경로차이는 $r_2 - r_1 = \Delta L$이다. 이는 어두운 색의 삼각형으로 표시한 그림에서 한 변에 해당한다. 슬릿이 있는 장애물과 스크린은 평행하므로 어두운 색으로 그린 삼각형에서 S_2와 장애물이 이루는 각도는 r_2와 스크린이 이루는 각도와 같다. L이 y에 비해 아주 크다면, 그 각은 점선과 스크린이 이루는 각도와 거의 같다. 어두운 색의 삼각형과 스크린 중앙, 점 P 그리고 슬릿의 중앙이 이루는 삼각형과 거의 닮은 꼴이다. 슬릿 S_1에서의 각도 θ는 큰 삼각형의 θ와 거의 같다. 그러므로 $\Delta L = d\sin\theta$ 이다. (그림에서는 $d \ll L$의 축척을 그대로 표시하지 않았다.)

대입하면 y에 대해 풀면, 중앙극대에서부터 각각 양쪽의 m차의 밝은 곳까지의 거리에 대한 아주 좋은 어림값을 구할 수 있다.

$$y_m \approx \frac{mL\lambda}{d}, \quad m = 0,\ 1,\ 2,\ 3,\ \cdots \text{ 작은 } \theta\text{일 경우} \qquad (24.4)$$

밝은 점까지 측면거리

비슷한 분석을 극소에 대해서도 할 수 있다.

식 24.3에서 $m = 0$인 0차수(중앙극대)를 제외하고 그 외의 극대의 위치는 파장과 관련되어 있다. 즉 파장(λ)이 다르면 이에 대응되는 $\sin\theta$도 다르며, $\sin\theta$는 y와 연관되어 있으므로 y 값도 달라진다. 우리가 백색광을 사용할 때 중앙극대는 모든 파장의 빛이 중앙극대에 똑같은 위치에 모이므로 흰색이 되지만 다른 차수의 극대들은 여러 색들의 퍼진 색스펙트럼을 이룬다. y는 파장 λ에 비례하므로 주어진 한 차수에 대해서 빨간색은 파란색 보다 중앙에서 먼 쪽에 위치하는데 이는 빨간색의 파장이 파란색의 파장보다 길기 때문이다.

소멸간섭이란 말의 소멸은 에너지가 파괴된다는 말이 아니다. 소멸간섭은 어떤 물리적 사실의 표현일 뿐이다. 즉 만약 빛의 에너지가 어떤 특별한 위치에 존재하지 않는다면, 에너지 보존법칙에 의해 다른 어느 곳인가에 존재해야 한다.

예제 24.1 ■ 빛의 파장 측정 : 영의 이중슬릿 실험

그림 24.4와 비슷한 실험으로 단색광을 0.05 mm 간격으로 분리된 두 좁은 슬릿에 통과시킨다. 간섭무늬는 슬릿과 1.0 m 떨어진 흰색 벽에서 관측할 수 있다. 2차수의 극대는 $\theta_2 = 1.5°$인 곳이었다. (a) 만약 슬릿 간격을 좁히면 2차수의 극대는 (1) 1.5° 보다 더 큰 각도에서, (2) 1.5°에서, (3) 1.5°보다 작은 각에서 관측할 수 있다. 답을 고르고 설명하라. (b) 빛의 파장을 얼마인가? 그리고 두 번째와 세 번째 밝은 점 사이의 거리는 얼마인가? (c) 만약 $d = 0.04$ mm라면 θ_2는 얼마인가?

풀이

보강간섭의 조건 $d\sin\theta = m\lambda$에 따라 차수 m에서 극대의 경우 주어진 파장 λ에 대해 d와 $\sin\theta$의 곱은 상수이다. 그 결과 d가 감소하면 $\sin\theta$ 는 증가해서 문제 (a)의 답은 (1)이다. 문제 (b)와 (c)에서 식 24.3을 사용하여 파장을 구할 수 있다. $L \gg d$이므로, 즉 1.0 m $\gg$ 0.05 mm이므로 θ는 매우 작다. 우리는 식 24.4로부터 y_2와 y_3를 계산할 수 있고 두 번째 밝은 곳과 세 번째 밝은 곳 사이의 거리($y_3 - y_2$)를 결정할 수 있다. 그러나 주어진 빛의 파장에 대한 밝은 위치들은 (작은 θ에 대해) 같은 간격을 유지한다. 즉 이웃하는 밝은 점들 사이의 간격은 일정하다.

- 주어진 값 : $L = 1.0$ m

  $n = 2$

  (b) $\theta_2 = 1.5°$

  $d = 0.050\ \text{mm} = 5.0 \times 10^{-5}$ m

  (c) $d = 4.0 \times 10^{-5}$ m

- 구하는 값 :

  (b) λ(파장)와 $y_3 - y_2$

  (c) $d = 0.04$ m일 때 θ_2

  (b) 식 24.3을 이용하여

  $$\lambda = \frac{d\sin\theta}{m} = \frac{(5.0 \times 10^{-5}\ \text{m})\sin 1.5°}{2} = 6.5 \times 10^{-7}\ \text{m} = 650\ \text{nm}$$를 구한다.

파장은 650 nm이다. 이는 주황색(그림 20.22를 보라)에 해당한다. 일반적인 m번째 밝은 곳과 $m+1$번째 밝은 곳 사이의 간격은,

$$y_{m+1}-y_m=\frac{(m+1)L\lambda}{d}-\frac{mL\lambda}{d}=\frac{L\lambda}{d}$$

을 얻는데 지금의 경우 연속된 밝은 곳의 사이 간격은

$$y_3-y_2=\frac{L\lambda}{d}=\frac{(1.0\text{ m})(6.5\times10^{-7}\text{m})}{5.0\times10^{-5}\text{ m}}=1.3\times10^{-2}\text{ m}=1.3\text{ cm}$$이다.

(c) $\sin\theta_2=\frac{m\lambda}{d}=\frac{2(650\times10^{-9}\text{ m})}{4.0\times10^{-5}\text{ m}}=0.0325$ 그래서,

$$\theta_2=\sin^{-1}(0.0325)=1.9°>1.5°$$

24.2 박막에서 간섭

물위에 기름막에서 또는 국물의 거품에 백색광을 비추었을 때 무지개색의 빛깔을 보고 놀라워 한 경험이 있는가? 소위 박막간섭이라 부르는 이 효과는 박막의 표면에서 반사된 빛과 박막의 반대쪽 표면에서 반사된 빛 사이에 일어난 간섭효과 때문에 나타난 결과로 파동의 간섭으로 이해할 수 있다.

그러나 먼저 우린 빛의 반사에 의해 빛의 파동에 대한 위상이 어떻게 영향을 받는가에 대해 알아야 한다. 13장에서 로프의 한 펄스는 고정된 지지대에 의해 반사 되었을 때 180°의 위상변화(또는 반파장($\lambda/2$) 전이)를 하며 자유롭게 움직이는 지지대에 의한 반사 때에는 위상변화가 일어나지 않았음을 배웠다(그림 24.5). 비슷하게 그림에서 보여주듯 빛이 반사할 때 위상변화는 두 물체의 경계에서 굴절률(n)에 따라 달라진다:

- $n_1<n_2$이면 빛은 경계에서 반사할 때 180° 위상변화를 한다.
- $n_1>n_2$이면 빛은 반사할 때 위상의 변화가 없다.

왜 우리가 비눗방울이나 기름막(물 위에 뜬 기름이나 젖은 도로 표면의 기름)에서 현란한 색을 볼 수 있는지 이해하기 위해 그림 24.6에서 얇은 막에 의한 단색광 반사를 생각해 보자. 박막에서 파동 경로의 길이는 입사한 파의 각도에 관계된다.(왜?) 그러나 문제를 쉽게 풀기 위해 그림에선 쉽게 보이기 위해 약간 각도를 주었지만,

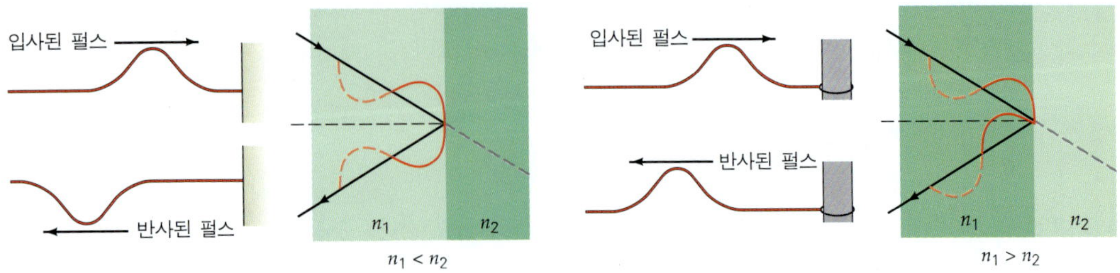

(a) 고정된 끝에서 반사 : 180° 위상이동 (b) 자유로운 끝에서 반사 : 위상변화 없음

▲ 그림 24.5 반사와 위상이동

빛이 반사할 때 위상변화는 줄에서 펄스가 반사할 때 위상변화와 유사하다.

(a) 한 쪽 끝이 고정된 상태에서 줄의 펄스의 반사는 180° 위상변화를 보이며 이는 광학적으로 더 밀도가 높은 매질을 만났을 때 반사하는 빛의 위상변화와 같다.

(b) 줄에서 펄스는 한쪽 끝이 자유로이 움직이는 경계에서 반사할 때 위상의 변화는 없다. 이는 빛이 한 매질을 지날 때 그 매질보다 광학적으로 밀도가 낮은 매질과의 경계에서 반사될 때 위상의 변화가 없는 것과 비슷하다.

수직으로 빛이 입사된다고 가정하자.

기름박막은 공기보다 더 큰 굴절률을 갖는다. 그리고 빛은 공기-기름 경계면에서

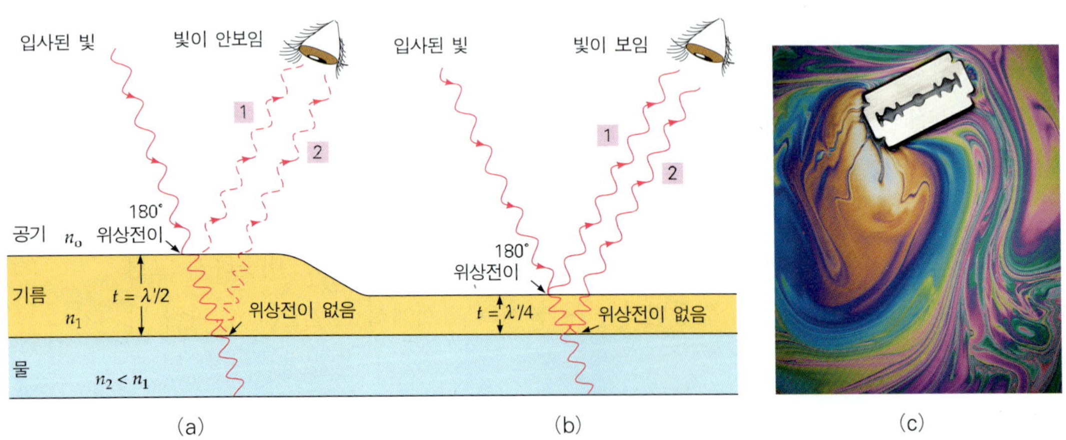

▲ 그림 24.6 박막에서 간섭

물위에 뜬 기름에서 빛은 공기와 기름의 경계면에서 180° 위상 이동을 하며 반사하고 기름과 물 사이에서는 위상이동 없이 반사한다. λ'은 기름에서 빛의 파장이다.

(a) 소멸간섭은 기름박막층의 두께가 수직으로 입사된 빛(그림은 설명을 위해 약간 비스듬히 입사된 것처럼 그렸다.)에 대해 최소 두께 $\lambda'/2$를 가질 때 생긴다.

(b) 보강간섭은 기름층의 두께가 최소 $\lambda'/4$를 가질 때 발생한다.

(c) 기름층에서 박막간섭. 막의 두께 차이가 여러 색깔의 반사된 빛을 낸다.

반사(그림에서 파 1)를 하는데 이 때 위상이 180°로 이동된다. 기름층을 투과한 빛은 다시 기름—물의 경계면에서 반사한다. 일반적으로 기름의 굴절률이 물의 굴절률보다 커서(표 22.1), 즉 $n_1 > n_2$이므로 이 단계에서 반사된 파는(그림에서 파 2) 위상의 변화가 없다.

만약 기름막에서 빛의 경로길이(기름막의 두께가 t라면, $2t$)가 빛의 파장의 정수배라면, 즉 예를 들어 그림 24.6a처럼 $\lambda' = \lambda/n$이 기름에서 빛의 파장일 때 $2t = 2(\lambda'/2)$라면 두 경계면에서 반사된 빛은 보강간섭을 일으킨다. 그러나 유의할 것은 윗면(파 1)에서 반사된 빛은 180°위상이동을 한다는 것이다. 그 결과 실제적으로 위상은 결맞지 않아(out of phase) 이 조건에서는 소멸간섭이 일어난다. 즉 이 조건의 파장에서는 반사되지 않음을 의미한다(빛은 투과된다).

같은 방식으로 만약 박막 안에서 파의 경로길이가 반파장의 홀수의 정수배라면(그림에서 $2t = 2(\lambda'/4) = \lambda'/4$) 두 경계에서 반사된 두 반사파는 결맞음(in-phase) 되어 보강간섭이 된다. 이 파장의 빛은 기름막에서 관측된다.

기름막과 비눗방울의 두께는 위치마다 다르다. 특정 위치에서 백색광 내에 어느 특별한 빛깔의 빛만이 보강간섭을 일으킨다. 그 결과 여러 화려한 색이 나타난다(그림 24.6c).

실제적인 박막간섭의 응용으로 렌즈의 무반사 코팅이 있다. 이 경우 반사된 빛끼리 소멸간섭을 일으키도록 막의 두께를 조정해 빛의 투과를 증가시킨다(그림 24.7). 막(film)의 굴절률은 공기와 유리 사이의 값($n_o < n_1 < n_2$)이어야 한다. 결과적으로 입사된 빛의 위상전이는 막(film)과 유리 양쪽 모두에서 일어난다.

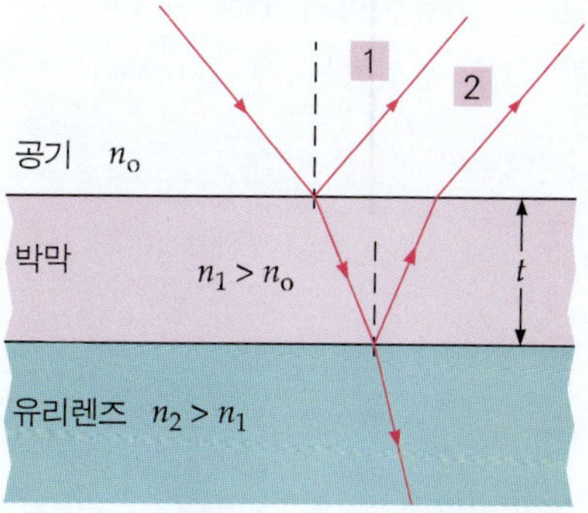

▲ 그림 24.7 얇은 박막에서의 간섭

그러한 경우 반사된 빛의 보강간섭에 대한 조건은

$$\Delta L = 2t = m\lambda' \quad \text{또는} \quad t = \frac{m\lambda'}{2} = \frac{m\lambda}{2n_1}, \quad m = 1,\ 2,\ \cdots \qquad n_0 < n_1 < n_2 \text{ 일 때 보강간섭조건} \tag{24.5}$$

그리고 소멸간섭에 대한 조건은,

$$\Delta L = 2t = \frac{m\lambda'}{2} \quad \text{또는} \quad t = \frac{m\lambda'}{4} = \frac{m\lambda}{4n_1}, \quad m = 1,\ 3,\ 5,\ \cdots \qquad n_0 < n_1 < n_2 \text{일 때 소멸간섭조건} \tag{24.6}$$

소멸간섭에서 $m = 1$일 때 박막의 최소 두께는

$$t_{\min} = \frac{\lambda}{4n_1} \qquad n_0 < n_1 < n_2 \text{일 때 최소 필름 두께} \tag{24.7}$$

박막의 굴절률이 공기와 유리의 굴절률보다 크다면, 공기와 박막의 경계에서 반사할 때 위상이 180° 이동되는 조건을 갖는다. 그 결과 $2t = m\lambda'$는 실제적으로 소멸간섭을 만들고 $2t = m\lambda'/2$인 경우 보강간섭을 만든다.(왜?)

예제 24.2 ■ 무반사 코팅 : 박막 간섭

무반사 렌즈를 만들기 위해 유리렌즈($n = 1.60$)에 불화 마그네슘($n = 1.38$)의 얇고 투명한 막을 입힌다. (a) 파장 550 nm의 수직으로 입사한 빛에 대해 무반사되는 렌즈를 만들기 위해 최소한의 박막두께는 얼마인가? (b) 996 nm의 두께가 무반사 렌즈를 만들기 위한 박막의 두께는 얼마인가?

풀이

(a) 식 24.7을 무반사 코팅에 대한 최소한의 박막 두께를 구하기 위해 사용한다.

(b) 우린 식 24.6에서의 조건을 만족하는지 않는지를 결정하는 게 필요하다.

- 주어진 값 : $n_0 = 1.00$ (공기)
  $n_1 = 1.38$ (박막)
  $n_2 = 1.60$ (유리렌즈)
  $\lambda = 550$ nm

- 구하는 값 :
  (a) $t_{\min}$ (박막의 최소 두께)

(b) $t = 996$ nm가 무반사 렌즈를 만들 수 있을 것인가에 대한 결정

(a) $n_2 > n_1 > n_0$ 이기 때문에

$$t_{\min} = \frac{\lambda}{4n_1} = \frac{550 \text{ nm}}{4(1.38)} = 99.6 \text{ nm}$$

의 얇은 두께($\approx 10^{-5}$ cm)이다. 원자의 직경이 약 10^{-10} m 또는 10^{-1} nm 정도이므로 약 원자가 $10^3 = 1\,000$개 정도의 두께이다.

(b) $t = 996 \text{ nm} = 10(99.6 \text{ nm}) = 10t_{\min} = 10\left(\frac{\lambda}{4n_1}\right) = 5\left(\frac{\lambda}{2n_1}\right)$

이 말은 이 박막의 두께는 무반사 조건(소멸간섭)을 만족하지 않는다. 실제로 지금의 값은 보강간섭의 조건(식 24.5)의 $m = 5$에 해당한다. 그러한 조건은 더운 날씨에 차 유리창이나 집 유리창에 적외선을 차단하는데 유용하다. 왜냐하면 반사는 최대가 되고 투과는 최소가 되기 때문이다.

■ 광학 평판과 뉴턴고리

박막간섭의 현상은 거울이나 렌즈 같은 광학기구가 얼마나 평평하고 고른지를 검사하는데 사용한다. 광학평판은 유리판을 갈고 연마하여 가능한 평평하게 만든다. (표면 거칠기는 보통 $\lambda/20$ 정도이다.) 얼마나 편평한지는 이렇게 만든 두 평면을 작은 각도로 포개어 두 평판 사이에 작은 쐐기꼴의 공기층을 만들어 검사할 수 있다(그림 24.8a). 위쪽 평판의 아랫면에서 반사되어 나온 빛(파 1)과 바닥평판의 윗면에서 반사되어 나온 빛(파 2)은 간섭이 된다. 파 2는 공기와 유리판 사이에서 반사될 때 180° 위상이동이 이루어짐을 기억하라. 그러나 파 1은 위상이동이 없다. 그 결과 두 판의 지지대(점 O)에서 어느 정도 떨어진 위치에서 보강간섭의 조건은 $2t = m\lambda/2$ $(m = 1, 3, 5 \cdots)$이며, 소멸간섭의 조건은 $2t = m\lambda (m = 0, 1, 2, \cdots)$이다. 두께 t는 간섭이 보강인가 소멸인가를 결정한다. 만약 판이 편평하고 평탄하면 밝고 어두운 간섭무늬가 규칙적으로 나타난다(그림 24.8b). 이런 무늬는 두 평판 사이의 경로길이가 일정하게 변하기 때문에 생겨난다. 이런 무늬가 규칙적이지 않으면 적어도 한 개의 평판이 불균일함을 의미한다. 한 번 평판이 좋은 것이라고 판명되면 이것을 정밀한 거울 같은 반사판의 편평도를 검사하기 위해 사용될 수 있다. 렌즈의 대칭성과 표면의 거칠기를 검사할 때도 유사한 방법을 사용한다. 만약 렌즈 표면이 평탄치 않으면 일그러진 줄무늬가 나타나는데 이들 고리의 반경들은 렌즈의 곡률을 계산하는데 사용된다.

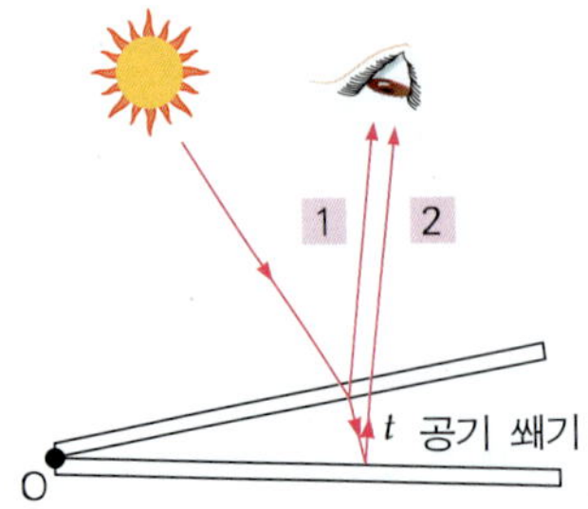

(a)

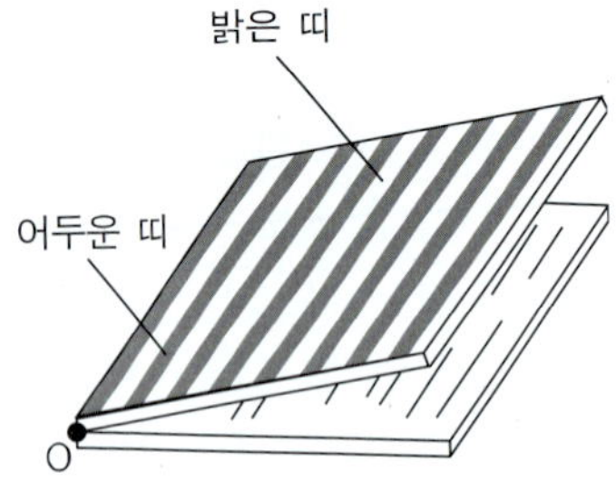

(b)

▲ 그림 24.8 **광학적 편평도**

(a) 광학적 평판은 반사하는 표면의 편평도를 검사하기 위해 사용된다. 광학적 평판과 검사하려는 평판 사이의 쐐기모양의 공기층이 생기도록 위치해 놓는다. 파들은 두 평판에서 반사되어 간섭한다. 쐐기 모양의 공기층의 두께는 어떤 한 점이 검은 간섭무늬 띠에 속할 것인가 밝은 간섭무늬에 속할 것인가를 결정한다.

(b) 만약 평판이 고르고 편평하다면 규칙적 또는 대칭적인 간섭무늬를 보인다. 공기층 두께가 0인 점 O에서는 어두운 띠가 생겨남을 유의하라.

24.3 회 절

기하광학에서 빛은 광선들로 그리고 직선으로 표현한다. 그러나 만약 이 모형이 실제 빛의 본질을 표현한 것이라면 영의 이중슬릿 실험과 같은 간섭효과는 나타낼 수 없었을 것이다. 기하광학적 측면에서 이중슬릿 실험을 한다면, 스크린에는 두 슬릿에 대응되는 두 곳의 밝은 곳과 그 이외 빛이 들어오지 못하는 곳에서는 어두운 그림자가 생기고 말 것이다. 그러나 우리가 간섭무늬를 볼 수 있다는 것은 빛은 직선으로 그려진 빛의 경로에서 벗어나며 직선의 경로에서라면 어두운 그림자가 되어야 할 영역까지 빛이 들어간다는 뜻이다. 즉 빛은 슬릿을 통과할 때 실제로 퍼진다. 이러한 퍼짐을 회절이라 한다. 회절은 일반적으로 파가 좁은 구멍이나 날카로운 모서리를 지날 때 생겨난다.

회절의 크기는 구멍의 크기 또는 물체의 크기와 연관된 파장과 관계된다. 일반적으로 구멍이나 물체의 너비보다 파장이 크면 회절도 커진다. 즉 구멍의 폭 w가 파장보다 크다면($w \gg \lambda$), 회절은 거의 일어나지 않는다. 즉 파는 많이 퍼지지 않고 계속 나아간다. (구멍의 모서리 부분 때문에 약간의 회절이 있기는 하다.) 파장과 구멍의 폭이 거의 같은 크기이면 ($w \approx \lambda$), 두드러지게 회절현상이 보인다. 즉 파는 퍼져 원래의 경로방향에서 벗어난다. 파의 일부분은 원래의 방향으로 진행하지만 나머지 부분은 구멍에서 휘어져 퍼지게 된다.

소리의 회절은 매우 명백하다(14장). 어떤 사람이 직접 눈에 띄지 않는 다른 방에서 또는 길모퉁이에서 당신에게 얘기할 때 어떤 반사가 없을 때에도 그 소리를 잘 들을 수 있다.

그러나 가시광선의 파장은 10^{-7} m 정도이다. 그 결과 문과 같이 소리에 대해서는 충분히 회절현상을 보이는 곳에서도 빛에 대해서는 큰 구멍이라 회절현상은 잘 눈에 띄지 않는다. 그러나 날카로운 면도날 주변 영역을 접근해서 살펴보면 밝고 어두운 띠가 반복되어 나타나는 무늬를 볼 수 있다(그림 24.9). 회절이 간섭을 이끌어 낼 수 있으므로 이들 간섭무늬가 면도날 주변에서 빛이 회절된다는 증거가 된다.

단일 슬릿 회절에서 보였던 것과 같이 장애물에 하나의 슬릿이 있는 경우를 살펴보자(그림 24.10) 폭 w의 슬릿에 단색광이 통과한다고 하자. 간섭무늬는 길이 L(우리는 $w \ll L$ 을 가정한다.)만큼 떨어진 스크린 상에서 중앙의 밝은 극대부분의 양쪽으로 어두운 극소, 밝은 극대 영역들이 교대로 생긴다. 이들 파의 간섭이 회절에 의한 극대와 극소를 만든다.

극소영역(소멸간섭이 이루어지는 영역)이 생기는 조건은 다음과 같은 관계식을 만족한다.

$$w \sin\theta = m\lambda \qquad m = 1,\ 2,\ 3,\ \cdots \ \text{극소의 조건} \tag{24.8}$$

여기서 θ는 어두운 곳의 각도이며 중앙의 밝은 곳을 중심으로 $m = 1, 2, 3, \cdots$ 로 순번을 정할 수 있는데 m을 차수라고 한다. ($m = 0$은 없다 왜 그런가?)

여기서 중요 한 것은 이 결과가 영의 이중슬릿 실험의 그것과 같은 형태의 공식(식

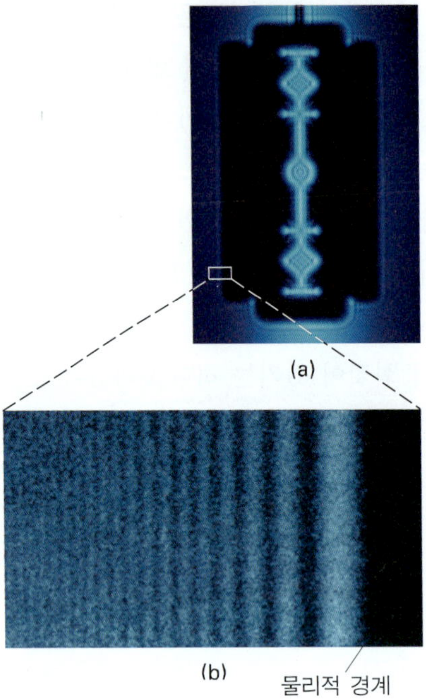

▲ **그림 24.9 회절 작동중**
(a) 회절무늬는 면도날에 의해 만들어진다.
(b) 면도날의 끝을 확대해 보면 회절무늬가 형성되어 있다.

24.3)이긴 하지만 그 때의 위치는 극대를 지정하는 공식인 반면에 지금 것은 극소를 지정하는 공식이라는 것이다. 또한 슬릿의 폭(w)이 공식에 포함되어 있음을 유의하라. 물리적으로 이는 단일슬릿에 의한 회절이지 이중슬릿에 의한 간섭이 아니다.

$y \ll L$일 때 작은 각도에 의한 근사에서 $\sin\theta \approx y/L$로 쓸 수 있다. 이 경우 중앙 극대에서 극소까지의 거리는 다음과 같은 관계가 있다.

$$y_m = m\left(\frac{L\lambda}{w}\right) \qquad m = 1,\ 2,\ 3,\ \cdots \text{ 극소의 위치} \tag{24.9}$$

식 24.9에서 정성적으로 다음과 같은 재미있고도 교육적인 사실들을 예상할 수 있다.

- 주어진 슬릿 폭(w)에 대해 파장(λ)이 클수록 회절무늬는 폭이 넓어진다.(퍼진다)
- 주어진 파장(λ)에 대해 슬릿 폭(w)이 좁을수록 회절무늬는 폭이 넓어진다.

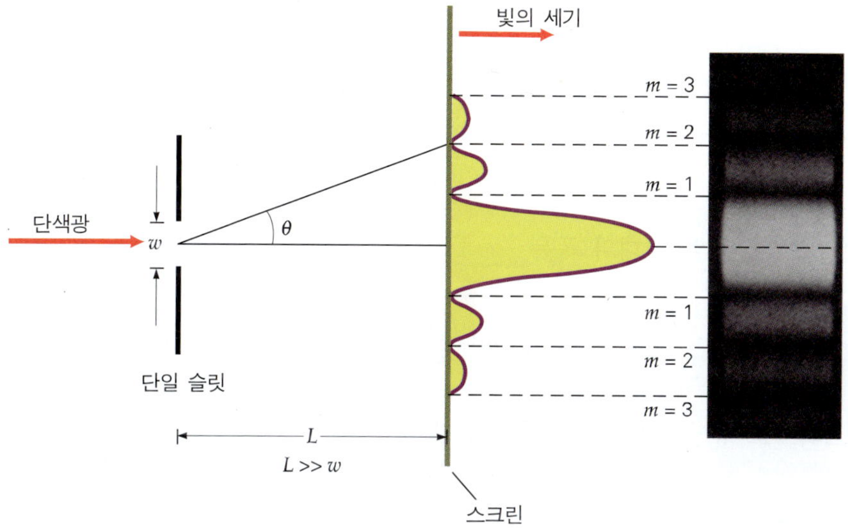

▲ **그림 24.10 단일 슬릿 회절**
단일 슬릿에 의한 빛의 회절은 크고 밝은 중앙극대로부터 대칭적으로 양쪽으로 일련의 극대와 극소 반복되는 회절무늬가 생겨난다. 차수 m은 극소에 대응된다.

- 중앙극대의 폭은 양 옆 극대 폭의 두 배이다.

이 사실을 자세히 살펴보자. 슬릿을 좁혀 가면 중앙극대와 양 측면의 극대(중앙극대를 제외한 극대를 부극대라고 한다.)는 점점 퍼져 크게 된다. 식 24.9는 슬릿의 폭이 아주 작을 때는 (작은 각에 대한 근사 때문에)적용할 수 없다. 만약 슬릿 폭이 빛의 파장정도까지 작게 되면 중앙의 밝은 곳은 전체 스크린으로 퍼져나간다. 즉 회절은 사용된 슬릿의 폭이 빛의 파장과 거의 같게 되면 회절은 극적으로 명확해진다. 회절효과는 $\lambda/w \approx 1$일 때 또는 $w \approx \lambda$일 때 쉽게 관측된다.

반대로 주어진 파장에 대해 슬릿의 폭이 커지면 회절무늬의 퍼짐이 줄게 된다. 슬릿의 폭이 파장보다 훨씬 더 클 때($w \gg \lambda$) 극대들은 점점 모여 사실상 밝은 곳들의 구분이 없어진다. 회절무늬는 슬릿의 상을 나타내는 중앙극대 주위에 흐릿한 그늘을 만든다. 이런 형태의 무늬는 커튼을 드리운 어두운 방에 커튼 구멍 사이로 햇빛이 드리울 때 나타나는 상에서 관측될 수 있다. 이런 관측이 실험 과학자들이 빛의 파동적 성질을 연구하게 된 계기가 되었다. 물리광학에서 제공한 회절의 설명 때문에 이 개념은 여러 분야에서 받아들여지게 되었다.

중앙 밝은 곳의 폭은 양 옆의 극대의 폭의 두 배이다. 양 옆의 첫 번째 극소

$(m=1)$와 극소 사이의 거리 또는 값 $2y_1$은 $y_1 = L\lambda/m$과 식 24.9에서 얻을 수 있다.

$$2y_1 = \frac{2L\lambda}{w} \quad \text{중앙극대의 폭} \tag{24.10}$$

같은 방법으로 양 옆 극대의 폭은

$$y_{m+1} - y_m = (m+1)\left(\frac{L\lambda}{w}\right) - m\left(\frac{L\lambda}{w}\right) = \frac{L\lambda}{w} = y_1 \tag{24.11}$$

이다. 그러므로 중앙극대의 폭은 측면의 부극대 폭의 두 배이다.

예제 24.3 ■ 회절과 라디오 전파 수신

도심에서 또는 산악지대에서 운전을 할 때 라디오 수신 감도는 나빴다가 다시 좋아졌다 하며 장소에 따라 급격히 변한다. 이는 회절이 이런 현상의 원인인가? 어떤 주파수대의 전파가 이런 현상을 최소로 하는지 다음에서 선택하라.

(a) 항공통신(162 MHz) (b) FM(88~108 MHz) (c) AM(525~1610 kHz).

풀이

가시광선과 같이 라디오파는 전자기파이다. 그래서 파원에서 멀리 떨어졌을 때 직선으로 진행하려 한다. 그 경로상에서 예를 들면 언덕이나 건물 같은 커다란 물체를 만났을 때 파는 가로막힌다.

그러나 회절 성질 때문에 라디오파는 장애물을 지나거나 구멍을 만났을 때, 장애물이나 구멍의 크기가 파장과 대략 같은 크기라면 장애물을 돌아서 가게 되거나 퍼져서 갈 수 있다. 파장이 길면 길수록 회절은 더 심하게 일어나며 라디오파의 차단은 덜 차단되게 된다.

그런 회절에 의해 가장 이익을 얻는 주파수 대역을 결정하기 위해 각 주어진 진동수에 대해 관계식 $c = \lambda f$에 의해 파장을 구할 필요가 있다. AM 라디오파는 $\lambda = 186 \sim 571\,\text{m}$의 파장을 가지며 이는 주어진 다른 주파수 대역의 파장 중에 가장(다른 대역의 파장들보다 100 배 이상) 길다. 그러므로 AM 방송은 빌딩이나 산 같은 장애물이나 구멍을 만났을 때 가장 회절이 잘 되며 그러므로 답은 (c)이다.

예제 24.4 ■ 중앙극대의 폭 : 단일 슬릿 회절

단색광이 폭이 0.050 mm인 슬릿을 지난다. (a) 회절무늬의 퍼짐은 일반적으로 (1) 파장이 길 때 커진다. (2) 파장이 작을 때 커진다. (3) 모든 파장에서 같다. (b) 스크린이 슬릿에서 1.0 m 떨어져 있을 때 파장이 각각 λ=400 nm와 550 nm일 때 각각 세 번째 극소를 볼 수 있는 각도와 중앙극대의 폭을 구하라.

풀이

(a) 회절무늬의 일반적인 크기는 특정 극대 또는 극소의 위치와 관련된다. 식 24.8에서 폭 w과 차수 m이 주어졌을 때 극대의 위치를 나타내는 각도 $\sin\theta$는 직접 파장 λ에 비례한다. 그 결과 긴 파장의 경우는 큰 $\sin\theta$ 또는 큰 θ에 대응된다. 그러므로 답은 (1)이다.

(b) 식 24.8과 식 24.10을 직접 적용하여 풀 수 있다.

- 주어진 값 : $\lambda_1 = 400\text{ nm} = 4.00 \times 10^{-7}\text{ m}$

  $\lambda_2 = 550\text{ nm} = 5.50 \times 10^{-7}\text{ m}$

  $w = 0.050\text{ nm} = 5.0 \times 10^{-5}\text{ m}$

  $m = 3$

  $l = 1.0\text{ m}$

- 구하는 값 :

  θ_3와 $2y_1$(극대의 폭)

  파장이 $\lambda_1 = 400$ nm의 경우 식 24.8로부터 다음을 얻는다.

  $\sin\theta_3 = \dfrac{m\lambda}{w} = \dfrac{3(4.00 \times 10^{-7}\text{ m})}{5.0 \times 10^{-5}\text{ m}} = 0.024$ 그래서 $\theta_3 = \sin^{-1}0.024 = 1.4°$

  식 24.10에서

  $2y_1 = \dfrac{2L\lambda}{w} = \dfrac{3(4.00 \times 10^{-7}\ m)}{5.0 \times 10^{-5}\text{ m}} = 1.6 \times 10^{-2}\text{ m} = 1.6\text{ cm}$

  를 구할 수 있다.

  파장이 $\lambda_1 = 700$ nm의 경우 :

  $\sin\theta_3 = \dfrac{m\lambda}{w} = \dfrac{3(5.50 \times 10^{-7}\text{ m})}{5.0 \times 10^{-5}\text{ m}} = 0.033$ 그래서 $\theta_3 = \sin^{-1}0.033 = 1.9°$

  $2y_1 = \dfrac{2L\lambda}{w} = \dfrac{2(1.0\text{ m})(5.50 \times 10^{-7}\text{ m})}{5.0 \times 10^{-5}\text{ m}} = 2.2 \times 10^{-2}\text{ m} = 2.2\text{ cm}$

24.4 편 광

편광된 빛이라는 말을 생각하면 우린 편광렌즈로 만든 선글라스를 떠올리게 된다. 왜냐하면 이런 선글라스가 편광에 대한 가장 보편적인 응용 중에 하나이기 때문이다. 어떤 것이 편향되어 있다는 말은 그것이 우선적으로 선호하는 진동 방향을 갖는다는 뜻이다. 빛의 파동의 경우 편광은 횡파(전기장)진동의 방향에서 관련된 말이다.

20장에서 빛은 전기장($\vec{E}$)과 자기장($\vec{B}$) 벡터가 진행하는 방향의 수직으로 진동하는 전자기파임을 배웠다. 대부분의 광원에서 나오는 빛은 광원의 원자에서 방출되는 많은 수의 전자기파로 구성되어 있다. 각 원자에서 방출되는 빛은 원자의 진동방

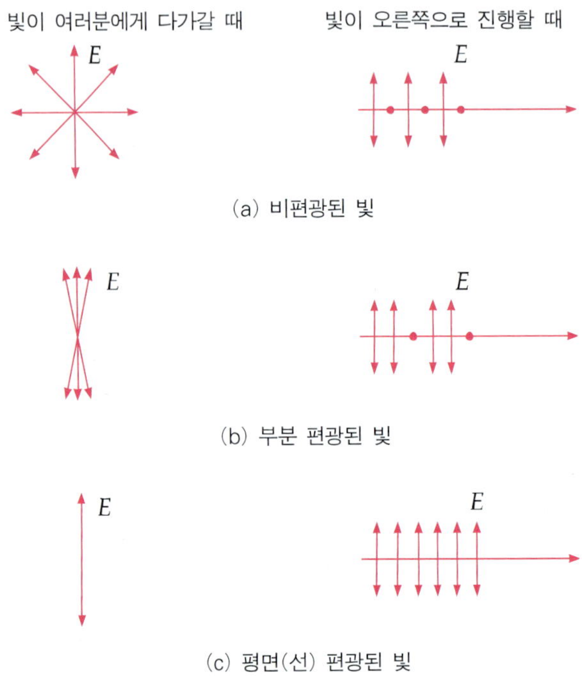

▲ **그림 24.11 편광**

편광은 전기장의 진동평면의 방향에 의해 설명된다.

(a) 전기장 벡터들이 무작위적인 방향을 가질 때 빛은 편광 되지 않는다. 점은 전기장 방향이 지면에 수직하게 됨을 표시한다. 수직의 화살표는 전기장 방향이 아래-위로 향함을 뜻한다. 편광되지 않은 빛을 화살표의 수와 점의 수가 같게 놓으므로 표시했다.

(b) 전기장 벡터의 우선 방향이 있을 때 빛은 부분적으로 편광되었다 말한다. 그림에선 점의 수가 화살표의 수보다 더 적다.

(c) 벡터들이 한 평면상에 놓여 있을 때 빛은 평면편광 또는 선편광되어 있다고 한다. 이 그림에선 점들이 없다.

향에 대응하는 특유의 방향을 갖는 파를 만들어낸다. 그러나 전형적인 광원에서 나오는 전자기파는 많은 원자에서 생성되기 때문에 빛은 $\vec{E}$ 와 $\vec{B}$의 방향이 무작위적이다. 전기장과 자기장 벡터의 방향이 무작위적일 때 그 빛은 편광되지 않은 빛이라 한다. 이런 상황을 그림 24.11a에서처럼 전기장을 가지고 개략적으로 설명할 수 있다. 빛이 진행하는 방향으로 볼 때 전기장은 모든 방향으로 동등하게 분포한다. 그러나 빛이 진행하는 방향에서 평행하게 보면, 두 방향(2차원 좌표계에서 x와 y 방향 같이)에서 무작위적으로 혹은 같은 분포로 표현할 수 있다. 여기서 수직방향의 화살표는 그 방향의 전기장의 벡터성분을 나타내며 점은 지면을 뚫고 나가고 들어오는 방향이다. 이 표현 방식은 이 절 전체에 쓰일 것이다.

만약 전기장 벡터에서 우선되는 방향이 있으면 그 빛을 부분적으로 편광된 빛이라 한다. 그림 24.1b에서 전기장 방향 벡터는 수평방향보다 수직방향으로 더 많이 있다. 만약 전기장이 오직 한 평면에서만 진동하면 빛은 평면편광 또는 선편광되어있다고 한다(그림 24.11c). 편광은 빛이 횡파라는 증거이다. 소리와 같은 종파는 매질의 분자들이 전달방향의 수직으로 진동하지 않기 때문에 편광과 같은 성질을 가질 수 없다.

빛은 많은 방법으로 편광된다. 그러나 선택 흡수와 반사 그리고 이중 굴절에 의한 편광만을 여기서 다루기로 하겠다. 산란에 의한 편광은 24.5절에서 다루겠다.

■ 선택 흡수에 의한 편광(이색성)

예를 들면 전기석 같은 어떤 종류의 결정들은 다른 방향에 비해 어느 특정 방향에서 전기장을 더 흡수하는 흥미로운 현상을 보인다. 이 성질을 이색성(dichroism)이라 한다. 만약 이색성이 있는 결정이 충분히 두껍다면 전기장을 더 많이 흡수하는 특정 방향성분은 완전히 흡수될 것이다. 그 경우 광물을 빠져나오는 빛은 평면 편광된 빛이 나온다(그림 24.12).

그림 24.13a에서 본 바와 같이 검광판의 투과축이 편광판에 수직이라면 거의 빛이 투과되지 못할 것이다(이상적인 경우 전혀 투과되지 않는다).

일반적으로 투과된 빛의 세기는

$$I = I_0 \cos^2\theta \qquad \text{말루의 법칙} \qquad (24.12)$$

으로 주어진다. 여기서 θ는 편광기의 투과축과 검광판의 투과축 사이의 각이다. 이 표현식은 이를 발견한 프랑스의 물리학자 말루(E. L. Malus, 1775~1812)의 이름을 따서 말루의 법칙이라고 한다.

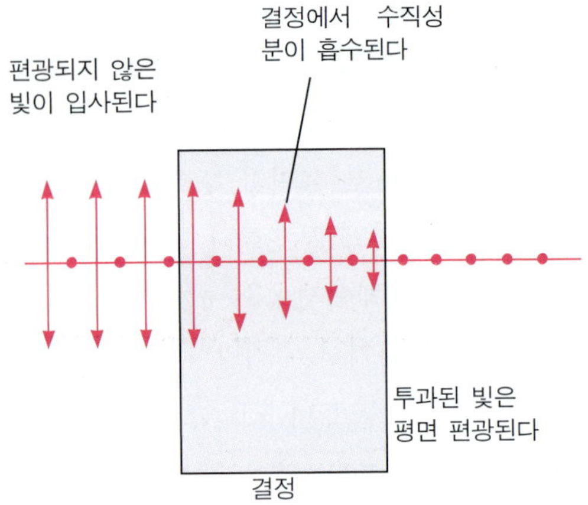

▲ 그림 24.12 **선택적 흡수(이색성)**

이색성 결정은 다른 성분에 비해 특정한 한 편광성분만을 선택적으로 흡수한다.(그림에선 수직성분) 만약 결정이 충분히 두껍다면 이 결정을 빠져나오는 빛은 선형 편광되어 있다.

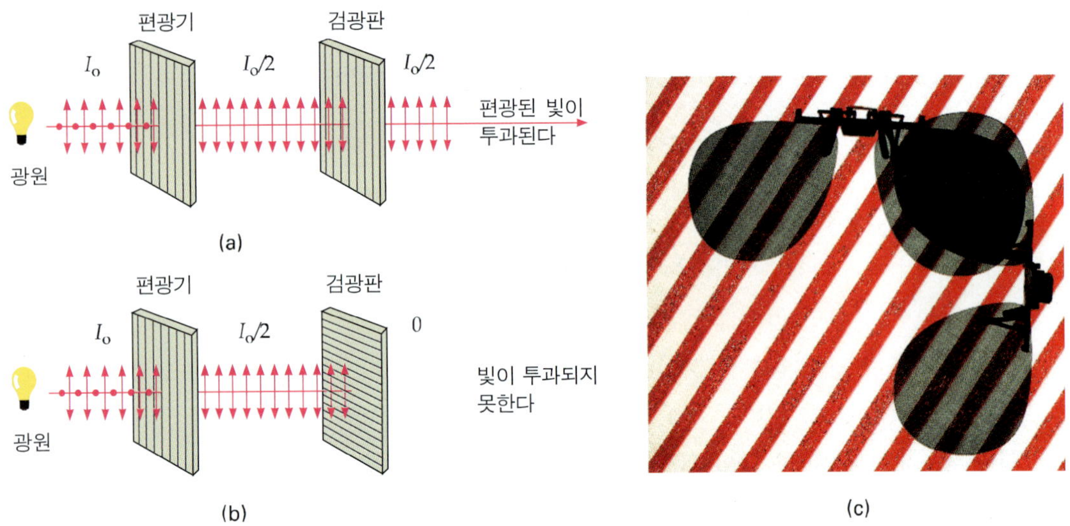

▲ 그림 24.13 **편광판**

(a) 두 개의 편광판을 그들의 투과축이 같도록 배열해 놓았을 때 나오는 빛은 편광된다. 첫 번째 판을 편광기, 두 번째 판을 검광판으로 취급할 수 있다.

(b) 판들 중 하나를 90° 회전시켰을 때 그래서 두 판의 투과축이 서로 수직일 때(교차편광판) 거의(이상적으로는 완전히) 빛이 투과되지 않는다.

(c) 편광 선글라스를 수직으로 포개 놓았을 때.

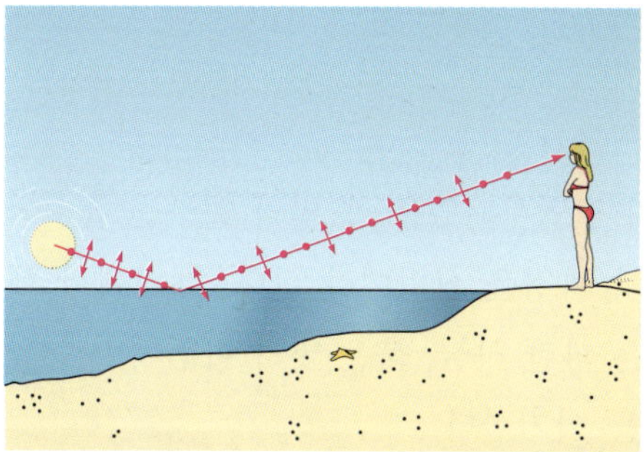

(a)

(b)

▲ **그림 24.14 눈부신 빛의 감소**

(a) 수평한 평면으로부터 반사된 빛은 수평방향으로 부분적으로 편광되어 있다. 편광 선글라스는 투과축이 수직 방향으로 되어 있어, 수평방향으로 편광된 반사된 빛의 성분을 투과하지 못하게 한다. 그래서 눈부심을 줄일 수 있다.

(b) 카메라의 편광필터도 같은 원리가 적용된다. 오른쪽 사진은 편광필터를 사용한 사진이다. 가게의 유리창으로부터 반사된 빛을 감소시키고 있다.

어떤 3차원 영화를 볼 때 각기 다른 편광축을 갖는 편광 렌즈를 사용한다. 약간의 거리를 둔 두 개의 카메라를 사용해 찍은 영상을 역시 두개의 영사기를 통해 약간씩 다른 영상을 스크린에 투영시킨다. 각각의 영사기에서 나온 빛을 서로 수직되게 선편광시킨다. 그러면 사람의 한 눈은 한 영사기에서 나온 빛을 그리고 다른 눈은 다른 프로젝터에서 나온 빛을 각기 따로 본다. 보이는 두 영상에서 원근의 차이(또는 시야 각도의 차이)를 받아들이고 이를 평상시 보는 것처럼 입체감이 있는 것처럼 또는 삼차원 영상처럼 해석한다.

안경의 편광렌즈는 그 투과축을 수직으로 하여 반사 표면으로부터 나오는 부분적으로 편광된 빛의 일부를 흡수한다. 카메라의 편광필터는 눈부신 빛으로부터 간섭없이 깨끗한 사진을 찍는데 도움을 준다.(그림 24.14b)

24.5 대기에서 빛의 산란

빛이 공기 중에 분자와 같은 퍼져 있는 입자에 입사되었을 때 빛의 일부는 흡수되고 그리고 나서 모든 방향으로 재복사한다. 이 과정을 산란이라 한다. 대기에서 햇빛의 산란(즉 햇빛이 대기에 의해 산란된다.)은 파란 하늘, 붉은 빛의 아침여명과 노을 같은 하늘빛의 편광 같은 재미있는 현상을 야기한다.

대기산란에 의해 하늘빛이 편광이 된다. 비편광 빛인 햇빛이 공기분자에 입사하면 빛의 전기장은 분자의 전자들을 진동하게 만든다. 이 진동은 매우 복잡하지만 어찌되었던 분자 내 전자는 가속되어 방송국의 안테나에서 전자를 진동시켜 전자기파를 만들어내는 것처럼 복사한다. 방출된 복사의 세기는 진동에 대해 수직한 선이 가장 강하게 복사된다. 이에 대한 설명을 그림 24.15에 그렸다. 태양빛이 통과하는 방향에 대해 90° 방향으로 관측자가 전하의 진동은 편광방향과 수직이기 때문에, 선편광된 빛을 보고 있다. 다른 각도에서 보면 두 성분이 모두 존재하지만 더 강한 성분 때문에 편광필터를 통해 보면 부분 편광되어 있음을 알 수 있다.

편광이 가장 강한 방향은 태양과 90°를 이루고 있는 지역이기 때문에 해가 뜰 때나 질 때 우리의 머리위에서 편광을 가장 폭넓게 볼 수 있다. 하늘빛이 편광되어 있음은 편광필터를 통해 그리고 편광필터를 회전시켜 봄으로써 관측할 수 있다. 다른 영역의 하늘빛은 편과의 각도에 관계하여 다른 각도로 투과된다. 벌과 같은 벌레들은 편광된 하늘빛을 탐지하여 날아가는 방향을 결정하는 것으로 알려져 있다.

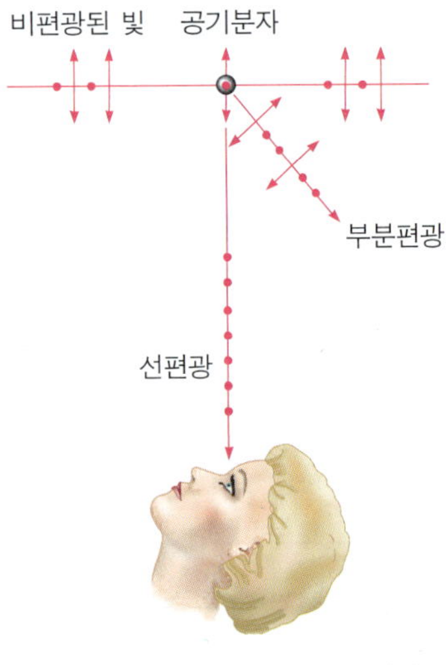

▲ 그림 24.15 산란에 의한 편광

■ 왜 하늘은 푸른가?

공기분자에 의한 햇빛의 산란으로 인해 하늘빛은 푸르다. 이 효과는 편광과는 관계없고 선택적 흡수와 관련되어 발생한다. 진동자로써 공기분자는 파랑-보라색 영역의 공명진동수를 가지고 있다. 그래서 햇빛이 산란될 때 가시광선의 스펙트럼에서 붉은색 영역보다 푸른색 영역이 더 많이 산란된다.

공기분자 입자들 같이 지름이 빛의 파장보다 매우 작은 입자들에서 산란된 빛의 세기는 파장의 4제곱에 반비례($1/\lambda^4$)한다. 파장과 산란된 빛의 세기와의 관계를 나타내는 이 관계식을 만족하는 산란은 이 식을 유도한 영국의 물리학자 레일리(Sir Rayleigh, 1842~1919)경의 이름을 붙여 레일리 산란이라 한다. 이런 역관계에서 가시광선의 스펙트럼에서 파장이 짧은 푸른색 쪽의 빛이 파장이 긴 붉은색의 빛보다 더 많이 산란되는 것을 예상할 수 있다. 산란된 푸른빛은 대기에서 다시 재산란이 일어나 결국 땅까지 오게 된다. 이런 기작 원리로 왜 하늘이 푸른가에 대한 이유를 설명 할 수 있다.

■ 왜 해 뜰 때와 해 질 때 하늘은 붉은가?

아름다운 붉은 석양과 여명을 자주 볼 수 있다. 태양이 지평선 부근에 있을 때 햇빛은 지구표면의 더 밀도가 높은 대기를 더 길게 통과하게 된다. 그 결과 빛은 더

▲ 그림 24.16 붉은 밤하늘

장엄한 붉은색 노을을 배경으로 찍은 칠레의 산꼭대기에 있는 천문대. 붉은 하늘은 대기 중의 기체에 의한 산란과 작은 고체 입자들에 의해 생긴다. 붉은 색의 태양을 맨눈으로 볼 수 있는 것은 스펙트럼의 푸른색 쪽 영역의 빛이 산란되었기 때문이다.

많이 산란되기 때문에 우린 가장 산란이 덜 되어 지구 표면에 도달하는 붉은색의 빛을 보게 된다. 이것이 붉은 노을의 이유이다. 그러나 백색광을 공기분자만의 산란으로 인해 생기는 지배적인 색은 주황색이다. 그러므로 태양이 뜰 때와 질 때의 붉은색으로의 이동은 다른 종류의 산란이 작용한 것이다.

붉은 노을은 대기의 공기와 동시에 작은 먼지입자들에 의해 햇빛이 산란되기 때문이라는 것이 밝혀졌다. 이 입자들이 푸른 하늘색의 필수조건은 아니지만 짙은 붉은색의 여명이나 노을에는 필수적이다. (화산이 폭발한 후 장엄한 노을이 수개월 동안 지속되는데 이는 대기 중에 엄청난 양의 작은 입자들이 있기 때문이다.) 붉은 노을은 서쪽 방향에 고기압의 기단이 있을 때 발생하는데 이는 저기압일 때 보다 고기압일 때 먼지의 밀도가 더 높기 때문이다. 마찬가지로 붉은색의 여명은 대부분 동쪽에 고기압의 기단이 자리 잡았을 때 생긴다.

연습문제

1. 파동의 간섭을 연구하기 위해 한 학생은 파장이 0.5 m인 똑같은 음파가 나오는 두 개의 스피커를 사용했다. 두 스피커 사이의 거리가 0.75 m인 경우 스피커에서 좀 떨어진 한 점에서 음파는 보강간섭을 하겠는가 아니면 소멸간섭을 하겠는가? 또 두 스피커간 거리가 1.0 m라면 어떻게 되겠는가?

2. 두 개의 좁은 슬릿을 통과한 단색광이 스크린에 간섭무늬를 만들었다. (a) 만약 빛의 파장을 증가시키면 빛의 극대점들 사이의 거리는 (1) 증가한다. (2) 변하지 않는다. (3) 감소한다. 답을 선택하고 그 이유를 설명하라. (b) 슬릿간 거리가 0.25 mm이고 슬릿에서 스크린까지의 거리가 1.5 m이다. 사용된 빛의 파장이 550 nm라면 중앙극대의 중심에서 세 번째 극대의 중앙까지 거리는 얼마인가? (c) 사용한 빛의 파장이 680 nm일 경우 어떻게 되겠는가?

3. 단색광을 사용한 이중슬릿 실험에서 슬릿과 스크린 사이의 거리가 1.50 m이고 중앙극대와 두 번째 극대 사이의 각도가 0.0230 rad이다. 만약 슬릿 사이의 간격이 0.0350 mm라면, (a) 사용한 빛의 색과 파장은 무엇인가? (b) 이 극대와 중앙극대 사이의 거리는 얼마인가?

4. 이중슬릿 실험에서 두 개의 다른 파장의 빛이 사용되었다. 첫 번째 주황색($\lambda = 600$ nm) 빛의 3차수 극대의 위치는 두 번째 다른 빛의 4차수 극대와 일치하였다. 두 번째 빛의 파장을 구하라.

5. 공기 중에서 550 nm의 빛이 두께가 1.1×10^{-5} m인 굴절률 1.5의 유리판에 수직으로 입사한다. (a) 유리판의 두께는 유리내부에서 빛의 파장의 몇 배인가? (b) 공기와 유리 경계에서 반사되는 빛은 보강간섭을 하는가 아니면 소멸간섭을 하는가?

6. 굴절률이 1.38인 불화마그네슘은 요즘 무반사 렌즈를 만드는 코팅재료로 쓰이고 있다. 푸른색($\lambda = 400$ nm)이 최대한 투과하도록 하기 위해 필요한 최소의 두께와 붉은색($\lambda = 700$ nm)일 때 최대 투과를 위한 최소 두께 사이의 차이는 얼마인가?

7. 카메라 렌즈($n = 1.50$)의 표면은 굴절률이 1.35 되는 물질로 코팅되어 있다. 이 코팅은 공기 중에서 파장이 450 nm인 빛이 수직으로 입사되는 것에 대해 무반사되도록 설계된다. 이런 무반사 렌즈를 만들기 위한 최소 코팅 두께는 얼마인가?

8. 그림 24.17에서처럼 두 유리판을 얇고 둥근 필라멘트로 분리시켜 놓았다. 위쪽 유리판에 수직으로 550 nm의 파장을 갖는 빛을 쪼여주었을 때 필라멘트는 여섯 번째 밝은 극대위치에 놓이게 된다. 필라멘트의 두께를 구하라.

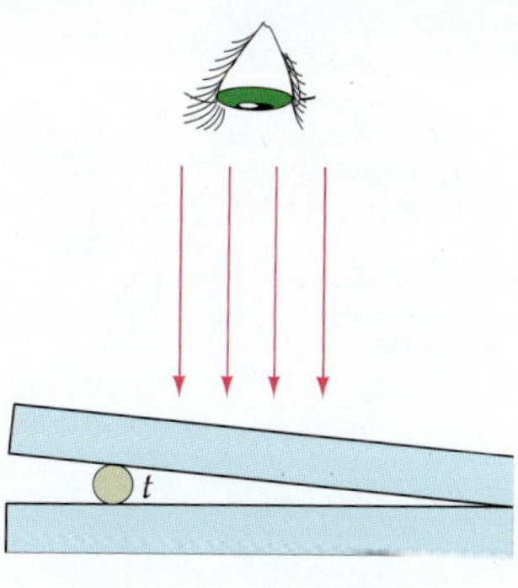

▲ 그림 24.17 공기쐐기

9. 폭이 0.20 mm인 단일슬릿에 480 nm의 빛을 쪼여 주었더니 슬릿에서 1.0 m 떨어진 스크린에 회절무늬가 생겼다. (a) 중심극대의 폭은 얼마인가? (b) 두 번째와 세 번째 극대의 폭은 얼마나 되나?

10. 회절격자판이 파장 700 nm의 빨간색에 대해 2차수 극대가 중심극대에 10° 방향에 생기도록 설계되었다. 이런 격자판을 제작하려면 cm당 몇 개의 선을 만들어야 하는가?

11. 파장이 푸른색(400 nm)에서 붉은색(700 nm)까지 혼합된 백색광을 cm당 4 000개의 선이 있는 회절격자판에 쪼여주었다. 1차수 극대와 2차수 극대의 빛이 겹치겠는가? 답을 하고 이를 설명하라.

12. 1 cm당 8 000개의 선이 그어져 있는 회절격자판에 He-Ne 레이저에서 나온 빨간빛(632.8 nm)을 쪼여주었다. 얼마나 많은 부 극대가 생기겠는가? 그리고 어떤 각도에서 생기겠는가?

13. 보통의 유리의 굴절률은 1.4에서 1.7 정도이다. 빛이 공기로부터 유리로 입사할 때 이들 유리에 대한 부르스터각의 범위를 구하라.

14. 빛의 세기가 I_0인 편광이 되지 않은 빛을 편광기와 검광판 쌍에 입사시켰다. (a) 편광기와 검광판 사이의 각을 0°에서 90°까지 증가시켰다면, 투과되는 빛의 세기는 (1) 역시 증가한다. (2) 감소한다. (3) 똑같다. (b) 편광기와 검광판의 각이 30° 면 편광기를 통과할 때 그리고 편광기를 거쳐 검광판을 투과할 때 빛의 세기는 얼마인가? (c) 각이 60°일 때는 각각 얼마인가?

15. 굴절률이 1.55인 판유리가 수직으로 똑바로 세워져 있다. 햇빛에 반사된 빛이 완전 편광된 빛이려면 태양고도(지평선과 태양과의 각도)는 얼마인가?

25 시각과 광학기기

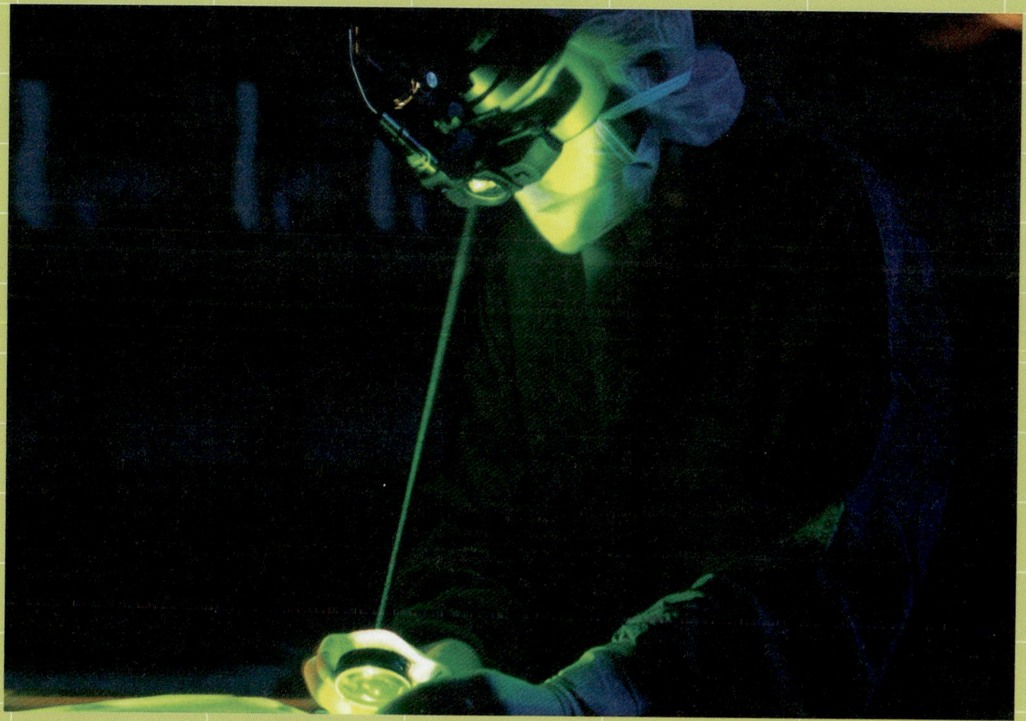

우리의 눈은 주위에 있는 세상의 정보를 받아들이는 가장 주요한 도구 중 하나이다. 그러나 눈에 물체의 상이 항상 선명하고 초점이 맞게 보이는 것은 아니다. 따라서 안경과 같은 물체를 선명하게 보기 위해 보조 도구를 필요로 하는 경우도 있다.

일련의 광학기기는 우리 인간의 눈이 갖는 시력을 향상시키거나 증대시키는 기능을 하는 것으로서, 우리는 광학기기를 이용하여 시력을 향상시킬 수 있다. 그와 같은 역할을 하는 것으로 안경, 콘텍트 렌즈 등이 있다.

23장에서는 거울과 렌즈에 대한 기하광학을 다루었고, 24장에서는 빛의 파동성을 알아보았다. 이러한 원리는 시력과 광학기기를 공부하는데 응용될 것이다. 이 장에

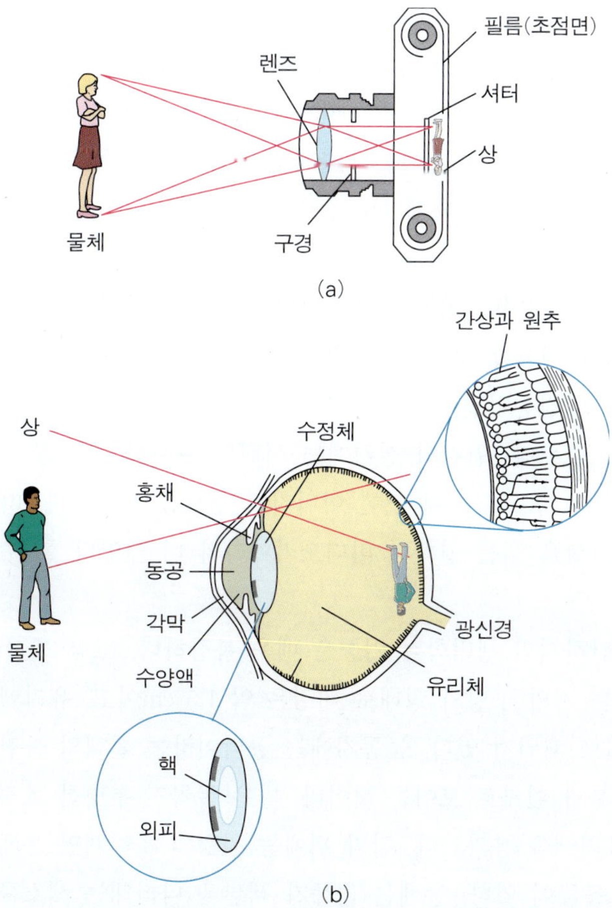

▲ **그림 25.1 카메라와 눈의 유사성**
(a) 간단한 카메라는 (b) 인간의 눈과 몇 가지 관점에서 유사하다. 카메라의 경우에는 상이 필름에 맺히지만 눈의 경우에는 망막에 상이 맺힌다. (그림에서는 눈에 나타나는 다중 굴절현상에 의한 복잡한 굴절특성은 나타내지 않았다.) 서로의 비교를 위해서는 본문을 참조하도록 하자.

서는 기본적인 광학기기라 할 수 있는 인간의 눈에 대해 공부할 것이다. 인간의 눈이 없다면 다른 광학기기 또한 모두 소용없다. 그 외에 현미경과 망원경에 대해서 공부하고 이들의 성능의 영향을 미치는 인자들이 무엇인지 알아볼 것이다.

25.1 인간의 눈

인간의 눈은 모든 광학기기 중에서 가장 중요하다 할 수 있다. 인간의 눈은 여러 면에서 간단한 카메라(그림 25.1)와 유사하다. 이 간단한 카메라는 수렴렌즈로 이루어져 있으며, 이 렌즈는 이미지를 카메라 광통의 뒤쪽에 있는 빛에 민감한 필름(종래의 카메라)이나 CCD(디지털 카메라)에 맺히도록 한다(23장에서 배운 것을 돌이켜 보면 멀리 떨어진 물체의 경우 수렴렌즈는 물체보다 작은 도립 실상을 만든다). 그리고 이 카메라에는 조절이 가능한 조리개구경과 카메라로 들어가는 빛의 양을 조절하기 위한 셔터가 있다.

눈의 경우에는 이미지가 안구의 뒷면에 있는 빛에 민감하게 작용하는 망막에 맺힌다. 눈꺼풀은 카메라의 셔터라 생각할 수 있다. 그러나 노출시간을 조절하는 카메라의 셔터는 보통 매우 짧은 시간동안만 열리는 반면, 인간의 눈꺼풀은 보통 열려 있어 눈은 연속하여 빛에 노출된다. 인간의 신경계는 셔터와 유사한 기능을 수행한다. 즉 매초 20~30번 정도의 속도로 눈에 맺힌 이미지의 정보를 분석한다. 따라서 눈은 매초 비슷한 속도로 상을 찍는 영화나 비디오카메라와 더 닮았다 할 수 있다.

눈의 광학기능은 비교적 간단하지만 생리학적 기능은 매우 복잡하다. 그림 25.1b에서 보여주는 것처럼 눈동자는 거의 구형의 형태로 내경은 약 1.5 cm이고, 유리액이라는 투명한 젤리 같은 물질로 채워져 있다. 눈동자에는 공막이라는 흰색의 물질로 둘러싸여 있으며, 그 중 일부가 흰자로 보이는 것이다. 빛은 굴곡진 투명한 조직의 각막으로 들어가 투명한 유리액을 통과한다. 각막 뒤에는 원형의 조리개인 홍채가 있으며, 이 홍채의 중심에 동공이 있다. 홍채는 눈동자 색깔을 나타내는 색소를 갖고 있으며, 이 속에 있는 색소가 눈동자의 색깔을 결정한다. 홍채에 붙어 있는 근육의 작용으로 동공의 지름이 2~8 mm로 변할 수 있으며, 이를 통하여 눈으로 들어가는 빛의 양이 제어된다.

홍채의 후방에는 수정체렌즈가 있다. 이것은 수렴렌즈로서 아주 미세한 유리섬유로 구성되어 있다. 눈의 근육으로 인하여 렌즈에 당기는 힘이 걸리면 이 섬유들은 서로 미끄러져 모양이 바뀌고, 그로인해 초점길이가 바뀌어 상이 망막에 선명하게 미치도록 한다. 이때 그림 25.1b에서처럼 도립(거꾸로선)의 상이 맺히는 것을 주목하여라. 그러나 우리는 거꾸로선 상을 보지는 않는다. 이것은 우리의 뇌가 작동하여 똑바로 선 상을 보도록 하기 때문이다.

눈동자의 뒤쪽 내부면은 빛에 민감하게 작용하는 망막이다. 이 망막으로부터 광신경을 통하여 망막에 맺힌 정보가 뇌로 전달된다. 이 망막은 신경과 두 가지 형태의 빛 수용체인 간상세포와 원추세포로 구성되어 있다. 간상세포는 원추세포보다 빛에 더 민감하며, 빛의 세기가 낮은데서 빛의 어둡고 밝은 정도를 구별하며(암순응 시각), 원추세포는 밝은 빛이 들어올 때 빛의 진동수를 구별하고, 뇌는 이 진동수로부터 색을 인식한다(색각). 대부분의 원추세포는 황반이라는 망막의 중심부에 뭉쳐 있으며, 원추세포보다 더 많은 수의 간상세포는 황반 주위에 있으며, 망막에 불균일하게 분포하고 있다.

눈이 초점을 맞추는 방법은 카메라에서 초점을 맞추는 방법과 다르다. 카메라의 렌즈는 일정한 초점거리를 갖고 있으며, 서로 다른 거리의 물체를 찍을 때 상거리, 즉 필름으로부터 렌즈까지의 거리를 변화시켜 선명한 상이 필름에 맺히도록 한다. 눈의 경우에는 상거리가 일정하며, 수정체에 붙어있는 근육의 작용으로 초점거리를 변화시켜 물체까지의 거리에 관계없이 망막에 선명한 상이 맺히도록 한다. 눈이 멀리 떨어진 물체에 초점을 맞추었을 때 근육은 이완되어 수정체는 얇아지고 약 20 디옵터(D) 정도된다. 즉 23장에서 배운 바와 같이 디옵터는 m(미터)로 표시한 초점거리의 역수이다. 따라서 20 D는 초점거리가 $f = 1/(20\ \mathrm{D}) = 0.050\ \mathrm{m} = 5.0\ \mathrm{cm}$이다. 눈이 가까이 있는 물체에 초점을 맞출 때에는 렌즈는 두꺼워지고, 렌즈의 곡률반경 및 초점거리는 감소한다. 가장 가까이 있는 물체를 관찰할 때 렌즈의 도수는 30 D ($f = 0.33$ m)까지 증가한다. 물론 어린아이의 경우에는 더 증가할 수 있다. 수정체의 초점거리를 조절하는 것을 우리는 눈의 조절이라 한다. (가까이 있는 물체를 쳐다보다가 멀리 있는 물체를 쳐다보면서, 얼마나 빨리 눈이 조절되는지 알아보아라. 거의 순간적으로 눈의 조절이 일어나고 있다).

선명하게 초점이 맺힐 수 있는 거리의 한계는 원점과 근점으로 알려져 있다. 여기서 원점은 눈이 선명하게 관찰 수 있는 물체까지의 최대 거리로 정상인 눈의 경우 거의 무한대이다. 그리고 근점은 눈이 선명하게 관찰할 수 있는 물체까지의 가장 가까운 거리로, 이것은 수정체가 얼마나 두꺼워질 수 있느냐에 의해서 결정된다. 나이

▼ 표 25.1 나이에 따른 정상인 눈의 근점 변화

나이(년)	근점(cm)
10	10
20	12
30	15
40	25
50	40
60	100

참고 : 디옵터로 표시하는 렌즈의 도수와 초점거리의 관계는 23.4 절의 식 23.9로 표현된다.

가 들어감에 따라 수정체의 탄성력도 감소하여 눈의 조절력도 감소한다. 일반적으로 정상인 눈의 경우 근점은 나이가 들수록 점차적으로 눈으로부터 멀어진다. 나이에 따른 근점의 변화를 표 25.1에 나타내었다.

어린아이들은 눈으로부터 약 10 cm 떨어진 물체까지 선명히 볼 수 있으며, 젊은이나 청년의 경우에는 12~15 cm 떨어진 물체까지 선명하게 볼 수 있다. 그러나 나이가 40이 되면 선명하게 볼 수 있는 물체까지의 거리는 25 cm 이상으로 증가한다. 여러분들은 어른들이 책을 읽을 때 책을 눈으로부터 멀리 놓고 읽는 것을 본 적이 있을 것이다. 이와 같이 나이가 들수록 근점이 눈으로부터 멀어지는 것은 비정상이 아니다. 이것은 대부분의 정상인 눈에서 거의 같은 속도로 변하기 때문에 정상적으로 일어나는 눈의 노화과정으로 볼 수 있다.

예제 25.1 ■ 근시의 교정 : 발산렌즈 이용

(a) 시력측정기사가 그림 25.2에서 보여주는 것과 같이 근시의 사람에게 안경이나 콘택트렌즈를 처방하려 한다. 안경의 경우에는 렌즈가 눈으로부터 2~3 cm 떨어져 있으며, 콘택트렌즈는 눈에 접해 있다. 처방된 콘택트렌즈의 도수는 안경의 도수와 비교할 때 (1) 같다, (2) 더 크다, (3) 더 작다 중 어느 것이 맞는가. (b)근시인 사람이 눈으로부터 78 cm 이상 떨어져 있는 물체를 선명히 볼 수가 없다. 이 사람이 멀리 있는 물체를 선명하게 보기 위해서 안경을 쓰거나 콘택트렌즈를 사용할 때 각각 필요한 렌즈의 도수를 구하여라. 이때 안경렌즈는 눈으로부터 3 cm 전방에 위치한다고 가정하여라.

풀이

근시의 경우 눈을 교정하기 위해서는 오목렌즈를 사용한다(그림 25.2). 이 렌즈는 멀리 떨어져 있는 물체($d_o = \infty$)의 상을 눈의 원점 d_f에 맺히도록 하여야 한다. 눈은 이 상을 물체로 여기기 때문에 이 상은 눈의 조절거리 내에 위치하기 때문에 선명하게 물체를 관찰할 수 있다. 상거리는 렌즈로부터 측정되기 때문에 콘택트렌즈가 더 긴 상거리를 갖게 된다. 즉 콘택트렌즈의 경우 $d_i = -d_f$이고 안경의 경우에는 $d_i = -|d_f - d|$ 여기서 d는 눈으로부터 안경렌즈까지의 거리이다. 여기서 음의 부호와 절대값을 쓴 것은 허상이 렌즈의 앞 물체 쪽에 맺히기 때문이다. (23장에서 오목렌즈의 경우에는 허상만이 생긴다는 것을 배웠다)

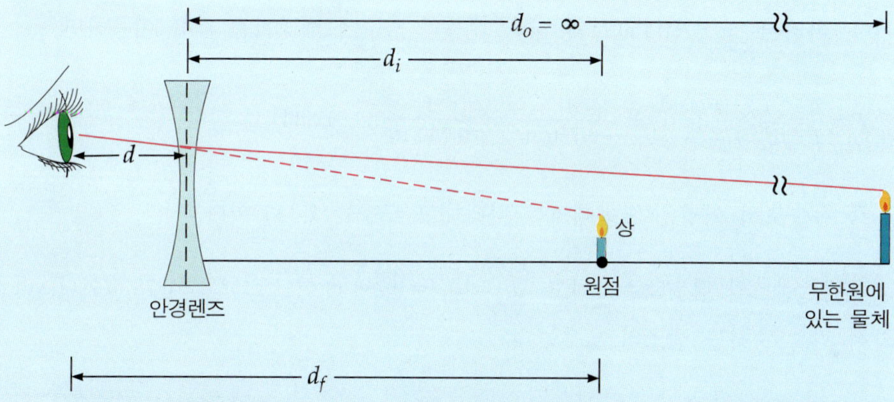

▲ **그림 25.2 근시의 교정**
오목렌즈를 이용한다. 보통의 안경으로 교정하는 것을 그림에 표시하였고 콘택트렌즈의 경우에는 렌즈가 눈의 바로 전방에 위치한다($d = 0$).

여기서 d_i는 음수라는 것을 기억해라. 그리고 렌즈의 도수는 $P = 1/f$ (식 23.9) 이므로 물체까지의 거리 d_o와 상거리 d_i를 알면 얇은 렌즈에 적용되는 식 23.5를 이용하여 P를 구한다.

$$P = \frac{1}{f} = \frac{1}{d_o} + \frac{1}{d_i} = \frac{1}{\infty} + \frac{1}{d_i} = \frac{1}{d_i} = -\frac{1}{|d_i|}$$

즉 $|d_i|$가 크면 P는 감소한다. 따라서 콘택트렌즈의 경우에는 안경의 경우보다 도수가 큰 렌즈를 사용해야 하므로 답은 (3)

(b) 교정렌즈가 작동하는 원리를 이해하면 이 문제의 계산은 간단하다.

- 주어진 값 : $d_i = 78\ \text{cm} = 0.780\ \text{m}$ (원점)

  $d = 3.0\ \text{cm} = 0.0300\ \text{m}$

- 구하는 값 :

  안경의 경우 도수 P (디옵터 단위)

  콘택트렌즈의 경우 도수 P (디옵터 단위)

안경의 경우 그림 25.2에서 알 수 있는 바와 같이

$$|d_i| = |d_f - d| = 0.780\ \text{m} - 0.0300\ \text{m} = 0.750\ \text{m}$$

이다. 따라서 $d_i = -0.750\ \text{m}$와 얇은 렌즈의 경우에 해당하는 식을 이용하면

$$P = \frac{1}{f} = \frac{1}{d_o} + \frac{1}{d_i} = \frac{1}{\infty} + \frac{1}{-0.750\ \text{m}} = -\frac{1}{0.750\ \text{m}} = -1.33\ \text{D}$$

즉 음수로서 이것은 오목렌즈를 나타내고 도수는 1.33 D이다.

콘택트렌즈의 경우($d = 0$)이고 $|d_i| = |d_f| = 0.780\ \text{m}$ 이므로 $d_i = -0.78\ \text{m}$이다. 따라서 필요로 하는 렌즈의 도수는

$$P = \frac{1}{\infty} + \frac{1}{-0.780\ \text{m}} = -\frac{1}{0.780\ \text{m}} = -1.28\ \text{D}$$

보충문제 : 이 문제의 풀이 중 안경을 처방할 때 실수로 교정용 렌즈로 +1.33 D를 처방하였다. 그러면 멀리 있는 물체의 상은 어떻게 되겠는가?

예제 25.2 ■ 원시의 교정 : 수렴렌즈(볼록렌즈) 이용

원시인 어떤 사람의 왼쪽 눈의 근점은 75 cm이고, 오른쪽 눈의 근점은 100 cm이다. 만약 이 사람에게 콘택트렌즈를 처방한다면 왼쪽 눈에 맞는 렌즈의 도수는 오른쪽 눈에 맞는 렌즈의 도수와 비교할 때 (1) 더 크다, (2) 같다, (3) 더 작다 중 어느 것이 맞는가. (b) 이 사람이 25 cm 떨어진 물체를 선명하게 보기 위해 필요한 렌즈의 도수를 각각 구하라.

풀이

정상인 사람의 근점은 25 cm이다. 원시인 눈의 교정을 위한 볼록렌즈는 그 눈의 근점에 있는 물체의 상이 정상인 눈의 근점에 생성되도록 하여야 한다. 오른쪽 눈에 비하여 왼쪽 눈의 근점이 75 cm로 정상위치인 25 cm에 더 가깝기 때문에 왼쪽 눈의 렌즈가 더 작은 도수를 가져야 하기 때문에 답은 (3)이다.

(b) 구별을 위해 왼쪽 눈은 L, 오른쪽 눈은 R의 첨자를 이용한다. 그리고 상거리 d_i는 음수이다. 그 이유를 생각해 보아라.

- 주어진 값 : $d_{i_L} = -75\ \text{cm} = -0.75\ \text{m}$
  $d_{i_R} = -100\ \text{cm} = -1.0\ \text{m}$
  $d_o = 25\ \text{cm} = 0.25\ \text{m}$
- 구하는 값 : 렌즈의 도수 P_L (왼쪽)
  렌즈의 도수 P_R (오른쪽)

일반적으로 이 문제에서와 같이 두 눈의 광학특성은 서로 달라 두 눈은 서로 다른 도수의 콘택트렌즈를 필요로 한다. 이 경우 각각의 렌즈는 정상인 눈의 근점인 25 cm에 있는 물체의 상을 눈의 근점에 생기도록 하여야 한다. 그렇게 되면 25 cm에 위치하는 물체가 마치 그 눈의 근점에 있는 것으로 여겨지기 때문에 눈의 조절이 가능하다. 이것은 어른들이 책을 읽을 때 독서용 안경을 착용하는 경우와 유사하다(그림 25.3). 그림에서는 눈과 렌즈를 구별하기 위해 눈과 렌즈가 떨어져 있는 것처럼 그렸다.

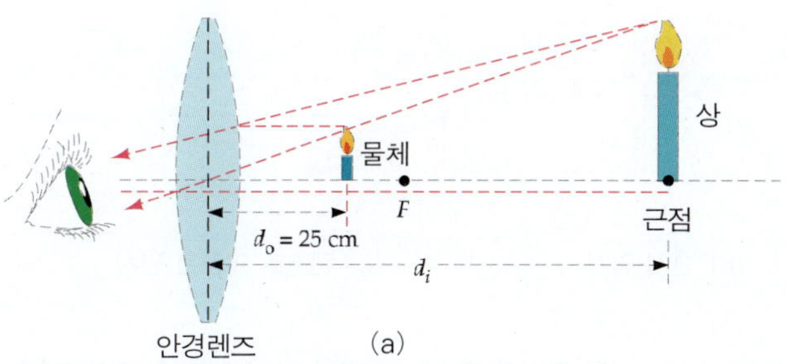

(a)

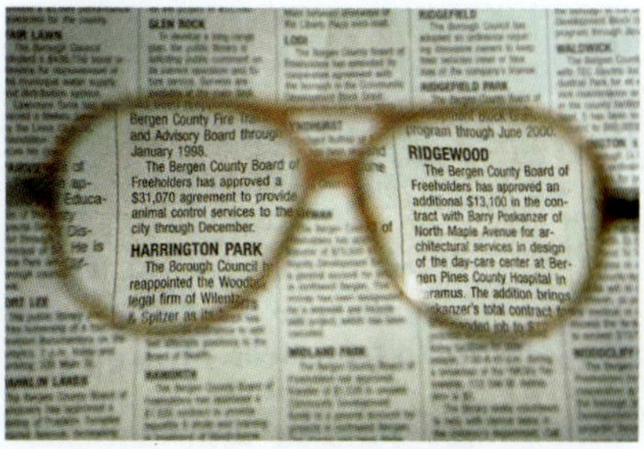

(b)

▲ **그림 25.3 돋보기 안경과 원시의 교정**

(a) 물체가 정상인 눈의 근점(25 cm)에 있는 물체를 볼록렌즈인 돋보기 안경으로 보면 상이 더 멀리(근점 밖에) 생기기 때문에 눈이 조절하여 볼 수 있다.

(b) 돋보기 렌즈를 통하여 본 작은 글씨로 이 사진을 카메라로 찍을 때 카메라의 초점은 허상이 나타나는 종이의 후방에 맞추었다.

생성된 상은 허상(즉 상이 물체 쪽에 생성됨)이기 때문에 상거리 d_i는 음수이다. 그리고 콘택트렌즈이므로 눈으로부터 물체까지의 거리는 렌즈로부터 물체까지의 거리와 같다.

$$P_L = \frac{1}{f_L} = \frac{1}{d_o} + \frac{1}{d_{i_L}} = \frac{1}{0.25\,\text{m}} - \frac{1}{0.75\,\text{m}} = \frac{2}{0.75\,\text{m}} = +2.7\,\text{D}$$

$$P_R = \frac{1}{f_R} = \frac{1}{\text{d}_\text{o}} + \frac{1}{\text{d}_{\text{i}_\text{R}}} = \frac{1}{0.25\,\text{m}} - \frac{1}{1.0\,\text{m}} = \frac{3}{1.0\,\text{m}} = +3.0\,\text{D}$$

예상한 바와 같이 왼쪽 눈의 렌즈가 다 작은 도수를 갖는다.

보충문제 : 실수로 왼쪽 눈과 오른쪽 눈의 자료를 바꾸어 렌즈를 가공하였다. 실수로 제작된 렌즈를 각각 착용한다면 25 cm에 있는 물체의 상은 어떻게 될까?

시력의 결함으로 자주 나타나는 또 다른 예로는 난시를 들 수 있다. 이것은 각막이나 수정체 렌즈의 굴곡면(표면)이 정확히 원이 되지 않기 때문에 나타난다. 따라서 이 눈은 면에 따라 서로 다른 초점거리를 갖는다(그림 25.4a). 따라서 점이 선으로 보일 수도 있고, 선은 한쪽 방향으로는 선명하게 보이지만 다른 방향으로는 흐리게 보이거나 두 방향의 선이 모두 흐리게 보일 수도 있다. 난시의 검사는 그림 25.4b에 나타나 있다.

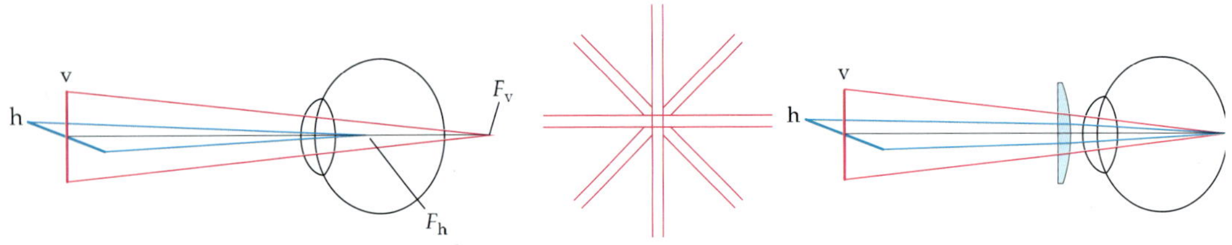

(a) 교정되지 않은 난시 (b) 난시 검사 (c) 렌즈로 교정된 난시

▲ **그림 25.4 난시**

눈에서 굴절을 일으키는 부분이 구형이 아닌 불완전한 형태가 되면 그 렌즈는 위치에 따라 초점거리가 다를 수 있다.

(a) 난시가 생기는 것은 수직면(빨간색)과 수평면(파란색)이 서로 다른 위치 F_v와 F_h에 초점을 만들기 때문이다.

(b) 난시로 고생하는 눈으로 볼 때에는 모든 선이 퍼져 보인다.

(c) 평볼록 원통렌즈(plano-convex cylindrical lens)와 같은 비구형 렌즈를 이용하여 난시를 교정한다.

난시는 각막이나 수정체의 경우 곡률이 작은 면에 더 큰 곡률을 갖는 렌즈를 이용하여 교정할 수 있다(그림 25.4c). 밝은 때에는 난시의 정도가 완화된다. 이것은 빛이 밝을 때에는 눈의 동공이 작아지기 때문에 빛은 각막의 가장자리는 통과하지 못하고 광축(axis) 근처의 빛만이 눈을 통과하기 때문이다.

여러분들은 시력이 20/20이라는 것을 들어보았을 것이다. 분모는 정상인 눈으로 그 부호를 선명하게 볼 수 있는 거리를 나타낸다. 20/20(측정/정상)이라는 시력등급은 측정치는 눈이 완전히 정상이라는 것을 나타내며, 이것은 20 ft 떨어져 있는 표준 크기의 문자를 정상의 눈과 같이 선명하게 볼 수 있다는 것을 나타낸다.

25.2 현미경

■ 확대기(간단한 현미경)

확대기는 간단한 볼록렌즈로서 근점보다도 더 가까이 있는 물체의 상이 선명하게 맺히도록 한다(그림 23.13b). 이와 같이 물체가 근점보다도 가까이 있을 때 물체의 상은 큰 시야각을 이루고 그로인해 더 크게 보인다. 즉 확대된다. 이 렌즈는 상을 근점 뒤에 만들기 때문이 눈은 그 상에 초점을 맞출 수 있다. 즉 선명하게 볼 수 있다. 우리가 확대기를 이용할 때 확대기의 위치를 변화시켜 상이 선명하게 보이도록 한다.

그림 25.5에 나타낸 바와 같이 확대기를 쓰면 물체의 허상에 의해 만들어진 시야각이 훨씬 크다. 확대기를 통하여 관찰된 상의 확대정도는 이 각도에 의해 결정된다. 이 각도의 확대 정도를 그 확대기 또는 볼록렌즈의 배율이라 하며 m으로 표시한다. 이 각배율은 그 물체를 맨 눈으로 쳐다볼 때의 물체의 각크기(시야각, θ_o)와 확대기를 통하여 쳐다볼 때의 시야각(θ)의 비로 정의한다:

$$m = \frac{\theta}{\theta_0} \text{ 렌즈의 (각)배율} \tag{25.1}$$

(이 배율 m은 통상의 배율 M과 같다. 여기서 $M = h_i/h_o$로 높이의 배율을 나타낸다.)

최대의 각배율은 눈의 근점, 즉 $d_i = -25$ cm에 상이 있을 때 얻어진다. 왜냐하면

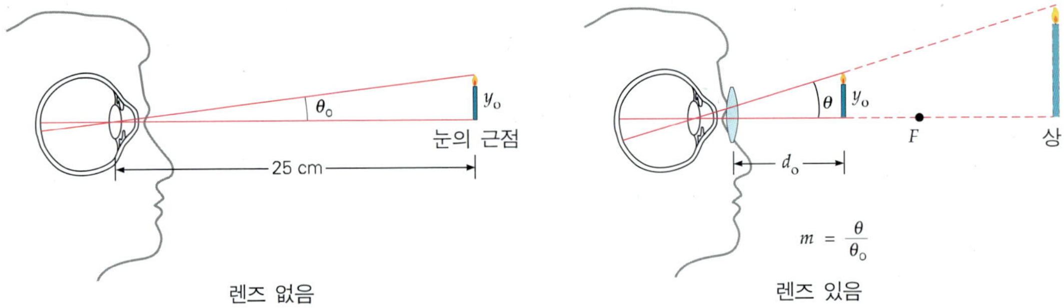

▲ **그림 25.5 각도의 확대**
렌즈의 각배율(m)은 렌즈를 통하여 본 물체의 각크기(시야각)와 렌즈없이 볼 때의 물체의 각크기(시야각)의 비이다: $m = \theta/\theta_o$

상이 선명하게 보이는 가장 가까운 곳이 근점이기 때문이다. (여기서 25 cm는 정상인 눈의 근점을 가정한 것이다. 그리고 음의 부호는 23장에서와 같이 상이 허상이기 때문에 붙인 것이다). 얇은 렌즈의 경우 적용되는 식 23.5를 이용하면 이에 상응하는 물체거리를 다음과 같이 구할 수 있다.

$$d_o = \frac{d_i f}{d_i - f} = \frac{(-25\ \text{cm})f}{-25\ \text{cm} - f}$$

또는

$$d_o = \frac{(25\ \text{cm})f}{25\ \text{cm} + f} \tag{25.2}$$

여기서 f는 cm로 표시된 렌즈의 초점거리이다.

따라서 최대의 배율은 식 25.1과 d_o를 이용하면 식 25.3을 얻는다.

$$m = 1 + \frac{25\,\text{cm}}{f} \quad \text{근점 25 cm에 상이 생겼을 때의 배율} \tag{25.3}$$

여기서 f는 cm로 표시된 렌즈의 초점거리이다. 따라서 초점거리가 짧은 렌즈일수록 확대배율이 커진다.

예제 25.3 ■ 확대기의 배율

샬록홈즈가 초점거리가 12 cm인 볼록렌즈를 이용하여 범죄현장에서 발견된 의류의 섬유를 관찰한다. (a) 이 렌즈로 얻을 수 있는 최대 배율은 얼마인가? (b) 눈을 편안하게 하고 관찰할 때의 배율은 얼마인가?

풀이

- 주어진 값 : $f = 12$ cm
- 구하는 값 : (a) m (d_i는 근점)
  (b) m ($d_i = \infty$)

식 25.3과 25.4를 이용하여 문제를 풀 수 있다. (a) 문제의 경우에는 최대 확대 배율을 계산하는 것으로서 식 25.3을 유도할 때 언급한 바와 같이 렌즈에 의해 생긴 허상이 눈의 근점에 생성되는 경우이며, (b)의 문제는 렌즈에 의해 생긴 상이 무한대에 생기는 경우로 식 25.4를 유도할 때의 경우이다.

(a) 근점이 25 cm라 가정하면 식 25.3으로부터

$$m = 1 + \frac{25\ \text{cm}}{f} = 1 + \frac{25\ \text{cm}}{12\ \text{cm}} = 3.1\times$$

(b) 상이 멀리 생기는 경우의 확대 배율을 나타내는 식 25.1로부터 유도된

$$m = \frac{25}{d_o} \quad (25.4)$$

로부터 물체를 초점거리에 두면

$$m = \frac{25\ \text{cm}}{f} = \frac{25\ \text{cm}}{12\ \text{cm}} = 2.1\times$$

25.3 망원경

망원경은 거울과 렌즈의 광학적 원리를 이용하여 멀리 있는 물체를 관측하는 것이다. 망원경을 이용한 지상이나 천체를 관측하기 위해서 사용되는 망원경들의 경우 물체에 따라서는 매우 자세하게 관찰할 수도 있으며, 멀리 있는 물체의 존재를 흐릿하게 확인하는 수도 있다. 망원경에는 굴절망원경과 반사망원경의 두 가지 형태가 있으며 이들은 빛을 모으고 수렴시킬 때 렌즈를 사용하느냐 아니면 거울을 이용하느냐에 따라 구분된다.

■ 굴절망원경

굴절망원경의 원리는 현미경의 원리와 비슷하다. 굴절망원경에서 중요한 부품으로는 그림 25.6에 나타낸 바와 같이 대물렌즈와 대안렌즈를 들 수 있다. 대물렌즈는 긴 초점거리를 갖는 큰 볼록렌즈이며, 이동이 가능한 대안렌즈는 비교적 작은 초점거리를 갖는다. 멀리 떨어져 있는 물체로부터 들어오는 빛은 평행광선이기 때문에 물체의 상(I_o)이 대물렌즈의 초점거리(F_o)에 생긴다. 대안렌즈는 이 상을 관찰하는 것이다. 대안렌즈를 움직여 이 상이 대안렌즈의 초점(F_e) 바로 안으로 들어오게 하면

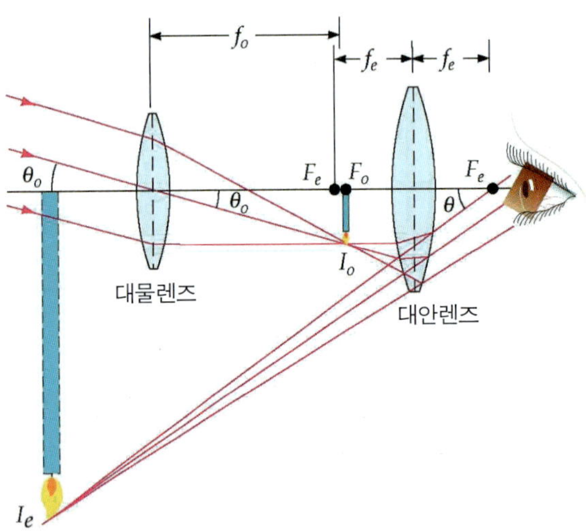

▲ **그림 25.6 굴절 천체망원경**

천체망원경의 경우 멀리 떨어진 물체로부터 온 빛은 대물렌즈의 초점에 임시로 상(I_o)을 만든다. 대안렌즈를 움직여 이 상이 대안렌즈의 초점(F_e) 바로 안에 위치하도록 하면 관측자는 대안렌즈에 의해 아주 멀리 떨어진 곳(그림에서는 보여주기 위해 약간 과장하여 가깝게 그렸다)에 생긴 확대된 상을 본다.

매우 확대된 도립허상(I_e)이 생기고 이것이 관측자에게 보이는 것이다.

눈이 편안한 상태에서 관측하기 위해서는 대안렌즈를 움직여 상(I_e)이 대안렌즈로부터 멀리 떨어져 생기도록 한다. 즉 대물렌즈에 의해 생긴 상(I_o)이 대안렌즈의 초점(F_e) 바로 안에 오도록 한다. 그림 25.6에 나타낸 바와 같이 두 렌즈 사이의 거리는 두 렌즈의 초점거리의 합($f_o + f_e$)으로 이것이 망원경의 광경통 길이가 되는 것이다. 따라서 최종 상이 눈으로부터 멀리 생기는 굴절망원경의 배율은 다음과 같다.

$$m = -\frac{\mathrm{f_o}}{f_\mathrm{e}} \quad \text{굴절망원경의 배율} \tag{25.4}$$

여기서 음의 부호는 23.3장에서 다룬 바와 같이 최종 생기는 상이 도립상임을 표시하기 위해 들어간 것이다. 따라서 배율이 큰 망원경을 만들기 위해서는 대물렌즈의 초점거리를 가능한 한 최대로 만들고, 대안렌즈의 초점거리는 가능한 한 줄이는 것이다.

지상망원경의 경우에는 대안렌즈로 오목렌즈를 이용하였다. 이러한 지상망원경은 갈릴레오(Galileo)에 의해 1609년에 처음으로 제작되었기 때문에 갈릴레오 망원경이라 한다. 대물렌즈에 의해 생긴 실상이 대물렌즈의 왼쪽에 생기고, 상은 대안렌즈에서 보이는 허상이 되는 것이다. 관측자는 확대되고, 똑바로 선 허상을 보게 된다.

■ 반사망원경

굴절망원경이 가지는 이런 문제들은 반사망원경을 사용하면 어느 정도 해결할 수 있다. 반사망원경은 타원형의 곡률을 갖는 매우 큰 오목거울(그림 25.7a)을 이용한다. 타원형의 곡률을 갖는 거울은 구면수차가 나타나지 않는다. 그리고 빛은 거울 표면에서 반사되기 때문에 품질이 좋은 유리가 필요하지 않다. 즉 한 표면만 가공, 연마한 후 코팅만 하면 된다.

이같이 반사망원경이 굴절망원경에 비해 장점이 있긴 하지만, 반사망원경 또한 단점이 있다. 큰 렌즈에서와 같이 큰 거울은 또한 자체의 중량이 크기 때문에 주저앉거나 휘게 될 수 있다. 그리고 큰 중량의 거울을 복잡하게 지지해야 하기 때문에 지지대 등이 거대해지기 때문에 설치비용이 증가한다.

마지막으로 모든 망원경이 가시광선의 영역만을 관측하는 것은 아니라는 적외선 영역의 빛을 관측하는 적외선 망원경도 이용되고 있다.

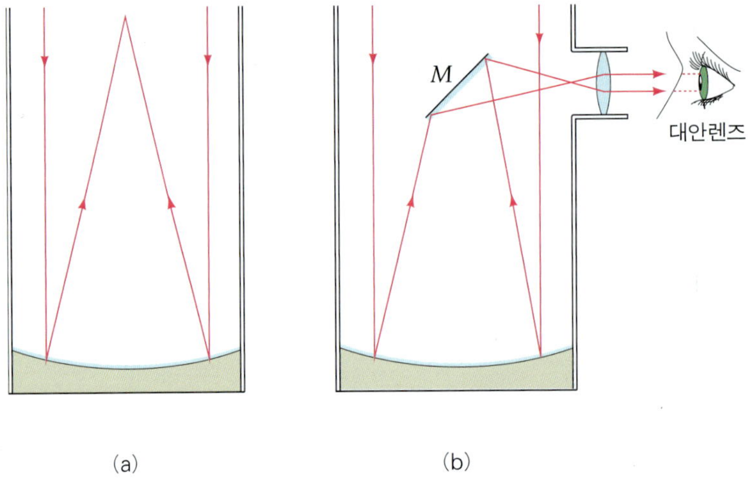

▲ 그림 25.7 반사망원경
망원경에 오목거울을 사용하여 멀리 있는 물체의 상이 맺도록 빛을 수렴한다.
(a) 상이 주초점에 맺힌다.
(b) 뉴턴식 반사망원경으로 오목거울의 주초점에 작은 거울이나 렌즈를 사용하여 멀리 있는 물체의 상을 맺도록 한다.

25.4 굴절과 분해능

빛의 회절현상 때문에 현미경이나 망원경을 이용하여 근접한 두 물체를 구별하는 데에는 한계가 있다. 이런 효과는 폭이 w인 좁은 슬릿으로부터 멀리 떨어져 있는 두 광원이 있을 때를 생각하면 이해할 수 있다. 두 광원은 서로 다른 두 개의 별을 나타낸다 할 수 있다. 회절이 일어나지 않는다면 두 광원의 상은 2개의 밝은 점으로 스크린상에 나타날 것이다. 24.3절에서 배운 바와 같이 슬릿에서는 빛의 회절이 일어나기 때문에 스크린상에 나타나는 상은 중앙이 밝고 양쪽으로 갈수록 밝고 어두운 것이 교대로 나타나면서 점차로 어두워지는 상이 나타날 것이다. 만약 두 광원 사이의 거리가 작다면 중앙의 밝은 부분이 서로 중첩되어 각각의 상을 구별할 수 없다. 두 광원을 구별하기 위해서는 가운데의 밝은 부분이 구분될 수 있도록 최소한 어느 정도는 떨어져 있어야 한다.

일반적으로 두 광원의 상을 구별하려면 한 광원으로부터 나타난 중앙의 밝은 부분이 다른 회절무늬의 첫 번째 어두운 부분 이상으로 떨어져 있어야 한다. 두 상을 구별하기 위한 이 분해능조건은 영국의 물리학자인 레일리(Rayleigh)경(1842~1919)에 의해 제안되었기 때문에 레일리 조건이라 한다.

> 두 상을 구별하기 위한 조건은 한 상의 중앙에 생긴 가장 밝은 부분이 다른 상의 중앙으로부터 가장 가까이 있는 어두운 부분의 중앙과 같아야 한다.

레일리 조건은 식 25.5로 표시 된다.

$$\theta_{\min} = \frac{1.22\lambda}{D} \text{ (원형구경의 장애물의 경우 분해할 수 있는 최소각)} \quad (25.5)$$

여기서 D는 구경의 지름이고 $\theta_{\min}$은 역시 라디안으로 표시된다. λ는 관측하는 광원의 파장이다.

$\theta_{\min}$이 작으면 작을수록 분해능이 더 우수하다. 이것은 우리가 망원경의 경우 분해능 향상을 위해 큰 렌즈나 거울을 사용하는 또 다른 이유이다.

현미경의 경우에는 두 광원 사이를 실질적으로 분리하는 최소간격(s)으로 나타내는 것이 더 편리하다. 현미경의 경우 시편은 대물렌즈의 초점에 근접해 있기 때문에 $s = f\theta_{\min}$ 이므로 $\theta_{\min}$는 다음과 같이 근사할 수 있다.

$$s = f\theta_{\min} = \frac{1.22\lambda f}{D} \text{ 현미경의 분해능} \quad (25.6)$$

두 점 사이의 최소거리 s는 그 두 점의 상을 겨우 구별할 수 있는 최소간격으로 그 현미경의 분해능이라 한다.

25.5 색

일반적으로 물리량은 재현 가능한 절대치의 값을 가져야 한다. 예로 어떤 전자기파를 말하면 그 파의 파장과 진동수가 결정된다. 그러나 이 전자기파의 색상은 사람마다 서로 다르게 인식된다. 우리가 어떻게 전자기파를 보느냐 하는 것이 색각(color vision)이다.

■ 색 각

색은 눈의 망막에 있는 원추형의 원추세포에서 그 빛에 의해 나타나는 생리학적 반응으로 감지된다(많은 동물은 이 원추형의 세포가 없기 때문에 흑백의 세상에서만 산다). 이 원추세포는 주파수가 약 7.5×10^{14} Hz와 약 4.3×10^{14} Hz 사이인 빛(파장은 400~700 nm인 빛)에 민감하게 반응한다. 빛의 진동수에 따라서 다르게 나타나는 신호는 뇌에 의하여 서로 다른 색으로 인식된다. 특정주파수의 빛을 어떤 색으로 인지하는가는 사람마다 다르고 차이가 있다. 소리에서의 음의 높낮이를 느끼는 것과 같이 빛의 색상을 느낄 수 있다.

원추세포에는 세 종류가 있으며, 이들은 각각 가시광선 영역의 세 가지 빛(빨강 : red, 초록 : green, 파랑 : blue) 영역 그림 25.9와 작용하는 것으로 알려져 있다. 아마 이들은 각각 서로 특정 영역의 진동수를 갖는 빛을 흡수하고 이들 세 가지가 합쳐진 것을 뇌가 특정한 색상으로 감지하도록 하는 것으로 여겨진다. 예를 들어 빨간색에 작용하는 원추세포와 초록에 작용하는 원추세포가 동등하게 작용하여 합쳐진 신호를 만들면 뇌는 그 신호를 노란색으로 인식한다. 그러나 빨간색에 작용하는 원추세포가 초록에 작용하는 원추세포보다 강하게 작용하여 생긴 신호는 오렌지색으로 감지될 것이다. 색맹의 경우에는 세 가지의 원추세포 중 하나나 두 개가 없거나 작용하지 않는다. 눈이 가장 민감하게 볼 수 있는 빛의 파장은 약 550 nm로 노란색과 초록 사이의 빛이다.

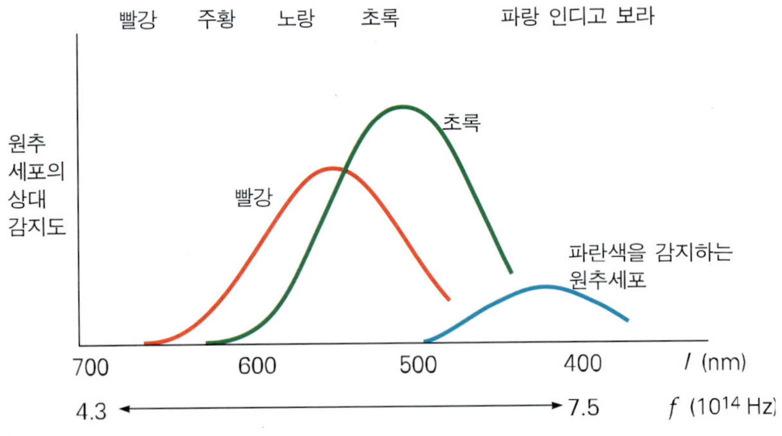

▲ **그림 25.8 원추세포의 감지도**

사람 눈의 망막에는 서로 다른 색에 대해 다르게 반응하는 원추세포가 있지만 일반적으로 그 반응을 크게 빨강, 초록, 파랑으로 나누어 보고 있다.

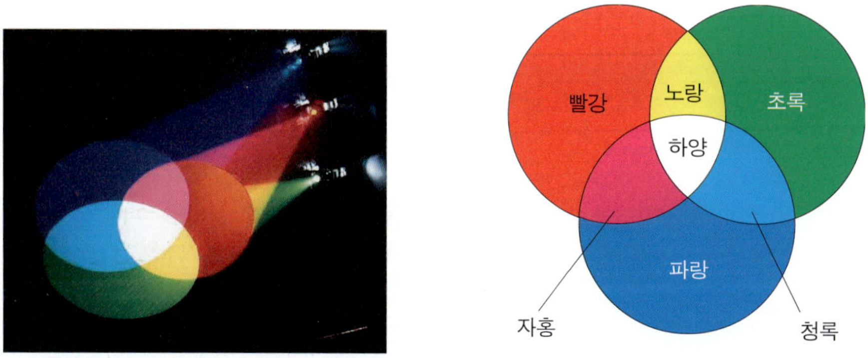

(a) (b)

▲ **그림 25.9 색의 가색혼합법**
일차색인 빨강, 파랑, 초록색 빛을 흰 스크린에 투사하면 다른 색을 만들어내는데 혼합된 이들 색의 개개의 강도 비율에 따라 대부분의 색을 만들어 낼 수 있다.

색각에 대한 현재의 이론은 다음과 같은 실험적 사실현상에 기초하고 있다. 즉 빨간색, 초록, 및 파란색의 빛을 강도를 서로 달리하면서 배열하면 다른 모든 색의 빛이 나타난다. 따라서 모든 종류의 색의 기초가 되는 빨간색, 파란색 및 초록을 가색 가능한 빛의 삼원색이라 한다. 그림 25.9에서와 같이 세 가지의 빛을 흰 스크린에 쪼여 서로 겹치게 하면 새로운 색이 보인다. 이러한 것을 색을 만들어내는 가색법이라 한다. 빛의 삼원색인 빨강, 파랑, 초록 세 가지의 색을 방출하는 인광물질로 이루어진 삼색의 도트를 삼각형 모양으로 배열하여 컬러텔레비전의 화면에는 상의 색상을 만든다.

그림 25.9에서 삼원색의 어떤 조합으로 빛을 혼합하면 흰색이 나타난다. 또한 서로 다른 두 색을 섞어도 흰색으로 나타나는 여러 쌍의 색깔들이 있다. 이런 색의 쌍들을 서로 보색관계에 있다고 한다. 파란색의 보색은 노란색이며, 빨간색의 보색은 청록(cyan)색이며, 초록의 보색은 자홍(magenta)색이다. 그림에 나타낸 바와 같이 삼원색 중 한 색의 보색은 삼원색 중 다른 두 색의 빛을 혼합하여 생긴 색이다. 따라서 삼원색 중의 한 색과 그 색의 보색을 합치면 흰색이 나타난다.

연습문제

1. 각막의 형상이 불완전하면 어떤 현상이 나타나는가?
   (a) 난시 (b) 근시
   (c) 원시 (d) 이들 모두

2. 인간눈의 수정체는 근육에 의해 초점거리가 변한다. 멀리 있는 물체를 바라볼 때에는 렌즈의 곡률반경이 다음 중 어떤가?
   (a) 크다 (b) 작다
   (c) 평평하다 (d) 이들 모두 아니다.

3. 망막에 생긴 상의 설명으로 옳은 것은?
   (a) 도립상이다. (b) 정립상이다.
   (c) 물체의 크기와 같다. (d) 이들 모두 옳다.

4. 현미경은 (a) 확대배율에 제한이 없다. (b) 같은 초점 거리를 갖는 두 렌즈를 이용한다. (c) 오목렌즈를 대물렌즈로 이용한다. (d) 비교적 작은 초점거리를 갖는 렌즈를 대물렌즈로 이용한다.

5. 망원경은 (a) 확대배율에 제한이 없다. (b) 같은 초점거리를 갖는 두 렌즈를 이용한다. (c) 비교적 초점거리가 큰 렌즈를 대물렌즈로 이용한다. (d) 비교적 작은 초점거리를 갖는 렌즈를 대물렌즈로 이용한다.

6. 원형의 조리개를 가지고 있는 망원경의 분해능각도는 (a) 파란색보다는 빨간색의 경우 크다. (b) 빛의 진동수에 무관하다. (c) 조리개의 반경에 비례한다. (d) 조리개의 면적에 무관하다.

7. 백색의 빛이 파란색 필터와 노란색필 터를 통과하면 어떤 색의 빛이 나올까?
   (a) 파란색 (b) 노란색
   (c) 빨간색 (d) 초록

8. 초점거리가 20 cm인 볼록렌즈와 초점거리가 −50 cm인 오목렌즈의 도수는 각각 얼마인가?

9. 근시인 눈의 원점은 200 cm이다. 이 눈을 교정하기 위해서는 어떤 렌즈를 콘택트렌즈로 이용해야 하나. 그리고 렌즈의 도수는 얼마인가?

10. 근점이 0.95 m인 눈을 갖고 있는 사람이 콘택트렌즈를 쓰고 나서 25 cm에 있는 신문을 읽을 수 있게 되었다. 이 렌즈의 도수는 얼마인가?

11. 어떤 학생이 초점거리가 15 cm인 볼록렌즈를 이용하여 작은 눈금을 읽으려 한다.
    (a) 확대 배율을 최대로 하기 위해서는 상이
        (1) 근점에
        (2) 먼 곳에
        (3) 아무데나 오도록 해야 한다. 그리고 그 이유를 설명하여라.
    (b) 근점에 상이 맺히면 상의 배율은 얼마인가, 또 눈으로는 어떻게 보일까?

26

상대론

상대론은 빛의 속력에 근접하는 속력을 포함한 물리현상의 분석에서 유래되었다. 사실 현대상대론은 우리들로 하여금 공간, 시간 그리고 중력에 대해 다시 생각하게 만들었고 약 250년 동안 과학을 지배해 온 뉴턴의 개념들에 성공적으로 도전하였다. 상대론이 미친 영향은 원자핵과 입자물리학의 아원자 영역(29장과 30장), 또 다른 영역은 우주론적 영역에 막대한 영향을 미치었다. 특히 우주의 탄생, 진화 그리고 우주의 종말에 관한 모든 현대이론은 상대론의 이해와 밀접하게 연관되어 있다. 26장을 소개하는 첫 번째 쪽에 실린 사진은 바로 중력장에 의한 빛의 휘어지는 현상으로 발현된 아주 멀리 떨어져 있는 천체의 영상으로 끊어진 둥그런 원호로 나타나 있다.

이장에서는 매우 빠르게 움직이는 물체에 대해서 관측된 시간과 길이의 변화, 에너지-질량의 등가 그리고 중력에 의한 빛의 휘어짐을 아인슈타인의 상대론이 어떻게 설명하는지 배우게 될 것이다. 이 현상들은 고전적인 뉴턴의 관점에서는 설명할 수 없는 현상들이다.

26.1 고전상대론과 마이켈슨-몰리 실험

우리는 자연 현상의 어떤 측면은 일관성이 있고 변하지 않는다고 본다. 즉, 자연이 따르는 근본원리는 일관성이 있어야 하고 물리원리는 관측에 따라 변화하지 말아야 한다. 그러므로 물리법칙은 시간이 경과해도 유효해야 하고 모든 관측자에게 동일해야 한다. 이 말은 물리원리나 법칙은 관측자의 기준계에 의존하지 말아야 함을 의미한다.

측정이나 실험을 행할 때 흔히 정지한 것으로 간주되는 실험실을 기준으로 기준계를 정한다. 실험실에서 행한 실험과 실험실에 대해 상대적으로 움직이고 있는 행인에 의해 관측된 같은 실험을 상상해 보자. 실험에서 그들이 얻은 결과와 내재된 물리원리가 동일함을 발견해야 한다. 측정된 물리량은 변할 수 있고 또 표현이 다를 수 있지만 이 물리량이 지켜야 하는 법칙은 모든 관측자에 대해 동일해야 한다.

여러분은 정지하고 있을 때 같은 방향으로 곧은 길을 따라 60 km/h와 90 km/h의 속력으로 움직이는 두 대의 자동차를 상상해 보자. 이 속력은 당신의 기준계—즉 지표면—에 대해 상대적으로 측정된 것이다. 그러나 60 km/h의 속력으로 움직이는 자동차에 탄 여성은 또 다른 자동차가 그녀의 기준계—그녀가 타고 있는 자동차—에 대해 30 km/h의 속력으로 움직인다고 관측할 것이다. (90 km/h의 속력으로 움직이는 자동차에 탄 관측자는 무엇을 관측할 것인가?) 즉, 각자는 그이 또는 그녀 자신의 기준계에 대한 속도–상대적인 속도–를 관측한다.

상대속도를 측정함에 있어 참으로 정지한 기준계는 없는 것 같다. 관측자가 어떤 기준계와 같이 움직이고 있다면 그 기준계는 정지한 것으로 간주할 수 있다. 그러나 우리는 관성기준계와 비관성기준계를 구별할 수 있다. 관성기준계란 뉴턴의 제1법칙이 지켜지는 기준계이다. 즉, 관성기준계에서 알짜힘을 받지 않는 물체는 가속되지 않는다. 뉴턴의 제1법칙이 이 기준계에서 성립되기 때문에 제2법칙($\vec{F}_{net} = m\vec{a}$)도 역시 성립한다.

역으로 비관성기준계(관성기준계로부터 측정되었을 때 가속되는 기준계)에서 물체에 작용하는 알짜힘이 없으면 물체가 가속되는 것으로 보인다. 그러나 물체가 아니고 기준계가 가속됨에 유의하라. 비관성기준계로부터 측정이 이루어지면 뉴턴의 제 2법칙은 정확히 운동을 기술하지 못할 것이다. 비관성기준계의 좋은 예가 정지 상태로부터 가속되는 자동차이다. 자동차의 비관성기준계에서 볼 때 (마찰이 없는) 계기판위의 컵은 어떤 힘이 작용하지 않아도 뒤쪽으로 가속되는 것으로 나타난다.

관성기준계에 대해 일정한 속도로 움직이는 어떤 기준계도 그 자체가 관성기준계이다. 일정한 상대속도가 주어지면 한 기준계를 다른 기준계와 비교할 때 가속효과는 나타나지 않는다. 즉, 뉴턴의 제 2법칙이 두 기준계 모두에서 성립된다. 따라서 적어도 역학법칙에 대해 특정한 관성기준계가 더 선호되지는 않는다. 이것을 고전 상대론의 원리 또는 뉴턴 상대론의 원리라고 부른다.

> **역학의 법칙은 모든 관성기준계에서 동일하다.**

■ 절대기준계 : 에테르

1800년대 전기학과 자기학 이론의 발달과 함께 심각한 질문이 대두되었다. 맥스웰은 빛은 진공 중에서 $c = 3.00 \times 10^8$ m/s의 속도로 진행하는 전자기파의 한 종류라는 것을 예언하였다. 그러나 빛은 어떤 기준계에 대해 이 속도를 가지는가? 고전적으로 이 속도는 다른 기준계에서 측정되었을 때 다를 것으로 예측되었다. 예를 들어, 당신이 고속도로에서 당신에게 접근하는 다른 자동차의 경우와 유사하게 당신이 빛에 접근하게 되면 빛의 속도는 $c = 3.00 \times 10^8$ m/s보다 더 크게 측정될 것이다.

고전적인 상대론에 의하면 빛의 속도는 관측자의 기준계에 따라 어떤 값도 가질 수 있다.

뉴턴의 상대론이 옳다고 하면 $c = 3.00 \times 10^8$ m/s라는 특정한 광속은 다른 파동과 유사하게 어떤 고유한 기준계에 대한 것이라는 결론에 도달한다. 따라서 빛에 대한 고유한 기준계를 가정하는 것은 지극히 당연한 것으로 여겨진다. 지구는 태양과 먼 곳의 별로부터 빛을 받으므로 빛에 대해 투명한 매질이 전 우주를 꽉 채우고 있다고 생각할 수 있다. 이 매질을 발광에테르, 간단히 에테르라고 부른다.

검출할 수 없는 이 에테르의 개념은 19세기 후반에 보편적인 것이었다. 우리들이 전자기파에 대해 이해를 할 수 있도록 기초를 쌓은 맥스웰(20장)은 다음과 같은 그의 글에서 보듯이 에테르와 비슷한 물질의 존재를 확신했다.

에테르의 구성에 관한 일관된 개념을 갖기에 어떤 어려움이 있더라도 우주와 태양계 공간이 비어 있지 않고 우리가 알고 있는 아마도 가장 크고 균일한 물체 또는 물질로 채워져 있다는 것은 의심할 여지가 없다.

그러면 맥스웰 방정식(빛의 전파를 기술하는 전자기학 이론의 기초, 20.4절을 참고하라)은 역학의 법칙과는 달리 같이 뉴턴의 상대론을 만족시키지 못한다. 앞에서의 토의를 기초로 선호되는 기준계가 있을 것 같으며 −절대적으로 정지해 있는 것으로 생각할 수 있는 것−그것이 에테르이다.

이것이 19세기 말에 일어난 상황인데 이때 과학자들은 그들이 새로운 차원의 물리세계를 개발하거나 또는 확실하다고 생각되어지는 원리의 결함에 대한 연구를 착수해야 했다. 이러한 상황을 해결하고자 하는 첫 번째 시도 중 하나가 에테르의 존재를 증명하는 것이었다. 이것은 유명한 마이켈슨−몰리(Michelson-Morley)가 시도한 실험이다. 이들은 가상적 에테르에 대한 지구의 속도를 결정할 수 있는 실험 장치를 고안했고 그 장치를 이용해 빛의 속력변화를 측정하고자 했다. 그러나 결론적으로 그들은 에테르의 가정을 만족 시키는 실험결과를 얻지 못했다.

26.2 특수상대론의 가설과 동시성의 상대론

에테르를 검출하고자 한 마이켈슨−몰리 실험의 실패는 과학계를 곤경에 빠뜨렸다. 뉴턴 역학과 전자기학이론의 불일치는 설명 되지 못하고 있었다. 빛이 매질이

▲ 그림 26.1 아인슈타인과 마이켈슨
1931년 캘리포니아의 파사데나에서 열린 학회에서 찍은 마이켈슨(사진의 왼쪽)과 아인슈타인

없이 진행할 수 없다는 믿음을 아인슈타인에 의해 깨트렸고 그것은 곧 상대론의 기초가 되는 두 가지 가설이다.

상대론이 기초한 두 가설 중 첫 번째는 뉴턴 상대론의 확장(일반화)이다. 아인슈타인의 상대성 원리는 전기학과 자기학의 법칙을 포함해서 모든 물리법칙에 적용된다.

가설 I(상대성 원리) : 모든 관성기준계에서 모든 물리법칙은 동일하다.

이 가설은 모든 관성기준계는 물리적으로 동등하다는 것을 의미한다. 즉, 역학법칙이 아닌, 모든 물리법칙은 모든 관성기준계에서 같다. 그 결과 관성기준계 안에서만 실시된 어떠한 실험으로도 그 기준계에 있는 관측자는 그 기준계의 운동을 검출할 수 없다. 즉, 절대기준계는 없다.

아인슈타인의 두 번째 가설은 광속에 관한 것이다. 뉴턴의 상대론에 따르면 빛의 속도는 어떤 값도 가질 수 있다는 것을 상기하자.

전자기파와 같은 기준계에서 전기장과 자기장 벡터는 시간에 따라 변하지 않는다. 그러나 맥스웰의 이론에 따르면 전기장과 자기장의 시간에 따른 변화가 빛의 전파에 핵심적인 것이다(20.4절에서 시간에 따른 장(field)과 전가기파에 대한 논의를 상기하라). 따라서 정지한 장은 빛의 전파와 모순된다.

이와 같은 모순을 피하기 위해 아인슈타인은 그의 두 번째 가설을 발표하였는데, "빛의 속도 불변성"이라고 불리며 다음과 같다.

> 가설 II(빛의 속도 불변성) : **진공에서 빛의 속도는 모든 관성기준계에서 같은 값을 가진다.**

이 두 가설이 아인슈타인의 특수상대론의 기초이다. “특수”는 특수상대성 이론이 관성기준계의 특수한 경우만 취급한다는 것을 의미한다. 나중에 다룰 일반상대성 이론은 비관성기준계 또는 가속기준계와 같은 일반적인 경우를 취급한다.

두 번째 가설은 첫 번째 가설이 성립되기 위한 핵심이고 마이켈슨–몰리 실험이 아무런 결과를 얻지 못한 것과 일치한다. 절대기준계를 제거함으로써 아인슈타인은 역학과 전자기학의 근본차이를 확실하게 조정하였다. 그렇게 해도 두 번째 가설은 상식에 반하는 것 같다. 그러나 대부분의 사람들이 빛의 속도에 가까운 속도를 다룬 경험이 없음을 상기하라.

■ 동시성의 상대성

일상생활에서 당신에게도 동시에 일어나는 두 사건이 모두에게도 동시에 일어날 것이라고 믿는다. 즉, 우리는 동시성의 개념을 절대적이라고 믿는다. 무엇이 더 확실한 것일까? 동시사건은 같은 시간에 일어나고, 모든 관측자에게 같지는 않을까? 그 답은 아니라는 것이다. 그러나 빛의 속도에 가까운 상대속도에 대해서 그렇지 않다는 것이다. 사실상 일상의 속도에서는 동시성에 관한 불일치는 너무 작아 관찰할 수 없다.

> **어떤 관성기준계에서 동시에 일어난 사건은 다른 관성기준계에서 동시에 일어나지 않을 수 있다.**

이 같은 사고실험은 아인슈타인으로 하여금 동시성이 절대개념이라는 것을 포기하도록 하였다.

26.3 길이와 시간의 상대성 : 시간지연과 길이수축

■ 시간지연

아인슈타인의 또 다른 사고실험은 다른 관성기준계에서 시간측정을 할 때 적합하다. 관성기준계에서 시간간격을 비교하기 위해 그림 26.2a의 광펄스시계를 고안하였다. 그림에서 보여주는 것처럼 두시계중 하나에 대해 정지하고 있는 관측자에 대해서 왕복여행에 대한 시간간격(Δt_o)은 진행한 전체거리를 빛의 속도로 나눈 것이다.

$$\Delta t_o = \frac{2L}{c} \tag{26.1}$$

모든 관측자에게 빛의 속도는 일정하므로 O에 있는 관측자가 측정하면 움직이는 시계의 빛은 그 경로를 가기 위해서 더 긴 시간을 소요한다. 즉 기준계 O에 있는 관측자에 대해 움직이는 시계는 더 늦은 속도로 똑딱이므로 시계는 늦게 된다. 시간의 관계를 알기위해 Δt에 대해 앞의 식을 풀면 다음과 같이 된다.

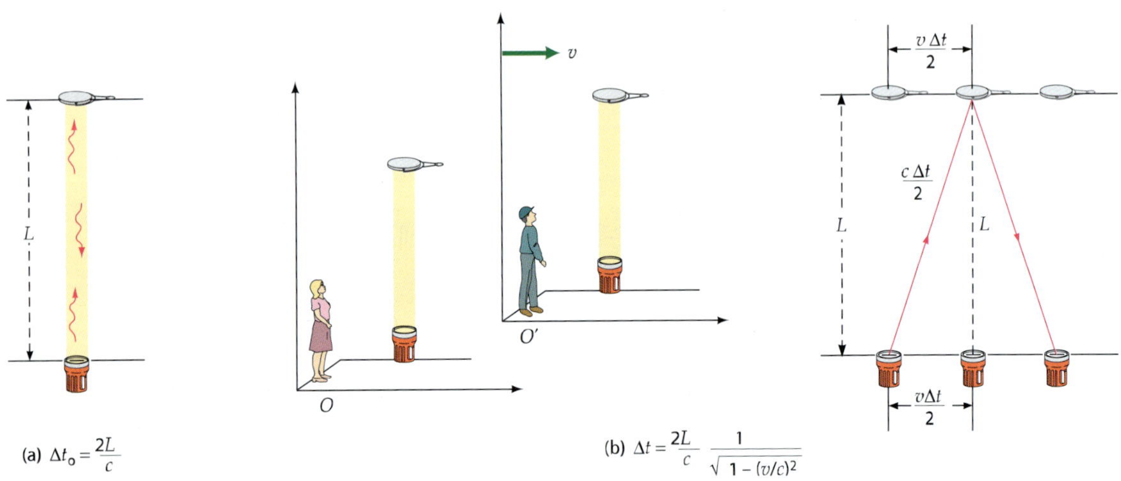

▲ 그림 26.2 시간지연

(a) 빛의 펄스가 일주하는 것을 한 단위로 하여 시간을 측정하는 광시계. 빛이 올라갔다 내려오는데 걸리는 시간은 $\Delta t_o = 2L/c$이다.

(b) O에서 관측자는 O' 상의 시계를 잴 때 이 시간 간격을 $\Delta t = (2L/c)(1/\sqrt{1-(v/c)^2})$로 측정한다. 그러므로 움직이는 시계는 O의 관측자에 대해 느리게 간다.

$$\Delta t = \frac{2L}{c}\left[\frac{1}{\sqrt{1-(v/c)^2}}\right] \tag{26.2}$$

여기서 Δt는 O의 관측자에 의해 측정된 O'시계의 시간 간격이다.

그러나 시계에 대해 정지하고 있는 관측자에 의해 측정된 시간은 $\Delta t_o = 2L/c$(식 26.1)이다. 두 식을 합치면 다음을 얻는다.

$$\Delta t = \frac{\Delta t_o}{\sqrt{1-(v/c)^2}} \quad \text{상대론적 시간지연} \tag{26.3}$$

$\sqrt{1-(v/c)^2}$이 1보다 작으므로(왜 그럴까?), $\Delta t > \Delta t_o$이다. 따라서 O의 관측자는 O'의 관측자가 O'의 시계로 측정한 간격(Δt_o)보다 같은 시계로 더 긴 시간 Δt를 측정한다. 이 효과를 시간지연이라고 한다. 똑딱거림의 더 긴 시간으로 O의 관측자에게 O'의 시계는 O의 시계보다 더 늦게 간다. 그 상황은 대칭적이고 상대적이다. O'의 관측자는 O의 시계가 O'의 시계보다 더 늦게 간다고 말할 것이다.

움직이는 시계는 관측자 자신의 기준계에서 정지하고 있는 시계보다 더 늦게 가는 것으로 관측된다.

이 효과는 모든 상대론적 효과와 마찬가지로 상대속도가 빛의 속도에 근접할 때만 중요하다.

$1/\sqrt{1-(v/c)^2}$을 다음과 같이 γ(그리스 문자, 감마(gamma)로 읽음)로 대치하면 상대론의 많은 수식은 더 간략하게 쓸 수 있다.

$$\gamma \equiv \frac{1}{\sqrt{1-(v/c)^2}} \tag{26.4}$$

γ는 항상 1보다 크거나 같다. (언제 1과 같게 되는가?) 역시 v가 c에 근접하게 되면 γ는 무한대에 접근한다.

■ 길이수축

물체에 대해 정지하고 있는 관측자("고유" 관측자)에 의해 측정된 물체의 길이는 가장 크다. 만약 물체가 관성기준계의 관측자에 대해 움직이고 있다면 그 관측자는 고유관측자가 관측한 길이보다 짧게 관측한다.

통상 이 효과는 빛의 속도보다 작은 속도에서는 완전히 무시할 수 있다.

두 지점에 대해 정지하고 있는 관측자에 의해 측정된 지점 간의 길이를 L_o로 표시하고 고유길이라고 한다. 고유길이(정지길이라고도 알려져 있다)는 가능한 가장 긴 길이이다. 고유라고 하는 단어는 각 관측자가 그들의 관점에서 정확히 측정하였으므로 측정의 정확도와는 아무 관련이 없다. 고유길이(정지길이라고도 알려져 있다)는 측정 될 길이의 가장 긴 길이를 의미한다.

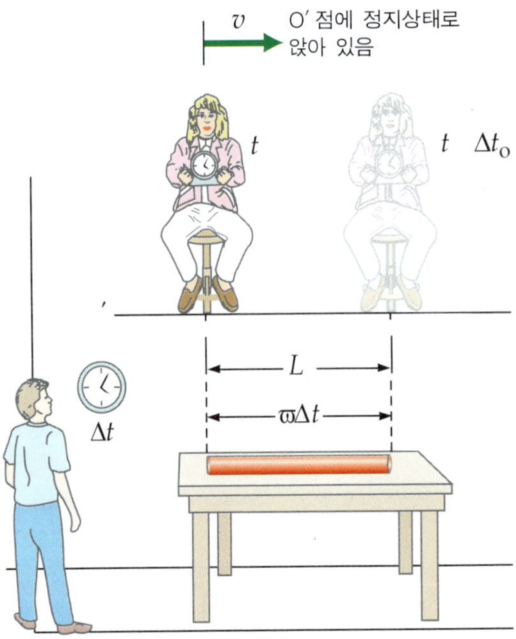

▲ 그림 26.3 길이수축의 유도

O에 있는 관측자는 O'의 관측자가 막대기 양끝을 통과하는데 걸리는 시간을 측정한다. 마찬가지로 O'에 있는 관측자는 그 스스로가 막대기 양끝을 통과하는데 걸리는 시간을 측정한다. O'에 있는 관측자를 "고유시간 관측자"라고 하는데 이들 두 사건 사이에 가장 짧은 가능한 시간을 측정하기 때문이다. 두 관측자에 의해 관측된 막대기의 길이는 같지 않다. O에 있는 관측자를 "고유길이"를 측정한 사람이라고 한다. 이 관측자가 가능한 가장 긴 길이를 측정하기 때문이다.

예를 들어 지구상에 관측자가 하늘에 있는 두 별사이의 거리를 측정했는데 그 측정한 거리가 L_o이다. 이 값을 고유길이라고 한다. 두 별사이를 속도v로 이동하는 우주선에 있는 관측자가 여행한 시간은 고유시간 Δt_o라고 한다면 앞에서 언급한 시간지연효과에 의해 $\Delta t_o = \Delta t/\gamma$이 된다. 따라서 Δt 동안 여행한 우주선이 이동한 거리는 지구의 관측자에게는 $v\Delta t$가 된다. 즉 $L_o = v\Delta t$ 이다. 속도 v로 두 별사이를 여행하는 우주선에 있는 여행자는 자신이 여행한 두 별사이의 거리를 L이라고 하면 $v\Delta t_o$가 된다. 여기에 시간 지연효과를 감안하면 $\Delta t = \gamma \Delta t_o$가 되고 따라서 우주인은 고유길이$L_o$가 $1/\gamma$ 축소된 거리 L을 여행했다고 느낀다. 이 같은 것은 항상 두 계의 운동방향이 같은 방향일 경우만 성립된다. 결과적으로 상대론적 길이 수축은 식 26.5로 나타낼 수 있다.

$$L = \frac{L_o}{\gamma} = L_o \sqrt{1-(v/c)^2} \qquad \text{상대론적 길이수축} \tag{26.5}$$

γ가 항상 1보다 그므로 $L < L_o$이다. 이 효과를 상대론적 길이수축이라고 한다.

26.4 상대론적 운동에너지, 운동량, 전체에너지 그리고 질량-에너지 등가

상대론에서 파생된 효과는 통상 입자의 속도가 빛의 속도에 근접하는 입자물리학에서 매우 중요하다. 이러한 속도에서 고전역학(낮은 속도의)의 많은 수식들이 부정확하다. 예를 들어 운동에너지는 고전역학에서 널리 사용되어 익숙한 $K = \frac{1}{2}mv^2$와는 다르다. 아인슈타인은 운동에너지는 속도에 따라 증가함을 보였으며 이 수식은 고전역학과는 다르다. 그는 속도 v로 움직이는 질량 m인 입자의 상대론적 운동에너지는 다음과 같음을 보였다.

$$K = \left[\frac{1}{\sqrt{1-(v/c)^2}} - 1\right]mc^2 = (\gamma - 1)mc^2 \quad \text{상대론적 운동에너지} \tag{26.6}$$

$v \ll c$일 때 이 식은 더 익숙한 $K = \frac{1}{2}mv^2$로 됨을 보일 수 있다. 식 26.6에 의하면 v가 c에 근접함에 따라 물체의 운동에너지는 무한대로 커진다. 다른 말로 물체

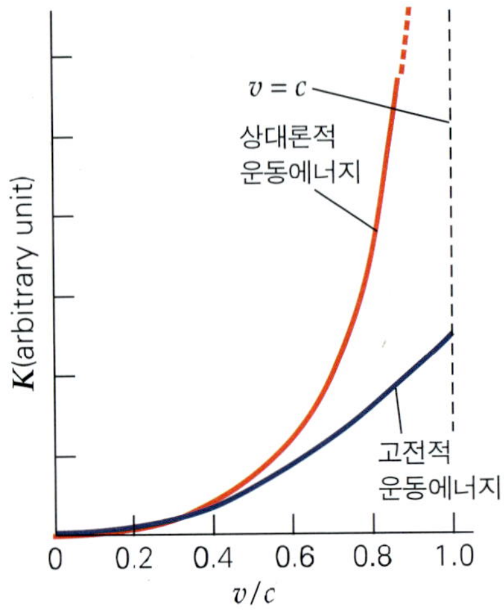

▲ 그림 26.4 **상대론적 운동에너지 대 고전적 운동에너지**
입자의 속력이 변함에 따라 상대론적으로 수정된 운동에너지와 고전적인 운동에너지의 그림을 그렸다. 고전적으로 표현된 그래프는 $0.2c$보다 작은 속력에선 상대론적인 것과 그리 큰 차이를 보이지 않는다. 입자의 속력이 c에 가까이 갈수록 차이는 커진다. 입자의 속력은 정확히 c의 값을 가질 순 없다. 운동에너지가 무한대가 되기 때문이다.

를 빛의 속도로 가속시키기 위해 무한대의 에너지 또는 일이 필요하며 실제 이것은 불가능하다. 따라서 어떤 물체도 빛의 속도보다 더 빠르거나 같게 움직일 수 없다.

입자 가속기는 하전입자를 매우 빠른 속도로 가속시킬 수 있다. 실험에서 측정된 이들 하전입자의 운동에너지는 식 26.6과 완벽하게 일치한다. 상대론적으로 정확한 운동에너지의 수식과 고전역학의 (낮은 속도에서의) 수식을 그림 26.4에 도식적으로 비교하였다. 그림에서 알 수 있듯이 낮은 속도에서는 상대론적 수식과 고전역학 수식이 일치한다.

■ 상대론적 운동량

운동에너지와 마찬가지로 물체의 운동량은 낮은 속도에서의 수식($\vec{p} = m\vec{v}$)과는 다르다. 운동량에 대한 수식은 다음과 같이 주어진다.

$$\vec{p} = \frac{m\vec{v}}{\sqrt{1-(v/c)^2}} = \gamma m\vec{v} \qquad \text{상대론적 운동량} \qquad (26.7)$$

운동량은 역시 벡터양이고 전체(벡터) 운동량은 적당한 조건 밑에서 보존된다.

■ 상대론적 전체에너지와 정지에너지 : 질량과 에너지의 등가

고전역학에서 물체의 전체 역학에너지는 운동에너지와 위치에너지의 합($E = K + U$)이다. 위치에너지가 없으면(즉, 자유로운 물체) 전체에너지는 모두 운동에너지이므로 이 식은 $E = K$로 된다. 그러나 아인슈타인은 그러한 물체의 상대론적 전체에너지는 다음과 같음을 보여주었다.

$$E = \frac{mc^2}{\sqrt{1-(v/c)^2}} = \gamma mc^2 \quad \text{상대론적 전체에너지} \tag{26.8}$$

따라서 상대론에 따르면 물체가 정지하고 있을 때 운동에너지는 없지만($K = 0$, $v = 0$), 여전히 mc^2의 에너지를 가진다. 물체가 항상 가지는 이 최소에너지를 정지에너지라고 하며 다음과 같이 주어진다.

$$E_o = mc^2 \qquad \text{정지에너지} \tag{26.9}$$

고전역학과는 달리 $v = 0$일 때 입자의 전체에너지는 0이 아니고, E_o이다. $K = (\gamma - 1)mc^2$이므로 입자의 전체에너지는 운동에너지와 정지에너지의 합으로 나타낼 수 있다. 상대론적 운동에너지에 관한 식 26.8은 다음과 같이 다시 나타낼 수 있다.

입자 전체에너지와 정지에너지의 관계는 식 26.8에서 mc^2을 E_o로 바꾸어 쓰면 얻을 수 있다.

$$E = \gamma E_o \tag{26.10}$$

다시 점검하자면 $v = 0$일 때 (즉, $K = 0$) 예상한 대로 $\gamma = 1$이고 $E = E_o$이다.

식 26.9는 아인슈타인의 유명한 질량–에너지등가를 나타낸다. 물체는 정지하고 있어도 에너지를 가진다. 즉, 정지에너지를 가진다. 결과적으로 질량은 에너지의 한 형태이다.

물체의 정지에너지 0.5%보다 작은 운동에너지 또는 광속의 10%보다 작은 속도에서 비상대론적 역학의 수식을 사용했을 때 오차는 1%보다 작으므로 이것이 고전역학 수식을 사용하는 기준으로 통상 인정된다.

예제 26.1 ■ **빠른 전자 : 가속하기 위해 필요한 에너지**

(a) 정지하고 있는 전자를 $0.900c$까지 가속시키기 위해 얼마나 많은 일을 해 주어야 하는가?

(b) 고전역학 수식을 사용하면 어느 정도의 오차가 생기는가?

생각요점 (a) 일-에너지 정리에 의해 필요한 일은 전자가 얻은 운동에너지와 같다. 초기 운동에너지가 없으므로 운동에너지의 증가는 최종 운동에너지와 같다. 우리가 본바와 같이 전자의 정지에너지는 0.511 MeV이다. 이 속도로부터 운동에너지는 식 26.6을 이용해 얻을 수 있다. (b) 여기서 우리는 고전역학의 운동에너지 식 $K=\frac{1}{2}mv^2$을 사용하고 (a)에서의 결과와 비교할 것이다.

풀이

자료는 다음과 같다.

- 주어진 값 : $v=0.900c$
  $E_o=0.5110$ MeV(앞의 설명에서)
- 구하는 값 : (a) W(필요한 일)
  (b) K(고전역학적 운동에너지)

(a) 상대론적 운동에너지는 식 26.8에 의해 주어진다.

$$K=(\gamma-1)mc^2=(\gamma-1)E_o$$

$v=0.900c$이므로 계산하면 $\gamma=2.29$이다.

$$K=(\gamma-1)E_o=(2.29-1)(0.511\text{ MeV})=0.659\text{ MeV}$$

따라서 0.659 MeV의 일이 $0.900c$의 속도로 전자를 가속시키기 위해 필요하다.

(b) 고전역학일지라도 많은 경우 다음과 같이 간단히 적용할 수 있다. 질량을 에너지의 항으로 구할 수 있다. 먼저 c^2을 곱하고 나중에 나누면 E_o을 사용할 수 있다. 시도해 보면 다음과 같다.

$$K_{\text{nonrel}}=\frac{1}{2}mv^2=\frac{1}{2}(mc^2)\left(\frac{v}{c}\right)^2=\frac{1}{2}(0.5110\text{ MeV})(0.900)^2=0.207\text{ MeV}$$

이 경우 고전역학적인 식으로 구한 운동에너지는 3배 정도 작다.

26.5 일반상대성 이론

특수상대성 이론은 관성기준계에만 적용되고 가속되는 시스템에는 적용되지 않는다. 가속되는 시스템은 1915년 아인슈타인에 의해 처음으로 설명되었듯이 다른 접근이 요구된다. 상대성의 일반이론이라고 하는데 이것은 중력이론에 대한 많은 것을 함축하고 있다.

■ 등가원리

일반상대성 이론의 주요한 원리는 (다른 사고실험을 한 뒤) 아인슈타인에 의해 처음으로 가시화되었다. 그는 이것을 등가원리라고 불렀으며 다음과 같이 표현된다.

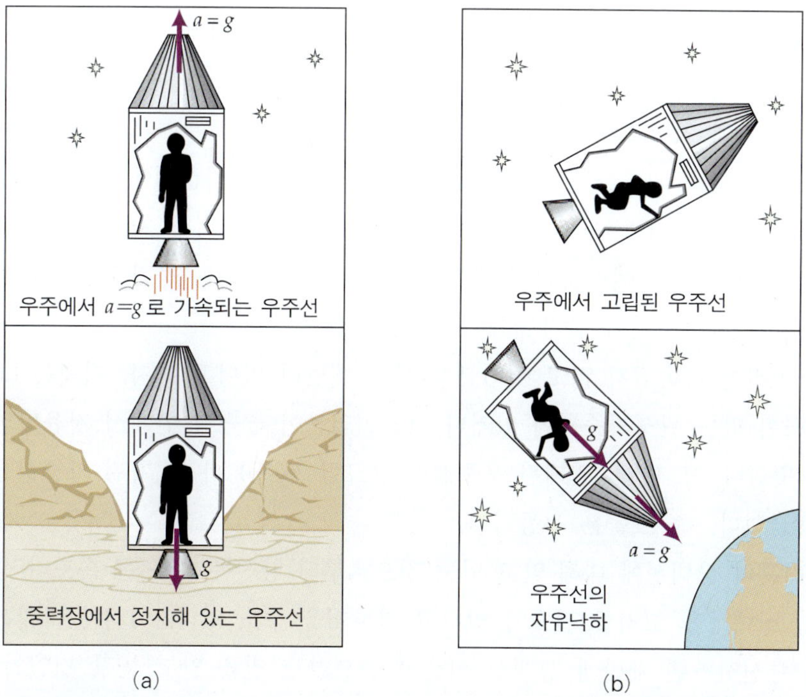

▲ 그림 26.5 등가원리

(a) 폐쇄선 우주선 안에서 우주인은 자신이 중력장 내에 있는지 아니면 가속계에 있는지를 구별할 수 있는 실험은 없다.

(b) 마찬가지로 중력이 없는 관성계에 있는지 또는 중력장에서 자유낙하를 하는지 구분할 수 없다.

> **균일한 중력장에 놓인 관성기준계는 물리적으로 중력장 안에 있지는 않지만 균일하게 선형으로 가속되는 되는 기준계와 동등하다.**

이것이 뜻하는 바는 다음과 같다.

> **밀폐된 공간에서 수행된 실험으로 중력장의 효과와 가속의 효과를 구분할 수 없다.**

따라서 가속되는 기준계에 있는 관측자는 중력장의 효과와 가속효과가 같아 구분할 수 없음을 알게 될 것이다. 단순하게 선형으로 가속되는 기준계만을 고려할 것이다(즉, 회전에 의한 가속이 없는 기준계).

이러한 원리를 이해하기 위해 그림 26.5의 상황을 생각하자. 여러분 당신이 밀폐된 우주선의 우주인이라고 상상하라. 여러분이 연필을 떨어뜨렸을 때 여러분은 바닥으로 가속되는 것을 볼 것이다. 이것은 무엇을 뜻하는가? 등가원리에 따르면 이것은 (a) 여러분이 중력장 안에 있거나, (b) 여러분이 가속되는 기준계에 있는 것을 뜻할 수 있다(그림 26.5a). 우주선 안에서만 수행된 어떤 실험도 서로를 구분할 수 없다. 우주선이 우주공간에 있어 $a = g$로 가속되는지 또는 우주선이 $g = -a$인 중력장 안에 있든지 연필은 같은 가속도로 측정된다. 여러분의 밀폐된 기준계에서(여러분이 밖을 볼 수 없음을 기억하라) 연필의 가속이 중력 때문인지 아니면 기준계의 가속 때문인지를 구별하기 위해 여러분이 수행할 수 있는 실험은 없다. 등가원리에 의하면 물리적으로 구별하는 것이 불가능하다.

다른 예로 연필이 가속되지 않고 여러분 가까이 매달려 있다고 하자. 이것은 (a) 여러분이 중력이 없는 관성기준계에 있거나, (b) 여러분이 중력장 안에서 자유낙하하고 있음을 뜻한다. 또 다시, 밀폐된 우주선에서(그림 26.5b) 이 두 가지 가능성을 구분할 방법이 없다. 즉 그들은 동등하다.

여기서 여러분이 상대성에 대해 알고 있는 것으로부터 당신은 매우 큰 속도나 중력장내에서만 상대성을 고려할 필요가 있다고 결론지을 수도 있다. 여러분은 많은 현대 기술의 통신시스템 개발에 상대성 이론이 중요한 것임을 알고 놀랄 것인가?

■ 빛과 중력

등가원리는 중요한 예언을 하게 된다. 중력장이 빛을 휘게 만든다는 것이다. 이러

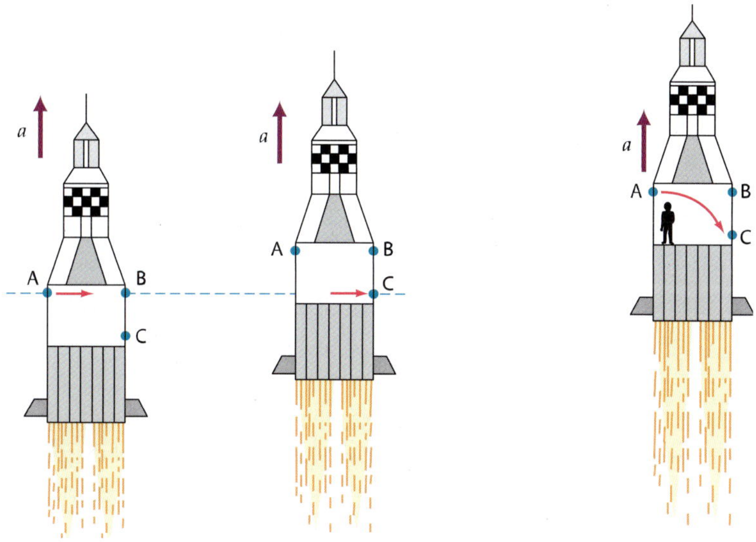

(a) (b)

▲ **그림 26.6 빛의 휘어짐**

(a) 가속하고 있는 폐쇄된 로켓의 지점 A에서 출발한 빛이 C에 도달한다.

(b) 가속되는 계에서 빛의 경로는 휘어진 것으로 나타난다. 가속에 의해 이 효과가 나타나므로 등가원리에 의해 빛은 중력장에 의해서도 휘어져야 한다.

한 예측이 어떻게 제기되었는지를 보기 위해 다른 사고실험을 해 보자. 빛이 위로 급히 가속되는 우주선을 가로지르는 것을 상상해보자. 만약에 우주선이 정지하고 있다면 지점 A에서 우주선에 입사된 빛은 더 멀리 떨어진 벽의 지점 B에 도달할 것이다. 그러나 우주선이 가속되기 때문에 빛은 실제 지점 C에 도착한다(그림 26.6a).

우주선의 바닥에 있는 사람의 관점에서 보면 빛의 경로는 아래로 휜 것이다. 이 우주인에게 야구공의 경로와 유사하게 그녀가 있는 중력장이 빛의 경로를 휘게 한 것이다. 외부의 관측자는 로켓의 가속이 이러한 효과를 만들었음을 알고 있음에도 불구하고 우리는 등가원리에 의해 중력장이 빛의 경로를 휘게 만들었다고 결론짓는다. 만약 우주선은 가속이 없이 위로 움직이면 우주선 안의 빛의 경로는 직선이 되어야 함을 주목하라. 이것은 중력효과가 없다는 것과 일치한다. 중력이 없으면 휨도 없다. 또 다시 상대성 원리가 적용된다.

평상시 지구의 중력장 안에서 빛이 휘어진다는 흔적을 보지 못했기 때문에 대부분의 조건 밑에서 그 효과는 매우 미미하다. 그러나 이와 같은 예측은 1919년 일식에서 실험적으로 증명되었다. 먼 곳의 어떤 별은 수년 동안 태양근처에 있지 않아 밤에 볼 수 있는데 이별은 태양과 일정한 각을 유지하고 있다. 나머지 수년 동안

이 별들에서 온 빛은 강력한 중력장을 가진 태양근처를 통과한다. 그러나 별빛은 태양의 이글거림에 의해 거의 항상 감추어지기 때문에 지구상에서 빛의 휘어짐의 흔적을 여느 때는 볼 수 없었다.

일반상대성 이론은 중력장을 그림 26.12c와 같이 공간과 시간을 휘게 만든 것으로 형상화하였다. 빛은 공이 휘어진 표면을 굴러가듯 공간–시간의 곡면을 따라간다. 중력장에 의해 빛이 휘어지는 것은 또 다른 개기일식 동안, 그리고 태양근처를 통과하는 탐사선에 의해 지구로 송출된 신호에 의해서도 반복적으로 증명되었다.

■ 중력렌즈

중력체에 의해 만들어진 중력장을 통과하는 빛이 중력장에 의해 휘어지는 현상을 중력렌즈효과라고 하고 그 해당 중력체를 중력렌즈라고 한다. 1979년에 발견 된 퀘이사 09571+561 A, B에 의해서 이 효과의 존재가 관측되었다. 두 개의 퀘이사에 관한 모든 것은 하나가 다른 것보다 더 약하다는 것 외에 동일한 스펙트럼을 보여주고 있다, 그 이유는 지구와 퀘이사 사이 어디엔가 매우 무겁지만 광학적으로 희미한 물체가 가지고 있는 중력장에 의해 퀘이사의 빛을 휘게 하여, 다중 이미지를 만들어진 것이라고 당시 판정하였다. 두 개의 퀘이사 사이에서 약한 은하에 대한 지속적인 발견은 이와 같은 현상에 대한 중력장에 의한 빛의 휨 효과를 확신시켜 주었다. 그 이후로 다른 예들이 발견되어 왔다(그림 26.7b).

중력렌즈의 발견은 일반상대성 이론의 진위를 재확인 시켰고 이후 천문학자들은 이 현상을 통해 중력장으로 빛을 휘게 한 은하 또는 은하단에 관한 많은 정보를 얻을 수 있었다.

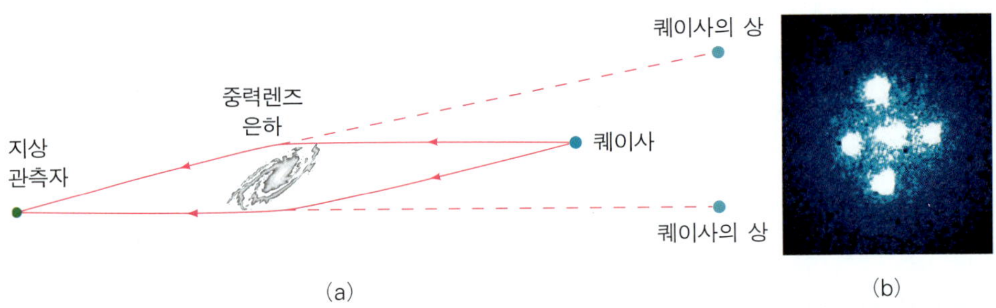

▲ **그림 26.7 중력렌즈**

(a) 은하나 은하군과 같이 매우 무거운 물체에 의해 빛이 휘어지면 이 보다 더 멀리 있는 물체의 다중상이 생긴다.

(b) 같은 퀘이사의 4개 이미지(아인슈타인 십자가)로 보여지는 상의 발견은 중력렌즈로 인해 생긴 가능성을 제시해주었다. 조사결과 매우 희미한 퀘이사로부터 나오는 빛을 휘어지게 하는 은하가 발견되었다.

■ 검은 구멍

중력이 빛에 영향을 미친다는 생각은 검은 구멍 개념에서 매우 극단적인 응용을 발견하였다. 검은 구멍은 중력 때문에 붕괴된 매우 무거운 별의 잔해로 구성되어 있다고 여겨지는 것으로 질량이 태양의 수배이다. 그러한 물체는 밀도가 매우 높고 중력장도 매우 높아 어떠한 것도 탈출할 수 없다. 시공간이 휘어졌다는 것과 유사하게 검은 구멍은 도식적으로 시공간의 직물에서 바닥이 없는 작은 패인 점으로 표현된다. 빛조차 검은 구멍의 매우 강력한 중력장을 탈출할 수 없어 완전히 검게 나타난다.

검은 구멍의 크기는 탈출속도의 개념을 이용해서 추측할 수 있다. 7.6절에서 질량이 M이고 반경이 R인 구형물체의 표면을 영구히 떠나는 탈출속도는 다음과 같다.

$$v_{\text{esc}} = \sqrt{\frac{2GM}{R}} \tag{26.11}$$

만약에 빛이 검은 구멍으로부터 탈출하지 않으면 그들의 탈출속도는 빛의 속도를 초과해야 한다. 빛이 탈출할 수 없는 검은 구멍이 되는 구의 임계반경은 식 26.11에 $v_{\text{esc}} = c$을 대입하면 구할 수 있다. R에 대해 풀면 다음과 같다.

$$R = \frac{2GM}{c^2} \qquad \text{슈바르츠쉴드 반경} \tag{26.12}$$

R을 칼 슈바르츠쉴드(Karl Schwarzschild, 1873~1916)를 기려 슈바르츠쉴드 반경이라고 부르며 그는 검은 구멍 개념을 개발한 독일의 천문학자이다. 반경 R인 구의 경계를 검은 구멍의 사상지평선이라고 한다. 이 사상지평선 안에서 일어나는 어떠한 사건도 빛이 탈출할 수 없으므로 밖의 관찰자는 볼 수 없다. 따라서 사상지평선은 빛이 검은 구멍으로부터 탈출할 수 없는 한계길이인 것이다. 사상지평선 안에서 일어나는 것에 관한 정보는 우리들에게 도달할 수 없어 "사상지평선 안은 어떨까?" 하는 질문에 대해서는 대답할 수도 없다(적어도 현대 물리학의 지식으로는).

연습문제

1. 우주탐사선이 태양에서 $0.2c$의 속도로 멀어지고 있다. 태양의 빛이 탐사선을 통과할 때 탐사선에 의해 측정된 빛의 속도는 얼마인가?
(a) $1.2c$ (b) 정확히 c (c) $0.8c$

2. 강물이 흐르고 있지 않을 때 같은 강변의 두 지점 A, B를 보트가 왕복할 수 있다. (a) 만약 강물이 일정한 속도로 흐르고 있다면 같은 지점을 왕복할 때 걸리는 시간은 (1) 더 길다, (2) 같다, (3) 더 짧다. 왜 그런가? (b) A, B 두 지점의 길이가 1.0 km인 강을 보트가 20 m/s의 속도로 건널 때 걸리는 시간을 강물이 5.0 m/s로 흐를 때와 흐르지 않을 때의 두 경우에 대해 계산하라.

3. 우주전쟁에서 $0.85c$의 속도로 앞에서 접근하는 전사가 고에너지 레이저 빔이 그를 간신히 비켜갔을 때 그는 거의 도망쳐 나왔다. 전사는 그의 옆으로 지나는 빛의 속도를 얼마로 측정하겠는가?

4. 여러분이 15 m의 우주선을 타고 여러분의 친구를 c/3의 상대속도로 지나친다. 당신의 움직이는 방향이 우주선의 길이방향이라고 할 때 여러분의 친구에 의해 측정된 우주선의 길이는 얼마인가?

5. 뮤온의 고유수명은 2.20 μs이다. 지상 관측자에 의해 수명이 34.8 μs로 측정되었을 때 관측자에 대한 뮤온의 상대속도를 c의 단위로 나타내어라.

6. 100 km/h의 속도로 움직이는 자동차의 길이 수축(ΔL)은 얼마인가? (힌트: $x \ll 1$일 때 $\sqrt{1-x^2} \approx 1-(x^2/2)$이다.)

7. 시리우스는 지구로부터 9광년 떨어져 있다. 우주선으로 이 별에 도착하는데 우주선의 시계로 12년이 소요된다. 우주선의 속도를 구하라.

8. 전자는 $0.600c$의 속도로 움직인다. 전체에너지는 얼마인가?

9. 가정에서 연간 1.5×10^4 kWh의 평균전력을 소비한다. 도시 가구수가 250 000이라면 얼마나 많은 물질이 연간 에너지로 변화되어야 하는가? 해답에 놀라지는 않았는가? (변환효율은 100%로 가정하라.)

10. 일정한 속도로 움직이는 양성자가 질량에너지보다 2.5배의 전체에너지를 가지고 있다. 양성자의 (a) 속도, (b) 운동에너지를 구하라.

11. 전자 빔이 가속기에서 정지상태로부터 $0.950c$의 속도까지 가속되었다. 전자의 (a) 운동에너지와, (b) 전자의 전체에너지를 MeV의 단위로 구하라.

12. 선형가속기에서 양성자가 가속되어 에너지가 600 MeV가 되었다. (a) 이 에너지가 운동에너지인지 그리고 전체에너지가 아니고 운동에너지임을 어떻게 아는가? (b) 양성자의 속도는 얼마인가? (c) 운동량은 얼마인가?

13. 목성의 질량은 지구의 318배이다. (a) 이 두 개의 혹성이 블랙홀이 될 수 있다면 목성의 사건시계가 지구보다 (1) 큰가, (2) 작은가, (3) 작은가? 왜 그런가? (b) 지구와 목성의 사건시계는 얼마인가? 지구의 질량은 $M_E = 6.0 \times 10^{24}$ kg이다.

14. 태양이 블랙홀이 된다면 평균밀도는 얼마인가? (예제 26.4를 보라.)

27 양자역학

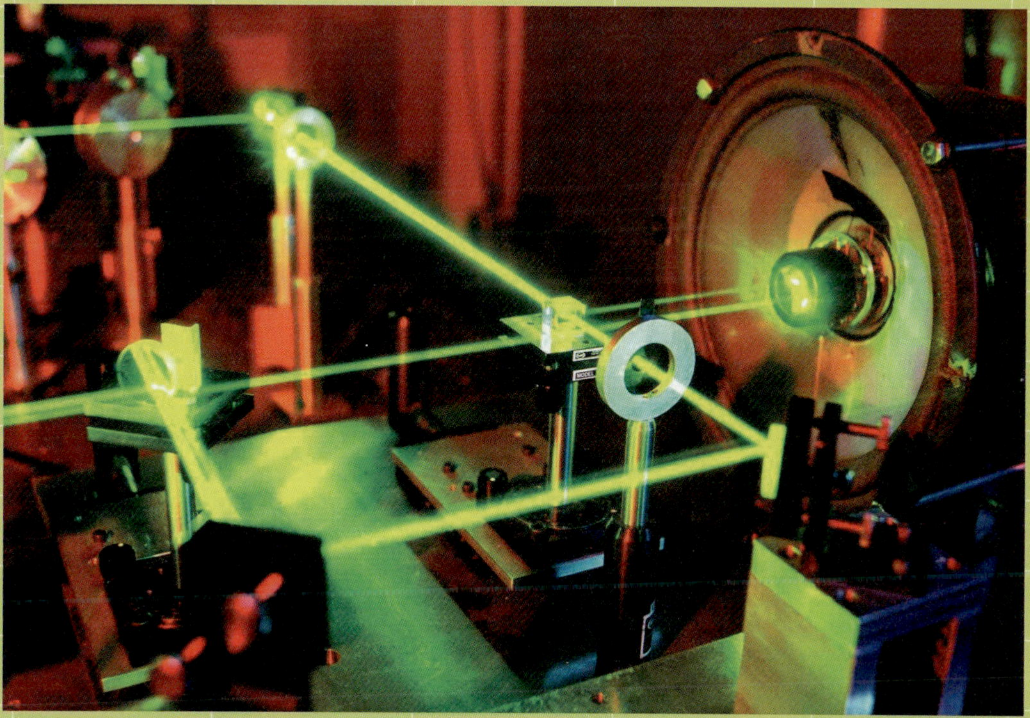

고전적인 이론으로는 설명하지 못하는 실험적 결과들은 많은 문제들을 남겨 놓았다. 이 문제를 해결하기 위해 과학자들은 종래와는 다른 접근방법을 기초로 한 가설을 제안했고 물리적 세계관에 획기적이고 혁명적인 사고방식을 갖도록 이끌었다. 제시된 새로운 이론 중에 가장 핵심적인 것은 빛 에너지가 불연속적인 크기로 '양자화' 된다는 것이다. 양자화 개념과 이와 관련한 다른 개념으로 인해 새로운 원리를 만들어 낼 수 있었고 양자역학이라 부르는 물리학의 새로운 분야를 개척할 수 있게 되었다.

양자이론은 입자가 때로는 파동적인 성질도 보이지만 그 파동은 빈번히 입자처럼 행동함을 알려준다. 소위 물질의 입자-파동 이중성이란 개념이 생겨났다. 양자이론에 따르면 원자크기나 그보다 작은 크기의 영역에서의 계산은 고전이론에서처럼 정확히 결정되는 값을 구한다기보다는 확률과 관련한 값을 구해야 한다.

양자역학에 중요한 결과들의 일반적인 설명은 오늘날 알려진 물리학의 이해에 필수적이다. 이번 장에서는 양자역학의 주요한 발전 과정을 서술한다.

27.1 양자화 : 플랑크의 가설

19세기 말 과학자들이 직면했던 문제는 고온의 물체에 의해 복사되는 열복사라 하고 그 전자기파의 스펙트럼을 어떻게 설명해야 하는 가였다. 물체에서 복사되는 빛의 세기는 그 물체의 절대온도의 4제곱(T^4)에 비례한다고 배웠다.

온도가 1000 K로 상승하면, 눈으로 볼 수 있는 가시광선의 끝자락인 미미한 붉은 빛을 물체는 내기 시작한다. 온도가 올라가면 복사되는 빛은 파장이 짧은 쪽으로 이동하게 되어 주황색으로 바뀌게 된다. 2000 K 이상의 온도에선 백열전구의 필라멘트의 색 같은 흰색을 띤 노란색 빛을 내는데 이 때 물체는 가시범위에 든 색의 빛을 각기 다른 비율로 내보낸다.

우리는 그 중에서 가장 뚜렷한 색깔만 볼 수 있지만 실제로 빛은 여러 가지 색으로 된 연속 스펙트럼이다. 그림 27.1a에서 보여 주듯 고온 물체에서 방출된 빛의 파장과 강도 사이의 관계를 알려주고 있다.

그림 27.1a는 이상적인 흑체에서 방출하는 빛의 파장과 그에 따라 변하는 빛의 세기에 대한 그림이다. 이상적인 흑체란 물체에 입사된 모든 빛을 파장에 관계없이 완벽히 흡수하는 이상적인 물체이다. 그런 이상적인 물체는 실제로 존재하지 않더라도,

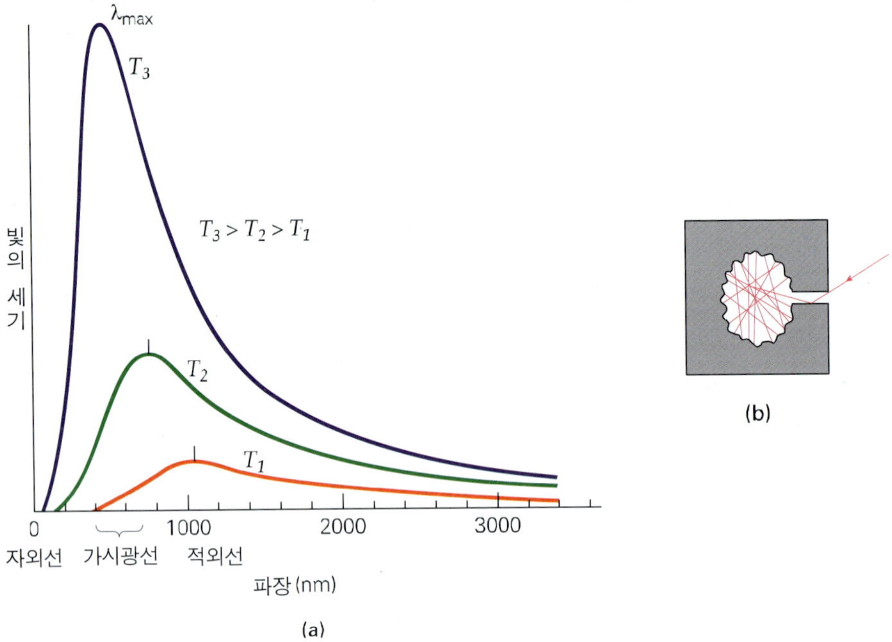

▲ **그림 27.1 열복사**

(a) 각기 다른 온도에서 흑체에서 복사되는 열복사에 대한 빛의 파장 대 세기에 대한 그림. 빛의 세기가 최대인 부분의 파장 (λ_{max})의 값은 온도가 올라감에 따라 감소한다. (b) 흑체는 물체 내부에 만들어진 공동과 연결된 작은 구멍으로 대신할 수 있다.

실험적으로는 덩어리진 물체에 속이 빈 공동(cavity)을 만들고 그 공동에 이어진 작은 구멍을 이상적인 흑체라고 근사적으로 취급할 수 있다(그림 27.1b). 구멍 안으로 들어간 빛은 공동 내부의 벽에서 이리저리 반사된다. 만약 이 구멍이 매우 작다면 입사된 빛의 아주 작은 비율만이 구멍을 통해 되돌아 나올 것이다. 이 말은 구멍을 통해 입사된 빛은 거의 대부분 공동에서 흡수되었다는 뜻이므로 이 구멍은 근사적으로 흑체로 취급할 수 있다.

온도가 증가함에 따라 스펙트럼에는 두 가지 변화가 생긴다(그림 27.1a). 모든 파장에서 내뿜어지는 복사가 증가할 것은 당연하며, 최대 복사 세기를 주는 파장(λ_{max})은 짧아질 것이다. 이런 파장의 전이는 빈(Wien)의 변위법칙에 의해 다음과 같이 설명된다.

$$\lambda_{max} T = 2.90 \times 10^{-3}\,\mathrm{m \cdot K} \tag{27.1}$$

여기서 λ_{max}은 (미터의 단위로) 최대 빛의 세기에 해당하는 복사된 빛의 파장이며

T는 (절대온도의 단위로) 물체의 온도이다.

빈의 법칙은 빛을 내는 물체의 온도를 알고 있을 때 그 물체가 주로 방출하는 빛의 파장을 알 수 있으며 반대로 복사체가 방출하는 가장 강한 빛의 파장을 알고 있을 때 그 물체의 온도를 결정해 준다. 그러므로 별의 스펙트럼으로부터 우리는 그 별의 온도를 추정할 수 있다. 다음 예제를 보라.

예제 27.1 ■ 태양의 색 : 빈의 법칙 사용하기

눈으로 볼 수 있는 태양 표면은 기체의 광구이며 여기서 빛이 나온다. 광구의 가장 바깥층은 온도가 4500 K이며 이보다 260 km 깊이의 온도는 6800 K이다. 태양을 흑체로 취급한다면, (a) 이들 온도에서 내뿜는 빛의 세기가 최대가 되는 파장은 무엇이며 (b) 이들 파장에 해당하는 빛은 어떤 색깔인가?

풀이

- 주어진 값 : $T_1 = 4500$ K

  $T_2 = 6800$ K
- 구하는 값 :

  (a) $\lambda_{\max}$ (각기 다른 두 온도에 대해 각각 구하라.)

  (b) 이들 $\lambda_{\max}$에 해당하는 빛의 색

빈의 법칙(식 27.1)을 적용한다.

(a) 광구의 표면층에서

$$\lambda_{\max} = \frac{2.90\times10^{-3}\ \text{m}\cdot\text{K}}{4500\ \text{K}} = (6.44\times10^{-7}\ \text{m})(10^9\ \text{nm/m}) = 644\ \text{nm}$$

그리고 260 km 안쪽에서

$$\lambda_{\max} = \frac{2.90\times10^{-3}\ \text{m}\cdot\text{K}}{6800\ \text{K}} = (4.26\times10^{-7}\ \text{m})(10^9\ \text{nm/m}) = 426\ \text{nm}$$

(b) 안으로 들어갈수록 온도가 증가하기 때문에 최대 세기에 해당하는 빛은 빨간색에서 청색까지이다. 태양표면의 색은 주황색이며 깊이가 깊어질수록 온도가 올라가 푸른색이 된다(가시광선의 스펙트럼과 파장과 색 사이의 관계는 20.4설과 그림 20.23을 보라). 태양에서는 사람이 볼 수 있는 모든 색을 보이나 주된 색깔은 노란색이다. 태양에서 복사된 빛에는 약간의 자외선이 있지만 그들 중 일부는 지구 대기의 오존층에서 흡수한다.

■ 자외선 파탄(Ultraviolet catastrophe)과 플랑크의 가설

고전적으로 열복사는 물체의 표면 근처에 있는 원자들이 갖고 있는 전하들의 진동 때문에 생긴다. 이들 전하는 각기 다른 진동수들로 진동을 하기 때문에 방사되는 빛은 연속 스펙트럼을 갖게 될 것이다.

흑체에서 방사되는 빛의 스펙트럼을 설명하기 위한 고전적인 계산결과에 따르면 빛의 세기는 파장에 역수의 관계(정확히는 $I \propto 1/\lambda^4$)가 될 것이다. 긴 파장대역에서는 이 고전이론이 실험 데이터와 일치한다. 그러나 파장이 짧을 때에는 실험적 관측 결과와 반대로 고전이론의 결과는 파장이 짧아짐에 따라 복사의 세기는 한정 없이 강해진다. 이것은 그림 27.2에서 보여준다.

이 고전적인 예측을 자외선 파탄이라고 부른다. 가시광선에서 가장 파장이 짧은 보라색(자색)보다 더 짧은 파장을 가지고 있는 자외선에서 이런 현상이 생기기 때문에 파탄(catastrophe)이란 용어를 썼다. 왜냐하면 이들 파장에서 방출되는 에너지는 한계치가 없이 증가가 되기 때문이다.

독일의 물리학자 막스 플랑크(Max Planck, 1858~1947)는 고전적인 전자기이론을 들어 열복사의 성질을 설명하는데 실패했기 때문에 이 현상을 다시 검토하게 되었다. 1900년 플랑크는 올바르게 관측된 복사분포를 예견하는 이론을 만들었다. (그림 27.2에서 실험에 의한 데이터와 실선으로 그려진 곡선을 비교해 보라.) 플랑크는 열

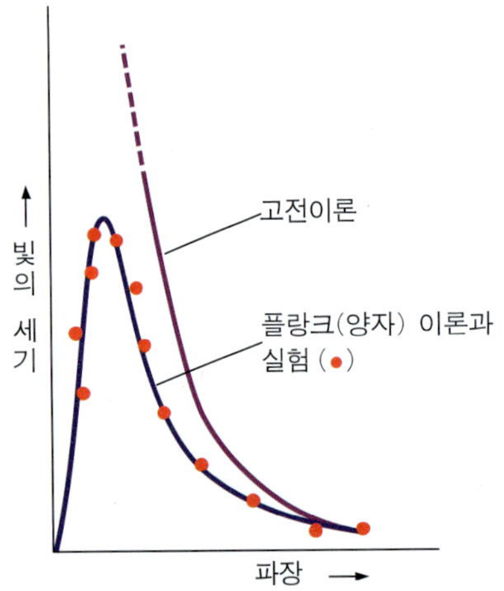

▲ 그림 27.2 자외선 파탄

고전이론의 예상에 따르면 흑체에서 나오는 열복사의 세기는 복사되는 빛의 파장의 역수에 관계되어야만 한다. 만약 이것이 실제로 벌어진다면, 파장이 0으로 갈 때 빛의 세기는 무한대가 되어야 한다. 이에 반해 플랑크의 양자이론은 관측된 복사분포와 잘 일치한다.(붉은선)

진동자(빛을 방출하는 원자)는 연속적인 에너지 분포를 갖는 것이 아닌 불연속적이고 특별한 크기의 에너지만을 가져야 한다는 가정을 하였고 이 가정에서만 그의 이론은 실험결과와 일치될 수 있었다.

플랑크는 이들 불연속적인 에너지 값들은 원자진동의 진동수 f와 다음과 같은 관계가 있음을 발견했다.

$$E_n = n(hf),\ \text{단}\ n = 1,\ 2,\ 3,\ \cdots \qquad \text{플랑크의 양자화가설} \qquad (27.2)$$

즉 진동에너지는 hf의 정수배 값만을 갖는다. 기호 h는 플랑크 상수라 부르는 상수이다. 이 값의 실험적인 값은(유효숫자 3자리까지 표기하면) 다음과 같다.

$$h = 6.63 \times 10^{-34}\ \ \text{J} \cdot \text{s}$$

식 27.2에 표현된 아이디어를 플랑크의 가설이라고 한다. 플랑크 가설은 진동의 에너지는 아무 값이나 가질 수 있는 것이 아니며 에너지는 양자화, 즉 불연속적인 값을 가져야 한다고 기술하고 있다. 이런 진동에너지의 최소값은 식 27.2에 따라 $n = 1$일 때의 값

$$E_1 = hf \qquad (27.3)$$

이다. 다른 에너지 값은 hf의 정수배 값을 갖는다. hf 크기의 에너지를 에너지 양자라 부른다.(양자는 영어 quantum으로 그리스어 quantus 에서 유래된 것이며 이는 "양(量)"의 뜻을 갖고 있다.)

27.2 빛의 양자 : 광자와 광전효과

빛에너지의 양자화 개념은 알베르트 아인슈타인이 그의 유명한 특수상대론을 발표했던 같은 해 1905년 출판된 빛의 흡수와 방출에 관한 논문에서 소개되었다. 에너지 양자화는 전자기파(빛)의 근본적인 성질임을 설명했다. 만약 뜨거운 물체에서 열복사의 에너지가 양자화되어 있다면 에너지 보존에 따라 방출되는 에너지도 양자화되어야 한다고 암시하였다. 예를 들면 처음 $3hf$(식 27.2에서 $n = 3$인 경우)인 원자는 에너지를 잃어 $2hf$(식 27.2에서 $n = 2$인 경우)가 된다는 식이다. 아인슈타인은 원자는 특정 크기(또는 에너지 양자)의 빛 에너지만이 방출된다고 제안했다. 즉

앞의 예에선 $3hf-2hf=hf$의 에너지 방출이 이루어진다. 아인슈타인은 빛의 에너지 양자를 광량자 또는 광자(photon)이라고 이름 붙였다. 각각의 광자는 정해진 크기의 에너지 E를 가지며 이 값은 빛의 진동수가 f일 때

$$E=hf \qquad \text{광자에너지와 진동수} \tag{27.4}$$

이다. 이 아이디어는 빛을 파동적인 것으로 보는 것이 아닌 불연속적인 에너지 덩어리 즉 에너지의 입자로 취급한다는 것을 의미한다. 식 27.4를 해석하는 한 가지 방법은 이 식이 빛의 파동적인 성질(진동수 f)와 빛의 입자적인 성질(에너지 E를 갖는 광자) 사이의 수학적 연결이라 보는 것이다. 빛의 진동수 또는 파장이 주어질 때 식 27.4는 각 광자의 에너지를 계산할 수 있다(그 역도 가능하다.).

아인슈타인은 이런 광자 개념을 가지고 고전적 설명이 되지 않았던 광전효과현상을 설명하였다. 보통의 금속들은 빛에 대한 감광성을 갖고 있다. 즉 금속표면에 빛을 쪼이면 전자를 방출한다. 쪼인 빛은 물질 내 전자들이 빠져나오게 할 수 있는 에너지를 공급한다. 광전효과실험에 대한 개념도를 그림 27.3a에 그렸다. 양극과 음극

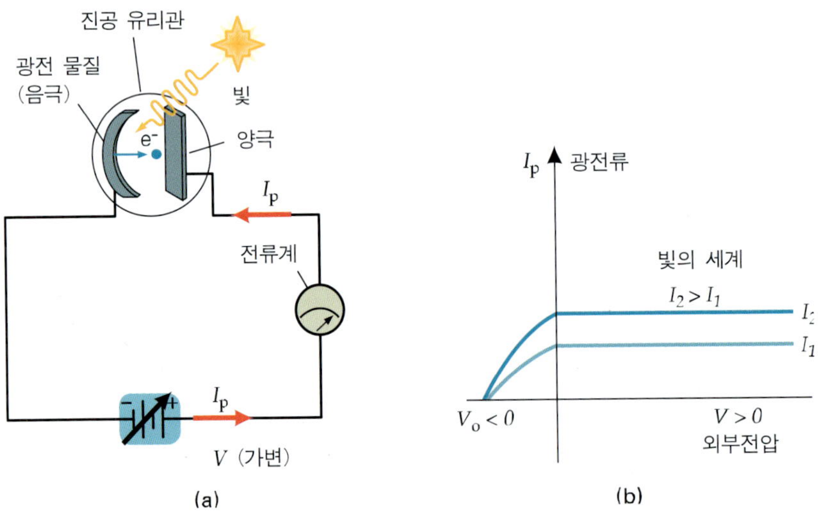

▲ **그림 27.3 광전효과와 특성곡선**

(a) 광 진공관 내의 광전물질에 단색광을 입사시키면 전자가 방출된다. 그로인해 회로에는 전류가 흐른다.
(b) 두 다른 세기를 갖는 빛을 쪼여주었을 때 광전류를 외부의 전압에 대해 그린 그림. 전류는 전압이 증가하더라도 일정하다. 그러나 전압을 역으로 걸어주었을 때 전류는 감소하여 억제 전압 $|V_o|$ 이상일 때 전류는 흐르지 않는다. 이때 억제 전압의 크기는 물체의 종류에 따라 다르지만 쪼여진 빛의 세기에는 무관하다.

사이에 가변의 전압을 걸어준다. 빛이 감광성의 음극(이 때 전압을 접지상태 또는 전위가 0으로 유지한다.)을 때리면 음극에서 전자가 방출된다. 이들 전자들은 빛을 흡수하여 해방된 것이기 때문에 이때 방출된 전자를 광전자라고 한다. 이 전자들은 양의 전압 V를 유지한 양극에 이끌려 모인다. 그러므로 완전한 회로에서 전류는 전류계에 의해 측정된다.

광전지에 단색광(단일 파장의 빛)을 각기 다른 세기로 조사하였을 때 외부에서 걸어준 전압의 함수로 그림 그렸다(그림 27.3b). 양의 전압에서 양극판은 전자를 끌어들인다. 이 조건에서 광전류 I_p는 광전자흐름의 비율을 나타내며 이는 전압변화에 따라 변하지 않는다. 양의 전압에서 전자는 양극판으로 끌리기 때문이며 결국 모든 전자들이 양극판에 다다른다. 고전적으로 예상되는 바는 I_p는 쪼여준 빛의 세기에 비례한다. 즉 쪼여준 빛의 세기가 클수록(그림 27.3b에서 $I_2 > I_1$) 더 많은 에너지가 자유전자에 허용된다.

광전지의 운동에너지는 전극간의 전압을 역으로 걸어주었을 때 측정가능하다. 즉 전지의 극을 바꾸어 $V < 0$으로 만들었을 때 그래서 소위 '지연전압' 조건일 때 가능하다. 이 경우 양극판은 전자들을 끄는 것이 아니라 오히려 밀어낸다. 전자들이 현재 음으로 대전된 양극판에 다가갔을 때 전자들의 초기 운동에너지는 전기 위치에너지로 바뀐다. 지연전압이 음의 값으로 더 커질 때 광전류는 감소한다. 이는(에너지보존법칙에 의해) $e|V|$보다 더 큰 초기 운동에너지를 갖는 전자만이 음으로 대전된 양극에 모일 수 있으며 이 전자들이 광전류를 만든다. 지연전압이 소위 정지전압이라 부르는 V_o의 값일 때 광전류는 흐르지 않는다. 비록 가장 빠른 광전자들일 지라도 양극에 도달하기 전에 다시 튀어나가므로 전자들은 이 전압과 같거나 더 클(음의 전압으로) 때 양극에 모이지 않는다. 즉 광전자의 최대 운동에너지(K_{max})는 억제전압(V_o)과 다음과 같은 관계를 갖는다.

$$K_{max} = eV_o \tag{27.5}$$

실험적으로 입사된 빛의 진동수가 변할 때 이 최대 운동에너지는 진동수에 따라 일차적으로 증가한다(그림 24.4). 차단진동수 f_o보다 작은 진동수를 갖는 빛을 쪼였을 때는 더 이상 전자가 방출되지 않는다. 비록 쪼여진 빛의 세기가 아주 작더라도 이 빛의 진동수가 물체의 특성에 관계되는 차단진동수 f_o보다 클 때에 전류는 시간 지연 없이 즉각적으로 전류가 흐른다.

광전효과의 중요한 특성을 표 27.1에 요약해 놓았다. 이 특성 중 단지 하나만이

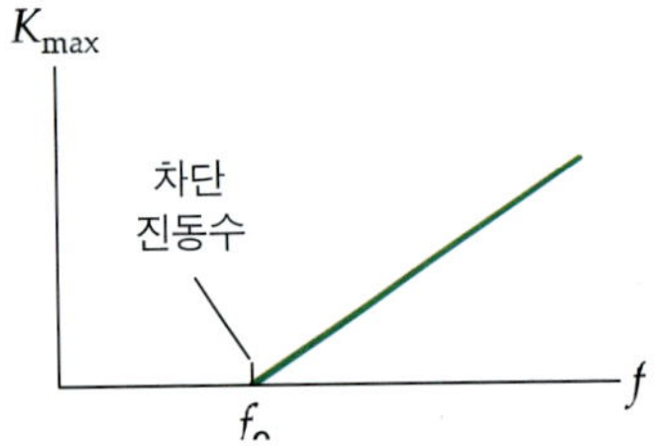

▲ **그림 27.4 광전효과가 일어날 때 빛의 진동수에 따른 최대 운동에너지에 대한 그림**
광전자의 최대 운동에너지(K_0)는 입사된 빛의 진동수에 1차 함수로 증가한다. 차단진동수 f_0 이하일 때는 빛의 세기가 아무리 크더라도 광전효과는 일어나지 않는다.

고전적인 파동이론으로 이해 가능한 것이며 이에 반하여 아인슈타인의 광전자개념으로는 이들 모든 결과에 대한 설명이 가능하다. 한 전자가 빛에너지의 양자를 흡수하면 광자에너지의 일부가 전자를 해방시키고 나머지가 전자의 운동에너지로 바뀌게 된다. 전자를 자유롭게 하는데 드는 일을 ϕ라 한다면, 광자의 에너지 E를 흡수했을 때 에너지 보존법칙에 따라 $E=K+\phi$ 또는 식 27.4를 E와 바꾸어

$$hf=K+\phi \tag{27.6}$$

을 얻는다. 에너지가 매우 작을 때 우린 전자볼트(eV)란 단위를 쓰는데 $1.00\text{ eV}=1.60\times10^{-19}\text{ J}$ 이다.

가장 작은 에너지로 속박된 전자가 가장 큰 운동에너지 K_{max}를 가질 것이다. 이 전자를 물체에서 자유롭게 하는데 드는 에너지를 그 물체의 일함수(ϕ_0)라고 한다. 이 상황에서 식 27.6은 다음과 같이 된다.

▼ **표 27.1 광전효과의 특성**

특성	파동이론으로 예상할 수 있는가?
1. 광전류는 빛의 세기에 비례한다.	예상할 수 있다
2. 방출된 전자들의 최대 운동에너지는 빛의 진동수에만 관계되고 빛의 세기에는 무관하다.	예상할 수 없다
3. 빛의 세기에 상관없이 차단진동수 f_0 아래에서는 광전효과가 생기지 않는다.	예상할 수 없다
4. 광전류는 f_0 보다 큰 진동수의 빛을 쪼여주면 빛의 세기가 아주 약하더라도 쪼여준 즉시 생긴다.	예상할 수 없다

$$hf \quad = \quad K_{max} + \quad \phi_o \qquad (27.7)$$

입사된 광자 에너지	자유롭게 된 전자의 최대 운동에너지	전자를 자유롭게 하는데 드는 최소 일

다른 전자들이 자유롭게 되려면 이 최소 에너지보다 큰 에너지가 필요하다. 그래서 운동에너지는 K_{max}보다 작다. 예를 들어 어떤 물체의 일함수가 2.00 eV로 알려져 있다. 만약 그 금속이 파장 550 nm인 빛에 노출이 되었다면 속박된 전자의 최대 운동에너지는 0.263eV 되는 것을 보여주고 이들이 속도와 억제 전압도 계산 해보는 것은 과제로 남긴다.

빛에 대한 아인슈타인의 광자 모형은 광전효과의 실험적인 결과 모두를 설명한다. 광자 모형에서 빛의 세기의 증가는 광자 수의 증가를 의미한다. 그 결과 광전자의 수(즉 광전류)는 증가한다. 빛의 세기의 증가가 어떤 한 광자의 에너지변화를 의미하지는 않는다. 에너지는 오직 빛의 진동수에만 관계($E = hf$)하기 때문이다. 그 결과 K_{max}는 빛의 세기에는 무관하여야 하며 입사된 빛의 진동수에만 일차적으로 비례하는데 실험적으로도 이와 같이 관측된다.

빛에 대한 아인슈타인의 양자이론으로도 차단 진동수의 존재를 설명할 수 있다.

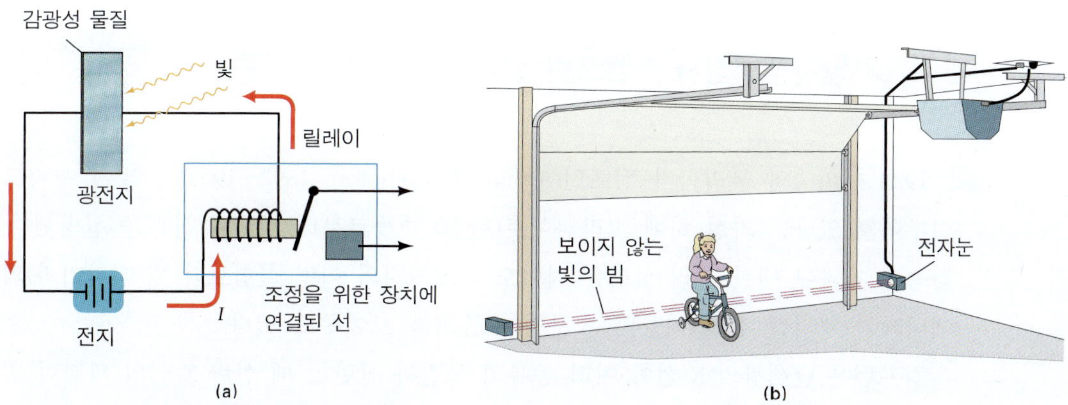

▲ **그림 27.5 광전효과의 응용 : 광검출기**

(a) 광검출기의 회로도. 빛이 광전지물체(감광성의 물체)에 닿으면 전자들이 원자에서 떨어져 나와 자유롭게 된다.(그러나 전체적으로 물체에서 떨어져 나오는 것은 아니다.) 이는 물체에서 전도전류가 흐를 정도로 물체의 저항을 낮추어준다. 그 결과 이 회로에서는 전류가 흐른다. 빛의 진행이 가로막히면 릴레이(자기적 스위치)에서 회로가 열려 특별한 장치를 제어한다.

(b) 광검출기 회로들은 자동문 개폐기에 사용된다. 문이 아래로 내려올 때 검출기의 빛(주로 적외선)이 차단하면 문이 내려오다 정지하게 된다. 이는 문이 내려올 때 사람이 다치지 않도록 하는 안전장치로 이용된다.

그의 해석에 따르면 광자에너지는 진동수에 비례하기 때문에 어떤 (차단)진동수 (f_o) 이하의 진동수를 갖는 광자는 가장 느슨하게 속박된 전자라도 전자를 물체에서 떼어내기에는 충분하지 않다는 것이다. 차단진동수에서 전자는 방출되지 않으며 차단진동수는 식 27.7에서 $K_{max}=0$을 놓음으로써 다음과 같이 구할 수 있다.

$$hf_o = K_{max} + \phi_o = 0 + \phi_o \quad \text{또는}$$

$$f_o = \frac{\phi_o}{h} \quad \text{문턱 또는 차단진동수} \tag{27.8}$$

차단진동수(cut-off frequency) f_o는 때로 문턱진동수(threshold frequency)라고도 한다. 이 진동수는 빛이 전자를 내기위한 최소의 진동수이기 때문이다. 이런 문턱진동수 이하에서는 가장 약하게 속박되어 있는 전자의 결합에너지가 광자에너지보다 크다. 전자가 광자에너지를 흡수하더라도 그 전자가 물체를 떠나 자유롭게 되어 광전자가 되기엔 에너지가 충분하지 않다. 광전효과를 응용한 경우는 많이 있다. 광전지에 의해 만들어진 전류는 빛의 세기에 사실상 비례하므로 사진사가 사용하는 노출계는 이를 응용한 것이다. 광전지는 햇빛을 전기로 만드는 태양전지에도 응용된다.

27.3 양자적 "입자" : 컴프턴 효과

1923년 미국의 물리학자 컴프턴(Arthur H. Compton, 1892~1962)은 빛이 광자로 이루어져 있다는 가설 하에 그라파이트(탄소) 벽돌로부터 X-선의 산란을 설명했다. 관측된 효과에 대한 그의 설명은 적어도 이제까지의 어떤 실험보다 빛(전자기파)의 에너지가 광자를 실어 나른다는 분명한 증거를 보여주고 있다.

컴프턴은 단색광의 X-선이 여러 종류의 물질과 산란할 때 산란 X-선의 파장이 입사 X-선의 파장보다 길어짐을 관측했다. 게다가 산란 X-선의 변화된 파장은 산란각 θ와 관계되지만 물질의 종류에는 상관없다는 것에 주목했다(그림 27.6). 이 현상을 컴프턴 효과라 한다.

파동모형에 따르면 산란된 어떤 복사라도 입사된 빛과 같은 진동수(같은 파장)를 가져야만 한다. 이 모형에서 산란된 물체의 원자 내 전자는 복사의 전기장 진동에 의해 가속되어 입사된 복사와 똑같은 진동수에서 진동한다. 산란된(또는 재복사된)

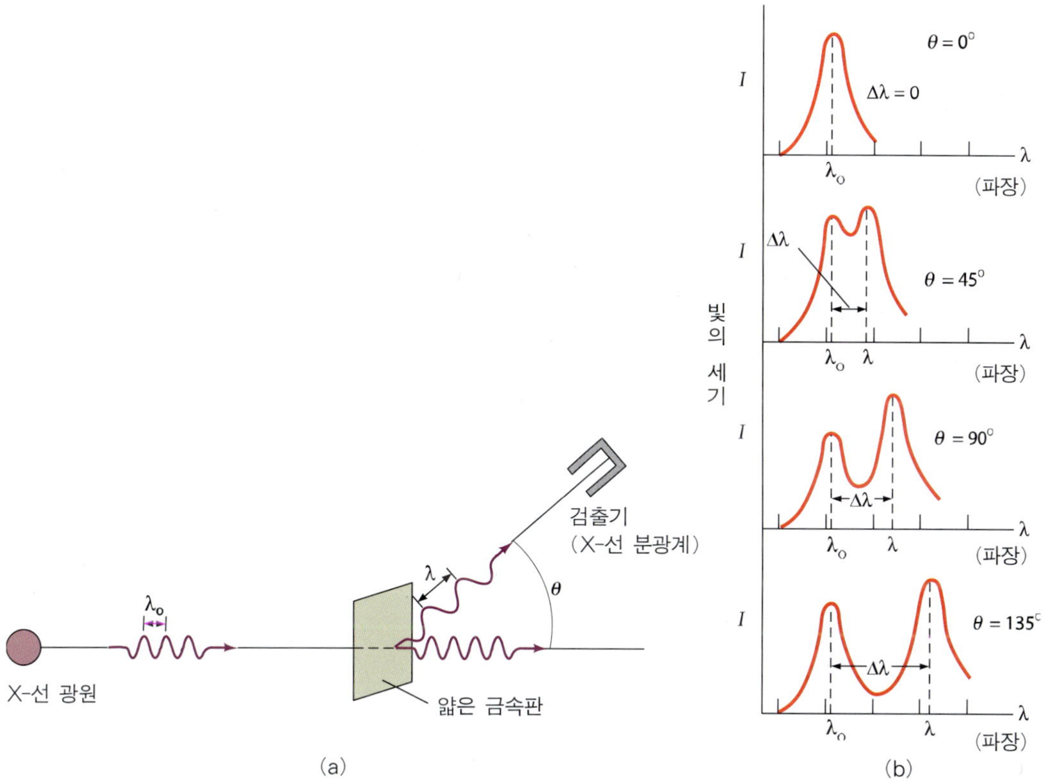

▲ **그림 27.6 X-선 산란**

(a) 단일 파장을 갖는 X-선을 얇은 금속판 내 전자에 산란시켰을 때 산란된 파장(λ)은 입사된 파장(λ_o)보다 더 길다. 입사 X-선의 대부분은 어떤 상호작용 없이 그대로 지나간다.(그리고 그 결과 어떤 파장의 변화도 없다.) 산란된 전자는 보이지 않는데 이는 전자들은 그대로 물질 내에 남아 있기 때문이다.

(b) 파장의 변화는 산란각(θ)이 증가할수록 증가한다. 그림에서 모든 각도에 산란되지 않는 파장(λ_o)의 피크가 나타남을 주목하라. 이 피크는 원자에 단단히 속박된 전자와 광자 사이의 산란에 대응한다. 상대적으로(전자에 비해) 질량이 큰 원자와 충돌한 광자는 다시 튀어나온다. 이런 상황에서 다시 튀어나온 광자는 거의 에너지를 잃지 않아 입사된 것과 같은 에너지를 갖는다.

빛은 방향에 무관하게 같은 진동수를 가져야만 한다.

아인슈타인의 광자적 관점에서 각 광자의 에너지는 진동수 f에 비례한다. 그 결과 빛의 진동수 또는 파장의 변화는 곧 광자의 에너지 변화를 뜻한다. 파장이 증가한다는 것은(또는 $f = c/\lambda$에 의해 진동수가 감소한다는 것은) 산란 광자의 에너지가 입사 광자의 에너지보다 작다는 것이다. 더구나 산란각에 따라 광자의 에너지가 증가하는 변화를 보이는 것은 마치 두 입자의 탄성 충돌을 연상하게 한다. 이들 광자라 부르는 두 양자적 '입자'들 간에 산란에서 같은 원리를 적용할 수 있을까?

이런 아이디어를 쫓아 컴프턴은 한 개의 광자가 전자들과 충돌하는 것처럼 행동한다고 가정했다. 만약 입사된 광자가 초기에 정지해 있는 전자와 충돌한다면, 그 광자는 전자에 에너지와 운동량을 전이시켜야 한다고 그는 그 이유를 설명했다. 그래서 이와 관련된 산란된 빛의 파동의 진동수는 물론 산란된 광자의 에너지($E = hf$이므로)가 감소할 것으로 예상했다. 광자모형에 의해 에너지보존과 운동량 보존법칙을 적용하여 컴프턴은 전자로부터 각도 θ로 산란된 빛의 파장의 변화치를 다음과 같이 구했다.

$$\Delta\lambda = \lambda - \lambda_0 = \lambda_C(1-\cos\theta) \quad \text{컴프턴 산란} \tag{27.9}$$

여기서 λ_0는 입사된 빛의 파장이며 λ는 산란된 빛의 파장이다. 상수 λ_C를 전자의 컴프턴 파장이라 한다. 이는 $\lambda_C = h/(m_e c)$ 식에 의해 전자의 질량에 역수에 비례하는 상수이다. 컴프턴 파장은 수치적으로 $\lambda_C = 2.43 \times 10^{-12}\,\text{m} = 2.43 \times 10^{-3}\,\text{nm}$으로 주어지는 값이다. 식 27.9는 정확히 측정된 파동 변화값과 일치한다. 컴프턴은 1927년 노벨상을 받았다.

여기서 주목할 것은 최대 파장 변화치를 보이는 $\theta = 180°$일 때인데, 이 때 값은 (식 27.9에서 $\cos\theta = -1$, 즉 $1 - \cos\theta = 2$ 일 때) $\Delta\lambda_{max} = 2\lambda_C = 4.86 \times 10^{-3}\,\text{nm}$로 증가한다. 산란된 파장은 완전히 반대방향으로 되돌아 나올 때, 그래서 전자가 최대 운동에너지를 갖고 입사된 방향으로 나아갈 때 제일 긴 파장을 갖는다. 이 값은 최대 파장 변화치를 주기 때문에 입사된 파가 수 나노미터(강한 자외선 영역) 보다 큰 파장일 경우 관측하기 힘들다. 즉 컴프턴 효과는 자외선이나 그보다 가시광선과 같은 더 긴 파장의 빛의 경우는 무시할 만하다. 컴프턴 효과는 X-선이나 감마선 산란인 경우에만 나타난다.

광자 해석의 아인슈타인과 컴프턴의 성공으로 과학자들에겐 빛에 대해 서로 맞서는 두 개의 이론이 남겨졌다. 고전적으로 빛은 진행하는 파동이며 이는 회절이나 간섭같은 현상을 훌륭하게 설명한다. 반대로 양자이론은 광전효과나 컴프턴 효과를 설명하는데 필요하다. 이들 두 이론을 엮어 이중성(또는 파동–입자의 이중성)이라 부르며 다음과 같이 기술한다.

> 모든 전자기적 현상을 설명하기 위해 빛은 때론 파동으로 때론 광자의 다발로 존재해야 한다. 원자나 핵 또는 분자 같은 작은(양자화된)계에서 작용할 때 광자(양자화된 에너지)로 취급해야만 하며 일상생활의 척도에서는–예를 들면 회절과 간섭이 이루어지는–파동으로 보는 것이 유용하다.

27.4 수소원자의 보어 이론

1800년대 수소나 네온, 수은, 증기 등의 기체를 넣은 기체방전관을 이용한 많은 실험이 이루어졌다. 상업적으로 이용하는 네온사인은 실제적인 기체방전관이다(그림 27.7). 전구같이 뜨거운 필라멘트에 의해 나오는 백열은 모든 파장의 빛이 나오는 연속 스펙트럼을 갖는다. 그러나 기체방전관에서 나오는 빛은 단지 몇 개의 파장만이 관측되는 불연속적인 스펙트럼을 갖는다(그림 27.8). 이런 방전관에서 나오는 빛의 스펙트럼을 휘선 스펙트럼 또는 방출 스펙트럼이라고 부른다. 일반적으로 방출 스펙트럼에서 나오는 파장은 특별한 기체의 원자 또는 분자의 특성을 반영한다.

원자들은 빛을 흡수하고 방출한다. 백색광을 차가운 기체에 통과시킨다면 특정한 진동수 또는 파장을 갖는 에너지는 흡수된다. 이 경우를 어두운 선스펙트럼 또는 흡수 스펙트럼이라 부르는데 연속 스펙트럼에 몇 개의 일련의 어두운 선이 포함되어 있기 때문이다(그림 27.8e). 방출 또는 흡수된 파장의 형태를 살펴보아 시료에서 주어진 원자나 분자의 스펙트럼 형태와 비교해 볼 수 있다.

수소는 하나의 전자 하나의 양성자를 갖는 가장 단순한 구조를 갖는 원자이다. 19세기 후반 스위스의 과학자 발머(J. J. Balmer)는 가시광선 영역에서 수소의 네 개의 스펙트럼선의 파장들이 다음과 같은 경험적 공식을 통해 연관되는 것을 알아냈다.

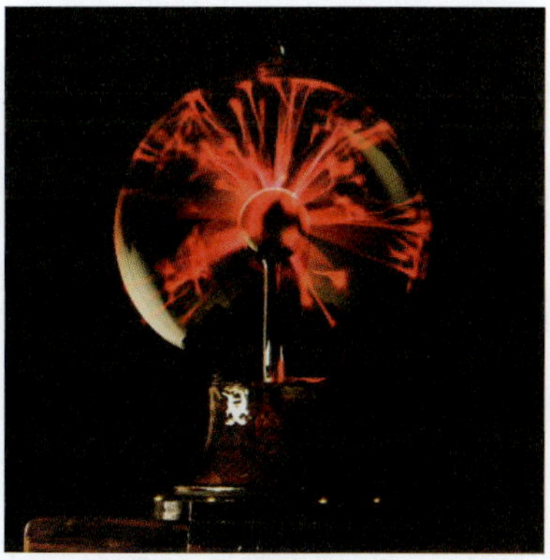
(a)

(b)

▲ 그림 27.7 기체방전관

(a) 이들 반짝이는 유리관들은 기체방전관이다. 다양한 기체의 원자들은 전기적으로 들떠 있을 때 빛을 방출한다. 각각의 기체는 그 자신만의 고유한 파장으로 빛을 낸다.

(b) 네온사인은 실제로 관내에 네온이 포함되어 있다. 네온사인은 붉은색 빛을 낸다. 다른 기체들은 다른 색의 빛을 낸다.

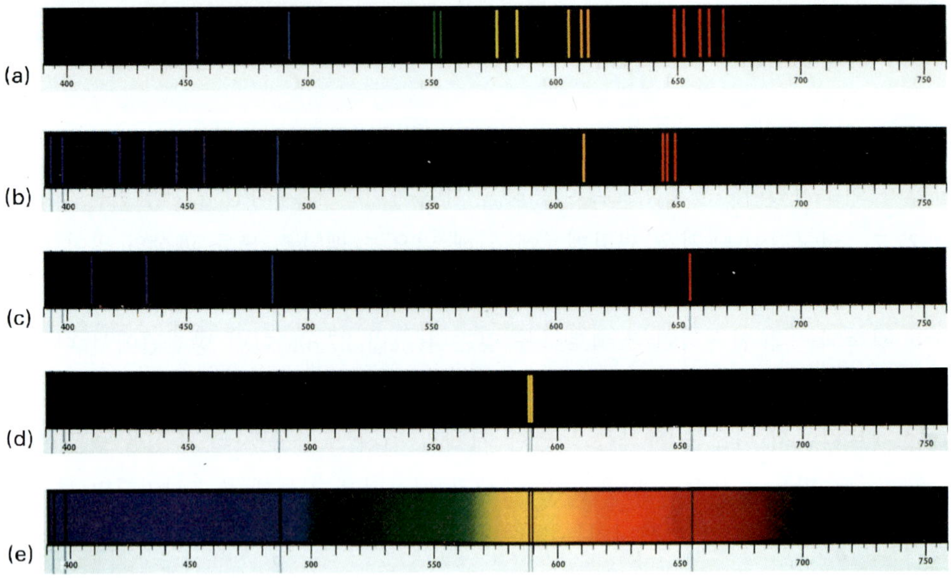

▲ **그림 27.8 스펙트럼의 방출선과 흡수선**

기체가 열 또는 전기에 의해 들뜨게 되면 빛이 방출되는데 이 빛을 프리즘이나 회절격자판을 통해 여러 파장별로 분리시킬 수 있다. 즉 이 결과를 휘선 또는 방출 스펙트럼이라 한다. 그림에서 (a) 바륨의 방출 스펙트럼, (b) 칼슘의 방출 스펙트럼, (c) 수소의 방출 스펙트럼, (d) 나트륨의 방출 스펙트럼을 보이고 있다. 각 스펙트럼은 원소 특유의 무늬를 보인다. (e) 가열된 고체나 밀도가 높은 기체에 의해 생기는 연속 스펙트럼이 차가운 기체층을 통과할 때 어두운 선 또는 흡수분광선이 관측된다. 스펙트럼에서 보이는 선은 특별한 파장의 빛이 기체에 흡수되었기 때문에 생겨난 것이다. 태양의 빛이 지구에 도달하기 전에 이미 태양의 빛은 태양의 대기에 의해 확연히 알 수 있는 몇 개의 흡수분광선을 만들어 보내고 있다. 사실 이 방법을 통해 불활성기체 헬륨이 바로 태양에 존재한다는 것을 처음 발견하게 되었다.

$$\frac{1}{\lambda} = R\left(\frac{1}{2^2} - \frac{1}{n^2}\right),\ n = 3, 4, 5, 6 \quad \text{수소의 가시광선 스펙트럼} \tag{27.10}$$

R을 리드버그 상수라고 하며 이는 원자의 분광선에 대해 연구를 했던 스웨덴의 물리학자 리드버그(Johannes Rydberg, 1854~1919)의 이름에서 따왔다. R의 값은 실험에 의해 결정되며 그 값은 $1.097 \times 10^{-2}\ \text{nm}^{-1}$이다.

보어는 태양 주위를 돌고 있는 행성의 운동처럼 양성자 주위를 전자가 원궤도로 운동을 한다고 가정하였다. 전자와 양성자 사이의 전기적 인력이 원운동을 하도록 하는 구심력으로 작용한다. 구심력은 $F_C = mv^2/r$로 주어지는 것을 기억하자. 여기서 v는 궤도속도, m은 질량 그리고 r은 궤도의 반지름이다. 양성자와 전자 사이에는 쿨롱법칙, 즉 $F_e = kq_1q_2/r^2 = ke^2/r^2$을 만족하는 인력이 작용한다. 여기서 e는 양성자와 전자의 전하 크기이다(그림 27.9). 이들 두 힘을 같게 놓으면 다음을 얻는다.

$$\frac{mv^2}{r} = \frac{ke^2}{r^2} \qquad (27.11)$$

원자의 총에너지는 운동에너지와 위치에너지의 합이다.

식 27.11로부터 운동에너지는 $(mv^2)/2 = ke^2/2r$으로 쓸 수 있다. 이 관계식에 따라 총에너지는 다음과 같다.

$$E = \frac{ke^2}{2r} - \frac{ke^2}{r} = -\frac{ke^2}{2r} \qquad (27.12)$$

여기서 E는 음의 값이 되는데 이는 계가 속박되어 있음을 나타내고 있다. 반지름이 커지면 E의 값은 0에 가깝게 된다. $E=0$이면 전자는 더 이상 원자에 속박되어 있지 않으며 전자를 잃은 원자는 '이온화'된다.

지금까지의 관점에서는 단지 고전이론만이 적용되었다. 지금 단계에서의 이론에서 보어는 급진적인 가정을 한다. 즉 원자의 분광선을 설명하기 위해 양자개념을 도입한다.

보어는 전자의 각운동량이 양자화되어 있으며 또한 각운동량의 값이 $h/2\pi$ 값의 정수배로만 주어져야 한다는 가정을 하였다. 여기서 h는 플랑크 상수이다.

반지름 r의 원궤도 운동에서 질량 m의 물체의 각운동량이 mvr로 됨은 이미 배웠다(식 8.14). 그 결과 보어의 가정은 다음 식으로 표현할 수 있다.

$$mvr = n\left(\frac{h}{2\pi}\right) \qquad n = 1, 2, 3, 4, \cdots \qquad (27.13)$$

정수 n은 양자수(quantum number)의 일종이다. 자세히 말하자면 n은 원자의 주양자수(principal quantum number)이다. 주양자수란 28장에서 다시 설명하겠지만 한 원자의 각 전자를 완전히 설명하기 위해서 필요한 4개의 양자수 중 하나이다. 즉 궤도의 반지름은 양자화되었다. 한 궤도의 에너지는 위의 표현을 식 27.12에 대입하여 얻을 수 있다. 위에 식에서 r에 대해 간단히 하면 다음의 식을 얻을 수 있다.

$$r_n = \left(\frac{h^2}{4\pi^2 ke^2 m}\right) n^2 \qquad n = 1, 2, 3, 4, \cdots \qquad (27\text{-}14)$$

$$E_n = -\left(\frac{2\pi^2 k^2 e^4 m}{h^2}\right)\frac{1}{n^2} \quad n = 1,\ 2,\ 3,\ 4,\ \cdots \tag{27.15}$$

역시 여기서 에너지의 첨자 n도 에너지가 n에 관계함을 의미한다. 반지름은 매우 작은 값이라 보통 나노미터(nm)로 표시하며 에너지 역시 전자볼트(eV)로 표시한다.:

$$r_n = 0.0529 n^2\,\text{nm} \quad n = 1,\ 2,\ 3,\ 4,\ \cdots \quad \text{수소에 대한 궤도반지름} \tag{27.16}$$

$$E_n = \frac{-13.6}{n^2}\,\text{eV} \quad n = 1,\ 2,\ 3,\ 4,\ \cdots \quad \text{수소의 에너지} \tag{27.17}$$

다음의 예제에서 이들 값들을 사용해보자.

예제 27.2 ■ 보어 궤도 : 반지름과 에너지

수소원자에서 양자수가 $n=2$일 때 전자의 궤도반지름과 에너지를 구하라.

풀이

$n=2$일 때 식 27.16과 27.17 을 사용한다. $n=2$일 때

$r_2 = 0.0529\, n^2\,\text{nm} = 0.0529\,(2)^2\,\text{nm} = 0.212\,\text{nm}$이고

$E_2 = \dfrac{-13.6}{n^2}\,\text{eV} = \dfrac{-13.6}{(2)^2}\,\text{eV} = -3.40\,\text{eV}$ 이다.

고전적으로 전하가 가속될 때 전자기 에너지가 방출된다. 보어의 원궤도는 전자가 구심방향으로 가속되는 계이다. 그러므로 궤도전자는 에너지를 잃어버리게 되어 나선형 궤도를 그리며 핵에 잡히게 된다. 이런 경우는 분명히 수소에서 일어나지 않는다. 그래서 보어는 또 다른 비고전적인 가정을 하게 된다. 보어는 다음과 같은 가설을 내세웠다.

수소의 전자는 원자에 불연속적인 특정 궤도에 속박되어 있을 때 에너지를 방출하지 않는다. 다만 더 낮은 에너지의 궤도로 내려갈 때만 에너지를 방출한다. 에너지를 흡수할 때 더 높은 에너지 궤도로 올라간다.

■ 에너지 준위

수소원자에서 전자의 "허락된" 궤도를 주로 에너지의 용어로 표현한다(그림 27.9). 이 책에서 그 전자가 특별한 "에너지 준위" 또는 "에너지 상태"에 있다고 말한다. 주양자수는 이 특별한 에너지 준위에 숫자를 매긴 것이다. 가장 낮은 에너지 준위 $(n=1)$를 바닥상태라 한다. 바닥상태 위의 에너지 준위를 들뜬상태라 한다. 예를 들면 $n=2$인 에너지 준위를 첫 번째 들뜬상태라고 한다(예제 27.2를 보라).

전자는 보통 바닥상태에 있으며 들뜬상태로 올라가려면 그에 합당한 충분한 에너지가 주어져야 한다. 에너지 준위는 특정하게 정해진 값을 가지므로 전자가 들뜨려면 특정한 어떤 불연속의 에너지를 흡수할 때만 가능하다. 에너지 준위를 사닥다리의 가로대로 비유할 수 있다. 사닥다리를 오르려는 사람은 불연속적인 크기의 중력 위치에너지를 증가시켜야만 가능하다. 이와 유사하게 한 전자는 고유의 불연속적인 단계의 "에너지 사닥다리"를 오르내릴 수 있다. 그러나 수소의 에너지 준위들은 그 간격이 일정하지 않다(그림 27.9).

만약 충분한 에너지를 흡수하면 전자는 속박에서 풀리게 된다. 즉 원자는 이온화

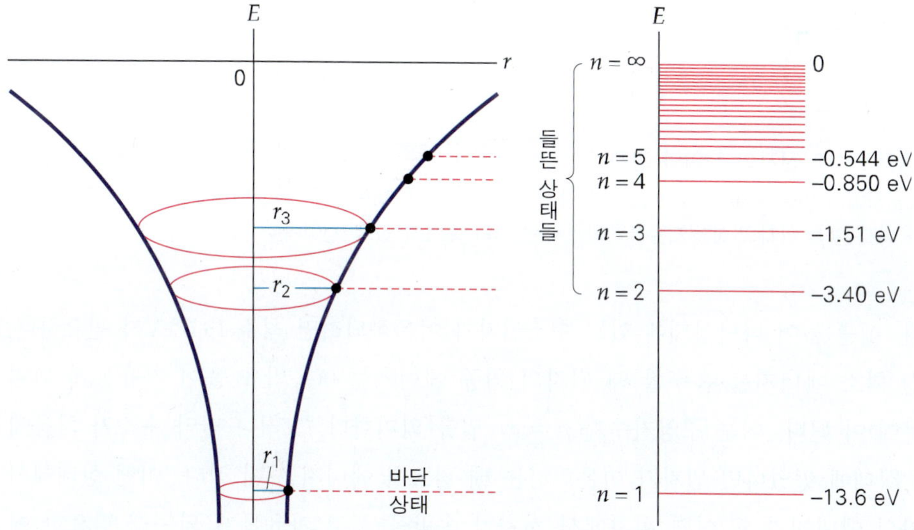

▲ **그림 27.9 수소전자의 궤도와 에너지 준위**
보어 이론에 따르면 수소의 전자는 불연속적인 반경을 갖는 특정 궤도만을 점유한다. 각각이 허용된 궤도는 이에 대응하는 허용된 에너지를 갖는데 이를 에너지 도표를 통해 편리하게 표현할 수 있다. 가장 낮은 에너지 준위$(n=1)$는 바닥상태이며 그 위의 준위$(n>1)$를 들뜬상태라 한다. 궤도는 $1/r$ 에 비례하는 양성자의 전기 위치에너지에서 그림 그렸다. 바닥상태에서 전자는 위치에너지 우물의 가장 밑바닥에 있으며 이는 그림 7.18에 표현한 중력 위치에너지의 우물과 유사하다.

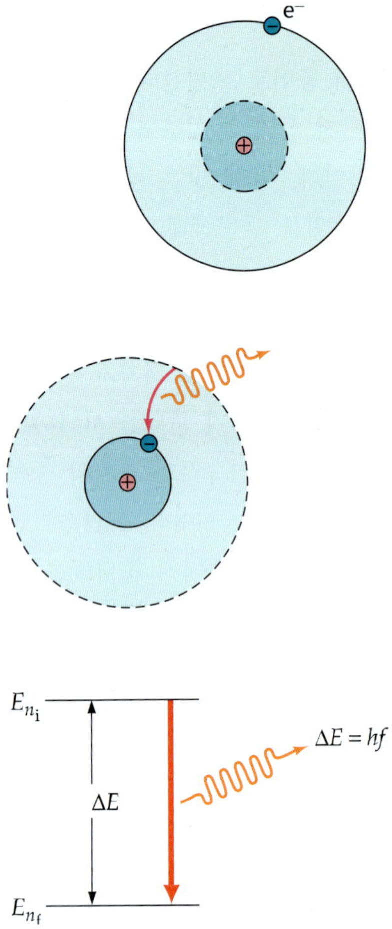

▲ **그림 27.10 전자의 전이와 광자방출**

수소원자에서 빛을 방출할 때 수소의 전자는 높은 준위에서 낮은 준위(더 작은 에너지)로 전이되며 광자가 방출된다. 광자의 에너지는 두 에너지 준위의 에너지 값의 차이다.

된다. 예를 들어 바닥상태에 있는 수소원자가 이온화되려면 최소 13.6 eV가 필요하다. 이런 최소 에너지를 흡수할 때 원자의 최종 에너지는 0(속박을 풀어 자유롭게 되기 때문에)이 된다. 이는 주양자수가 $n=\infty$ 임을 의미한다. 그러나 만약 수소가 처음에 들뜬상태에 있었다면 원자가 이온화하는 데 필요한 에너지는 더 작다. 어떤 상태에서 전자의 에너지가 E_n이면 원자에서 전자가 속박을 풀고 자유롭게 되는데 필요한 에너지는 $-E_n$이다. 이 에너지를 결합에너지라고 한다. 여기서 $-E_n$은 양의 값이며 초기에 전자가 주양자수 n일 때 원자를 이온화시키는 데 필요한 에너지를 말한다.

한 전자는 일반적으로 들뜬상태를 오랫동안 유지할 수 없다. 즉 아주 짧은 시간 동안 붕괴 또는 낮은 에너지 준위로 전이된다. 한 전자가 어떤 들뜬상태에서 보내는 시간을 그 들뜬상태의 수명이라 한다. 많은 상태에서 그 수명은 약 10^{-8} 초 정도이다. 낮은 준위의 상태로 전이될 때 전자는 광자의 형태로 빛에너지 양자를 방출한다(그림 27.10). 광자의 에너지 ΔE는 준위와 준위 사이의 에너지 차의 크기와 같다.

$$\Delta E = E_{n_i} - E_{n_f} = \left[\frac{-13.6}{n_i^2}\ \text{eV}\right] - \left[\frac{-13.6}{n_f^2}\ \text{eV}\right] \quad \text{또는}$$

$$\Delta E = 13.6\left(\frac{1}{n_f^2} - \frac{1}{n_i^2}\right)\text{eV} \quad \text{수소원자에서 방출하는 광자에너지} \tag{27.18}$$

여기서 첨자 i와 f는 처음 상태와 나중 상태를 각각 말한다. 보어 이론에 따르면 에너지 E인 광자는 에너지 차와 같을 때 방출된다. 그 결과 $E = \Delta E = hc/\lambda$ 또는 $\lambda = hc/\Delta E$ 이다. 그러므로 단지 특별한 크기의 파장을 갖는 빛만 방출된다. 이들 특별한 파장(또는 특별한 진동수)은 에너지 준위들 사이에서 여러 전이에 대응되며 이로써 방출 스펙트럼의 존재를 설명할 수 있다.

주양자수 n_f는 방출과정이 일어나는 동안 전자가 안착하는 마지막 준위에 해당한다. 발머 방출계열은 가시관선 영역의 방출 스펙트럼으로 $n_f = 2$, $n_i = 3, 4, 5$ 그리고 6에 대응된다. 자외선 영역에서는 리만계열이라 부르는 단 한 개의 계열이 있는데 이를 리만계열이라 하며 $n_f = 1$(바닥상태)가 마지막 상태이다. 적외선 영역에는 여러 계열이 있는데 가장 주목할 만한 계열은 최종 상태가 두 번째 들뜬상태인 $n_f = 3$의 발머 계열이다(이 계열들의 이름은 이 스펙트럼을 발견한 사람의 이름을 따왔다).

보통 빛의 파장은 방출과정 동안 관측된 것이다. 광자에너지와 빛의 파장은 아인슈타인 방정식(식 27.4)과 관련되어 있으므로 방출되는 파의 파장, λ는 다음에서 구할 수 있다.

$$\lambda(\text{단위 nm}) = \frac{hc}{\Delta E} = \frac{1.24 \times 10^3\ \text{eV} \cdot \text{nm}}{\Delta E(\text{eV 단위})} \tag{27.19}$$

요약하면 수소의 보어모형에서는 이산적인 에너지준위 사이의 전이만을 요구하며 원자는 방출 스펙트럼에서 이산적인 에너지의 광자가 (또는 이산적인 파장의 빛이) 방출된다. 이 과정을 그림 27.11에 요약해 놓았다.

보어 이론은 수소원자에 대한 실험결과와 아주 잘 일치했고 전자가 한 개인 헬륨 이온의 경우에도 잘 맞았다. 그러나 여러 개의 전자를 갖고 있는 원자에 대해서는 잘 맞지 않았다. 보어 이론은 기본적으로는 고전론적 체계에 새로운 양자이론을 접

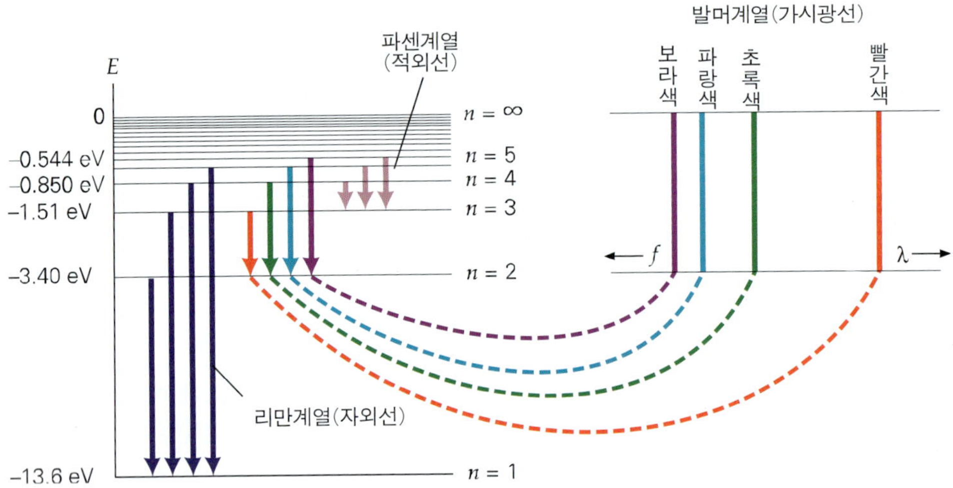

▲ 그림 27.11 수소 스펙트럼

전자가 바닥상태로 돌아올 때 둘 혹은 그 이상의 에너지 준위 사이에서 일어나는 전이들. $n=2$로 가는 전이는 가시광선(발머계열)영역 파장을 갖는 스펙트럼을 준다. 다른 준위들에서 전이는 (가시광선이 아닌)다른 계열에 대응한다.

목시켰다는 의미에서 불완전한 이론이었다. 이 이론에서 수정된 개념을 포함했지만 원자에 대한 완전한 설명은 양자역학이 발전(28장)되기 전까지 이루어지지 못했다. 그럼에도 불구하고 원자에서 불연속적인 에너지 준위의 개념은 형광 같은 현상에 대해 정성적으로 이해하는 것이 가능해졌다.

27.5 양자역학의 성공 : 레이저

레이저의 발명은 중요한 기술적 승리이다. 뢴트겐의 X-선의 발명이나 에디슨의 전등의 발명 같은 많은 발명품은 시행착오를 거치거나 우연에 의해 이루어졌다. 그러나 이와 달리 레이저는 이론적인 바탕위에 만들어졌다. 양자물리학의 아이디어를 통해 레이저는 제조 가능성이 먼저 예상되었고 설계되고 만들어졌으며 결국에는 응용되었다(레이저란 '유도방출복사에 의한 빛의 증폭', 즉 light amplification by stimulated emission of radiation 의 앞 글자를 따와 LASER가 되었다). 레이저는 폭넓은 응용성이 입증되고 있으며 이에 대해 이 절의 말미에 논의하겠다.

▲ **그림 27.12 인광과 준안정 상태**

인광물질내의 원자들이 들뜰 때 그 들의 일부는 즉시 바닥상태로 돌아오지 않고 준안정 상태에서 보통의 원자들의 시간 주기보다 오랫동안 머문다. 샌프란시스코의 과학박물관에는 인광성 물질로 만든 벽과 바닥이 있다. 빛을 쬐어준 후 약 30초간 빛을 낸다. 인광물질이 빛에 처음 노출시켰을 때 생겼던 어린이들의 그림자를 그대로 보유한 사진이다.

원자의 에너지 준위의 준위는 레이저의 작동원리를 이해하는데 아주 중요하다. 보통 한 전자는 들뜬상태를 단지 10^{-8} 초 정도만 유지하다가 즉시 바닥상태로 내려오게 된다. 그러나 어떤 들뜬상태는 이보다는 상당히 오랜 시간의 수명을 갖는다. 이런 상대적으로 긴 수명을 갖는 원자 상태를 준안정 상태라고 한다.

레이저 동작에서 가장 중요한 고려대상은 방출과정이다. 그림 27.13에서 보듯 두 에너지 준위 사이에서 흡수, 복사의 자발적 방출이 생겨날 수 있다. 즉 한 광자가 흡수되고 한 광자가 방출되는 것은 거의 순식간에 일어난다. 그러나 높은 에너지 준위가 준안정 상태일 때 소위 유도방출(stimulated emission)이라 부르는 또 다른 방출과정이 존재한다. 이런 유도방출은 증폭과정–즉 한 개의 광자가 들어가서 두 개가 나오는–을 거친다. 그러나 이 과정은 무에서 유를 얻는 과정은 아니다. 왜냐하면 원자는 초기에 이미 들뜬상태로 만들어 놓아야 하기 때문이며 이를 위해 에너지가 필요하기 때문이다.

보통 빛이 물질을 지날 때 광자는 유도방출을 일으키기보다는 그냥 흡수된다. 많은 원자는 대부분 들떠있지 않고 바닥상태에 있기 때문이다. 그러나 물체에서 바닥상태보다 들떠있는 준안정 상태에 더 많은 원자가 있도록 미리 준비해 놓을 수 있다. 이 조건을 빈진분포(popular inversion)라고 한다. 이 경우 흡수되는 것보다 유도방출 되는 것이 더 많을 수 있으며 결국 총체적으로 증폭된다. 이 특성을 기구로 만든 것이 레이저이다.

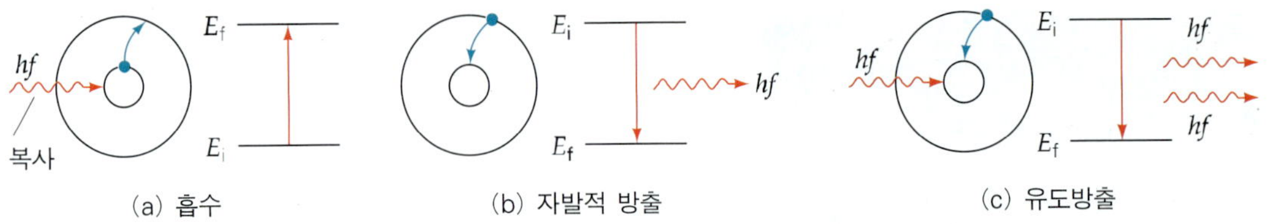

▲ 그림 27.13 광자 흡수와 방출

(a) 빛을 흡수할 때 하나의 광자를 흡수하면 원자는 높은 에너지 준위로 들뜬다.

(b) 짧은 시간 동안 원자는 자발적 붕괴하여 하나의 광자를 방출하고 낮은 에너지로 전이한다.

(c) 만약 아래쪽으로의 전이와 같은 에너지를 갖는 다른 광자가 원자를 치면 유도방출이 생겨난다. 그 결과 두 개의 똑같은 진동수를 갖는 광자(입사된 것과 새로이 생긴 것)가 생겨난다. 이들은 초기의 광자와 같은 방향으로 진행하며 위상도 같다.

레이저 빔을 가지고 작업하는 것은 매우 위험할 수도 있으니 안전에 유의해야 한다. 만약 사람이 레이저 빔을 직접 눈으로 보게 된다면 그리고 레이저 빛의 세기가 충분히 크고 바라본 시간이 충분히 길면 집속된 에너지에 의해 망막은 타서 손상되거나 파괴될 수 있다. 그러나 레이저는 외과수술 같은 의료용으로도 사용된다.

레이저광의 또 다른 재미있는 응용은 홀로그래피라는 과정을 통해 삼차원상을 만드는 것이다. 이 과정에서 정상적인 상맺힘 과정에서처럼 렌즈를 사용하는 것이 아니고 원래의 삼차원적 장면을 재창출해 내는 것이다. 홀로그래피의 핵심은 레이저광의 결맞음 성질인데 이는 서로 간에 정해진 공간적 연관성을 주는 것이다.

연습문제

1. 빛을 방출하는 흑체의 온도를 두 배 올렸다. 처음 온도에서 방출된 빛의 복사에너지와 나중 온도에서 방출된 복사에너지의 비는 얼마인가?

(a) $E_f/E_i=2$ (b) $E_f/E_i=4$

(c) $E_f/E_i=8$ (d) $E_f/E_i=16$

2. 27℃의 온도를 갖는 흑체에서 방출하는 빛 중 가장 세기가 센 빛의 진동수는 얼마인가?

3. 태양에서 방출되는 빛 중 가장 에너지를 많이 방출하는 빛의 파장은 550 nm이다. 태양을 흑체라 가정하고 (a) 태양표면의 온도를 추정하라. (b) 태양에서 방출되는 총 단위시간당 에너지를 추정하라.

4. 하나의 광량자 에너지가 3.3×10^{-15} J인 빛의 빔이 있다. 이 빛의 파장은 얼마인가? 이런 종류의 빛을 빛의 구분상 무엇이라 부르는가?

5. 100 W의 백열전구에서 단 2.5%만이 빛에너지로 전환된다. 1분 동안 백열전구에서 방출되는 가시광선의 광량자수는 몇 개인가? (단 가시광선의 평균파장은 550 nm라 가정한다.)

6. 그림 27.14는 광전효과를 보이는 어떤 물질에서 억제전압과 진동수사이의 관계를 그림 그린 그림이다. 이 그림을 이용하여 (a) 플랑크 상수와 (b) 이 물질의 일함수를 구하라.

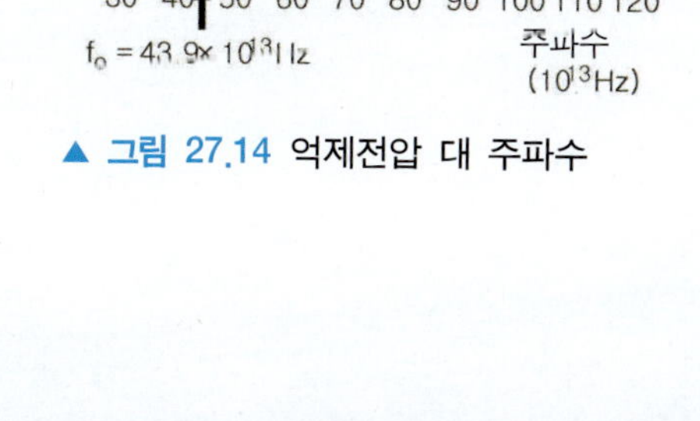

▲ 그림 27.14 억제전압 대 주파수

7. 어떤 금속은 500 nm의 파장을 갖는 물체에서 광전효과가 나타나기 시작한다고 한다. 다음의 각각의 파장, (a) 400 nm, (b) 500 nm, (c) 600 nm을 갖는 빛을 사용할 때 광전자의 최대 속력을 구하라.

8. 문제 7에서 이 금속의 일함수 값을 eV 단위로 구하라.

9. 0.280 nm의 파장을 갖는 X-선 단색광이 금속막에서 산란된다. 빔의 입사방향으로부터 45° 에서 관측된 X-선의 파장을 얼마인가?

10. 전자에 의해 산란된 한 광량자에 대한 컴프턴 전이가 1.25×10^{-4} nm이면 산란각은 얼마인가?

11. 양자수가 (a) $n=2$, (b) $n=4$, (c) $n=5$일 때 수소원자의 전자궤도 반지름을 구하라.

12. 최근 과학자들은 소위 '큰 원자'에 대한 연구를 하기 시작했다. 큰 원자란 궤도지름이 일상생활의 척도 정도로 큰 원자를 말한다. 지름이 1μm(즉 먼지입자 정도의 크기)인 수소원자의 주양자수 값을 대략적으로 구하라.

13. 수소원자의 전자가 다음의 주양자수를 갖는 상태에 있을 때 수소원자의 결합에너지를 각각 구하라. (a) $n=3$, (b) $n=5$, (c) $n=10$

14. 바닥상태의 수소에너지가 $n=5$인 준위로 들떴다. 다시 바닥상태로 되돌아오기 전에 $n=2$인 상태로 직접 전이되었다면 (a) 방출된 광량자의 파장은 얼마인가? (b) 방출된 빛은 가시광선의 영역에 있는 빛인가?

15. 바닥상태에 있는 수소전자의 운동에너지와 위치에너지를 각각 따로 계산하여 그 둘을 합한 값이 −13.6 eV임을 보여라.

16. 다음 중 레이저의 동작원리가 아닌 것은?

(a) 반전분포 (b) 인광

(c) 펌핑 (d) 유도방출

17. 바닥상태를 기준으로 2.0 eV와 5.0 eV의 두 개의 준안정 상태를 갖는 가상의 원자를 생각하자. 이 원자를 사용한 레이저에서 전자는 바닥상태로만 전이된다면 가시광선 영역의 빛을 내는 에너지 준위는 어떤 준위인가?

(a) 2.0 eV의 준위 (b) 5.0 eV의 준위

(c) 둘 다 아님 (c) 둘 다

18. 어떤 금속표면에 340 nm의 파장을 갖는 빛을 쬐주면 최대 속력 3.5×10^5 m/s의 전자가 튀어나온다.

(a) 금속의 일함수는? (b) 억제 전압은?

(c) 이 금속에서 광전효과를 볼 수 있는 빛의 가장 긴 파장은?

19. 적당한 환경에서 광량자가 전자−양전자(양전자란 전하가 양의 값을 갖는다는 것 외엔 모든 것이 전자와 같은 입자.) 쌍을 만드는데 필요한 최소 에너지 값 이상의 에너지를 갖는다고 하자. 상대론의 질량−에너지 등가법칙에 의해 전자의 질량은 0.51 MeV이다.

(a) 전자−양성자 쌍을 만들어내기 위한 광량자의 최소 에너지를 구하라.

(b) 이들 에너지에 대응하는 광량자의 파장은 얼마인가?

(c) 만약 한 광량자의 에너지가 최소 에너지의 두 배라면 만들어진 두 입자(전자+양전자)의 운동에너지 합은 얼마인가?

20. 원자핵에서도 광전효과와 비슷한 효과가 있다(이를 광핵(photonuclear)효과라 한다). 높은 에너지의 광량자가 원자핵에 흡수되면 핵자가 튀어나온다. 이렇게 하기 위한 광량자의 최소 에너지가 5.0 MeV라면 (a) 이런 광핵효과를 만들어 내기 위한 최소 에너지를 갖는 빛의 파장은 얼마인가? (b) 파장을 절반으로 줄인 빛을 핵에 흡수시키면 이때 튀어나온 핵자의 운동에너지를 얼마인가?

28 양자역학과 원자 물리학

1920년대에 파동과 양자개념의 통합에 기본을 둔 새로운 물리학이 도입되었다. 양자역학이라 부르는 이 새로운 이론은 물질의 파동–입자 이중성을 모순 없이 깔끔하게 설명하였다. 이는 과학적 사고에 혁명을 일으켰고 분자세계와 이보다 더 작은 크기의 세계에서 일어나는 현상을 이해하는데 기초를 제공하였다.

이 장에서는 양자역학이 어떻게 물질을 설명하는지를 보여주기 위하여 양자역학의 몇몇 기본 개념을 소개하였다. 전자현미경이나 자기공명영상장치 같은 실제적 응용은 자연을 양자역학적 관점으로 바라봄으로써 가능하게 되었다.

28.1 물질파 : 드 브로이 가설

광자(photon)는 빛의 속도로 운동하기 때문에 반드시 광자를 질량이 없는 입자로서 상대론적으로 취급해야 한다. 만약 그렇지 않다면, 즉 광자가 질량을 갖고 있다면 무한대의 에너지를 갖게 될 것이다. 다시 말하면, 질량 $m=0$이 아니라면 $v=c$이므로 상대론적 인자 γ가 무한대가 되어 총에너지 $E=\gamma mc^2$는 무한대가 될 것이다. 광자의 에너지 E와 운동량 p는 $p=E/c$의 관계가 있다. 아인슈타인 관계식(식 27.3)으로부터 광자의 에너지는 파의 진동수와 파장의 함수로 $E=hf=hc/\lambda$와 같이 나타낼 수 있다. 위의 두 식을 결합하면 광자의 운동량 (p)의 크기는 빛의 파장의 역수 관계로 다음과 같이 나타낸다.

$$p=\frac{E}{c}=\frac{hf}{c}=\frac{h}{\lambda}\quad \text{(광자의 운동량)} \tag{28.1}$$

20세기 초기에 프랑스 물리학자 드 브로이(Louis de Broglie, 1892~1987)는 파동과 입자 사이에는 대칭이 있다고 제안하였다. 그는 만일 빛이 때때로 입자처럼 행동한다면 전자 같은 물질입자 또한 파동성을 갖고 있을 것이라고 추측하였다. 1924년 드 브로이는 움직이고 있는 입자는 그와 관련된 파동을 갖고 있다는 가설을 세웠다. 입자의 파장은 $p=mv$(6장)인 질량과 입자와의 관계에서 주어진 운동량이 아닌 광자의 운동량 식 28.1과 유사한 방정식에 의한 운동량 p(비상대론적인)의 크기와 관계가 있다고 제안하였다. 드 브로이 가정은 다음과 같다.

운동량 p의 크기를 갖는 비상대론적 입자는 그와 관련된 파동을 갖고, 이 파동의 파장은 다음과 같다.

$$\lambda = \frac{h}{p} = \frac{h}{mv} \quad \text{(물질입자만)} \tag{28.2}$$

움직이는 입자와 관련된 파동은 물질파 또는 보다 일반적으로 드 브로이파라고 부르고, 어느 정도 입자의 운동을 이끌거나 영향을 미친다고 생각하였다. 전자기파는 광자와 관련된 파동이다. 그러나 드 브로이파는 전자, 양성자 같은 입자와 관련된 파동으로 전자기파가 아니다. 파장에 대한 드 브로이 방정식은 질량을 갖고 있는 입자의 파동성질에 대해서는 어떤 단서도 주지 않는다.

말할 필요도 없지만 드 브로이 가설은 큰 회의론에 부닥쳤다. 광자의 운동은 어느 정도 빛의 파동성에 의하여 지배된다는 생각은 합당하다고 보인다. 그러나 이 생각을 질량을 갖고 있는 입자의 운동에 확장하는 것은 받아들여지기 어려웠다. 게다가 그 당시에는 간섭이나 회절(13.4, 24.1, 24.3, 25.4절 참조) 같이 입자가 파동성을 보인다는 증거도 없었다.

드 브로이는 그의 가설을 뒷받침하기 위하여 보어의 수소원자 이론에서 보어가 가정한 각운동량의 양자화를 어떻게 해석할 수 있는지를 보여주었다. 궤도운동을 하고 있는 전자의 각운동량이 $h/2\pi$의 정수배로 양자화되어 있다(27장)는 보어의 가설을 되새겨 보자. 드 브로이는 자유 입자에 대하여 연관된 파가 진행파일 거라고 주장하였다. 그러나 수소원자에 속박된 전자는 불연속적인 원형궤도를 반복적으로 운동한다. 그 결과 관련된 물질파는 정상파가 될 것이라고 기대된다. 정상파가 생성되기 위해서는 정수배의 파장과 궤도의 원주길이는 같아야 한다. 원형줄에서 정상파처럼 파는 보강적으로 그 자신끼리 간섭되어야 한다(그림 28.1).

n이 양자수일 때 반지름 r_n인 보어궤도의 원둘레는 $2\pi r_n$이다. 드 브로이는 전자 파장의 정수배와 원둘레를 다음과 같이 방정식으로 나타내었다.

$$2\pi r_n = n\lambda \quad n = 1, 2, 3, \ldots \text{에 대하여}$$

방정식 28.2로부터 파장 λ를 대입하면

$$2\pi r_n = \frac{nh}{mv}$$

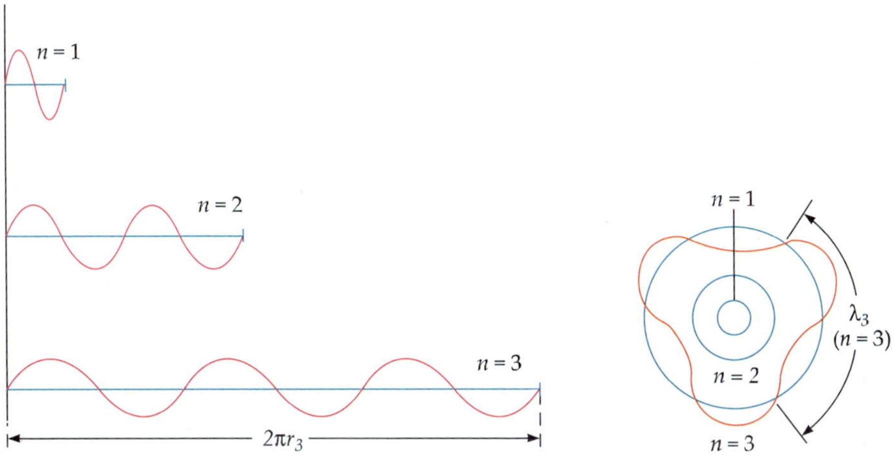

▲ **그림 28.1 드 브로이파와 보어궤도**
오른쪽으로 늘여진 줄에 나타나는 정상파와 비슷하게 드 브로이파는 보어궤도 주변에 원형 정상파를 형성한다. 반경 r의 특정한 궤도에서 파장의 수는 (그림에서 n =3에 대하여 보여줌) 그 궤도에서의 주양자수와 같다(같은 비율로 그리지 않았음).

따라서, 각운동량 $L = mvr$인 원형궤도에 대하여

$$L_n = mvr_n = n\left(\frac{h}{2\pi}\right) \quad n = 1, 2, 3, \ldots \tag{28.3}$$

된다. 따라서 보어의 각운동량 양자화는 전자가 파동과 같이 행동한다는 드 브로이 가설과 동등하다.

보어 이론에 의해 허용된 궤도 이외의 궤도에 대해서 궤도 전자에 대한 드 브로이파는 그 자체의 파에 겹쳐지지 않는다. 이 관측은 어떤 허용된 궤도에 있는 전자만이라는 보어의 가정과 잘 일치하고, 드 브로이파의 파장이 전자의 위치에 관련이 있다는 것을 의미한다. 다음에서 보여주겠지만 이 개념이 실제적으로 현대 양자역학의 기본이 되는 초석이다.

만일 입자가 진정으로 파동성을 갖고 있다면, 왜 일상의 현상에서 파동성이 관측되지 않는 걸까? 그 이유는 회절 같은 효과는 파장 λ가 물질의 크기 또는 파가 통과하는 틈의 크기와 유사할 때만 나타나기 때문이다(23.4절 참조). 만일 파장 λ가 이들 크기보다 매우 작다면 회절현상은 무시해도 좋을 만큼 적다. 예제 28.1과 예제 28.2는 원자세계와 우리가 살고 있는 일상 세계 사이의 차이를 확인시켜 줄 것이다.

예제 28.1 ■ 공을 던질 때 야구선수는 회절 문제를 걱정해야 할까? 드 브로이 파장

투수가 40 m/s의 속력으로 정사각형의 스트라이크 존을 통하여 포수에게 공을 던진다. 사각형 스트라이크 존은 캔버스 천에 네 변을 길이 50 cm로 잘라낸 정사각형 구멍이고, 공의 질량이 0.15 kg이라면 (a) 공과 관련된 드 브로이 파장은 얼마인가? (b) 포수는 공이 캔버스천의 정사각형 구멍을 통해 글로브로 들어올 때 나타나는 회절현상을 기대해야 하는가?

풀이

- 주어진 값 : $v = 40\,\text{m/s}$

  $d = 50\ \text{cm} = 0.50\ \text{m}$

  $m = 0.15\ \text{kg}$

- 구하는 값 :

  (a) λ(드 브로이 파장)

  (b) 회절이 일어날지의 여부

(a) 드 브로이 관계식 28.2를 사용하여 야구공의 파장을 계산한다.

$$\lambda = \frac{h}{mv} = \frac{6.63 \times 10^{-34}\ \text{J} \cdot \text{s}}{(0.15\ \text{kg})(40\ \text{m/s})} = 1.1 \times 10^{-34}\ \text{m} \quad (\text{매우 작다})$$

(b) 파가 구멍을 통하여 지나갈 때 회절이 나타나려면 그 파의 파장은 구멍의 크기와 비슷하여야 한다. 그러나 위에서 계산한 파장 1.1×10^{-34} m는 구멍의 길이 50 cm에 비하여 매우 작기 때문에, 야구공이 포수의 글로브에 들어올 때 파의 회절을 전혀 인식하지 못한다.

예제 28.1로부터 물질의 파동성은 일상생활에서 관측되지 않는다는 것은 전혀 이상하지 않다. 그러나 입자의 드 브로이 파장은 질량과 속도에 반비례한다. 따라서 매우 작은 질량을 갖고 있는 물질이 매우 작은 속도로 운동할 때는 다음 예제에서 보여 주듯이 또 다른 이야기가 된다.

예제 28.2 ■ 전자로 하는 야구 : 전자의 드 브로이 파장

(a) 50 V의 퍼텐셜을 통하여 정지상태로부터 가속된 전자의 드 브로이 파장은 얼마인가?

(b) (a)에서 구한 파장을 고체 내에 있는 원자들 간의 일반적인 거리(약 10^{-10} m)와 비교하여라. 이들 전자들이 고체 내의 원자들을 통과할 때 회절을 기대할 수 있겠는가? (전자질량 $m = 9.11\times10^{-31}$ kg)

풀이

- 주어진 값 : $V = 50.0$ V

  $m = 9.11\times10^{-31}$ kg

- 구하는 값 :

  (a) λ(드 브로이 파장)

  (b) 회절이 일어날지의 여부

(a) 먼저 에너지 보존법칙을 이용하여 가속된 전자의 속도를 계산해야 한다. 전자에 의하여 잃어버린 퍼텐셜 에너지 크기 $|\Delta U_e| = eV$는 전자기 얻은 운동에너지(처음의 운동에너지는 0이므로, $\Delta K = \frac{1}{2}mv^2$)와 같아야 한다. 이 두 식을 같게 놓으면

$$\frac{1}{2}mv^2 = eV$$

$$v = \sqrt{\frac{2eV}{m}} = \sqrt{\frac{2(1.6\times10^{-19}\,\mathrm{C})(50\,\mathrm{V})}{9.11\times10^{-31}\,\mathrm{kg}}} = 4.19\times10^6\,\mathrm{m/s}$$

따라서 전자의 드 브로이 파장은

$$\lambda = \frac{h}{mv} = \frac{6.63\times10^{-34}\,\mathrm{J\cdot s}}{(9.11\times10^{-31}\,\mathrm{kg})(4.19\times10^6\,\mathrm{m/s})} = 1.74\times10^{-10}\,\mathrm{m}$$

(b) 앞에서 계산한 파장은 원자들 사이 구멍의 크기와 거의 같으므로 회절이 관측되어야만 한다. 따라서 결정격자를 통한 전자의 통과로 드 브로이 가정을 증명할 수 있는 것이다.

28.2 슈뢰딩거 파동 방정식

드 브로이 가정은 움직이는 입자가 그들의 행동을 지배하는 파와 관련됨을 예측하고 있다. 그러나 이들 파동의 형태는 알 수 없고 단지 파장만을 알 수 있다. 유용한 이론이 되려면 물질파의 수학적 형식의 방정식이 필요하다. 또한 우리는 이들 파가 어떻게 입자운동을 지배하는지 알고자 한다. 1926년에 오스트리아 과학자인 슈뢰딩거(Erwin Schrodinger)는 드 브로이 물질파와 이들의 해석을 설명하는 일반적인 방정식을 내놓았다.

진행하는 드 브로이파는 일상생활에서의 파의 운동(13.2절)과 비슷한 방법으로 위치와 시간에 따라 변한다. 드 브로이파는 그리이스 문자 ψ (psi, 발음은 "프사이")로 나타내고 파동함수 ψ로 부르고 입자의 운동에너지, 위치에너지, 총에너지와 관련이 있다. 5.5절에서 설명한 보존 역학계에서 운동에너지와 위치에너지의 총합인 총역학적 에너지 E는 일정하다. 즉 $K+U=E$이다. 슈뢰딩거는 파동함수 ψ를 포함하는 드 브로이 물질파에 대하여 이와 유사한 방정식을 제안하였다. 슈뢰딩거 파동방정식은 다음의 일반적인 형태를 갖는다.

$$(K+U)\psi = E\psi \tag{28.4}$$

식 28.4를 이용하여 파동함수 ψ를 구할 수 있으나 이는 이 책의 범위를 넘는 복잡한 수학연산자를 포함하고 있다. 우리에게 더 중요한 질문은 ψ의 물리적인 의미이다. 양자역학의 초기 발전단계 동안에는 어떻게 ψ를 해석해야 하는지가 전혀 명확하지 않았다. 많은 사고와 연구 끝에 슈뢰딩거와 그의 동료들은 다음과 같은 가설을 세웠다.

한 입자의 파동함수의 제곱은 주어진 위치에서 그 입자를 찾을 확률에 비례한다.

(보다 정확히 말하면 슈뢰딩거 방정식의 파동함수 해의 제곱 ψ^2는 한 위치에서 입자를 찾을 확률을 나타낸다.)

확률로 ψ^2를 해석한 것은 보어 이론이 설명한 핵으로부터 불연속적인 거리에 있는 궤도에서만 전자를 발견할 수 있다는 수소원자의 전자 개념을 바꿔놓은 것이다. 수소원자에 대한 슈뢰딩거 방정식을 풀었을 때 핵으로부터 어떠한 거리에서도 전자를 발견할 확률은 영이 아니었다. 양성자로부터 거리에 따라 전자를 발견할 상대적 확

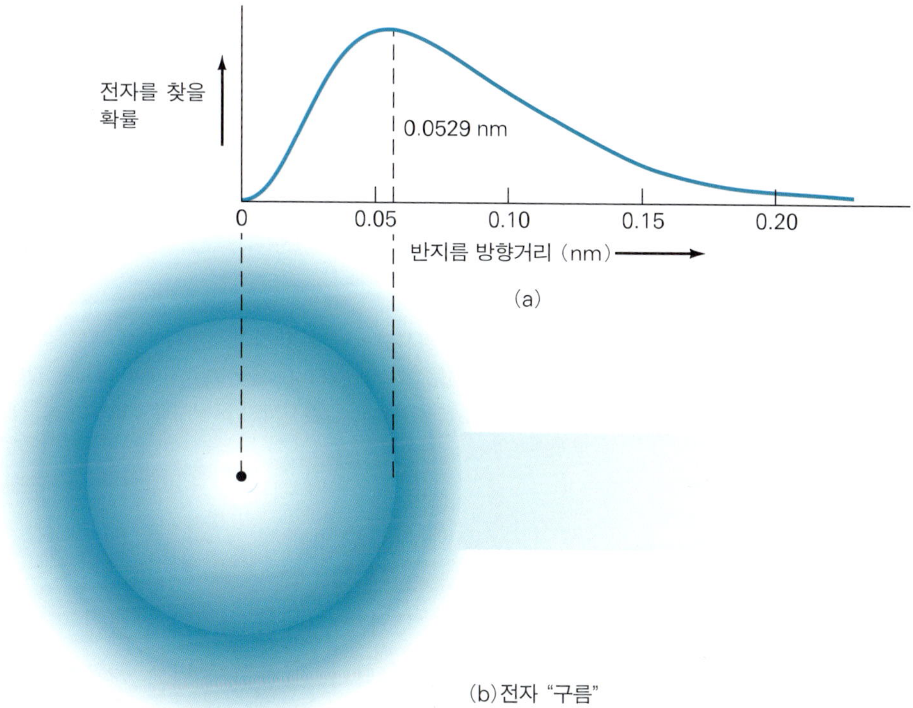

▲ **그림 28.3 수소원자 궤도에 대한 전자 확률**

(a) 파동함수의 제곱은 특정한 위치에서 수소전자를 찾을 확률이다. 여기서 바닥상태($n=1$)에 있다고 가정했고 확률은 양성자로부터의 반경의 함수로 그렸다. 전자는 0.0529 nm의 거리에 존재할 확률이 가장 큰데, 이는 제1보어궤도의 반경과 일치한다.

(b) 확률분포는 핵 주변의 전자확률 구름의 개념을 낳는다. 구름의 밀도는 확률밀도를 나타낸다.

률(바닥상태에서($n=1$))을 그림 28.3a에 나타내었다.

최대 확률은 보어 반경인 0.0529 nm와 일치하지만 핵 내부에서 조차도 전자는 존재할 수 있다. 바닥상태 파동함수는 양성자로부터 0.20 nm 이상의 매우 먼 거리에서도 존재하지만, 이 거리에서는 전자를 발견할 확률이 거의 없다는 사실에 주의하라. 확률 밀도 분포는 핵 주변의 전자구름(그림 28.3b)에 대한 개념을 준다. 이 구름이 위치에 따라 전자가 서로 다른 확률로 발견될 실제적인 확률밀도 구름이다.

우리가 일상경험에서 만나는 재미있는 양자역학적 결과 중의 하나가 터널링이다. 고전물리학에서는 에너지에 따라서 입자들에게는 금지된 영역이 있다. 이 영역은 입자의 퍼텐셜 에너지가 총에너지보다 더 큰 경우의 영역이다. 고전적으로 입자는 그러한 영역에는 허용되지 않는다. 왜냐하면 운동에너지가 마이너스가 되기 때문에 ($E-U=K<0$) 불가능하다. 이러한 경우에 입자의 위치는 퍼텐셜 에너지 장벽에

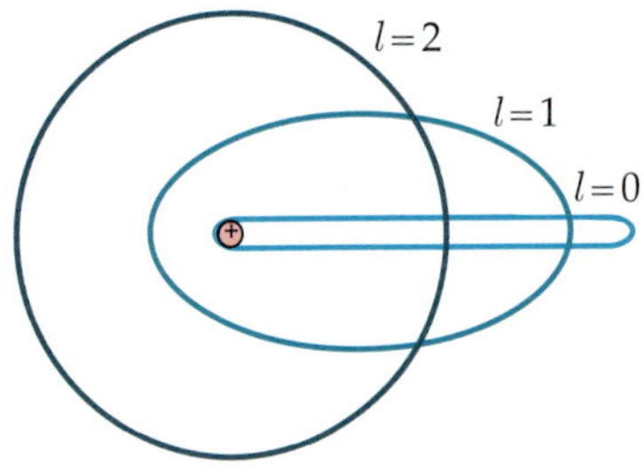

▲ 그림 28.4 궤도양자수(l)
전자궤도는 수소에서 두 번째 여기 상태를 보여준다. 주양자수 $n=3$에 대하여, 3개의 서로 다른 각운동량(3개의 서로 다른 모양의 궤도와 3개의 다른 l에 대응하는)이 있으나 그들 모두의 총에너지는 같다. 원형궤도가 최대 각운동량을 갖고, 가장 좁은 궤도가 고전적으로 양성자까지 도달하고 0의 각운동량을 갖는다.

의해 제한되어 있다고 말한다.

그러나 어떤 경우의 양자역학에서는 장벽을 투과할 그래서 입자가 장벽의 반대방향에서 발견될 작지만 유한한 확률이 있다고 예측한다. 따라서 장벽을 통과해서 터널링하는 입자의 어떤 확률(일상생활의 물질에서는 실제적으로 확률이 영이지만)이, 특히 입자의 파동성을 보이는 원자 수준에서는 존재한다. 이러한 터널링이 단일원자 크기의 분해능을 갖는 영상을 만들어내는 주사터널링현미경의 기초를 형성한다. 장벽투과는 또한 핵 붕괴과정(29장)을 설명한다.

28.3 원자의 양자수와 주기율표

■ 수소원자

수소원자에 대한 슈뢰딩거 방정식을 풀었을 때 그 결과는 보어 이론(27.4절)으로부터 얻은 에너지 준위와 같은 에너지 준위를 예측하였다. 보어-모델 에너지 값은 주양자수 n에만 의존했다는 것을 상기하자. 그러나 슈뢰딩거 방정식의 해는 l과 m_l로 지정된 두 개의 다른 양자수를 준다. 전자는 3차원에서 운동할 수 있기 때문에 3개의 양자수가 필요하다.

양자수 l은 궤도양자수라 부르는데, 이는 전자의 궤도 각운동량과 관련이 있다.

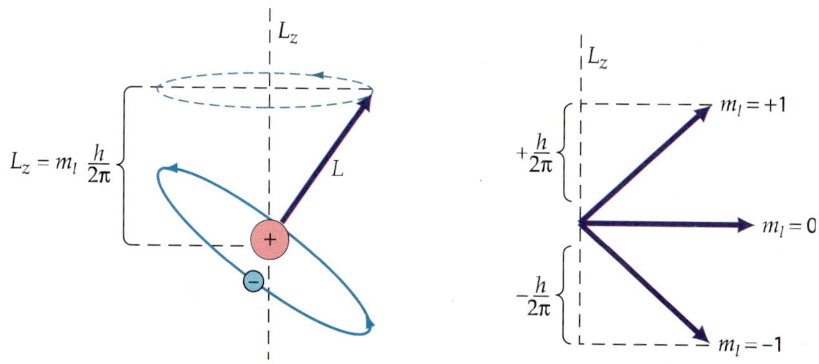

▲ 그림 28.5 **자기양자수** m_l

여기서 $\vec{L}$은 전자의 궤도와 관련된 벡터 각운동량이다. 궤도의 에너지는 평면의 방향에 의존하지 않기 때문에 m_l 값만 다르고 같은 l 값을 갖는 궤도는 같은 에너지를 갖는다. 주어진 l 값에 대하여 $2l+1$개의 가능한 방향이 있다. m_l 값은 $l=1$의 경우에 그림에서 보여준 것처럼 주어진 방향에서 각운동량 벡터의 성분을 알려준다.

각각의 n 값에 대하여 양자수 l은 0부터 최대값 $n-1$까지 정수값을 갖는다.

자기양자수 m_l은 그림 28.5에 나타낸 것처럼 공간에서 궤도각운동량 벡터 $\vec{L}$의 방향과 연관되어 있다. 만일 외부자기장이 없다면 $\vec{L}$의 모든 방향은 같은 에너지를 갖는다. 각각의 l값에 대하여 m_l은 0부터 $\pm l$까지의 정수값, 즉 $m_l = 0, \pm 1, \pm 2, \cdots \pm l$을 갖는다. 예를 들어 $n=3, l=2$로 기술되는 궤도는 $-2, -1, 0, +1, +2$의 m_l 값을 갖는다. 이 경우에 외부자기장이 없다면 궤도각운동량 벡터 $\vec{L}$은 같은 에너지를 갖는 5개의 방향을 갖는다. 일반적으로 주어진 l 값에 대하여 $2l+1$개의 m_l 값이 존재한다. 예를 들어 $l=2$의 경우에 $2l+1=(2\times 2)+1=5$이기 때문에 다섯 개의 m_l 값을 갖는다.

고분해능 광학분광기를 사용하여 보면, 수소의 각 방출 스펙트럼이 매우 가까운 두 개의 선으로 되어 있다는 것을 알 수 있다. 따라서 각각의 방출된 파장은 실제로 두 개이다. 이 두 개의 갈라짐을 스펙트럼의 미세구조라고 부른다. 그래서 각각의 양자상태를 완전히 기술하기 위해서는 네 번째의 양자수가 필요한데 이를 스핀양자수 m_s라 부른다. 이는 전자의 고유한 각운동량과 관련이 있어 이를 전자스핀이라 부르고 때로는 회전하는 물체와 연관된 각운동량과 유사하게 기술된다(그림 28.6). 각각의 에너지 준위는 단지 두 개의 준위로 갈라져 있기 때문에 전자의 고유한 각운동량(또는 단순히 전자의 "스핀")은 "스핀 업"과 "스핀 다운"으로 부르는 단지 두 개의 방

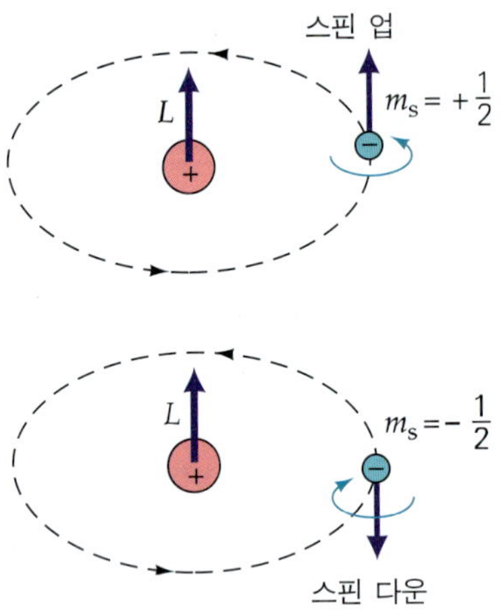

▲ **그림 28.6 전자-스핀 양자수** (m_s)
전자스핀은 위(업) 또는 아래(다운)가 될 수 있다. 전자스핀은 엄밀히 양자역학적 성질이기 때문에 개념적인 이유를 제외하고는 거시적 물체의 물리적 스핀과 동일시해서는 절대 안된다.

향만을 가질 수 있다.

따라서 원자의 에너지 준위의 미세구조는 전자의 궤도운동에 의하여 만들어진 원자 내부자기장에 대하여 두 방향을 갖는 전자스핀에서 유래한다. 자기장내의 자기모멘트(나침반)와 유사하게, 원자는 그것의 전자스핀이 자기장과 반대로 정렬해 있을 때보다 자기장과 같은 방향으로 정렬해 있을 때 약간 더 작은 에너지를 갖는다. 그러나 스핀은 본질적으로 순수한 양자역학적인 개념이지 정말로 회전하는 팽이와 유사한 것이 아니라는 사실을 잊지 마라. 이는 우리가 지금까지 아는 한 전자는 크기를 갖고 있지 않는, 즉 진정으로 한 개의 점입자이기 때문이다.

따라서 $n = 3$, $l = 2$를 갖는 수소의 들뜬상태에 대하여 m_l의 각 값은 역시 두 개의 가능한 스핀 방향을 갖는다. 예를 들면 $m_l = +1$일 때 4개 양자수의 두 개의 가능한 세트가 있는데 $m_s = +\frac{1}{2}$을 갖는 $n = 3$, $l = 2$, $m_l = +1$ 상태와 $m_s = -\frac{1}{2}$인 $n = 3$, $l = 2$, $m_l = +1$ 상태이다. 두 개의 세트는 거의 같은 에너지를 가질 것이다. 그러므로 궤도의 에너지는 전자스핀 방향에 거의 무관하다. 이 조건은 근사적으로 다른 에너지 겹침을 야기한다. 종합하면 수소원자의 여러 상태의 에너지는 주로 주양자수 n에 의하여 결정된다.

▼ 표 28.1 수소원자의 양자수

양자수	기호	허용된 값	허용된 값의 수
주양자수	n	1, 2, 3, ⋯	무제한
궤도각운동량 양자수	l	0, 1, 2, 3, ⋯, $(n-1)$	n (각 n에 대하여)
궤도자기 양자수	m_l	0, ±1, ±2, ±3, ⋯, $\pm l$	$2l+1$ (각 l에 대하여)
스핀 양자수	m_s	$\pm\frac{1}{2}$	2 (각 m_l에 대하여)

수소원자에 대한 4개의 양자수를 표 28.1에 요약하였다. 원자핵이라고 부르는 양성자, 중성자 그리고 그들의 결합과 같은 입자들 역시 스핀을 갖고 있다.

■ 다전자 원자

슈뢰딩거 방정식으로 1개보다 많은 전자를 갖는 원자들(다전자 원자들)에 대해 정확하게 풀 수 없다. 그러나 웬만큼 근사적으로는 수소원자 양자수와 유사한 양자수 세트에 의하여 특성화된 상태를 점유하는 각 전자에서 해를 발견할 수 있다. 전자들 간의 척력 때문에 다전자 원자의 기술은 훨씬 더 복잡하다. 에너지는 주양자수 n뿐만 아니라 궤도양자수 l에도 의존한다. 이 조건 때문에 수소원자에서 보여준 겹쳐진 에너지가 분리된다. 다전자 원자에서 원자준위의 에너지는 일반적으로 4개 양자수 모두에 의존한다.

껍질을 구성하는 것으로서 같은 n값을 공유하는 모든 전자준위와 버금껍질로서 껍질 내에 있는 같은 l값을 공유하는 모든 전자준위들을 언급하는 것이 일반적이다. 즉, 같은 n값을 갖는 전자준위들은 같은 껍질 내에 있다고 말한다. 유사하게 같은 n, l값을 갖는 전자들은 같은 버금껍질 내에 있다고 말한다.

l 버금껍질은 정수로 나타낼 수 있지만, 정수 대신 문자로 나타내는 것이 일반적이다. 문자 $s, p, d, f, g, \cdots$는 $l=0, 1, 2, 3, 4, \cdots$ 값에 각각 대응한다. f 다음에는 (표 28.2) 알파벳순으로 표시한다.

다전자 원자에서 전자의 에너지는 n, l (각각 껍질, 버금껍질)에 모두 의존하므로 두 양자수는 원자의 에너지 준위를 구별할 때 사용한다. 이를 구별하는 규정은 다음과 같다. n을 나타내는 숫자를 먼저 쓰고, l을 나타내는 문자를 그 다음에 붙여 쓴다. 예를 들면, $1s$는 $n=1, l=0$인 에너지 준위를 나타내고, $2p$는 $n=2, l=1$, $3d$는 $n=3, l=2$ 등등을 표시한다. 또한 궤도를 나타내는 것으로써 m_l을 언급하는 것이 일반적이다. 예를 들면, $2p$ 에너지 준위는 $l=1$이기 때문에 $m_l=-1, 0, +1$에 대

▼ 표 28.2 버금껍질 명칭

l 값	명칭
$l=0$	s
$l=1$	p
$l=2$	d
$l=3$	f
$l=4$	g
$l=5$	h
…	…

응되는 3개의 궤도를 갖고 있다.

수소원자 에너지 준위는 균일한 간격은 아니지만 순차적으로 증가한다. 다전자 원자의 경우에 에너지 준위는 균일한 간격이 아니고 또한 숫자의 순서도 일반적으로 뒤바뀌어 있다. 다전자 원자에 대한 껍질–버금껍질 ($n-l$ 표시법) 에너지 준위 순서를 그림 28.7a에 나타내었다.

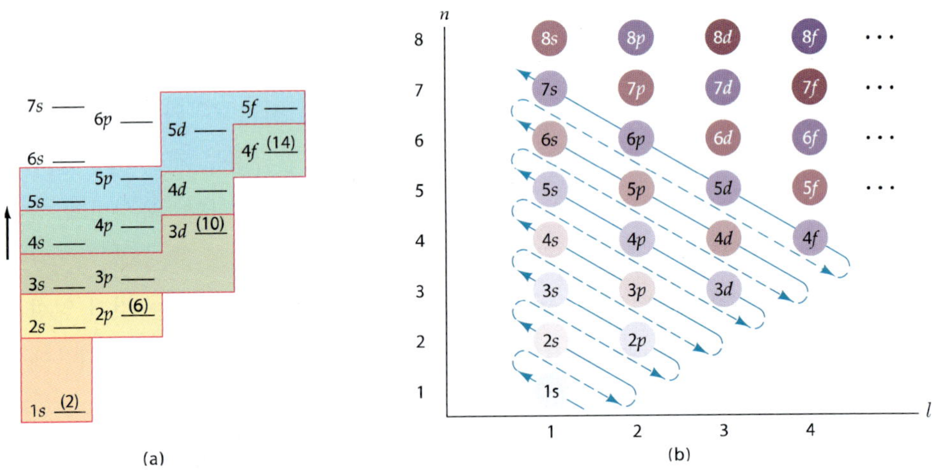

▲ 그림 28.7 다전자 원자의 에너지 준위

(a) 껍질–버금껍질 ($n-l$) 차례는 에너지 준위 간격이 고르지 않다는 것을 보여주고 또한 에너지 준위 차례는 순서가 뒤바뀌어 있다는 것을 보여준다. 예를 들면 $4s$준위는 $3d$준위보다 아래에 있다. 버금껍질 $2(2l+1)$에 들어갈 수 있는 전자의 최대수를 대표적 준위의 괄호 안에 나타냈다. (수직의 에너지 차이는 같은 비율로 그려지지 않았을 수도 있다.)

(b) 다전자 원자 에너지 준위 순서를 기억하는 편리한 방법을 n 대 l 그래프로 나열해 놓았다. 대각선은 증가하는 순서의 에너지 준위를 알려준다.

■ 파울리 배타원리

1928년 오스트리아 물리학자인 파울리(Wolfgang Pauli)가 만든 원리에 의하여 다전자 원자의 전자들을 바닥상태 에너지 준위에 정확하게 배분하는 법이 만들어졌다. 이 파울리 배타원리는 다음과 같다.

> **한 원자내의 어떤 두 개의 전자도 같은 세트의 양자수(n, l, m_l, m_s)를 가질 수 없다. 즉, 한 원자 내에서 어떤 두 개의 전자도 같은 양자상태에 있을 수 없다.**

이 원리는 주어진 에너지 준위에 들어갈 수 있는 전자의 수를 제한한다.

■ 전자 배위

원자의 바닥상태에서 전자구조는 그림 28.8에서 보여준 것처럼 가장 낮은 에너지 버금껍질부터 전자들을 차례대로 채워 넣으면 된다. [H−1개 전자, He−2개 전자, Li−3개

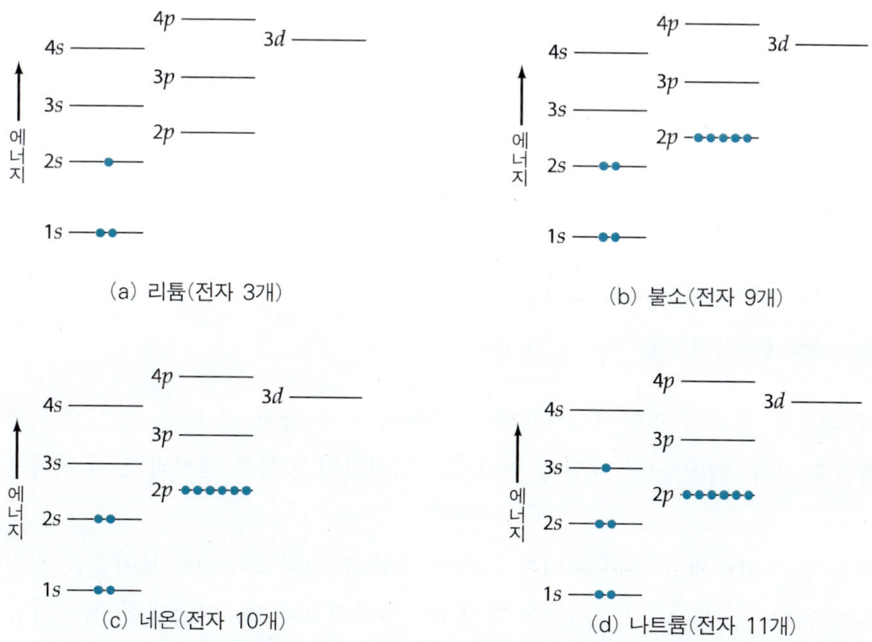

▲ **그림 28.8 버금껍질 채우기**

파울리 배타원리에 따른 바닥상태에서 몇몇 여기된 원자들에 대한 전자 버금껍질 분포들. 스핀 때문에 어느 s버금껍질도 최대 2개 전자를 수용할 수 있고, 어느 p버금껍질도 최대 6개 전자를 수용할 수 있다. 그러면 d버금껍질은 최대 몇 개의 전자를 수용할 수 있을까?

▼ **표 28.3 버금껍질 명칭**

전자껍질 n	버금껍질 l	버금껍질 표기	궤도 (m_l)	버금껍질 내 궤도(m_l) 수$=(2l+1)$	버금껍질 내 m_s 상태수$=2(2l+1)$	껍질의 총전자수$=2n^2$
1	0	$1s$	0	1	2	2
2	0	$2s$	0	1	2	8
	1	$2p$	1, 0, −1	3	6	
3	0	$1s$	0	1	2	18
	1	$2p$	1, 0, −1	3	6	
	2	$3d$	2, 1, 0, −1, −2	5	10	
4	0	$1s$	0	1	1	32
	1	$2p$	1, 0, −1	3	6	
	2	$3d$	2, 1, 0, −1, −2	5	10	
	3	$4f$	3, 2, 1, 0, −1, −2, −3	7	14	

전자 등] 그러나 도표를 그리기 보다는 전자 배위라 불리는 짧은 기호를 써서 표현하는 것이 훨씬 유용하다.

이 기호에서 버금껍질은 에너지가 증가하는 순서로 쓰고, 각 버금껍질에서 전자의 개수는 위첨자로 쓴다. 예를 들면 $3p^5$는 $3p$ 버금껍질에 5개의 전자가 채워져 있다는 것을 뜻한다. 그림 28.8에 나타낸 원자에 대한 전자 배위는 다음과 같이 쓸 수 있다.

Li (전자 3개) $1s^2 2s^1$

F (전자 9개) $1s^2 2s^2 2p^5$

Ne (전자 10개) $1s^2 2s^2 2p^6$

Na (전자 11개) $1s^2 2s^2 2p^6 3s^1$

전자 배위를 적는데 있어서 한 개의 버금껍질이 꽉 차면 그 다음 높은 에너지의 버금껍질로 간다. 어떤 전자 배위에 있어서도 위첨자의 총합은 원자의 전체 전자수와 같다.

인접해 있는 버금껍질 간의 에너지 간격은 그림 28.7a와 28.8에서 보여주는 것처럼 일정하지 않다. 일반적으로 그림 28.7a의 $4s$ 버금껍질과 $3p$ 버금껍질 사이처럼 s 버금껍질과 바로 아래의 버금껍질 사이에는 에너지 간격이 상대적으로 크다. 가장 낮은 버금껍질인 $1s$ 버금껍질이 $2s$ 버금껍질 바로 아래에 있는 것을 제외하고는 항시 s 버금껍질 바로 아래의 버금껍질은 p 버금껍질이다. 그 이외의 버금껍질 간의 간격,

예를 들면 $3s$ 버금껍질과 그 위에 있는 $3p$ 버금껍질 사이 또는 $4d$와 $5p$ 버금껍질 사이의 간격들은 상당히 작은 편이다.

에너지 준위간의 이런 고르지 않은 간격 때문에 주기적으로 큰 에너지 간격을 주게 된다. 이를 전자 배위 기호에서 버금껍질간의 수직선으로 표시하였다.

$$1s^2 | 2s^2 2p^6 | 3s^2 3p^6 | 4s^2 3d^{10} 4p^6 | 5s^2 4d^{10} 5p^6 | 6s^2 4f^{14} 5d^{10} 6p^6 | \cdots$$

(상태수) (2) (8) (8) (18) (18) (32)

수직선 사이에 있는 버금껍질들은 아주 작은 에너지 차이만 있다. 거의 같은 에너지를 갖고 있는 버금껍질들의 집합 (예를 들면, $2s^2 2p^6$)을 전자주기라고 말한다.

전자주기는 원소 주기율표의 기초가 된다. 이제 전자 배위 지식을 갖고 있는 여러분은 그것을 최초로 발전시킨 사람보다 주기율표를 더 잘 이해하고 있는 것이다.

■ 원소의 주기율표

1860년 즈음에 60개 이상의 화학원소들이 발견되어 이 원소들을 어떤 규칙에 따라 배열하여 분류하려는 시도가 여러 번 있어 왔으나 어떠한 것도 만족스럽지 못했다. 1800년대 초기에는 비슷한 화학적 성질이 주기적으로 반복되는 순서로 원소들의 일람표를 만들 수 있다는 것을 알았다. 이 개념으로부터 러시아 화학자인 멘델레프(Dmitri Mendeleev)는 1869년에 주기적인 성질을 바탕으로 원소들의 배치를 만들어 냈다. 그가 만든 원소 주기율표의 현대판(그림 28.9)이 오늘날 사용되고 있고, 모든 과학건물의 벽에 붙어 있는 것을 볼 수 있다.

멘델레프는 알려진 원소들을 주기(period)라 불리는 행에 원자질량이 증가하는 순서로 배치하였다. 그는 이전 원소의 화학적 성질과 비슷한 한 원소를 만나게 되면 그 원소를 이전의 비슷한 성질의 원소 아래에 배치하였다. 이와 같은 방법으로 모든 원소들을 수평방향의 행으로, 또한 족(group)이라 부르는 비슷한 화학적 성질을 갖는 원소들의 집단을 수직방향으로 배열하였다. 후에 이 표는 어떤 모순된 것을 해결하기 위하여 원자번호 또는 양성자의 수가 증가하는 순서로 재배열하였다(한 원자의 핵 내의 양성자수는 그림 28.9의 각 원소의 위에 있는 숫자이다). 만일 원자 질량을 사용하였다면 원자번호가 27인 Ni과 28인 Co의 순서가 서로 바뀌었을 것이다.

그 당시에 알려진 원소가 단지 65개였기 때문에 멘델레프의 주기율표에는 빈 공간들이 있었다.

주기율표의 주기성은 원자의 전자 배위에 의하여 이해될 수 있다. 따라서 주기성은 원자내의 에너지 준위로부터 나온다.

주기	1 1A	2 2A	3 3B	4 4B	5 5B	6 6B	7 7B	8 (8B)	9 (8B)	10 (8B)	11 1B	12 2B	13 3A	14 4A	15 5A	16 6A	17 7A	18 8A
	주된 원소 그룹		전이원소										주된 원소 그룹					
1	1 **H** 1.00794																	2 **He** 4.00260
2	3 **Li** 6.941	4 **Be** 9.01218											5 **B** 10.811	6 **C** 12.011	7 **N** 14.0067	8 **O** 15.9994	9 **F** 18.9984	10 **Ne** 20.1797
3	11 **Na** 22.9898	12 **Mg** 24.3050											13 **Al** 26.9815	14 **Si** 28.0855	15 **P** 30.9738	16 **S** 32.066	17 **Cl** 35.4527	18 **Ar** 39.948
4	19 **K** 39.0983	20 **Ca** 40.078	21 **Sc** 44.9559	22 **Ti** 47.88	23 **V** 50.9415	24 **Cr** 51.9961	25 **Mn** 54.9381	26 **Fe** 55.847	27 **Co** 58.9332	28 **Ni** 58.693	29 **Cu** 63.546	30 **Zn** 65.39	31 **Ga** 69.723	32 **Ge** 72.61	33 **As** 74.9216	34 **Se** 78.96	35 **Br** 79.904	36 **Kr** 83.80
5	37 **Rb** 85.4678	38 **Sr** 87.62	39 **Y** 88.9059	40 **Zr** 91.224	41 **Nb** 92.9064	42 **Mo** 95.94	43 **Tc** (98)	44 **Ru** 101.07	45 **Rh** 102.906	46 **Pd** 106.42	47 **Ag** 107.868	48 **Cd** 112.411	49 **In** 114.818	50 **Sn** 118.710	51 **Sb** 121.76	52 **Te** 127.60	53 **I** 126.904	54 **Xe** 131.29
6	55 **Cs** 132.905	56 **Ba** 137.327	57 ***La** 138.906	72 **Hf** 178.49	73 **Ta** 180.948	74 **W** 183.84	75 **Re** 186.207	76 **Os** 190.23	77 **Ir** 192.22	78 **Pt** 195.08	79 **Au** 196.967	80 **Hg** 200.59	81 **Tl** 204.383	82 **Pb** 207.2	83 **Bi** 208.980	84 **Po** (209)	85 **At** (210)	86 **Rn** (222)
7	87 **Fr** (223)	88 **Ra** 226.025	89 **Ac** 227.028	104 **Rf** (261)	105 **Db** (262)	106 **Sg** (263)	107 **Bh** (262)	108 **Hs** (265)	109 **Mt** (266)	110 **Ds** (281)	111 ** (272)	112 ** (285)		114 ** (289)		116 ** (292)		

Inner transition elements														
*Lanthanide series	58 **Ce** 140.115	59 **Pr** 140.908	60 **Nd** 144.24	61 **Pm** (145)	62 **Sm** 150.36	63 **Eu** 151.965	64 **Gd** 157.25	65 **Tb** 158.925	66 **Dy** 162.50	67 **Ho** 164.930	68 **Er** 167.26	69 **Tm** 168.934	70 **Yb** 173.04	71 **Lu** 174.967
Actinide series	90 **Th** 232.038	91 **Pa** 231.036	92 **U** 238.029	93 **Np** 237.048	94 **Pu** (244)	95 **Am** (243)	96 **Cm** (247)	97 **Bk** (247)	98 **Cf** (251)	99 **Es** (252)	100 **Fm** (257)	101 **Md** (258)	102 **No** (259)	103 **Lr** (260)

** Not yet named

Notes: (1) 괄호 안의 숫자는 자연계에서 가장 흔하거나 가장 안정한 동위원소의 질량수이다. (2) 금속과 비금속을 구분짓는 계단모양의 굵은선 주위의 원소 중 일부는 비금속 속성을 가지나 겉보기에 금속성을 갖고 있다. 이런 원소들을 비금속 또는 반금속이라 부른다. 이를 지칭하는 일반적인 규약은 없다. Si, Ge, As, Sb와 Te를 이 부류에 넣는데 일부 사람들은 B, At, Po도 포함시킨다.

▲ **그림 28.9 원소의 주기율표**

원소들은 원자 또는 양성자수가 증가하는 순서로 배열되어 있다. 수평의 행을 주기(period)라 부르고 수직의 열을 족(group)이라 부른다. 같은 족에 있는 원소들은 비슷한 화학적 성질을 갖고 있다. 각각의 원자질량은 그 원소의 동위원소들의 평균값을 나타내고, 우리 주변에 존재하는 동위원소의 존재량을 반영하도록 가중치를 고려한 것이다. 보다 정확한 질량은 부록 IV, V를 참조하라. (괄호안의 값은 가장 잘 알려진 질량수 또는 불안정 동위원소 중 가장 오래 사는 동위원소의 질량수를 나타내었다.)

마지막으로 채워진 껍질	버금껍질	버금껍질 내의 전자수 $2(2l+1)$	주기율표에서 대응되는 주기
$n=7$	$7p$	6	주기 7 (32개 원소)
	$6d$	10	
	$5f$	14	
	$7s$	2	
$n=6$	$6p$	6	주기 6 (32개 원소)
	$5d$	10	
	$4f$	14	
	$6s$	2	
$n=5$	$5p$	6	주기 5 (18개 원소)
	$4d$	10	
	$5s$	2	
$n=4$	$4p$	6	주기 4 (18개 원소)
	$3d$	10	
	$4s$	2	
$n=3$	$3p$	6	주기 3 (8개 원소)
	$3s$	2	
$n=2$	$2p$	6	주기 2 (8개 원소)
	$2s$	2	
$n=1$	$1s$	2	주기 1 (2개 원소)

↑ 에너지

▲ **그림 28.10 전자 주기**

주기율표의 주기는 전자 배위와 관련이 있다. 마지막으로 채워진 껍질 n은 주기수와 같다. 전자주기와 주기율표에서 이에 대응하는 주기는 원자의 연속적인 버금껍질($4s$와 $3p$ 사이처럼) 간의 상대적으로 큰 에너지 간격에 의하여 정의된다.

가장 약하게 결합되어 있는 마지막 전자가 s 또는 p 버금껍질에 들어가는 원소를 화학자들은 주된 그룹원소라 부른다. 전이원소는 마지막 전자가 d 버금껍질에 들어가고 내부 전이원소는 마지막 전자가 f 버금껍질에 들어간다. 주기율표를 관리하기에 너무 넓게 배치되지 않도록 f 버금껍질 원소들은 보통 주기율표 맨 아래의 두 개의 행으로 분리하여 배치한다. 이 두 행의 각각은 주기내의 위치를 바탕으로 란타나이드 계열과 악티늄 계열의 이름을 갖고 있다.

마지막으로 세로 줄의 열 또는 족에 있는 원소들이 왜 비슷한 화학적 성질을 갖고 있는지를 이해할 수 있다. 화학반응 능력, 화합물을 형성하는 능력 같은 원자의 화학적 성질은 원자의 최외각 전자, 즉 가장 바깥에 있는 채워지지 않은 껍질에 있는 전자에 거의 전적으로 의존한다. 이러한 전자들을 가전자라고 부르는데 이들 전자들은 다른 원자들과 화학적 결합을 형성한다.

28.4 하이젠베르크의 불확정성 원리

양자역학의 중요한 면은 측정과 정확도와 관계가 있다는 것이다. 고전역학에서는 측정 정확도의 한계가 없다. 이론적으로 측정장치와 측정과정의 연속적인 개량으로 정확도는 아주 정확한 값을 줄 정도로 증진될 수 있다. 이 이론적 접근은 자연의 결정론적인 사고방식을 가져온다. 예를 들어 만일 어떤 물체의 위치와 속도가 특정 시간에 정확하게 알려져 있다면, 그 물체가 미래에 어디에 있을 것인지 그리고 과거에 어디에 있었는지를 정확하게 결정할 수 있다(그 물체에 작용하는 모든 힘을 안다고 가정한다).

그러나 양자이론은 그렇지 않음을 예측하고 측정 정확도에 제한을 준다. 이런 개념은 슈뢰딩거 파동이론을 보완한 양자역학의 또 다른 접근을 전개한 독일 물리학자인 하이젠베르크(Weiner Heisenberg)에 의하여 1927년에 도입되었다. 위치와 운동량(또는 속도)에 적용하는 하이젠베르크의 불확정성 원리는 다음과 같이 기술된다.

한 물체의 정확한 위치와 운동량을 동시에 아는 것은 불가능하다.

파동광학에 의하면 전자의 위치를 최대한 정확하게 측정하는 데는 사용된 빛의 파장 λ 정도인 Δx(즉 $\Delta x \approx \lambda$)만큼의 불확정도를 갖고 있고 이때 사용된 광자는 운동량 $p = h/\lambda$을 갖게 된다. 그런데 광자가 전자에 충돌하는 동안 전달되는 운동량이 결정되지 않았기 때문에 전자의 최종 운동량은 광자의 운동량 $\Delta p \approx h/\lambda$ 정도의 불확정도를 갖고 있을 것이다.

이들 두 불확정도의 곱은 적어도 h 만큼은 크다는 사실을 주시하라. 왜냐하면

$$(\Delta p)(\Delta x) \approx \left(\frac{h}{\lambda}\right)(\lambda) = h$$

이 방정식은 운동량과 위치를 동시에 측정할 때의 최소한의 불확정도 또는 최대한의 정확도와 관련이 있다. 실제에 있어서는 불확정도는 사용된 빛(광자수)의 양, 측정장치, 측정기술에 따라서 훨씬 더 나빠진다. 하이젠베르크는 보다 세심한 고려 끝에 두 불확정도의 곱은 $h/2\pi$와 같거나 크다는 것을 알았다. 따라서 이를 다음과 같이 쓸 수 있다.

$$(\Delta p)(\Delta x) \geq \frac{h}{2\pi} \tag{28.5}$$

즉 운동량과 위치를 동시에 측정할 때 최소 불확정도의 곱은 플랑크 상수 h를 2π로 나눈 정도의 크기(즉, 약 10^{-34} J · s)이다.

입자 위치를 정확하게 알기 위해서는 (즉 Δx를 가능하면 적게 하기 위해서는) 매우 작은 파장을 갖는 광자를 사용해야 한다. 그러나 이런 광자는 운동량의 불확정도를 증가시키는 결과를 가져오는 큰 운동량을 갖는다. 극단적인 경우로 만일 입자의 위치를 정확하게 측정(즉, $\Delta x \to 0$)할 수 있다면 그 입자의 운동량($\Delta p \to \infty$)은 알 수가 없다. 따라서 위치와 운동량을 동시에 측정할 수 있는 정확도를 제한하는 것은 측정 과정 그 자체이다. 하이젠베르크의 말에 의하면 "측정장치는 관측자에 의하여 만들어졌기 때문에 우리가 측정하는 것은 자연 그 자체가 아니라 측정방법에 의하여 우리에게 보여지는 자연이다."

예제 28.3 ■ 총알 대 전자 : 불확정성 원리

전자와 총알이 모두 같은 정밀도로 측정한 같은 속도를 갖고 있다. (a) 어느 것의 위치의 불확정도가 더 적겠는가? (1) 전자의 위치가 총알의 위치보다 불확정도가 더 크다, (2) 총알의 위치가 전자의 위치보다 불확정도가 더 크다, (3) 그들 위치의 불확정도가 같다. (b) 만일 총알의 질량이 20 g이고, 총알과 전자의 속력이 모두 300 m/s (±0.010%의 불확정도)라면 전자와 총알의 위치의 불확정도를 계산하라.

(a) 위치의 최소 불확정도는 운동량의 최소 불확정도와 관계가 있다. 총알과 전자가 모두 같은 속도의 불확정도를 갖고 있기 때문에 총알의 운동량이 훨씬 더 불확정도가 크다(운동량은 질량에 비례한다. $\Delta\vec{\mathrm{p}} = m\Delta\vec{\mathrm{v}}$). 따라서 총알 위치가 전자위치보다 더 적은 불확정도를 갖기 때문에 (1)이 답이다.

(b) 운동량에 대한 불확정도 $\Delta\vec{\mathrm{p}}$는 이미 $\Delta\vec{\mathrm{v}}$에 의해 주어졌기 때문에 불확정성 원리(식 28.5)를 이용하여 위치에 대한 불확정도 Δx를 구할 수 있다. 전자는 질량이 매우 작기 때문에 문제 (a)에서 보았듯 불확정성의 영향을 더 많이 받는다.

풀이

- 주어진 값 : $m_e = 9.11 \times 10^{-31}$ kg

  $m_b = 20 \text{ g} = 0.020$ kg

  $v_b = v_e = 300 \text{ m/s} \pm 0.01\%$

- 구하는 값 : Δx_e와 Δx_b(위치에서 최소 불확정도)

전자와 총알의 속도 불확정도는 0.010%(또는 0.00010)이기 때문에 불확정도는 (300 m/s)(0.00010) = 0.030 m/s로 같다.

$$v = 300\ \text{m/s}\ \pm 0.030\ \text{m/s}$$

따라서 속도의 총 불확정도 Δv = 0.060 m/s 로 0.030 m/s의 두 배이다.(측정값의 위와 아래 값을 고려함)

전자에 대한 위치의 최소 불확정도는 식 28.5로부터

$$\Delta x_e = \frac{h}{2\pi \Delta p} = \frac{h}{2\pi m_e \Delta v} = \frac{6.63 \times 10^{-34}\ \text{J} \cdot \text{s}}{2\pi(9.11 \times 10^{-31}\ \text{kg})(0.060\ \text{m/s})} = 0.0019\ \text{m} = 1.9\ \text{mm}$$

이와 비슷하게 총알의 위치에 대한 최소 불확정도는

$$\Delta x_b = \frac{h}{2\pi m_b \Delta v} = \frac{6.63 \times 10^{-34}\ \text{J} \cdot \text{s}}{2\pi(0.020\ \text{kg})(0.060\ \text{m/s})} = 8.8 \times 10^{-32}\ \text{m}$$

총알위치의 불확정도가 핵의 반경보다 훨씬 적다는 것을 주시하라. 또한 총알 위치 불확정도는 전자위치 불확정도보다 엄청나게 작다. 이는 보통의 속도로 달리고 있는 일상생활의 물체의 위치에 대한 불확정도는 거의 무시할 정도라는 것을 말해준다. 그러나 전자의 경우 1.9 mm는 아주 크고 측정가능한 양인 것이다.

불확정성 원리의 동등한 형태로 에너지와 시간에서의 불확정성이 있다. 이 경우 불확정성 원리의 형태는 다음과 같이 쓸 수 있다.

$$(\Delta E)(\Delta t) \geq \frac{h}{2\pi} \tag{28.6}$$

이 하이젠베르크의 불확정성 원리는 한 물체의 에너지는 에너지 불확정도 ΔE만큼 불확실해지며 이는 시간을 측정할 때의 불확정도인 Δt에 의존한다는 것을 보여준다.

28.5 입자와 반입자

1928년 영국물리학자 디랙(Paul A. M. Dirac)은 상대론적 고려를 포함하여 양자역학을 확장시켰을 때 매우 새롭고 다른 무엇, 즉 양전자 (positron)라 부르는 입자가 있다는 것을 예측하였다. 양전자는 전자와 같은 크기의 질량을 갖지만 양전하를 갖고 있다고 생각되었다. 반대 전하를 갖는 양전자는 전자의 반입자이다. (반입자는 29, 30장에서 보다 자세히 설명할 것이다.)

1932년에 미국 물리학자 앤더슨(C. D. Anderson)이 우주선(cosmic ray)으로 안개상자 실험을 할 때 양전자를 최초로 관측하였다. 자기장 내의 입자 자국의 곡률(그림 28.11)은 질량은 갖지만 반대 전하를 갖고 있는 두 종류의 입자가 있다는 것을 보여준다. 실제로 앤더슨이 양전자를 발견한 것이다.

전하 보존 때문에 양전자는 전자와 동시에만 생성될 수 있다(그래야만 만들어진 알짜전하는 0이 된다). 이런 과정을 쌍생성이라 부른다.

보다 일반적으로 모든 입자들은 반입자를 갖고 있다. 예를 들면 양성자와 질량은

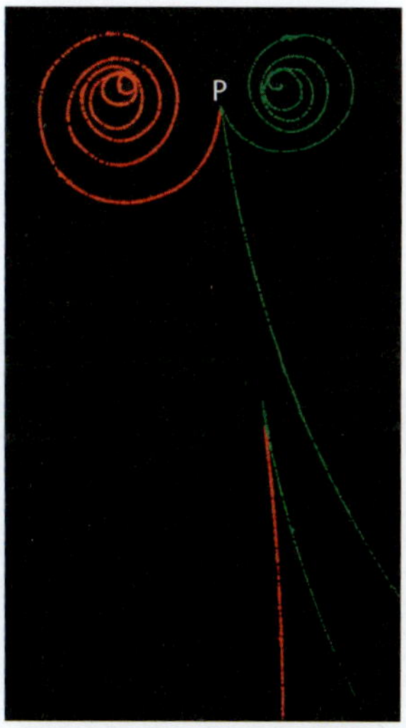

▲ 그림 28.11 쌍생성의 안개상자 사진

인위적으로 색깔을 부여한 안개상자 사진에서 감마선 광자 (눈에 보이지 않음, 아래방향에서 들어온) P점에 있는 근처의 원사핵과 상호작용하여 한 개 전자(초록 나선자국)와 한 개 양전자(빨간색 나선자국)를 만들어낸다. 이 과정에서 광자는 또한 한 궤도전자(거의 직선이고 수직인 초록자국)를 제거한다. 외부자기장은 전자와 양전자가 서로 반대방향의 곡률 경로로 편향되게 한다. 비슷한 사건이 그림의 아래쪽 반쪽에서 기록된다. (왜 이 경우에 생성된 입자들의 경로가 덜 편향되어 보이게 되는 걸까?)

같고 음전하를 갖는 반양성자가 있다. 중성자처럼 중성인 입자조차도 반입자인 반중성자를 갖고 있다. 우주의 어떤 부분에는 반입자가 우세하다는 것조차도 상상하는 것이다. 만일 그렇다면 이러한 지역에서는 반물질로 만들어진 원자들은 양전하를 갖는 궤도운동하는 양전자(반전자)에 둘러싸인 반양성자와 반중성자로 구성된 음전하로 대전된 핵으로 구성되어 있을 것이다. 육안으로 반물질 영역을 구별하기는 어렵다. 왜냐하면, 반물질 원자들의 물리적 거동이 보통 물질의 물리적 거동과 같을 것이기 때문이다.

연습문제

1. 빨간색, 초록, 자주색 빛의 광자 중에서 어느 색깔의 빛이 가장 큰 운동량을 갖고 있을까?

2. 같은 속도로 움직이고 있는 야구공과 볼링공 중에서 어느 물체가 더 긴 드 브로이 파장을 갖겠는가? 그리고 그 이유는 무엇인가?

3. 25 m/s의 속력으로 움직이고 있는 1000 kg의 질량을 갖고 있는 차의 드 브로이 파장은 얼마인가?

4. 단일 입자 슈뢰딩거 방정식의 파동함수의 해는 (a) 입자의 드 브로이 파장이다, (b) 주어진 위치에서 한 입자를 발견할 확률을 알려준다, (c) 한 입자의 드 브로이파를 근본적으로 기술한다, (d) 앞에 설명한 것이 모두 아니다. 정답은?

5. 양자수 l은 (a) 총에너지 상태를 결정한다, (b) 궤도 내 전자의 각운동량과 관련이 있다, (c) 각운동량 벡터의 방향과 관련이 있다, (d) 전자스핀과 관련이 있다. 정답은?

6. (a) $n = 2$와 $n = 3$인 껍질에 대하여 얼마나 많은 가능한 양자수 세트가 있는가? (b) 이들 준위에 대하여 모든 양자수(n, l, m_l, m_s)의 값을 상세히 써라.

7. 만일 움직이는 입자의 위치 불확정도가 증가한다면, (a) 입자는 보다 더 명백한 위치에 있게된다, (b) 운동량 불확정도가 감소한다, (c) 속도 불확정도가 증가한다, (d) 위의 것이 모두 아니다. 정답은?

8. 0.50 kg의 공이 5.0 m ± 0.01 m의 위치를 갖고 있을 때 운동량을 측정하는데 최소한의 불확정도는 얼마인가?

9. 쌍생성은 다음을 포함한다. (a) 두 전자의 생성, (b) 두 양전자의 생성, (c) 한 개의 포지트로늄 원자, (d) 한 개의 입자와 한 개의 반입자의 생성. 정답은?

10. 양성자–반양성자 쌍의 생성에 필요한 문턱에너지 얼마인가?

29 핵

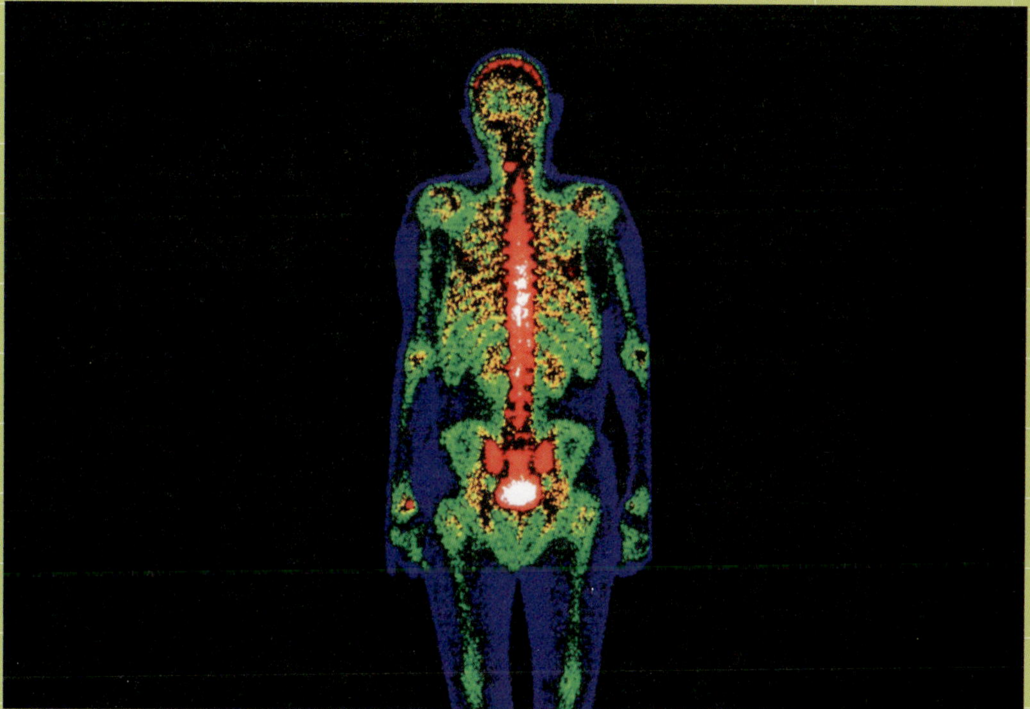

사진의 그림은 방사성 동위원소로부터 나오는 방사선에 의해 만들어진 것이다. 방사선(radiation)과 방사능(radioactivity)은 가끔 걱정거리인 단어이지만, 방사선을 유용하게 이용할 수 있어 그나마 다행이다. 예를 들어 고에너지 방사선에 피폭되면 암이 유발될 수 있으나, 비교적 적은 선량에서는 같은 종류의 방사선이 암의 진단과 치료에 유용할 수 있다.

사진의 그림은 방사성 붕괴(radioactive decay)라고 부르는 불안정한 핵이 자발적으로 분열할 때 방출되는 방사선에 의해 만들어진 것이다. 그러면 무엇이 핵을 안정하게 하고 어떤 것은 붕괴하는가? 무엇이 그것들의 붕괴속도와 그것들이 방출하는 입자를 결정하는가? 이것들이 이 장에서 탐구하게 될 문제들이다. 우리는 방사선의 위험성이나 유용성뿐만 아니라 검출하는 방법을 배울 것이다. 이 장에서 우리는 핵 자체를 이해하는데 집중할 것이다.

29.1 핵의 구조와 핵력

원자들이 전자를 포함하고 있다는 것은 가열된 필라멘트나 광전효과(photoelectric effect)에 의한 전자의 방출로 명백하다. 원자는 보통 전기적으로 중성이기 때문에 전자의 모든 전하의 합과 크기가 같은 양전하를 포함해야 한다. 전자의 질량은 가장 가벼운 원자에서조차 원자의 질량보다 작기 때문에 대부분 원자의 질량은 양전하가 가진 것처럼 보인다.

이와 같은 관찰에 근거하여 1897년 전자의 존재를 실험적으로 입증한 영국의 물리학자인 톰슨(J. J. Thomson, 1856~1940)은 하나의 원자 모형을 제안했다. 이 모형(일종 플럼푸딩 모형)에서 전자들은 연속적으로 분포된 양전하로 이루어진 구내에 균일하게 분포하고 있다. 양전하의 영역은 그 반경을 대략 원자직경인 10^{-10} m 또는 0.1 nm 크기로 가정했다.

아마도 여러분이 아는 것처럼 원자의 최근 모형은 아주 다르다. 이 모형은 중심핵에 실제로 모든 양전하 따라서 모든 질량이 있고, 그 주위를 전자가 도는 것이다. 그러한 핵의 존재는 영국의 물리학자인 러더포드(Ernest Rutherford, 1871~1937)가 처음으로 제안하였다. 이 개념을 전자궤도의 보어(Bohr) 이론과 결합하면 "태양계(solar system)" 모형 혹은 원자의 러더포드-보어(Rutherford-Bohr) 모형이 된다.

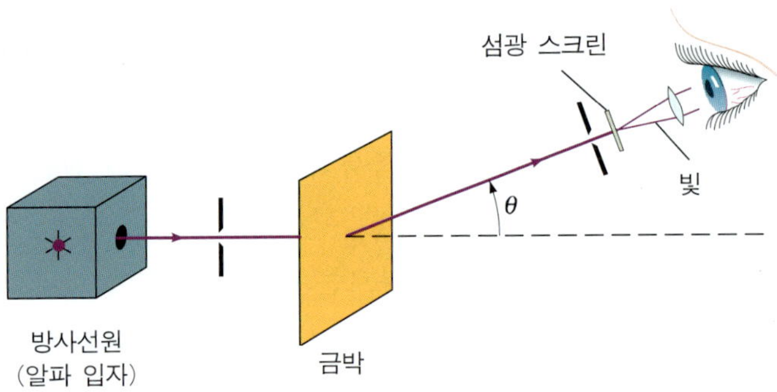

▲ 그림 29.1 러더포드의 산란 실험
방사선원으로부터 알파 입자의 빔이 얇은 박막에 있는 금 핵에 의해 산란되며 그 산란은 산란각 θ의 함수로 관찰된다. 관찰자는 섬광 스크린에 나타난 빛을 검출한다.

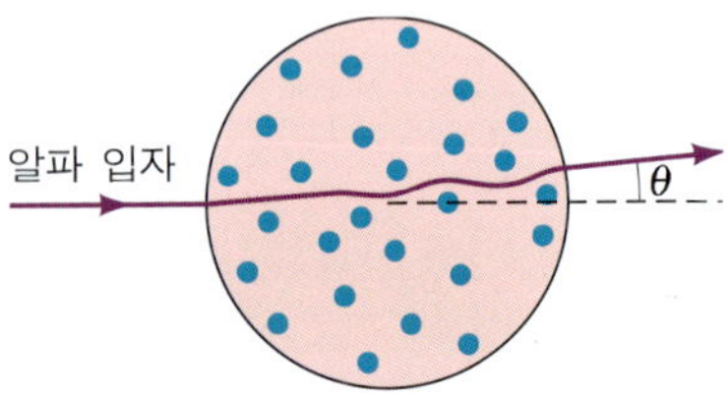

▲ 그림 29.2 플럼 푸딩 모형
원자에 대한 톰슨의 플럼 푸딩 모형에서 무거운 알파 입자는 원자에 있는 전자와의 충돌에 의해 약간 휜다. 실험 결과는 아주 다르다.

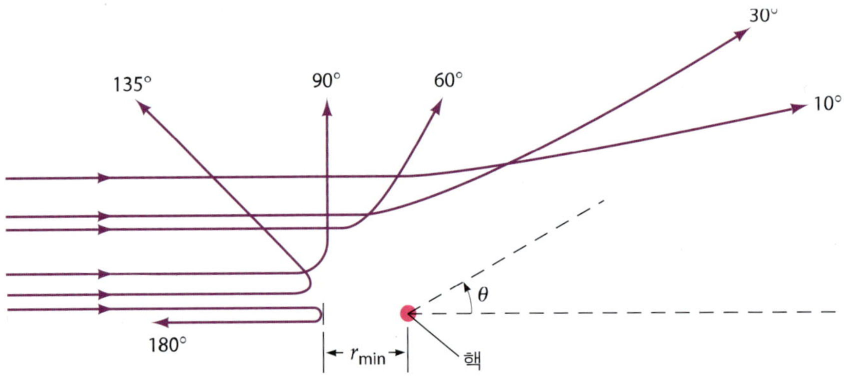

▲ 그림 29.3 러더포드 산란
양전하를 띤 작고 단단한 원자핵은 관측된 산란을 설명한다. 핵과 정면 충돌하는 알파 입자는 핵으로부터 거리 r_{min}에서 뒤로 산란한다($\theta = 180°$. 이 그림에서 전자궤도는 너무 멀어서 보이지 않는다.)

러더포드는 1911년에 실험실에서 수행한 알파 입자의 산란 결과를 보고 이와 같은 모형을 제시하였다. 알파(α) 입자는 일부 방사성 물질에서 자연적으로 방출하는 양으로 대전된 입자($q_\alpha = +2e$)이다. 이 입자의 빔을 얇은 금박 표적으로 보내면 편향각과 산란된 입자의 비율이 관찰된다(그림 29.1).

알파 입자는 전자보다 7000배 더 무겁다. 따라서 톰슨 모형에서는 알파 입자가 그러한 금원자의 모형을 지날 때 가벼운 전자들과의 충돌로 약간 휘어져야 한다(그림 29.2). 그렇지만 놀랍게도 러더포드는 상당한 각도로 산란되는 알파 입자를 관찰했다. 8,000개 산란 중 하나 정도의 알파 입자가 실제로 후방 산란(backscattering)을 했다. 즉 그것들은 90° 이상으로 산란되었다(그림 29.3).

계산에 의하면 톰슨 모형에서 후방 산란할 확률은 1/8000보다 훨씬 작아야 한다. 러더포드가 후방 산란을 "종이로 만들어진 15인치 공을 쏘았을 때 총알이 되돌아와서 여러분을 맞히는 것처럼 믿을 수 없었다."라고 기술했다.

실험 결과로부터 러더포드는 핵에 대한 개념을 갖게 되었다. "이 후방 산란은 1회 충돌의 결과이어야 한다. 계산 결과 원자질량의 대부분이 작은 핵에 집중되어 있지 않으면 그런 크기의 후방 산란을 얻는 것이 불가능하다는 것을 알았다. 그래서 전하를 가진 작은 질량 중심을 갖는 원자의 개념을 갖게 되었다."

표적 원자의 모든 양전하가 작은 영역에 집중되어 있다면 이 영역에 근접한 알파 입자는 큰 편향력(전기적 척력)을 경험할 것이다. 이 양전기를 띤 핵의 질량은 알파 입자 핵의 질량보다 커야 하며, 이 모형에서 후방 산란은 플럼 푸딩 모형에서 보다 훨씬 더 많이 일어난다.

간단한 조사로도 핵의 근사적 크기를 알 수 있다. 정면 충돌하는 동안 알파 입자는 핵에 가장 가깝게(그림 29.3의 r_{min}으로 표시된 거리) 접근한다. 즉 핵에 접근한 알파 입자는 r_{min}에서 정지하고 원래 길을 따라 되돌아 가속된다.

구형전하 분포를 가정하고 다음으로 에너지보존을 적용하면 입사된 알파 입자의 운동에너지는 되돌아오는 점 r_{min}에서 전기 위치에너지로 완전히 변환된다. 이를 적용하여 간단한 수학적 과정을 거치면 r_{min}은 식 29.1이 된다.

$$\frac{1}{2}mv^2 = \frac{k(2e)Ze}{r_{\text{min}}}$$

$$r_{\text{min}} = \frac{4kZe^2}{mv^2} \qquad (29.1)$$

러더포드의 실험에서 입자 선원으로부터 나오는 알파 입자의 운동에너지가 측정되었으며, Z는 금에 대해 79인 것이 알려져 있었다. 식 29.1의 상수에 이 값들을 사용하여 러더포드는 r_{min}이 10^{-14} m 정도인 것을 알았다.

원자의 핵 모형이 유용하지만 핵은 양전하의 부피보다 더 크다. 핵은 실제로 두 형태의 입자인 핵자(nucleon)－양성자와 중성자－로 이루어져 있다. 수소원자의 핵은 한 개의 양성자이다. 러더포드는 어떤 핵도 수소핵보다 가볍지 않다는 것을 확신한 후에 수소원자의 핵을 양성자(proton, "처음"이라는 그리스어)라고 이름 붙였다. 중성자(neutron)는 양성자의 질량보다 아주 약간 더 큰 질량을 갖는 전기적으로 중성인 입자이다. 중성자의 존재는 1932년이 되어서야 실험적으로 입증되었다.

■ 핵 력

핵에 있는 힘 가운데, 핵자들 사이의 인력인 중력이 있다. 그렇지만 이 중력은 양전기를 지니는 양성자 사이의 척력인 전기력에 비해 무시할만하다. 그래도 이 척력으로 인해 핵이 분리되어야 할 것이 예상되지만 많은 원자의 핵들이 안정하다. 전기적 척력을 극복하고 핵을 유지하게 하는 핵자 사이의 인력이 있어야 한다. 이 강한 인력을 강한 핵력(strong nuclear force) 또는 간단히 핵력(nuclear force)이라고 한다.

핵력의 정확한 표현은 극도로 복잡하다. 그렇지만 그것의 일반적인 특성은 다음과 같다.

- 핵력은 강한 인력이며 핵자 사이의 정전기력이나 중력보다 크기가 훨씬 더 크다.
- 핵력이 미치는 범위는 아주 짧다. 즉 핵자는 10^{-15} m 정도의 거리에 있는 가장 가까운 핵자와만 상호작용한다.
- 핵력은 전하와 무관하다. 즉 그것은 어떤 두 개의 핵자－두 개의 중성자, 양성자와 중성자, 또는 두 개의 중성자－사이에서 작용한다.

따라서 인접한 양성자들은 전기적으로 서로를 밀어내며, 강한 핵력에 의해 서로 끌어당기는데 후자가 더 강하다. 전기적으로 중성인 중성자는 근처의 양성자와 중성자를 끌어당기기만 한다.

■ 핵 기호

여러 원자의 핵을 구분하기 위해 그림 29.4a에서 예시된 기호를 사용하는 것이 편리하다. 원소의 화학적 기호는 아래 첨자와 위 첨자를 함께 사용한다. 왼쪽의 아래 첨자는 핵의 양성자수를 나타내는 원자번호(Atomic Number)라고 부른다. 기호 Z의 더 상세한 이름은 이 책에서 사용될 양성자수(Proton Number)이다. Z는 전기적으로 중성인 원자에서 궤도 전자의 수와 같다. (그 이유는?)

원자에서 핵에 있는 양성자수는 원자가 속한 원소의 핵종을 결정한다. 그림 29.4b에서 양성자수 $Z=6$은 그 핵이 탄소원자에 속한다는 것을 나타낸다. 따라서 양성자수는 어떤 화학적 기호를 사용하여야 할지를 결정한다. 전자들은 원자로부터 제거되거나(원자에 더해져서) 이온을 형성할 수 있으나 이것이 원자의 핵종을 변화시키지는 않는다. 예를 들어 전자 하나가 제거된 질소 원자 N^+는 계속 질소-질소 이온이다. 원자의 핵종을 결정하는 것은 전자의 수라기 보다는 양성자수이다.

화학기호의 왼쪽에 있는 위 첨자는 핵에 있는 양성자와 중성자수의 합인 질량수(A)라고 한다. 양성자와 중성자는 거의 같은 질량을 가지고 있어서 핵의 질량수는 핵질량의 상대 비교를 나타낸다. 그림 29.4b의 탄소 핵에는 양성자 여섯 개와 중성자 여섯 개가 있기 때문에 질량수는 $A=12$이다. 중성자수(N)는 가끔 화학기호의 오른쪽에 아래 첨자로 표시한다. 그렇지만 아래 첨자는 A와 Z로 계산할 수 있기 때문에 보통 생략한다. 즉 $N=A-Z$ 비슷하게 양성자수도 화학기호가 Z의 값을 나타내기 때문에 보통 생략한다.

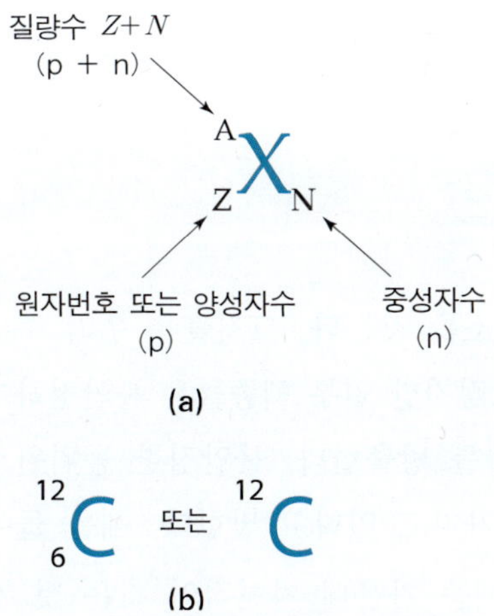

▲ **그림 29.4 핵 기호**

(a) 핵의 구성은 왼쪽에 질량수 A가 위첨자, 양성자수 Z가 아래 첨자로 한 원소의 화학기호로 표시된다. 중성자수 N은 오른쪽에 아래 첨자로 표시할 수 있으나 원소기호로부터 Z와 $N=A-Z$를 알 수 있기 때문에 Z와 N은 보통 생략한다.

(b) 안정한 탄소 동위원소 핵에 대한 두 개의 가장 일반적인 핵 기호

어떤 원소의 모든 원자핵이 같은 양성자수를 갖지만 다른 중성자수를 가질 수도 있다. 예를 들어 탄소원자의 핵은 여섯 개나 일곱 개 혹은 여덟 개의 중성자를 가질 수도 있다. 핵기호는 이들 원자에 대해 각각 ${}^{12}_{6}C$, ${}^{13}_{6}C$, ${}^{14}_{6}C$로 표시한다. 같은 수의 양성자를 가지나 중성자수가 다른 핵의 원자들을 동위원소(isotopes)라고 한다. 위에서 나열한 원자들은 탄소의 동위원소이다.

동위원소들은 그 원소의 일원이다. 그것들은 모두 같은 Z와 동일한 원소 이름을 가지며 핵의 중성자수 그러므로 질량에 의해 구별된다. 동위원소들은 질량수로 식별한다. 예들 들어 이 탄소의 동위원소들은 각각 탄소 12, 탄소 13, 탄소 14라고 부른다. 불안정한 다른 탄소 동위원소 ${}^{11}C$, ${}^{15}C$, ${}^{16}C$ 등이 있다. 어떤 원소의 특별한 동위원소를 핵종(nuclide)이라고 한다. 여태까지 탄소의 여섯 개 핵종을 언급했다. 일반적으로 어떤 주어진 종류의 몇몇 동위원소들은 안정하다. 그러나 이 숫자는 0에서부터 여러 개까지 변할 수 있다. 실제로 탄소의 예에서 ${}^{14}C$는 수명이 길기는 하지만 불안정하다. ${}^{12}C$와 ${}^{13}C$는 탄소의 안정한 원소이다.

또 다른 중요한 동위원소는 세 개의 동위원소를 갖는 수소이다. 이 동위원소들은 특별한 이름을 가지고 있다. ${}^{1}H$는 보통 수소(hydrogen), ${}^{2}H$는 중수소(deuterium)라고 부른다. 이것은 산소와 결합하여 중수(D_2O)를 만든다. 삼중수소(tritium)라고 부르는 수소의 3번째 동위원소 ${}^{3}H$는 불안정하다.

29.2 방사능

대부분의 원소는 적어도 하나의 안정한 동위원소를 갖는다. 그것들은 우리 주위에서 가장 친밀한 안정된 핵종들의 원자들이다. 그렇지만 일부 핵종들은 불안정하여 자발적으로 붕괴하며, 에너지를 갖는 입자나 광자를 방출한다. 불안정한 동위원소들은 방사성이 있다 혹은 방사능(radioactivity)을 가지고 있다고 말한다. 예를 들어 삼중수소(${}^{3}_{1}H$)는 방사성 핵이다. 모든 불안정한 핵종 가운데 자연적인 것은 몇 개 안된다. 다른 것들은 인공적으로 만들어진다(20장).

방사능은 열, 압력, 화학적 작용 같은 정상적인 물리, 화학적 과정에 의해 영향받지 않는다. 이들 과정은 방사능의 원인 핵에 영향을 주지 않는다. 핵의 불안정은 핵 내의

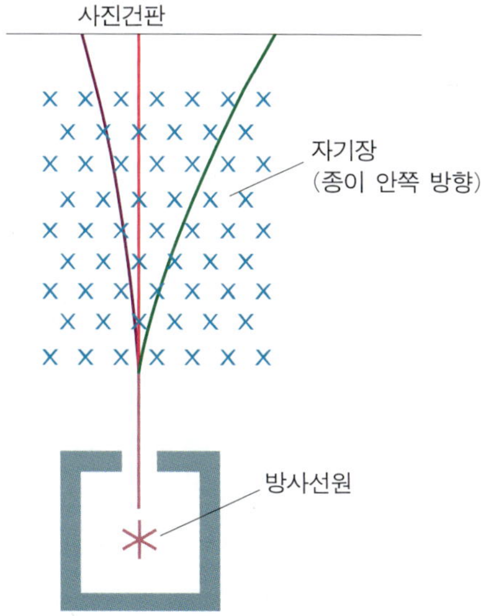

▲ 그림 29.5 핵 방사선

방사선원으로부터 다른 형태의 방사선은 자기장을 통과할 때 식별할 수 있다. 알파와 베타 입자는 휜다. 자기력에 대한 오른손 법칙으로부터 알파 입자들은 양으로 대전되어 있고, 베타 입자는 음으로 대전되어 있다. 휘어지는 곡선의 반지름으로부터 입자의 질량을 알 수 있다. 감마선은 휘지 않으며 따라서 대전되어 있지 않다. 그것들은 전자기 에너지의 양자이다.

인력이나 척력의 불균형으로 간단히 설명되지는 않는다. 이것은 어떤 동위원소의 핵붕괴가 일정한 율로 일어나는 것이 관찰되기 때문이다.

실험에 의해 방사성 동위원소에 의해 방출된 방사선은 세 가지 다른 종류이었다. 방사성 동위원소로부터 방출된 방사선이 자기장을 통해 사진 건판으로 지나가도록 하는 상자에 방사성 동위원소를 놓았을 때(그림 29.5), 여러 형태의 방사선이 건판을 조사하여 방사선의 형태가 식별될 수 있는 특성적인 점들을 만들어내었다. 점들의 위치는 어떤 동위원소들은 왼쪽으로 휘는 방사선을 방출한다. 일부는 오른쪽으로 휘는 방사선을 방출한다. 일부는 휘지 않는 방사선을 방출한다. 이들 점들은 알파(alpha), 베타(beta), 감마(gamma) 방사선으로 알려진 것에 의한 것이다.

자기장에서 두 형태의 방사선이 반대 방향으로 휘어지는 것으로부터 양으로 대전된 입자들은 알파 붕괴와 관련되어 있고, 음으로 대전된 입자들은 베타 붕괴 동안 방출되는 것이 분명했다. 알파 입자가 훨씬 덜 휘기 때문에 알파 입자가 베타 입자보다 훨씬 더 무거워야 한다. 휘지 않은 감마선은 전기적으로 중성이어야 한다. (그 이유는?)

세 가지 다른 형태의 방사선에 대한 상세한 연구를 통해 다음과 같은 사실을 알게 되었다.

- 알파 입자는 두 개의 양성자와 두 개의 중성자를 포함하는 하전입자($+2e$)이다. 그것들은 헬륨원자$\left({}^4_2\mathrm{He}\right)$의 핵과 같다.
- 베타 입자는 전자이다(양으로 대전된 전자, 즉 양전자(positron)는 나중에 발견되었다).
- 감마선은 고에너지의 전자파(광자)이다.

소수의 방사성 원소에서 두 개의 점이 필름에 나타났는데, 그것은 그 원소가 두 가지 다른 양식으로 붕괴한다는 것을 나타낸다. 이 세 가지 붕괴 양식에 대해 좀 더 상세한 것은 여기서 생략하고 관심이 있는 독자는 참고문헌을 참고하기 바란다.

■ 방사선 투과

핵 방사선의 흡수 혹은 투과하는 정도는 오늘날의 많은 응용에서 중요하다. 친근한 방사선의 사용은 암치료이다. 방사선의 투과는 원자로에서 필요한 핵 차폐의 크기를 결정하는데 중요하다. 음식 산업에서 음식물의 박테리아를 살균하는데 사용하기도 한다. 일반적으로 여러 입자가 물질에 들어올 때 다음과 같은 일이 일어난다.

- 알파 입자는 두 개의 전하를 가지며, 비교적 큰 질량을 갖기 때문에 비교적 느리게 움직인다. 따라서 수 cm의 공기나 한 장의 종이로도 완전히 정지시킬 수 있다.
- 베타 입자는 전하 하나를 가지며 질량도 훨씬 작다. 그것들은 공기에서 수 m, 알루미늄에서 수 mm를 이동한 후 정지한다.
- 감마선은 대전되어 있지 않기 때문에 알파나 베타 입자보다 더 많이 투과한다. 고에너지 감마선 빔의 대부분은 납과 같은 밀도가 큰 물질을 수 cm 투과한다. 납은 보통 해로운 X-선이나 감마선을 차폐하는데 사용된다. 광자는 컴프턴 산란, 광전효과, 쌍생성의 결합에 의해 에너지를 잃을 수 있거나 또는 감마선 빔으로부터 제거된다(후자의 효과는 약 1 MeV 이상의 광자에너지에서만 일어난다)(27장 참조).

물질을 통과하는 방사선은 상당한 손상을 줄 수 있다. 예를 들면 우주방사선에 노출된 우주선이나 원자로에서 일어날 수 있는 것 같은 것이다. 강한 방사선에 노출되었을 때 구조 물질이 깨지게 되고, 그것들의 강도를 잃을 수 있다. 생물 조직에서 방사선 손상은 주로 살아 있는 세포의 이온화에 기인한다. 우리는 계속해서 환경에서 방사성 동위원소의 정상적인 배경 방사선과 우주로부터 오는 우주방사선에 노출되어 있다. 높은 고도에서 날고 있는 제트 여객기에서 많은 시간을 보내는 항공기 승무원들은 우주선으로부터 상당한 양의 피폭을 받을 수 있다.

많은 불안정한 핵종 중에 단지 소수만이 자연적인 것이다. 자연에서 발견되는 대다수의 방사성 핵종들은 무거운 핵들의 붕괴계열의 생성물들이다. 계속해서 더 가벼운 핵으로 붕괴하는 붕괴계열이 있다. 예를 들어 $^{238}\mathrm{U}$ 붕괴계열(또는 "사슬")이 있다. 그림 29.8에 보여진다. 그것은 납의 안정된 동위원소 $^{206}\mathrm{Pb}$에 도달하면 붕괴를 중지한다. 계열에서 일부 핵종들은 두 방식으로 붕괴하며, 라돈($^{222}\mathrm{Rn}$)이 이 붕괴계열의 일부이다. 이 방사성 기체는 환기가 잘 안 되는 빌딩에서 상당한 양으로 축적될 수 있어 지난 수십 년 동안 상당한 주의를 받았다.

29.3 붕괴율과 반감기

시료 중 방사성 물질의 핵들은 모두 한꺼번에 붕괴하지 않으며, 핵종별로 특정한 비율로 무작위하게 붕괴하고 외부 환경에 영향을 받지 않는다. 특정한 어떤 불안정한 핵이 언제 붕괴할지를 정확하게 말하는 것은 불가능하다. 그렇지만 주어진 시간 동안 시료에서 얼마나 많은 핵들이 붕괴할 것인지는 결정할 수 있다.

방사성 핵종이 있는 시료의 방사능(R)은 1초 동안 붕괴하는 핵의 수로 정의된다. 어떤 주어진 양의 물질에서 방사능은 시간에 따라 감소하여 점점 더 작은 수의 방사성 핵이 남게 된다. 각 핵종은 그 자체의 특정한 감소율을 갖는다. 어미 핵종의 수(N)가 감소하는 비율은 존재하는 핵종의 수에 비례한다. 즉 $\Delta N/\Delta t \propto N$. 이것은 다음과 같은 방정식 형태로 쓸 수 있다.

$$\frac{\Delta N}{\Delta t} = -\lambda N$$

여기에서 상수 λ는 붕괴상수라고 한다. 이 양의 SI 단위는 s^{-1}이고(그 이유는?), 핵종에 의존한다. 붕괴상수 λ가 크면 클수록 붕괴율은 더 커진다. 이 방정식에서 음

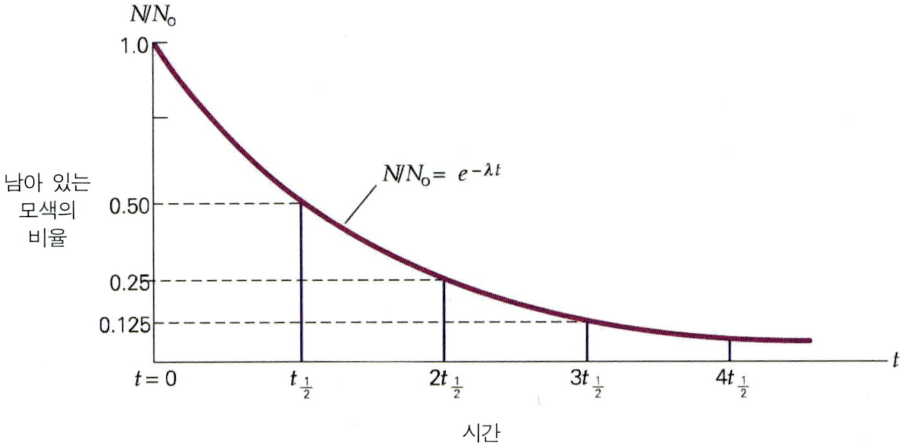

▲ **그림 29.6 방사성 붕괴**
방사성 시료에서 시간에 따라 남아 있는 어미 핵의 비(N/N_0)는 지수함수 곡선을 따른다. 곡선의 모양과 감소 정도는 붕괴상수 λ 혹은 반감기 $t_{1/2}$에 의존한다.

(−)의 부호는 N이 감소한다는 것을 나타낸다. 방사성 시료의 방사능(R)은 크기가 $\Delta N/\Delta t$이며, 초당 붕괴로 표시한 붕괴율이고, 음(−)의 부호는 없다(예제 29.2 참조).

$$R = \text{방사능} = \left|\frac{\Delta N}{\Delta t}\right| = \lambda N \tag{29.2}$$

적분하면 식 29.2는 $t = 0$의 수 N_0와 비교하여 남아 있는 어미 핵(N)의 수에 대해 풀 수 있다. 그 결과는

$$N = N_0 e^{-\lambda t} \tag{29.3}$$

이다. 따라서 처음 개수의 비(N/N_0)로 표시된 붕괴하지 않은 어미핵의 수는 그림 29.9에서 보인 것처럼 시간에 따라 지수함수로 감소한다. 이 그래프는 지수함수 $e^{-\lambda t}$로 붕괴하는 그림이다. ($e \approx 2.718$은 자연대수의 바탕이며 계산기에 있다.)

핵의 붕괴율은 보통 붕괴상수보다는 반감기로 정의된다. 반감기(Half-life, $t_{1/2}$)는 시료의 방사성 핵이 반으로 붕괴하는데 걸린 시간이다. 이것은 그림 29.6에서 $N/N_0 = 1/2$에 대응하는 시간이다. 같은 시간동안 방사능(초당 붕괴)은 붕괴하지 않은 수에 비례하기 때문에 꼭 반이 된다. 보통 측정되는 것은 붕괴 입자가 방출되는 율과 그 비율이 절반으로 떨어지는 시간이다.

아주 짧은 반감기를 갖는 핵종들은 일반적으로 핵반응(30장)으로 만들어진다. 자연 방사성 원소인 ^{238}U의 반감기는 약 45억년이다. 이것은 지구가 형성되었을 때 있었던 ^{238}U의 약 절반이 오늘날 존재한다는 것을 의미한다. 핵종의 반감기가 길면 길수록 그것은 더 느리게 붕괴하고, 붕괴상수 λ는 더 작다. 따라서 반감기와 붕괴상수는 반비례 관계가 있다. 즉 $t_{1/2} \propto 1/\lambda$.

▼ **표 29.1** 몇 가지 방사성 핵종의 반감기(반감기가 증가하는 순으로 나열)

핵 종	붕괴형식	반감기
Beryllium-8($^{8}_{4}$Be)	α	1×10^{-16} s
Polonium-213($^{213}_{84}$Po)	α	4×10^{-16} s
Oxygen-19($^{19}_{8}$O)	β^-	27 s
Fluorine-17($^{17}_{9}$F)	β^+, EC	66 s
Polonium-218($^{218}_{84}$Po)	α, β^-	3.05 min
Technetium-104($^{104}_{43}$Tc)	β^-	18 min
Iodine-123($^{123}_{53}$I)	EC	13.3 h
Krypton-76($^{76}_{36}$Kr)	EC	14.8 h
Magnesium-28($^{28}_{12}$Mg)	β^-	21 h
Radon-222($^{222}_{86}$Rn)	α	3.82 days
Iodine-131($^{131}_{53}$I)	β^-	8.0 days
Cobalt-60($^{67}_{27}$Co)	β^-	5.3 y
Strontium-90($^{90}_{38}$Sr)	β^-	28 y
Radium-226($^{226}_{88}$Ra)	α	1600 y
Carbon-14($^{14}_{6}$C)	β^-	5730 y
Plutonium-239($^{239}_{94}$Pu)	α	2.4×10^{4} y
Uranium-238($^{238}_{92}$U)	α	4.5×10^{9} y
Rubidium-87($^{87}_{37}$Rb)	β^-	4.7×10^{10} y

약간의 수학적 과정을 거쳐 반감기를 구하는 식 29.4를 얻고 여기서 λ 는 붕괴상수이다,

$$t_{1/2} = \frac{0.693}{\lambda} \tag{29.4}$$

반감기의 개념은 예제 29.2에서 보는 것처럼 의학적 응용에서 중요하다. 갑상선 치료에 사용되는 요오드−131(^{131}I)의 반감기는 8.0일이다. 현재 약 4.0×10^{14}개의 요오드-131 핵이 병원 환자의 갑상선에 있다면 지금 갑상선에 있는 ^{131}I 방사능은 얼마인가 식 29.2를 이용하여 계산해보자.

방사성 시료의 "강도"는 방사능 R로 나타낸다. 방사능의 기본 단위는 피에르와 마리 큐리의 이름을 붙였다. 1 큐리(Ci)는 다음과 같이 정의된다.

$$1\ \text{Ci} \equiv 3.70 \times 10^{10}\ \text{붕괴/초}$$

이 정의는 역사성을 띠고 있으며, 순수한 라듐 1.00 g의 방사능이다. 그렇지만 현대 SI 단위는 베크렐(Bq)이며 다음과 같이 정의된다.

$$1\ \text{Bq} \equiv 1\ \text{붕괴/초}$$

그러므로

$$1\ \text{Ci} = 3.70 \times 10^{10}\ \text{Bq}$$

이다.

오늘날에는 SI 단위의 사용을 강조하지만 방사선원의 "강도"는 여전히 보통 Ci로 나타낸다. 큐리는 대단히 큰 단위이어서 밀리큐리(mCi), 마이크로큐리(μCi)나 더 작은 단위인 나노큐리(nCi)와 피코큐리(pCi) 등이 사용된다. 예를 들어 교육 실습실에서는 1 마이크로큐리 또는 그 이하의 방사능 선원을 사용한다.

■ 방사능 연대 측정

방사성 핵종들은 붕괴율이 일정하기 때문에 핵 시계로 사용될 수 있다. 앞의 예제에서 방사성 핵종의 반감기는 그 핵종이 미래에 얼마나 많이 존재할 것인지 추정하는데 사용된다. 반감기를 사용함으로써 과학자들은 알려진 방사능을 포함한 물체의 연대를 결정할 수 있다. 이와 같은 추정을 하려면 존재하는 핵종의 초기 양을 알아야 한다.

고고학에서 사용되는 아주 일반적인 방법인 ^{14}C으로 하는 방법을 보자. 탄소-14 연대 측정은 한때 생물체의 일부였었던 물질과 그런 것(예를 들어 나무, 뼈, 가죽, 양피지 같은 것들)으로 만들어지거나 포함된 물체의 잔류물에 사용된다. 이 과정은 생물체(여러분 자신을 포함하여)는 알려진 양의 ^{14}C를 포함하고 있다는 사실에 근거한다. 그 농도는 매우 작아서 ^{14}C는 보통 7.2×10^{11}개 보통 원자 ^{12}C 중의 하나 정도이다. 그렇다고 하더라도 우리 몸에 있는 ^{14}C는 지구가 형성되었을 때 있었던 ^{14}C에 의한 것은 아니다. 이것은 ^{14}C의 반감기가 $t_{1/2} = 5730$년으로 지구 나이에 비해 매우 짧기 때문이다.

29.4 핵 안정성과 결합 에너지

지금까지는 불안정한 동위원소의 성질들을 생각했는데, 이제부터는 안정한 동위원소를 생각하자. 안정된 동위원소들은 $Z = 43$(테크네튬)과 $Z = 61$(프로메티움)을 제외하고는 1부터 83까지의 양성자수를 가지는 모든 원소에 대해 자연적으로 존재한다. 핵 안정성을 결정하는 핵 상호작용(핵력)은 극도로 복잡하다. 그렇지만 안정한 핵의 성질들을 조사함으로써 핵 안정에 대한 일반적인 기준을 얻을 수 있다.

핵 안정의 일반적인 판단 기준은 다음과 같이 요약될 수 있다.

1. 83보다 큰 양성자수($Z > 83$)를 갖는 모든 동위원소들은 불안정하다.
2. (a) 대부분의 짝수-짝수 핵은 안정하다.
   (b) 많은 홀수-짝수 그리고 짝수-홀수인 핵은 안정하다.
   (c) 단지 네 개의 홀수-홀수인 핵이 안정하다($^{2}_{1}H$, $^{6}_{3}Li$, $^{10}_{5}B$, $^{14}_{7}N$).
3. (a) 40보다 적은 질량수를 갖는 안정한 핵($A < 40$)은 근사적은 같은 수의 양성자와 중성자를 가진다.
   (b) 40보다 큰 질량수를 갖는 안정한 핵($A > 40$)은 양성자 보다 더 많은 중성자를 가진다.

예제 29.1 ■ 핵 안정성 검사

황의 동위원소 $^{38}_{16}S$는 안정할까?

이유와 답

이 경우를 분석하는데 핵 안정성에 대한 일반적인 기준을 사용할 수 있다.

1. 만족. $Z > 83$인 동위원소는 불안정하다. $Z = 16$으로부터 이 기준은 만족된다.
2. 만족. 동위원소 $^{38}_{16}S_{22}$는 짝수–짝수인 핵을 가지며, 그래서 안정할 것이다.
3. 불만족. 여기에서 $A < 40$이지만 $Z = 16$과 $N = 22$이 근사적으로 같지 않다.

그러므로 ^{38}S 동위원소는 불안정할 것 같다. (이 핵은 중성자가 과도하게 많아 불안정하며, β^-붕괴한다.)

예제 29.2 ■ 가장 안정한 핵 : 핵자당 결합 에너지

철-56 핵($^{56}_{26}Fe$)의 핵자당 평균 결합 에너지를 계산하라.

풀이

철원자의 원자량은 부록 V에 있으며, 다른 필요한 질량은 표 29.3에 있다. 그것들을 사용하여 질량 결손 Δm, 총 결합 에너지 E_b 그리고 마지막으로 핵자당 평균 결합 에너지 E_b/A를 계산할 수 있다.

- 주어진 값 : $^{56}_{26}Fe$의 질량 $= 55.934939\ u$
  $^{1}_{1}H$의 질량 $= m(^{1}H) = 1.007825\ u$
  $^{1}_{0}n$의 질량 $= m_n = 1.008665\ u$
- 구하는 값 : E_b/A(핵자당 평균 결합 에너지)

(핵질량 보다는 철원자와 수소원자의 질량을 사용한다는 것에 대해 주의하자.)

질량 결손은 철원자의 질량과 각 구성 핵자들의 질량 사이의 차이다. 구성 핵자들의 총 질량(여기에서 26개의 수소원자와 30개의 중성자)은 다음과 같다.

$$26m(^1\text{H}) = 26(1.007825\ \text{u}) = 26.203450\ \text{u}$$

$$30m_n = 30(1.008665\ \text{u}) \quad = 30.259950\ \text{u}$$

$$\text{합} = 56.463400\ \text{u}$$

따라서 질량 결손은

$$\Delta m = [26m(^1\text{H}) + 30m_\text{n}] - m(^{56}\text{Fe}) = 56.463400\ \text{u} - 55.934939\ \text{u} = 0.528461\ \text{u}$$

이다. 총 결합 에너지는 1 u의 에너지 등가를 사용하여 쉽게 계산된다.

$$E_\text{b} = (\Delta m)c^2 = (0.528461\ \text{u})(931.5\ \text{MeV/u}) = 492.3\ \text{MeV}$$

철 핵은 56개의 핵자로 이루어져 있다. 그래서 핵자당 평균 결합 에너지는

$$\frac{E_b}{A} = \frac{492.3\ \text{MeV}}{56} = 8.791\ \text{MeV/ 핵자}$$

이다.

29.5 방사선 검출과 피폭 그리고 응용

■ 방사선 검출

일반적으로 우리는 방사성 붕괴를 직접 인식할 수 없기 때문에 간접적인 수단으로 방사선을 검출한다. 예를 들어 방사성 물질을 가지고 일하는 사람들이나 원자로에서 일하는 사람들은 필름을 인화했을 때 검어지는 정도가 방사선의 누적된 노출에 비례하는 필름 배지를 착용한다. 더 즉시적(실시간)이고 정량적인 방법이 방사선 검출에 필요로 한다면 그에 적합한 여러 장비들이 있다.

이런 장비들을 방사선 검출기(radiation detector)라고 한다.

가장 흔한 방사선 검출기 중의 하나는 러더포드의 제자이며 동료였던 가이거(Hans Geiger, 1882~1945)에 의해 개발된 가이거 계수기(Geiger counter)이다. 가이거 계수기의 원리를 그림 29.7에 그려 놓았다.

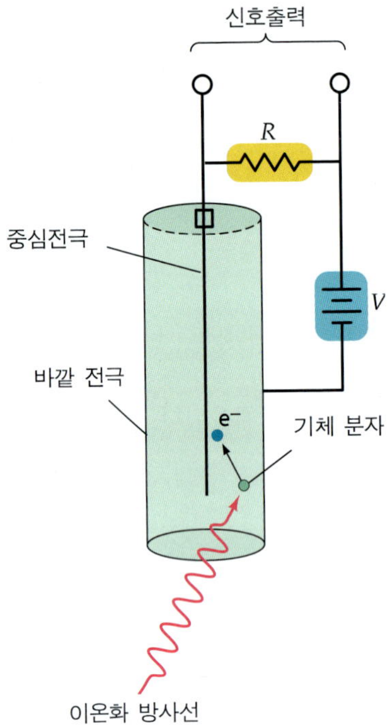

▲ 그림 29.7 가이거 계수기
입사 방사선이 기체원자를 이온화하여 전자를 자유롭게 하며, 이 전자들은 중심의 양극을 향해 가속된다. 가속되는 과정에서 이 전자들은 이온화를 통해 추가적으로 전자를 만들며, 외부 저항 R을 지나는 전압으로 검출되는 전류 신호를 만들게 된다.

또 다른 검출 방법은 섬광계수기이다(그림 29.16). 그 외에도 여러 종류의 검출기가 사용되고 있지만 여기서는 생략하기로 한다.

■ 방사선 손상

방사선 치료와 방사선 안전에서 중요한 것은 흡수된 방사선 에너지의 양 혹은 선량이다. 이 양은 노출선량(exposure), 흡수선량(absorbed dose) 또는 선량 당량(equivalent dose) 등의 여러 양으로 기술한다. 최초의 선량의 단위인 뢴트겐(R)은 공기 중에서 만들어진 이온화로 정의되었다. 1 뢴트겐은 공기 중에서 2.58×10^{-4} C/kg의 이온화 전하를 만드는데 요구되는 X-선 또는 감마선의 양이다.

rad(radiation absorbed dose : 방사선 흡수선량)는 흡수선량 단위이다. 1 rad는 1 kg의 흡수물질에서 10^{-2} J/kg의 방사선 에너지를 흡수한 량이다. rad는 공기 중에서 방사선에 의해 만들어진 단순히 이온화 보다는 방사선으로부터 흡수된 에너지와 관련된 것이다. 그래서 방사선에 의한 생물학적 손상과 더 직접적으로 관련된다. 이

연습문제

1. 러더포드 실험에서 어떤 표적 핵에 어떤 주어진 에너지의 알파 입자가 가장 접근하겠는가? (a) 탄소, (b) 철, (c) 우라늄

2. 탄소-12와 탄소-13의 핵은 (a) 같은 수의 핵자를 가지고 있다. (b) 같은 수의 중성자를 가지고 있다. (c) 같은 수의 양성자를 가지고 있다. 또는 (d) 위의 아무것도 아니다.

3. 동일한 가까운 거리에서 어떤 입자 쌍이 가장 큰 핵력을 가지는가? (a) 중성자—양성자 (b) 중성자—중성자 (c) 양성자—양성자 또는 (d) 핵력이 모든 쌍에 대해 같다.

4. 러더포드 산란 실험에서 알파 입자에 대한 최소 접근 거리는 식 29.1로 주어진다. 이것이 왜 핵 반지름을 나타내는데 필요하지 않은가를 설명하라. 그것은 중성자 반지름보다 더 큰가 혹은 작은가?

5. 다음 핵의 중성 원자에 있는 양성자, 중성자, 전자의 수는 얼마인가? (a) ^{43}Ca, (b) ^{206}Pb

6. 산소는 각각 8, 9, 10개의 중성자를 갖는 세 개의 안정 동위원소를 가지고 있다. 핵 기호로 이 동위원소를 표시하라.

7. 칼륨 동위원소는 아르곤-40의 핵종과 같은 중성자수를 갖는다. 이 칼륨 동위원소의 핵 기호를 쓰라.

8. ^{24}Mg와 ^{25}Mg는 두 개의 마그네슘 동위원소이다. (a) 원자가 전기적으로 중성일 때, (b) 철이 −2의 전하를 가질 때, (c) 이온이 +1개의 전하를 가질 때 각각의 양성자와 중성자, 전자의 수는 얼마인가?

9. 핵자의 보존과 전하의 보존은 (a) 알파 붕괴에만, (b) 베타 붕괴에만, (c) 감마 붕괴에만, (d) 모든 핵붕괴 과정에 적용된다.

10. β^- 붕괴는 다음의 Z를 갖는 핵에서만 일어날 수 있다. (a) $Z > 82$, (b) $Z \leq 82$, (c) Z 값에 관계없음

11. 알루미늄은 단지 한 개의 안정 동위원소 ^{27}Al를 가진다. ^{26}Al은 어떤 붕괴 양식으로 붕괴할 것으로 기대되는가? (a) β^+, (b) β^-, (c) ^{26}Al는 베타 붕괴하지 않는다.

12. 삼중수소는 방사성 핵종이다. (a) 그것은 (1) β^+, (2) β^-, (3) 알파 붕괴를 한다. 왜 그런가? (b) 딸핵은 안정한가?

13. (a) $^{60}_{27}Co$ 의 베타 붕괴 (b) $^{226}_{88}Ra$의 알파 붕괴를 나타내는 핵 방정식을 써라.

14. (a) 넵티늄-237의 알파 붕괴, (b) 황-32의 β^- 붕괴, (c) 코발트-56의 β^+ 붕괴, (d) 코발트-56에서 전자 포획, (e) 칼륨-42의 γ 붕괴에 대한 핵 방정식을 써라.

15. 한 반감기 후에 방사성 물질 시료는 (a) 질량이 반으로 된다. (b) 반감기가 반으로 줄어든다. (c) 더 이상 방사성 물질이 아니다. (d) 방사능이 반으로 줄어든다.

16. 2번의 반감기가 지나서 방사성 시료의 방사능은 몇 %나 줄어들까? (a) 25%, (b) 50%, (c) 75%, (d) 87.5%

17. 어떤 알파 방출체가 4.4 MeV의 에너지를 갖는 알파 입자를 방출한다. 3번의 반감기가 지난 후에 방출되는 알파 입자의 에너지는 얼마가 되는가? (a) 2.2 MeV, (b) 1.1 MeV, (c) 8.8 MeV, (d) 4.4 MeV

18. 어떤 물리, 화학적 성질이 방사성 동위원소의 붕괴율, 반감기에 영향을 주는가?

19. 어떤 동위원소의 (a) 반감기, (b) 붕괴상수는 무엇인가?

20. 어떤 시료가 2.50×10^6 붕괴/초의 붕괴를 한다. (a) 큐리로, (b) 베크렐로 표시한 시료의 방사능은 얼마인가?

21. 현재 실험실의 베타 선원이 20 밀리큐리의 방사능을 가지고 있다. (a) 현재 초당 붕괴로 표시한 붕괴율은 얼마인가? (b) 붕괴할 때마다 한 개의 베타 입자가 방출된다고 하면 분당 얼마나 많은 베타 입자가 방출되겠는가?

22. 방사성 동위원소의 반감기는 한 시간이다. (a) 세 시간 후에 남아 있는 방사성 핵종은 얼마나 되는가? (1) 1/3, (2) 1/8, (3) 1/9. 그 이유는? (b) 하루가 지난 후에 시료 중 방사능은 얼마나 되겠는가?

23. 1.25 마이크로큐리의 알파 선원이 2.78 MeV의 운동에너지를 갖는 알파 입자를 방출한다. 만들어지는 에너지의 율을 Watt로 표시하라.

24. 40보다 큰 질량수를 갖는 핵에 대해 다음의 기술 중 옳은 것은? (a) 양성자수는 근사적으로 중성자수와 같다. (b) 양성자수가 중성자수보다 많다. (c) 그러한 핵 모두는 $Z=92$일 때까지 안정하다. (d) 위의 어떤 것도 맞지 않다.

25. 딸핵의 핵자당 평균 결합에너지는 어미 핵의 결합에너지보다 (a) 더 크다, (b) 더 작다, (c) 같다.

26. 다음의 어떤 핵에서 중성자를 떼어내는 것이 더 쉬운가? (a) ^{25}Mg, (b) ^{24}Mg, (c) 둘 다 같은 양의 에너지가 필요하다.

27. 알루미늄은 왜 하나의 안정동위원소만을 가지는가?

28. 두 개의 우라늄 동위원소 중에서 ^{238}U이 ^{235}U보다 더 많은지 그 이유를 설명하라. [힌트 : 이 둘은 모두 불안정하지만 ^{238}U이 더 안정하다. 그 이유는?]

29. ^{3}He에 비해 중성자를 흡수하는 확률은 ^{4}He가 더 작다. 짝수/홀수의 양성자수와 중성자수를 사용하여 이것을 설명하라.

30. 다음 핵 쌍 중에서 중성자를 떼어내기가 더 쉬운 핵은? (a) $^{16}_{8}$O 또는 $^{17}_{8}$O, (b) $^{40}_{20}$Ca 또는 $^{42}_{20}$Ca, (c) $^{10}_{5}$B 또는 $^{11}_{5}$B, (d) $^{208}_{82}$Pb 또는 $^{209}_{82}$Pb

31. $_{51}$Sb에서 두 개의 동위원소만이 안정하다. 다음 중 두 개의 안정 동위원소를 골라라. (a) ^{120}Sb, (b) ^{121}Sb (c) ^{122}Sb (d) ^{123}Sb (e) ^{124}Sb

32. $^{2}_{1}$H의 전체 결합 에너지는 2.224 MeV이다. 이 정보를 사용하여 알려진 양성자와 중성자의 질량으로부터 ^{2}H 핵의 질량을 계산하라.

33. 어떤 검출기가 하전 입자의 경로를 기록하는가? (a) 가이거 관, (b) 섬광계수기, (c) 고체 검출기, (d) 방전관

34. 자기장 안의 거품상자에서 한 점으로부터 나오는 같은 크기의 곡선이나 반대 방향의 경로가 보였다. 이 경로는 (a) 알파 붕괴, (b) 베타 붕괴, (c) 쌍생성에 의한 것이다.

30

핵반응과 입자 물리

이 장에서는 원자로에 에너지를 공급하는 핵분열 반응에 대해 공부할 것이다. 또한 우리는 과학자들이 핵융합을 이용하기 위해 노력하는 방법에 대해 공부할 것인데, 핵융합은 태양과 다른 별들에서 일어나고 있으며 앞으로 언젠가는 우리 행성에 안전하고 무한한 청정에너지를 공급할 것이다.

또 우주를 만드는 소립자를 알아본다. 이것들의 상호작용은 우주의 구조와 진화를 지배하는 중요한 기작 원리다. 양성자와 중성자는 소립자가 아니며, 소립자들로 이루어진 것이 입증되었다. 이 소립자군의 발견과 그것들의 특성 그리고 상호작용이 핵의 구조에 대한 폭넓은 이해에 도움을 주었고, 나아가서 우주의 본질, 기원 그리고 진화에 관해 한층 명백한 이해를 할 수 있도록 하였다.

30.1 핵반응

원자들이나 분자들 사이의 일반적인 화학반응은 궤도전자만이 관여한다. 이때 원자들의 핵들은 그 과정에 참여하지 않으며, 그래서 원자들은 원래의 성질을 유지한다. 한편 핵반응(nuclear reaction)에서 원래의 핵들은 다른 원소의 핵들로 바뀐다. 과학자들은 고에너지 입자로 핵을 충돌시키는 실험연구를 하는 동안 이런 형태의 반응을 처음으로 알게 되었다.

최초의 인공 핵반응은 1919년 어니스트 러더포드에 의해 수행되었다. 질소를 자연방사선원(^{214}Bi)으로부터 나오는 알파 입자로 충돌시켰다. 이 반응들에 의해 생성된 입자들은 양성자로 확인되었다. 러더포드는 질소핵과 충돌하는 알파 입자가 때로는 양성자 하나를 만드는 반응을 유도할 수 있다고 결론 내렸다. 질소 핵은 다음 반응에 의해 산소 핵으로 변형된다.

$^{14}_{7}\mathrm{N}$	+	$^{4}_{2}\mathrm{He}$	→	$^{17}_{8}\mathrm{O}$	+	$^{1}_{1}\mathrm{H}$
질소		알파 입자		산소		양성자
(14.003074 u)		(4.002603 u)		(16.99133 u)		(1.007825 u)

(나중에 사용될 것에 대비해 원자질량으로 나타내었다)

러더포드가 발견한 것은 한 원소가 다른 원소로 변하는 방법이었다. 이것은 연금술사들의 오랜 꿈이었는데, 그들의 주된 목표는 수은이나 납 같은 보통의 금속들을 금으로 변환시키는 것이었다. 오늘날 이와 같은 변질은 하전 입자를 고속으로 가속시키는 입자 가속기로 실행되는데 이들 입자가 표적 핵을 두드릴 때 핵반응이 일어난다. 예를 들면 한 개의 양성자가 수은 핵과 충돌할 때 일어날 수 있는 한 가지 반응은 다음과 같다.

$^{200}_{80}Hg$	+	$^{1}_{1}H$	→	$^{197}_{79}Au$	+	$^{4}_{2}He$
수은		양성자		금		알파 입자
(199.968321 u)		(1.007825 u)		(196.96656 u)		(4.002603 u)

이 반응에서 수은은 금으로 바뀐다. 결국 현대 물리학자들은 연금술사들의 꿈을 충족한 것 같지만 이런 방법으로 가속기에서 얻어지는 금의 양은 금의 가치 보다 훨씬 더 많은 비용이 든다.

위와 같은 반응을 일반적인 형태로 표기하면 다음과 같다.

$$A + a \rightarrow B + b$$

여기에서 대문자는 핵을 나타내고, 소문자는 입자를 나타낸다. 이것은 다음과 같이 쓰기도 한다.

$$A\,(a,\ b)\,B$$

예를 들어 이 형태로 앞의 두 반응은 다음과 같이 간단히 쓴다.

$$^{14}N\ (\alpha,\ p)\ ^{17}O \quad \text{및} \quad ^{200}Hg\ (p,\ \alpha)\ ^{197}Au$$

주기율표(그림 28.9 참조)에는 100개 이상의 원소가 있는데, 오직 90개의 안정 원소만이 지구에서 자연적으로 존재한다. 보다 무거운 원소로부터 계속 만들어지는 붕괴계열 때문에 $Z=83$(비스무스)부터 $Z=92$(우라늄)까지 존재하는 불안정한 핵들이 있다. 플루토늄-239 같이 우라늄($Z=92$)보다 더 큰 양성자를 갖는 것들뿐만 아니라 테크네슘($Z=43$)과 프로메티움($Z=61$) 등은 계속 인공 핵반응에 의해 만들어 진다. 테크네슘은 인공적인 방법에 의해 만들어진 최초의 미지 원소이었다. $Z=114$까지의 Z를 갖는 원소들은 인공적으로 만들어진다.

■ 질량-에너지 보존과 Q 값

모든 핵반응에서 총(상대론적인) 에너지($E = K + mc^2$)는 보존되어야 한다(26장 참조). 질소가 산소로 변환하는 반응을 생각하자. $^{14}\text{N}\,(\alpha,\ \text{p})\,^{17}\text{O}$. 총 상대론적 에너지 보존에 의하여

$$(K_{\text{N}} + m_{\text{N}}c^2) + (K_\alpha + m_\alpha c^2) = (K_{\text{O}} + m_{\text{O}}c^2) + (K_{\text{p}} + m_{\text{p}}c^2)$$

이 된다. 여기에서 아래 첨자는 특별한 입자나 핵을 나타낸다. 방정식을 다시 정리하면

$$K_{\text{O}} + K_{\text{p}} - (K_{\text{N}} + K_\alpha) = (m_N + m_\alpha - m_{\text{O}} - m_{\text{p}})c^2$$

이 된다. 이 반응의 Q 값은 운동에너지에서의 변화로 정의된다.

$$Q = \Delta K = (K_{\text{O}} + K_{\text{p}}) - (K_{\text{N}} + K_\alpha) \tag{30.1}$$

Q는 그 시스템의 총 운동에너지가 증가하느냐 감소하느냐에 따라 +가 되거나 −가 될 수 있다. 따라서 Q 값은 반응에서 방출되거나 흡수된 운동에너지이다.

A + a → B + b 형태의 일반적인 반응에서

$$Q = \Delta K = (m_{\text{A}} + m_{\text{a}} - m_{\text{B}} - m_{\text{b}})c^2 = (\Delta m)c^2 \tag{30.2}$$

이다. Q에 대한 또 다른 해석은 그것이 반응의 초기 반응물과 마지막 생성물의 질량 등가 에너지의 차라는 것이다. 이것은 질량이 운동에너지로 변환될 수 있다는 사실을 반영한다. 만약 그 계의 총 질량이 반응 동안 증가한다면 운동에너지는 감소하고, Q는 −가 되어야 한다. 유사하게 총 질량이 감소하면 운동에너지는 증가하여, Q 값은 +가 된다.

음(−)의 Q 값을 갖는 반응을 흡열 반응(endoergic reaction)이라고 하고 흡열 반응에서는 반응하는 입자들의 운동에너지 일부가 질량으로 변한다.

Q 값이 양(+)의 값이면 에너지가 방출되며 그 반응을 발열 반응(exoergic reaction)이라고 한다. 이 경우에 일부의 질량이 반응 생성물의 증가된 운동에너지의 형태로 변환된다. 흡열 반응에서 선운동량이 보존되기 위해서 입사입자의 운동에너지는 $|Q|$보다 더 커야 한다. 어떤 입자가 흡열 반응을 하기 위한 최소한의 운동에너지를 문턱에너지(threshold energy)라고 한다. 비상대론적 에너지에서 문턱에너지는

$$K_{\min} = \left(1 + \frac{m_{\text{a}}}{M_{\text{A}}}\right)|Q| \qquad \text{(정지해 있는 표적만)} \tag{30.3}$$

이다.

▼ 표 30.1 Q 값들에 대한 해석

Q 값	효과
양 ($Q > 0$)	발열, 일부 질량이 에너지로 전환 (반응물의 질량이 생성물의 질량보다 크다)
음 ($Q < 0$)	흡열, 일부 운동에너지가 질량으로 변환 (생성물의 질량이 반응물의 질량보다 크다)

30.2 핵분열

인공적으로 무거운 원소를 만들려는 초기 시도에서 그 당시에 가장 무거운 것으로 알려진 우라늄에 중성자를 때렸다. 예기치 않게 우라늄 핵이 몇 개의 생성물로 분열되는 것이었다. 생성물들은 더 가벼운 원소의 핵으로 확인되었다. 이 과정은 세포 분야에서 생물학적 분열 과정과 유사하여 핵분열(nuclear fission)이라고 한다.

핵분열 반응에서 무거운 핵은 중성자를 방출하며 두 개의 더 가벼운 핵으로 나누어진다. 처음 질량의 일부는 중성자와 분열 생성물들의 운동에너지로 변환된다. 일부 무거운 핵은 자발적이나 아주 느리게 자발적인 분열을 한다. 그렇지만 분열이 유도될 수 있으며, 이것은 실제 에너지 생산에서 중요한 과정이다. 예를 들어 핵이 중성자를 흡수할 때 다음과 같은 반응으로 제논과 스트론튬으로 분열한다.

$$^{235}_{92}\mathrm{U} + ^{1}_{0}\mathrm{n} \rightarrow (^{140}_{92}\mathrm{U}^{*}) \rightarrow ^{140}_{54}\mathrm{Xe} + ^{94}_{38}\mathrm{Sr} + 2(^{1}_{0}\mathrm{n})$$

물방울 모형(liquid drop model)에 따라 흡수된 에너지 때문에 이 중간 핵($^{236}\mathrm{U}$)은 진동하며, 물방울과 같이 변형된다(그림 30.1). 핵자들이 두 덩어리로 나누어져 핵력이 약하게 되며, 두 핵자 덩어리 사이의 전기적 척력이 그것을 나누어지게, 즉 분열하게 한다.

$^{235}\mathrm{U}$를 포함하는 앞의 반응은 유일한 것이 아니다. 다음의 반응(복합 핵은 생략하였다)을 포함하여 많은 다른 가능한 반응들이 있다.

일부의 특정 핵들만이 분열을 한다. 그것들 가운데 분열할 확률은 입사 중성자의 에너지에 의존한다. 예를 들어 $^{235}\mathrm{U}$와 $^{239}\mathrm{Pu}$의 분열에 대해 가장 큰 확률은 "느린" 중성자 즉 1 eV 이하의 운동에너지를 갖는 중성자에서 생긴다. 그렇지만 $^{232}\mathrm{Th}$에 대해서는 1 MeV 이상의 에너지를 갖는 "고속" 중성자가 가장 잘 분열을 일으킨다.

분열반응에서 방출된 에너지는 안정핵의 E_b/A 곡선으로부터 추정할 수 있다.

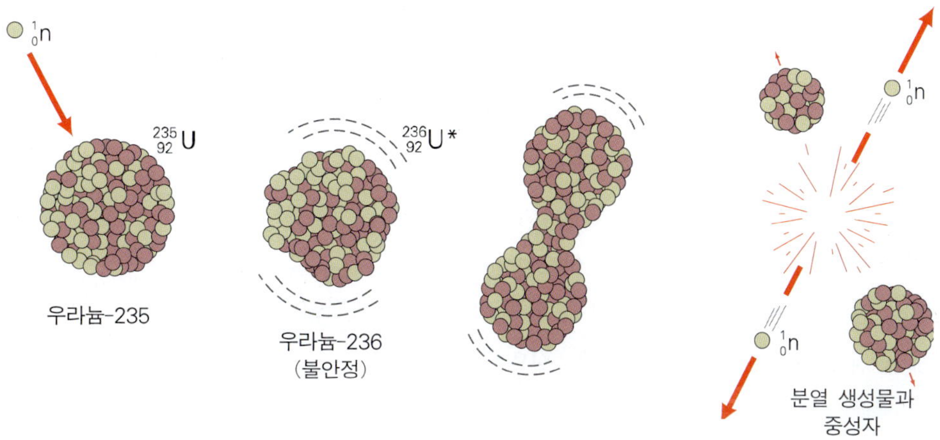

▲ **그림 30.1 핵분열의 물방울 모형**

입사 중성자가 ^{235}U 같은 분열성 핵에 의해 흡수될 때 불안정한 복합 핵(^{236}U)이 격렬한 진동을 하며, 물방울 같이 떨어져서 두 개 이상의 중성자와 두 개의 방사성 물질을 만든다.

우라늄 같이 큰 질량수(A)를 갖는 핵은 두 개의 핵으로 나누어지며, 더 안정한 핵을 향해 이 곡선을 따라 안쪽 그리고 위쪽으로 이동한다. 결과적으로 핵자당 평균 결합 에너지는 약 7.8 MeV부터 근사적으로 8.8 MeV까지 증가한다. 따라서 유리된 에너지는 분열 생성물에서 핵자당 1 MeV 정도의 크기이다. 이 페이지의 위쪽에 있는 반응에서 140 + 94 = 234 핵자가 생성물에 결합되어 있다. 따라서 방출된 에너지는 근사적으로 (1 MeV/핵자) × 234 핵자 ≈ 234 MeV이다.

이 에너지는 한 눈에 보아서는 그리 크지 않은 것처럼 보인다. 234 MeV는 약 3.7×10^{-11} J이며 일상의 에너지에 비해 미미하다. 실제로 234 MeV는 ^{235}U 핵의 질량 상당 에너지의 0.1%이다. ^{235}U 핵의 질량 상당 에너지는 근사적으로 (235 핵자)(939 MeV/핵자) = 2.2×10^5 MeV이다. 그럼에도 불구하고 % 크기는 화석연료인 석유나 석탄 같은 보통의 화학 반응에서 방출된 에너지에 비해 여러 배 더 크다.

그렇지만 분열로부터 방출된 에너지의 총량은 이와 같은 분열의 상당한 양이 초당 일어날 때 얻어진다. 이 방법은 연쇄 반응(chain reaction)에 의한 것이다.

천연 우라늄은 ^{238}U과 ^{235}U으로 이루어져 있다. ^{235}U의 천연 농도는 약 0.7%이다. 나머지 99.3%는 ^{238}U인데, 이것은 분열하지 않고 중성자를 흡수할 수 있으며 ^{235}U의 연쇄 반응 분열을 중지시킨다. 시료에서 더 많은 분열성 ^{235}U를 얻기 위해, 즉 임계질량을 줄이기 위해 ^{235}U을 농축할 수 있다. 이 농축률은 원자로용에 대해 3%부터 55%까지, 핵무기에 대해 99% 이상까지 다르다. 원자로는 원자탄 같이 폭발하지 않으며 또한 폭탄으로 만들 수 있는 연료를 사용할 수 없기 때문에 이 차이는 매우 중요하다.

연쇄 반응은 거의 순간적으로 일어난다. 그러한 반응이 통제되지 않으면, 빠르고 대단한 양으로 방출되는 에너지가 폭발을 야기할 수 있다. 이것이 소위 원자폭탄의 원리이다. (더 기술적인 이름은 분열성 혹은 핵폭탄이다.) 그러한 폭탄에서 여러 개의 미임계 연료 조각이 갑자기 임계질량을 형성하여 폭발한다. 그러면 그 연쇄 반응은 제어할 수 없으며, 아주 짧은 시간에 많은 양의 에너지를 방출한다. 분열 과정으로부터 안정적 에너지를 얻기 위해 연쇄 반응이 통제되어야 한다. 이제 이 일이 어떻게 원자로에서 이루어지는지 볼 것이다.

■ 원자로

열출력로

현재 핵에너지에서 전력을 얻기 위한 디자인은 연쇄 분열 반응을 근거로 하고 있다. 원자로에 대한 일반적인 디자인은 그림 30.2에 있다. 원자로에는 다섯 개(연료막대, 노심, 냉각재, 제어봉, 감속재)의 주요 부품이 있다.

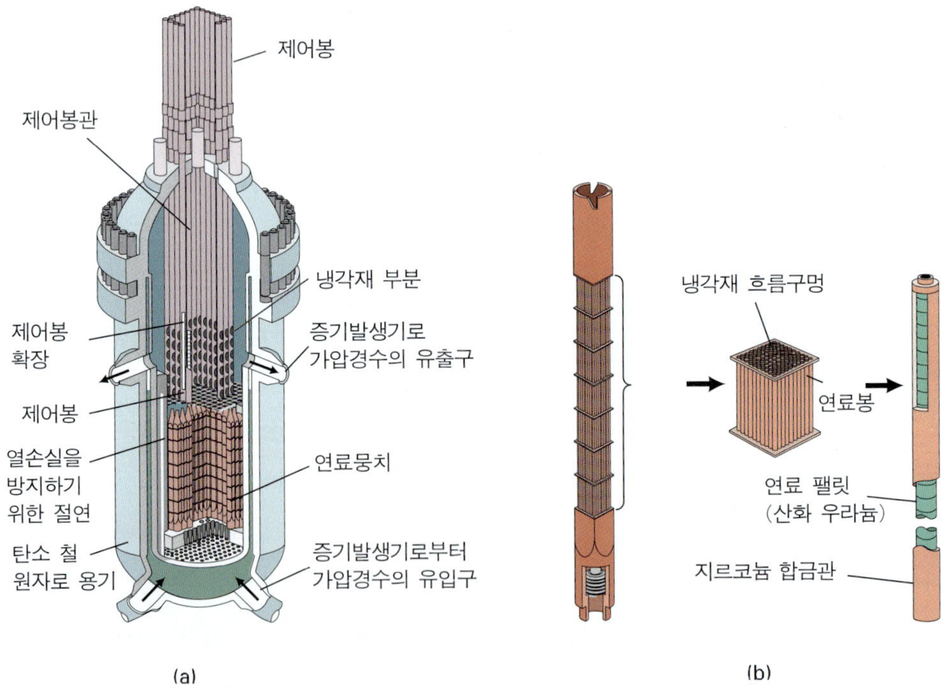

▲ 그림 30.2 원자로

(a) 원자로 용기의 개략적 그림 (b) 연료봉과 연료봉 뭉치

노심이라고 부르는 원자로의 중심부에 위치한 산화 우라늄 형태의 덩어리로 채워진 관이 연료봉이다. 일반 상용의 원자로는 약 200개의 연료봉 집합으로 묶여진 연료봉들을 포함하고 있다. 냉각재는 연쇄 반응 동안 만들어진 열에너지를 제거하기 위해 연료봉 주위를 흐른다. 미국에서 사용되는 원자로는 열을 제거하기 위한 냉각재로 보통의 물을 사용하는 경수 원자로이다. 그렇지만 보통 물의 수소핵은 중성자를 포획하여 중수소를 만들며, 이것이 연쇄 반응에 의한 중성자를 제거한다. 따라서 ^{235}U가 3~5% 정도 농축된 농축 우라늄을 사용한다.

연쇄 반응률 따라서 원자로의 에너지 출력은 붕소 또는 카드뮴 제어봉에 의해 제어되는데, 이것을 원자로심에 넣거나 빼거나할 수 있다. 카드뮴과 붕소는 아주 높은 중성자 흡수확률(단면적)을 가지고 있다. 이 제어봉이 연료막대 뭉치 사이에 삽입될 때 연쇄 반응에 의한 중성자가 제거된다. 제어봉은 연쇄 반응이 안정된 율로 일어나도록 조절한다. 그 개념은 연쇄 분열 반응을 유지시키는 것으로 분열시 평균적으로 하나 이상의 분열만을 만든다. 연료를 재장전하기 위해 또는 연쇄 반응을 줄여 원자로를 정지시키는 비상시에 제어봉은 완전히 삽입되며, 중성자들을 충분히 제거한다. 그렇지만 연쇄 반응이 정지했을 때에도 연료봉에서 방사성 분열 생성물의 계속적인 붕괴로 인한 열이 쌓이는 것을 방지하기 위해 물이 계속 순환되어야 한다. 그렇지 않다면 연료봉이 손상될 것이다. 부적절한 냉각으로 연료봉이 녹거나 깨지면 1979년 드리마일 아일랜드에서의 사고 원인이 된다. 그 원자로의 노심은 분열 생성물이 깨진 연료봉으로부터 방출되어 아직까지 상당히 방사능이 높다. 연료봉 뭉치를 통해 흐르는 물은 냉각수로서 뿐만 아니라 감속재 역할도 한다. ^{235}U에 대한 분열 단면적은 느린 중성자(때로는 1 eV 이하의 운동에너지를 가진 열중성자라고 한다)에서 가장 크다. 그렇지만 분열로부터 방출된 중성자는 실제로 (약 2 MeV의 운동에너지를 갖는) 고속 중성자이다. 이 속도는 물분자와의 충돌로 줄어들거나 감속된다. 고속 중성자를 약 1 eV의 에너지로 감속시키는 데는 약 20회의 충돌이 있어야 한다.

증식로(Breeder Reactor)

상업 원자로에서 ^{238}U은 말하자면 미미한 역할을 한다. 저속 중성자를 흡수하여 분열하지는 않지만, ^{238}U은 고속 중성자에 의한 반응에는 포함될 수 있다. 중성자의 에너지가 완전히 감속되지 않았다면 ^{238}U과 반응한다. 예를 들어 고속 중성자를 흡수한 후에 연속적인 베타 붕괴를 통해 ^{238}U에서 ^{239}Pu으로의 변환이 다음과 같이 일어날 수 있다.

$$ {}^{1}_{0}\mathrm{n} + {}^{238}_{92}\mathrm{U} \rightarrow ({}^{239}_{92}\mathrm{U}^{*}) \rightarrow {}^{239}_{93}\mathrm{Np} + \beta^{-} $$
$$ \downarrow $$
$$ {}^{239}_{94}\mathrm{Pu} + \beta^{-} $$

24 000년의 반감기를 갖는 ^{239}Pu는 분열할 수 있다. 감속의 정도를 줄여 원자로에서 ^{238}U에서 ^{239}Pu으로의 변환을 촉진하는 것이 가능하기 때문에 소모된 것(^{238}U)과 같은 (또는 더 많은) 양의 분열 연료(^{239}Pu)가 생성될 수 있다. 이것이 증식로의 원리이다. 이것은 이유없이 어떤 것을 얻은 경우는 아니다. 오히려 원자로는 핵분열할 수 없는 연료의 ^{238}U을 분열할 수 있는 ^{239}Pu으로 변환하고, 반면에 ^{235}U 분열에 의해 계속 에너지를 만든다.

미국에서 증식로에 대한 개발 연구는 1970년대에 중지되었다. 그렇지만 프랑스는 발전용 원자로에 대한 핵연료를 제공할 증식 원자로를 개발하여 운영하고 있다. 천연 화석 연료가 부족한 프랑스 같은 국가들은 핵에너지에 크게 의존하고 있으며, 전기 에너지를 위한 증식원자로가 필요하다.

발 전

일반적으로 미국에서 사용되고 있는 가압 경수로의 부품들을 그림 30.3에서 보여주고 있다. 제어되는 연쇄 반응에 의해 만들어진 열은 연료 뭉치에 있는 연료봉을

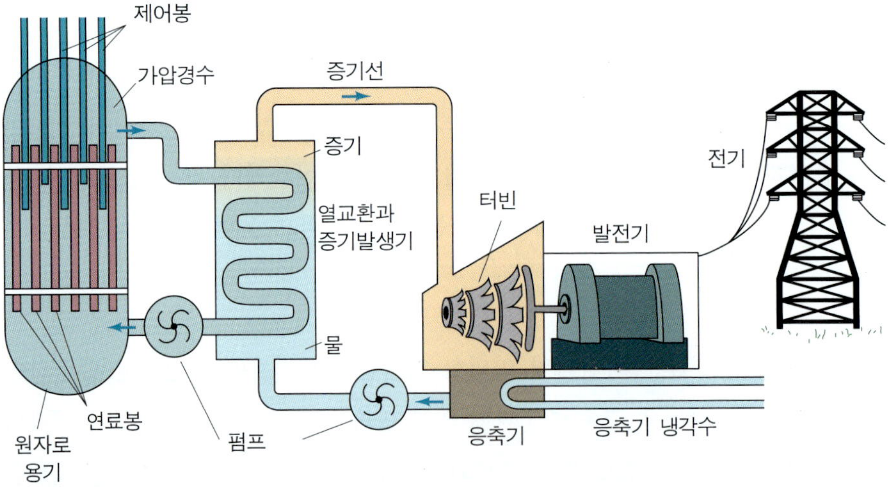

▲ 그림 30.3 가압 경수로

가압경수로의 부품. 노심으로부터의 열에너지는 순환수에 의해 운반된다. 원자로의 물은 효율적인 열 제거를 위해 높은 온도까지 가열될 수 있도록 가압된다. 그 에너지는 증기를 만드는데 사용되며, 전기 에너지를 만들도록 발전기를 돌리는 터빈을 돌린다.

지나는 물에 의해 운반된다. 그 물은 수백 기압의 고압이어서 열제거를 효율적으로 하기 위해 온도를 300 ℃까지 올릴 수 있다. 이 뜨거운 물은 열교환기로 보내어져 열에너지는 증기발생기의 물로 옮겨진다. 원자로 냉각재와 열교환된 물이 분리되어 있는 것에 주목하자. (그 이유는?)

다음 고압의 증기는 비핵발전소의 경우에서처럼 발전기를 가동시키는 터빈을 돌린다. 증기는 터빈을 돌린 후 냉각되어 응축된다. 냉각재의 이 마지막 순환이 열을 근처의 바다, 호수 혹은 강으로 이동시킨다.

■ 원자로 안전

핵에너지는 세계에서 많은 양의 전기를 만드는데 사용하고 있다. 25개 국가 이상이 이 방법으로 전기를 생산하고 있다. 수백 개 이상의 원자로가 전 세계에서 가동 중이며 미국에서는 100개 이상이 있다. 핵시설수의 증가에 따라 핵사고 및 방사성 물질의 환경으로의 방출 위험이 있게 된다.

만일 경수로 원자로의 냉각재가 손실되면 연쇄 반응이 중지된다. 그것은 냉각재가 감속재이기도 하기 때문이다. 그렇지만 수백 년의 반감기를 갖는 핵분열 생성물의 붕괴가 계속된다. 이러한 냉각제 상실사고(an acronym for loss of colorant accident)를 LOCA라 하는데, LOCA에서 연료봉이 뜨거워져(수천도) 원자로 외장재를 녹게 하거나 망가지게 할 수 있다. 이런 일이 일어나면 뜨거운 핵분열하는 물질들이 격납용기의 바닥으로 떨어지게 되고, 증기폭발, 수소폭발 또는 두 가지 모두의 원인이 된다. 이 폭발은 격납용기의 벽을 손상시키며, 방사성 물질들이 환경으로 방출되게 된다. 격납용기벽이 손상되지 않는다고 하더라도 연료봉의 용융은 건물의 바닥을 태우게 되며, 결국에는 바닥을 손상시켜 대기로 방출하게 된다. 부분적인 용융은 1979년 TMI 발전소에서 일어났다. 이 용융이 LOCA이며 적은 양의 방사성 증기가 대기 중으로 배출되었다. 현재는 밀봉된 한 개의 원자로 용기 내에서 전기적 로봇이 연료봉의 심각한 손상을 발견한다.

1986년 4월 체르노빌에서 있었던 핵사고는 인간 실수에 의한 LOCA가 일어난 용융이었으며, 감속재로써 물 대신 탄소를 사용한 결과이었다. 냉각수의 흐름이 부적절하게 제거되었을 때 연쇄 반응이—경수로에서는 일어나지 않는—제어되지 않게 되었으며 온도가 급격하게 증가하였다. 그 결과 폭발이 원자로 건물을 날려 비렸다. (그림 30.4) 연료봉이 녹았을 때 탄소 벽돌이 석탄처럼 연소하여 방사성 연기를 공기 중으로 뿜어냈다. 바람이 이 방사성 연기를 유럽 전역 그리고 북극에서 캐나다와 미국까지 운반하였다. 그래서 거기에서 상당한 양의 노심 분열생성물(^{131}I, ^{90}Sr, ^{137}Cs)이 검출되었다.

▲ **그림 30.4 1986년 4월의 체르노빌**
체르노빌 원자로의 손상을 보여주는 공중 사진. 이 사고가 무서운 결과를 초래한 상당한 양의 방사성 물질을 환경으로 방출하였다.

원자로가 안전하게 작동된다고 할지라도 (그것들의 안전성 기록은 특히 미국에서 매우 양호하다) 그리고 그것들이 실질적으로 온실가스와 같은 어떤 오염물질을 환경으로 방출하지 않는다고 하더라도 방사성 폐기물의 문제가 남아 있다. 분열 생성물들은 방사성 물질이며, 긴 반감기를 갖는다. 결과적으로 핵폐기물의 안전한 취급 문제는 자구의 미래를 지키는 중요한 문제 중 하나이다. 일차적으로 실행될 수 있는 해결 방안은 단지 핵폐기물을 대기와 지하수로부터 고립된 지질학적으로 안전한 지역에 깊은 지하에 묻는 것이다.

30.3 핵융합

에너지를 방출할 수 있는 다른 형태의 핵반응은 융합이다. 융합 반응(fusion reaction)에서 가벼운 핵들이 더 무거운 핵을 형성하도록 융합하며, 그 과정에서 에너지를 방출한다($Q > 0$). 간단한 융합 반응—두 개의 중수소핵($^{2}_{1}H$)의 융합, 보통 D−D 반응이라고 부르는 반응—을 예제 30.1에서 조사했다. 거기에서 이 반응이 융합당 3.27 MeV의 에너지를 방출하는 것을 볼 수 있다.

다른 예는 중수소와 삼중수소의 융합(D−T 반응)이다.

$$\underset{(2.014\,102\ \mathrm{u})}{{}^{2}_{1}\mathrm{H}} + \underset{(3.016\,049\ \mathrm{u})}{{}^{3}_{1}\mathrm{H}} \rightarrow \underset{(4.002\,603\ \mathrm{u})}{{}^{4}_{2}\mathrm{He}} + \underset{(1.008\,665\ \mathrm{u})}{{}^{1}_{0}\mathrm{n}}$$

주어진 질량을 사용하면 이 반응으로부터 융합당 17.6 MeV의 에너지가 방출된다는 것을 알 수 있다.

융합 반응은 일반적으로 단일 분열로부터 방출되는 200 MeV 이상과 비교하여 더 적은 에너지를 방출한다. 그렇지만 같은 질량의 수소와 우라늄 시료는 우라늄 핵보다 더 많은 수소핵을 가지고 있다. 결과적으로 킬로그램당 수소의 융합은 우라늄 분열로부터 방출된 에너지의 거의 세 배이다.

보통 우리의 생활은 핵융합에 의존한다. 왜냐하면 우리의 태양을 포함하여 대다수의 별들의 에너지원이 핵융합이기 때문이다. 태양에너지의 출력과 관련된 융합반응의 한 가지 결과는 다음과 같다. 먼저 양성자−양성자 융합이 있다.

$${}^{1}_{1}\mathrm{H} + {}^{1}_{1}\mathrm{H} \rightarrow {}^{2}_{1}\mathrm{H} + \beta^{+} + \nu$$

여기에서 ν는 중성미자이다(중성미자는 다음 절에서 논의할 입자이다.). 그 다음 다른 양성자가 중수소와 융합한다.

$${}^{1}_{1}\mathrm{H} + {}^{2}_{1}\mathrm{H} \rightarrow {}^{3}_{2}\mathrm{He} + \gamma$$

마지막으로 두 개의 $^{3}\mathrm{He}$ 핵이 융합한다.

$${}^{3}_{2}\mathrm{He} + {}^{3}_{2}\mathrm{He} \rightarrow {}^{4}_{2}\mathrm{He} + {}^{1}_{1}\mathrm{H} + {}^{1}_{1}\mathrm{H}$$

양성자−양성자 순환이라고 부르는 이 과정의 알짜효과는 네 개의 양성자(${}^{1}_{1}\mathrm{H}$)가 경합하여 한 개의 헬륨핵과 두 개의 양전자(β^{+}), 두 개의 감마선(γ), 두 개의 중성미자(ν)를 생성하며 약 25 MeV의 에너지 방출한다.

$$4({}^{1}_{1}\mathrm{H}) \rightarrow {}^{4}_{2}\mathrm{He} + 2\beta^{+} + 2\gamma + 2\nu + Q \quad (Q = +24.7\ \mathrm{MeV})$$

태양 같은 항성에서 감마선 광자들은 핵의 표면으로 가는 도중에 핵들에서 산란된다. 산란으로 각각의 광자가 단지 수 eV의 에너지를 가질 때까지 에너지가 줄게 된다. 표면에 도달하면 광자는 대부분 가시광 광자가 된다. 태양에서 융합은 태양 질량의 10%가 되는 중심에서만 일어난다. 그것은 약 50억년 동안 계속해 왔으며, 근사적으로 또 50억년 동안 거의 지금까지 해 온 것 같이 계속할 것이다. 다음 예제에서처럼 초당 수많은 융합 반응이 태양에 에너지를 제공하기 위해 요구된다.

예제 30.1 ■ 여전히 계속되고 있는 것 : 태양의 융합 에너지

태양의 일률이 지구 표면에 $1.40 \times 10^3\ \mathrm{W/m^2}$의 율로 도달한다. 태양의 일률이 양성자–양성자 순환에 의해 만들어진다고 가정하고 초당 태양에 의해 잃어버리는 질량을 계산하라.

풀이

질량 손실률을 계산하기 위해 태양에서 발생하는 총 일률을 알아야 한다. 지구와 달 사이의 거리($R_{\mathrm{E-S}}$)와 같은 반경을 갖는 태양을 중심으로 한 구의 중심에서 에너지가 나온다고 가정하고, 그 구의 면적을 계산하자. 전체 에너지는 평방미터당 일률과 평방미터로 한 전체 면적으로부터 결정할 수 있다.

태양의 질량 손실률은 질량-에너지 등가에 근거한 전체 일률로부터 계산할 수 있다.

자료는 다음과 같다. (부록 III에서 주어진 태양계 자료를 사용한다.)

- 주어진 값 : $R_{\mathrm{E-S}} = 1.50 \times 10^8\ \mathrm{km} = 1.50 \times 10^{11}\ \mathrm{m}$

  $M_{\mathrm{S}} = 2.00 \times 10^{30}\ \mathrm{kg}$

  $P_{\mathrm{S}}/A = 1.40 \times 10^3\ \mathrm{W/m^2}$

- 구하는 값 : $\Delta m/\Delta t$(전체 질량률)

태양 에너지 모두가 지나는 가상 구의 표면적은

$$A = 4\pi R_{\mathrm{E-S}}^2 = 4\pi(1.50 \times 10^{11}\ \mathrm{m})^2 = 2.83 \times 10^{23}\ \mathrm{m^2}$$

이다. 따라서 전체 일률은

$$P_{\mathrm{S}} = (1.40 \times 10^3\ \mathrm{W/m^2})(2.83 \times 10^{23}\ \mathrm{m^2}) = 3.96 \times 10^{26}\ \mathrm{W} = 3.96 \times 10^{26}\ \mathrm{J/s}$$

이다. 등가 질량손실률을 구하기 위해 이 일률은 초당 MeV로 변환한다.

$$\frac{3.96 \times 10^{26}\ \mathrm{J/s}}{1.60 \times 10^{-13}\ \mathrm{J/MeV}} = 2.48 \times 10^{39}\ \mathrm{MeV/s}$$

그 다음 질량-에너지 등가(931.5 MeV/u)를 사용하여 질량 손실률을 계산한다.

$$\frac{\Delta m}{\Delta t} = \frac{(2.48 \times 10^{39}\ \mathrm{MeV/s})(1.66 \times 10^{-27}\ \mathrm{kg/u})}{931.5\ \mathrm{MeV/u}} = 4.42 \times 10^{9}\ \mathrm{kg/s}$$

부제

이 예제에서 얼마나 많은 양성자-양성자 순환이 초당 일어나겠는가?
[힌트 : 각 순환에서 24.7 MeV를 방출한다]

30.4 베타 붕괴와 중성미자

언뜻 보기에 베타 붕괴는 불안정한 핵이 전자($_{-1}^{0}e$) 또는 양전자($_{+1}^{0}e$)를 방출하는 이체 붕괴 과정인 것처럼 보인다. 두 가지 붕괴 형태의 예는 다음과 같다.

$$_{6}^{14}\mathrm{C} \rightarrow {}_{7}^{14}\mathrm{N} + {}_{-1}^{0}\mathrm{e} \qquad \beta^{-}\ \text{붕괴}$$

(14.003 242 u) (14.003 074 u)

$$_{7}^{13}N \rightarrow {}_{6}^{13}C + {}_{1}^{0}e \qquad \beta^{+}\ \text{붕괴}$$

(13.005 739 u) (13.003 355 u)

그렇지만 상세하게 분석하면 이 방정식이 에너지와 선운동량뿐만 아니라 다른 보존법칙을 위배하는 것처럼 보인다. 그러나 여러 과학자들에 의해 이론과 실험의 검증으로 앞의 베타 붕괴 방정식은 다음과 같이 올바르고 완전하게 쓸 수 있게 되었다.

$$_{6}^{14}\mathrm{C} \rightarrow {}_{7}^{14}\mathrm{N} + \beta^{-} + \overline{\nu_{\mathrm{e}}}$$

$$_{7}^{13}\mathrm{N} \rightarrow {}_{6}^{13}\mathrm{C} + \beta^{+} + \nu_{\mathrm{e}}$$

여기에서 ν(그리스어로 뉴)는 중성미자를 나타낸다. 그 기호 위에 선이 그어진 것은 반중성미자(antineutrino)를 나타낸다. 기호 위에 그어진 선은 일반적으로 반입자를 나타내는데 사용한다. 두 개의 다른 중성미자가 베타 붕괴와 관련이 있다. 중성미자(ν_e)는 β^+ 붕괴에서 방출되며, 반중성미자($\overline{\nu_e}$)는 β^- 붕괴에서 방출된다. 중성미자의 존재는 우주론에 상당한 영향을 미치고 있다.

30.5 기본 힘과 입자 교환

현재 알려진 네 개의 기본적인 힘(fundamental force)이 있다. 중력(gravitational force), 전자기력(electromagnetic force), 강 핵력(strong nuclear force) 그리고 약 핵력(weak nuclear force)이다.

힘을 전달하는 입자의 생성은 에너지 보존을 위배하는 것처럼 보인다. 그렇지만 불확정성 원리(28.4절) 때문에 에너지 보존을 위반하지 않고 외부의 에너지 입력이 없이 짧은 시간 동안 만들어질 수 있다. 따라서 긴 시간 간격에 대해 에너지는 보존된다.

네 가지 힘에 대한 교환 입자는 질량이 다르다. 입자의 질량이 크면 클수록 그것을 생성하는데 요구되는 에너지 ΔE는 더 커지며, 그것이 존재하는 시간 Δt는 더 짧아진다. 무거운 입자는 짧은 시간동안만 존재할 수 있기 때문에 그것이 이동되는 거리에 따라서 관련된 힘의 범위는 작아야 한다. 즉 교환 입자와 관련이 있는 힘의 범위는 교환 입자의 질량에 반비례한다.

▼ 표 30.2 기본 힘

힘	상대강도	작용거리	교환 입자	상호작용에 참여하는 입자
강 핵력	1	단거리($\approx 10^{-15}$ m)	파이온(π 중간자)	강입자*
전자기력	10^{-3}	역제곱(무한)	광자	전기적 하전
약 핵력	10^{-8}	극히 짧은 거리($\approx 10^{-17}$ m)	W 입자+	모두
중력	10^{-45}	역제곱(무한)	중력자	모두

* 강입자는 30.6절에서 공부한다.

+30.8절에서 보는 것처럼 세 개의 입자가 포함된다.

30.6 소립자

물질의 기본적인 구성단위는 소립자(elementary particle)이다. 원자가 나누어질 수 없는 입자이며 소립자인 것으로 간단히 생각했던 시절이 있었다. 20세기 초에 양성자, 중성자, 전자가 원자의 구성 성분인 것으로 발견되었다. 이 세 개의 입자가 자연의 기본 입자이기를 희망했다. 그렇지만 지금 과학자들은 대단히 다양한 많은 아원자 입자를 알고 있고, 이 목록을 더 작은 실제 기본 입자—모든 다른 구성 입자에 대한 구조물—들의 집합으로 줄여 단순화하려는 노력을 하고 있다.

여러 시스템들이 그 입자들의 여러 성질을 바탕으로 소립자를 분류하고 있다. 한 분류는 핵력 상호작용의 특성을 사용한 것이다. 강력이 아닌 약 핵력을 겪으며 상호작용하는 입자를 경입자(lepton)이라고 한다. 경입자는 전자, 뮤온, 그리고 그것들의 중성미자를 포함한다. 강입자(hardron)이라고 불리는 다른 입자들은 강력에 의해 상호작용하는 입자들이다. 이 입자들은 양성자, 중성자, 파이온을 포함한다. 경입자와 강입자에 대해 간단히 생각하자.

■ 경입자(Lepton)

가장 친근한 경입자는 전자이다. 그것은 자연적으로 원자에 존재하는 유일한 경입자이다. 적어도 10^{-17} m까지는 어떤 내부 구조를 가지고 있다는 증거는 없다. 따라서 현재 전자는 점 입자로 생각한다.

뮤온은 우주선에서 최초로 관찰되었다. 그것들은 어떤 내부 구조도 가지고 있지 않아 무거운 전자와 유사하다. 뮤온은 불안정하며 다음의 도식에 따라 약 2×10^{-6} s 이내에 붕괴한다.

$$\mu^- \rightarrow \beta^- + \overline{\nu}_e + \nu_\mu$$

세 번째 하전된 경입자는 타우(τ^-) 입자 또는 타우온(tauon)이다. 이 입자는 양성자의 두 배 정도되는 질량을 가지고 있다. 전자, 뮤온, 타우온은 음(−) 전기를 가지고 있으며, 뚜렷한 내부 구조를 가지지 않으며, 양으로 대전된 반입자를 가지고 있다.

나머지 경입자는 중성미지인데, 이것은 태양에서 방출된 우주선에 존재하며 방사성 붕괴로 나타난다. 중성미자는 아주 작은 질량을 가지며, 빛의 속력보다 약간 작지만 근접한 속력으로 운동한다. 이 입자들에게는 전자기력이나 강력이 작용하지 않으며, 거의 상호작용하지 않고 물질을 통과한다.

■ 강입자(Hadron)

또 다른 소립자 무리는 강입자이다. 모든 강입자는 강력, 약력, 중력에 의해 상호작용한다. 전기적으로 대전된 것들은 전자기력에 의해 상호작용한다.

강입자는 바리온(Baryon)과 중간자(meason)로 나누어진다. 바리온은 친근한 핵자인 양성자와 중성자를 포함한다. 이것들은 반정수$\left(\frac{1}{2}, \frac{3}{2}, \cdots\right)$ 스핀을 가지고 있다는 점에서 중간자와 구별된다. 안정된 양성자를 제외하고 바리온은 궁극적으로 양성자를 포함하는 생성물로 붕괴한다. 예를 들어 29.2절에서 중성자에서 양성자로의 베타 붕괴를 생각해 보라.

파이온을 포함하는 중간자는 정수 스핀(0, 1, 2, ...)을 가지며, 궁극적으로 경입자와

▼ **표 30.3 소립자와 그 성질**

군 이름	입자 형태	입자 기호	반입자 기호	정지에너지(MeV)	반감기*(s)
렙톤	전자	e^-	e^+	0.511	안정
	뮤온	μ^-	μ^+	105.7	2.2×10^{-6}
	타우온	τ^-	τ^+	1784	$\approx 3 \times 10^{-13}$
	전자 중성미자	ν_e	$\bar{\nu}_e$	0^+	안정
	뮤온 중성미자	ν_μ	$\bar{\nu}_\mu$	0^+	안정
	타우온 중성미자	ν_τ	$\bar{\nu}_\tau$	0^+	안정
하드론 중간자	파이온	π^+	π^-	139.6	2.6×10^{-8}
		π^o	same	135.0	8.4×10^{-17}
	카온	K^+	K^-	493.7	1.2×10^{-8}
		K^o	$\overline{K^o}$	497.7	8.9×10^{-11}
바리온	양성자	p	$\bar{p}$	938.3	안정(?)
	중성자	n	$\bar{p}$	939.6	0.9×10^{2}
	람다	Λ^o	$\overline{\Lambda^o}$	1116	2.6×10^{-10}
	시그마	Σ^+	$\overline{\Sigma^-}$	1189	8.0×10^{-10}
		Σ^o	$\overline{\Sigma^o}$	1192	0.6×10^{-20}
		Σ^-	$\overline{\Sigma^+}$	1197	1.5×10^{-10}
	크사이	Ξ^o	$\overline{\Xi^o}$	1315	2.9×10^{-10}
		Ξ^-	$\overline{\Xi^+}$	1321	1.6×10^{-10}
	오메가	Ω^-	Ω^+	1672	8.2×10^{-11}

양성자로 붕괴한다. 예를 들어 중성 파이온은 두 개의 감마선으로 붕괴한다. (왜 적어도 두 개로 붕괴하여야 하는가?)

많은 수의 강입자는 그것들이 다른 소립자로 이루어져 있을 수 있다는 것을 암시한다. 강입자 "동물원(zoo)"을 분류하는데 도움이 된 것은 1963년에 캘리포니아 공과대학의 겔만(Murray Gell_Mann)과 츠바이그(George Zweig)가 제안한 다음 절에서 논의할 쿼크 이론이었다.

경입자와 강입자, 그리고 그것들의 성질을 표 30.3에 요약하였다.

30.7 쿼크 모형

겔만과 츠바이그는 실제로 강입자가 소립자가 아니며, 근본 물질이 아니라고 제안하였다. 그들이 이론화한 강입자는 실제 소립자들로 이루어진 복합 입자이다. 그들은 이 입자를 쿼크(quarks, 제임스 조이스의 소설 Finnegan's Wake에서 이름을 따옴)라고 한다. 그렇지만 겔만과 츠바이그는 경입자와 광자가 점 입자이기 때문에 그것들이 어떤 내부 구조를 갖지 않는 실제 기본 입자라는데 주목했다.

일부 강입자는 전기적으로 대전되어 있다는 것에 주목하여 겔만과 츠바이그는 쿼크가 전하를 가져야 한다고 생각했다. 그들의 초기 쿼크 모형은 세 개의 다른 쿼크(일부의 전하를 갖는)와 그것들의 반입자(반 쿼크라고 한다)로 이루어져 있었다. 표 30.4는 그 당시에 발견되지 않은 강입자를 설명하기 위해 쿼크의 목록은 궁극적으로 여섯 형태까지 확장되었다. 원래의 쿼크 개념은 그 당시에 알려진 강입자를 만들기 위해 단지 세 개의 쿼크(세 개의 반 쿼크를 합하여)가 요구되었다. 이들 쿼크는 위 쿼크(u), 아래 쿼크(d), 기묘 쿼크(s)라고 부른다. 이들 세 가지 형태의 쿼크를 여러 가지로 결합하여 상대적으로 무거운 강입자와 바리온이 만들어졌다. 그 밖에 쿼크와 반 쿼크쌍이 더 가벼운 강입자인 중간자를 설명한다. 따라서 겔만과 츠바이그는 근본적인 새로운 개념을 제안했다.

쿼크는 강입자군의 기본 입자이다.

여러 쿼크가 강입자에 전하를 주도록 결합할 수 있으므로 쿼크는 전자 하나의 일부 전하 e를 가져야 한다. 그 이론은 u, d, s 쿼크가 각각 $+\frac{2}{3}e$, $\pm\frac{1}{3}e$, $-\frac{1}{3}e$를 갖는다고 제안하였다. $\overline{u}$와 같이 표시하는 반 쿼크는 반대의 전하를 갖는다. 따라서

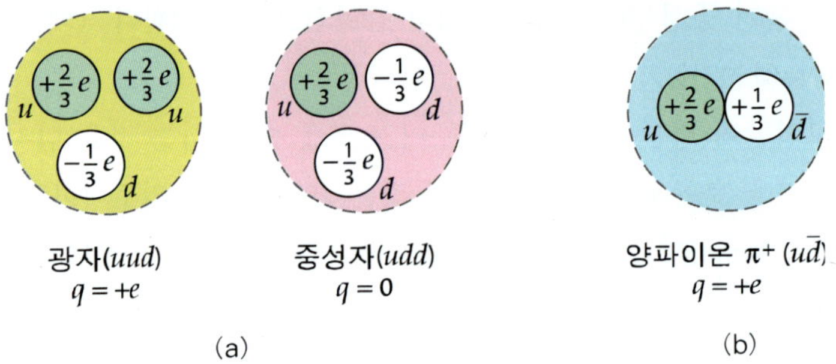

▲ 그림 30.5 강입자의 쿼크 구조

(a) 세 개의 쿼크를 조합으로 양성자, 중성자 같은 바리온을 구성할 수 있다.

(b) 쿼크-반 쿼크 조합으로 양의 파이온 같은 모든 중간자를 구성할 수 있다.

세 가지 쿼크의 결합으로 어떤 바리온도 만들 수 있다. 예를 들어 양성자와 중성자의 쿼크 구성물은 각각 uud와 udd이다. 중간자는 양의 파이온 π^+에 대한 $u\bar{d}$ 같은 하나의 반 쿼크와 하나의 쿼크의 여러 결합으로 만들 수 있다.

1970년대에 새로운 아원자의 발견으로 마지막 세 개의 쿼크 매혹(c), 탑 또는 투르쓰(t), 버텀 또는 뷰티(b)를 추가하였다. 오늘날에는 모두 여섯 개의 쿼크와 여섯 개의 반 쿼크의 존재에 대한 확고한 실험적 증거가 있다. 소립자들로 된 성장하는 동물원을 유지하기 위해 얼마나 더 많은 그런 입자가 필요할 것인가? 물론 희망은 이 목록이 확장될 필요가 없는 것이다. 요약해서 현재의 그림은 다음의 순수하게 소립자들인 경입자(와 반경 입자), 쿼크(와 반 쿼크), 광자 같은 교환 입자들을 포함한다.

▼ 표 30.4 쿼크의 형태

이름	기준	전하
Up	u	$+\frac{2}{3}e$
Down	d	$-\frac{1}{3}e$
Strange	s	$-\frac{1}{3}e$
Charm	c	$+\frac{2}{3}e$
Top(Truth)	t	$+\frac{2}{3}e$
Bottom(Beauty)	b	$-\frac{1}{3}e$

연습문제

1. 어떤 핵반응에서 생성물들의 질량이 처음 핵의 모든 질량 보다 작다. 총 운동에너지는 (a) 증가, (b) 감소, (c)같다.

2. 흡열반응을 일으키기 위해 정지한 핵에 입사한 입자는 (a) Q 값과 같은 운동에너지 (b) 어떤 문턱에너지보다 적은 운동에너지 (c) Q 값보다 더 큰 운동에너지를 가져야 한다.

3. ^{238}U에 의해 저속 중성자의 흡수는 임시적으로 다음의 복합핵이 될 것이다. (a) ^{238}U, (b) $^{238}U^*$, (c) $^{239}U^*$, (d) $^{239}Np^*$

4. 운동량 보존을 사용하여 충돌하는 빔의 반응(두 입자가 정면충돌하는 반응)이 어떻게 그것들 중의 하나가 정지해 있을 때 입사 운동에너지 보다 더 작은 운동에너지를 요구하는지를 설명하라.

5. 저속 중성자 포획에서 어떤 핵이 더 큰 포획반응 단면적을 갖겠는가? (a) ^{24}Mg, (b) ^{25}Mg, (c) 이들 모두 같을 것이다.

6. 다음의 핵반응을 완성하라.

(a) ${}^{1}_{0}n + {}^{40}_{18}Ar \rightarrow \_\_ + \alpha$

(b) ${}^{1}_{0}n + {}^{235}_{92}U \rightarrow {}^{98}_{40}Zr + \_\_ + 3({}^{1}_{0}n)$

(c) ${}^{1}_{0}n + {}^{235}_{92}U \rightarrow {}^{133}_{51}Sb + {}^{99}_{41}Nb + \_\_({}^{1}_{0}n)$

(d) ${}^{14}_{7}N\ (\alpha, \_\_)\ {}^{17}_{8}O$

(e) $\_\_\ (n, p)\ {}^{137}_{55}Cs$

7. 다음의 붕괴 방정식에서 딸핵은 무엇이 되겠는가? 이것들은 실제로 자발적으로 일어나겠는가? 각각의 경우에 그 이유를 설명하라.

(a) ${}^{22}_{10}Ne \rightarrow \_\_ + {}^{0}_{-1}e$

(b) ${}^{226}_{88}Ra \rightarrow \_\_ + {}^{4}_{2}He$

(c) ${}^{16}_{8}O \rightarrow \_\_ + {}^{4}_{2}He$

8. 반응 ${}^{1}_{1}H + {}^{2}_{1}H \rightarrow {}^{3}_{2}He + \gamma$에 대한 Q 값이 5.49 MeV임을 보여라.

9. 핵분열은 (a) 발열반응이다. (b) 우라늄-235에 대해서만 일어난다. (c) 분열당 약 500 MeV를 방출한다. (d) 반응이 유지되기 위해 임계질량을 요구한다.

10. 원자로는 (a) 천연우라늄을 사용한다. (b) 중성자 흡수 물질에 의해 제어되는 연쇄 반응을 이용한다. (c) 부분적으로는 감속재로 제어될 수 있다. (d) 위의 모든 것이 옳다.

11. 핵융합 반응은 (a) $+Q$ 값을 갖는다. (b) 자발적으로 일어날 수 있다. (c) 원자 분리의 한 예이다.

12. 다음의 분열 반응에서 방출되는 근사적 에너지를 구하라. (a) ${}^{235}_{92}U + {}^{1}_{0}n \rightarrow$ 분열 생성물 + 다섯 개의 중성자 (b) ${}^{235}_{94}Pu + {}^{1}_{0}n \rightarrow$ 분열생성물 + 세 개의 중성자

13. 다음의 융합 반응에서 방출되는 에너지를 계산하라.

(a) ${}^{1}_{1}H + {}^{1}_{0}n \rightarrow {}^{2}_{1}H + \gamma$

(b) ${}^{2}_{1}H + {}^{3}_{1}H \rightarrow {}^{4}_{2}He + {}^{1}_{0}n$

14. 중성자가 없을 때 베타 붕괴에서 다음의 어느 양이 보존되지 않는가? (a) 총 에너지, (b) 총 선운동량, (c) 총 각운동량 (d) 위의 모두

APPENDICES

APPENDIX I* Mathematical Review (with Examples) for College Physics

A Symbols, Arithmetic Operations, Exponents, and Scientific Notation

Commonly Used Symbols in Relationships

$=$ means two quantities are equal, such as $2x = y$

$\equiv$ means "defined as," such as the definition of pi:

$$\pi \equiv \frac{\text{circumference of a circle}}{\text{the diameter of that circle}}.$$

$\approx$ means approximately equal, as in $30\frac{\text{m}}{\text{s}} \approx 60\frac{\text{mi}}{\text{h}}$.

$\neq$ means inequality, such as $\pi \neq \frac{22}{7}$.

$\geq$ means that one quantity is greater than or equal to another. For example, the age of the universe $\geq$ 5 billion years.

$\leq$ means that a quantity is less than or equal to another. For example, if a lecture room holds $\leq$ 45 students, the maximum is 45 students.

$>$ means that one quantity is greater than another, such as 14 eggs $>$ 1 dozen eggs.

$\gg$ means that one quantity is *much* greater than another. For example, number of people on Earth $\gg$ 1 million.

$<$ means that one quantity is less than another, such as $3 \times 10^{22} <$ Avogadro's number.

$\ll$ one quantity is *much* less than another, such as $10 \ll$ Avogadro's number.

$\propto$ means linearly proportional to. That is, if $y = 2x$ then $y \propto x$. This means that if x is increased by a certain multiplicative factor, y is also increased the same way. For example, if $y = 3x$, then if x is changed by a factor of n (that is, if x becomes nx), then so is y, because $y' = 3x' = 3(nx) = n(3x) = ny$.

*This appendix does not include a discussion of significant figures, since a thorough discussion is presented in Chapter 1, Section 1.6.

ΔQ means "change in the quantity Q." This means "final minus initial." Hence if the value of an investor's stock portfolio in the morning is $V_i = \$10\,100$ and at the close of trading it is $V_f = \$10\,050$, then $\Delta V = \$10\,050 - \$10\,100 = -\$50$

The Greek letter capital sigma (Σ) indicates the sum of a series of values for the quantity Q_i where $i = 1, 2, 3, \ldots, N$, that is,

$$\sum_{i=1}^{N} Q_i = Q_1 + Q_2 + Q_3 + \cdots Q_N.$$

$|Q|$ denotes the absolute value of a quantity Q without a sign. If Q is positive then $|Q| = Q$; if Q is negative then $|Q| = -Q$. Thus $|-3| = 3$.

Appendix I-A Exercises

1. What values of x satisfy $3 \leq |x| \leq 8$?
2. What integer y comes closest to $y \approx |\sqrt{10}|$?
3. If at the end of the weekend you count your widgets and find $\Delta w = -10$ and the number of widgets on Friday was 500, how many do you have on Monday morning?
4. Give a reasonable number z that satisfies $1 < z \ll 100$.
5. If $y \propto x^2$ and the value of x doubles, what happens to the value of y?
6. What is $\dfrac{\sum_{i=1}^{3} 3^i}{10}$?

Arithmetic Operations and Their Order of Usage

Basic arithmetic operations are addition (+), subtraction (−), multiplication (× or ·), and division (/ or ÷). Another common operation, exponentiation (x^n), involves raising a quantity (x) to a given power (n). If several of these operations are included in one equation, they are performed in this order: (a) parentheses, (b) exponentiation, (c) division, (d) multiplication, (e) addition and subtraction.

A handy mnemonic used to remember this order is: "Please Excuse My Dear Aunt Sally," where the capital letters stand for the various operations: Parentheses, Exponents,

Multiplication/Division, Addition/Subtraction. Note that operations within parentheses are always first, so to be on the safe side, appropriate use of parentheses is encouraged. For example, $24^2/8 \cdot 4 + 12$ could be evaluated several ways. However, according to the agreed-on order, it has a unique value: $24^2/8 \cdot 4 + 12 = 576/8 \cdot 4 + 12 = 576/32 + 12 = 18 + 12 = 30$. To avoid possible confusion, the quantity could be written using two sets of parentheses as follows: $(24^2/(8 \cdot 4)) + 12 = (576/(32)) + 12 = 18 + 12 = 30$.

Appendix I-B Exercises

1. Insert parentheses so $3^2 + 4^2 \cdot 1^3 - \sqrt{4} + 7$ yields 30 without any questions.
2. Evaluate $2 \cdot 3/4 + 5/2 \times 4 - 1$.
3. Evaluate $2 \times 4 + 7 - 6/3 \times 2$.
4. How would you use parentheses to write $3^2 + 4^2 \cdot 1^3 - \sqrt{4} + 7$ to guarantee that anyone evaluating the expression would obtain zero even if he or she didn't know the ordering rules?

Exponents and Exponential Notation

Exponents and exponential notation are very important when employing scientific notation (see the next section). You should be familiar with power and exponential notation (both positive and negative, fractional and integral) such as the following:

$$x^0 = 1$$

$$x^1 = x \qquad x^{-1} = \frac{1}{x}$$

$$x^2 = x \cdot x \qquad x^{-2} = \frac{1}{x^2} \qquad x^{\frac{1}{2}} = \sqrt{x}$$

$$x^3 = x \cdot x \cdot x \qquad x^{-3} = \frac{1}{x^3} \qquad x^{\frac{1}{3}} = \sqrt[3]{x} \qquad \text{etc.}$$

Exponents combine according to the following rules:

$$x^a \cdot x^b = x^{(a+b)} \qquad x^a/x^b = x^{(a-b)} \qquad (x^a)^b = x^{ab}$$

Appendix I-C Exercises

1. What is the value of $\frac{2^3}{2^4}$?
2. Evaluate $3^3 \times |9^{-1/2}|$.
3. Find the value(s) of $3^4 \times \sqrt{4^6}$.
4. What is $(\sqrt{10})^4$?

Scientific Notation (Also Known as Powers-of-10 Notation)

In physics, many quantities have values that are very large or very small. To express them, **scientific notation** is frequently used. This notation is sometimes referred to as powers-of-10 notation for obvious reasons. (See the previous section for a discussion of exponents.) When the number 10 is squared or cubed, we have $10^2 = 10 \times 10 = 100$ or $10^3 = 10 \times 10 \times 10 = 1000$. You can see that the number of zeros is equal to the power of 10. Thus 10^{23} is a compact way of expressing the number 1 followed by 23 zeros.

A number can be represented in many different ways—all of which are correct. For example, the distance from the Earth to the Sun is 93 million miles. This value can be written as 93 000 000 miles. Expressed in a more compact scientific notation, there are many correct forms, such as 93×10^6 miles, 9.3×10^7 miles, or 0.93×10^8 miles. Any of these is correct, although 9.3×10^7 is preferred, because in expressing powers-of-10 notation, it is customary to leave only one digit to the left of the decimal point, in this case 9. (This is called customary or standard form.) And so the exponent, or power of 10, changes when the decimal point of the prefix number is shifted.

Negative powers of 10 also can be used. For example, $10^{-2} = \frac{1}{10^2} = \frac{1}{100} = 0.01$. So, if a power of 10 has a negative exponent, the decimal point may be shifted to the left once for each power of 10. For example, 5.0×10^{-2} is equal to 0.050 (two shifts to the left).

The decimal point of a quantity expressed in powers-of-10 notation may be shifted to the right or left irrespective of whether the power of 10 is positive or negative. General rules for shifting the decimal point are as follows:

1. The exponent, or power of 10, is *increased* by 1 for every place the decimal point is shifted to the *left*.
2. The exponent, or power of 10, is *decreased* by 1 for every place the decimal point is shifted to the *right*.

This is simply a way of saying that as the coefficient (prefix number) gets smaller, the exponent gets correspondingly larger, and vice versa. Overall, the number is the same.

Appendix I-D Exercises

1. Express your weight (in pounds) in scientific notation.
2. The circumference of the Earth is about 40 000 km. Express this in scientific notation.
3. Evaluate and express the answer in scientific notation: $\frac{12.1}{1.10 \times 10^{-1}}$.
4. Find the value of $(1.44 \times 10^2)^{1/2}$ in scientific notation.
5. What is $(3.0 \times 10^8)^2$ in scientific notation?

B Algebra and Common Algebraic Relationships

General

The basic rule of algebra, used for solving equations, is that if you perform any legitimate operation on both sides of an equation, it remains an equation, or equality. (An example of an illegal operation is dividing by zero; why?) Thus adding a number to both sides, taking the square root of both sides, cubing both sides, and dividing both sides by the same number all maintain the equality.

For example, suppose you want to solve $\frac{x^2 + 6}{2} = 11$ for x. To do this, first multiply both sides by 2, giving $\left(\frac{x^2 + 6}{\cancel{2}}\right) \times \cancel{2} = 11 \times 2 = 22$ or $x^2 + 6 = 22$. Then subtract 6 from both sides to obtain $x^2 + 6 - 6 = 22 - 6 = 16$ or $x^2 = 16$. Finally taking the square root of both sides, the solution(s) are $x = \pm 4$ (two roots were expected; why?)

Some Useful Results

Many times *the square of the sum and/or difference of two numbers* is required. For any numbers a and b:

$$(a \pm b)^2 = a^2 \pm 2ab + b^2$$

Similarly *the difference of two squares* can be factored:

$$(a^2 - b^2) = (a + b)(a - b)$$

A quadratic equation is one that can be expressed in the form $ax^2 + bx + c = 0$. In this form it can always be solved (usually for two different roots) using the *quadratic formula*: $x = \dfrac{-b \pm \sqrt{b^2 - 4ac}}{2a}$. In kinematics this result can be especially useful as it is common to have equations of this form to solve: $4.9t^2 - 10t - 20 = 0$. Just insert the coefficients (making sure to include the sign) and solve for t (here t represents the time for a ball to reach the ground when thrown upward from a cliff; see Chapter 2). The result is

$$x = \frac{10 \pm \sqrt{10^2 - 4(4.9)(-20)}}{2(4.9)} = \frac{10 \pm 22.2}{9.8}$$
$$= +3.3\ \text{s} \quad \text{or} \quad -1.2\ \text{s}$$

In all such problems, time is "stopwatch" time and starts at zero; hence the negative answer can be ignored as physically unreasonable although it is a solution to the equation.

Solving Simultaneous Equations

Occasionally solving a problem might require solving two or more equations simultaneously. In general if you have N unknowns in a problem, you will need exactly N independent equations. If you have less than N equations, there are not enough for a complete solutions. If you have more than N equations, then some are redundant, and a solution is usually still possible, although more complicated. In general in this textbook, we will be concerned with two simultaneous equations, and both will be linear. Linear equations are of the form $y = mx + b$. Recall that when plotted on an x–y Cartesian coordinate system, the result is a straight line with a slope of m $(\Delta y/\Delta x)$ and a y-intercept of b, as shown for the red line here.

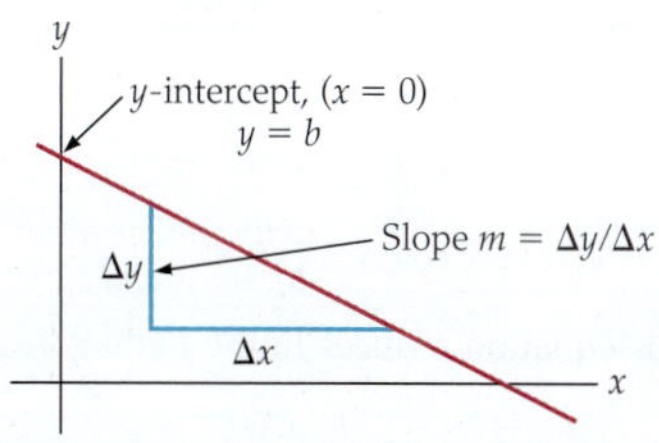

To solve two linear equations simultaneously *graphically*, simply plot them on the axes and evaluate the coordinates at their intersection point. While this can always be done in principle, it is only an approximate answer and usually takes quite a bit of time.

The most common (and exact) method of solving simultaneous equations involves the use of algebra. Essentially you solve one equation for an unknown and substitute the result into the other equation, ending up with one equation and one unknown. Suppose you have two equations and two unknown quantities (x and y), but in general, any two unknown quantities):

$$3y + 4x = 4 \quad \text{and} \quad 2x - y = 2$$

Solving the second equation for y, we have $y = 2x - 2$. Substituting this value for y into the first equation, we have $3(2x - 2) + 4x = 4$. Thus, $10x = 10$ and $x = 1$. Putting this value into the second of the original two equations, we have $2(1) - y = 2$ and therefore $y = 0$. (Of course, at this point a good double check is to substitute the answers and see if they solve both equations.)

Appendix I-E Exercises

1. Expand $(y - 2x)^2$.
2. Express $x^2 - 4x + 4$ as a product of two factors.
3. Solve the following equation for t: $4.9t^2 - 30t + 10 = 0$. How many physically reasonable roots are there?
4. Show that a quadratic equation has real roots only if $b^2 \geq 4ac$. Under what conditions (for a, b, and c) are the two roots identical?
5. Solve these equations simultaneously using algebra: $2x - 3y = 2$ and $3y + 5x = 7$.
6. Solve the two equations in Exercise 5 approximately using graphing methods.

C Geometric Relationships

In physics and many other areas of science, it is important to know how to find circumferences, areas, and volumes of some common shapes. Here are some equations for such shapes.

Circumference (c), Area (A), and Volume (V)

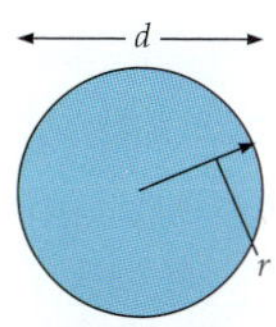

Circle: $c = 2\pi r = \pi d$

$A = \pi r^2 = \dfrac{\pi d^2}{4}$

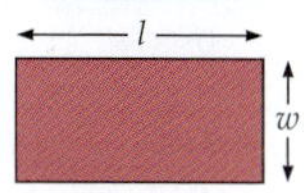

Rectangle: $c = 2l + 2w$

$A = l \times w$

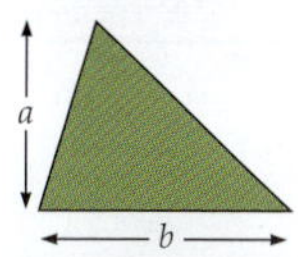

Triangle: $A = \dfrac{1}{2}ab$

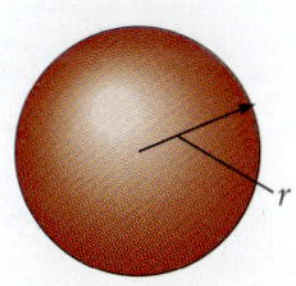

Sphere: $A = 4\pi r^2$

$V = \dfrac{4}{3}\pi r^3$

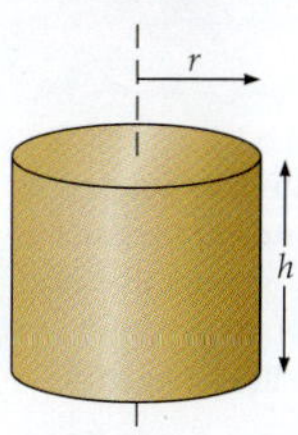

Cylinder: $A = \pi r^2$ (end)

$A = 2\pi rh$ (body)

$V = \pi r^2 h$

For practice, try the following exercises.

Appendix I-F Exercises

1. Estimate the volume of a bowling ball in cubic centimeters and cubic inches.

2. A square hole has a side measuring 5.0 cm. What is the area of the end of a cylindrical rod that will barely fit into this hole?
3. A glass of water has an interior diameter of 4.5 cm and contains a column of water 4.0 in. high. What volume of water does it contain in liters?
4. What is the total surface area of a pancake that is 16 cm in diameter and 8.0 mm thick?
5. Compute the volume of the pancake in Exercise 4 in cubic centimeters.

D Trigonometric Relationships

Understanding elementary trigonometry is crucial in physics, especially as many of the quantities are vectors. Here is a brief summary of common definitions, the first few of which you should commit to memory.

Definitions of Trigonometric Functions

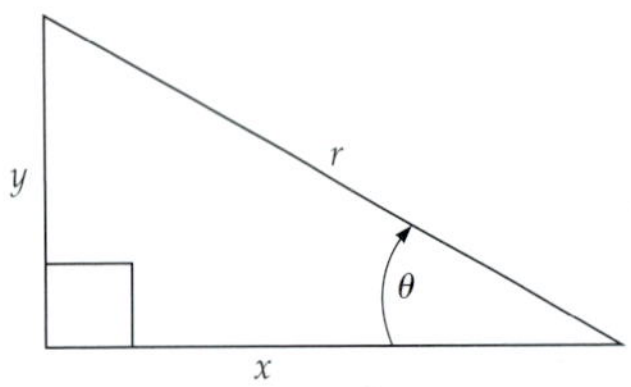

$$\sin\theta = \frac{y}{r} \qquad \cos\theta = \frac{x}{r} \qquad \tan\theta = \frac{\sin\theta}{\cos\theta} = \frac{y}{x}$$

$\theta°$ (rad)	$\sin\theta$	$\cos\theta$	$\tan\theta$
$0°(0)$	0	1	0
$30°\ (\pi/6)$	0.500	0.866	0.577
$45°\ (\pi/4)$	0.707	0.707	1.00
$60°\ (\pi/3)$	0.866	0.500	1.73
$90°\ (\pi/2)$	1	0	$\to\infty$

For very small angles,

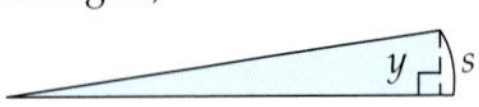

θ small:

$y \longrightarrow s$
$x \longrightarrow r$

$$\theta \text{ (in rad)} = \frac{s}{r} \approx \frac{y}{r} \approx \frac{y}{x}$$

$$\theta \text{ (in rad)} \approx \sin\theta \approx \tan\theta$$

The sign of a trigonometric function depends on the quadrant, or the signs of x and y. For example, in the second quadrant x is negative and y is positive, therefore is negative and is positive. (Note that r is always taken as positive.) In the figure, the red lines are positive and the blue lines negative.

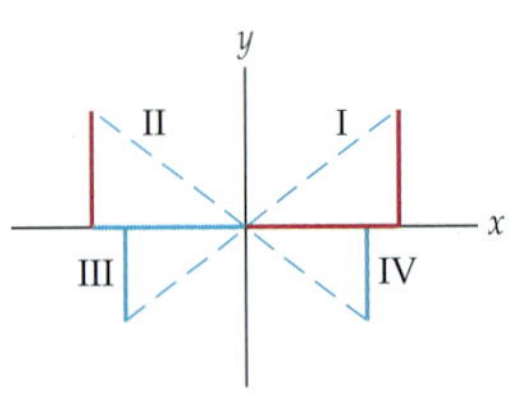

Some Useful Trigonometric Identities

$$\sin^2\theta + \cos^2\theta = 1$$
$$\sin 2\theta = 2\sin\theta\cos\theta$$
$$\cos 2\theta = \cos^2\theta - \sin^2\theta = 2\cos^2\theta - 1 = 1 - 2\sin^2\theta$$
$$\sin^2\theta = \frac{1}{2}(1 - \cos 2\theta)$$
$$\cos^2\theta = \frac{1}{2}(1 + \cos 2\theta)$$

For half-angle ($\theta/2$) identities, simply replace θ with $\theta/2$; for example,

$$\sin^2\theta/2 = \frac{1}{2}(1 - \cos\theta)$$
$$\cos^2\theta/2 = \frac{1}{2}(1 + \cos\theta)$$

Trigonometric values of sums and differences of angles are sometimes of interest. Here are several basic relationships.

$$\sin(\alpha \pm \beta) = \sin\alpha\cos\beta \pm \cos\alpha\sin\beta$$
$$\cos(\alpha \pm \beta) = \cos\alpha\cos\beta \mp \sin\alpha\sin\beta$$
$$\tan(\alpha \pm \beta) = \frac{\tan\alpha \pm \tan\beta}{1 \mp \tan\alpha\tan\beta}$$

Law of Cosines

For a triangle with angles A, B, and C with opposite sides a, b, and c, respectively:

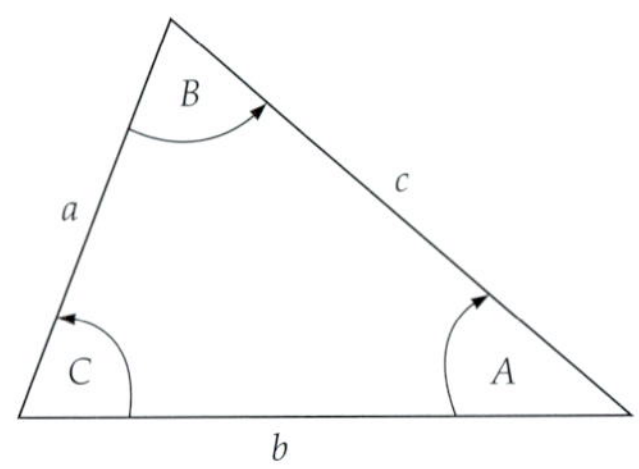

$$a^2 = b^2 + c^2 - 2bc\cos A \qquad \textit{(with similar results for } b^2 = \cdots \textit{ and } c^2 = \cdots\textit{).}$$

If $A = 90°$, this equation reduces to the Pythagorean theorem as it should:

$$a^2 = b^2 + c^2 \quad \textit{(of the form } r^2 = x^2 + y^2\textit{)}$$

Law of Sines

For a triangle with angles A, B, and C with opposite sides a, b, and c, respectively:

$$\frac{a}{\sin A} = \frac{b}{\sin B} = \frac{c}{\sin C}$$

Appendix I-G Exercises

1. From ground level you find you must look at an upward angle of 60 degrees to see the very top of a building that is 50 m away from you. How high is the building? How far is the top of the building from you?
2. On an x–y Cartesian set of axes, a point is at $x = -2.5$ and $y = -4.2$. What quadrant is it in? What is the angle of the line drawn between it and the origin? (Express the answer in degrees and radians.)

3. Use the sine equation for the sum of two angles, one angle being 30°, the other 60°, to show that the sine of a 90° angle comes out to be 1.00.
4. Assume that the radius of the Earth's orbit about the Sun is a circle with a radius of 150 million km. Calculate the arc-length distance traveled by the Earth about the Sun in four months. Using the laws of sines and cosines, determine the straight-line distance between the beginning and end points of this arc.
5. A right triangle has a hypotenuse of length 11 cm and one angle of 25°. Determine the two sides of the triangle, its area, and its perimeter.

E Logarithms

The following are fundamental definitions and relationships for logarithms. The logarithm is common in physics; you should know what they are and how to use them. Logarithms are very useful because they allow you to multiply and divide very large and very small numbers by adding and subtracting exponents (which we call the logarithms of the numbers).

General Definition of Logarithms

If a number x is written as another number a to some power n, as $x = a^n$, then n is defined to be the *logarithm of the number x to the base a*. This is written compactly as

$$n \equiv \log_a x.$$

Common Logarithms

If the base a is 10, the logarithms are called *common logarithms*. When the abbreviation *log* is used, without a base specified, base 10 is assumed. If another base is being used, it will be specifically shown. For example, $1000 = 10^3$; therefore $3 = \log_{10} 1000$, or simply $3 = \log 1000$. This is read "3 is the log of 1000."

Identities for Common Logarithms

For any two numbers x and y:

$$\log(10^x) = x$$
$$\log(xy) = \log x + \log y$$
$$\log\left(\frac{x}{y}\right) = \log x - \log y$$
$$\log(x^y) = y \log x$$

Natural Logarithms

The natural logarithm uses as its base the irrational number e. To six significant figures, its value is $e \approx 2.71828\ldots$. Fortunately most calculators have this number (along with other irrational numbers, such as pi) in their memories. (You should be able to find both e and π on yours.) The natural logarithm received its name because it occurs naturally when describing a quantity that grows or decays at a constant percentage (rate). The natural logarithm is abbreviated *ln* to distinguish it from the common logarithm, *log*. That is, $\log_e x \equiv \ln x$, and if $n = \ln x$, then $x = e^n$. Similarly to the common logarithm, we have the following relationships for any two numbers x and y:

$$\ln(e^x) = x$$
$$\ln(xy) = \ln x + \ln y$$
$$\ln\left(\frac{x}{y}\right) = \ln x - \ln y$$
$$\ln(x^y) = y \ln x$$

Occasionally you must convert between the two types of logarithms. For that, the following relationships can be handy:

$$\log x = 0.43429 \ln x$$
$$\ln x = 2.3026 \log x$$

For practice with logarithms of both types, try the following exercises:

Appendix I-H Exercises:

1. Use your calculator to find the following: log 20, log 50, log 2500, and log 3.
2. Explain why numbers less than 10 have a negative logarithm. Does it make sense to talk about $\log(-100)$? Explain.
3. Use your calculator to find the following: ln 20, log 2, ln 100, and log 3.
4. Double check your answers for ln 2 and log 2 from Exercises 1 and 3 using the relationships $\log x = 0.43429 \ln x$ and $\ln x = 2.3026 \log x$.
5. Show that the rules for combining logarithms work for the following by evaluating each side and showing an equivalence: $\log 1500 = \log(15 \times 100)$, $\log 6400 = \log\left(\frac{64}{0.01}\right)$, and $\log 8 = \log(2^3)$.
6. Show that the rules for combining logarithms work for the following by evaluating each side and showing an equivalence: $\ln 4 = \ln(2 \times 2)$, $\ln 20 = 2.3026 \log(2 \times 10)$, and $\log 49 = 0.43429 \ln(7^2)$.
7. In describing the growth of a bacteria colony, the number of bacteria N at any given time t (from the start of observation) can be written in terms of the number at the start, N_o, as follows: $N = N_o e^{0.020t}$, where t is in minutes. How many minutes does it take the colony to double in size?
8. In describing the decay of a radioactive sample of atomic nuclei, the number of undecayed nuclei N at any given time t (from the start of observation) can be written in terms of the number at the start, N_o, as follows: $N = N_o e^{-0.050t}$, where t is in years. How many years does it take until one-tenth the original number of nuclei remain?

APPENDIX II Kinetic Theory of Gases

The basic assumptions are as follows:

1. All the molecules of a pure gas have the same mass (m) and are in continuous and completely random motion. (The mass of each molecule is so small that the effect of gravity on it is negligible.)
2. The gas molecules are separated by large distances and occupy a volume that is negligible compared with these distances.
3. The molecules exert no forces on each other except when they collide.

4. Collisions of the molecules with one another and with the walls of the container are perfectly elastic.

The magnitude of the force exerted on the wall of the container by a gas molecule colliding with it is $F = \Delta p/\Delta t$. Assuming that the direction of the velocity (v_x) is normal to the wall, the magnitude of the average force is

$$F = \frac{\Delta(mv)}{\Delta t} = \frac{mv_x - (-mv_x)}{\Delta t} = \frac{2mv_x}{\Delta t} \tag{1}$$

After striking one wall of the container, which, for convenience, is assumed to be a cube with sides of dimensions L, the molecule recoils in a straight line. Suppose that the molecule reaches the opposite wall without colliding with any other molecules along the way. The molecule then travels the distance L in a time equal to L/v_x. After the collision with that wall, again assuming no collisions on the return trip, the round trip will take $\Delta t = 2L/v_x$. Thus, the number of collisions per unit time a molecule makes with a particular wall is $v_x/2L$, and the average force of the wall from successive collisions is

$$F = \frac{2mv_x}{\Delta t} = \frac{2mv_x}{2L/v_x} = \frac{mv_x^2}{L} \tag{2}$$

The random motions of the many molecules produce a relatively constant force on the walls, and the pressure (p) is the total force on a wall divided by the wall's area:

$$p = \frac{\Sigma F_i}{L^2} = \frac{m(v_{x_1}^2 + v_{x_2}^2 + v_{x_3}^2 + \cdots)}{L^3} \tag{3}$$

The subscripts refer to individual molecules.

The average of the squares of the speeds is given by

$$\overline{v_x^2} = \frac{v_{x_1}^2 + v_{x_2}^2 + v_{x_3}^2 + \cdots}{N}$$

where N is the number of molecules in the container. In terms of this average, Eq. 3 can be written as

$$p = \frac{Nm\overline{v_x^2}}{L^3} \tag{4}$$

However, the molecules' motions occur with equal frequency along any one of the three axes, so $\overline{v_x^2} = \overline{v_y^2} = \overline{v_z^2}$ and $\overline{v^2} = \overline{v_x^2} + \overline{v_y^2} + \overline{v_z^2} = 3\overline{v_x^2}$. Then

$$\sqrt{\overline{v^2}} = v_{rms}$$

where v_{rms} is called the root-mean-square (rms) speed. Substituting this result into Eq. 4 and replacing L^3 with V (since L^3 is the volume of the cubical container) gives

$$pV = \tfrac{1}{3}Nmv_{rms}^2 \tag{5}$$

This result is correct even though collisions between molecules were ignored. Statistically, these collisions average out, so the number of collisions with each wall is as described. This result is also independent of the shape of the container. A cube merely simplifies the derivation.

We now combine this result with the empirical perfect gas law:

$$pV = Nk_BT = \tfrac{1}{3}Nmv_{rms}^2$$

The average kinetic energy per gas molecule is thus proportional to the absolute temperature of the gas:

$$\overline{K} = \tfrac{1}{2}mv_{rms}^2 = \tfrac{3}{2}k_BT \tag{6}$$

The collision time is negligible compared with the time between collisions. Some kinetic energy will be momentarily converted to potential energy during a collision; however, this potential energy can be ignored, because each molecule spends a negligible amount of time in collisions. Therefore, by this approximation, the total kinetic energy is the internal energy of the gas, and the internal energy of a perfect gas is directly proportional to its absolute temperature.

APPENDIX III Planetary Data

Name	Equatorial Radius (km)	Mass (Compared with Earth's)*	Mean Density ($\times 10^3$ kg/m^3)	Surface Gravity (Compared with Earth's)	Semimajor Axis		Orbital Period		Eccentricity	Inclination to Ecliptic
					$\times 10^6$ km	AU†	Years	Days		
Mercury	2439	0.0553	5.43	0.378	57.9	0.3871	0.24084	87.96	0.2056	7°00′26″
Venus	6052	0.8150	5.24	0.894	108.2	0.7233	0.61515	224.68	0.0068	3°23′40″
Earth	6378.140	1	5.515	1	149.6	1	1.00004	365.25	0.0167	0°00′14″
Mars	3397.2	0.1074	3.93	0.379	227.9	1.5237	1.8808	686.95	0.0934	1°51′09″
Jupiter	71398	317.89	1.36	2.54	778.3	5.2028	11.862	4337	0.0483	1°18′29″
Saturn	60000	95.17	0.71	1.07	1427.0	9.5388	29.456	10760	0.0560	2°29′17″
Uranus	26145	14.56	1.30	0.8	2871.0	19.1914	84.07	30700	0.0461	0°48′26″
Neptune	24300	17.24	1.8	1.2	4497.1	30.0611	164.81	60200	0.0100	1°46′27″
Pluto	1500–1800	0.02	0.5–0.8	~0.03	5913.5	39.5294	248.53	90780	0.2484	17°09′03″

*Planet's mass/Earth's mass, where $M_E = 6.0 \times 10^{24}$ kg.

†Astronomical unit: 1 AU = 1.5×10^8 km, the average distance between the Earth and the Sun.

APPENDIX IV Alphabetical Listing of the Chemical Elements (The periodic table is provided inside the back cover.)

Element	Symbol	Atomic Number (Proton Number)	Atomic Mass	Element	Symbol	Atomic Number (Proton Number)	Atomic Mass	Element	Symbol	Atomic Number (Proton Number)	Atomic Mass
Actinium	Ac	89	227.0278	Hafnium	Hf	72	178.49	Praseodymium	Pr	159	140.9077
Aluminum	Al	13	26.981 54	Hahnium	Ha	105	(262)	Promethium	Pm	61	(145)
Americium	Am	95	(243)	Hassium	Hs	108	(265)	Protactinium	Pa	91	231.0359
Antimony	Sb	51	121.757	Helium	He	2	4.002 60	Radium	Ra	88	226.0254
Argon	Ar	18	39.948	Holmium	Ho	67	164.9304	Radon	Rn	86	(222)
Arsenic	As	33	74.9216	Hydrogen	H	1	1.007 94	Rhenium	Re	75	186.207
Astatine	At	85	(210)	Indium	In	49	114.82	Rhodium	Rh	45	102.9055
Barium	Ba	56	137.33	Iodine	I	53	126.9045	Rubidium	Rb	37	85.4678
Berkelium	Bk	97	(247)	Iridium	Ir	77	192.22	Ruthenium	Ru	44	101.07
Beryllium	Be	4	9.012 18	Iron	Fe	26	55.847	Rutherfordium	Rf	104	(261)
Bismuth	Bi	83	208.9804	Krypton	Kr	36	83.80	Samarium	Sm	62	150.36
Bohrium	Bh	107	(264)	Lanthanum	La	57	138.9055	Scandium	Sc	21	44.9559
Boron	B	5	10.81	Lawrencium	Lr	103	(260)	Seaborgium	Sg	106	(263)
Bromine	Br	35	79.904	Lead	Pb	82	207.2	Selenium	Se	34	78.96
Cadmium	Cd	48	112.41	Lithium	Li	3	6.941	Silicon	Si	14	28.0855
Calcium	Ca	20	40.078	Lutetium	Lu	71	174.967	Silver	Ag	47	107.8682
Californium	Cf	98	(251)	Magnesium	Mg	12	24.305	Sodium	Na	11	22.989 77
Carbon	C	6	12.011	Manganese	Mn	25	54.9380	Strontium	Sr	38	87.62
Cerium	Ce	58	140.12	Meitnerium	Mt	109	(268)	Sulfur	S	16	32.066
Cesium	Cs	55	132.9054	Mendelevium	Md	101	(258)	Tantalum	Ta	73	180.9479
Chlorine	Cl	17	35.453	Mercury	Hg	80	200.59	Technetium	Tc	43	(98)
Chromium	Cr	24	51.996	Molybdenum	Mo	42	95.94	Tellurium	Te	52	127.60
Cobalt	Co	27	58.9332	Neodymium	Nd	60	144.24	Terbium	Tb	65	158.9254
Copper	Cu	29	63.546	Neon	Ne	10	20.1797	Thallium	Tl	81	204.383
Curium	Cm	96	(247)	Neptunium	Np	93	237.048	Thorium	Th	90	232.0381
Dubnium	Db	105	(262)	Nickel	Ni	28	58.69	Thulium	Tm	69	168.9342
Dysprosium	Dy	66	162.50	Niobium	Nb	41	92.9064	Tin	Sn	50	118.710
Einsteinium	Es	99	(252)	Nitrogen	N	7	14.0067	Titanium	Ti	22	47.88
Erbium	Er	68	167.26	Nobelium	No	102	(259)	Tungsten	W	74	183.85
Europium	Eu	63	151.96	Osmium	Os	76	190.2	Uranium	U	92	238.0289
Fermium	Fm	100	(257)	Oxygen	O	8	15.9994	Vanadium	V	23	50.9415
Fluorine	F	9	18.998 403	Palladium	Pd	46	106.42	Xenon	Xe	54	131.29
Francium	Fr	87	(223)	Phosphorus	P	15	30.973 76	Ytterbium	Yb	70	173.04
Gadolinium	Gd	64	157.25	Platinum	Pt	78	195.08	Yttrium	Y	39	88.9059
Gallium	Ga	31	69.72	Plutonium	Pu	94	(244)	Zinc	Zn	30	65.39
Germanium	Ge	32	72.561	Polonium	Po	84	(209)	Zirconium	Zr	40	91.22
Gold	Au	79	196.9665	Potassium	K	19	39.0983				

APPENDIX V Properties of Selected Isotopes

Atomic Number (Z)	Element	Symbol	Mass Number (A)	Atomic Mass*	Abundance (%) or Decay Mode† (if Radioactive)	Half-Life (if Radioactive)
0	(Neutron)	n	1	1.008 665	β^-	10.6 min
1	Hydrogen	H	1	1.007 825	99.985	
	Deuterium	D	2	2.014 102	0.015	
	Tritium	T	3	3.016 049	β^-	12.33 y
2	Helium	He	3	3.016 029	0.00014	
			4	4.002 603	≈100	
3	Lithium	Li	6	6.015 123	7.5	
			7	7.016 005	92.5	

Atomic Number (Z)	Element	Symbol	Mass Number (A)	Atomic Mass*	Abundance (%) or Decay Mode† (if Radioactive)	Half-Life (if Radioactive)
4	Beryllium	Be	7	7.016930	EC, γ	53.3 d
			8	8.005305	2α	6.7×10^{-17} s
			9	9.012183	100	
5	Boron	B	10	10.012938	19.8	
			11	11.009305	80.2	
			12	12.014353	β^-	20.4 ms
6	Carbon	C	11	11.011433	β^+, EC	20.4 ms
			12	12.000000	98.89	
			13	13.003355	1.11	
			14	14.003242	β^-	5730 y
7	Nitrogen	N	13	13.005739	β^-	9.96 min
			14	14.003074	99.63	
			15	15.000109	0.37	
8	Oxygen	O	15	15.003065	β^+, EC	122 s
			16	15.994915	99.76	
			18	17.999159	0.204	
9	Fluorine	F	19	18.998403	100	
10	Neon	Ne	20	19.992439	90.51	
			22	21.991384	9.22	
11	Sodium	Na	22	21.994435	β^+, EC, γ	2.602 y
			23	22.989770	100	
			24	23.990964	β^-, γ	15.0 h
12	Magnesium	Mg	24	23.985045	78.99	
13	Aluminum	Al	27	26.981541	100	
14	Silicon	Si	28	27.976928	92.23	
			31	30.975364	β^-, γ	2.62 h
15	Phosphorus	P	31	30.973763	100	
			32	31.973908	β^-	14.28 d
16	Sulfur	S	32	31.972072	95.0	
			35	34.969033	β^-	87.4 d
17	Chlorine	Cl	35	34.968853	75.77	
			37	36.965903	24.23	
18	Argon	Ar	40	39.962383	99.60	
19	Potassium	K	39	38.963708	93.26	
			40	39.964000	β^-, EC, γ, β^+	1.28×10^9 y
20	Calcium	Ca	30	39.962591	96.94	
24	Chromium	Cr	52	51.940510	83.79	
25	Manganese	Mn	55	54.938046	100	
26	Iron	Fe	56	55.934939	91.8	
27	Cobalt	Co	59	58.933198	100	
			60	59.933820	β^-, γ	5.271 y
28	Nickel	Ni	58	57.935347	68.3	
			60	59.930789	26.1	
			64	63.927968	0.91	
29	Copper	Cu	63	62.929599	69.2	
			64	63.929766	β^-, β^+	12.7 h
			65	64.927792	30.8	
30	Zinc	Zn	64	63.929145	48.6	
			66	65.926035	27.9	
33	Arsenic	As	75	74.921596	100	
35	Bromine	Br	79	78.918336	50.69	
36	Krypton	Kr	84	83.911506	57.0	
			89	88.917563	β^-	3.2 min
38	Strontium	Sr	86	85.909273	9.8	
			88	87.905625	82.6	
			90	89.907746	β^-	28.8 y
39	Yttrium	Y	89	89.905856	100	
43	Technetium	Tc	98	97.907210	β^-, γ	4.2×10^6 y

Atomic Number (Z)	Element	Symbol	Mass Number (A)	Atomic Mass*	Abundance (%) or Decay Mode† (if Radioactive)	Half-Life (if Radioactive)
47	Silver	Ag	107	106.905095	51.83	
			109	108.904754	48.17	
48	Cadmium	Cd	114	113.903361	28.7	
49	Indium	In	115	114.90388	95.7; β^-	5.1×10^{14} y
50	Tin	Sn	120	119.902199	32.4	
53	Iodine	I	127	126.904477	100	
			131	130.906118	β^-, γ	8.04 d
54	Xenon	Xe	132	131.90415	26.9	
			136	135.90722	8.9	
55	Cesium	Cs	133	132.90543	100	
56	Barium	Ba	137	136.90582	11.2	
			138	137.90524	71.7	
			144	143.92273	β^-	11.9 s
61	Promethium	Pm	145	144.91275	EC, α, γ	17.7 y
74	Tungsten	W	184	183.95095	30.7	
76	Osmium	Os	191	190.96094	β^-, γ	15.4 d
			192	191.96149	41.0	
78	Platinum	Pt	195	194.96479	33.8	
79	Gold	Au	197	196.96656	100	
80	Mercury	Hg	202	201.97063	29.8	
81	Thallium	Tl	205	204.97441	70.5	
			210	209.990069	β^-	1.3 min
82	Lead	Pb	204	203.973044	β^-, 1.48	1.4×10^{17} y
			206	205.97446	24.1	
			207	206.97589	22.1	
			208	207.97664	52.3	
			210	209.98418	α, β^-, γ	22.3 y
			211	210.98874	β^-, γ	36.1 min
			212	211.99188	β^-, γ	10.64 h
			214	213.99980	β^-, γ	26.8 min
83	Bismuth	Bi	209	208.98039	100	
			211	210.98726	α, β^-, γ	2.15 min
84	Polonium	Po	210	209.98286	α, γ	138.38 d
			214	213.99519	α, γ	164 μs
86	Radon	Rn	222	222.017574	α, β	3.8235 d
87	Francium	Fr	223	223.019734	α, β^-, γ	21.8 min
88	Radium	Ra	226	226.025406	α, γ	1.60×10^3 y
			228	228.031069	β^-	5.76 y
89	Actinium	Ac	227	227.027751	α, β^-, γ	21.773 y
90	Thorium	Th	228	228.02873	α, γ	1.9131 y
			232	232.038054	100; α, γ	1.41×10^{10} y
92	Uranium	U	232	232.03714	α, γ	72 y
			233	233.039629	α, γ	1.592×10^5 y
			235	235.043925	0.72; α, γ	7.038×10^8 y
			236	236.045563	α, γ	2.342×10^7 y
			238	238.050786	99.275; α, γ	4.468×10^9 y
			239	239.054291	β^-, γ	23.5 min
93	Neptunium	Np	239	239.052932	β^-, γ	2.35 d
94	Plutonium	Pu	239	239.052158	α, γ	2.41×10^4 y
95	Americium	Am	243	243.061374	α, γ	7.37×10^3 y
96	Curium	Cm	245	245.065487	α, γ	8.5×10^3 y
97	Berkelium	Bk	247	247.07003	α, γ	1.4×10^3 y
98	Californium	Cf	249	249.074849	α, γ	351 y
99	Einsteinium	Es	254	254.08802	α, γ, β^-	276 d
100	Fermium	Fm	253	253.08518	EC, α, γ	3.0 d

*The masses given throughout this table are those for the neutral atom, including the Z electrons.

†"EC" stands for electron capture.

찾아보기

MEMO

MEMO

MEMO

MEMO

기초물리학 / COLLEGE PHYSICS

2025년 3월 10일 1판 2쇄 발행

저 자 WILSON·BUFFA·LOU

역 자 장경애 · 김원태 · 이수형
장평우 · 이모성 · 염태호

발행인 남 승 우

발행처 도서출판 상尙 학學 당堂

서울특별시 동작구 사당로9가길 6
TEL : 02) 595-1692~4
FAX : 02) 595-1394
E-mail : shdbooks@naver.com
신고 : 2-155호 (1968. 11. 29)

정가 39,000원

ISBN 978-89-6587-098-2 93420

The Periodic Table of Elements

(See Chapter 28.3)

Legend: Metals; Nonmetals; Noble gases

Main-group elements (groups 1–2 and 13–18); Transition elements (groups 3–12)

Period	1 1A	2 2A	3 3B	4 4B	5 5B	6 6B	7 7B	8 8B	9 8B	10 8B	11 1B	12 2B	13 3A	14 4A	15 5A	16 6A	17 7A	18 8A
1	1 **H** 1.00794																	2 **He** 4.00260
2	3 **Li** 6.941	4 **Be** 9.01218											5 **B** 10.811	6 **C** 12.011	7 **N** 14.0067	8 **O** 15.9994	9 **F** 18.9984	10 **Ne** 20.1797
3	11 **Na** 22.9898	12 **Mg** 24.3050											13 **Al** 26.9815	14 **Si** 28.0855	15 **P** 30.9738	16 **S** 32.066	17 **Cl** 35.4527	18 **Ar** 39.948
4	19 **K** 39.0983	20 **Ca** 40.078	21 **Sc** 44.9559	22 **Ti** 47.88	23 **V** 50.9415	24 **Cr** 51.9961	25 **Mn** 54.9381	26 **Fe** 55.847	27 **Co** 58.9332	28 **Ni** 58.693	29 **Cu** 63.546	30 **Zn** 65.39	31 **Ga** 69.723	32 **Ge** 72.61	33 **As** 74.9216	34 **Se** 78.96	35 **Br** 79.904	36 **Kr** 83.80
5	37 **Rb** 85.4678	38 **Sr** 87.62	39 **Y** 88.9059	40 **Zr** 91.224	41 **Nb** 92.9064	42 **Mo** 95.94	43 **Tc** (98)	44 **Ru** 101.07	45 **Rh** 102.906	46 **Pd** 106.42	47 **Ag** 107.868	48 **Cd** 112.411	49 **In** 114.818	50 **Sn** 118.710	51 **Sb** 121.76	52 **Te** 127.60	53 **I** 126.904	54 **Xe** 131.29
6	55 **Cs** 132.905	56 **Ba** 137.327	57 ***La** 138.906	72 **Hf** 178.49	73 **Ta** 180.948	74 **W** 183.84	75 **Re** 186.207	76 **Os** 190.23	77 **Ir** 192.22	78 **Pt** 195.08	79 **Au** 196.967	80 **Hg** 200.59	81 **Tl** 204.383	82 **Pb** 207.2	83 **Bi** 208.980	84 **Po** (209)	85 **At** (210)	86 **Rn** (222)
7	87 **Fr** (223)	88 **Ra** 226.025	89 **†Ac** 227.028	104 **Rf** (261)	105 **Db** (262)	106 **Sg** (263)	107 **Bh** (262)	108 **Hs** (265)	109 **Mt** (266)	110 **Ds** (281)	111 ** (272)	112 ** (285)		114 ** (289)		116 ** (292)		

*Lanthanide series	58 **Ce** 140.115	59 **Pr** 140.908	60 **Nd** 144.24	61 **Pm** (145)	62 **Sm** 150.36	63 **Eu** 151.965	64 **Gd** 157.25	65 **Tb** 158.925	66 **Dy** 162.50	67 **Ho** 164.930	68 **Er** 167.26	69 **Tm** 168.934	70 **Yb** 173.04	71 **Lu** 174.967
†Actinide series	90 **Th** 232.038	91 **Pa** 231.036	92 **U** 238.029	93 **Np** 237.048	94 **Pu** (244)	95 **Am** (243)	96 **Cm** (247)	97 **Bk** (247)	98 **Cf** (251)	99 **Es** (252)	100 **Fm** (257)	101 **Md** (258)	102 **No** (259)	103 **Lr** (260)

** Not yet named

Notes: (1) Values in parentheses are the mass numbers of the most common or most stable isotopes of radioactive elements. (2) Some elements adjacent to the stair-step line between the metals and nonmetals have a metallic appearance but some nonmetallic properties. These elements are often called metalloids or semimetals. There is no general agreement on just which elements are so designated. Almost every list includes Si, Ge, As, Sb, and Te. Some also include B, At, and/or Po.

Physical Data*

Quantity	*Symbol*	*Approximate Value*
Universal gravitational constant	G	6.67×10^{-11} N·m²/kg²
Acceleration due to gravity (generally accepted value on surface of Earth)	g	$9.80 \text{ m/s}^2 = 980 \text{ cm/s}^2 = 32.2 \text{ ft/s}^2$
Speed of light	c	$3.00 \times 10^8 \text{ m/s} = 3.00 \times 10^{10} \text{ cm/s} = 1.86 \times 10^5 \text{ mi/s}$
Boltzmann's constant	k_B	1.38×10^{-23} J/K
Avogadro's number	N_A	$6.02 \times 10^{23} \text{ mol}^{-1}$
Gas constant	$R = N_A k_B$	8.31 J/(mol·K) = 1.99 cal/(mol·K)
Coulomb's law constant	$k = 1/4\pi\epsilon_o$	$9.00 \times 10^9 \text{ N·m}^2/\text{C}^2$
Electron charge	e	1.60×10^{-19} C
Permittivity of free space	ϵ_o	$8.85 \times 10^{-12} \text{ C}^2/(\text{N·m}^2)$
Permeability of free space	μ_o	$4\pi \times 10^{-7} \text{ T·m/A} = 1.26 \times 10^{-6} \text{ T·m/A}$
Atomic mass unit	u	1.66×10^{-27} kg ↔ 931 MeV
Planck's constant	h	6.63×10^{-34} J·s
	$\hbar = h/2\pi$	1.05×10^{-34} J·s
Electron mass	m_e	$9.11 \times 10^{-31} \text{ kg} = 5.49 \times 10^{-4}$ u ↔ 0.511 MeV
Proton mass	m_p	$1.672\,62 \times 10^{-27}$ kg = 1.007 276 u ↔ 938.27 MeV
Neutron mass	m_n	$1.674\,93 \times 10^{-27}$ kg × 1.008 665 u ↔ 939.57 MeV
Bohr radius of hydrogen atom	r_1	0.053 nm

*Values from NIST Reference on Constants, Units, and Uncertainty.

Solar System Data*

Equatorial radius of the Earth	6.378×10^3 km = 3963 mi
Polar radius of the Earth	6.357×10^3 km = 3950 mi
	Average: 6.4×10^3 km (for general calculations)
Mass of the Earth	5.98×10^{24} kg
Diameter of Moon	3500 km ≈ 2160 mi
Mass of Moon	$7.4 \times 10^{22} \text{ kg} \approx \frac{1}{81}$ mass of Earth
Average distance of Moon from the Earth	$3.8 \times 10^5 \text{ km} = 2.4 \times 10^5$ mi
Diameter of Sun	1.4×10^6 km ≈ 864 000 mi
Mass of Sun	2.0×10^{30} kg
Average distance of the Earth from Sun	$1.5 \times 10^8 \text{ km} = 93 \times 10^6$ mi

*See Appendix III for additional planetary data.

Mathematical Symbols

$=$	is equal to
$\neq$	is not equal to
$\approx$	is approximately equal to
$\sim$	about
$\propto$	is proportional to
$>$	is greater than
$\geq$	is greater than or equal to
$\gg$	is much greater than
$<$	is less than
$\leq$	is less than or equal to
$\ll$	is much less than
$\pm$	plus or minus
$\mp$	minus or plus
$\bar{x}$	average value of x
Δx	change in x
$\lvert x \rvert$	absolute value of x
Σ	sum of
∞	infinity

The Greek Alphabet

Alpha	Α	α	Nu	Ν	ν
Beta	Β	β	Xi	Ξ	ξ
Gamma	Γ	γ	Omicron	Ο	o
Delta	Δ	δ	Pi	Π	π
Epsilon	Ε	ε	Rho	Ρ	ρ
Zeta	Ζ	ζ	Sigma	Σ	σ
Eta	Η	η	Tau	Τ	τ
Theta	Θ	θ	Upsilon	Υ	υ
Iota	Ι	ι	Phi	Φ	ϕ
Kappa	Κ	κ	Chi	Χ	χ
Lambda	Λ	λ	Psi	Ψ	ψ
Mu	Μ	μ	Omega	Ω	ω